D1754584

Volker Frank • Christian Kemper • Volker Knipping
Frank Rehermann • Markus Rinkenburger • Hermann Wellers • Robert Wirtz

Christiani – basics
Metalltechnik

1. Auflage 2019

Dr.-Ing. Paul Christiani GmbH & Co. KG

Umschlaggestaltung: Dr.-Ing. Paul Christiani GmbH & Co. KG, Konstanz
Umschlagfoto: Siemens AG, München

Best.-Nr. 94824
ISBN 978-3-86522-805-5
Christiani

1. Auflage 2019

© 2019 by Dr.-Ing. Paul Christiani GmbH & Co. KG, Konstanz

Alle Rechte, einschließlich der Fotokopie, Mikrokopie, Verfilmung, Wiedergabe durch Daten-, Bild- und Tonträger jeder Art und des auszugsweisen Nachdrucks, vorbehalten. Nach dem Urheberrechtsgesetz ist die Vervielfältigung urheberrechtlich geschützter Werke oder von Teilen daraus für Zwecke von Unterricht und Ausbildung nicht gestattet, außer nach Einwilligung des Verlages und ggf. gegen Zahlung einer Gebühr für die Nutzung fremden geistigen Eigentums. Nach dem Urheberrechtsgesetz wird mit Freiheitstrafen von bis zu einem Jahr oder mit einer Geldstrafe bestraft, wer „in anderen als den gesetzlich zugelassenen Fällen ohne Einwilligung des Berechtigten ein Werk vervielfältigt ..."

Dieses Buch ist anders!

Das primäre Ziel der Ausbildung, den erfolgreichen Abschluss der Prüfung, steht im Vordergrund. Dies gilt für Theorie und Praxis, sofern diese beiden Teile bei den aktuellen Prüfungen überhaupt noch voneinander zu trennen sind.

Erkennbar ist dies vor allem an der Vielzahl von prüfungsrelevanten Aufgabenstellungen, deren Lösungen unter www.christiani-berufskolleg.de zu finden sind.

Kein technisches Verständnis ohne Quantifizierung. Viele ausführliche Beispiele vermitteln ein Gefühl für Größenordnungen, ein häufig erkennbares Defizit, vor allem in den situativen Gesprächsphasen.

Konsequente Einbindung des Tabellenbuches von Anfang an. Besonders wichtig, weil das Tabellenbuch in Prüfungen als Informationsquelle uneingeschränkt zur Verfügung steht. Die Erarbeitung technischer Inhalte ohne Tabellenbuch ist daher ineffektiv.

Vorbereitung auf die situativen Gesprächsphasen der Prüfung. Die eindeutige Verknüpfung von Theorie und Praxis. Hier kann der Prüfungsbewerber den Prüfern Fachkompetenz vermitteln, wodurch das Prüfungsergebnis sicherlich ganz wesentlich beeinflusst wird.

Dieses Buch ist anders! Neben der anschaulichen Vermittlung der unumgänglichen „basics" als Rüstzeug für konkrete technische Anwendungen steht immer der Anwendungsbezug (man kann auch sagen die Prüfungsrelevanz) im Vordergrund. Ein Lehrbuch also, bei dem immer erkennbar ist, warum man sich den Lehrstoff erschließen muss.

Bedeutung der Piktogramme

	Projekt: Konkreter Arbeitsauftrag, für den die Imformationen relevant sind.
	Information: Kurze zumeist strukturierte Übersicht.
	Praxis: Praxisrelevante Inhalte.
TB	**Tabellenbuch:** An dieser Stelle sollte bzw. muss unbedingt auf das Tabellenbuch zurückgegriffen werden.
z.B.	**Beispiel:** Dient im Wesentlichen der Quantifizierung und Vertiefung.
	Englisch: Wichtige Fachbegriffe werden übersetzt.

Inhalt

1	**Das Projekt**	**13**
2	**Werkstofftechnik**	**31**
2.1	Eisenmetalle	31
	Stahl	31
	Herstellung	32
	Gefüge	34
	Legierungen und Stahlsorten	37
	Wärmebehandlung	38
	Stahlguss	40
	Kennzeichnung	41
	Gusseisen	45
	Herstellung	45
	Kennzeichnung	45
2.2	Nichteisen-Metalle	46
	Aluminium	46
	Herstellung	46
	Einteilung	48
	Kennzeichnung	49
	Kupfer	50
	Übersicht	51
2.3	Verbundwerkstoffe	52
2.4	Kunststoffe	53
2.5	Übersicht	53
	Kunststoffe	53
2.6	Werkstoffeigenschaften	55
	Physikalische Eigenschaften	56
	Technologische Eigenschaften	57
	Chemische Eigenschaften	59
	Ökologische Eigenschaften	62
2.7	Werkstoffprüfung	63
	Zugversuch	63
	Härteprüfung	65
3	**Fügetechniken**	**69**
3.1	Einteilung der Fügeverfahren	69
3.2	Schraubenverbindungen	71
	Kennzeichnung von Schrauben	72
	Schraubenform	72
	Gewindeart	73
	Abmessungen	74
	Festigkeit	74
	Muttern	75
	Schraubensicherungen	75
	Verbindungsarten	76
	Mindesteinschraubtiefe	77
	Anziehdrehmoment	77
	Vorspannkraft	77
	Spezielle Schraubenarten	79

3.3	**Stift- und Bolzenverbindungen**	**80**
	Stifte	80
	Bolzen	81
3.4	**Schweißverbindungen**	**82**
	Schweißverfahren	83
	Darstellung	84

4 Elektrotechnik ... 87

4.1	**Elektrischer Stromkreis**	**87**
4.1.1	Elektrische Ladung	88
4.1.2	Elektrische Spannung	88
4.2	**Technische Größen des Stromkreises**	**89**
4.2.1	Elektrischer Widerstand	89
	Messung von Spannung und Stromstärke	91
4.2.2	Ohmsches Gesetz	91
4.2.3	Widerstandsmessung	93
	Direkte Widerstandsmessung	93
4.3	**Widerstandsänderung bei Erwärmung**	**93**
4.4	**Schaltung von Widerständen**	**95**
4.4.1	Parallelschaltung	95
4.4.2	Reihenschaltung	98
4.4.3	Gruppenschaltung	100
4.5	**Energieumsatz im Stromkreis**	**100**
4.5.1	Wärme	101
4.5.2	Arbeit	101
	Messung der elektrischen Arbeit	102
	Messung der elektrischen Leistung	102
4.5.3	Leistung	102
4.5.4	Wirkungsgrad	103
4.6	**Schutzmaßnahmen**	**105**
4.6.1	Fehlerstromkreis	106
4.6.2	Die fünf Sicherheitsregeln	107
4.6.3	Schutz gegen elektrischen Schlag	109
4.6.4	Schutz durch Kleinspannung	109
4.6.5	Schutz durch verstärkte oder doppelte Isolierung	110
4.7	**Fehler in elektrischen Anlagen**	**111**
4.7.1	Kurzschluss	111

5 Fluidtechnik – Pneumatik, E-Pneumatik ... 117

	Einleitung	117
5.1	**Geschichte der Pneumatik**	**117**
5.2	**Drucklufterzeugung**	**118**
	Das Medium Luft	118
	Kompressor- bzw. Verdichterarten	119
	Wirkungsgrad bei der Drucklufterzeugung	120
	Kosten und Einsparungsmöglichkeiten bei der Drucklufterzeugung	121
	Vor- und Nachteile der Pneumatik	122

5.3	**Druckluftaufbereitung**	**122**
	Trocknungsverfahren von Druckluft	123
5.4	**Rohrleitungsnetz**	**125**
5.5	**Aufbau pneumatischer Systeme**	**127**
5.6	**Arbeitselemente der Pneumatik (Aktoren)**	**128**
	Zylinder	128
	Endlagendämpfung	130
	Bestimmung der Kolbenkraft	130
	Kreisringfläche	130
	Spezifischer Luftverbrauch	131
	Symbole	132
	Schwenkantriebe	133
	Symbole	133
	Motoren	134
	Symbole	134
	Greifer	135
	Symbole	135
	Vakuumsauger	135
	Symbole	135
5.7	**Ventile**	**136**
	Drosselung	140
	Direkte und indirekte Ansteuerung von Ventilen	140
	Impulsventile	141
	Ventilinseln	141
5.8	**Pneumatikleitungen**	**142**
5.9	**Berechnungen in der Pneumatik**	**145**
	Pneumatische Berechnungen am Schwenkarm	145
	Berechnung der Gewichtskraft des Schwenkarmes	145
	Berechnung der Kraft für beide doppelt wirkenden Zylinder (Pos. 2.44)	145
	Berechnung der max. Nutzlast (kg) des Schwenkarmes	145
	Berechnung des Luftverbrauchs (bei 20 Hebevorgängen in der Minute)	146
5.10	**Aufbau eines Pneumatikplanes mit Kennzeichnung der Bauteile**	**147**
5.11	**Logische Verknüpfungen mit Pneumatikelementen**	**149**
5.12	**Pneumatische Grundsteuerungen**	**149**
	Grundschaltungen	149
5.13	**Funktionsdiagramme**	**155**
	Symbole und Darstellungen	155
	GRAFCET	158
	Symbole von GRAFCET	158
5.14	**E-Pneumatik**	**159**
	Erweiterungsauftrag	162
	Projekt Pneumatikstanze	163
	SPS-Programm der Stanze	165
	Zusätzliche Prüfungsfragen Pneumatik	169
	Zusätzliche Prüfungsfragen E-Pneumatik	170

6 Steuerungstechnik ... 173

6.1 Logische Verknüpfungen ... 174

6.2 Signalspeicherung ... 175

6.3 Speicherprogrammierbare Steuerungen ... 177
6.3.1 Beschaltung der SPS ... 178
6.3.2 Programmierung der SPS ... 178
6.3.3 Programmiersprachen ... 179
6.3.4 Programmabarbeitung ... 180
6.3.5 Programmierung mit Merkern und Klammern ... 181
6.3.6 Programmierung von Speicherfunktionen ... 182
6.3.7 Zeitfunktionen ... 184
6.3.8 Flankenauswertung ... 186

6.4 Schütze ... 188

6.5 Befehlsgeräte ... 189

6.6 Leuchtmelder ... 190

6.7 Grenztaster ... 190

6.8 Motorschutz ... 191
6.8.1 Motorschutzrelais ... 191
6.8.2 Motorschutzschalter ... 191
6.8.3 Motorvollschutz ... 194

7 Qualitätsmanagement ... 195

7.1 Internationale Standards durch Qualitätsnormen ... 196
DIN EN ISO 9000 ... 196
DIN EN ISO 9001:2015 ... 196
DIN EN ISO 9004 ... 196

7.2 Standards, aber keine Norm ... 196
EFQM-Modell für Business Excellence ... 196
Ludwig-Erhard-Preis ... 197
Malcolm Baldridge National Quality Award ... 197
Deming Award ... 197

7.3 Qualitätsmanagementwerkzeuge ... 197
Qualitätsmerkmale ... 198
Prüfplanung ... 198

8 Manuelle Zerspanungsverfahren ... 207

8.1 Schneidkeilgeometrie ... 208

8.2 Anreißen ... 210

8.3 Sägen ... 214
Sägeblätter ... 215

8.4 Feilen ... 218
Raspeln ... 220
Entgraten ... 220

8.5 Körnen ... 222

8.6	**Bohren**	**223**
	Säulenbohrmaschine	223
8.7	**Senken**	**229**
8.8	**Reiben**	**230**
	Reiben von Hand	231
8.9	**Gewinde schneiden**	**233**
	Metrische Innengewinde	234
	Gewindebohren von Hand	235
	Gewindeschneiden von Hand	236

9 Maschinelle Zerspanungsverfahren ... 239

9.1	**Fräsen**	**239**
	Fräsen – Grundbegriffe	240
	Fräsverfahren	240
	Einteilung der Fräsverfahren	240
	Die Einteilung der Fräsverfahren ist in DIN 8589 gegliedert	240
	Gegen- und Gleichlauffräsen	241
	Planfräsen	242
	Rundfräsen	243
	Schraubfräsen	243
	Wälzfräsen	243
	Profilfräsen	243
	Formfräsen	243
	Fräsmaschinen	244
	Arbeitssicherheit an Fräsmaschinen	246
	Fräswerkzeuge	246
	Einteilung der Fräswerkzeuge	246
	Zerspanungsgrößen beim Fräsen	250
	Schnittgeschwindigkeit v_c	250
	Vorschub pro Zahn f_z	250
	Vorschub f	250
	Vorschubgeschwindigkeit v_f	251
	Arbeitseingriff	251
	Schnitttiefe	251
	Spannmittel für Werkzeuge	251
	Spannmittel für Werkstücke	253
	Maschinenschraubstock	253
	Spannschrauben	253
	Spanneisen	254
	Spannunterlagen	254
	Flachspanner	254
	Spannpratzen	254
	Magnetspannplatten	254
	Hydraulische Spannsysteme	255
	Spannvorrichtungen	255
9.2	**Drehen**	**256**
	Aufbau von konventionellen Drehmaschinen	257
	Kenngrößen einer Drehmaschine	257
	Grundaufbau	258
	Sicherheit an Drehmaschinen	259
	Spannmittel	259

	Spannmittel für Werkstücke	259
	Spannmittel für Werkzeuge	260
	Drehverfahren	260
	Drehwerkzeuge	261
	Schneidengeometrie	262
	Schnittdaten beim Drehen	263
	Kräfte beim Drehen	266
	Spankontrolle	266
9.3	**Standzeit und Verschleiß**	**267**
	Verschleißursachen	268
	Verschleißformen	269

10 Arbeitssicherheit und Gesundheitsschutz 271

10.1	**Arbeitssicherheit in Deutschland, wie alles begann**	**271**
	Gesetzliche Unfallversicherung für Arbeitnehmer	271
10.2	**Gesetzliche Vorschriften und Regeln der Arbeitssicherheit**	**272**
	Pflichten des Arbeitgebers nach § 4 ArbSchG (Zusammenfassung)	272
	Pflichten des Arbeitnehmers nach § 15 ArbSchG (Zusammenfassung)	272
10.3	**Unterrichtung und Unterweisung**	**273**
10.4	**Arbeitsmittel**	**273**
	Wer darf ein Arbeitsmittel benutzen?	273
	Bestimmungsgemäße Verwendung von Arbeitsmitteln	274
	Beispiel einer bestimmungsgemäßen Verwendung	274
10.5	**Ergonomie am Arbeitsplatz**	**275**
10.6	**Persönliche Schutzausrüstung (PSA)**	**275**
10.7	**Lärmschutz**	**276**
10.7.1	Lärmexposition	277
10.8	**Gefahrstoffe**	**277**
	Gefahrensymbole	278
	Wirkung von Gefahrstoffen auf den Menschen	279
	Arbeitsplatzgrenzwert (AGW)	279
10.9	**Sicherheitskennzeichen**	**280**
	Farben und Formen	280
	Verbotszeichen	280
	Warnzeichen	281
	Brandschutzzeichen	281
	Gebotszeichen	282
	Rettungszeichen	282
	Prüfungsfragen	283

11 Warten von Betriebsmitteln 287

11.1	**Instandhaltung nach DIN 31 051**	**287**
	Definition	287
	Aufgaben und Ziele der Instandhaltung	287
	Unterteilung der Instandhaltung	288
	Inspektion	288
	Wartung	288

Kontinuierlicher Verbesserungsprozess (KVP) 290
Softwaregestützte Instandhaltung 290
Anforderungen an das Instandhaltungspersonal 291
Organisationsvarianten der Instandhaltung 292
Betriebs- und Wartungsanleitungen 293
Mindestanforderung an die regelmäßige Inspektion und Wartung 293
Richtiges Aufstellen von Maschinen 295
Projekt 296

12 Technische Kommunikation 297

12.1 Projektionsmethoden 297
Projektionsmethode 1 297
Projektionsmethode 3 297

12.2 Linien und Strichstärken 298

12.3 Projektionen 298

12.4 Schnittdarstellungen 300
Vollschnitt: 300
Halbschnitt 301
Teilschnitt: 301
Bruchkanten 301

12.5 Bemaßungen 301
Lineare Bemaßungen 302
Bemaßung von Durchmessern und Radien 302
Bemaßung von Fasen 302
Kantenbruch 302
Bemaßen und Darstellung von Gewinden 303
Bemaßen von Nuten 303
Spezielle Maße 304

12.6 Toleranzangaben in Zeichnungen 304
Nennmaß 304
Istmaß 305
Allgemeintoleranzen nach DIN ISO 2768-1 305
Toleriertes Maß mit Toleranzklassen 305

12.7 ISO-System für Grenzmaße und Passungen 306
Passungsarten 306

12.8 Oberflächenangaben 308

12.9 Form- und Lagetoleranzen 309
Form- und Lagetoleranzen nach DIN ISO 1101 309
Toleranzrahmen 309

13 Prüftechnik 311

13.1 Prüfmethoden 311

13.2 Messgeräte 312
Längenmessung 312
Stahlmaßstab 312
Messschieber 312
Messschraube 316

		Messuhr	317
		Winkelmessung	318
13.3		**Lehren**	**319**
		Maßlehren	320
		Formlehren	320
		Haarlineal	320
		Radienlehre	320
		Winkellehre	320
		Gewindelehre	320
		Grenzlehren	320
		Grenzlehrdorn	321
		Grenzrachenlehre	321
13.4		**Prüfabweichungen**	**321**
14		**Arbeitsplanung**	**323**
14.1		**Arbeitsplanung**	**325**
14.2		**Arbeitsplan**	**325**
		Arbeitsplanaufbau	325
		Arbeitsplan Fertigung	326
		Arbeitsplan Montage	326

Anhang

Prüfungsaufgaben

A	Werkstofftechnik	331
B	Manuelle Zerspanungsverfahren	334
C	Prüftechnik	338
D	Fügetechniken	341

Firmenverzeichnis ... 345

Sachwortverzeichnis ... 347

1 Das Projekt

Schwenkarm

Das Projekt **Schwenkarm** soll in der Ausbildungswerkstatt aufgebaut und in Betrieb genommen werden. Dazu sind **metalltechnische**, **pneumatische** und **elektrotechnische Arbeiten** notwendig.

Begleitend zu diesen Arbeiten werden die notwendigen fachtheoretischen Hintergründe erarbeitet.

An dieser Stelle muss darauf hingewiesen werden, dass im Rahmen der „Basics Metalltechnik" noch nicht alle technischen Probleme des Projekts erarbeitet werden können. Dies erfolgt dann im Folgeband „Advanced Metalltechnik".

An dieser Stelle werden die wichtigsten Fertigungsunterlagen des Schwenkarms zusammenfassend dargestellt. Bei den einzelnen Lerneinheiten dieses Buches werden dann Teilaspekte aufgegriffen und ausführlich bearbeitet.

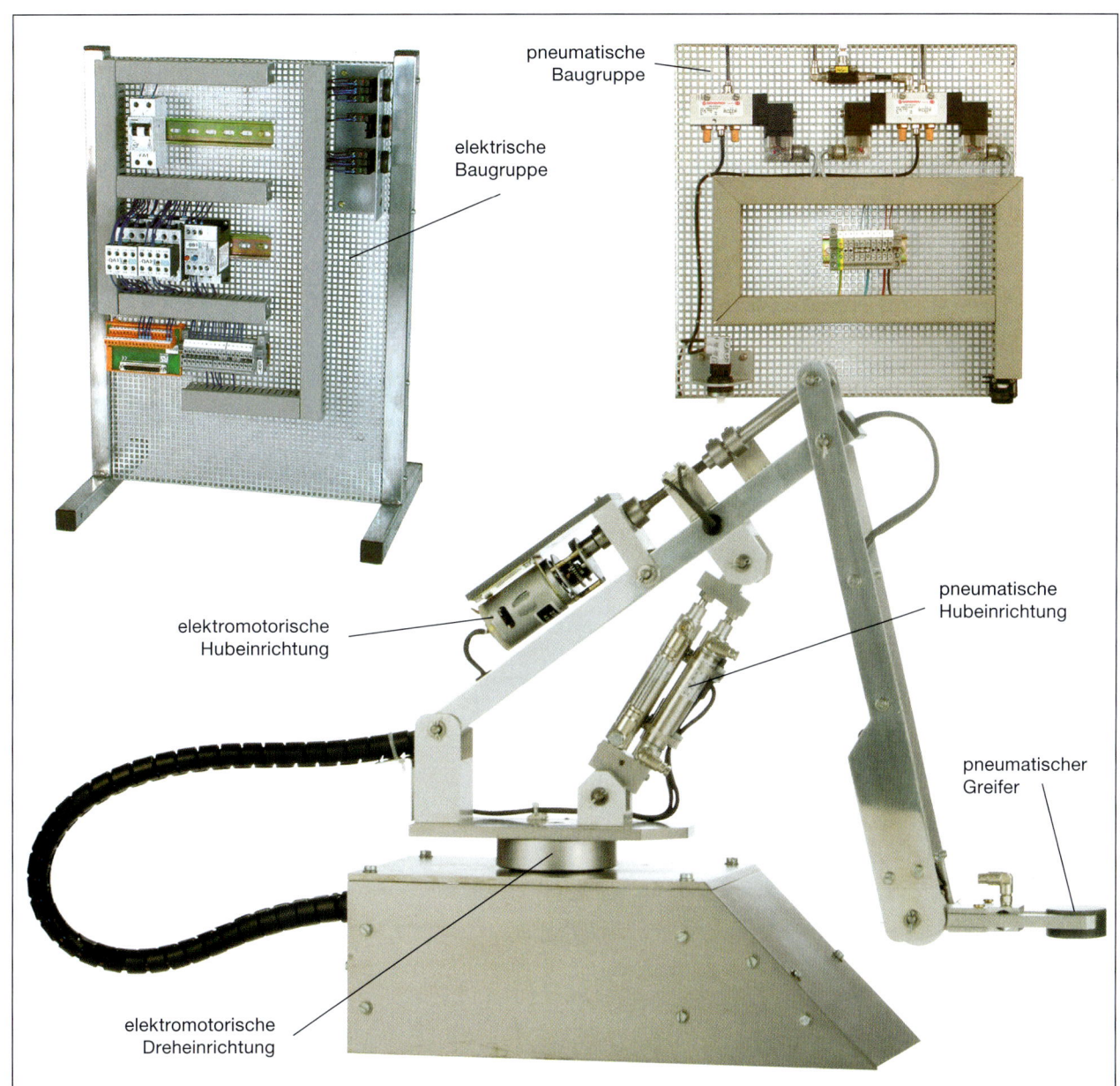

Bild 1 Projekt Schwenkarm

Bild 2 Schwenkarm – Anordnungsplan

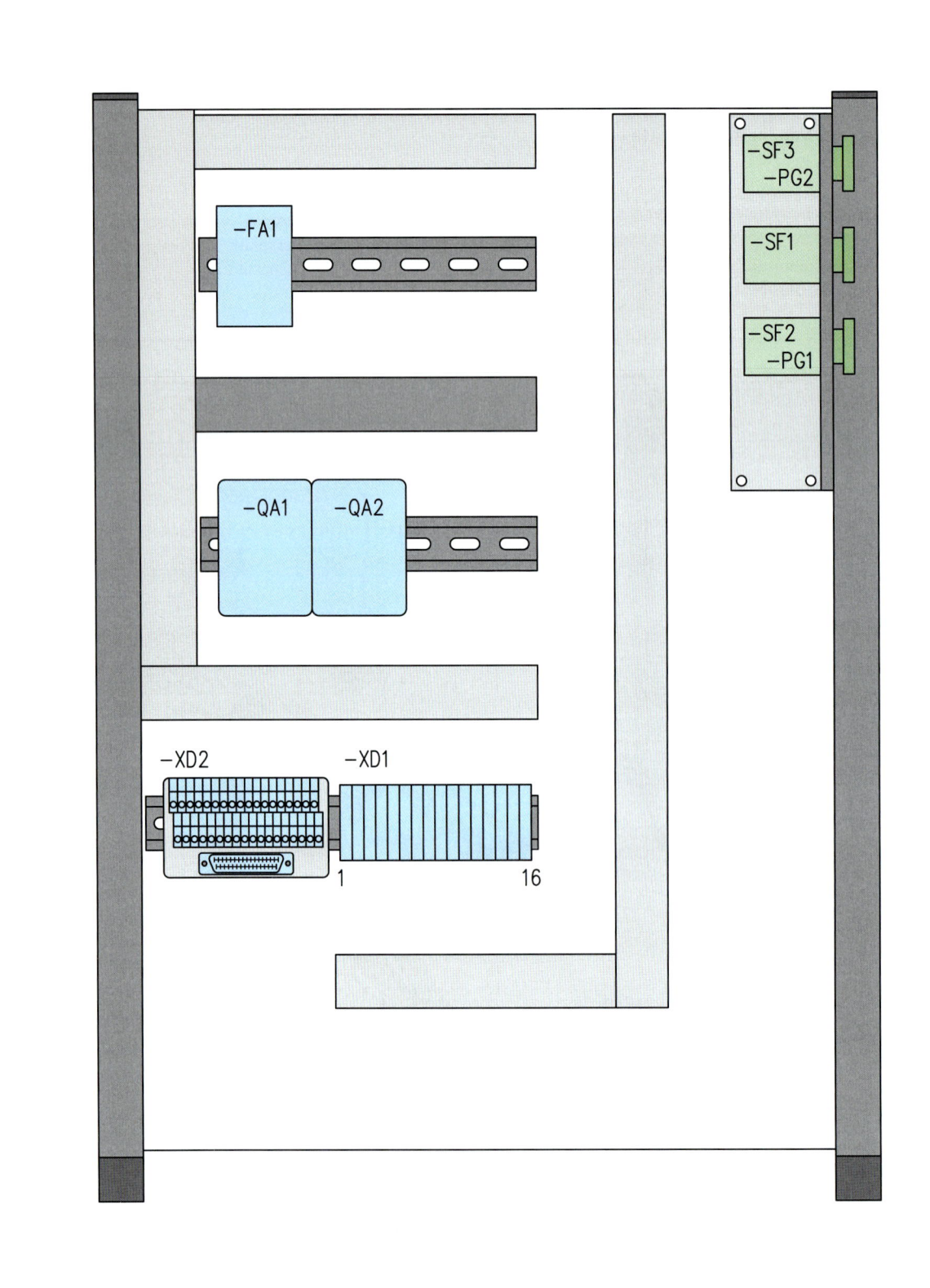

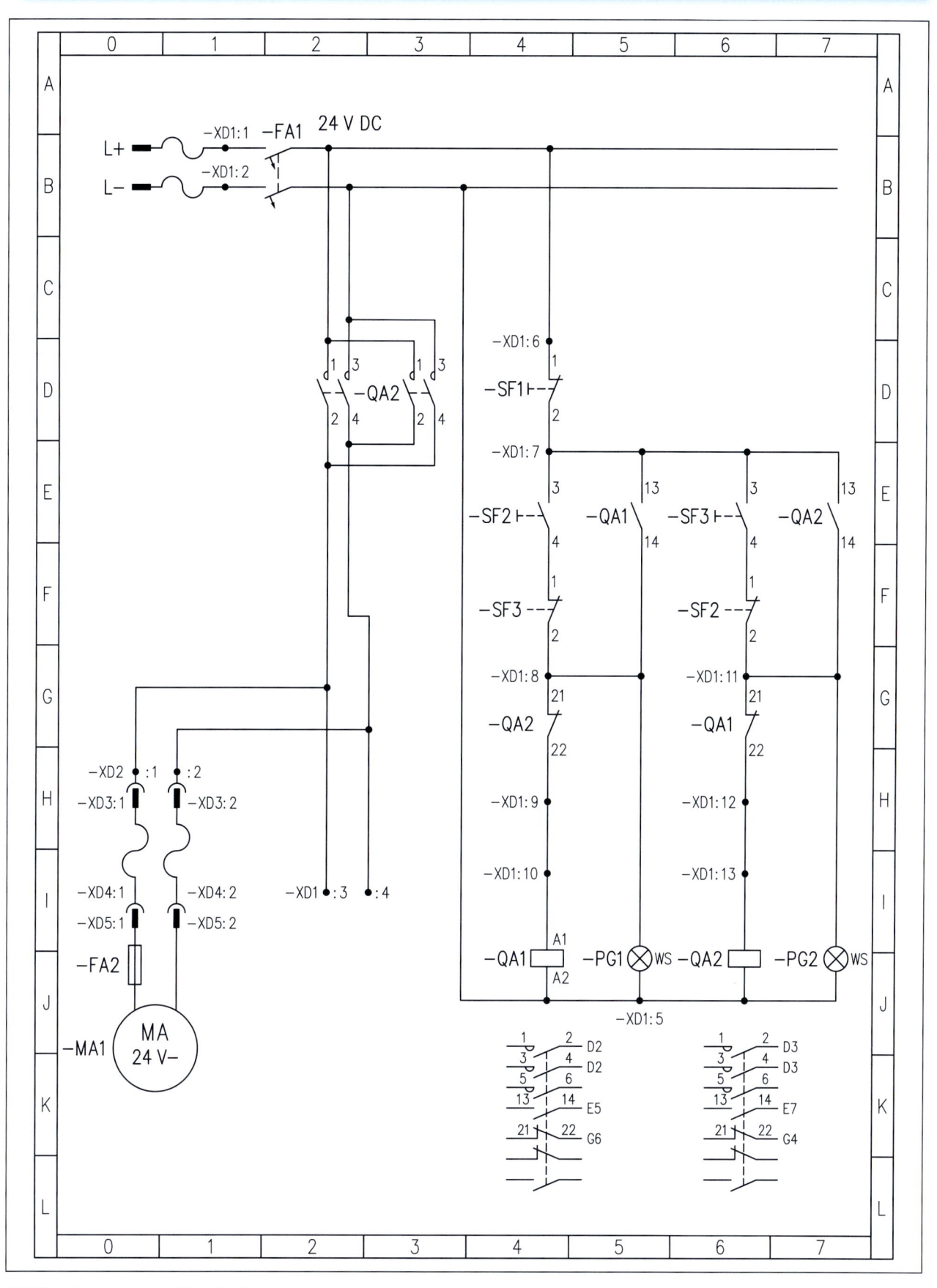

Bild 3 Schwenkarm – Stromlaufplan

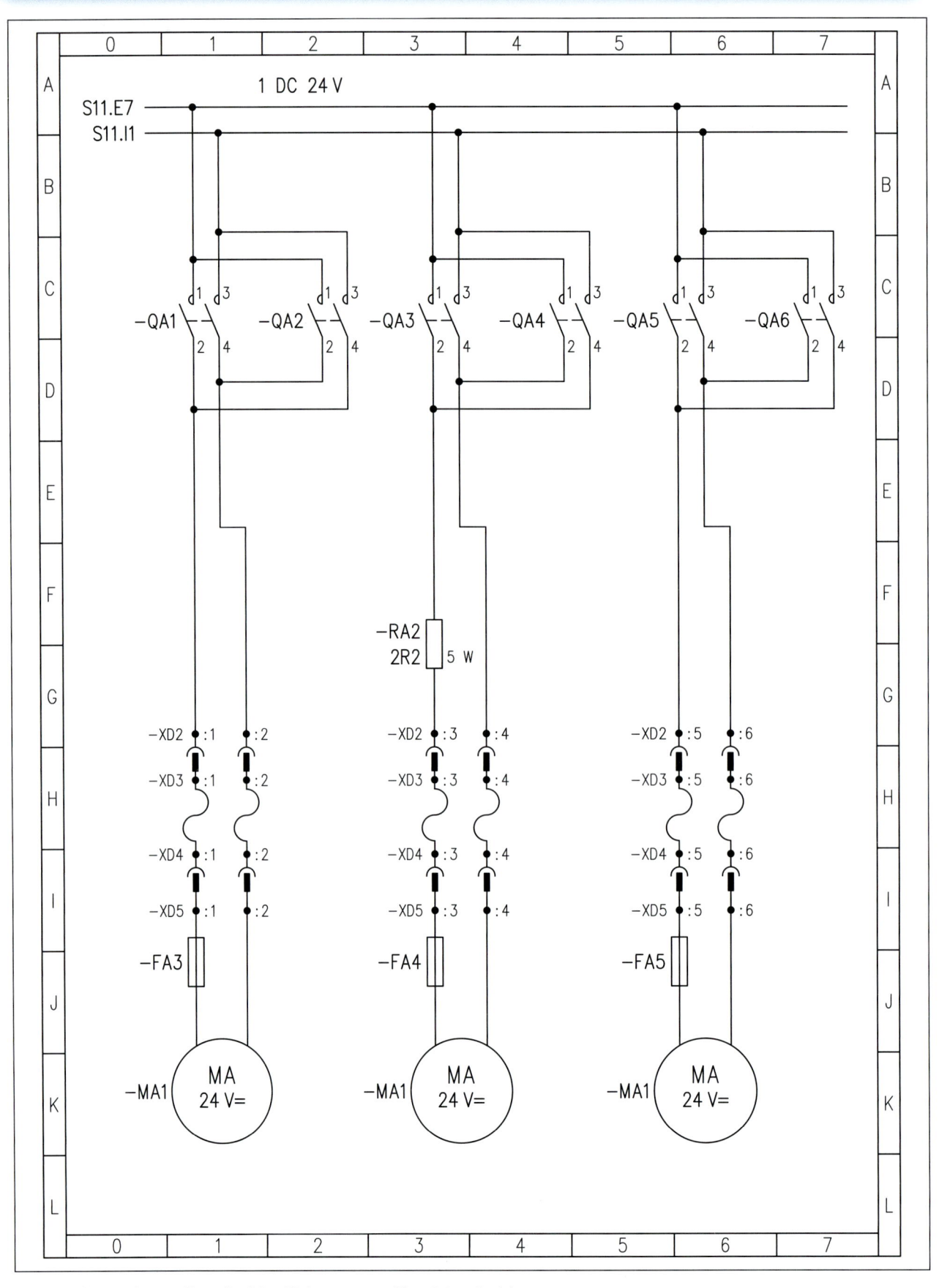

Bild 4 Schwenkarm – Stromlaufplan Kleinspannung (Hauptstromkreis)

Das Projekt

Metalltechnische Zeichnungen für Projekt Schwenkarm

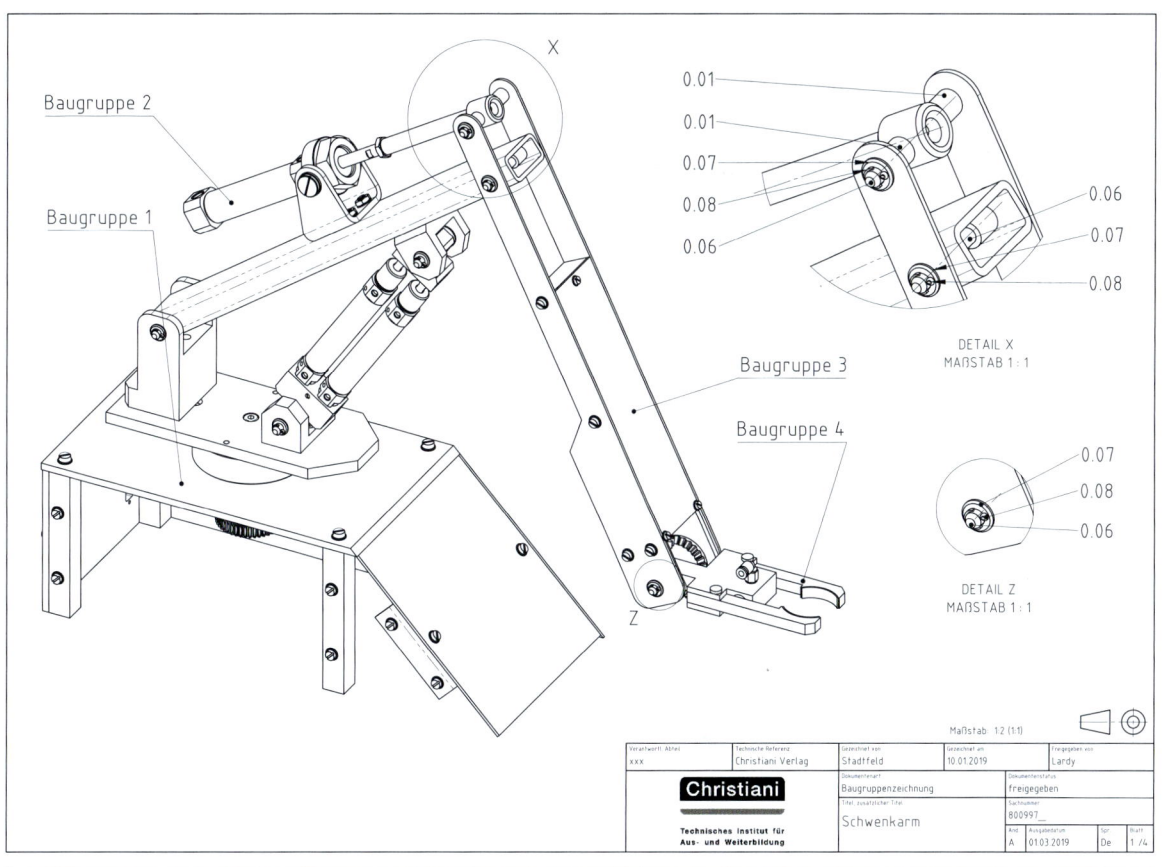

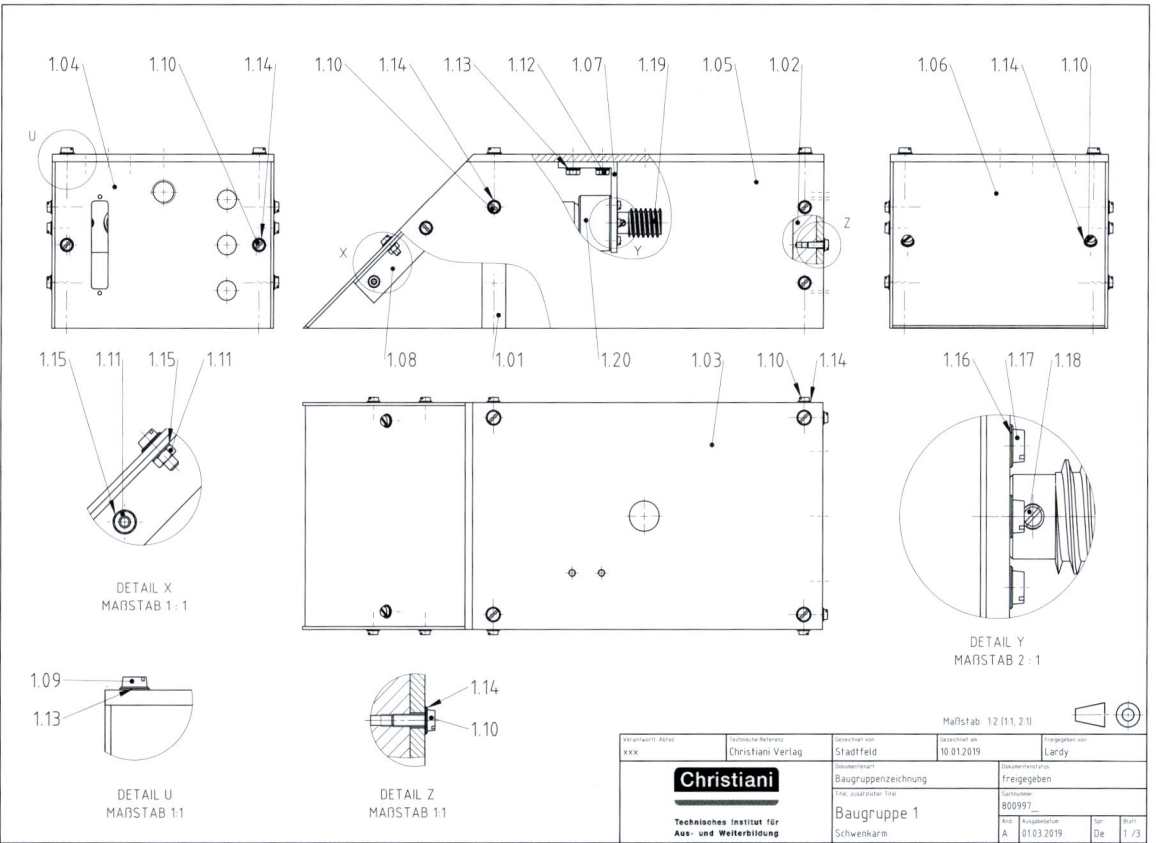

Das Projekt

Maßstab: kein Maßstab

Vorderes Seitenblech ausgeblendet

Titel: Baugruppenzeichnung
Titel, zusätzlicher Titel: Baugruppe 1 — Schwenkarm
Gezeichnet von: Stadtfeld
Gezeichnet am: 10.01.2019
Dokumentenstatus: freigegeben
Sachnummer: 800997
Änd.: A
Ausgabedatum: 01.03.2019
Freigegeben von: Lardy
Spr.: De
Blatt: 3/3

Technische Referenz: Christiani Verlag
Christiani — Technisches Institut für Aus- und Weiterbildung

POS	MENGE	BENENNUNG	SACHNUMMER/NORM-KURZBEZEICHNUNG	BEMERKUNG
1.01	2	Standfuß vorne	DIN EN 10278 – Vierkantstahl 16x16x112	S235JRG2+C
1.02	2	Standfuß hinten	DIN EN 10278 – Vierkantstahl 16x16x112	S235JRG2+C
1.03	1	Deckplatte	DIN EN 10278 – Flachstahl 150x5x255	S235JRG2+C
1.04	1	Anschlussplatte	DIN EN 10278 – Flachstahl 150x5x112	S235JRG2+C
1.05	2	Seitenblech	DIN EN 10130+A1 – Blech 2x354x112	DC01 – B – m
1.06	1	Frontblech	DIN EN 10130+A1 – Blech 2x15x148	DC01 – B – m
1.07	1	Motorbefestigung	DIN 1771* – Winkel 60x40x4x42	AlMgSi0,5 F22
1.08	2	Blechwinkel	DIN EN 10130+A1 – Blech 2x75x45	DC01 – B – m
1.09	4	Zylinderschraube	DIN EN ISO 1207 – M5x20	5.8
1.10	16	Zylinderschraube	DIN EN ISO 1207 – M4x12	5.8
1.11	6	Sechskantmutter	DIN EN ISO 4032 – M4	10
1.12	2	Sechskantschraube	DIN EN ISO 4017 – M5x10	8.8
1.13	6	Scheibe	DIN EN ISO 7090 – B5,3	Stahl
1.14	16	Scheibe	DIN EN ISO 7090 – B4,3	Stahl
1.15	6	Fächerscheibe	DIN 6798* – J4,3	Stahl
1.16	3	Scheibe	DIN EN ISO 7090 – B3,2	Stahl
1.17	3	Zylinderschraube	DIN EN ISO 1207 – M3x8	8.8
1.18	2	Gewindestift	ISO 7436 – M4x4	8.8
1.19	1	Schnecke	1 Gang, Modul = 1, Außendurchmesser = 18,93	www.metallus.de Bestellnr. 5022-01
1.20	1	Motor	Regelmotor 24V, Getriebe 190/min, 30:1	

* Diese Norm wurde zurückgezogen und ist nicht mehr gültig. Eine Nachfolge-Norm ist noch nicht veröffentlicht. Das aufgeführte Normteil wird noch nach der angegebenen Norm angeboten.

Titel: Stückliste
Titel, zusätzlicher Titel: Baugruppe 1 — Schwenkarm
Gezeichnet von: Stadtfeld
Gezeichnet am: 10.01.2019
Dokumentenstatus: freigegeben
Sachnummer: 800997
Änd.: A
Ausgabedatum: 01.03.2019
Freigegeben von: Lardy
Spr.: De
Blatt: 2/3

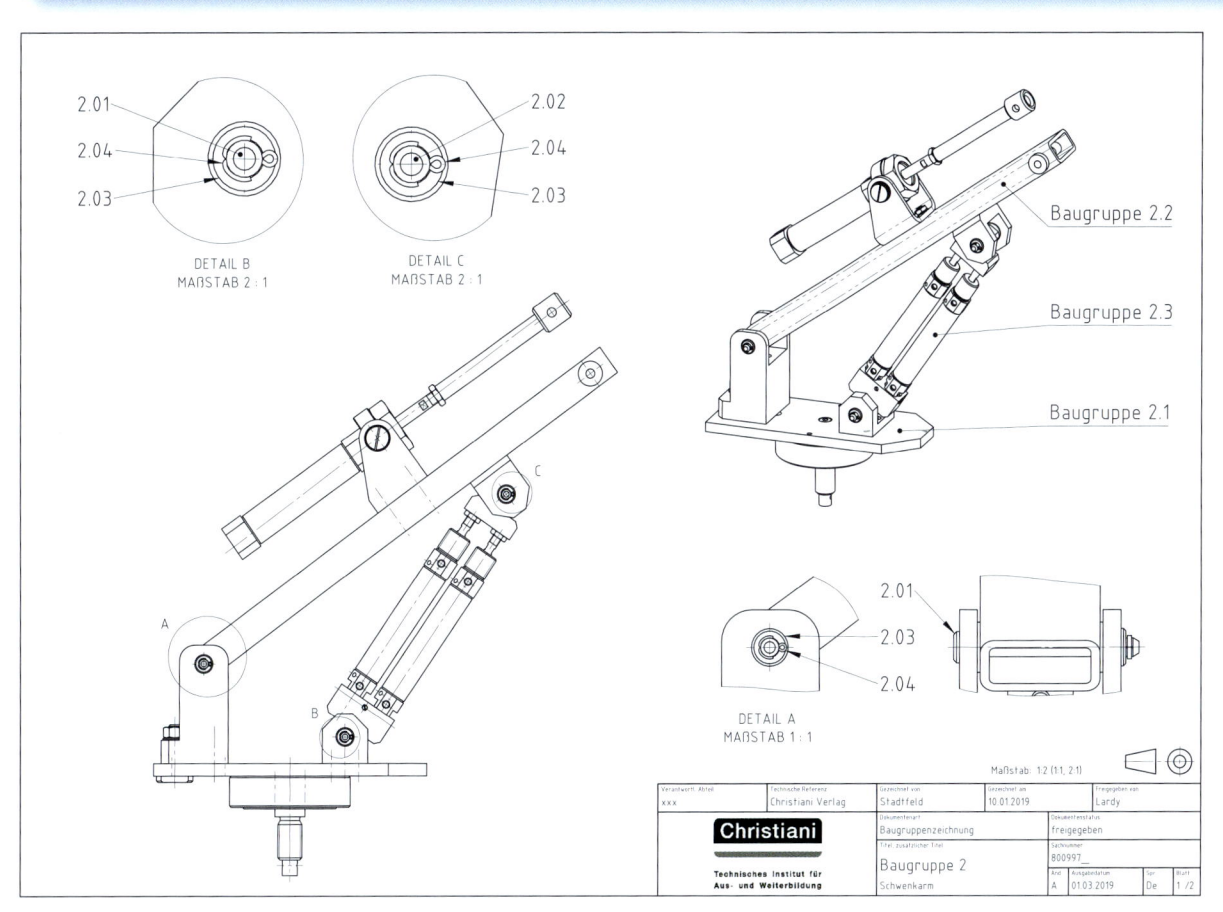

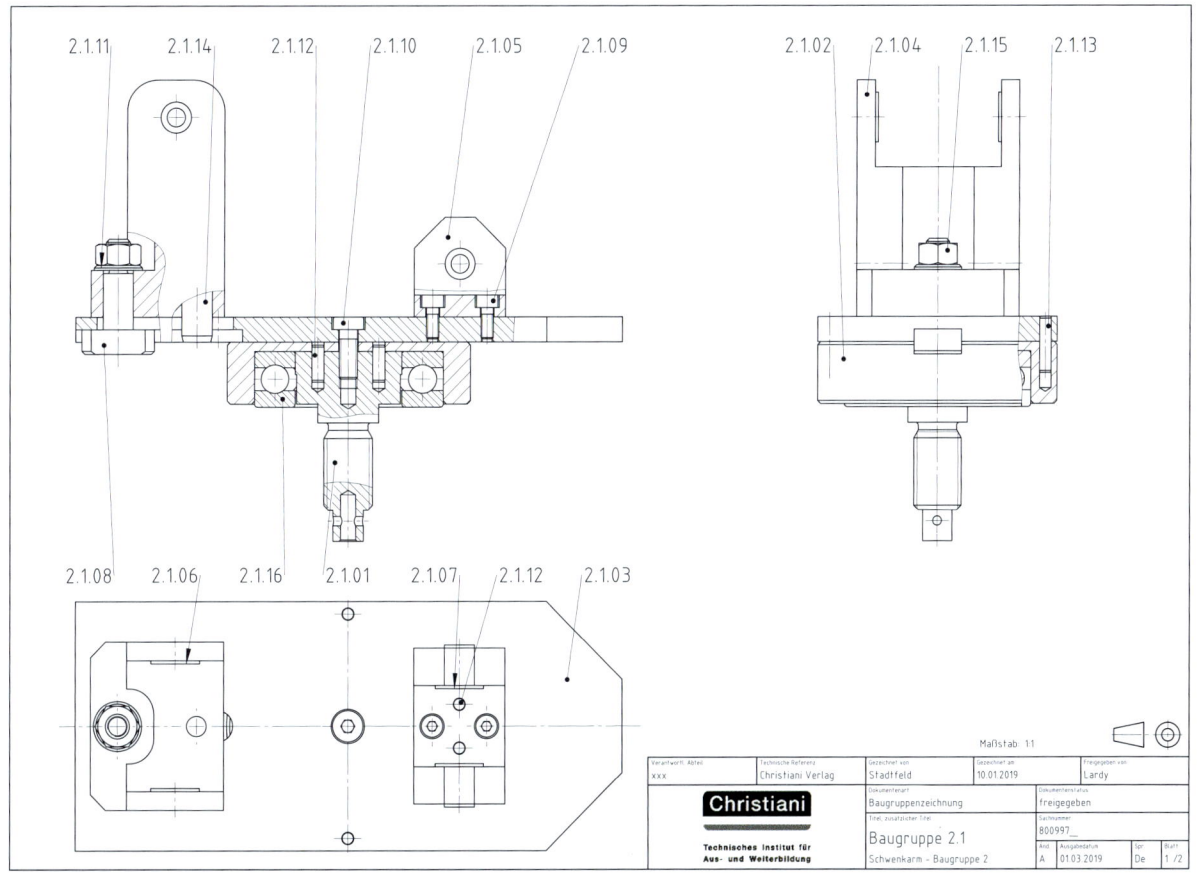

Das Projekt

Das Projekt

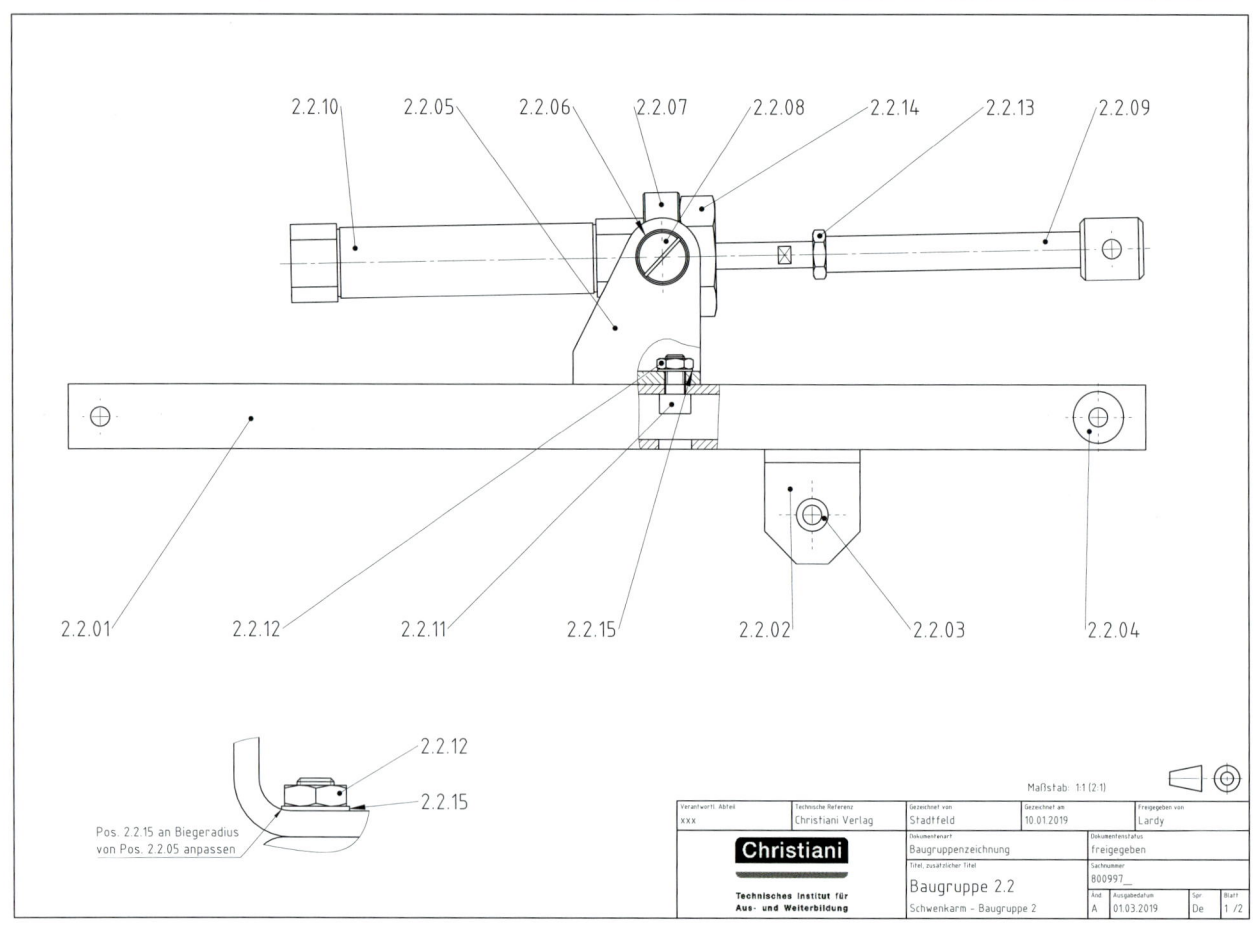

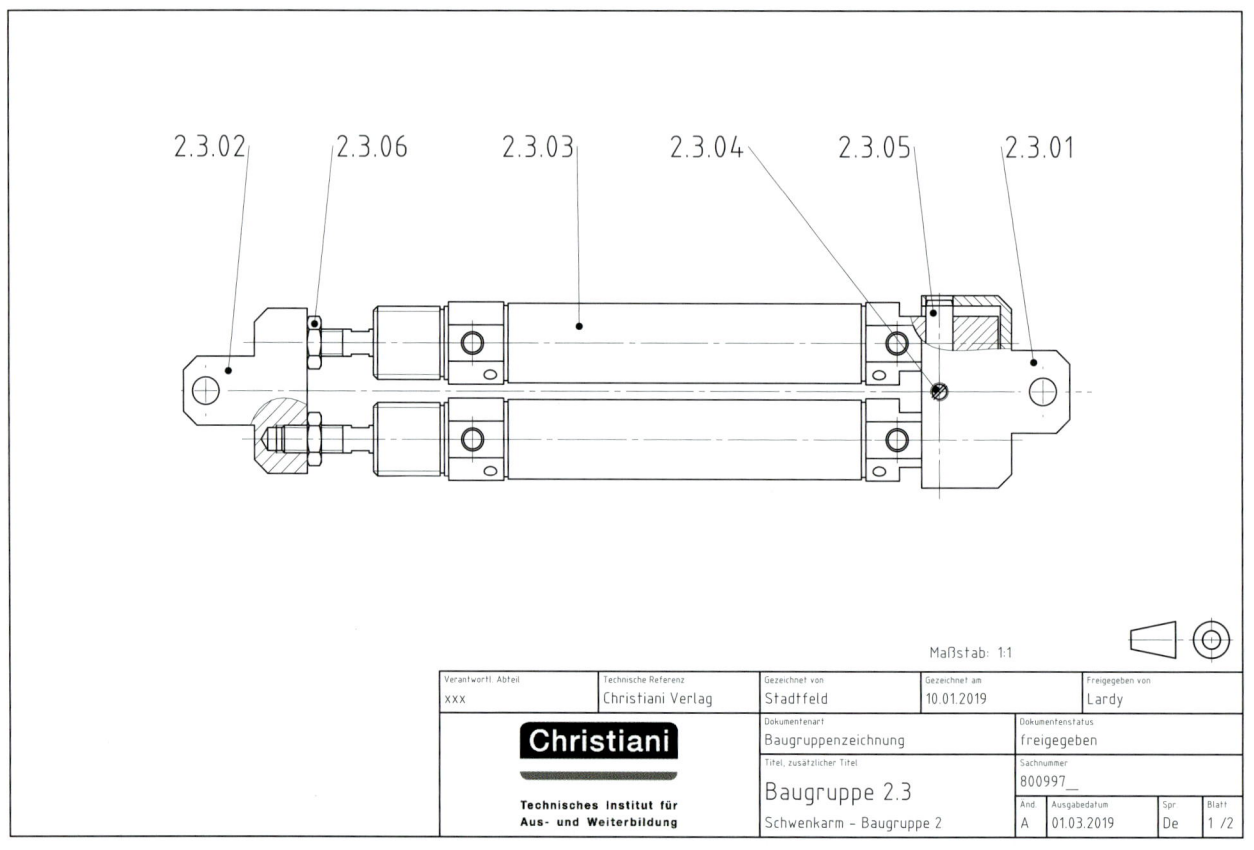

Baugruppe 2.2 – Schwenkarm – Baugruppe 2

Positionen: 2.2.01, 2.2.02, 2.2.03, 2.2.04, 2.2.05, 2.2.06, 2.2.07, 2.2.08, 2.2.09, 2.2.10, 2.2.11, 2.2.12, 2.2.13, 2.2.14, 2.2.15

Pos. 2.2.15 an Biegeradius von Pos. 2.2.05 anpassen

Maßstab: 1:1 (2:1)

Verantwortl. Abteil.	Technische Referenz	Gezeichnet von	Gezeichnet am	Freigegeben von
xxx	Christiani Verlag	Stadtfeld	10.01.2019	Lardy

Dokumentenart: Baugruppenzeichnung
Dokumentenstatus: freigegeben
Titel, zusätzlicher Titel: Baugruppe 2.2 – Schwenkarm – Baugruppe 2
Sachnummer: 800997__
Änd: A Ausgabedatum: 01.03.2019 Spr: De Blatt: 1/2

Christiani – Technisches Institut für Aus- und Weiterbildung

Baugruppe 2.3 – Schwenkarm – Baugruppe 2

Positionen: 2.3.01, 2.3.02, 2.3.03, 2.3.04, 2.3.05, 2.3.06

Maßstab: 1:1

Verantwortl. Abteil.	Technische Referenz	Gezeichnet von	Gezeichnet am	Freigegeben von
xxx	Christiani Verlag	Stadtfeld	10.01.2019	Lardy

Dokumentenart: Baugruppenzeichnung
Dokumentenstatus: freigegeben
Titel, zusätzlicher Titel: Baugruppe 2.3 – Schwenkarm – Baugruppe 2
Sachnummer: 800997__
Änd: A Ausgabedatum: 01.03.2019 Spr: De Blatt: 1/2

Christiani – Technisches Institut für Aus- und Weiterbildung

Das Projekt

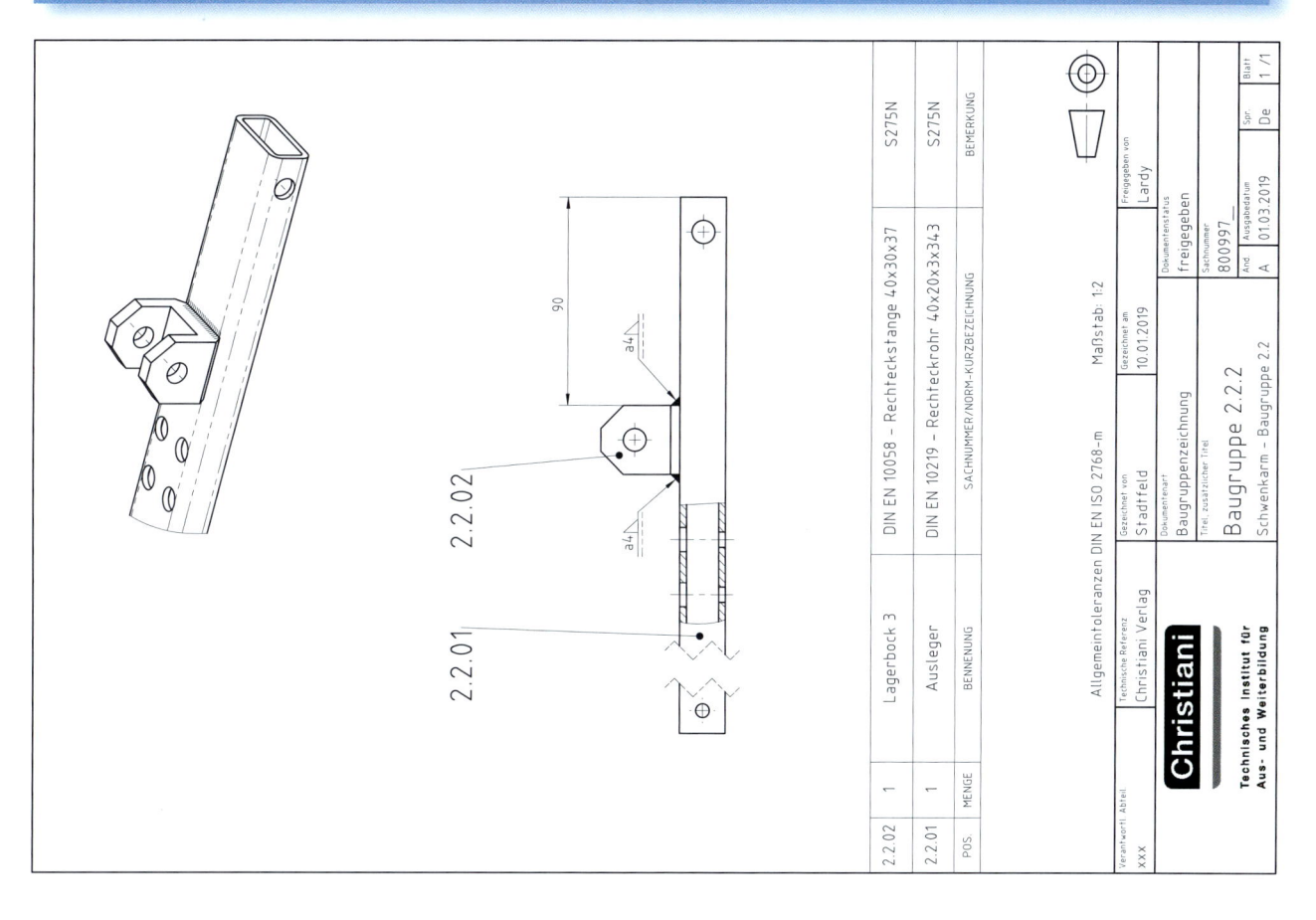

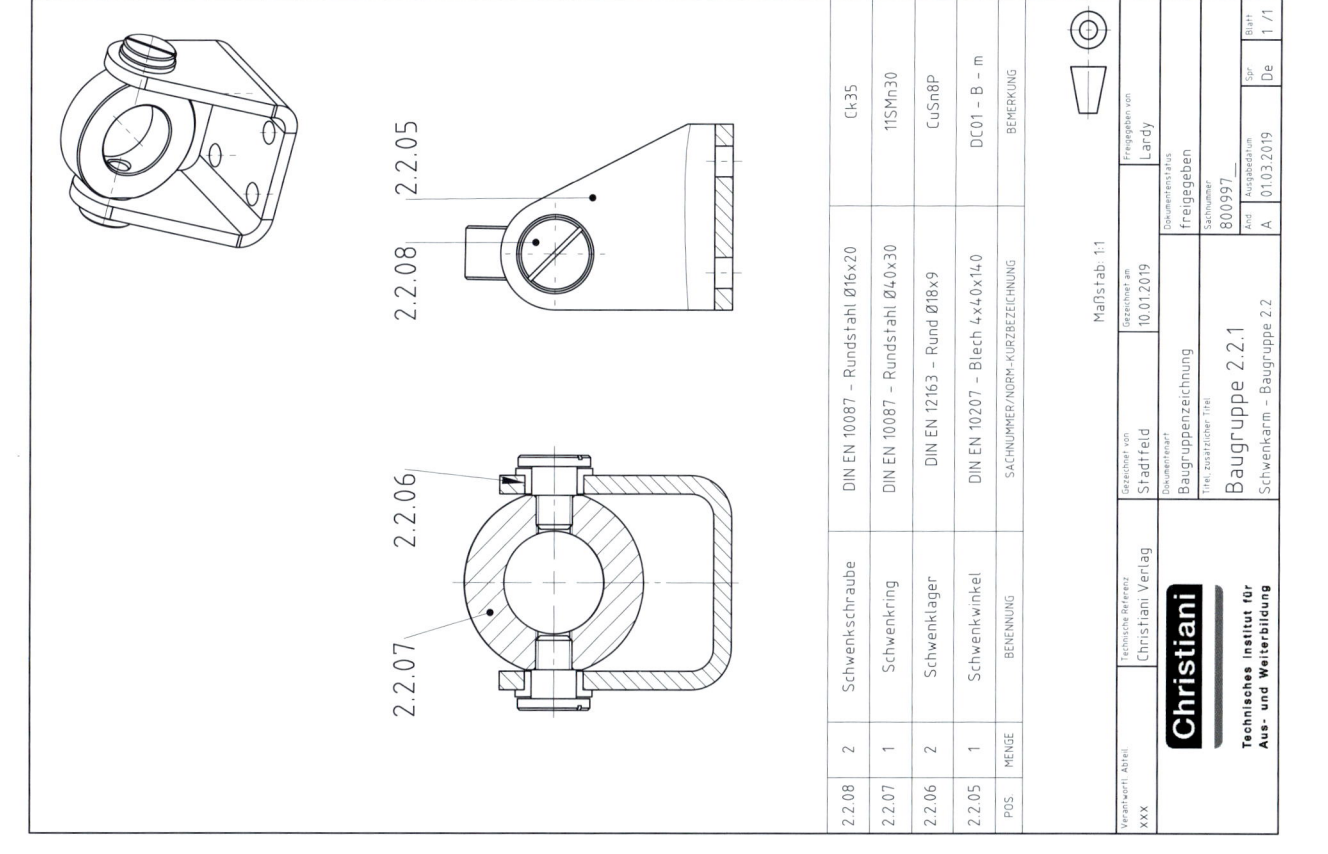

Baugruppe 2.2.2 — Schwenkarm – Baugruppe 2.2

Maßstab: 1:2

POS.	MENGE	BENENNUNG	SACHNUMMER/NORM-KURZBEZEICHNUNG	BEMERKUNG
2.2.01	1	Ausleger	DIN EN 10219 – Rechteckrohr 40x20x3x343	S275N
2.2.02	1	Lagerbock 3	DIN EN 10058 – Rechteckstange 40x30x37	S275N

Allgemeintoleranzen DIN EN ISO 2768-m

Technische Referenz: Christiani Verlag
Gezeichnet von: Stadtfeld
Gezeichnet am: 10.01.2019
Freigegeben von: Lardy
Dokumentenstatus: freigegeben
Sachnummer: 800997
Änd: A
Ausgabedatum: 01.03.2019
Spr: De
Blatt: 1/1

Christiani — Technisches Institut für Aus- und Weiterbildung

Baugruppe 2.2.1 — Schwenkarm – Baugruppe 2.2

Maßstab: 1:1

POS.	MENGE	BENENNUNG	SACHNUMMER/NORM-KURZBEZEICHNUNG	BEMERKUNG
2.2.05	1	Schwenkwinkel	DIN EN 10207 – Blech 4x40x140	DC01 - B - m
2.2.06	2	Schwenklager	DIN EN 12163 – Rund Ø18x9	CuSn8P
2.2.07	1	Schwenkring	DIN EN 10087 – Rundstahl Ø40x30	11SMn30
2.2.08	2	Schwenkschraube	DIN EN 10087 – Rundstahl Ø16x20	Ck35

Gezeichnet von: Stadtfeld
Gezeichnet am: 10.01.2019
Freigegeben von: Lardy
Dokumentenstatus: freigegeben
Sachnummer: 800997
Änd: A
Ausgabedatum: 01.03.2019
Spr: De
Blatt: 1/1

Christiani — Technisches Institut für Aus- und Weiterbildung

Baugruppe 2.1 – Stückliste

POS.	MENGE	BENENNUNG	SACHNUMMER/NORM-KURZBEZEICHNUNG	BEMERKUNG
2.1.01	1	Antriebswelle	DIN EN 12164 - Rundstange Ø40x65	CuZn38Pb2
2.1.02	1	Drehteller	DIN EN 754 - Rundstange Ø80x23	AlCu4PbMgMn
2.1.03	1	Drehplatte	DIN 1017 - Flachstahl 80x8x182	S235JRG2+C
2.1.04	1	Lagerbock 1	DIN EN 754 - Rechteckstange 54x46x78	AlCu4PbMgMn
2.1.05	1	Lagerbock 2	DIN EN 754 - Rechteckstange 50x30x36	AlCu4PbMgMn
2.1.06	2	Lager 1	ISO 1163 - Rund Ø20x10	PVC-U
2.1.07	2	Lager 3	ISO 1163 - Rund Ø20x19	PVC-U
2.1.08	1	Paßschraube	DIN EN 10087 - Rundstahl Ø24x40	11SMn30
2.1.09	2	Zylinderschraube	DIN EN ISO 4762 - M4x10	8.8
2.1.10	1	Zylinderschraube	DIN 7984 - M6x16	8.8
2.1.11	1	Scheibe	DIN EN ISO 7090 - 8	Stahl
2.1.12	4	Zylinderstift	DIN EN ISO 2338 - 4x12	Stahl
2.1.13	2	Zylinderstift	DIN EN ISO 2338 - 4x18	Stahl
2.1.14	1	Zylinderstift	DIN EN ISO 2338 - 10x28	Stahl
2.1.15	1	Sechskantmutter	DIN EN ISO 4032 - M8	8
2.1.16	1	Axial-Rillenkugellager	DIN 711 - 51207	

Baugruppe 2 – Stückliste (Schwenkarm)

POS.	MENGE	BENENNUNG	SACHNUMMER/NORM-KURZBEZEICHNUNG	BEMERKUNG
2.01	2	Bolzen	ISO 2341 - A-6x60	Stahl
2.02	1	Bolzen	ISO 2341 - A-6x50	Stahl
2.03	3	Scheibe	DIN EN ISO 7090 - 6	Stahl
2.04	3	Splint	ISO 1234 - 1.6x12	Stahl

Das Projekt

Baugruppe 2.3

POS.	MENGE	BENENNUNG	SACHNUMMER/NORM-KURZBEZEICHNUNG	BEMERKUNG
2.3.01	1	Zylinderaufnahme 1	DIN EN 754 - Rechteckstange 50x35x25	AlCu4PbMgMn
2.3.02	1	Zylinderaufnahme 2	DIN EN 754 - Rechteckstange 40x30x25	AlCu4PbMgMn
2.3.03	2	Pneumatikzylinder	Rundzylinder C85N16-50C	SMC Pneumatik
2.3.04	1	Gewindestift	ISO 7436 - M4x8	8.8
2.3.05	1	Zylinderstift	DIN EN ISO 2338 - 6x40	Stahl
2.3.06	2	Sechskantmutter	DIN EN ISO 4035 - M6	8

Technische Referenz: Christiani Verlag
Gezeichnet von: Stadtfeld
Gezeichnet am: 10.01.2019
Freigegeben von: Lardy
Dokumentenart: Stückliste
Titel: Baugruppe 2.3 — Schwenkarm – Baugruppe 2
Dokumentenstatus: freigegeben
Sachnummer: 800997
Änd: A
Ausgabedatum: 01.03.2019
Spr: De
Blatt: 2/2

Baugruppe 2.2

POS.	MENGE	BENENNUNG	SACHNUMMER/NORM-KURZBEZEICHNUNG	BEMERKUNG
2.2.01	1	Ausleger	DIN EN 10219 - Rechteckrohr 40x20x3x343	S275N
2.2.02	1	Lagerbock 3	DIN EN 10058 - Rechteckstange 40x30x37	S275N
2.2.03	2	Lager 2	ISO 1163 - Rund Ø20x14	PVC-U
2.2.04	2	Lager 4	ISO 1163 - Rund Ø20x25	PVC-U
2.2.05	1	Schwenkwinkel	DIN EN 10207 - Blech 4x40x140	DC01 - B - m
2.2.06	2	Schwenklager	DIN EN 12163 - Rund Ø18x9	CuSn8P
2.2.07	1	Schwenkring	DIN EN 10087 - Rundstahl Ø40x30	11SMn30
2.2.08	2	Schwenkschraube	DIN EN 10087 - Rundstahl Ø16x20	Ck35
2.2.09	1	Spindelaufnahme	DIN EN 10087 - Rundstahl Ø20x105	11SMn30
2.2.10	1	Pneumatikzylinder	Rundzylinder C85N20-50C	SMC Pneumatik
2.2.11	4	Zylinderschraube	DIN EN ISO 4762 - M6x12	8.8
2.2.12	4	Sechskantmutter	DIN EN ISO 4035 - M6	8
2.2.13	1	Sechskantmutter	DIN EN ISO 4035 - M8	8
2.2.14	1	Sechskantmutter	DIN EN ISO 4035 - M22	8
2.2.15	4	Fächerscheibe	DIN 6798* - J6,4	Stahl

*Diese Norm wurde zurückgezogen und ist nicht mehr gültig. Eine Nachfolge-Norm ist noch nicht veröffentlicht. Das aufgeführte Normteil wird noch nach der angegebenen Norm angeboten.

Technische Referenz: Christiani Verlag
Gezeichnet von: Stadtfeld
Gezeichnet am: 10.01.2019
Freigegeben von: Lardy
Dokumentenart: Stückliste
Titel: Baugruppe 2.2 — Schwenkarm – Baugruppe 2
Dokumentenstatus: freigegeben
Sachnummer: 800997
Änd: A
Ausgabedatum: 01.03.2019
Spr: De
Blatt: 2/2

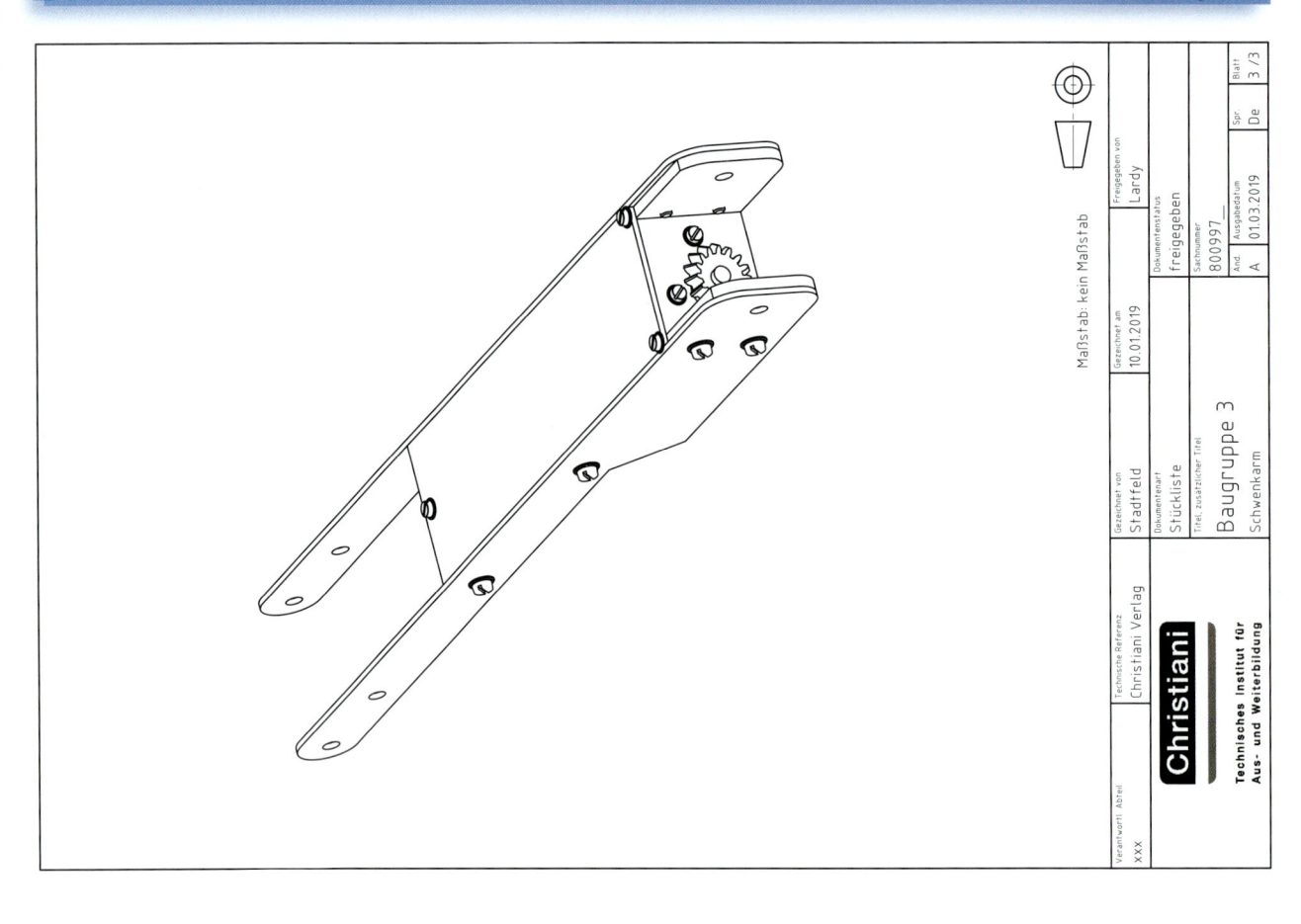

POS	MENGE	BENENNUNG	SACHNUMMER/NORM-KURZBEZEICHNUNG	BEMERKUNG
3.01	1	Abstandhalter 1	DIN EN 755 - Rechteckstange 20x10x55	AlCu4PbMgMn
3.02	1	Abstandhalter 2	DIN EN 755 - Rechteckstange 20x10x55	AlCu4PbMgMn
3.03	2	Seitenblech, Ausleger	DIN EN 485 - Aluminiumblech 2x45x380	Al99,5 H14
3.04	1	Motorhalterung	DIN EN 755 - U-Profil 50x4x4,5	AlMgSi0,5 F22
3.05	1	Abdeckblech	DIN EN 485 - Aluminiumblech 2x55x195	Al99,5 H14
3.06	1	Kegelzahnrad	15 Zähne, Modul 1,5mm	POM Acetalkopolymer
3.07	6	Zylinderschraube	DIN EN ISO 1207 - M3x8	5.8
3.08	4	Zylinderschraube	DIN EN ISO 1207 - M4x8	5.8
3.09	4	Zylinderschraube	DIN EN ISO 1207 - M4x12	5.8
3.10	6	Scheibe	DIN EN ISO 7090 - 3,2	Stahl
3.11	8	Scheibe	DIN EN ISO 7090 - 4,3	Stahl
3.12	1	Zylinderstift	DIN EN ISO 2338 - 3x12	Stahl
3.13	1	Motor	Regelmotor 24V, Getriebe 5/min; 1000:1	

Baugruppe 3 — Schwenkarm

Stückliste — Christiani Verlag — Gezeichnet von: Stadtfeld — Gezeichnet am: 10.01.2019 — Freigegeben von: Lardy — Dokumentenstatus: freigegeben — Sachnummer: 800997 — Änd. A — Ausgabedatum: 01.03.2019 — Spr. De

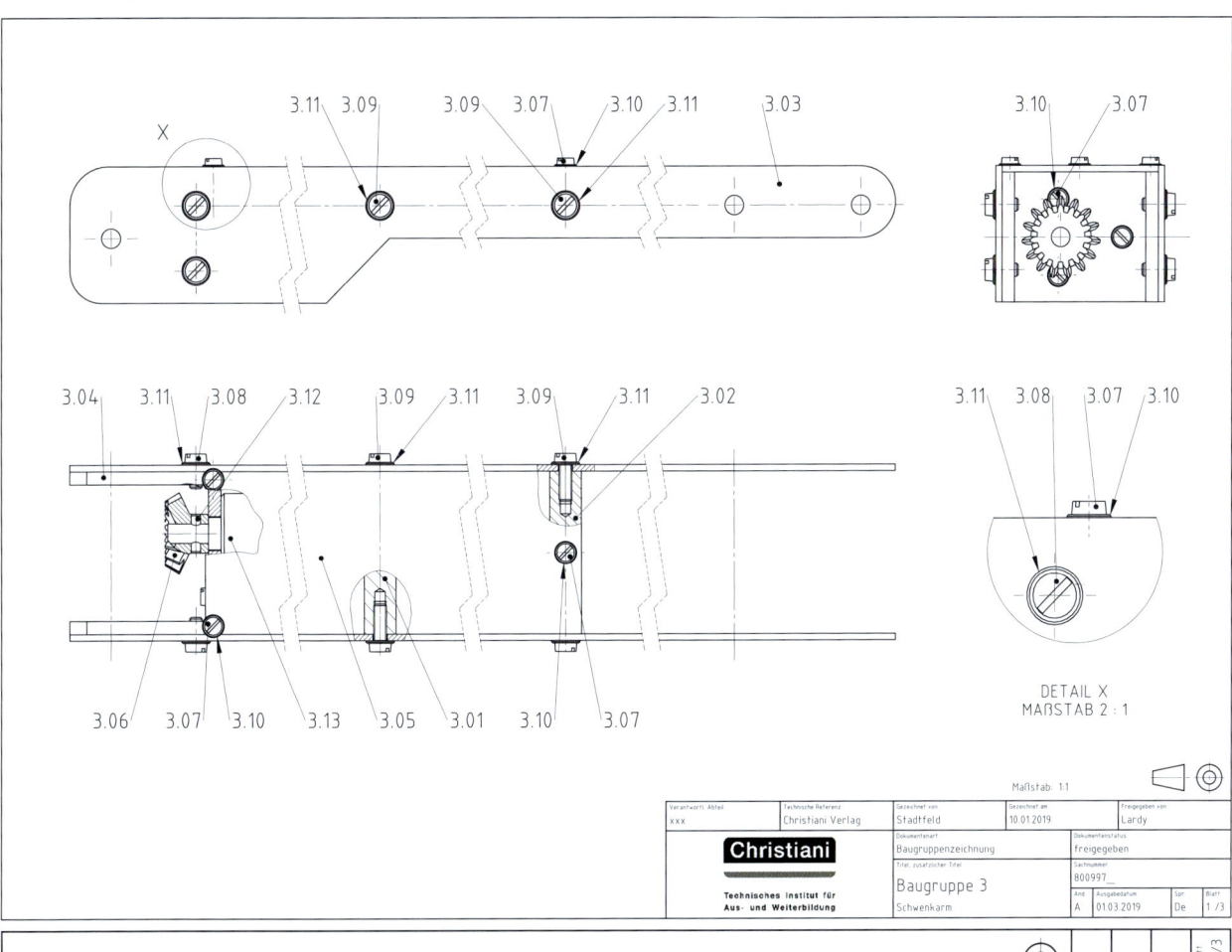

Das Projekt

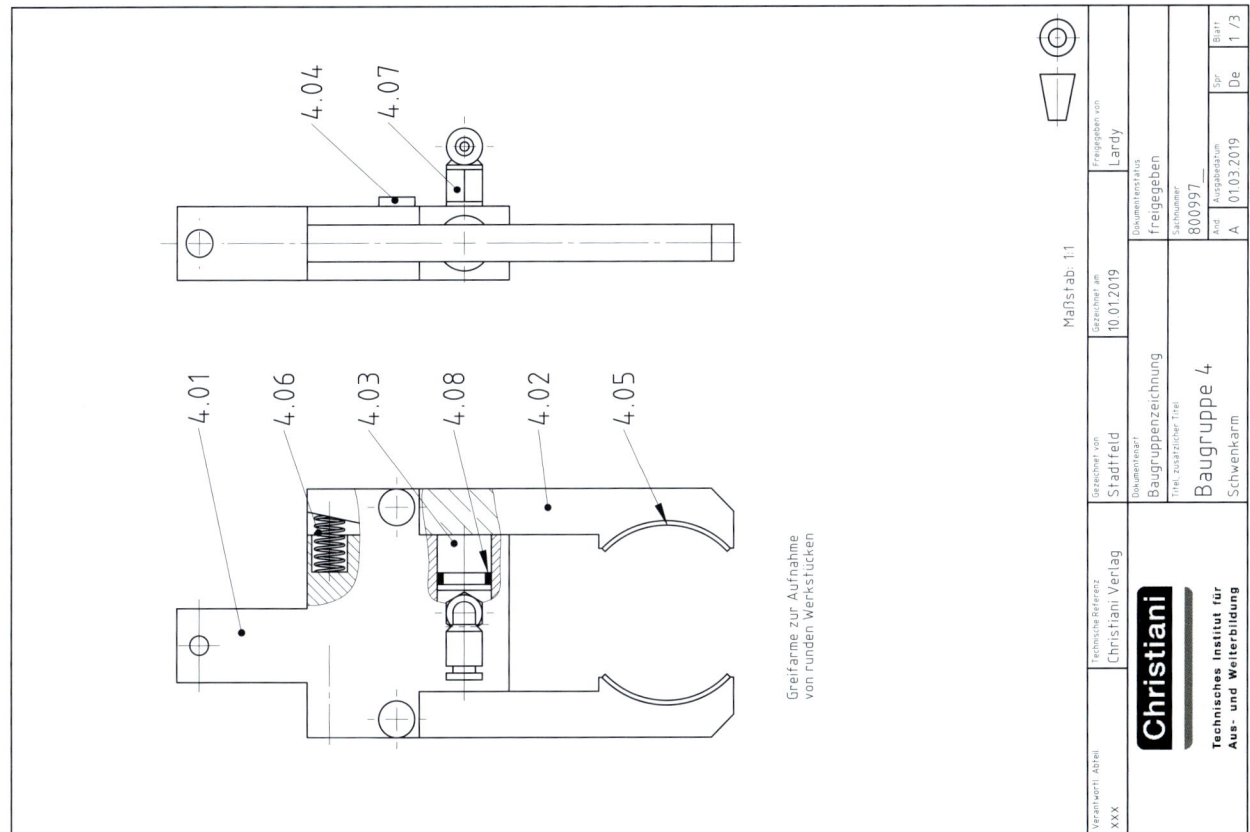

DETAIL X
MASSTAB 2 : 1

Maßstab 1:1

Verantwortl. Abteil.	Technische Referenz	Gezeichnet von	Gezeichnet am	Freigegeben von
xxx	Christiani Verlag	Stadtfeld	10.01.2019	Lardy

Christiani
Technisches Institut für
Aus- und Weiterbildung

Dokumentenart	Dokumentenstatus
Baugruppenzeichnung	freigegeben
Titel, zusätzlicher Titel	Sachnummer
Baugruppe 3	800997_
Schwenkarm	Änd. A / Ausgabedatum 01.03.2019 / Spr. De / Blatt 1/3

Greifarme zur Aufnahme von runden Werkstücken

Maßstab 1:1

Verantwortl. Abteil.	Technische Referenz	Gezeichnet von	Gezeichnet am	Freigegeben von
xxx	Christiani Verlag	Stadtfeld	10.01.2019	Lardy

Christiani
Technisches Institut für
Aus- und Weiterbildung

Dokumentenart	Dokumentenstatus
Baugruppenzeichnung	freigegeben
Titel, zusätzlicher Titel	Sachnummer
Baugruppe 4	800997_
Schwenkarm	Änd. A / Ausgabedatum 01.03.2019 / Spr. De / Blatt 1/3

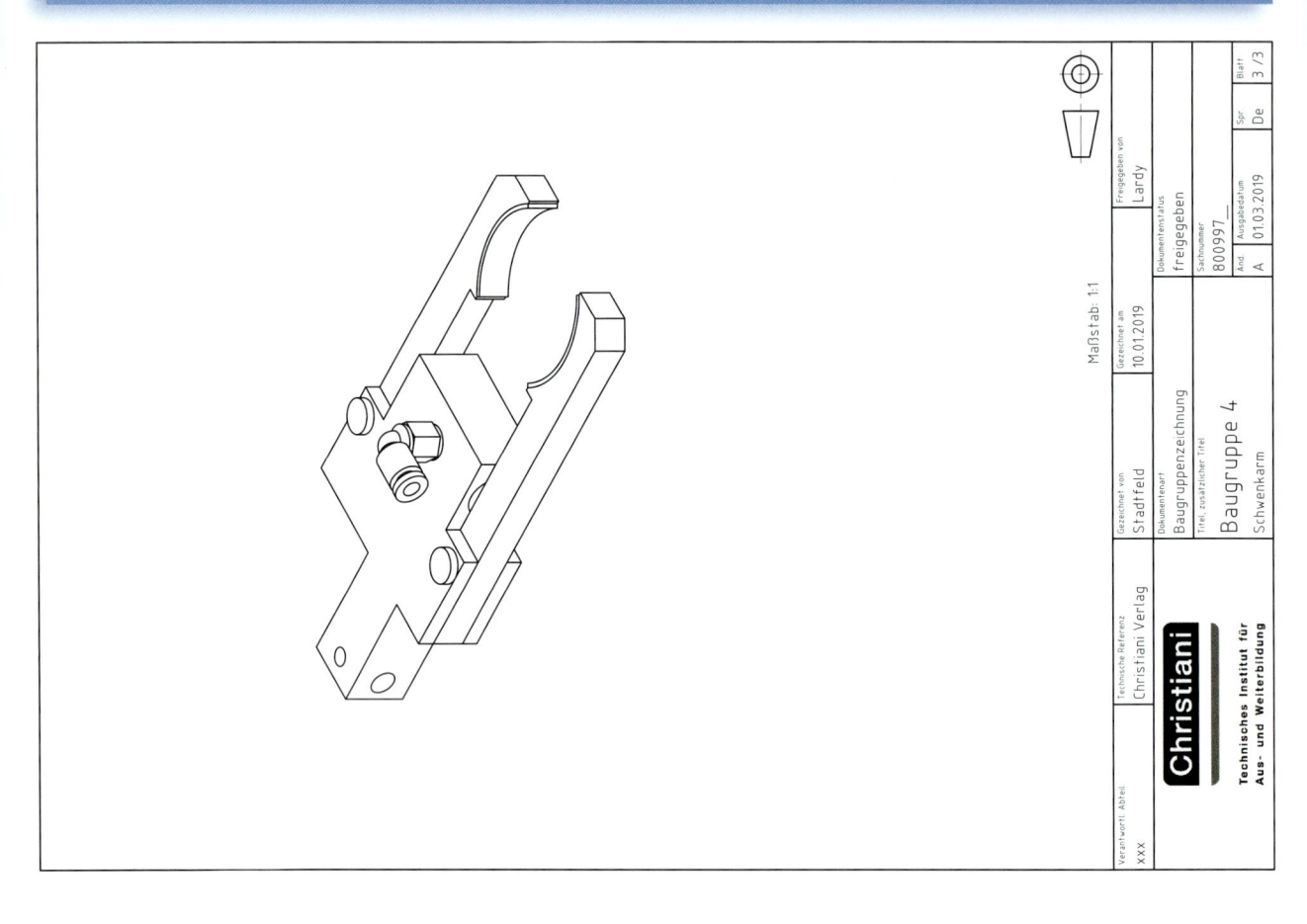

POS.	MENGE	BENENNUNG	SACHNUMMER/NORM-KURZBEZEICHNUNG	BEMERKUNG
4.01	1	Trägerplatte	DIN EN 755 - Rechteckstange 60x20x76	AlCu4PbMgMn
4.02	2	Greifarm	DIN EN 755 - Rechteckstange 15x8x97	AlCu4PbMgMn
4.03	2	Kolben	DIN EN 12164 - Rundstange Ø12x15	CuZn38Pb2
4.04	2	Bolzen	DIN EN 12164 - Rundstange Ø8x20	CuZn38Pb2
4.05	2	Schutzauflage	Bestellteil Fa. Gummishop24	Gummimischung (SBR+NR)
4.06	2	Druckfeder	DIN 2098 - 0,5x6,3x20	federnde Windungen 5,5
4.07	1	Winkelverbindung, drehbar	Fa. Norgren, Artikelnummer M02470405	
4.08	2	O-Ring	DIN ISO 3601 - 9x1,8	NBR 70

Baugruppe 4 — Schwenkarm

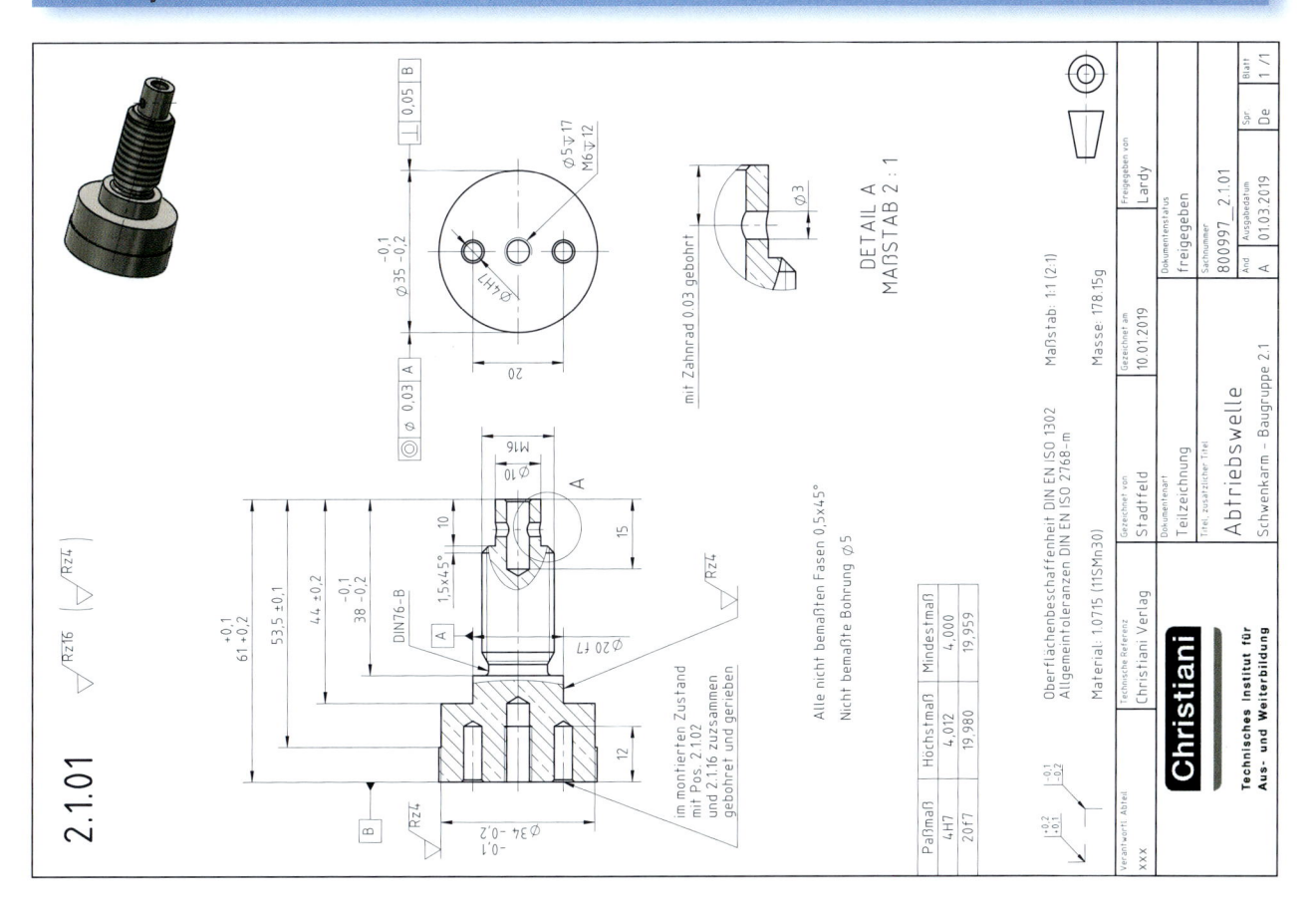

Das Projekt

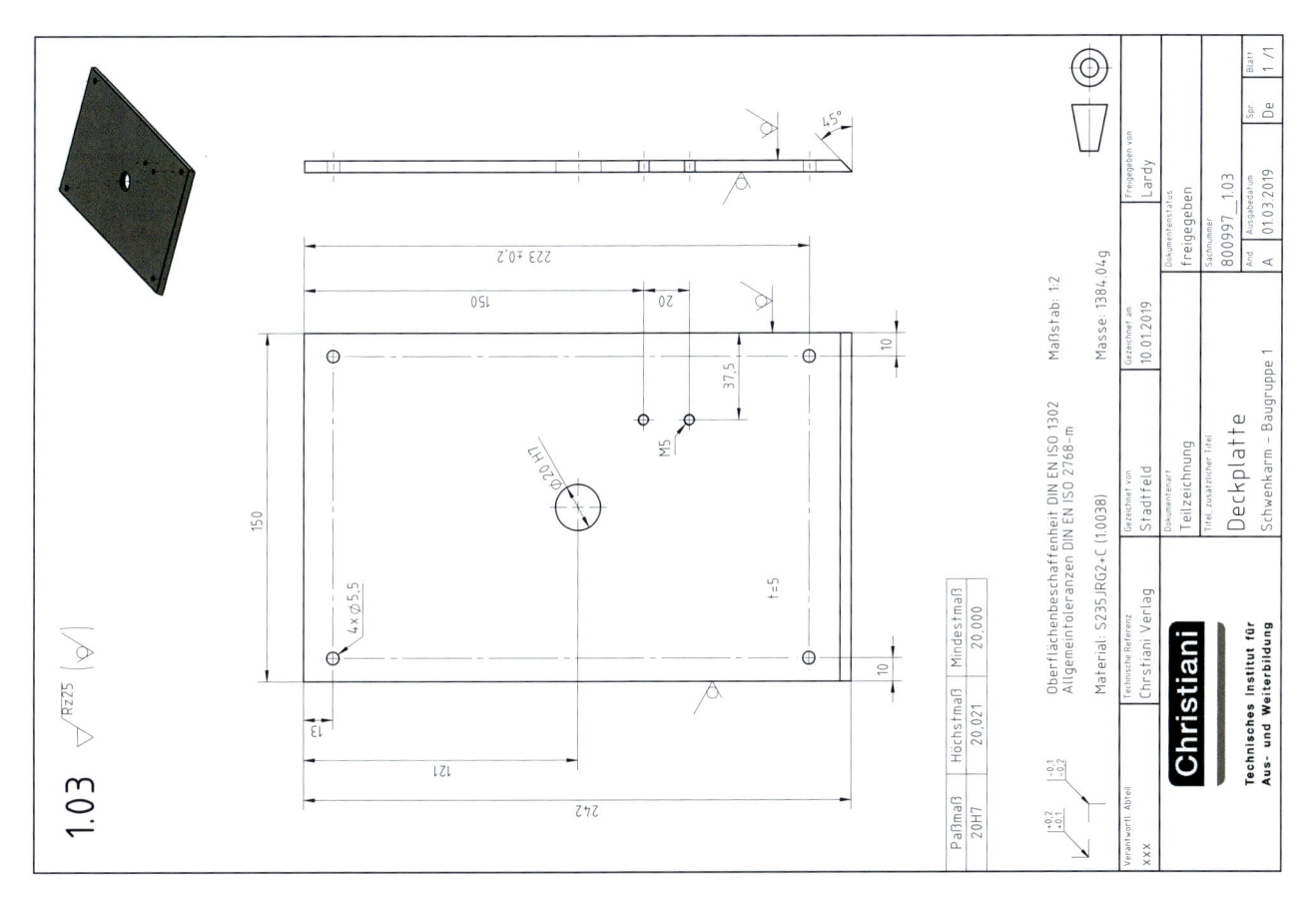

2.1.01 — Abtriebswelle

$\sqrt{Rz16}$ ($\sqrt{Rz4}$)

DETAIL A
MAẞSTAB 2:1

im montierten Zustand
mit Pos. 2.102
und 2.116 zusammen
gebohrt und gerieben

mit Zahnrad 0,03 gebohrt

Alle nicht bemaßten Fasen 0,5×45°
Nicht bemaßte Bohrung ⌀5

Paßmaß	Höchstmaß	Mindestmaß
4H7	4,012	4,000
20f7	19,980	19,959

Maßstab: 1:1 (2:1)
Masse: 178,15g

Oberflächenbeschaffenheit DIN EN ISO 1302
Allgemeintoleranzen DIN EN ISO 2768-m

Material: 1.0715 (11SMn30)

Technische Referenz: Christiani Verlag
Gezeichnet von: Stadtfeld
Gezeichnet am: 10.01.2019
Freigegeben von: Lardy
Ausgabedatum: 01.03.2019

Dokumentenart: Teilzeichnung
Titel, zusätzlicher Titel: Schwenkarm – Baugruppe 2.1
Titel: **Abtriebswelle**

Dokumentenstatus: freigegeben
Sachnummer: 800997_2.1.01
Änd: A
Spr: De
Blatt: 1/1

Christiani — Technisches Institut für Aus- und Weiterbildung

1.03 — Deckplatte

$\sqrt{Rz25}$ ($\sqrt{}$)

45°
t=5

Paßmaß	Höchstmaß	Mindestmaß
20H7	20,021	20,000

Maßstab: 1:2
Masse: 1384,04g

Oberflächenbeschaffenheit DIN EN ISO 1302
Allgemeintoleranzen DIN EN ISO 2768-m

Material: S235JRG2+C (1.0038)

Technische Referenz: Christiani Verlag
Gezeichnet von: Stadtfeld
Gezeichnet am: 10.01.2019
Freigegeben von: Lardy
Ausgabedatum: 01.03.2019

Dokumentenart: Teilzeichnung
Titel, zusätzlicher Titel: Schwenkarm – Baugruppe 1
Titel: **Deckplatte**

Dokumentenstatus: freigegeben
Sachnummer: 800997_1.03
Änd: A
Spr: De
Blatt: 1/1

Christiani — Technisches Institut für Aus- und Weiterbildung

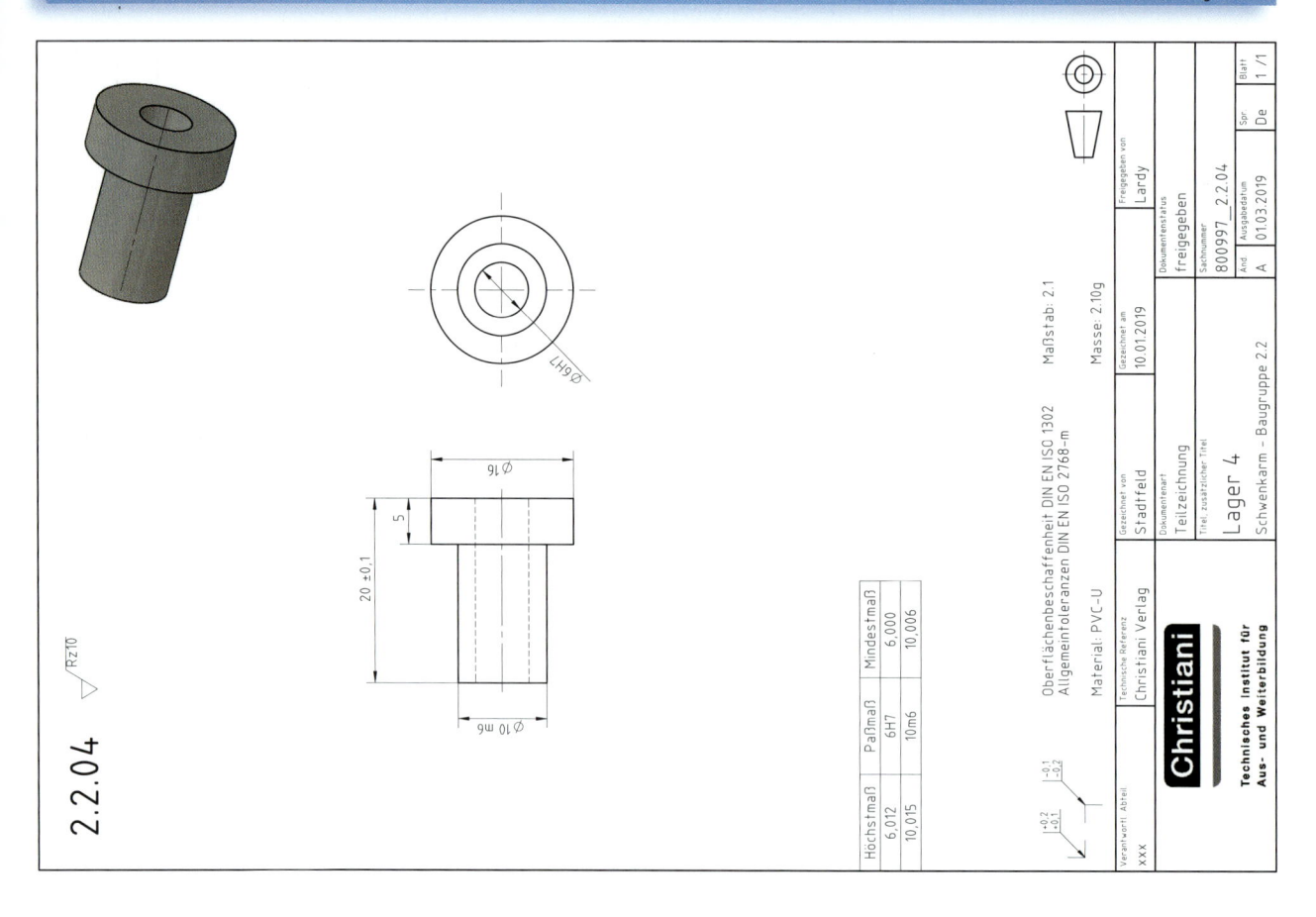

Das Projekt

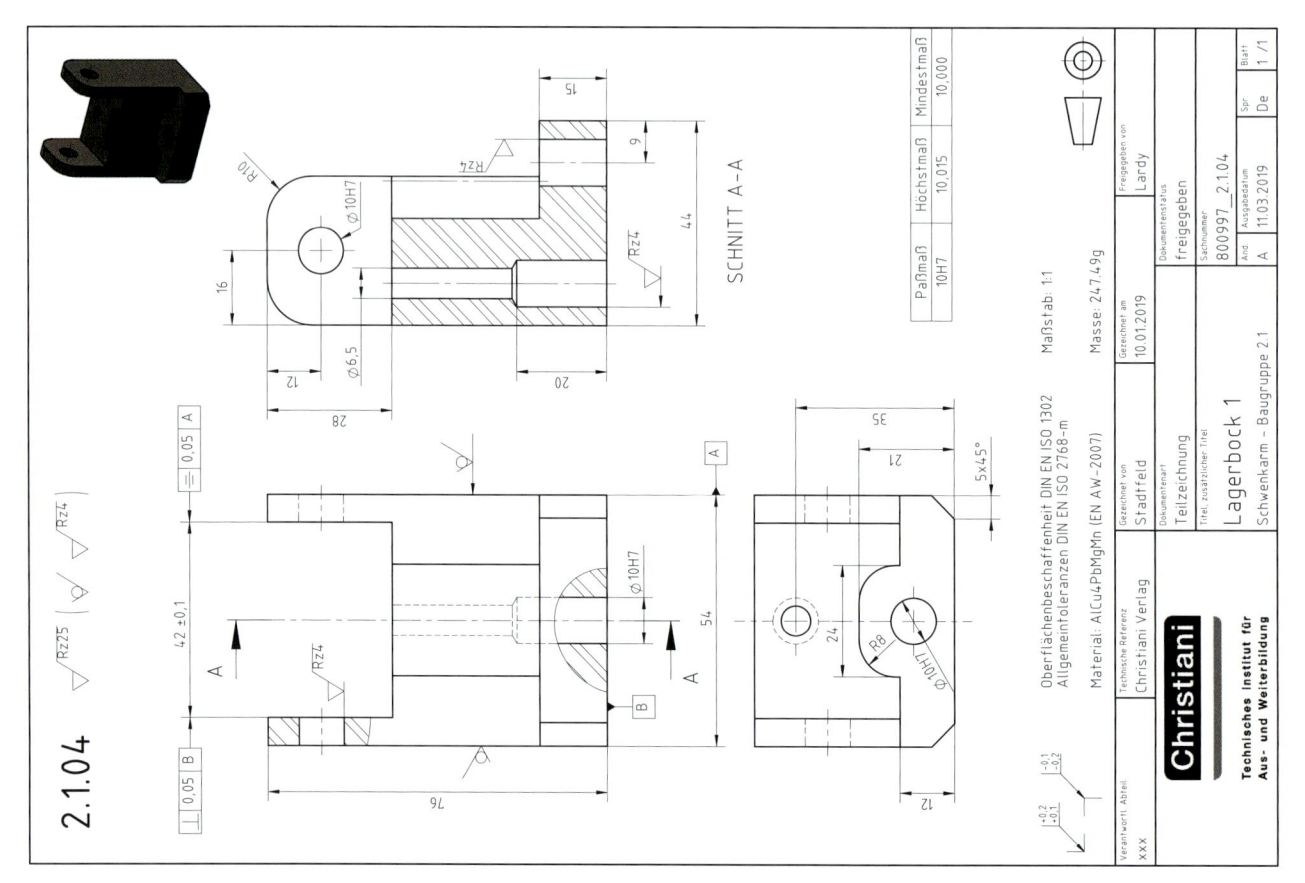

2.2.04 — Lager 4

Rz10

Höchstmaß	Paßmaß	Mindestmaß
6,012	6H7	6,000
10,015	10m6	10,006

Maßstab: 2:1
Masse: 2,10 g
Material: PVC-U

Oberflächenbeschaffenheit DIN EN ISO 1302
Allgemeintoleranzen DIN EN ISO 2768-m

Ø16
Ø10 m6
Ø6H7
20 ±0,1
5

Dokumentenart: Teilzeichnung
Titel: Lager 4 — Schwenkarm – Baugruppe 2.2
Gezeichnet von: Stadtfeld — 10.01.2019
Freigegeben von: Lardy
Sachnummer: 800997_2.2.04
Ausgabedatum: 01.03.2019
Dokumentenstatus: freigegeben
Änd: A — Spr: De — Blatt: 1/1

Christiani Verlag — Technisches Institut für Aus- und Weiterbildung

---

2.1.04 — Lagerbock 1

Rz25 | Rz4

Paßmaß	Höchstmaß	Mindestmaß
10H7	10,015	10,000

Maßstab: 1:1
Masse: 24,9 g
Material: AlCu4PbMgMn (EN AW-2007)

SCHNITT A–A

R10
Ø10H7
Ø6,5
R8
Ø10H7
42 ±0,1
44
54
28
20
16
15
12
12
9
21
24
35
5×45°
76

0,05 A
0,05 B
Rz4

Oberflächenbeschaffenheit DIN EN ISO 1302
Allgemeintoleranzen DIN EN ISO 2768-m

Dokumentenart: Teilzeichnung
Titel: Lagerbock 1 — Schwenkarm – Baugruppe 2.1
Gezeichnet von: Stadtfeld — 10.01.2019
Freigegeben von: Lardy
Sachnummer: 800997_2.1.04
Ausgabedatum: 11.03.2019
Dokumentenstatus: freigegeben
Änd: A — Spr: De — Blatt: 1/1

Christiani Verlag — Technisches Institut für Aus- und Weiterbildung

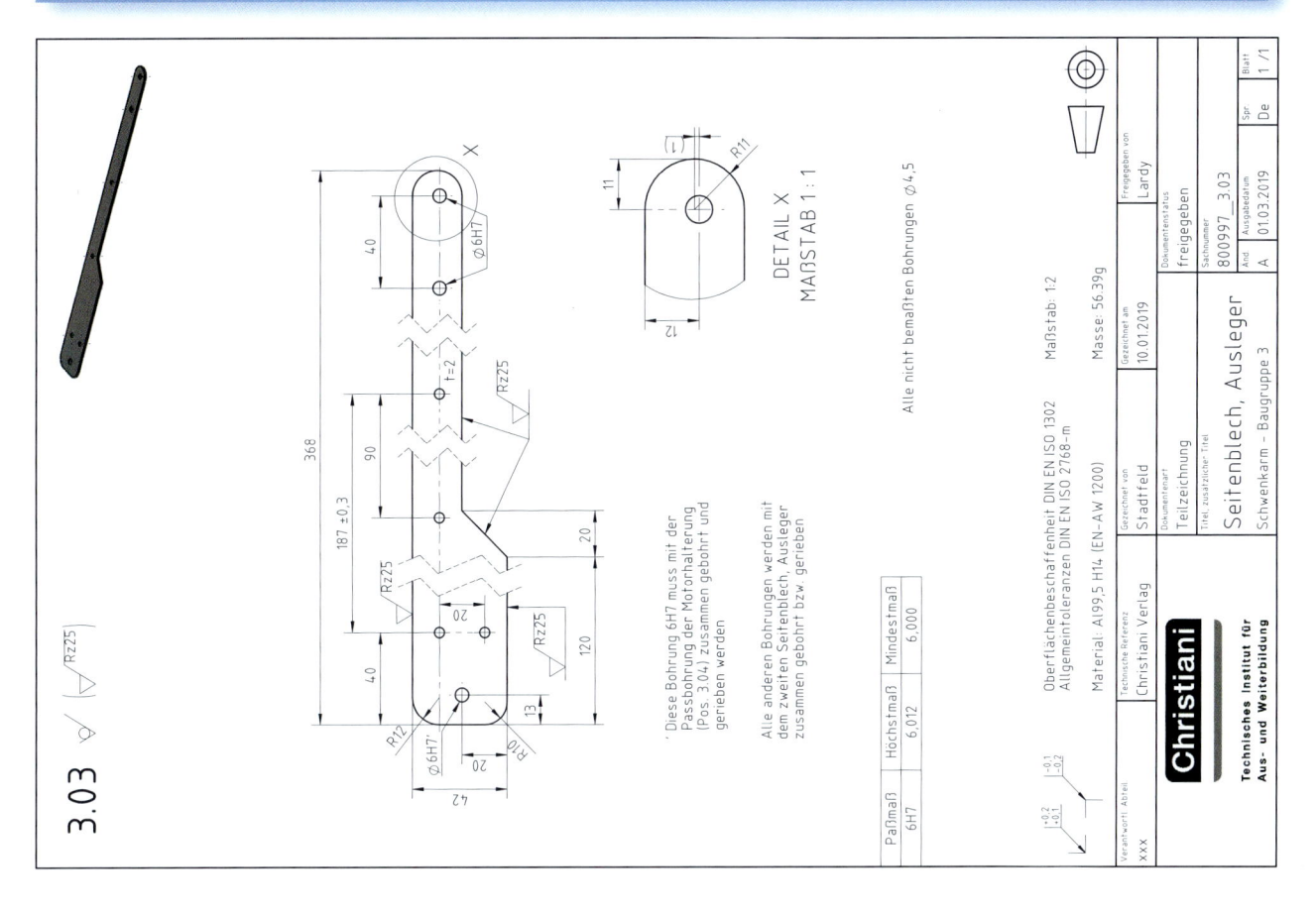

Das Projekt

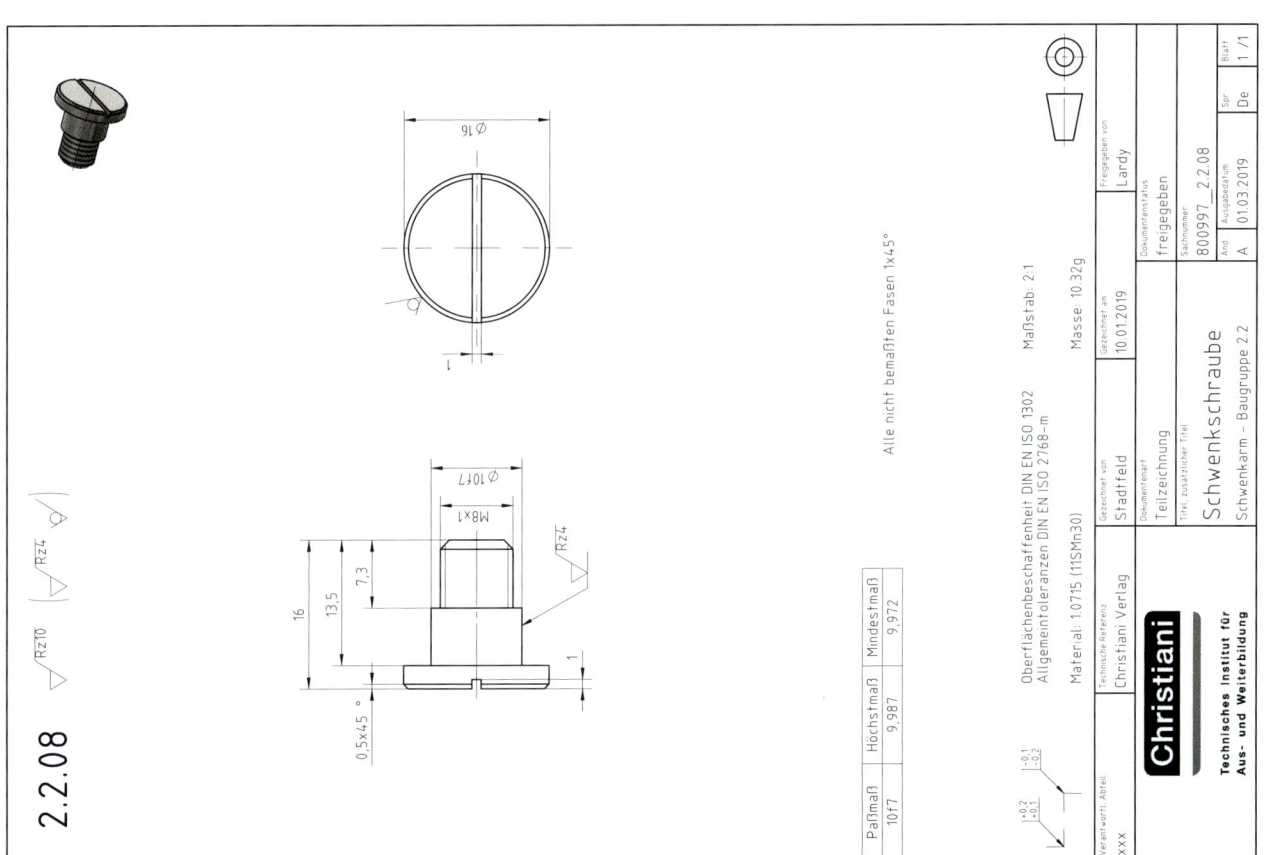

Seitenblech, Ausleger (3.03)

Paßmaß	Höchstmaß	Mindestmaß
6H7	6,012	6,000

*Diese Bohrung 6H7 muss mit der Passbohrung der Motorhalterung (Pos. 3.04) zusammen gebohrt und gerieben werden

Alle anderen Bohrungen werden mit dem zweiten Seitenblech, Ausleger zusammen gebohrt bzw gerieben

Oberflächenbeschaffenheit DIN EN ISO 1302
Allgemeintoleranzen DIN EN ISO 2768-m
Material: Al99,5 H14 (EN-AW 1200)

Maßstab: 1:2
Masse 56,39g

DETAIL X
MASSTAB 1:1

Alle nicht bemaßten Bohrungen ⌀4,5

Teilzeichnung
Seitenblech, Ausleger
Schwenkarm – Baugruppe 3
Sachnummer: 800997_3.03
Gezeichnet von: Stadtfeld
Gezeichnet am: 10.01.2019
Freigegeben von: Lardy
Ausgabedatum: 01.03.2019
Dokumentenstatus: freigegeben

Schwenkschraube (2.2.08)

Paßmaß	Höchstmaß	Mindestmaß
10f7	9,987	9,972

Alle nicht bemaßten Fasen 1x45°

Oberflächenbeschaffenheit DIN EN ISO 1302
Allgemeintoleranzen DIN EN ISO 2768-m
Material: 1.0715 (11SMn30)

Maßstab: 2:1
Masse 10,32g

Teilzeichnung
Schwenkschraube
Schwenkarm – Baugruppe 2.2
Sachnummer: 800997_2.2.08
Gezeichnet von: Stadtfeld
Gezeichnet am: 10.01.2019
Freigegeben von: Lardy
Ausgabedatum: 01.03.2019
Dokumentenstatus: freigegeben

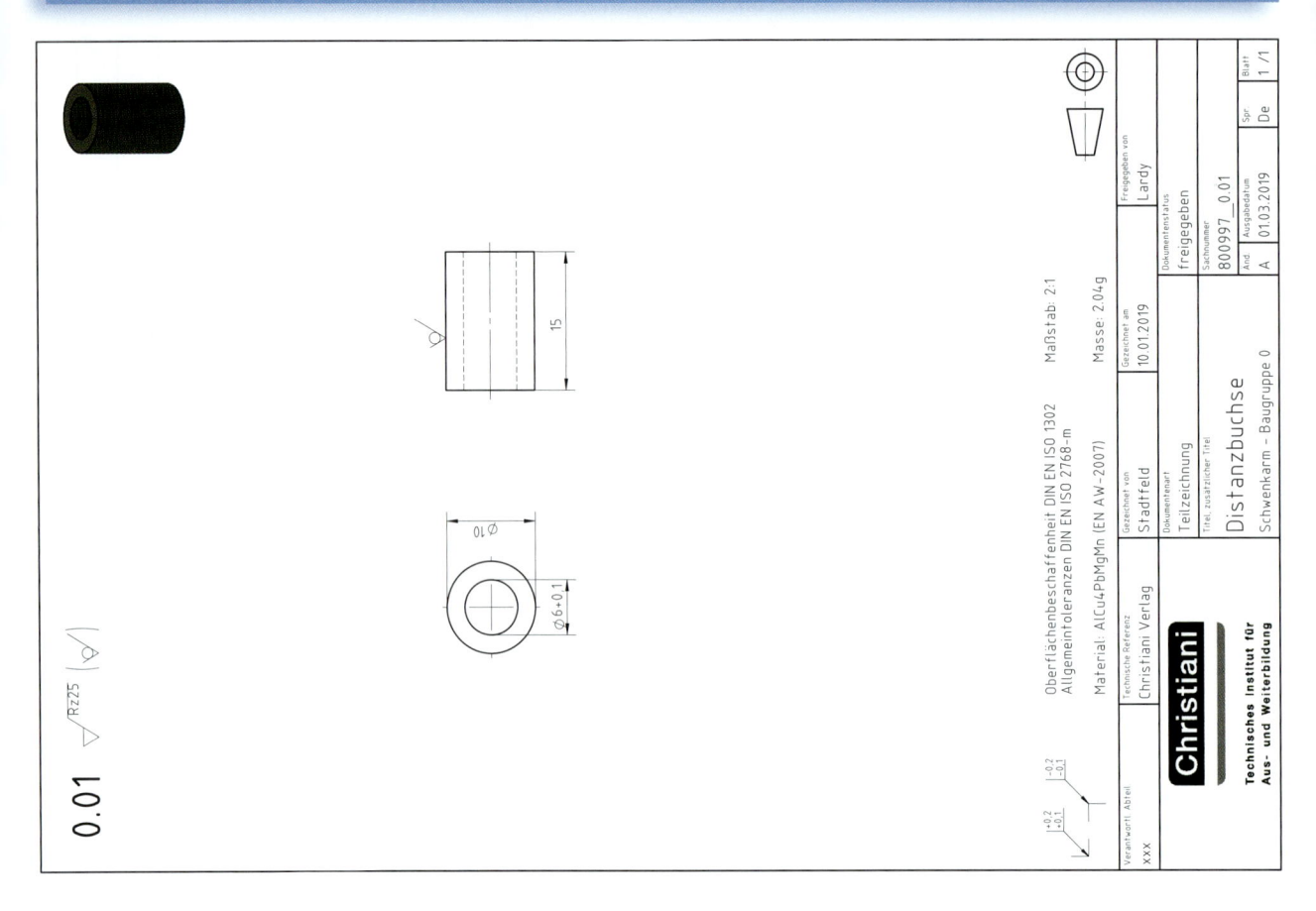

Das Projekt

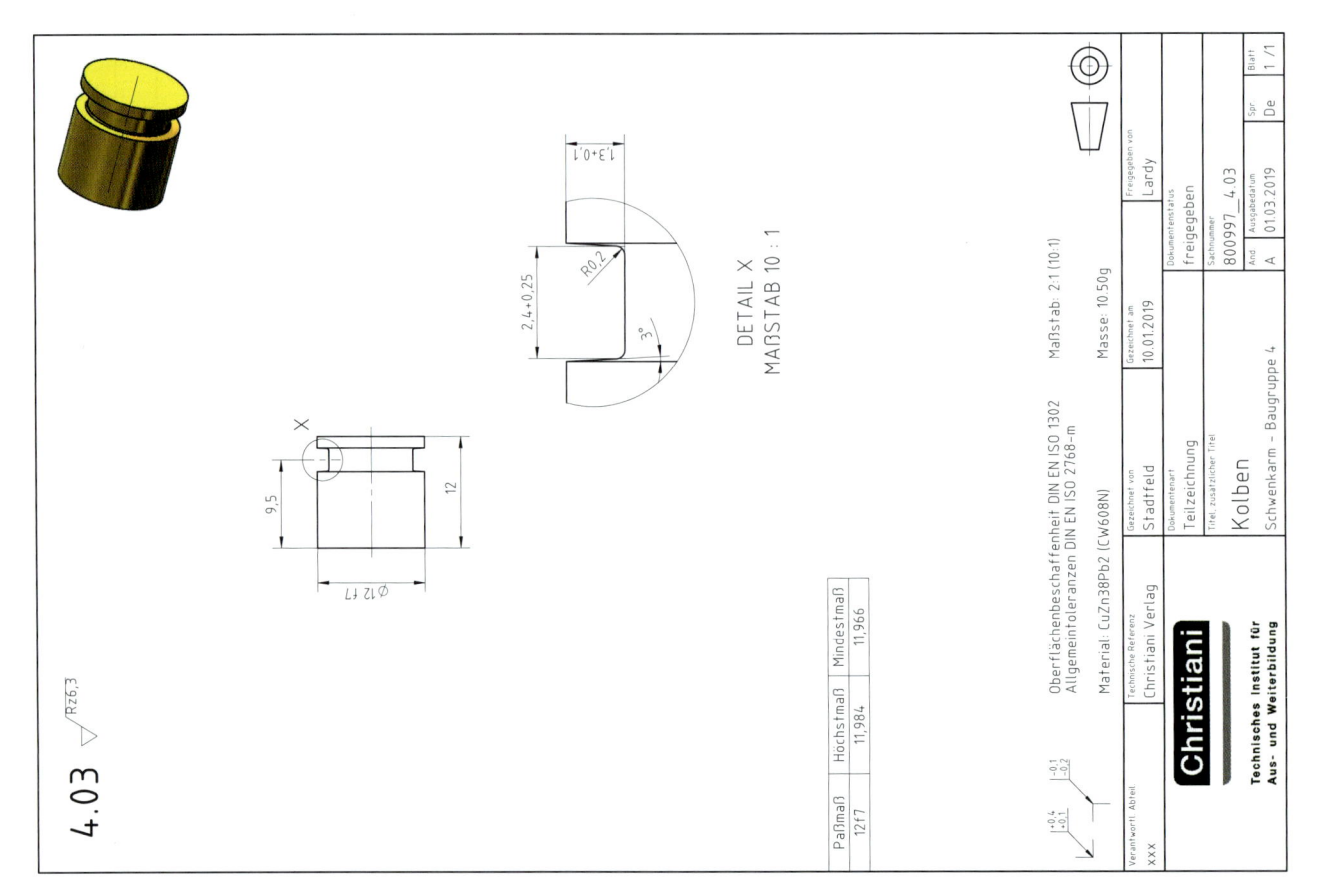

0.01 Distanzbuchse

- Maßstab 2:1
- Masse: 2,04 g
- Material: AlCu4PbMgMn (EN AW-2007)
- Oberflächenbeschaffenheit DIN EN ISO 1302
- Allgemeintoleranzen DIN EN ISO 2768-m
- Ø10, Ø6+0,1, 15
- Rz25
- Gezeichnet am: 10.01.2019, Stadtfeld
- Freigegeben von: Lardy
- Sachnummer: 800997_0.01
- Ausgabedatum: 01.03.2019
- Titel, zusätzlicher Titel: Schwenkarm – Baugruppe 0
- Dokumentenart: Teilzeichnung
- Dokumentenstatus: freigegeben
- Blatt 1/1

4.03 Kolben

- Maßstab 2:1 (10:1)
- Masse: 10,50 g
- Material: CuZn38Pb2 (CW608N)
- Oberflächenbeschaffenheit DIN EN ISO 1302
- Allgemeintoleranzen DIN EN ISO 2768-m
- Ø12 f7, 9,5, 12
- Detail X Maßstab 10:1: 2,4±0,25; R0,2; 3°; 1,3±0,1
- Rz6,3

Paßmaß	Höchstmaß	Mindestmaß
12 f7	11,984	11,966

- Gezeichnet am: 10.01.2019, Stadtfeld
- Freigegeben von: Lardy
- Sachnummer: 800997_4.03
- Ausgabedatum: 01.03.2019
- Titel, zusätzlicher Titel: Schwenkarm – Baugruppe 4
- Dokumentenart: Teilzeichnung
- Dokumentenstatus: freigegeben
- Blatt 1/1

Christiani – Technisches Institut für Aus- und Weiterbildung

2 Werkstofftechnik

2.1 Eisenmetalle

Stahl

Die Baugruppe 2.1 ist auf der zentralen Drehplatte Pos. 2.1.03 aufgebaut. Diese Platte wird relativ stark belastet durch die Gewichte der auf ihr befestigten Bauteile, die Bewegungen des Schwenkarms und die Verschraubungen. Deshalb wird sie aus Stahl hergestellt.

Die verwendete **Stahlsorte** S235 ist ein üblicher Stahl für Stahlbauanwendungen. Die geometrische Form des Stahls (**Halbzeugform**) ist Flachstahl mit einer Dicke von 8 mm. Die Standfüße der Baugruppe 1 (Pos. 1.01 und 1.02) sind ebenfalls aus dieser Stahlsorte S235 gefertigt, aber in einer anderen Halbzeugform (Vierkantstahl).

> In der Werkstofftechnik werden die Stoffe hinsichtlich ihres inneren Aufbaus, ihrer Herstellung, ihrer Eigenschaften und ihrer Kennzeichnung untersucht.
>
> ■ **Halbzeug**
> Geformter Werkstoff, z. B. Blech, Rohr, Profil, …

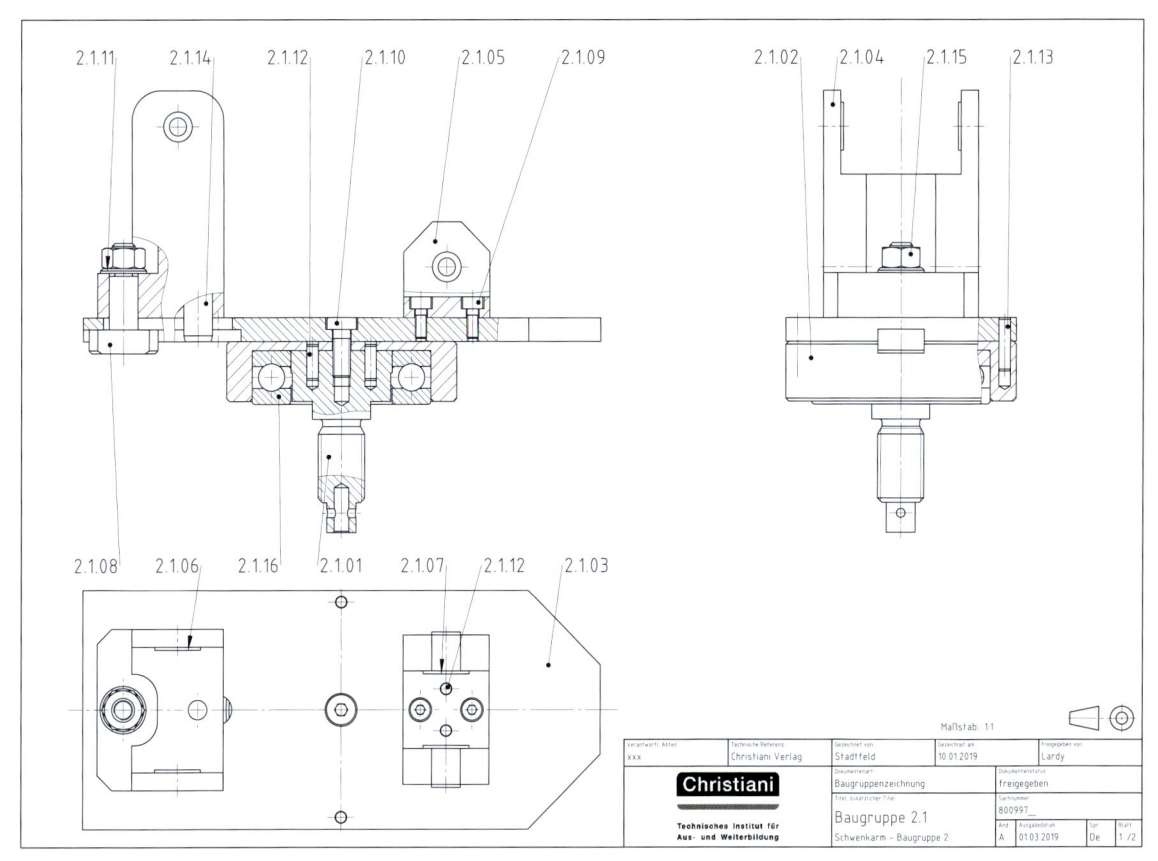

Bild 1 Gesamtzeichnung Baugruppe 2.1 der Baugruppe 2

Für den Techniker ist **Stahl** eine Legierung aus Eisen und Kohlenstoff (C). Der Anteil des Kohlenstoffs hat dabei einen großen Einfluss auf die Werkstoffeigenschaften. Stahl hat generell bis zu 2,06 % Kohlenstoff.

Bei höheren Kohlenstoff-Anteilen ist der Werkstoff nicht mehr warmformbar, er ist sehr hart und spröde und wird vergossen zu **Gusseisen**.

> ■ **Warmformen**
> Das Verformen von Stahl (z. B. durch Schmieden oder Walzen) bei hohen Temperaturen (ca. 1100 bis 1300 °C).

```
                    Eisenmetalle
                   /            \
              Stahl              Gusseisen

     Kohlenstoffgehalt < 2,06 %   Kohlenstoffgehalt > 2,06 %
     warmformbar und gießbar     nur gießbar
```

Bild 2 Einteilung von Stahl und Gusseisen

Werkstofftechnik

■ **Eisenerz**
Natürlich vorkommende Verbindung aus Eisen und Nichteisengestein.

Herstellung

Der Grundrohstoff für alle Eisenmetalle ist das Eisenerz. Eisenerz kommt nicht rein in der Erdrinde vor, es ist chemisch mit anderen Stoffen verbunden. Durch verschiedene Verarbeitungsschritte wird aus dem Eisenerz Stahl und Gusseisen hergestellt, siehe Bild 3.

Eisenerz (Eisenanteil 30 bis 70 %)

Roheisengewinnung

Verfahren:
Hochofen oder Direktreduktion

Roheisen (Eisenanteil 90 %, hart und spröde)

Stahlerzeugung
Reduzierung der Eisenbegleitelemente, z. B. Phosphor, Schwefel, …
Reduzierung des Kohlenstoffgehalts

Verfahren:
Sauerstoffaufblasen oder Elektrostahl

Stahl

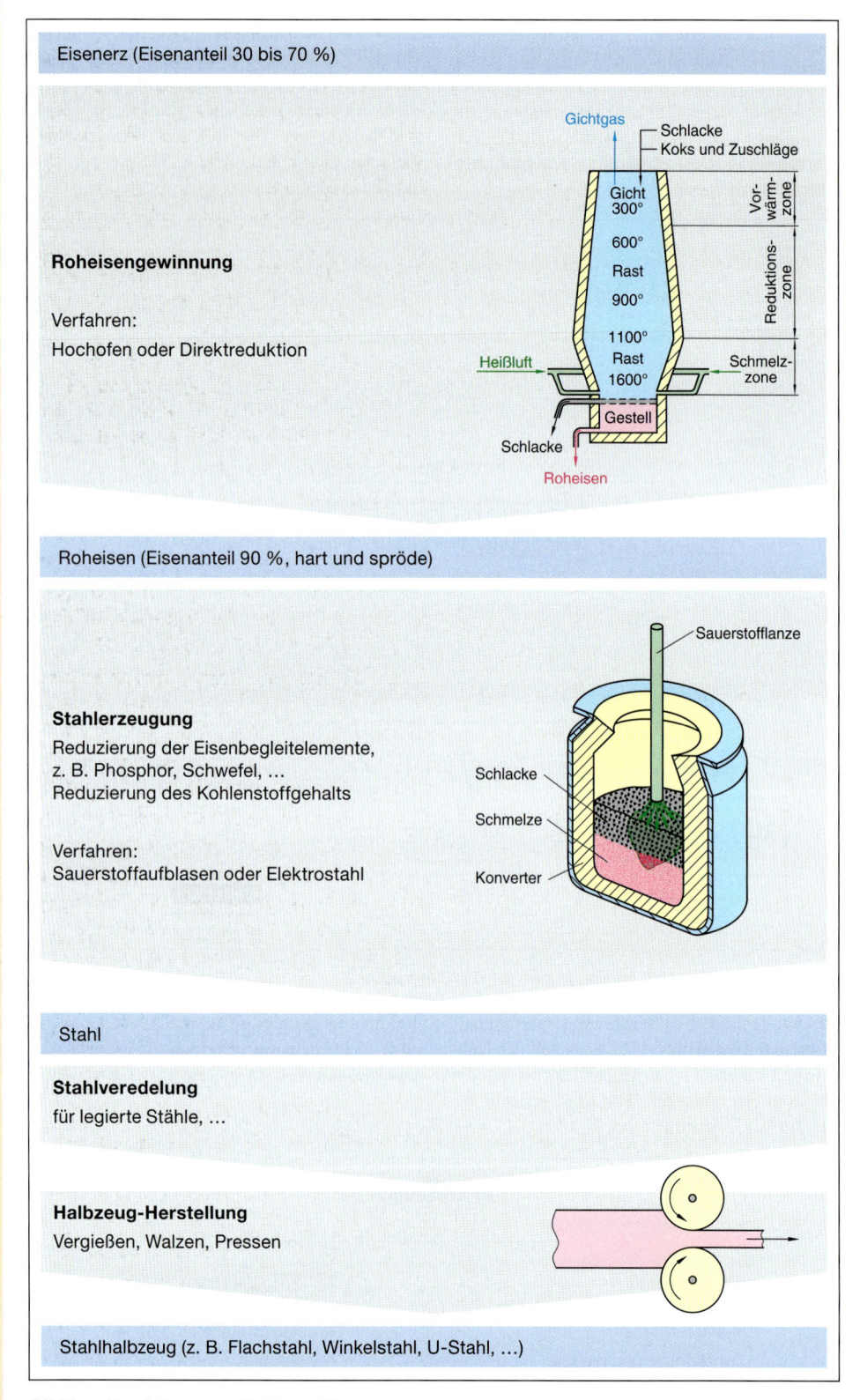

Stahlveredelung
für legierte Stähle, …

Halbzeug-Herstellung
Vergießen, Walzen, Pressen

Stahlhalbzeug (z. B. Flachstahl, Winkelstahl, U-Stahl, …)

Bild 3 Herstellung von Stahl aus Eisenerz

Eisenmetalle, Herstellung

Durch Beseitigung der Verunreinigungen und durch Reduktion des Eisenerzes entsteht **Roheisen**.

Vor der *technischen Verwendung* muss *Roheisen* noch weiter *aufbereitet* werden.

Im **Hochofen** oder durch **Direktreduktion** wird aus Eisenerz Roheisen gewonnen.

Hochofen

Es werden schichtweise **Eisenerze** mit Zuschlägen und **Koks** eingegeben.

Wichtigster Zuschlagstoff ist **Kalk** zur Bindung der Verunreinigungen.

Koks liefert die Wärme zum Schmelzen des Eisenerzes.

Der Kohlenstoff des Kokses verbindet sich mit dem entstehenden Eisen und senkt deren Schmelztemperatur ab (1400 °C bis 1500 °C).

Das flüssige Eisen kann vom Kohlenstoff reduziert werden. Der Kohlenstoff entzieht dem Eisen den Sauerstoff und es entsteht **Roheisen**.

In der Schlacke, die auf dem Roheisen schwimmt, sind alle Verunreinigungen gebunden.

In bestimmten Zeitabständen wird das Roheisen durch einen **Abstich** abgelassen.

Die Zusammensetzung des Roheisens bestimmt, ob es in den Roheisenmischer oder zur Masselgießanlage gelangt.

Der *Hochofenprozess* erzeugt zwei **Roheisensorten**:

1. Weißes Roheisen
mit einem hohen Mangangehalt, eine helle strahlenförmige Bruchfläche und Verwendung zur *Stahlherstellung*.

2. Graues Roheisen
mit einem hohen Siliziumgehalt und einer grauen Bruchfläche und Verwendung zur *Gusseisenherstellung*.

Direktreduktion

Das Eisenerz wird im festen Zustand *direkt* zu Eisen reduziert.

Dazu muss das Eisenerz vorbereitet werden: Brechen, Mahlen und mit Kalk und Koks zu **Kugeln** (Pellets) pressen.

Die Pellets werden in Schachtöfen oder Drehrohröfen gefüllt und durch Reduktionsgase (i. Allg. Kohlenstoffmonoxid und Wasserstoff) bei ca. 1100 °C zu Roheisen reduziert. Dadurch entsteht sogenannter *Eisenschwamm*, der zu Stahl umgewandelt wird.

Weißes Roheisen und **Eisenschwamm** enthalten ca. 3 % bis 5 % Kohlenstoff und einige unerwünschte Elemente wie Mangan, Silizium, Schwefel und Phosphor.

Bei der Umwandlung in Stahl muss der Kohlenstoffgehalt unter 2,06 % gesenkt und die unerwünschten Elemente müssen praktisch vollständig beseitigt werden. Man nennt das **Frischen** und verwendet dazu zwei Verfahren:

Sauerstoffblasverfahren

LD-Verfahren, wurde benannt nach den österreichischen Städten **L**inz und **D**onawitz.

Reiner Sauerstoff wird durch ein Rohr (Lanze genannt) auf die Roheisen-Schrott-Füllung eines Konverters geblasen.

Nach kurzer Zeit beginnt ein heftiger Frischvorgang. Der Sauerstoff reagiert mit den Eisenbegleitern, die Schmelze beginnt zu kochen.

Dabei dient der Schrott zur Kühlung, damit die Temperatur der Schmelze nicht zu hoch wird.

Der Schmelze beigegebener Kalk bindet die verbrannten Eisenbegleiter als Schlacke.

Am Ende des Frischvorgangs werden der Schmelze die erforderlichen Legierungsbestandteile zugegeben.

Die Schlacke wird durch die Konverteröffnung abgegossen.

Der Stahl wird durch ein Abgussloch in eine Gießpfanne gefüllt.

Elektroverfahren

Elektrische Energie erzeugt die notwendige *Wärme* zum *Schmelzen*. Die Wärme für den *Frischvorgang* entsteht durch einen elektrischen Lichtbogen oder durch Induktion.

Der **Lichtbogen** wird von oben mit Stahlschrott, Eisenschwamm und in geringen Mengen mit Roheisen und Zuschlägen (Kalk und Reduktionsmittel) gefüllt.

Der **Frischvorgang** wird eingeleitet, nachdem die Kohleelektroden auf die Füllung abgesenkt und gezündet werden.

■ **Reduktion**
Sauerstoffentzug aus einer chemischen Verbindung.

■ **Roheisen**
Eisen, das durch erste Reduktion und Reinigung gewonnen wird.

■ **Koks**
Aus Kohle erzeugter Brennstoff mit hohem Kohlenstoffgehalt.

🇬🇧

Stahlguss
cast steel

Stähle, unlegierte
unalloyed steel

Stähle, legierte
alloyed steel

Edelstähle
stainless steel

Qualitätsstähle
quality steel

■ **Abstich**
Öffnung eines Loches am Hochofen zum Ablassen des Roheisens.

■ **Frischen**
Vorgang zur Stahlherstellung, bei dem der Kohlenstoffgehalt vermindert und die unerwünschten Eisenbegleiter nahezu vollständig beseitigt werden.

■ **Konverter**
Tonnenförmiger Kippofen zur Stahlherstellung.

■ **Legieren**
Metallherstellung aus mehreren im flüssigen Zustand gemischten Werkstoffen.

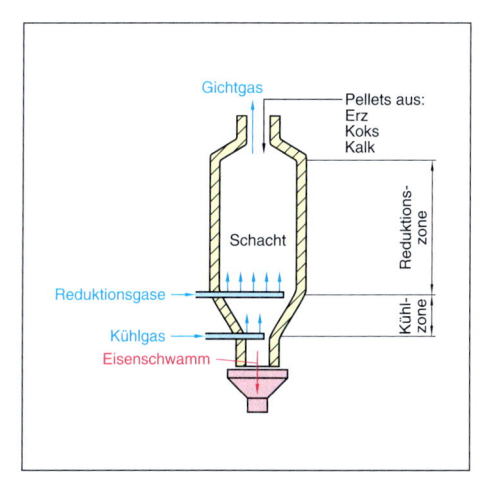

Bild 4 Schachtofen

Gefüge
Die (unter dem Mikroskop) sichtbare Struktur eines Werkstoffes.

Eisen-Kohlenstoff-Diagramm
[TB]

Der Lichtbogen zwischen Elektrode und Schmelzgut erreicht Temperaturen von bis zu 3800 °C.

Durch diese hohen Temperaturen werden die Eisenbegleiter völlig beseitigt. Außerdem können schwer schmelzbare Legierungselemente wie Wolfram (3407 °C), Molybdän (2617 °C) oder Tantal (3014 °C) eingeschmolzen werden.

Der Lichtbogenofen stellt besonders **reine** und **hochlegierte Stähle** her.

Nach Beendigung des Frischvorgangs und dem Legieren wird durch Schwenken des Ofens die Schlacke abgegossen. Aus der Gießpfanne vergießt man den **Stahl** zu Blöcken oder im Strangguss.

Bild 5   Elektrobogenofen

In **Induktionsöfen** entsprechen die Vorgänge dem Lichtbogenofen.

Wärmequelle ist hier eine *Induktionsspule*, die außen um die Ofenwand gewickelt ist.

Ein *hochfrequentes Magnetfeld* erzeugt **Wirbelströme** im Schmelzgut.

Die Wirbelströme bringen das Schmelzgut zum Kochen und versetzen es in starke Bewegung.

In Induktionsöfen werden **hochlegierte Stähle** erzeugt.

Gefüge

Die Eigenschaften der verschiedenen Stahlsorten werden hauptsächlich von ihrem Gefüge bestimmt. Dieses setzt sich aus unterschiedlichen Bestandteilen, den Phasen, zusammen. Im **Eisen-Kohlenstoff-Diagramm** sind diese Phasen dargestellt in Abhängigkeit von dem Anteil an Kohlenstoff und der Temperatur.

> Das Eisen-Kohlenstoff-Diagramm zeigt
> - den Gefügezustand eines (unlegierten) Stahles bei
> - einem bestimmten Kohlenstoffanteil und
> - einer bestimmten Temperatur.
>
> Außerdem ist
> - die Veränderung der Gefügestruktur bei Temperaturveränderung
>
> erkennbar.

Die x-Achse des Diagramms zeigt den Kohlenstoffgehalt (in Masse-%) und die y-Achse die Temperatur (in °C). Die einzelnen Phasen des Gefüges sind durch Linien voneinander getrennt.

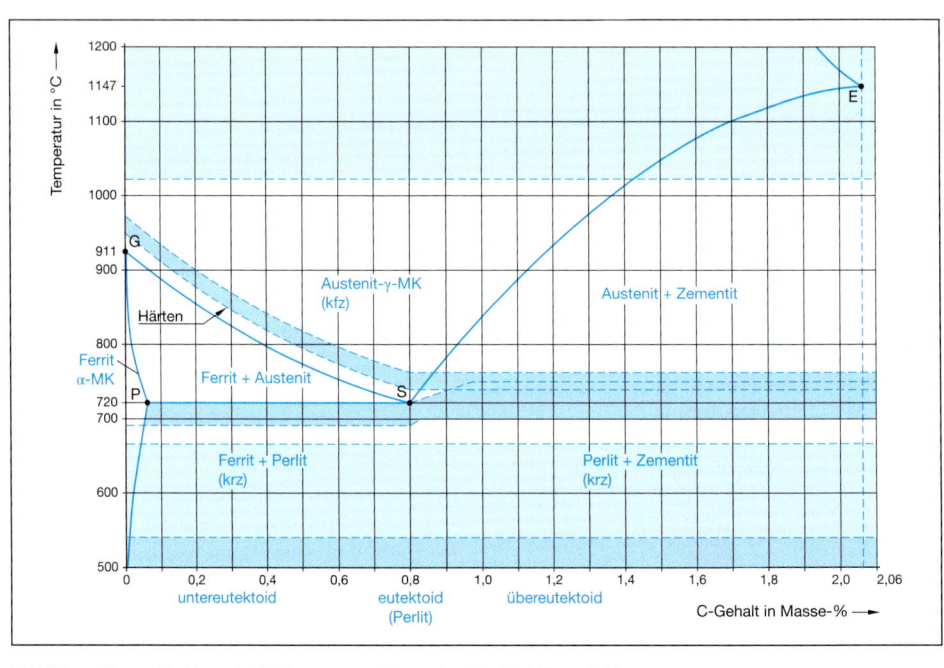

Bild 6   Eisen-Kohlenstoff-Diagramm (Ausschnitt: Stahlbereich)

Eisenmetalle, Gefüge

Bei einem Kohlenstoffanteil von 0 % liegt reines Eisen vor, das als Ferrit bezeichnet wird und relativ weich ist. Mit steigendem Kohlenstoffgehalt wird Zementit gebildet, eine sehr harte Phase. Insgesamt ist dieses Gefüge aber noch relativ weich, da nur wenig Zementit gebildet wird.

Bei 0,8 % Kohlenstoff liegt reines Perlit vor, ein mittelhartes Material. Bei weiter steigendem Kohlenstoffgehalt wird das Gefüge (aus Perlit und Zementit) immer härter durch den zunehmenden Zementit-Anteil.

Bei Erhöhung der Temperatur entsteht aus dem Perlit Austenit, dabei wird ein C-Atom im Gefüge eingelagert. Das Zementit bleibt erhalten.

Was geschieht bei Abkühlvorgängen:

Eisenwerkstoffe im dargestellten Stahlbereich bestehen nach dem Erstarren aus Austenit mit einem kubisch-flächenzentrierten Kristallgitter.

Bei Kohlenstoffgehalten < 0,8 % beginnt sich bei weiterer Abkühlung unter die Linie G-S das Austenit nach und nach in Ferrit umzuwandeln, unterhalb der Linie P-S entsteht Perlit. Unterhalb von 723 °C besitzen diese Stähle deshalb ein Gefüge aus Ferrit und Perlit.

Bei Kohlenstoffgehalten von 0,8 bis 2,06 % entsteht bei Abkühlung unterhalb der Linie S-E zunächst Zementit, unter 723 °C dann Perlit.

Aufbau metallischer Werkstoffe

Der *innere Aufbau* bestimmt die *Eigenschaften* metallischer Werkstoffe.

Metallionen sind kleinste Bausteine der Metalle. Sie werden umgeben von zusammenhängenden **Elektronenwolken**. Dadurch werden die Metallteilchen zusammengehalten und erhalten ihre **Festigkeit**.

Wegen der *freien Beweglichkeit* der Elektronenwolken haben metallische Werkstoffe eine *gute elektrische Leitfähigkeit*.

Kristallgitter

Flüssiger Zustand der Metalle: Metallionen sind frei beweglich.

Abkühlung der Metalle: Metallionen nehmen feste Plätze ein, es kommt zur **Kristallbildung**. Die Kristalle wachsen bis zur völligen *Erstarrung*.

Die Kristalle werden auch **Körner** genannt. Kristalle stoßen an den **Korngrenzen** zusammen.

Kristallgittertypen

Drei Kristallgittertypen sind zu unterscheiden.

1. Kubisch-raumzentriertes Kristallgitter

Die Mittelpunkte der Metallionen bilden einen **Würfel**, wobei sich in Würfelmitte noch ein zweites Ion befindet.
Beispiele: Chrom, Vanadium, Wolfram, Eisen unterhalb von 723 °C.

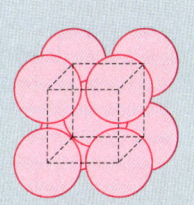

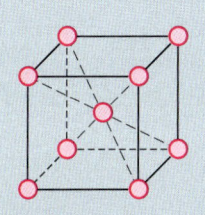

2. Kubisch-flächenzentriertes Kristallgitter

Der Grundkörper ist auch hier ein **Würfel**. Im Mittelpunkt der seitlichen Begrenzungsflächen befinden sich weitere Ionen.
Beispiele: Aluminium, Kupfer, Nickel, Eisen oberhalb von 911 °C.

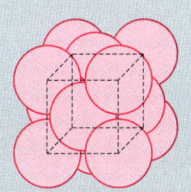

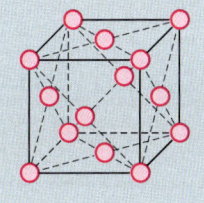

■ **Kristallgitter**
Regelmäßige Anordnung der Metallatome.

■ **Korn**
Kleinstes Teil im Gefüge mit gleichem Kristallgitteraufbau.

■ **Ion**
Positiv oder negativ geladener Ladungsträger.

🇬🇧	

Korngefüge
grain structure

Korngrenze
grain boundary

Festigkeit
strenght

Kristall
crystal

Legierung
alloy

3. Hexagonales Kristallgitter
Die Metallionen sind an den Eckpunkten eines sechseckigen **Prismas** angeordnet.
Beispiele: Titan, Zink, Magnesium.

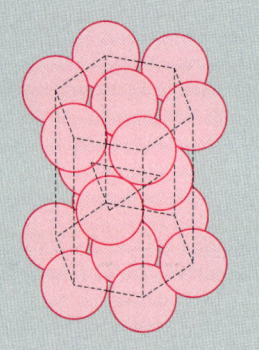

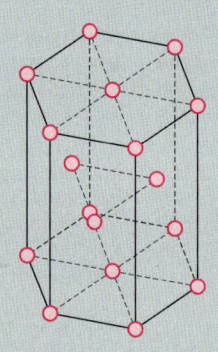

Metalllegierungen
Wenn *unterschiedliche metallische Werkstoffe* aus *einer* gemeinsamen **Schmelze** erstarrt sind, liegt eine **Legierung** vor. Dabei kann die **Kristallbildung** unterschiedlich sein.

Kristallgemisch
Die Legierungsbestandteile bilden *unterschiedliche* Kristallarten.

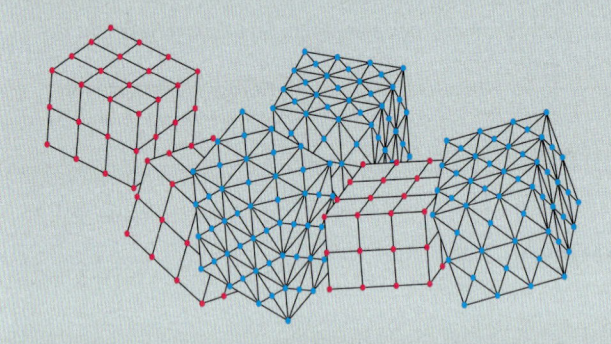

■ **Kristallgemischbildung**
Legierungsbestandteile sind im flüssigen Zustand völlig gemischt, im festen Zustand jedoch entmischt.

Mischkristall
Der legierte Stoff ist in den *Grundkristall* eingebaut.

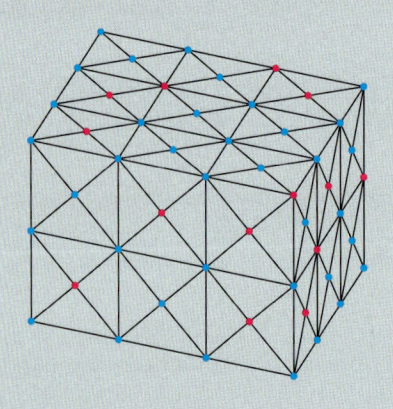

■ **Mischkristallbildung**
Die Teilchen der Legierungselemente sind im flüssigen wie auch im festen Zustand vollkommen gemischt.

Eisenmetalle, Legierungen und Stahlsorten

Der Kohlenstoffgehalt hat einen großen Einfluss auf das Gefüge und damit die Eigenschaften von Stahl.

Mit steigendem Kohlenstoffgehalt erhöht sich die Festigkeit und Härte, die Schweiß- und Umformbarkeit wird aber zunehmend schlechter.

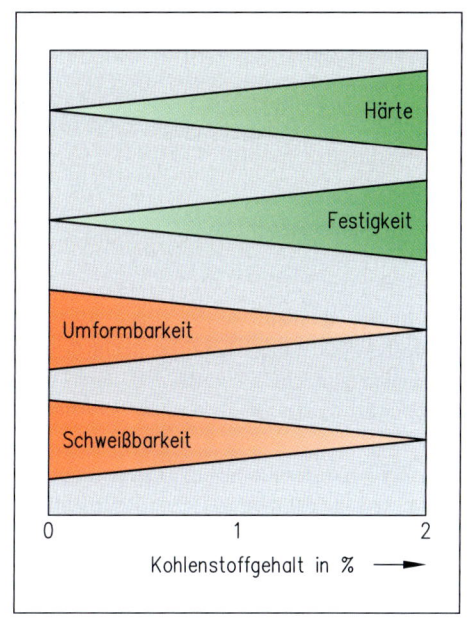

Bild 7 Einfluss des Kohlenstoffgehaltes auf wichtige Stahleigenschaften

Legierungen und Stahlsorten

Am häufigsten werden unlegierte und darum preiswerte Stähle eingesetzt. Diese Stähle bestehen im Wesentlichen nur aus Eisen und Kohlenstoff.

Durch Zugabe von einem oder mehreren **Legierungselementen** können die Eigenschaften des Stahls gezielt verbessert werden. So erhöht beispielsweise das Element Chrom die Korrosionsbeständigkeit.

Die Tabelle zeigt wichtige Legierungselemente und deren Haupteinflüsse auf die Stahleigenschaften.

Chrom	Cr	Erhöht die Korrosionsbeständigkeit
Nickel	Ni	Erhöht die Festigkeit und Zähigkeit
Mangan	Mn	Verbessert die Festigkeit
Molybdän	Mo	Steigert die Verschleißfestigkeit
Vanadium	V	Erhöht die Festigkeit und Härte

Abhängig von den Anteilen der Legierungselemente wird unterschieden zwischen unlegiertem, niedrig- und hochlegiertem Stahl sowie zwischen korrosionsbeständigem Stahl und Edelstahl.

Unlegierter Stahl	Sehr geringe Legierungsanteile (unterer Grenzgehalt)
Niedriglegierter Stahl	Einzelne Legierungselemente übersteigen den Grenzgehalt, bleiben aber unter 5 %
Hochlegierter Stahl	Mindestens ein Legierungselement mit Anteil von 5 % oder mehr
Korrosionsbeständiger Stahl	Chromanteil über 10,5 %
Edelstahl	Gehalt an Phosphor und Schwefel unter 0,02 %

Umgangssprachlich werden **korrosionsbeständige Stähle** oft einfach als Edelstähle bezeichnet. Dies ist nach den Einteilungskriterien nicht exakt, denn nicht alle Edelstähle sind korrosionsbeständig (sondern nur bei Chromgehalten über 10,5 %). Abhängig von ihrem Gefüge werden die korrosionsbeständigen Stähle in drei Gruppen eingeteilt:

- Ferritische Stähle sind nur begrenzt korrosionsbeständig und schlecht zerspan- und schweißbar.
- Martensitische Stähle sind hart und gut zerspanbar, sie werden für hochbeanspruchte Teile eingesetzt.
- Austenitische Stähle sind gut zerspanbar und schweißbar und bieten eine hohe Korrosionsbeständigkeit, z.T. auch gegen Seewasser. Beispiel: X5 CrNi 18-10 (auch bekannt unter dem alten Namen „V2A").

Bild 8 Erzeugnis (Flansch) aus korrosionsbeständigem Stahl

■ **Werkstoffeigenschaften**

■ **Grenzgehalte**

■ **Härte**
Widerstand eines Werkstoffes an seiner Oberfläche gegen Eindringen eines anderen Körpers.

■ **Umformbarkeit**
Verformung eines Werkstückes durch Krafteinwirkung.

■ **Korrosion**
Zersetzung der Oberfläche eines Werkstücks.

■ **Legieren**
Metallherstellung aus mehreren im flüssigen Zustand gemischten metallischen Werkstoffen.

■ **Einfluss der Legierungselemente**

Werkstofftechnik

Prüfung

1. Worin besteht der wesentliche Unterschied zwischen Stahl und Gusseisen?

2. Wie verändert sich die Festigkeit eines Werkstückes mit steigendem Kohlenstoffgehalt?

3. Wodurch unterscheiden sich niedrig- und hochlegierte Stähle in der chemischen Zusammensetzung?

4. Wie lässt sich die Korrosionsbeständigkeit von Stahl verbessern?

5. Welche Legierungselemente verbessern
   a) die Zerspanbarkeit?
   b) die Schweißbarkeit?

6. Welchen Einfluss hat das Legierungselement Ni auf die Stahleigenschaften?

- **Wärmebehandlungsverfahren**
  TB

- **Glühen**
  Beim Glühen erfolgt eine langsame Abkühlung des Werkstücks (z. B. in Luft).

- **Glühen**
  TB

- **Härten**
  TB

- **Abschrecken**
  Schnelles Abkühlen eines Werkstücks (z. B. in Wasser oder Öl).

Wärmebehandlung

Durch gezielte Wärmebehandlungen kann das Gefüge des Stahls verändert und damit seine Eigenschaften ebenfalls gezielt verbessert werden.

Die Wärmebehandlung besteht meist aus drei Verfahrensschritten:

1. Auf eine bestimmte Temperatur aufheizen.
2. Bei dieser hohen Temperatur (für kurze oder längere Zeit) halten.
3. Anschließend (langsam oder schnell) wieder abkühlen.

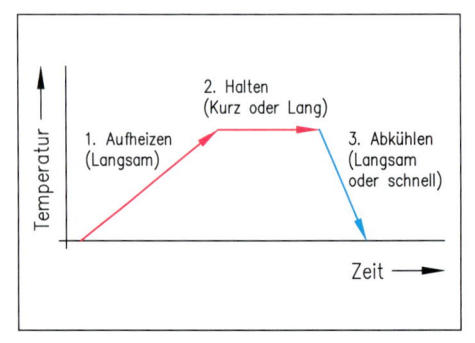

Bild 9   Abläufe beim Wärmebehandeln

Wichtige Parameter bei der Wärmebehandlung sind
- die Aufheiztemperatur,
- die Haltezeit bei dieser Temperatur und
- die Abkühlzeitgeschwindigkeit.

Abhängig von diesen Parametern unterscheidet man
- das Glühen,
- das Härten und
- das Anlassen/Vergüten.

Durch das **Glühen** werden unter anderem ungünstige Spannungen beseitigt, die im Gefüge vorhanden sind. Diese können z. B. durch Walzen oder Schweißen des Werkstückes entstanden sein.

Abhängig von der Erwärmungstemperatur und -zeit unterscheidet man zwischen **Rekristallisationsglühen, Weichglühen** und **Normalglühen.** Bei diesen Glühverfahren erfolgt ein nur kurzzeitiges Halten der Temperatur und eine langsame Abkühlung.

Beim **Diffusionsglühen** wird bis zu 50 Stunden geglüht, unter anderem zum Ausgleich von Unterschieden in der chemischen Zusammensetzung.

Bild 10   Glühen eines Stahlteiles

Das **Härten** dient zur Erhöhung der Härte und Verschleißfestigkeit. Das Werkstück wird erwärmt und anschließend sehr schnell abgekühlt („abgeschreckt"), z. B. in einem Öl- oder Wasserbad. Abhängig von der Art der Erwärmung unterscheidet man zwischen **Flammhärten** (Erwärmung mit einem Brenner) und **Induktionshärten** (Erwärmung durch elektrische Induktion).

Eisenmetalle, Wärmebehandlung

Durch das schnelle Abkühlen des Austenitgefüges klappt das kubisch-flächenzentrierte Kristallgitter schlagartig in das kubisch-raumzentrierte Kristallgitter um. Das bei der Erwärmung eingelagerte Kohlenstoffatom hat dadurch keine Zeit, um die Kristallstruktur zu verlassen (→ siehe Kapitel „Gefüge"). Durch die Einlagerung dieses Kohlenstoffatoms im Gitter entsteht hartes Martensit.

Wird nicht das gesamte Werkstück aufgeheizt, sondern nur die Randschicht, so ist nach dem Abschrecken auch nur diese Randschicht gehärtet. Dieses Verfahren nennt man **Randschichthärten** (oder Oberflächenhärten). Nur die Oberfläche des Werkstückes ist hart, der Rest bleibt ungehärtet und behält seine relativ gute Zähigkeit. Eingesetzt wird dieses Verfahren z. B. bei Zahnrädern, siehe Bild.

Bild 11 Zahnstange mit gehärteter Randschicht

Voraussetzung für das Härten ist generell ein ausreichender Anteil an Kohlenstoff im Stahlgefüge. Nur Stähle mit Kohlenstoffanteilen über 0,2 % sind deshalb härtbar.

> Durch sehr schnelles Abkühlen kann die Härte von Stählen mit mehr als 0,2 % Kohlenstoff deutlich gesteigert werden.

Aber auch Stähle mit geringeren Kohlenstoffanteilen können gehärtet werden. Dazu muss aber der Kohlenstoffanteil in der Randschicht zunächst erhöht werden („Aufkohlen"). Zu diesem Zweck wird das Werkstück in ein Medium gegeben, das leicht Kohlenstoff an den Stahl abgibt. Dann wird das (mit Kohlenstoff angereicherte) Werkstück entweder direkt abgeschreckt oder erst nach erneutem Aufheizen auf Härtetemperatur, siehe Bild „Einsatzhärten". Bei diesem Verfahren, **Einsatzhärten** genannt, härtet nur die kohlenstoffreiche Randschicht, der Kern des Werkstücks (in dem ja wenig Kohlenstoff ist) bleibt weich. Das nachstehende Schema zeigt die Abläufe bei diesem Härteverfahren.

Beim **Nitrierhärten** (Nitrieren) wird ebenfalls nur die Randschicht gehärtet. Durch Erwärmen in einem stickstoffabgebenden Medium wird gasförmiger Stickstoff in die Randschicht des Werkstücks eingebracht. Beim Abkühlen bildet sich eine harte, verschleißfeste Schicht aus Nitriden der Legierungselemente des Eisens.

> Beim Einsatzhärten und beim Nitrierhärten wird nur die Randschicht des Werkstücks gehärtet. Der Kern bleibt relativ zäh.

Durch den Härtevorgang entstehen aber auch Spannungen im Werkstück durch das harte Martensitgefüge, das gehärtete Werkstück ist deshalb spröde. Das **Anlassen** bei definierten Temperaturen verringert diese Sprödigkeit, die Zähigkeit und Dehnbarkeit nehmen zu. Die Härte nimmt durch diese Behandlung nur relativ wenig ab.

■ **Härten**
Gefügeumwandlung zur Verbesserung der mechanischen Widerstandsfähigkeit.

■ **Sprödigkeit**
Werkstoffeigenschaft, unter einer Belastung zu brechen, ohne sich nennenswert zu verformen.

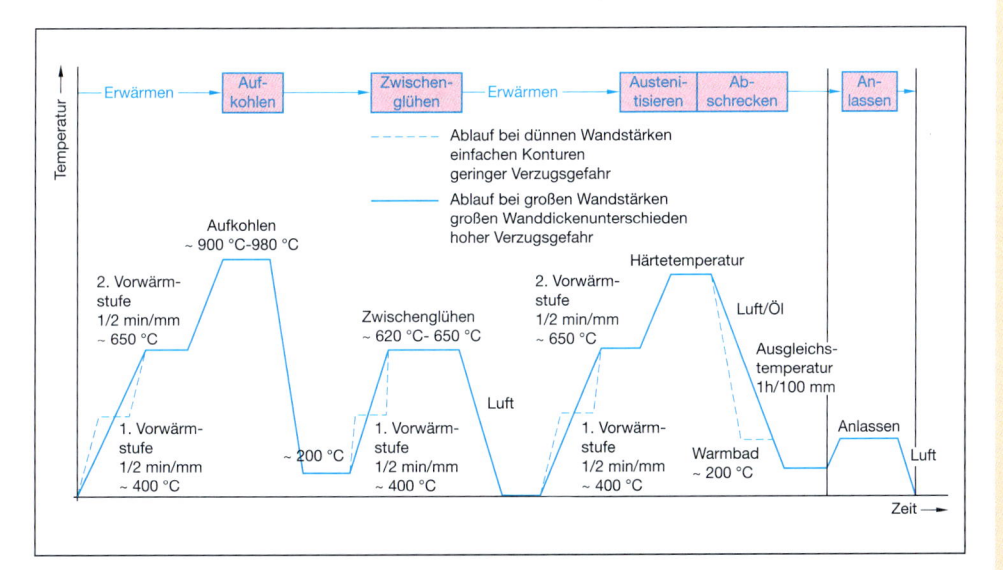

Bild 12 Abläufe beim Einsatzhärten (Doppelhärten)

- **Vergüten**

Als **Vergüten** wird ein kombiniertes Verfahren aus Härten mit anschließendem Anlassen bei höheren Temperaturen bezeichnet.

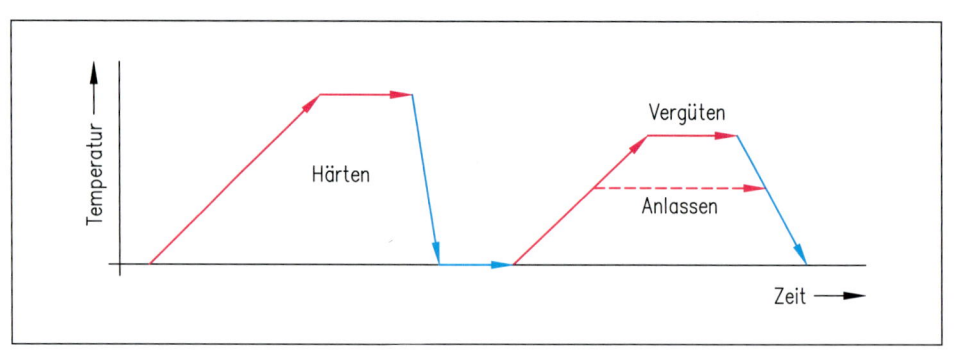

Bild 13 Abläufe beim Vergüten

Die nachfolgende Abbildung zeigt die beschriebenen Wärmebehandlungsverfahren und ihre Auswirkungen auf die Stahlwerkstücke in der Übersicht.

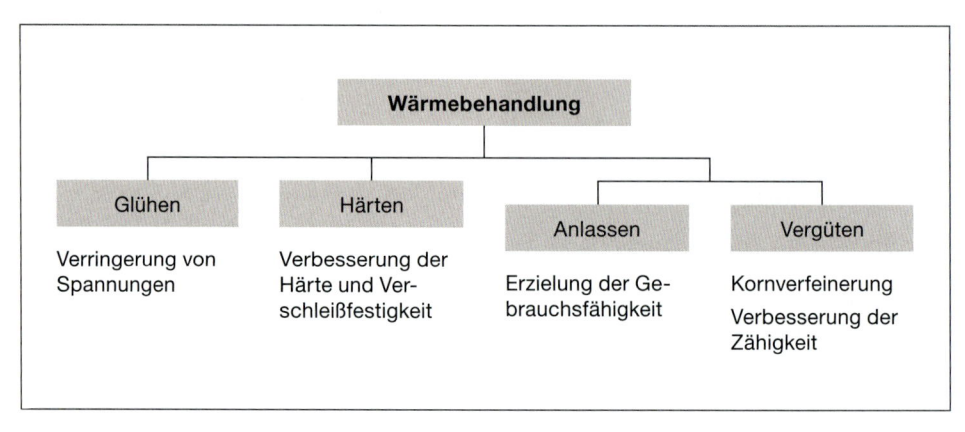

Bild 14 Wichtige Wärmebehandlungsverfahren für Stahl

Ein **gehärteter Stahl** muss immer **angelassen** oder **vergütet** werden.

Stahlguss

Stahl kann neben dem Walzverfahren auch im Gießverfahren (ähnlich wie Gusseisen) weiterverarbeitet werden. Er wird dann in Formen gegossen und als **Stahlguss** bezeichnet.

Wie Stähle kann Stahlguss unlegiert, niedrig- oder hochlegiert sein. Üblicherweise wird Stahlguss nach dem Gießvorgang zur Verbesserung der Verformbarkeit wärmebehandelt, z. B. geglüht oder vergütet.

Eingesetzt werden Stahlgussteile vorzugsweise bei Werkstücken mit komplexer Geometrie und hohen mechanischen Beanspruchungen wie beispielsweise Turbinengehäuse.

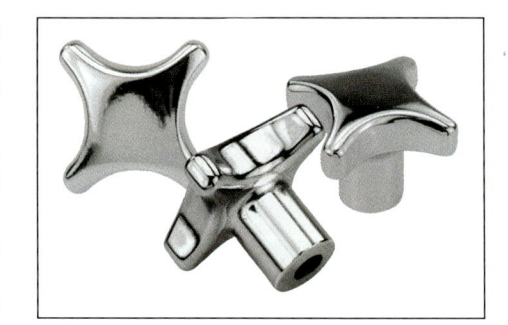

Bild 15 Erzeugnisse aus Stahlguss

Im Vergleich zu Gusseisen hat Stahlguss eine höhere Zugfestigkeit und Zähigkeit und ist gut schweißbar.

Eisenmetalle, Kennzeichnung für Stähle

Kennzeichnung

Die zentrale Drehplatte der Baugruppe 2.1 (siehe Anfang des Kapitels → PROJEKT) ist hergestellt aus der Stahlsorte

S235 JRG2 +C.

- **S** Der erste Buchstabe gibt Auskunft über die Anwendungsmöglichkeiten des Stahls.
S bedeutet, dass es sich um einen Stahl für den allgemeinen Stahlbau handelt.
- **235** Die Zahl nach dem Buchstaben kennzeichnet die mechanischen Eigenschaften in Form der Streckgrenze. In diesem Fall sind das 235 N/mm^2.
- **JR** Die erste Zusatzbezeichnung hinter der Zahl steht für die Kerbschlagarbeit.
Hier ist dies JR, das bedeutet einen Wert von 27 J bei 20 °C.
- **G2** Mit der zweiten Zusatzbezeichnung können weitere Merkmale gekennzeichnet werden, z. B. mit G für technische Lieferbedingungen.
- **+C** Weitere Zusatzsymbole werden mit einem +-Zeichen getrennt.
+C kennzeichnet dabei die Art des Behandlungszustandes, in diesem Fall kaltverfestigt.

■ **Bezeichnung für Stähle**
[TB]

■ **Kerbschlagarbeit**
Kennzahl für die Widerstandsfähigkeit gegen schlagartige Beanspruchung.

Die **Stahlkennzeichnung nach Verwendung** besteht aus

- einem Hauptsymbol mit einem
  - Buchstaben für den Verwendungszweck und einer nachfolgenden
  - Zahl für die mechanischen Eigenschaften (Streckgrenze),
- einem Zusatzsymbol (evtl.) für sonstige Eigenschaften.

Diese Art der Bezeichnung nach der Verwendung ist eine Möglichkeit zur Kennzeichnung von Stählen. Weitere Möglichkeiten sind

- Kennzeichnung nach der chemischen Zusammensetzung und
- Kennzeichnung nach Werkstoffnummer.

Die Kennzeichnung nach dem Verwendungszweck erfolgt oft bei nicht härtbaren Stählen, nach der chemischen Zusammensetzung bei härtbaren Stählen.

Stähle können nach drei Methoden bezeichnet werden, die in der DIN EN 10027-1 festgelegt sind.

■ **Streckgrenze**
Die Streckgrenze ist die Spannung, die ein Stahl ohne plastische Verformung aufnehmen kann.

Beispiel: [z.B.]
Der Ausleger des Schwenkarmes (Baugruppe 2.2.2, Pos. 2.2.01) ist hergestellt aus der Stahlsorte S 275 N.
Um welchen Stahl handelt es sich genau?

Lösung:
- **S** = Stahl für Stahlbau-Anwendung
- **275** = Streckgrenze von 275 N/mm^2
- **N** = Normalgeglüht oder normalisierend gewalzt

Stahlbezeichnung nach chemischer Zusammensetzung

Das *Hauptsymbol* setzt sich zusammen aus der
- *Angabe des Kohlenstoffgehaltes*
- *Angabe der Legierungselemente*

Unlegierte Stähle

Kohlenstoffstähle mit geringen Legierungsbestandteilen, mittlerer Mangangehalt < 1 %.

Beispiel: [z.B.]
C35C
- **C** Kohlenstoff (chemisches Zeichen)
- **35** Kohlenstoffgehalt (Kennzahl); hier Kohlenstoffgehalt 0,35 %
- **C** Kaltumformbarkeit

Der mittlere Kohlenstoffgehalt des Werkstoffs wird im Beispiel durch die Zahl 35 ausgedrückt.
Die Zahl 35 wird durch 100 geteilt:
$$\frac{35}{100} = 0{,}35$$

■ **Stahlsorten**
[TB]

■ **Unlegierter Stahl**
bis 2,06 % Kohlenstoff
0,8 % Mangan
0,5 % Silizium
0,25 % Kupfer
0,1 % Aluminium/Titan

Die folgende Tabelle zeigt wichtige Stahlgruppen und deren Kurzzeichen:

S	Stahlbau
P	Druckbehälterbau
L	Rohrleitungsbau
E	Maschinenbau
B	Betonstähle
G	Stahlguss

Werkstofftechnik

Legierte Stähle

Legieren ist die *Vermischung* verschiedener Metalle im flüssigen Zustand.

Die *Legierungselemente* werden durch den **Verwendungszweck** bestimmt.

Zum Beispiel:

- **Siliziumzusatz** (Si) erhöht die Elastizität.
- **Chromzusatz** (Cr) erhöht die Festigkeit und Korrosionsbeständigkeit.
- **Nickelzusatz** (Ni) erhöht die Korrosionsbeständigkeit.
- **Vanadiumzusatz** (V) steigert die Härte.

> *Niedriglegierte Stähle:*
> Bis zu 5 % Legierungsbestandteile.
> *Hochlegierte Stähle:*
> Über 5 % Legierungsbestandteile.

Niedriglegierte Stähle

Die **Bezeichnung** erfolgt durch die Gehaltskennzahlen und chemische Symbole.

> *Beispiel:* z. B.
> **30CrAlMo5–10**
> **30** 0,3 % Kohlenstoff
> **Cr** Chrom
> **Al** Aluminium
> **Mo** Molybdän
> **5** 1,25 % Chrom
> **10** 1 % Aluminium
>   Anteil von Molybdän

Der *mittlere Kohlenstoffgehalt* steht zu Beginn der Bezeichnung.

Die Angabe ist durch 100 zu teilen $\left(\frac{30}{100} = 0{,}3\ \%\right)$.

Die Abkürzungen der *Legierungselemente* stehen in der Reihenfolge ihrer Prozentanteile. Die Zahlen am Ende der Werkstoffbezeichnung geben den *prozentualen Anteil* der Legierungselemente an.

Dabei sind die folgenden **Umrechnungsfaktoren** zu beachten.

Faktor	Werkstoff
4	Cr, Co, Mn, Ni, Si, W
10	Al, Be, Cu, Mo, Nb, Pb, Ta, Ti, V, Zr
100	C, N, P, S
1000	B

Automatenstähle haben einen relativ hohen Anteil an Schwefel, damit die Späne beim Bearbeiten leicht brechen. Bei der Bezeichnung wird nach der Zahl für den Kohlenstoffgehalt bei diesen Stählen der Schwefelgehalt angegeben, z. B. 10S20.

Hochlegierte Stähle

Die Werkstoffbezeichnungen beginnen mit dem Großbuchstaben **X**.

Es gibt *keine* Umrechnungsfaktoren für die Legierungselemente.

Die *Prozentanteile* werden in der Reihenfolge ihrer Bezeichnungen angegeben.

> *Beispiel:* z. B.
> **X6CrNi19-11**
> **X** Hochlegierter Stahl
> **6** Kohlenstoffgehalt 0,06 %
> **Cr** Legierungsbestandteil Chrom
> **Ni** Legierungsbestandteil Nickel
> **19** 19 % Chrom
> **11** 11 % Nickel

Schnellarbeitsstähle

Die Kennzeichnung beginnt mit dem Großbuchstaben **S**.

Diese Stähle zählen zur Gruppe der **Werkzeugstähle** und werden zum Beispiel zur Herstellung von Bohrern und Fräsern verwendet.

Die Legierungsbestandteile (in Prozent) werden in folgender Reihenfolge angegeben:

1. Zahl: Wolfram

2. Zahl: Molybdän

3. Zahl: Vanadium

4. Zahl: Kobalt (falls vorhanden)

> *Beispiel:* z. B.
> **S7-4-2-5**
> **S** Schnellarbeitsstahl
> **7** 7 % Wolfram
> **4** 4 % Molybdän
> **2** 2 % Vanadium
> **5** 5 % Kobalt

Zusatzsymbole für Überzüge

Durch ein **Pluszeichen** (+) werden Buchstaben von den voranstehenden Kennzeichnungen getrennt.

Damit Verwechselungen mit anderen Zusatzsymbolen vermieden werden, kann der Großbuchstabe **S** vorangestellt werden.

> *Beispiel:* z. B.
> **+ST**
> Schmelztauchveredelt mit Pb-Sn-Legierung

■ **Schnellarbeitsstähle**
TB

■ **Schnellarbeitsstähle**
Hochlegierte Stähle für Schneidwerkzeuge wie Drehmeißel, Fräser, Bohrer.

■ **Automatenstähle**
TB

Eisenmetalle, Zusatzsymbole

Die *Codierung* hat folgende Bedeutung:

+A	feueraluminiert
+AR	Aluminium walzplattiert
+AS	mit Al-Si-Legierung überzogen
+AZ	mit Al-Zn-Legierung überzogen
+CE	elektrolytisch spezialverchromt
+CU	Kupferüberzug
+IC	anorganische Beschichtung
+OC	organische Beschichtung
+S	feuerverzinnt
+SE	elektrolytisch verzinnt
+T	schmelztauchveredelt mit Pb-Sn-Legierung
+TE	elektrolytisch überzogen mit Pb-Sn-Legierung
+Z	feuerverzinnt
+ZA	mit Zn-Al-Legierung
+ZE	elektrolytisch verzinkt
+ZF	diffusionsgeglühter Zinküberzug
+ZN	elektrolytisch überzogen mit Zn-Ni-Legierung

Zusatzsymbole für Behandlungszustände

Durch ein +-Zeichen (+) werden diese Buchstaben von den vorherigen Kennzeichnungen getrennt.

Um Verwechselungen und Unübersichtlichkeiten mit anderen Zusatzsymbolen zu vermeiden, kann der Großbuchstabe **T** vorangestellt werden.

Beispiel:
+TC
Werkstück oder Bauteil ist kaltverfestigt.

Die *Codierung* hat folgende Bedeutung:

+A	weichgeglüht
+AC	GKZ-geglüht
+AR	gewalzt ohne besondere Bedingungen
+AT	lösungsgeglüht
+C	kaltverfestigt
+Cnnn	kaltverfestigt mit R_m = nnn $\frac{N}{mm^2}$
+CR	kaltgewalzt
+DC	dem Hersteller überlassen
+FP	auf Ferrit-Perlit-Gefüge behandelt
+HC	warm-kalt geformt
+I	isothermisch behandelt
+LC	leich kalt nachgezogen/nachgewalzt
+M	thermomechanisch umgeformt
+N	normalgeglüht
+NT	normalgeglüht und angelassen
+P	ausscheidungsgehärtet
+Q	abgeschreckt
+QA	luftgehärtet
+QO	ölgehärtet
+QT	vergütet
+QW	wassergehärtet
+RA	rekristallisationsgeglüht
+S	auf Kaltscherbarkeit behandelt
+T	angelassen
+TH	auf Härtespanne behandelt
+U	unbehandelt
+WW	warmverfestigt

■ **Zusatzsymbole der Stähle**

Gusseisen
cast iron

Beispiel:

EN-GJL-100

EN-GJ	Europäisch genormtes Gusseisen
L	Grafitstruktur lamellar
100	Zugfestigkeit 100 $\frac{N}{mm^2}$

Beispiel:

EN-GJS-350-10

EN-GJ	Europäisch genormtes Gusseisen
S	Grafitstruktur kugelförmig
350	Zugfestigkeit 350 $\frac{N}{mm^2}$
10	Bruchdehnung ≥ 10 %

Prüfung

1. Wie hoch ist der Kohlenstoffgehalt bei Gusseisen?
2. Warum verzichtet man bei Gusseisenwerkstoffen auf die Angabe der Streckgrenze?
3. Was bedeuten folgende Werkstoffbezeichnungen?
   a) EN-GJL-250
   b) EN-GJS-500-7U

2.2 Nichteisen-Metalle

Aluminium

Auf der zentralen Drehplatte der Baugruppe 2.1 (Pos. 2.1.03) ist ein Lagerbock (Pos. 2.1.05) befestigt. Dieser Lagerbock dient zur Befestigung der Baugruppe 2.3 mit den beiden Pneumatikzylindern (Pos. 2.3.03).

Das Material dieses Lagerbockes ist AlCu4Pb-MgMn. Dies ist eine Aluminiumlegierung.

(Siehe Bild 18 auf Seite 47)

Aluminium ist nach Stahl der im technischen Bereich am meisten verwendete Werkstoff. Aufgrund seiner relativ geringen Dichte von 2,7 kg/dm³ ist es ein Leichtmetall.

■ **Leichtmetall**
Nichteisen-Metall mit einer Dichte < 5 kg/dm³

■ **Dichte**
Quotient aus Masse und Volumen eines Werkstoffs.

■ **Dichte verschiedener Leichtmetalle**

Die besonderen Eigenschaften von Aluminium sind:
- Geringe Dichte (ca. ein Drittel von Stahl)
- Gute Wärmeleitfähigkeit
- Gute elektrische Leitfähigkeit
- Hohe Korrosionsbeständigkeit
- Sehr gute Umformbarkeit
- Leichte Zerspanbarkeit

Im Vergleich zu Stahl hat Aluminium aber eine geringere Steifigkeit und Festigkeit sowie eine niedrigere Schmelztemperatur von ca. 660 °C.

Bild 17 Erzeugnisse aus Aluminium

Herstellung

Aluminium wird aus Bauxit hergestellt, dem dritthäufigsten Element in der Erdkruste. Die wichtigsten Verarbeitungsschritte und Zwischenprodukte sind im Bild 19 dargestellt.

2.1.05

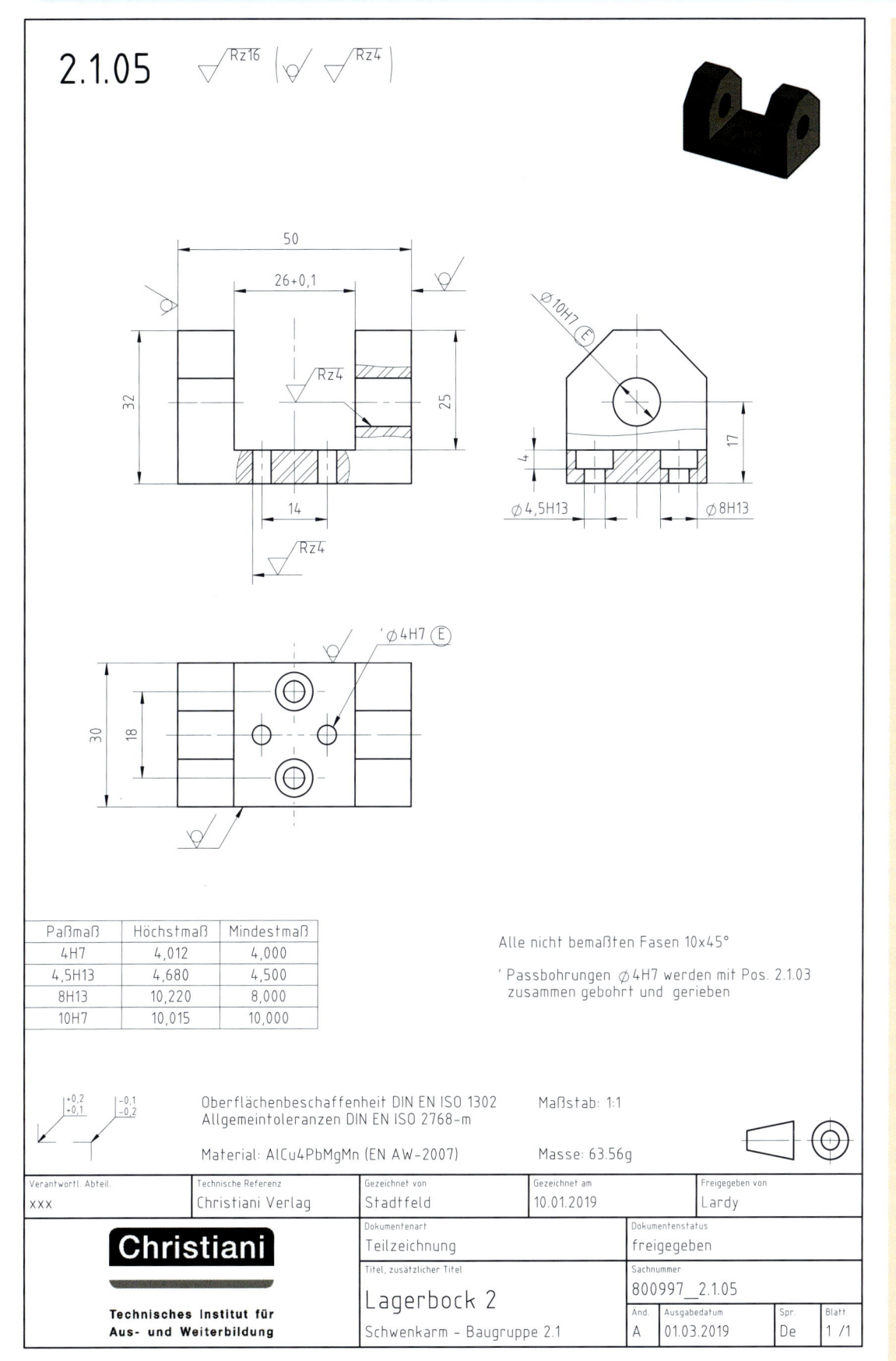

Paßmaß	Höchstmaß	Mindestmaß
4H7	4,012	4,000
4,5H13	4,680	4,500
8H13	10,220	8,000
10H7	10,015	10,000

Alle nicht bemaßten Fasen 10x45°

' Passbohrungen ⌀4H7 werden mit Pos. 2.1.03 zusammen gebohrt und gerieben

Oberflächenbeschaffenheit DIN EN ISO 1302
Allgemeintoleranzen DIN EN ISO 2768-m
Material: AlCu4PbMgMn (EN AW-2007)
Maßstab: 1:1
Masse: 63.56g

Verantwortl. Abteil.	Technische Referenz	Gezeichnet von	Gezeichnet am	Freigegeben von	
xxx	Christiani Verlag	Stadtfeld	10.01.2019	Lardy	
Christiani — Technisches Institut für Aus- und Weiterbildung		Dokumentenart: Teilzeichnung		Dokumentenstatus: freigegeben	
		Titel, zusätzlicher Titel: Lagerbock 2 — Schwenkarm - Baugruppe 2.1		Sachnummer: 800997_2.1.05	
				And. A / Ausgabedatum 01.03.2019	Spr. De / Blatt 1/1

Bild 18 Einzelteilzeichnung Lagerbock 2 (Pos. 2.05) der Baugruppe 2

Aluminium und Legierungen

TB

Aushärten
Das Aushärten erhöht die Festigkeit ohne große Verluste an Zähigkeit.

Einteilung

Aluminium wird als reines Metall („unlegiert") und in Legierungen verwendet.

Reines Aluminium hat eine sehr gute elektrische Leitfähigkeit, die Festigkeit ist aber oft nicht ausreichend für den Einsatz als Konstruktionswerkstoff.

Um Festigkeit, Schweißbarkeit und Zerspanbarkeit zu steigern, wird Aluminium legiert, kaltumgeformt oder ausgehärtet. Beim Legieren werden dem Aluminium im flüssigen Zustand andere Metalle als Legierungsbestandteile beigemengt: Messing, Kupfer, Zink, Mangan und Silizium.

Das Übersichtsbild (Einteilung der Aluminium-Werkstoffe) zeigt schematisch die Einteilungskriterien und wichtige Produkte der einzelnen Werkstoff-Gruppen.

Im Metallbau werden i. Allg. Aluminium-Knetlegierungen eingesetzt. Sie können Zugfestigkeiten von über 500 N/mm^2 erreichen.

Von beiden Legierungsgruppen (Knet- und Gusslegierungen) gibt es auch aushärtbare Werkstoffe. Durch dieses **Aushärten** kann die Festigkeit und Härte von Aluminium-Bauteilen deutlich erhöht werden.

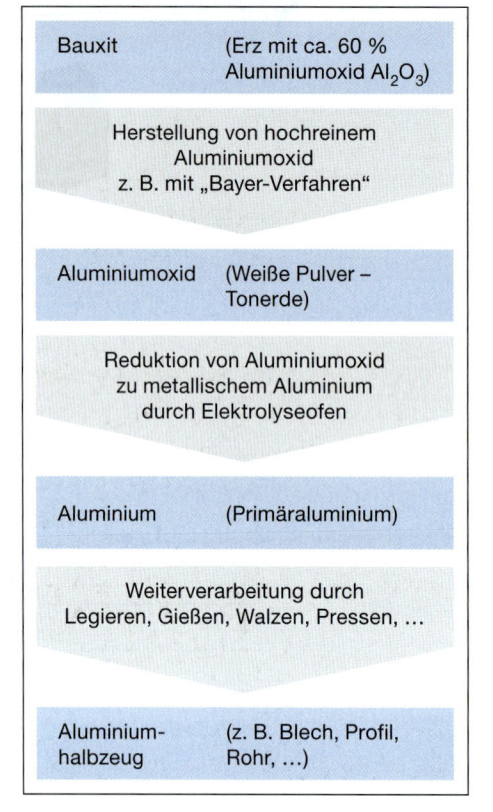

Bild 19 Herstellung von Aluminium

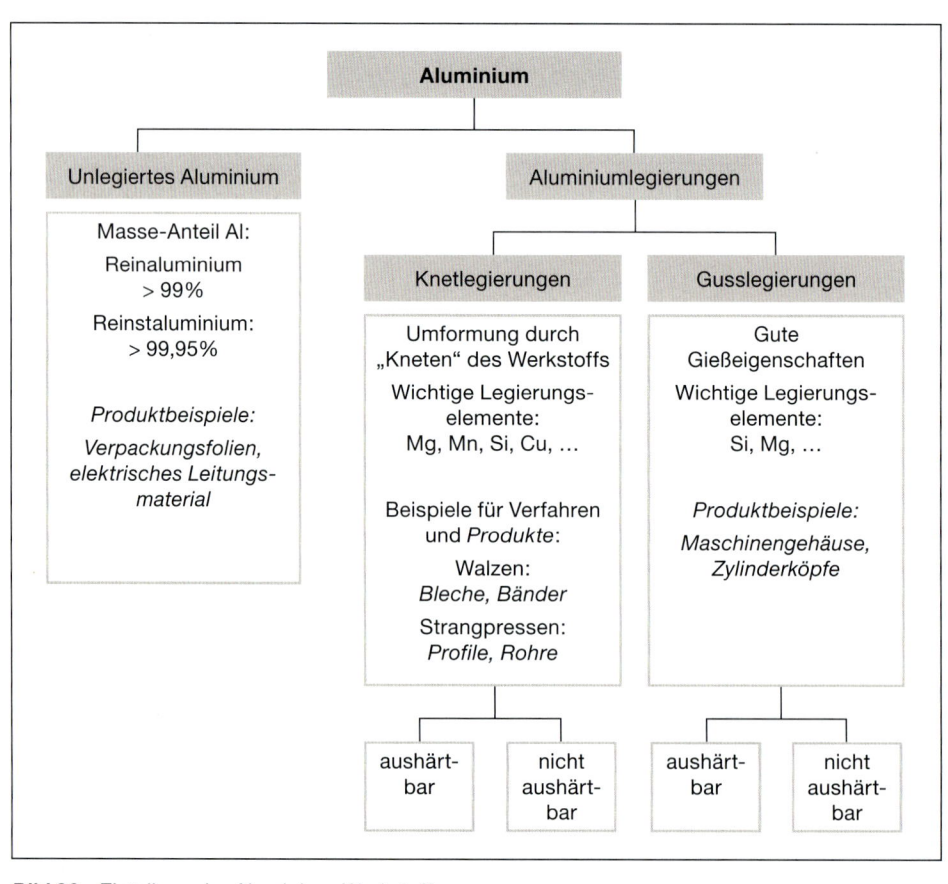

Bild 20 Einteilung der Aluminium-Werkstoffe

Nichteisen-Metalle, Aluminiumlegierungen

Der Ablauf besteht aus drei Verfahrensschritten:

1. Lösungsglühen
   (bei ca. 500 °C)
2. Abschrecken
   (in Wasser oder Öl)
3. Auslagern
   (Kaltauslagern bei Raumtemperatur,
   Warmauslagern bei ca. 120 – 200 °C)

Legierungsgruppen bei Aluminium:

1: Reinaluminium
2: Legierung mit Kupfer
3: Legierung mit Mangan
4: Legierung mit Silizium
5: Legierung mit Magnesium
6: Legierung mit Magnesium und Silizium
7: Legierung mit Zink
8: Sonstige Legierungselemente

Aluminiumlegierungen

- *Aluminium-Knetlegierungen:* Hohe Festigkeit, für leichte Konstruktionsteile geeignet.
- *Aluminium-Gusslegierungen:* Hohe Festigkeit, geeignet für leichte, hochfeste Gusswerkstücke.

Aluminiumlegierungen
Legierungselemente sind i. Allg. Silizium, Magnesium, Kupfer, Zink und Mangan.

Knetlegierungen: Gute plastisch verformbare Aluminiumlegierungen. Die Legierungsbestandteile erhöhen die Festigkeit und Härte erheblich, die Plastizität für die Umformung sinkt aber nur wenig. Knetlegierungen werden für Konstruktionsteile im Maschinenbau, Fahrzeugbau und Flugzeugbau verwendet.

Gusslegierungen: Sind gut in Formen gießbar. Gusslegierungen bestehen aus Aluminium, Silizium und Magnesium. Silizium setzt den Schmelzpunkt des Aluminiums herab, die Legierungen sind dünnflüssig bei geringer Schwindung und hoher Festigkeit. Gusslegierungen sind schweißbar und korrosionsbeständig. Einsatzbeispiele: Gussteile für Motorengehäuse, Pumpengehäuse und Getriebe.

Beispiel:

EN-AW5052

EN	Europäische Norm
A	Aluminium oder Aluminiumlegierung
W	Knetlegierung, Legierung mit Mangan
5052	Zählnummer

Beispiel:

EN-AWAlCu4Mg1

EN	Europäische Norm
A	Aluminium oder Aluminiumlegierung
W	Knetlegierung
Al	Basismetall Aluminium
Cu4	4 % Kupfer
Mg1	1 % Magnesium

Kennzeichnung

Die Bezeichnung beginnt mit **EN** (Europäische Norm) gefolgt von zwei Buchstaben.

Der *erste* Buchstabe kennzeichnet das *Basismetall* (A: Aluminium bzw. Aluminiumlegierungen).

Der *zweite* Buchstabe bezeichnet die *Legierungsart* (B: Blockmetall, C: Gusslegierung, M: Vorlegierung, W: Knetlegierung).

Bei der *numerischen Bezeichnung* folgen drei- bis fünfstellige Zahlenkombinationen und eventuell ein Kennbuchstabe.

Nach dem *Basismetall* werden die *Legierungsmetalle* mit ihren jeweiligen Gehalten angegeben.

Prüfung

1. Welche Vorteile und welche Nachteile hat Aluminium im Vergleich zu Stahl?

2. Was bedeuten folgende Werkstoffbezeichnungen?
   a) EN-AW6060
   b) Al99,5
   c) AlCu4PbMgMn
   d) EN-AW3003
   e) G-AlSi10Mg

3. Für eine Maschinenbaukonstruktion soll eine Aluminium-Knetlegierung eingesetzt werden. Für die Zugfestigkeit ist ein Mindestwert von ca. 400 N/mm² erforderlich. Welche Legierung kann dazu verwendet werden?

■ Werkstoffbezeichnungen

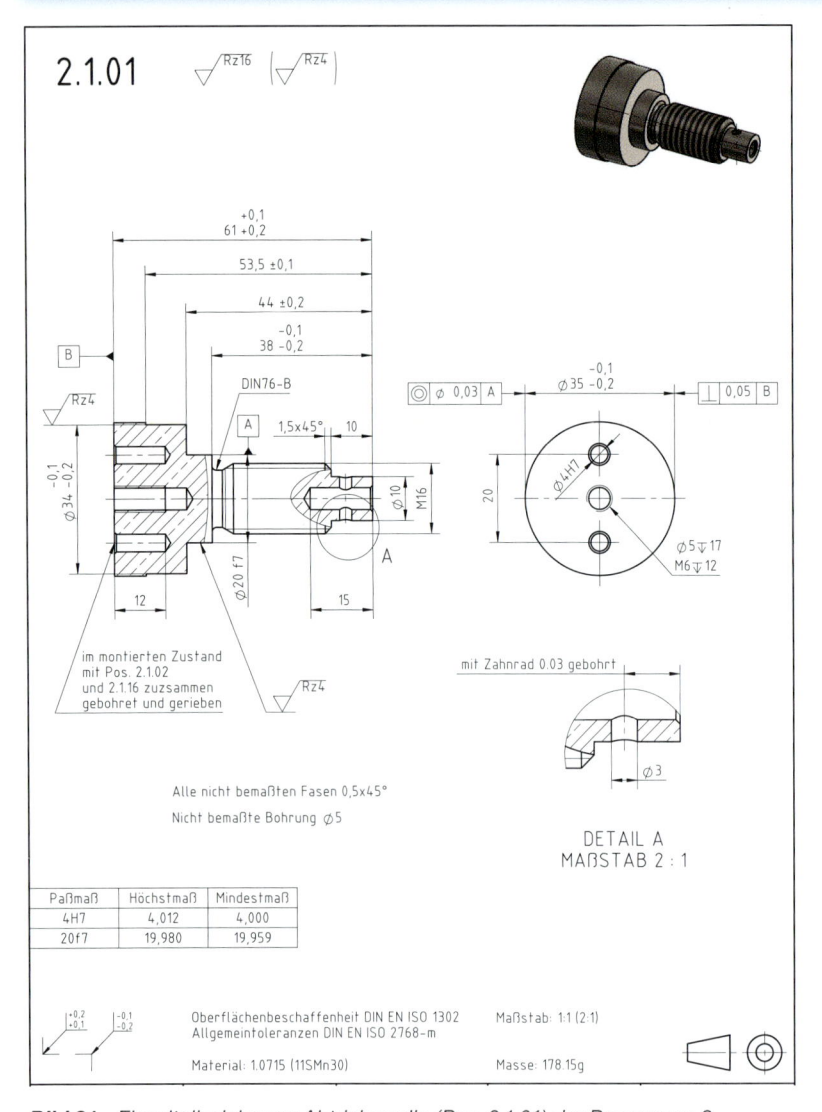

Bild 21 Einzelteilzeichnung Abtriebswelle (Pos. 2.1.01) der Baugruppe 2

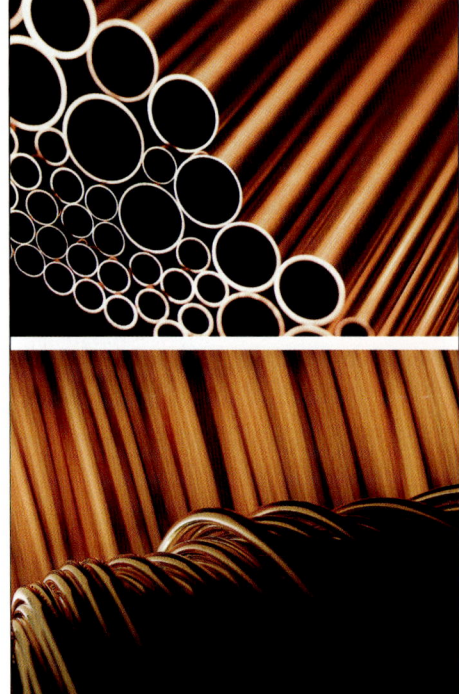

Bild 22 Erzeugnisse aus Kupfer

Kupfer

Die Drehplatte der Baugruppe 2 (Pos. 2.1.03) ist auf einer Abtriebswelle (Pos. 2.1.01) befestigt. Diese Welle ist lt. Zeichnung aus dem Material „CuZn38Pb" (CW608N) hergestellt, einem Kupferwerkstoff.

Kupfer besitzt eine Dichte von ca. 8,9 kg/m³, ist also etwas schwerer als Stahl und ein Schwermetall.

Die weiteren besonderen Eigenschaften von Kupfer sind:
- Sehr gute Wärmeleitfähigkeit
- Sehr gute elektrische Leitfähigkeit
- Hohe Korrosionsbeständigkeit
- Gute Umformbarkeit
- Gute Lötbarkeit

■ **Dichte verschiedener Schwermetalle**

■ **Kupfer** Cu

■ **Zink** Zn

■ **Zinn** Sn

■ **Nickel** Ni

■ **Schwermetall** Nichteisen-Metall mit einer Dichte > 5 kg/dm³

Reines Kupfer ist sehr weich und hat eine ausgezeichnete elektrische und thermische Leitfähigkeit.

Niedriglegierte Kupferwerkstoffe enthalten geringe Zusätze von z. B. Chrom, Eisen, Mangan, Silizium u. a. Wie bei Aluminium gibt es auch hier aushärtbare Legierungen.

Kupfer-Zink-Legierungen (Cu-Zn) werden als Messing bezeichnet.

Knetlegierungen enthalten bis 38 % Zink und sind sehr gut kaltumformbar.

Gusslegierungen enthalten mehr als 38 % Zink und sind gut gießbar und zerspanbar.

Durch das Zulegierungen von Nickel entsteht eine Kupfer-Nickel-Zink-Legierung (Cu-Ni-Zn), das Neusilber. Vorteilhaft im Vergleich zu Messing ist die bessere Korrosionsbeständigkeit.

Bronze ist eine Kupfer-Zinn-Legierung (Cu-Sn) mit Zinn-Anteilen zwischen 2 % und 14 %.

Kupfer-Zinn-Legierungen mit dem weiteren Legierungselement Zink werden wegen ihrer rötlichen Farbe als Rotguss bezeichnet.

Nichteisen-Metalle, Kupferwerkstoffe

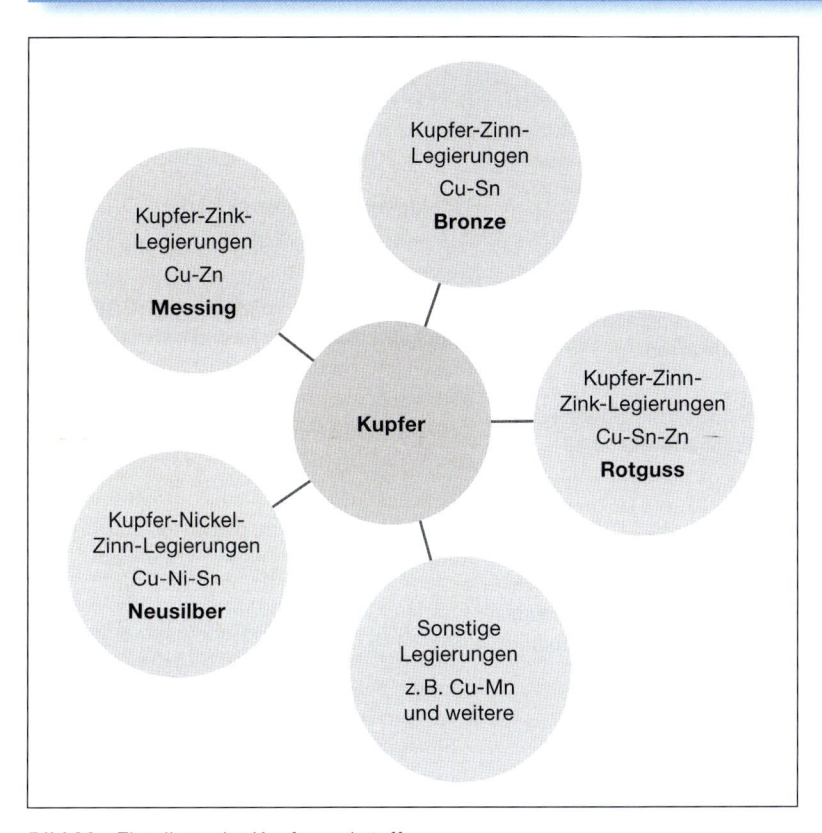

Bild 23 Einteilung der Kupferwerkstoffe

Kupfer
- Kupfer-Zink-Legierungen Cu-Zn **Messing**
- Kupfer-Zinn-Legierungen Cu-Sn **Bronze**
- Kupfer-Zinn-Zink-Legierungen Cu-Sn-Zn **Rotguss**
- Kupfer-Nickel-Zinn-Legierungen Cu-Ni-Sn **Neusilber**
- Sonstige Legierungen z. B. Cu-Mn und weitere

Prüfung

1. Durch welche Eigenschaften eignet sich Kupfer sehr gut für Anwendungen in der Elektrotechnik?
2. Was bedeuten folgende Werkstoffbezeichnungen?
   a) CW024A
   b) CW608N (siehe Pos. 2.1.01 PROJEKT)
   c) CC493K
3. Was versteht man unter
   a) Messing?
   b) Neusilber?

Übersicht

Aluminium und Kupfer gehören zur Gruppe der Nichteisenmetalle.

Hierzu zählen alle Metalle (mit Ausnahme des Eisens) und *Legierungen*, bei denen Eisen *nicht* der Hauptbestandteil ist.

Die *Nichteisenmetalle* werden nach ihrer Dichte in *Leichtmetalle* und *Schwermetalle* unterteilt.

Leichtmetalle haben eine Dichte von weniger als $5\,\frac{\text{kg}}{\text{dm}^3}$.

Schwermetalle haben eine Dichte von mehr als $5\,\frac{\text{kg}}{\text{dm}^3}$.

Leichtmetalle	
Aluminium (Al)	2,7 kg/dm^3
Magnesium (Mg)	1,74 kg/dm^3
Titan	4,5 kg/dm^3
Schwermetalle	
Kupfer (Cu)	8,96 kg/dm^3
Nickel (Ni)	8,9 kg/dm^3
Chrom	7,2 kg/dm^3
Molybdän (Mo)	10,2 kg/dm^3
Wolfram (W)	19,3 kg/dm^3
Vanadium (V)	6,1 kg/dm^3
Kobalt (Co)	8,9 kg/dm^3
Zinn (Sn)	7,28 kg/dm^3
Zink (Zn)	7,13 kg/dm^3

Prüfung

1. Wodurch unterscheiden sich Leichtmetalle und Schwermetalle?
2. Nennen Sie Beispiele für Leichtmetalle und Schwermetalle.

■ **Werkstoffbezeichnungen**

TB

Aluminium aluminium

Knetlegierung wrought alloy

Gusslegierung casting alloy

Aushärtbar hardenable

Kupfer copper

Zink zinc

Zinn tin

Messing brass

Bronze bronze

Leichtmetall light metal

Schwermetall heavy metal

2.3 Verbundwerkstoffe

Werkstoffe, die aus mehreren (pulverförmigen, flüssigen und/oder festen) Einzelwerkstoffen bestehen und zu einem *neuen Werkstoff* verbunden werden. Dabei ergeben sich einige *Vorteile:*

- Die *positiven* Eigenschaften der Einzelwerkstoffe sind *vereinigt* und die *negativen* Eigenschaften sind *überdeckt*.
- Werkstoffe von höchster Reinheit mit gleichmäßigem inneren Aufbau.

Wichtige Verbundwerkstoffe sind **Sinterwerkstoffe** und **verstärkte Verbundwerkstoffe**.

Sinterwerkstoffe

Verbindung von pulverförmigen metallischen und/oder nicht metallischen Werkstoffen durch Einwirkung von **Druck** und teilweise auch von **Wärme**. Höchste Festigkeit, Wärmebeständigkeit und Verschleißfestigkeit.

- **Sintermetalle**
  Sintermetalle bestehen oftmals aus Eisen, Gusseisen, Stahl, zu denen noch Legierungsbestandteile wie Kupfer oder Aluminium hinzukommen können. In festem bis teigigem Zustand eingepresst, ergeben sich maßgenaue Werkstücke, die keine Nachbearbeitung erfordern.

- **Hartmetalle**
  Ausgangsstoffe sind hochfeste, verschleißfeste Metallkarbide oder Metalloxide. Sie werden in ein weiches, elastisches Bindemittel eingebettet. Es ergibt sich eine enorm hohe Festigkeit, Härte und Wärmebeständigkeit, die Schmelztemperatur liegt über 2000 °C. Bindemittel sind Kobalt und Nickel.

- **Keramische Werkstoffe**
  Keramische Werkstoffe sind Verbundwerkstoffe aus einer keramischen Masse als Bindemittel mit sehr harten und extrem verschleißfesten Oxiden, Karbiden oder Nitriden.

- **Oxidkeramische Schneidstoffe**
  aus Aluminiumoxiden haben neben der Verschleißfestigkeit auch eine hohe Warmfestigkeit. Sie werden bei der Zerspanung eingesetzt. Zinkoxid in keramischem Bindemittel ist ein verschleißfester thermischer Isolator und kann in der Umformtechnik eingesetzt werden.

Lager und Dichtungen, die auch bei Schmierstoffausfall kaum verschleißen, bestehen aus *Siliziumkarbiden* und *Siliziumnitriden* in oxidkeramischen Werkstoffen.

Bei **Cermets** dienen Metalle wie Kobalt, Molybdän und Nickel als Bindemittel.

Verstärkte Verbundwerkstoffe

Die positiven Eigenschaften von zwei Stoffen werden vereint.

Ein Stoff bewirkt dabei eine Verstärkung, wodurch i. Allg. die Festigkeit erhöht wird. Der andere Stoff liefert die Grundmasse oder **Matrix**.

Oftmals ist die Matrix weich und zäh und gibt dem Werkstoff die gewünschte Elastizität.

Der verstärkende Stoff kann auf unterschiedliche Weise in den Grundwerkstoff eingebracht werden:

- **Teilchenverstärkte Verbundwerkstoffe**
  Matrix ist eine duroplastische Kunststoffmasse. Feinverteilte Füllstoffteilchen werden zur Verstärkung eingebettet.
  Füllstoffe: Gesteinsmehl, Wollfasern, Holzmehl. Ergebnis ist eine höhere Festigkeit als bei reinen Kunststoffen.

- **Faserverstärkte Verbundwerkstoffe**
  Glasfasern werden durch Sprühen, Wickeln oder Schleudern in die Kunststoffmatrix eingebracht. Glasfasern haben eine hohe Zugfestigkeit.

- **Schichtverstärkte Verbundstoffe**
  Stahlbleche werden kunststoffbeschichtet und durch rost- und säurebeständige Werkstoffe plattiert. Der Grundstoff bestimmt die Festigkeit und der Schichtwerkstoff den Korrosionsschutz.
  Kunststoffe können durch Glasfasermatten oder Glasfasergewebe verstärkt werden.

Bild 24 Erzeugnis aus Sintermetall (poröses Aluminium)

■ **Verbundwerkstoffe**
TB

■ **Oxide**
Verbindungen mit Sauerstoff.

■ **Karbide**
Verbindungen mit Kohlenstoff.

■ **Nitride**
Verbindungen mit Stickstoff.

■ **Cermets**
ceramic and **met**als
Oxidkeramische Werkstoffe mit keramischen Bindemitteln.

Verbundwerkstoffe, Kunststoffe

2.4 Kunststoffe

Vom Rohstoff zum Werkstoff

Naturstoffe werden abgebaut und dadurch zu **Rohstoffen**. Rohstoffe sind beispielsweise *Eisenerz, Erdöl, Kohle, Holz, Wolle*. Durch Verarbeitung (Veredelung) werden diese Rohstoffe zu Werkstoffen.

Rohstoffe müssen verschiedene **Verarbeitungsstufen** durchlaufen, bevor sie als Werkstoffe verwendet werden können. Eisen entsteht aus Eisenerz, z. B. durch **Reduktion**, dem Eisenerz wird Sauerstoff entzogen.
Nach der Aufbereitung können die Stoffe in Formen gebracht werden. In *Formen* gebrachte Stoffe heißen Werkstoffe.

Aus diesen Werkstoffen werden dann Werkstücke, Werkzeuge, Maschinen usw. hergestellt. Entweder werden die Werkstoffe *bearbeitet* oder es wird ihnen eine *andere Form* gegeben. Nur *Gusswerkstücke* werden *direkt* nach ihrer Aufbereitung in ihre *endgültige* Form gebracht.

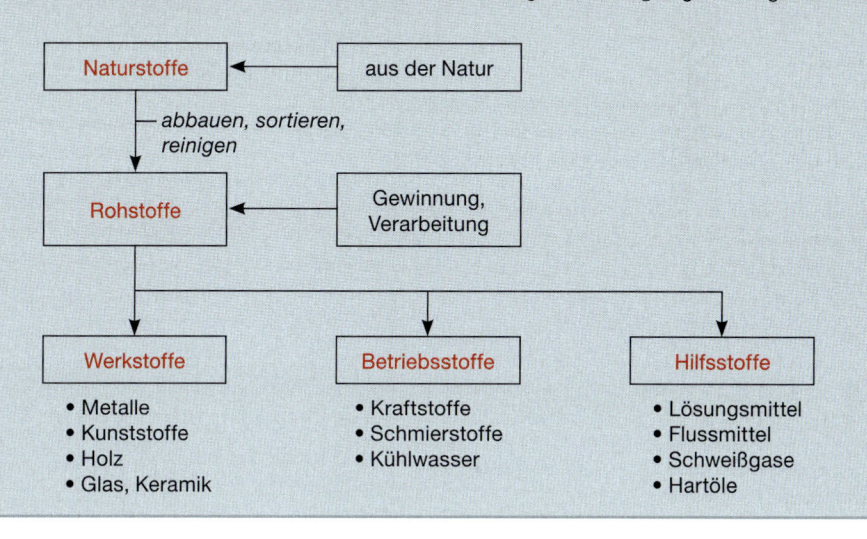

Naturstoffe ← aus der Natur
↓ abbauen, sortieren, reinigen
Rohstoffe ← Gewinnung, Verarbeitung

- **Werkstoffe**
  - Metalle
  - Kunststoffe
  - Holz
  - Glas, Keramik
- **Betriebsstoffe**
  - Kraftstoffe
  - Schmierstoffe
  - Kühlwasser
- **Hilfsstoffe**
  - Lösungsmittel
  - Flussmittel
  - Schweißgase
  - Hartöle

2.5 Übersicht

Alle vorgestellten Werkstoffe lassen sich in drei Gruppen einteilen:

- Metalle
  (z. B. Stahl, Aluminium, Kupfer)
- Nichtmetalle
  (z. B. Kunststoffe, Glas)
- Verbundstoffe
  (z. B. faserverstärkte Kunststoffe)

siehe Schema.

Unterschieden werden

- Thermoplaste
- Duroplaste
- Elastomere

Ausgangsstoffe für Kunststoffe sind Erdöl, Kohle, Erdgas, Kalk, Luft und Wasser.

Chemische Prozesse lösen aus den Stoffen einzelne *Moleküle* oder *Molekülgruppen* (Monomere) heraus, die zu **Makromolekülen** (Polymere) aneinandergereiht werden.

Kunststoffe

Künstlich hergestellte Stoffe. Ihre wesentlichen **Eigenschaften** sind:

- Leicht (geringe Dichte)
- Nicht elektrisch leitfähig (Isolatoren)
- Gute Wärmeisolation
- Korrosionsbeständig
- Geringe Temperaturbeständigkeit
- Große Wärmedehnung
- Teilweise unbeständig gegen Lösungsmittel

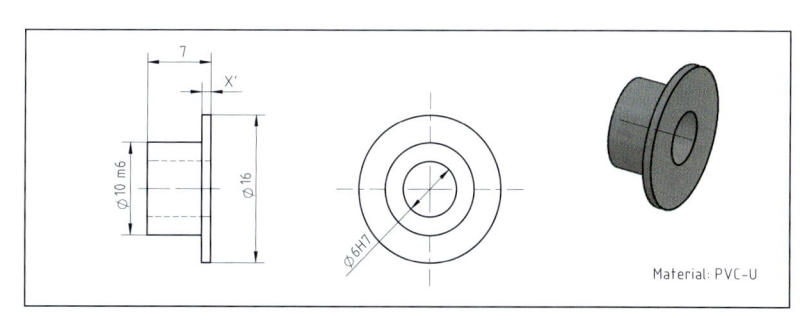

Bild 25 Lager 1 aus Projekt Schwenkarm, Baugruppe 2.1, Pos. 2.1.06

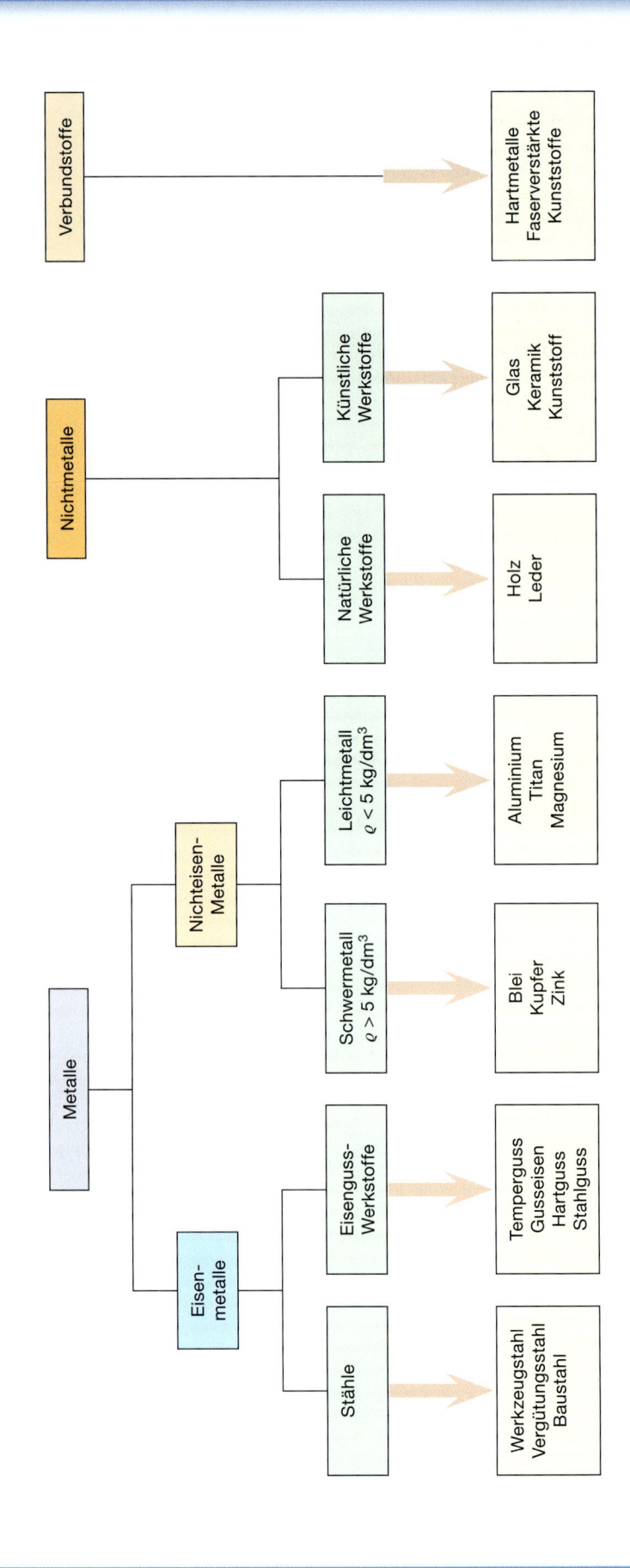

Werkstofftechnik

```
                                    Werkstoffe
                    ┌───────────────────┼───────────────────┐
                 Metalle            Nichtmetalle        Verbundstoffe
         ┌─────────┴─────────┐      ┌────┴────┐              │
    Eisenmetalle      Nichteisen-   Natürliche  Künstliche   │
         │              Metalle     Werkstoffe  Werkstoffe   │
    ┌────┴────┐       ┌────┴────┐       │           │        │
  Stähle  Eisenguss- Schwer-  Leicht-   │           │        │
          Werkstoffe metall   metall    │           │        │
                    ϱ > 5     ϱ < 5     │           │        │
                    kg/dm³    kg/dm³    │           │        │
    │        │        │        │        │           │        │
    ▼        ▼        ▼        ▼        ▼           ▼        ▼
Werkzeugstahl Temperguss  Blei   Aluminium  Holz      Glas    Hartmetalle
Vergütungsstahl Gusseisen Kupfer Titan      Leder     Keramik Faserverstärkte
Baustahl    Hartguss    Zink   Magnesium             Kunststoff Kunststoffe
            Stahlguss
```

Werkstoffeigenschaften

Thermoplaste (Plastomere)

Lange, fadenförmige **Makromoleküle** liegen im Gefüge *unverbunden verknäult* vor. Sie berühren sich zwar, haben aber keine Verbindung.

Deshalb sind Thermoplaste *sehr weich* und *kaum wärmebeständig*. Durch Erwärmung lassen sie sich schmelzen, schweißen und umformen, z. B. PVC-U.

Duroplaste (Duromere)

Die fadenförmigen **Makromoleküle** *verknüpfen* sich an vielen Berührungsstellen miteinander.

Dadurch erhält dieser Kunststoff eine höhere Festigkeit, Härte und Formbeständigkeit. Nicht schmelz- oder schweißbar, jedoch gut spanend zu bearbeiten.

Bei Erwärmung erweichen diese Werkstoffe kaum, sondern beginnen sich bei einer bestimmten Temperatur zu zersetzen, z. B. wie bei EP (Epoxidharz).

Elastomere (Elaste)

Diese Kunststoffe sind eine Zwischengruppe zwischen den Thermoplasten und Duroplasten.

Sie sind *weitmaschiger vernetzt* und somit dehnbarer. Sie können sich unter Belastung strecken, dehnen und nach Entlastung wieder die Ausgangslage annehmen.

Durch unterschiedliche Vernetzung ist ein Verhalten von weichelastisch bis hartelastisch möglich.

Elastomere sind nicht durch Erwärmung umformbar und nicht schweißbar, z. B. NBR (Acrylnitril-Butadien-Kautschuk).

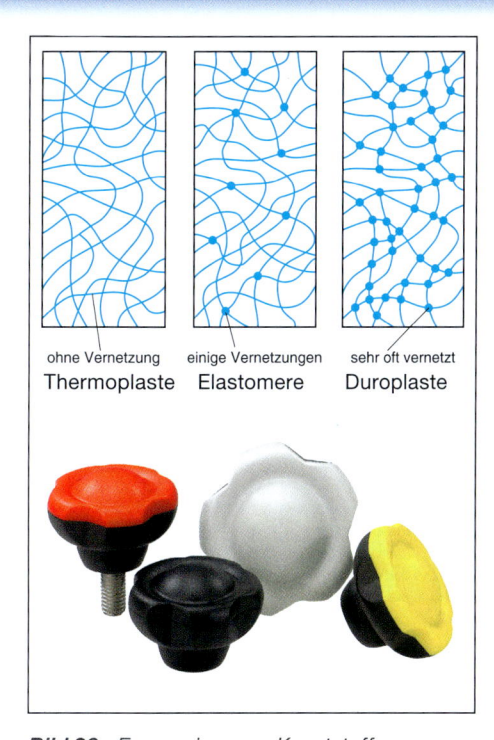

ohne Vernetzung	einige Vernetzungen	sehr oft vernetzt
Thermoplaste	Elastomere	Duroplaste

Bild 26 Erzeugnisse aus Kunststoff

Duroplaste — thermosetting plastics
Thermoplaste — termoplastics
Elastomere — elastomers
hart — hard
weich — soft
zäh — tough
spröde — brittle

■ Kunststoffe

Prüfung

1. Nennen Sie die wesentlichen Vorteile von Kunststoffen. Welche Nachteile haben Kunststoffe?
   Welche Einsatzmöglichkeiten haben Thermoplaste, Duroplaste und Elaste (Elastomere)?
2. Warum sind nur Thermoplaste umformbar und schweißbar?
3. Was passiert, wenn Kunststoffe über eine bestimmte Grenztemperatur hinaus erwärmt werden.

2.6 Werkstoffeigenschaften

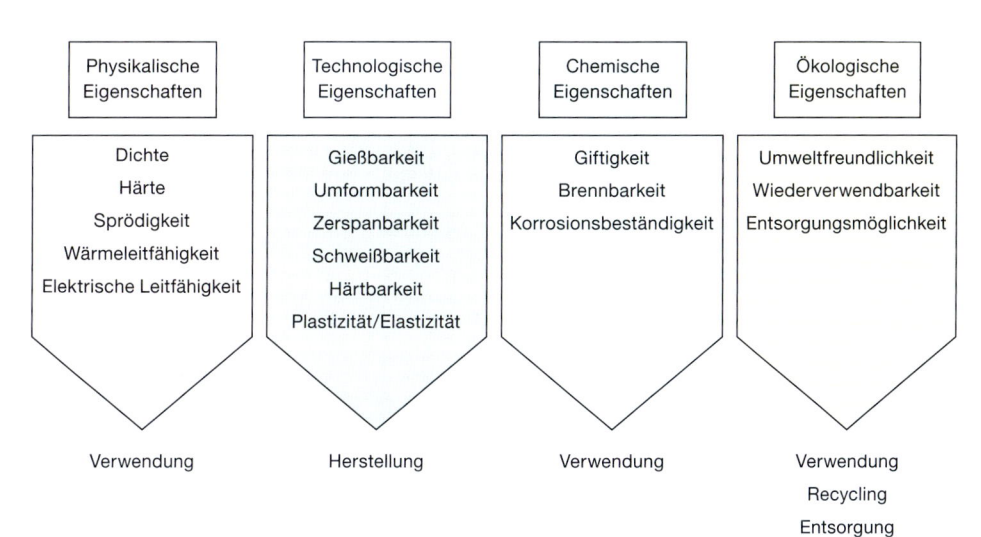

Physikalische Eigenschaften	Technologische Eigenschaften	Chemische Eigenschaften	Ökologische Eigenschaften
Dichte	Gießbarkeit	Giftigkeit	Umweltfreundlichkeit
Härte	Umformbarkeit	Brennbarkeit	Wiederverwendbarkeit
Sprödigkeit	Zerspanbarkeit	Korrosionsbeständigkeit	Entsorgungsmöglichkeit
Wärmeleitfähigkeit	Schweißbarkeit		
Elektrische Leitfähigkeit	Härtbarkeit		
	Plastizität/Elastizität		
Verwendung	Herstellung	Verwendung	Verwendung, Recycling, Entsorgung

Technologische Eigenschaften — technological features
Physikalische Eigenschaften — physical features
Chemische Eigenschaften — chemical features
Fertigungstechnische Eigenschaften — machining features

Werkstofftechnik

- **Dichte von Werkstoffen**

  [TB]

- **Werkstoffprüfung**
  → 63

- **Sprödigkeit**
  Werkstoffeigenschaft, unter einer Belastung zu brechen, ohne sich nennenswert zu verformen.

Physikalische Eigenschaften

Sie beschreiben den *Zustand* oder die *Zustandsänderung* eines Werkstoffes. Exakte Messwerte charakterisieren den Werkstoff.

Dichte

Um das *Gewicht des Werkstücks* in die Planung einfließen zu lassen, muss die **Dichte** des Werkstoffes bekannt sein.

$$\text{Dichte} = \frac{\text{Masse}}{\text{Volumen}} \qquad \varrho = \frac{m}{V}$$

- ϱ Dichte in $\frac{\text{kg}}{\text{dm}^3}$
- m Masse in kg
- V Volumen in dm³

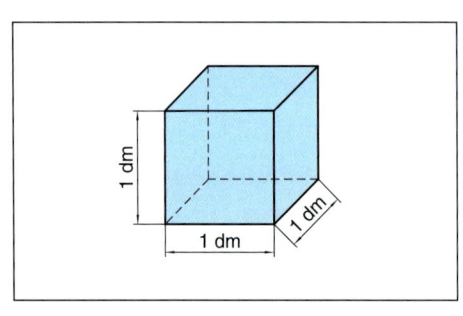

Bild 27 Würfel mit dem Volumen 1 dm³

Härte

Der Widerstand, den ein eindringender Körper in ein Werkstück überwinden muss, nennt man **Härte**.

Dies kann eine **Reißnadel** oder ein **Prüfkörper** (Härteprüfverfahren) sein.

Besonders *harte Werkstoffe* sind z. B. Titan, Hartmetall oder Edelstahl.

Zu den *weichen Werkstoffen* zählen Aluminium, Kunststoffe und Kupfer.

Werkstoffe mit großer Härte benötigt man bei der Herstellung von *Werkzeugen* zur Spanabnahme (Fräser, Bohrer, Drehmeißel) oder bei der *Klingenherstellung*.

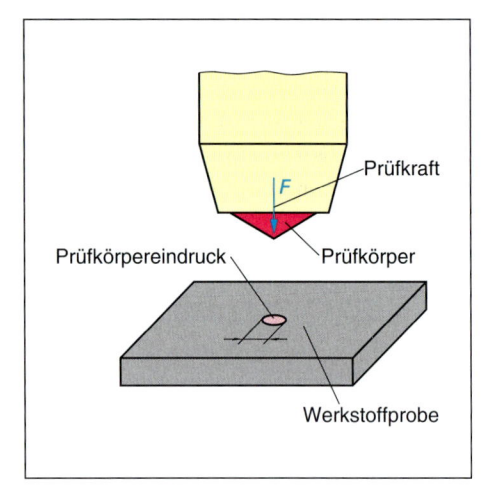

Bild 28 Werkstoffprobe (Härte)

Sprödigkeit

Ein Werkstück gilt als **spröde**, wenn es sich *nicht verformen* lässt und wenn es bei *unsachgemäßer Anwendung* brechen oder zerspringen kann. Dies gilt z. B. für die Werkstoffe *Keramik, Glas, verschiedene Gusseisensorten*.

Auch *gehärtete Werkstücke* können *spröde* sein oder eine *glasharte* Oberfläche haben.

Bei der Herstellung einer *Messerklinge* ist es wichtig, dass nur der Bereich der Schneide *gehärtet* wird.

Der *Kern* muss „weich" bleiben, sonst würde die Klinge bei einer schlagartigen Beanspruchung brechen.

Das Gewicht der geplanten Strebe ist zu berechnen. [z.B.]
Maße der Strebe:
Profilbreite 60 mm, Profildicke 10 mm, Länge des Zuschnitts 600 mm.

Umrechnung der Einheiten:	Volumen:
60 mm = 0,6 dm	$V = b \cdot d \cdot l$
10 mm = 0,1 dm	$V = 0{,}6 \text{ dm} \cdot 0{,}1 \text{ dm} \cdot 6 \text{ dm} = 0{,}36 \text{ dm}^3$
600 mm = 6 dm	
Dichte von Aluminium:	Masse:
$\varrho = 2{,}7 \frac{\text{kg}}{\text{dm}^3}$	$m = \varrho \cdot V$
Die Strebe hat ein Gewicht von 0,972 kg.	$m = 2{,}7 \frac{\text{kg}}{\text{dm}^3} \cdot 0{,}36 \text{ dm}^3 = 0{,}972 \text{ kg}$

Werkstoffeigenschaften, technologische

Härtbarkeit

Härtbare Werkstoffe können durch eine *gezielte Wärmebehandlung* eine höhere Härte erlangen. Durch das sogenannte Vergüten lässt sich auch die *Festigkeit* erhöhen.

Die *meisten Stähle* sind ebenso härtbar wie *einige Eisen-Gusswerkstoffe*.

Wärmeleitfähigkeit

Zwischen *elektrischer Leitfähigkeit* und *Wärmeleitfähigkeit* besteht Proportionalität.

Stoffe mit hoher *elektrischer Leitfähigkeit* haben auch eine hohe *Wärmeleitfähigkeit*.

Hohe Wärmeleitfähigkeit:
Silber, Kupfer, Aluminium, Stahl.

Niedrige Wärmeleitfähigkeit:
Glas, Kunststoffe, Dämmstoffe (Glaswolle) oder Luft.

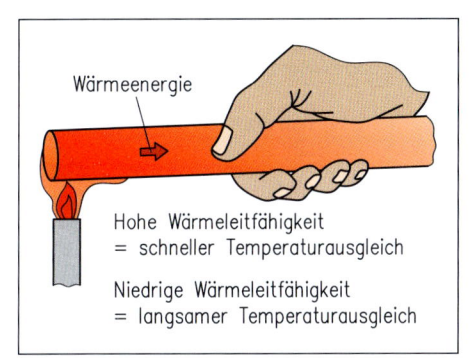

Bild 29 Wärmeleitfähigkeit

Elektrische Leitfähigkeit

Silber, Kupfer und Aluminium sind gute *elektrische Leiterwerkstoffe*.

Stähle leiten zwar ebenfalls den elektrischen Strom, aber nicht so gut wie die zuvor genannten Werkstoffe.

Werkstoffe, die den Strom nicht leiten, benutzt man als **Isolierwerkstoffe.** Hierfür werden bevorzugt Kunststoffe, Glas oder Keramik eingesetzt.

Technologische Eigenschaften

Gießbarkeit

Bildet ein Werkstoff beim *Einschmelzen* eine *dünnflüssige Schmelze*, kann man davon ausgehen, dass es möglich ist, mit dieser Schmelze eine Form auszugießen.

Wenn sich außerdem nach dem Abkühlen keine **Lunker** (Hohlräume) in dem gegossenen Werkstück befinden, ist dieser Werkstoff gut gießbar.

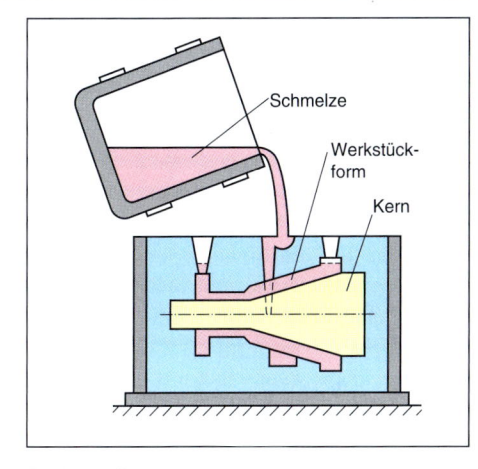

Bild 30 Gussvorgang

Hierfür sind Aluminium-Gusslegierungen, Kupfer-, Zink-Gusslegierungen sowie verschiedene Gusseisensorten geeignet.

Schwierig vergießbar sind unlegiertes Aluminium und Kupfer.

Umformbarkeit

Lässt sich ein Werkstoff durch Krafteinwirkung *plastisch verformen*, spricht man von **Umformbarkeit**.

Kaltumformen:
Umformen bei Raumtemperatur.

Warmumformen:
Umformen eines erhitzten Werkstücks.

Typische Warmumformverfahren:
Schmieden, Warmwalzen.

Kaltumformen wird beim Abkanten, Biegen, Tiefziehen und Kaltwalzen angewendet.

Bei der **Umformbarkeit von Stählen** ist der *Kohlenstoffgehalt* entscheidend. Stähle mit *hohem* Kohlenstoffgehalt lassen sich *schwerer* umformen als Stähle mit einem *niedrigen* Kohlenstoffgehalt.

Bild 31 Umformvorgang

Zerspanbarkeit
grindability

Verformbarkeit
deformability

Schmiedbarkeit
malleability

Schweißbarkeit
weldability

Gießbarkeit
castability

Umweltverträglichkeit
environmental compatibility

■ **Umformen**
Die Form eines Körpers wird durch plastische Formänderung bleibend verändert.

■ **Urformen**
Aus formlosem Werkstoff entsteht ein Körper bestimmter Form.

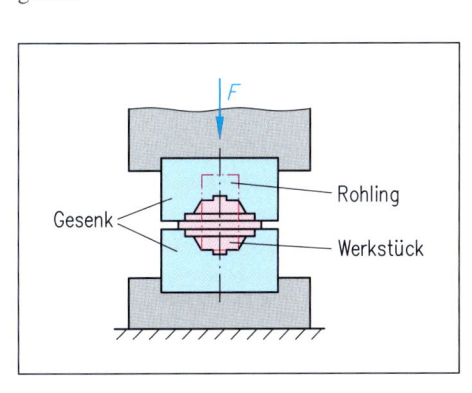

- **Spanen**
  Die Form eines festen Körpers wird durch Abtragen von Werkstoffteilchen auf mechanischem Wege geändert.

- **Standzeit**
  Zeitspanne vom Einsatzbeginn eines Werkzeugs bis zum notwendigen Nachschärfen.

- **Oberflächengüte**
  TB

- **Aufgabenlösungen**
  TB

@ Interessante Links
- christiani.berufskolleg.de

- **Fertigungsverfahren**
  TB

Zerspanbarkeit

Wenn ein Werkstück durch ein *spanendes Verfahren* bearbeitet werden soll, muss eine gute **Zerspanbarkeit** gegeben sein.

Die **Standzeit** des Werkzeugs und die mögliche **Oberflächengüte** des Werkstücks dienen hier der *Einteilung der Werkstoffe*.

Aluminium und *Aluminiumlegierungen* sowie *unlegierte* und *niedriglegierte* Stähle lassen sich in der Regel gut zerspanen.

Harte und zähe Werkstoffe wie *Titan*, *nicht rostender Stahl* und *Kupfer* lassen sich nur schwer zerspanen.

Gehärteter Stahl lässt sich z. B. durch *Schleifen* bearbeiten.

Wellen mit einer *hohen Oberflächengüte* und *sehr eng tolerierten Maßen* werden häufig auf einer *Drehmaschine vorgedreht*, im nächsten Arbeitsschritt *oberflächengehärtet* und anschließend auf einer *Rundschleifmaschine* auf Maß *geschliffen*.

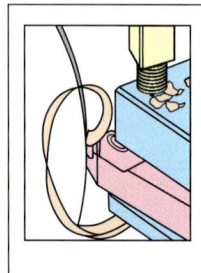

Bild 32 Zerspanen

Schweißbarkeit

Im Maschinen- und Anlagenbau sowie im Metallbau wird aus wirtschaftlichen Gründen das Fügeverfahren **Schweißen** angewendet.

Dabei ist die Werkstoffauswahl bei den zu verschweißenden Werkstücken und (bei Bedarf) des Zusatzwerkstoffes von großer Bedeutung.

Aluminium-Knetlegierungen oder Baustähle lassen sich ebenso gut schweißen wie unlegierte oder niedriglegierte Stähle mit einem geringen Kohlenstoffgehalt.

Mit Spezialverfahren lassen sich auch hochlegierte Stähle und Kunststoffe schweißen.

Prüfung

1. Worauf achten Sie bei der Auswahl eines Werkstoffs?
2. Unterscheiden Sie die Begriffe Härte und Festigkeit eines Werkstoffs.
3. Unter welcher Voraussetzung bezeichnet man einen Werkstoff als spröde?
4. Worin besteht der wesentliche Unterschied zwischen Stahl und Gusseisen?
5. Wie lässt sich die Korrosionsbeständigkeit von Stahl verbessern?
6. Welche Eigenschaften haben Verbundwerkstoffe?
7. Welche Eigenschaft hat ein Werkstoff hoher Elastizität?
8. Erklären Sie den Begriff elektrochemische Korrosion.
9. Worin besteht der Unterschied zwischen Kaltumformen und Warmumformen?
10. Ein Werkstoff hat eine hohe Reibfestigkeit. Was bedeutet das?

Gute Werkstoffe sind die Voraussetzung einer guten Fertigung.

- Urformen
  Der Werkstoff wird in eine **feste Form** gebracht. Zum Beispiel durch Gießen oder Sintern.

- Umformen
  Bei **spanlosen** Umformverfahren bleibt die Stoffmenge erhalten. Nur die Werkstoffstruktur ändert sich. Beispiele: Walzen, Biegen, Schmieden.

- Spanen
  Durch **spanende** Verfahren wird die Stoffmenge des Werkstoffs verändert. Außerdem kann die innere Werkstoffstruktur beeinflusst werden.
  Beispiele: Bohren, Drehen, Fräsen.

- Thermische Behandlung
  Festigkeit und Härte des Werkstoffes werden beeinflusst. Härten, Anlassen, Glühverfahren.

- Beschichtung
  Verbesserung der Korrosionsbeständigkeit.

- Fügeverfahren
  Stoffschlüssige Fügeverfahren beeinflussen die Werkstoffstruktur erheblich.
  Zum Beispiel: Löten, Schweißen.

Werkstoffeigenschaften, chemische

Chemische Eigenschaften

Korrosionsbeständigkeit

Korrosionsursachen

Wird ein Bauteil aus einem unlegierten Stahl, z. B. aus S235JR, im Freien verwendet und damit der Einwirkung von Feuchtigkeit ausgesetzt, bildet sich eine Rostschicht an der Oberfläche des Bauteils. Der Vorgang läuft je nach verwendeter Stahlsorte und Umgebungsbedingungen unterschiedlich ab. So wird er in einer Umgebung mit hoher salzhaltiger Luftfeuchtigkeit (z. B. am Meer) wesentlich beschleunigt. Das Ergebnis ist jedoch stets eine Stoffumwandlung.

Dieses Rosten ist eine Form von **Korrosion**. Allgemein ist Korrosion die Reaktion eines Metalls mit seiner Umgebung, die zu einer Veränderung seiner Eigenschaften führt.

Bei Metallen treten überwiegend zwei *Formen von Korrosion* auf:

Die **chemische** und die **elektrochemische** Korrosion, siehe Bild 33.

Bei Kupfer und Aluminium bilden sich ebenfalls feste Oxidschichten, die eine tiefergehende Korrosion verhindern.

Eine andere Korrosionsart kann bei der Verbindung von zwei Bauteilen aus unterschiedlichen Metallen (z. B. aus Stahl und Aluminium) auftreten. Zusammen mit einer elektrisch leitenden Flüssigkeit entsteht daraus ein Stromkreis. Es fließt ein Strom, d. h. vom unedleren Metall fließen Elektronen zum edleren Metall. Das unedlere Metall wird durch die Abgabe der Elektronen zerstört. Diese Zerstörung wird als Kontaktkorrosion bezeichnet.

Entscheidend für die Korrosionsgeschwindigkeit ist dabei die Stellung der Metalle in der **elektrochemischen Spannungsreihe**, siehe Abbildung. Je weiter die verschiedenen Metalle in der Reihe auseinanderliegen, desto größer ist ihre Spannungsdifferenz. Es fließt mehr Strom, und das unedlere Metall löst sich schneller auf.

■ **Korrosion**

TB

■ **Korrosion**
Zerstörung eines metallischen Werkstoffs.

■ **Korrosionsverhalten wichtiger Metalle**

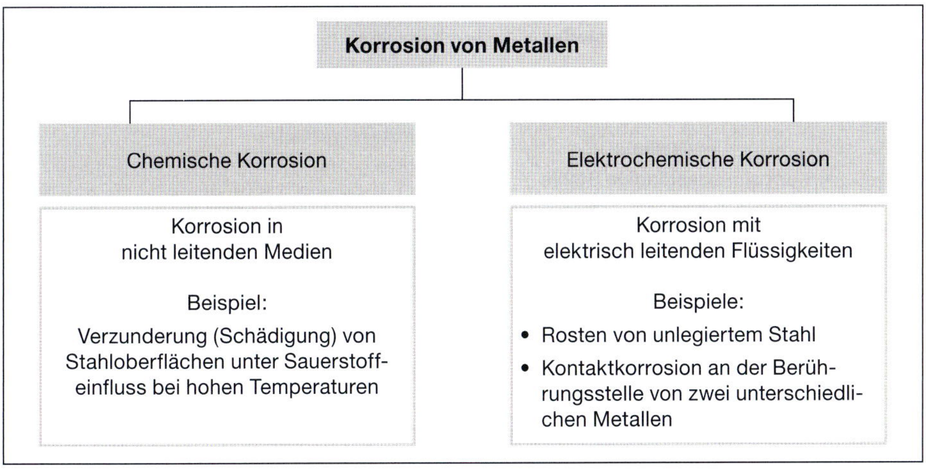

TB

Korrosion von Metallen

Chemische Korrosion
- Korrosion in nicht leitenden Medien
- Beispiel: Verzunderung (Schädigung) von Stahloberflächen unter Sauerstoffeinfluss bei hohen Temperaturen

Elektrochemische Korrosion
- Korrosion mit elektrisch leitenden Flüssigkeiten
- Beispiele:
  - Rosten von unlegiertem Stahl
  - Kontaktkorrosion an der Berührungsstelle von zwei unterschiedlichen Metallen

Bild 33 Einteilung von Korrosionsvorgängen

Die meisten Korrosionsvorgänge sind elektrochemischer Art und beginnen meist an der Werkstückoberfläche. Bei dem oben beschriebenen Rosten eines unlegierten Stahls reagiert der Sauerstoff der Luft unter der Einwirkung von Feuchtigkeit (als elektrisch leitender Flüssigkeit) mit dem Stahl und bildet Eisenoxid. Die sich bildende braune Rostschicht ist porös und blättert von der Oberfläche ab. Dadurch wird die Metalloberfläche wieder freigelegt, sodass die Korrosion immer weiter fortschreiten kann.

Die Zugabe von (mindestens 12 %) Chrom in korrosionsbeständigen Stählen wirkt korrosionshemmend durch die Bildung einer dichten **Passivschicht** (Oxidschicht) an der Werkstückoberfläche.

Element bzw. Werkstoff	Spannung in Volt [V]	
Magnesium	−2,34	zunehmend unedel ↑
Aluminium	−1,67	
Zink	−0,76	
Eisen	−0,44	
Nickel	−0,25	
Blei	−0,14	
Wasserstoff	**±0,00**	
Kupfer	+0,35	zunehmend edel ↓
Silber	+0,80	
Platin	+1,20	
Gold	+1,42	

Bild 34 Elektrochemische Spannungsreihe der Metalle

Entsorgung, Umweltschutz

TB

Elastizität
Fähigkeit eines Werkstoffs, nach Verformung seine Ausgangsform wieder anzunehmen, wenn die Belastung aufgehoben wird.

Plastizität
Fähigkeit eines Werkstoffs, unter einer Belastung seine Form bleibend zu verändern.

Plastische und elastische Verformung

Eine von außen einwirkende Kraft *verformt* ein Werkstück. Die *Art der Verformung* ist werkstoffabhängig. Eventuell auch von der erfolgten *Wärmebehandlung* (Härten).

Sägeblatt für Bügelsäge
(gehärteter Werkzeugstahl, Bild 36)
Hier liegt eine *elastische Verformung* vor. Nach Biegung federt es in die Ausgangslage zurück. Eine rein elastische Verformung liegt bei Sägeblättern oder Federn vor.

Bleirundstab (Bild 36)
Das Werkstück *verbleibt* nach der Verformung *in der neuen Form*.
Auch beim *Schmieden* liegt eine rein plastische Verformung vor.

Rein elastische oder plastische Verformungen sind allerdings eher die Ausnahme.

Im Allgemeinen kommt es zunächst zu einer *elastischen* Verformung, bevor eine *plastische* Verformung eintritt.

Vierkantstab aus Baustahl (Bild 36)
Der Vierkantstab federt nach *leichtem Biegen* wieder in seine ursprüngliche Ausgangsform zurück (rein elastisches Verhalten).

Wird der Vierkantstab jedoch *stark gebogen*, federt er nur noch gering zurück und behält seine neue Form weitgehend bei. Man spricht von *elastisch-plastischem Verhalten*.

Ökologische Eigenschaften

Bei den ökologischen Eigenschaften darf nicht ausschließlich der *Recyclingvorgang* oder die *Entsorgung* berücksichtigt werden, auch der *Energieverbrauch* und die *Umweltbelastung* bei der Herstellung sind hierbei für die Auswahl ausschlaggebend.

Die *Wahl der Werkstoffe* findet oftmals aus *wirtschaftlichen Aspekten* statt.

Hier einige Beispiele für die *Auswahl* und die *Verwendung:*

Ein *funktionelles* und *technisches* Aussehen haben beispielsweise *Profile* oder *Werkstücke aus Baustahl*.

Werkstücke aus *Aluminium* oder *nicht rostendem Stahl* wirken sehr *edel*, *hochwertig* und *teuer*.

Hier kann auch auf eine Oberflächenbehandlung nach der Fertigung verzichtet werden.

Diese beiden Werkstoffe sind teuer, noch teurer dagegen ist Kupfer.

Ein *günstiger* Werkstoff ist *unlegierter* Baustahl.

Stähle, Aluminium und Kupfer sind *recyclingfähig*, *Kunststoffe* hingegen sind *nur zum Teil recyclingfähig*.

Zu dem Begriff **Recycling** findet man in § 3 Abs. 25 „Kreislaufwirtschaftsgesetz" folgende Erklärung:

„Jedes Verwertungsverfahren, durch das Abfälle zu Erzeugnissen, Materialien oder Stoffen entweder für den ursprünglichen Zweck oder für andere Zwecke aufbereitet werden.
Es schließt die Aufbereitung organischer Materialien ein, aber nicht die energetische Verwertung und die Aufbereitung zu Materialien, die für die Verwendung als Brennstoff oder zur Verfüllung bestimmt sind."

Brennbarkeit

Eine Verbrennung kann nur dann stattfinden, wenn ein Werkstoff brennbar ist.

Brennbar ist ein Werkstoff, wenn er unter Zuführung von Wärmeenergie mit Sauerstoff reagiert (sich entflammen lässt).

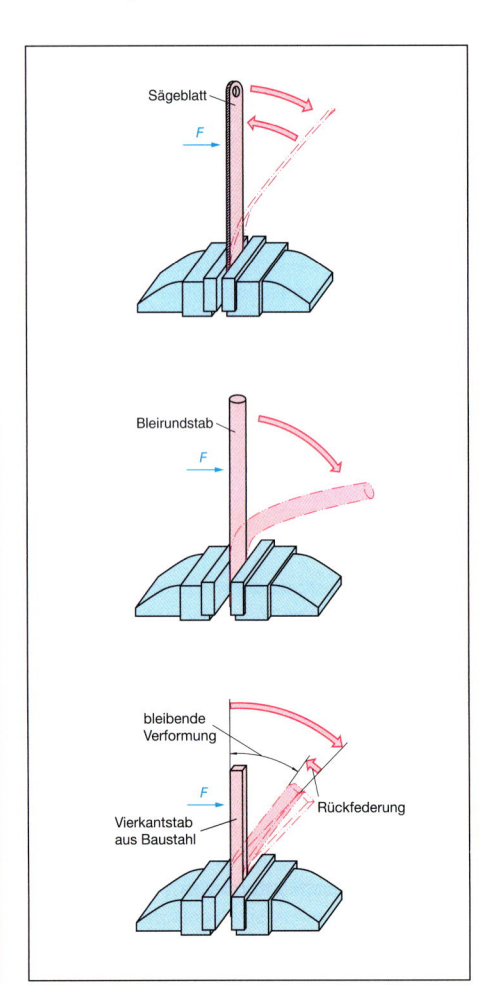

Bild 36 Verformung

Werkstoffprüfung, Zugversuch

Alle Materialien sind in sogenannte **Brandklassen** eingeteilt.
Bei folgenden Metallen gelten *besondere Vorschriften* hinsichtlich des **Löschens:**
Aluminium, Magnesium, Kalium, Lithium, Natrium und deren Legierungen.
Im Brandfall darf *kein Wasser als Löschmittel* eingesetzt werden, sondern *Sand* oder *Metallbrandpulver*.

Giftigkeit

Zu den giftigen Werkstoffen zählen *Blei* und *Cadmium*. Sollte der Einsatz dieser Werkstoffe nötig sein, sind *besondere Vorsichtsmaßnahmen* einzuhalten.
Der *Arbeitgeber* muss vor dem Ver- oder Bearbeiten eines Werkstoffs, einer Zubereitung oder eines Erzeugnisses prüfen, ob es sich um einen **Gefahrstoff** handelt.

Darüber hinaus muss er die eingesetzten und gelagerten Gefahrstoffe in einem Verzeichnis *dokumentieren*.
Der *Hersteller, Händler* oder *Importeur* eines Gefahrstoffs muss von dem Stoff ausgehende Gefahren für Menschen und Umwelt sowie nötige Schutzmaßnahmen aufzeigen und mitteilen. Dies geschieht durch eine **Gefahrstoffanweisung**.

Das **Datenblatt** bzw. Sicherheitsdatenblatt muss dem Verwender bei der ersten Lieferung ausgehändigt werden.

Gefahrstoffe sind kennzeichnungspflichtig.

Eine *Kennzeichnung* bedeutet stets, dass Gefahr von dem Stoff ausgeht.

Ist *keine Kennzeichnung* vorhanden, heißt das jedoch *nicht*, dass der Werkstoff *ungefährlich* ist.

Stahlbezeichnung nach Verwendung und Eigenschaft

Hauptsymbol
– **Buchstabe** für Stahlgruppe (Verwendung)
– **Zahl** für die Eigenschaft

Unter Umständen werden für die Eigenschaften *zusätzlich* ein *Buchstabe* und *Zahlen* angegeben.

Zusatzsymbole aus Buchstaben und Zahlen können an das Hauptsymbol angehängt werden.

Beispiel:
S235JR
Hauptsymbol: S235
Zusatzsymbol: JR

S	Stahlgruppe, Stähle für Stahlbau
235	Angabe der Eigenschaft, Streckgrenze $R_{eH} = 235 \frac{N}{mm^2}$
JR	Angabe der Kerbschlagarbeit, KV = 27 J bei 20 °C

> Die **Mindeststreckgrenze** ist die Zugspannung, die ein Stahl aufnehmen kann, ohne dass eine plastische Verformung eintritt.
> Die Einheit ist $\frac{N}{mm^2}$.

Beispiel:
E335

E	Maschinenbaustähle
335	Eigenschaft, Streckgrenze $R_{eH} = 335 \frac{N}{mm^2}$

2.7 Werkstoffprüfung

Um das **Werkstoffverhalten** zu prüfen, werden die Prüflinge mechanischen Beanspruchungen unterworfen (z. B. Festigkeit, Dehnung, Härte).
Zwei häufig angewendete **Werkstoffprüfungen** sind:

- **Zugversuch**
  Die Festigkeitswerte eines Werkstoffs werden unter Zugbeanspruchung ermittelt.
- **Härteprüfung**
  Die Härte eines Werkstoffs wird bestimmt.

Zugversuch

Auf einer Zugmaschine werden genormte Werkstoffproben einer zunehmenden Belastung bis zum **Bruch** ausgesetzt. Dabei werden **Zugfestigkeit** und genormte **Dehnung** eines Werkstoffs ermittelt.

Ein Kraft-Verlängerungs-Schaubild wird aufgezeichnet. Durch Umrechnung der Kraft- und Verlängerungswerte ergibt sich das **Spannung-Dehnungs-Diagramm** des geprüften Werkstoffs.

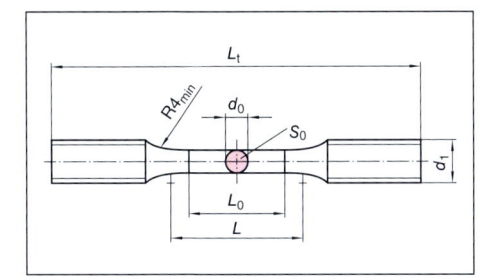

Bild 37 Runde Zugprobe

$L_0 = 5 \cdot d_0$ oder $L_0 = 10 \cdot d_0$

■ **Brandklassen** TB

■ **Stahlsorten** TB

■ **Härte**
Widerstand, den ein Werkstoff dem Eindringen eines Eindringkörpers entgegensetzt.

■ **Festigkeit**
Mechanische Beanspruchung, die ein Werkstoff bis zum Bruch aufnehmen kann.

■ **Spannung**
Belastung je mm² eines Werkstücks.

■ **Dehngrenze $R_{p0,2}$**
für Werkstoffe, bei denen R_e nicht bestimmbar ist.

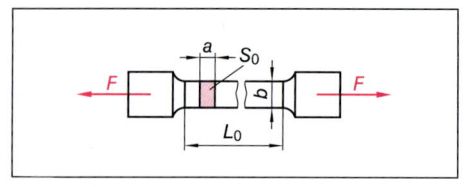

Bild 38 Flache Zugprobe

$L_0 = 5{,}65 \cdot \sqrt{S_0}$ oder $L_0 = 11{,}3 \cdot \sqrt{S_0}$

Für den Zugversuch werden **Rund-** und **Flachproben** verwendet.

Der **Probestab** wird auf einer *Prüfmaschine* an beiden Seiten eingespannt und gleichmäßig auf Zug belastet. Zugkraft und Längenänderung der Zugprobe werden von der Maschine gemessen und aufgezeichnet.

Es ergibt sich das **Kraft-Verlängerungs-Diagramm** (Bild 39). Der Werkstoff *verlängert* sich unter Zugbeanspruchung.

■ σ
Sigma;
griechischer Buchstabe

■ ε
Epsilon;
griechischer Buchstabe

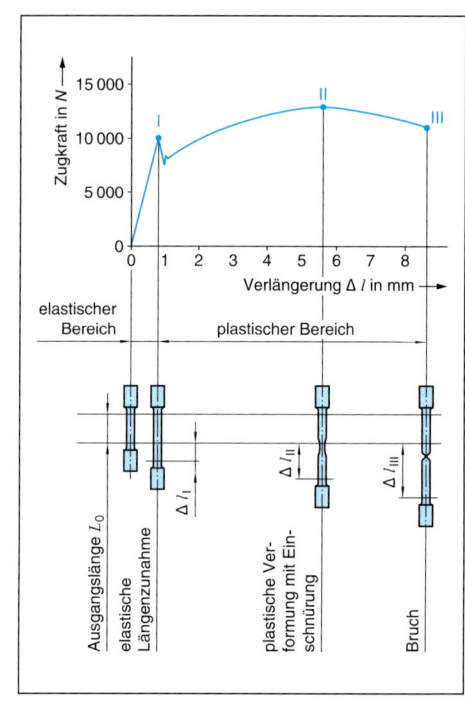

Bild 39 Kraft-Verlängerungs-Diagramm

Allerdings erfolgt diese Verlängerung bis zum Bruch sehr unterschiedlich (Bild 39).

- **Bereich bis I**
  Die Verlängerung der Zugprobe nimmt *verhältnisgleich* mit der Kraftzunahme zu. Dies wird durch die Proportionalitätsgerade im Diagramm deutlich.
  Wenn die Zugprobe entlastet wird, kehrt sie in die Ausgangslage zurück. Bis Punkt I hat der Werkstoff elastisches Verhalten.

- **Bereich I bis II**
  Wenn die Zugkraft über Punkt I hinaus gesteigert wird, kommt es bei gleicher Kraftzunahme zu einer stärkeren Längenänderung. Der Werkstoff zeigt plastisches Verhalten. Nach Entlastung zeigt die Zugprobe eine bleibende Veränderung.

- **Bereich II bis III**
  Hier wird eine Einschnürung der Zugprobe erkennbar. Der Querschnitt verringert sich deutlich, die Länge nimmt erheblich zu. Wegen der Querschnittsverringerung reicht eine geringere Zugkraft, um den Werkstoff bei Punkt III zum Bruch zu bringen.

$$\text{Zugspannung} = \frac{\text{Zugkraft}}{\text{Ausgangsquerschnitt}}$$

$$\sigma = \frac{F}{S_0}$$

σ Zugspannung in $\frac{\text{N}}{\text{mm}^2}$
F Zugkraft in N
S_0 Ausgangsquerschnitt in mm^2

Dehnung:

$$\text{Dehnung} = \frac{\text{Längenzunahme}}{\text{Ausgangslänge}} \cdot 100\,\%$$

$$\varepsilon = \frac{L - L_0}{L_0} \cdot 100\,\%$$

ε Dehnung in %
$L - L_0$ Längenzunahme in mm
L_0 Ausgangslänge in mm

Durch Umrechnung beider Werte ergibt sich aus dem Kraft-Verlängerungs-Diagramm das **Spannungs-Dehnungs-Diagramm** (Bild 40).

Dieses Diagramm ist ein *werkstoffbezogenes*, von der Bauteilform *unabhängiges* Zugfestigkeitsdiagramm.

Ihm können wichtige Werkstoffwerte entnommen werden.

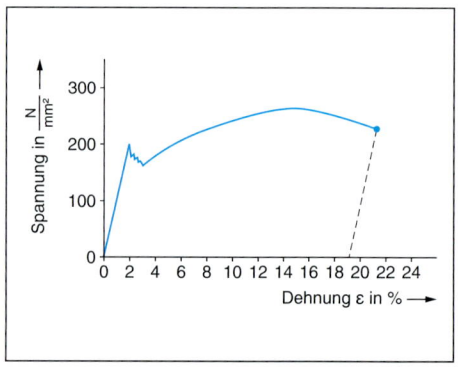

Bild 40 Spannungs-Dehnungs-Diagramm

Werkstoffprüfung, Härteprüfung

Streckgrenze R_e

Am Ende der Proportionalitätsgeraden beginnt der Werkstoff, sich *bleibend* zu verformen. Deshalb ist die **Streckgrenze** eine wichtige Kenngröße für alle Konstruktionen.

Bei *weichen Werkstoffen* wird unterteilt in
- untere Streckgrenze R_{eL}
- obere Streckgrenze R_{eH}

Zugfestigkeit R_m

Gibt die *höchste Zugspannung* des Werkstoffes an, bei der am Teil gerade noch keine Verformung auftritt. Wichtigster Werkstoffkennwert.

Bruchdehnung A

Gibt an, wie weit der Werkstoff *gedehnt* werden kann. Je größer die Bruchdehnung ist, umso besser ist der Werkstoff *plastisch* verformbar, bis der Werkstoff bricht.

Dehngrenze $R_{p0,2}$

Manche Werkstoffe haben einen *stetigen Übergang* vom elastischen in den *plastischen* Bereich.

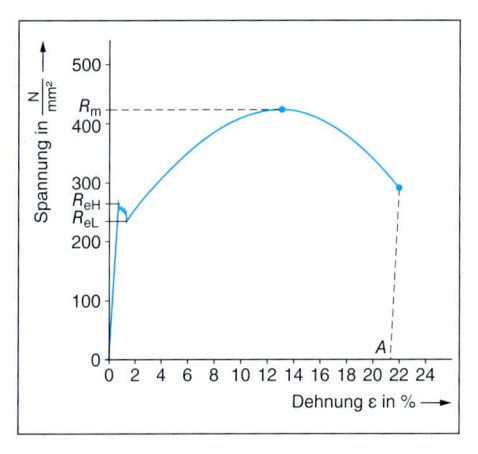

Bild 41   Allgemeiner Baustahl, Diagramm

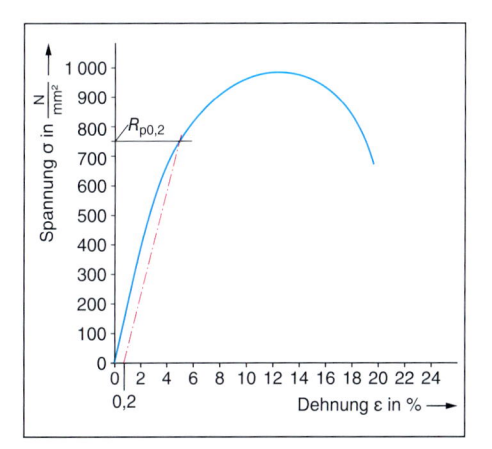

Bild 42   Stetiger Übergang elastisch, plastisch

Sie haben keine deutlich erkennbare Streckgrenze. Dann wird zur Proportionalitätsgeraden eine Parallele bei 0,2 % Dehnung gezeichnet (Bild 42).

Der Schnittpunkt mit dem Spannungs-Dehnungs-Diagramm ergibt die Spannung $R_{p0,2}$.

Zur Berechnung von Bauteilen wird bei diesen Werkstoffen statt der Streckgrenze die *Dehngrenze* $R_{p0,2}$ eingesetzt.

Härteprüfung

Die Härteprüfung von Werkstoffen erfolgt in der Praxis durch drei unterschiedliche Verfahren, deren Ergebnisse allerdings nur bedingt miteinander vergleichbar sind.

Härteprüfung nach Brinell

Eine **Hartmetallkugel** mit einem bestimmten Durchmesser wirkt mit definierter *Prüfkraft* und *Zeitdauer* auf die Prüfoberfläche ein.

In der Oberfläche des zu prüfenden Werkstücks hinterlässt die Kugel einen **Eindruck**, der in zwei Richtungen ausgemessen wird. Übliche *Einwirkungsdauer* 10 bis 15 Sekunden.

$$\text{Brinellhärte} = 0{,}102 \cdot \frac{\text{Prüfkraft}}{\text{Eindruckoberfläche}}$$

$$\text{HB} = 0{,}102 \cdot \frac{F}{A}$$

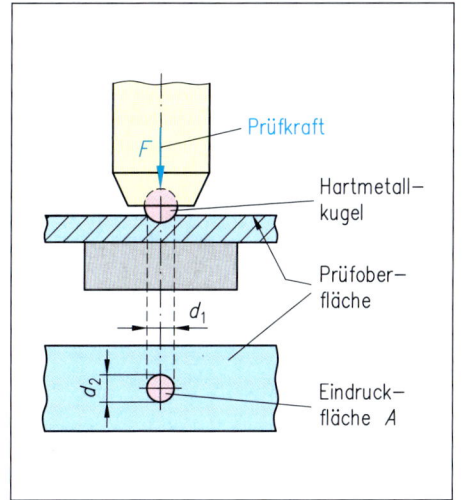

Bild 43   Härteprüfung nach Brinell

- Prüfung mit *Hartmetallkugel*: HBW

Einsetzbar für **weiche Werkstoffe** wie Kupfer, Aluminium und deren Legierungen sowie für Baustähle und Gusswerkstoffe.

■ **Proportionalitätsgerade**
Bereich im Diagramm, in dem die Verlängerung proportional (also verhältnisgleich) zur Kraftaufnahme erfolgt.

■ **Einschnürung**
Querschnittsverringerung der Zugprobe an der späteren Bruchstelle.

■ **Härte**
Widerstand, den ein Werkstoff dem Eindringen eines Eindringkörpers entgegensetzt.

Werkstoffkennwerte
characteristics of material

Festigkeit
strenght

Zugfestigkeit
tensile

Dehnung
elongation

Spannungs-Dehnungs-Diagramm
tension-extension diagram

Streckgrenze
tensile yield strenght

Zugversuch
tensile test

Härteprüfung
hardness testing

Bruchdehnung
ductile yield

Brucheinschnürung
reduction at fracture

kegelförmig
concial

kugelförmig
ball shaped

Brinellhärtewert

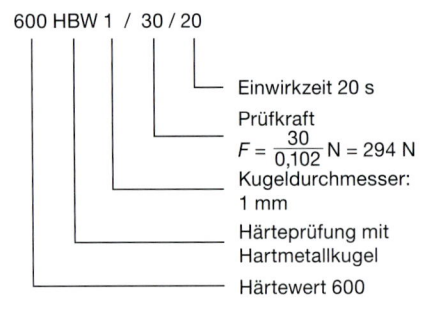

600 HBW 1 / 30 / 20

- Einwirkzeit 20 s
- Prüfkraft $F = \dfrac{30}{0{,}102}\,\text{N} = 294\,\text{N}$
- Kugeldurchmesser: 1 mm
- Härteprüfung mit Hartmetallkugel
- Härtewert 600

Härteprüfung nach Vickers

Hier wird die *Spitze einer vierseitigen Pyramide* aus **Diamant** (Spitzenwinkel 136°) als Prüfkörper eingesetzt.

Der *Abdruck* in der Werkstückoberfläche wird in zwei Richtungen ausgemessen.

Vickershärte = $0{,}102 \cdot \dfrac{\text{Prüfkraft}}{\text{Eindruckoberfläche}}$

$HV = 0{,}102 \cdot \dfrac{F}{A}$

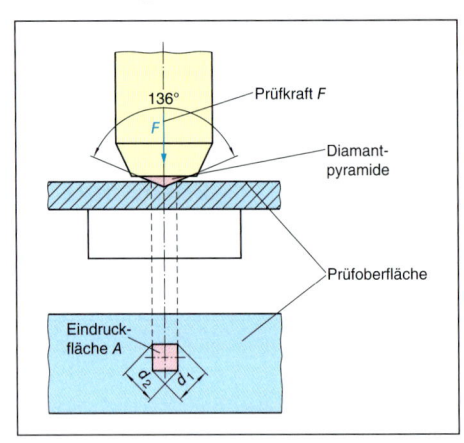

Bild 44 Härteprüfung nach Vickers

Wegen des nur geringen Eindrucks der Pyramidenspitze gut zur Prüfung sehr dünner Werkstücke, gehärteter Randschichten und sehr harter Werkstoffe geeignet.

Vickershärtewert

206 HV 50/15

- Einwirkdauer: 15 Sekunden
- Prüfkraft: 50 · 9,81 = 490 N
- Härteprüfung nach Vickers
- Härtewert

Härteprüfung nach Rockwell

Die Prüfung kann mit einer *Stahlkugel* oder einem **Diamantkegel** durchgeführt werden. Das Prüfergebnis ist direkt ablesbar.

In *zwei Stufen* wird der Eindringkörper in die Werkstoffprobe gedrückt.

1. **Stufe:** Prüfvorkraft $F_0 = 98\,\text{N}$
2. **Stufe:** F_0 + Prüfkraft $F_{1,2,3}$

$F_1 = 1373\,\text{N}$ (HRC)
$F_2 = 490\,\text{N}$ (HRA und HRF)
$F_3 = 883\,\text{N}$ (HRB)

Nach Wegnahme von F_1 wird die Eindringtiefe t_b gemessen und daraus die Rockwellhärte abgeleitet.

Zur Anwendung kommen **4 Prüfverfahren:**

- A und C mit Diamantkegel (120°)
- B und F mit gehärteter Stahlkugel (Ø 1/16 Inch)

Messvorgang

- Prüfkörper auf die Oberfläche des zu prüfenden Werkstoffs aufsetzen und mit Vorprüfkraft belasten.
  Der Kegel dringt in die Werkstückoberfläche ein.
- Messeinrichtung auf null stellen.
- Vorprüfkraft mit einer Prüfkraft zusätzlich belasten.
  Der Kegel dringt tiefer in das Werkstück ein.
- Nach kurzer Zeit die Belastung wieder auf den Wert der Vorprüfkraft senken. Der Kegel bleibt in der Eindringstelle der Vorprüfkraft.
  Damit kann die elastische Verformung des Werkstoffs berücksichtigt werden.
- Die Messeinrichtung zeigt jetzt direkt den Rockwellhärtewert an.

Rockwellhärte

$\dfrac{\text{HRA}}{\text{HRC}} = 100 - \dfrac{t_b}{0{,}002\,\text{mm}}$

$\dfrac{\text{HRB}}{\text{HRF}} = 130 - \dfrac{t_b}{0{,}002\,\text{mm}}$

F_0 Vorprüfkraft 98,7 ± 1,96 N
F_1 Prüfkraft in N
t_b verbleibende Eindringtiefe in mm
s Mindestdicke der Probe, abhängig von HR in mm

Einwirkdauer: 2 bis 5 Sekunden

Festgelegte maximale Eindringtiefe: 0,2 mm.

0,2 mm ist in 100 Härteeinheiten eingeteilt.

Pro Härteeinheit ergibt sich dann 0,002 mm.

Somit kann die Messeinrichtung pro 0,002 mm einen Rockwellhärtewert anzeigen.

Anwendung findet diese Härteprüfung bei mittelharten bis sehr harten Werkstoffen.

Werkstoffprüfung, Härteprüfung

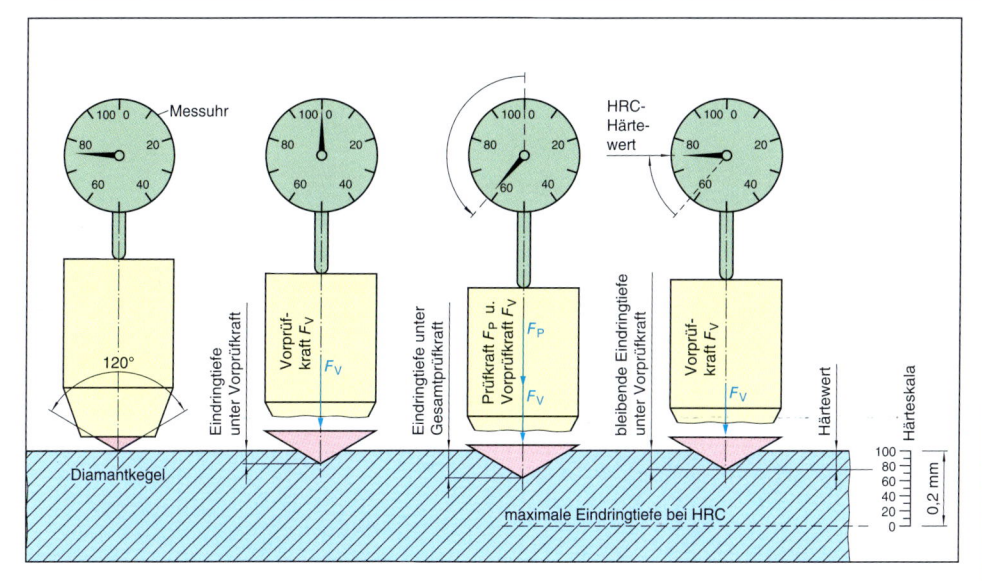

Bild 45 Härteprüfung nach Rockwell

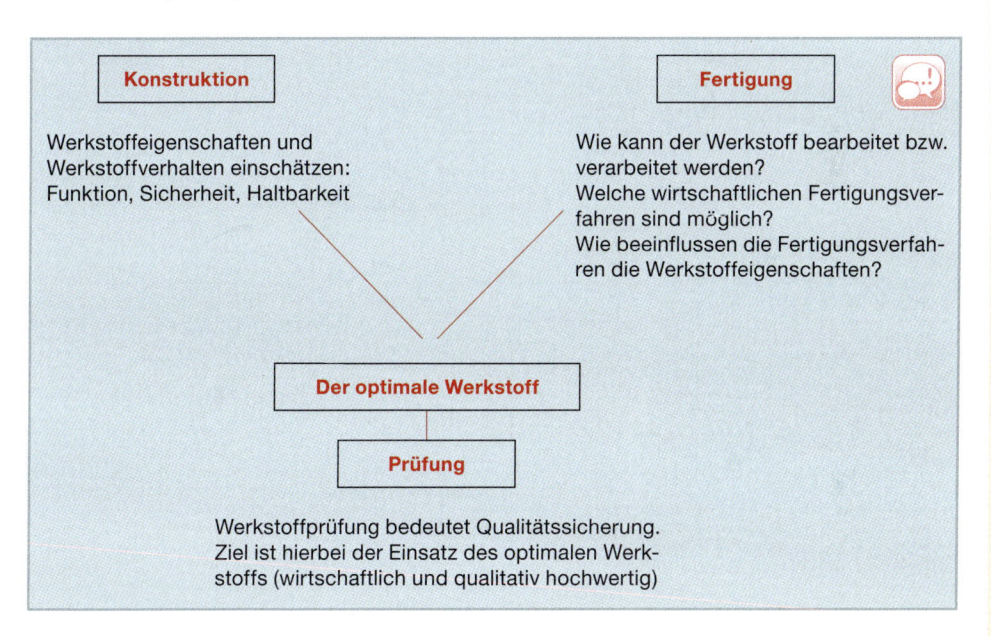

Konstruktion

Werkstoffeigenschaften und Werkstoffverhalten einschätzen: Funktion, Sicherheit, Haltbarkeit

Fertigung

Wie kann der Werkstoff bearbeitet bzw. verarbeitet werden?
Welche wirtschaftlichen Fertigungsverfahren sind möglich?
Wie beeinflussen die Fertigungsverfahren die Werkstoffeigenschaften?

Der optimale Werkstoff

Prüfung

Werkstoffprüfung bedeutet Qualitätssicherung. Ziel ist hierbei der Einsatz des optimalen Werkstoffs (wirtschaftlich und qualitativ hochwertig)

Angabe der Rockwellhärte

65 HRC
- Verfahren, mit Kegel
- Härtewert

Prüfung

1. Welche Aufgaben hat die Werkstoffprüfung?
2. Beschreiben Sie die Durchführung eines Zugversuchs?
3. Wie kann die Zugspannung ermittelt werden?
4. Welche Aussage macht das Spannungs-Dehnungs-Diagramm?
5. Erklären Sie folgende Begriffe:
   Streckgrenze
   Zugfestigkeit
   Bruchdehnung
   Dehngrenze
6. Mit welchen Verfahren kann die Härteprüfung durchgeführt werden?
7. Welches Härteprüfverfahren ist bei sehr harten Werkstoffen sinnvoll anzuwenden?

■ **Aufgabenlösung**

TB

@ **Interessante Links**
- christiani.berufskolleg.de

Notizen

3 Fügetechniken

3.1 Einteilung der Fügeverfahren

Die Baugruppe 2 des Schwenkarms besteht laut der Stückliste aus vielen verschiedenen Bauteilen. Diese sind auf unterschiedliche Art miteinander verbunden.

Bei der Teilbaugruppe 2.1 werden viele Schraubenverbindungen eingesetzt, siehe Zeichnung. Beispielsweise ist der Lagerbock 2 (Pos. 2.1.05) mit der Drehplatte (Pos. 2.1.03) mit zwei Schrauben (Pos. 2.1.09) verbunden.

Hierzu werden Schrauben eingesetzt mit der Bezeichnung DIN EN ISO 4762 – M4 × 10 – 8.8 (siehe Stückliste). Dieses sind Innensechskantschrauben mit einem Durchmesser von 4 mm und eine Länge von 10 mm.

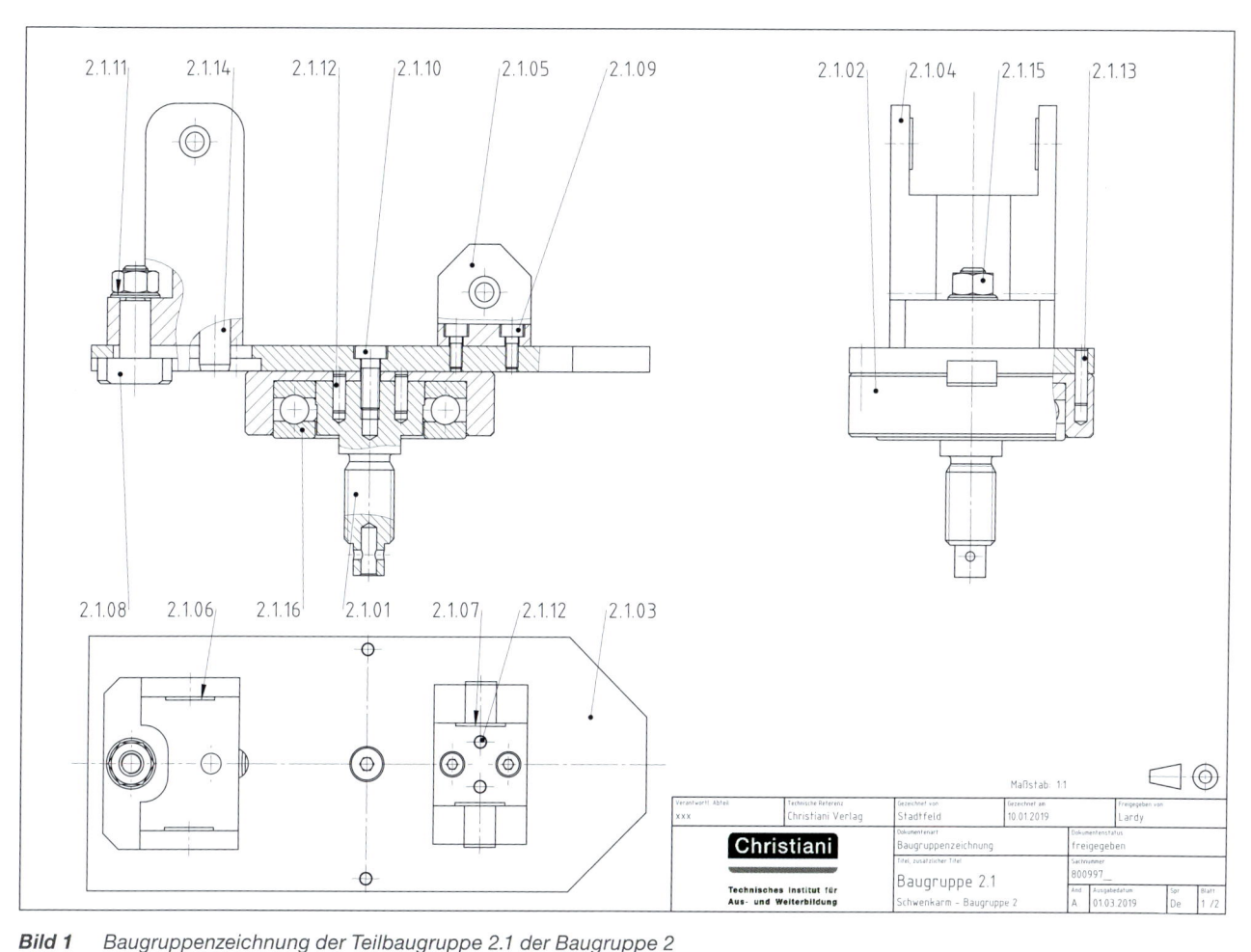

Bild 1 Baugruppenzeichnung der Teilbaugruppe 2.1 der Baugruppe 2

Durch das **Fügen** entsteht aus den einzelnen Bauteilen eine **Baugruppe**.

Lösbare Verbindungen können ohne Zerstörung der Bauteile oder der Verbindungsmittel wieder gelöst werden.

■ **Fügen:**
Das (dauerhafte) Verbinden von mehreren Bauteilen.

Das Verschrauben ist eine der wichtigsten Fügearten.

Die einzelnen Bauteile können ohne spezielles Werkzeug schnell zusammengesetzt werden. Außerdem ist die Verbindung durch Herausdrehen der Schrauben einfach wieder zu trennen.

Diese Möglichkeit ist das Merkmal von **lösbaren Verbindungen**.

Wären die Bauteile dagegen miteinander verschweißt, könnten sie nur durch Zerstören der Schweißnaht wieder getrennt werden, dies ist eine **unlösbare Verbindung**.

Auch Verbindungen mit Bolzen können wieder gelöst werden.

Bauteile können **lösbar** oder **nicht lösbar** miteinander verbunden werden.

Stoffschlüssige Verbindungen benötigen in der Regel einen **Zusatzwerkstoff**.

Kraftschlüssige Verbindung
frictional connection

Formschlüssige Verbindung
positive connection

Stoffschlüssige Verbindung
adhesive bond connection

Lösbare Verbindung
detachable connection

In der Baugruppe 2 des Projektes ist die Teilbaugruppe C (mit den beiden Pneumatik-Zylindern Pos. 2.41 und 2.42) mit dem Lagerbock 2 (Pos. 2.06) mit einem Bolzen verbunden. Der Bolzen ermöglicht eine Schwenkbewegung der beiden Teile zueinander. Im Gegensatz zu der oben beschriebenen Verschraubung ist diese Verbindung also **beweglich**.

> **Bewegliche Verbindungen** ermöglichen ein Bewegen der Bauteile gegeneinander.

Die Übertragung der Kraft zwischen den Bauteilen erfolgt hierbei über die Form des Bolzens. Die Bolzenform passt genau in die Bohrungen der Bauteile. Diese Art der Kraftübertragung durch ineinanderpassende Formflächen ist das Merkmal **formschlüssiger Verbindungen**.

Bei **kraftschlüssigen Verbindungen** wie dem Verschrauben, werden die Bauteile dagegen aufeinandergepresst. Die Kraftübertragung erfolgt durch die Reibung zwischen den Bauteilen. Diese Reibungskräfte müssen größer sein als die angreifenden äußeren Kräfte, um ein Verschieben oder Lösen der Verbindung zu verhindern.

Die dritte Möglichkeit zur Kraftübertragung wird z. B. beim Kleben verwendet:

Ein separater Stoff, hier der Kleber, sorgt für die Verbindung und die Kraftübertragung bei dieser **stoffschlüssigen Verbindung**. Stoffschlüssige Verbindungen wie Kleben und Schweißen sind unlösbare Verbindungen.

Bei einigen Fügeverfahren kann auch eine **Mischung oder Kombination aus kraft- und formschlüssiger Kraftübertragung** auftreten.

Beispiele:
- Bei Verschraubungen greifen die Gewindegänge von Schraube und Innengewinde im Bauteil ineinander, die Kraftübertragung erfolgt hier formschlüssig.
- Eine Welle-Nabe-Verbindung mit Nut und Keil ist kraft- und formschlüssig.

> Die Kraftübertagung zwischen den Bauteilen kann
> - formschlüssig,
> - kraftschlüssig oder
> - stoffschlüssig
>
> erfolgen.

> **Fügeverfahren**
>
> Bauteile können auf viele verschiedene Arten miteinander verbunden werden.
>
> Die *Fügearten* unterscheiden sich durch:
> - die Übertragungsart der Kräfte und Momente,
> - die Möglichkeit der Bauteiltrennung,
> - die Bewegungsmöglichkeit der verbundenen Teile.
>
> | Verbindungsarten | | |
> |---|---|---|
> | kraftschlüssig formschlüssig stoffschlüssig | lösbar nicht lösbar | fest beweglich |
> | Kraftübertragung zwischen den Bauteilen | Trennung der Bauteile | Gegenseitige Bewegung der Bauteile |
>
> *Bewegliche Fügearten*, z. B. Gelenkverbindungen mit Bolzen, ermöglichen ein Bewegen der Bauteile gegeneinander.
>
> *Lösbare Verbindungen,* z. B. eine Verschraubung, können ohne Zerstörung der Bauteile oder der Verbindungsmittel wieder gelöst werden. Meist ist auch eine Wiederverwendung der Verbindungsteile möglich.
>
> Die *Übertragung der Kräfte und Momente* zwischen den Bauteilen kann durch drei unterschiedliche physikalische Möglichkeiten realisiert werden:
> - *kraftschlüssig,*
> - *formschlüssig,*
> - *stoffschlüssig.*

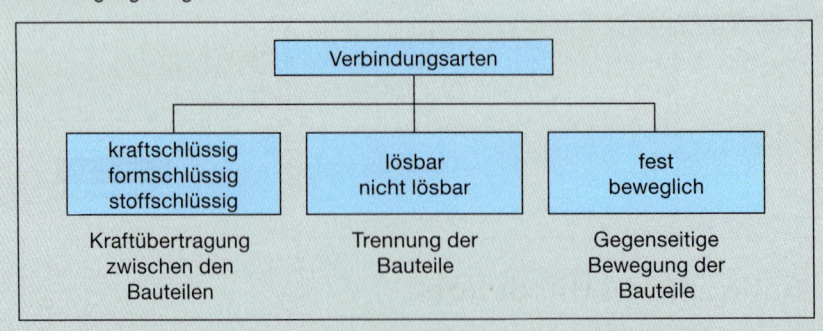

Kraftübertragung, Schraubenverbindungen

Art der Kraftübertragung

```
                    Verbindungsarten
        ┌───────────────┬───────────────┐
   Kraftschlüssig   Formschlüssig   Stoffschlüssig
   
   Kraftübertragung  Kraftübertragung  Kraftübertragung
   durch Reibung     durch geometrische durch Zusatz-
                     Form              werkstoff
```

Beispiele:	Beispiele:	Beispiele:
Schrauben	Bolzen	Schweißen
Klemmen	Nieten	Löten
Pressen	Falzen	Kleben

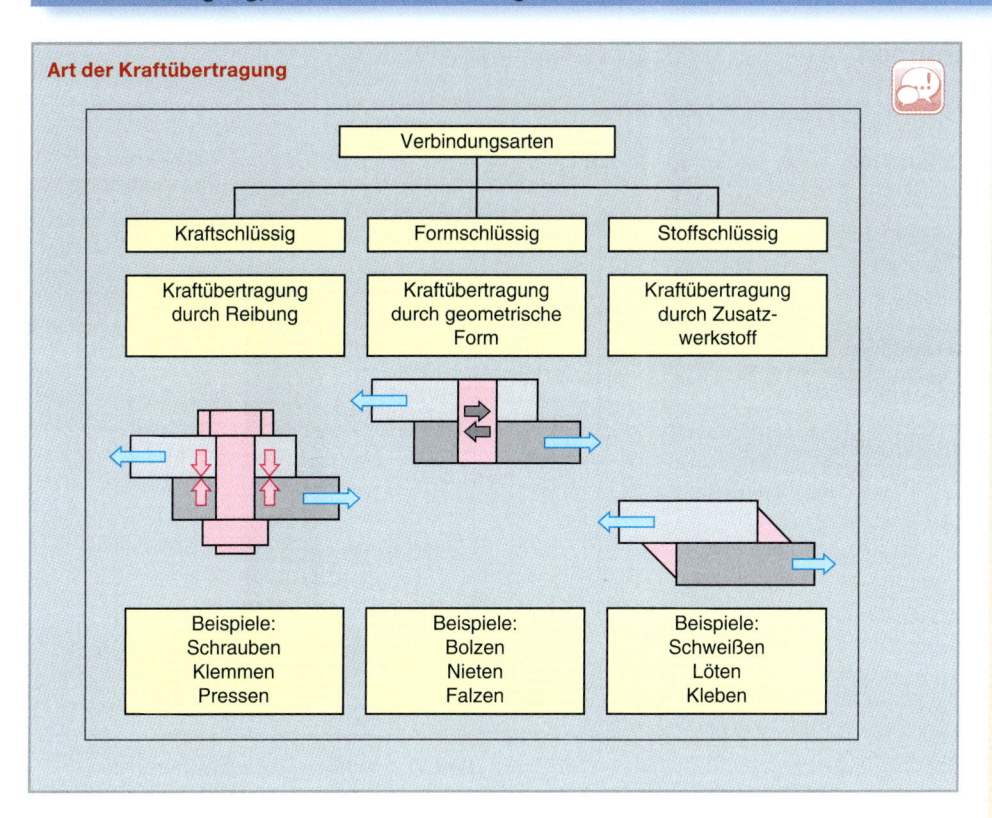

PRÜFUNG

1. Was versteht man unter unlösbaren Verbindungen?

2. Nennen Sie jeweils drei Beispiele für lösbare und unlösbare Verbindungen.

3. Nennen Sie zwei Beispiele für bewegliche, formschlüssige Verbindungsarten.

4. Wie werden bei formschlüssigen Verbindungen die Verbindungsmittel hauptsächlich belastet: auf Zug, Druck, Scherung oder Torsion?

3.2 Schraubenverbindungen

Der Lagerbock 2 (Pos. 2.1.05) ist mit der Drehplatte (Pos. 2.1.03) mit zwei Schrauben (Pos. 2.1.09) verbunden, wie oben beschrieben.

Zur Aufnahme der Schrauben besitzt der Lagerbock Bohrungen mit Senkungen. Die Drehplatte hat Bohrungen mit Innengewinde, in welche die beiden Schrauben eingedreht werden.

In der Stückliste ist die Normbezeichnung der Schrauben angegeben:

Zylinderschraube
DIN EN ISO 4762 – M4 × 10 – 8.8

Bild 2 Elemente von Schraubenverbindungen

Kennzeichnung von Schrauben

Zylinderschraube DIN EN ISO 4762 – M 4 × 10 – 8.8

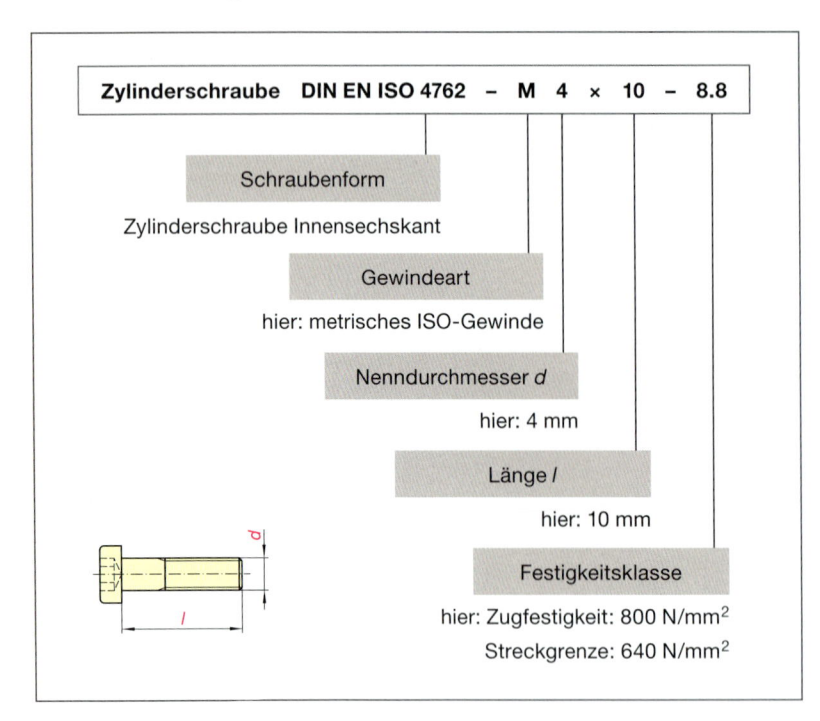

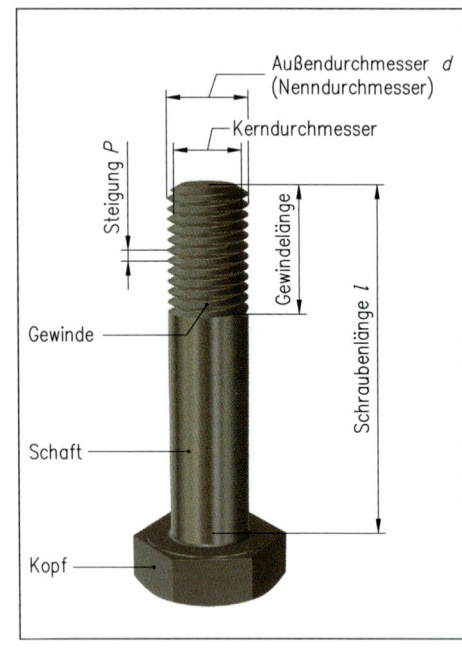

- **Schraubenform**: Zylinderschraube Innensechskant
- **Gewindeart**: hier: metrisches ISO-Gewinde
- **Nenndurchmesser** d: hier: 4 mm
- **Länge** l: hier: 10 mm
- **Festigkeitsklasse**: hier: Zugfestigkeit: 800 N/mm²; Streckgrenze: 640 N/mm²

Bild 3 Wichtige Schraubenmerkmale (Außendurchmesser d (Nenndurchmesser), Kerndurchmesser, Steigung P, Gewinde, Gewindelänge, Schaft, Schraubenlänge l, Kopf)

- **Bezeichnung von Schrauben** (TB)
- **Schraubenform** (TB)

Die in der Abbildung dargestellte Kennzeichnung einer Schraube erlaubt die eindeutige Zuordnung aller erforderlichen Merkmale. Schrauben unterscheiden sich im Wesentlichen durch:

- die **Schraubenform**,
  z. B. Innensechskantschraube, Senkschraube mit Kreuzschlitz, Gewindestift,
- die **Art des Gewindes**,
  z. B. metrisches Gewinde, Trapezgewinde, Rohrgewinde,
- die **Abmessungen**
  wie Durchmesser d und Länge l sowie
- die **Belastbarkeit**
  mit der Angabe der Festigkeitsklasse.

Ebenso sind Schraubenköpfe mit verschiedenen Aufnahmemöglichkeiten erhältlich. Die Kombination **Kreuz** und **Schlitz** ist weit verbreitet.

Schraubenform

Ein wichtiges Merkmal für die Schraubenform ist die **Geometrie des Schraubenkopfes**.

Die **Schraubenköpfe** sind so geformt, dass sie sich von einem **Montagewerkzeug** (Schraubendreher, Ring-/Gabelschlüssel, Innensechskantschlüssel, (Torx-) schlüssel) aufnehmen lassen.

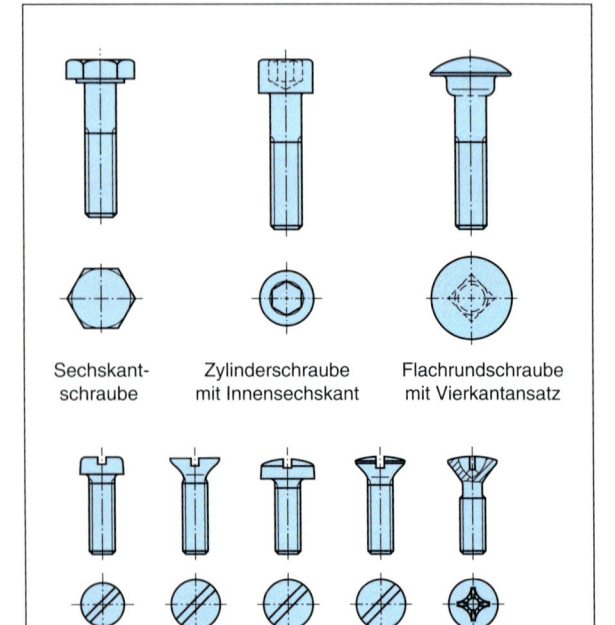

Bild 4 Kopfformen von Schrauben (Sechskantschraube, Zylinderschraube mit Innensechskant, Flachrundschraube mit Vierkantansatz, Zylinderschraube, Senkschraube, Linsenzylinderschraube mit Schlitz, Linsensenkschrauben mit Kreuzschlitz)

Schraubenformen, Gewindearten

Kreuzschlitzschrauben mit zusätzlichem *Außensechskant* werden häufig im Apparatebau verwendet.

Schrauben mit Kopf werden am meisten verwendet und als **Kopfschrauben** bezeichnet. Typische Beispiele sind Sechskantschrauben und Zylinderschrauben mit Innensechskant sowie Senkschrauben, s. Bild 4 auf Seite 72 und Bild 5.

Bild 5 Schrauben, Ausführungsformen

Gewindestifte haben keinen Kopf und ein Gewinde auf ihrer gesamten Länge. Zum Eindrehen können sie einen Schlitz oder einen Innensechskant besitzen, siehe Bild 6.

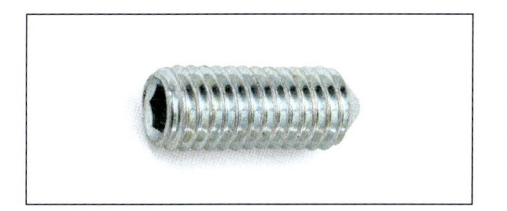

Bild 6 Gewindestift mit Innensechskant

Stiftschrauben besitzen ebenfalls keinen Kopf, haben aber auf jeder Seite ein Gewinde, siehe Bild 7. Sie werden eingesetzt, wenn z. B. eine Verbindung wie ein Gehäuse mit Deckel oft gelöst werden muss. Die im Gehäuse eingeschraubte Seite bleibt beim Lösen der Verbindung (d. h. dem Abnehmen des Deckels) im Gehäuse.

Bild 7 Stiftschraube

Gewindeart

In dem Projektbeispiel (siehe Kapitelanfang) wird ein **metrisches Gewindeprofil** verwendet, erkennbar am Buchstaben „M". Diese am meisten verwendete Form ist ein **Befestigungsgewinde**, es dient zum Verbinden von Bauteilen.

Befestigungsgewinde müssen sich fest anziehen lassen und dürfen sich nicht mehr selbstständig lösen. Sie haben deshalb eine kleine Steigung (siehe unten) mit einer hohen Reibungskraft. Die Schraube kann sich deshalb nicht „von selbst lösen", sie ist **selbsthemmend**.

Zu den Befestigungsgewinden gehören auch

- Withworthgewinde (Kennzeichen W) und
- Rohrgewinde (Kennzeichen G oder R).

Im Gegensatz dazu wandeln **Bewegungsgewinde** die Drehbewegung beim Drehen der Schraube in eine axiale Bewegung um. Bewegungsgewinde haben eine große Steigung.

Typische Ausführungen sind

- Trapezgewinde (Kennzeichen Tr) und
- Sägegewinde (Kennzeichen S).

Eingesetzt werden solche Gewindearten z. B. zum Verstellen von Schraubstockbacken.

Die **Steigung** eines Gewindes ist der Abstand zweier benachbarter Gänge, siehe Bild 3 „Wichtige Schraubenmerkmale". Dieser Wert gibt an, welchen Weg die Schraube bei einer Umdrehung in axialer Richtung zurücklegt.

> *Beispiel:*
>
> **Schraube mit Gewinde M16:**
>
> Die Steigung dieser Schraube beträgt 2 mm (siehe Tabellenbuch).
>
> Bei einer Umdrehung dreht sich diese Schraube 2 mm tief in das Bauteil.
>
> Für eine Einschraubtiefe von 30 mm sind also 15 Umdrehungen erforderlich
>
> (= Gesamtweg / Weg pro Umdrehung
> = 30 mm / 2 mm = 15).

Ist in der Schraubenbezeichnung keine Steigung angegeben (wie in obigem Projektbeispiel), handelt es sich um ein Regelgewinde. Der Wert der Steigung kann Tabellen entnommen werden (Tabellenbuch).

Ist die Bezeichnung mit weiteren Angaben versehen (z. B. M4 × 0,5), handelt es sich um ein Feingewinde mit einer kleineren Steigung, deren Wert direkt angegeben ist.

> *Beispiel:*
>
> **Schraube mit Gewindebezeichnung M4 × 0,5:**
>
> Diese Schraube (M4) hat ein Feingewinde mit einer Steigung von 0,5 mm.
>
> (Die „normale" Steigung [Regelgewinde] beträgt 0,7 mm – siehe Tabellenbuch.)

■ **Wichtige Schraubenformen:**
- Kopfschraube
- Stiftschraube
- Gewindestift

■ **Gewindeart**

TB

Befestigungsgewinde verbinden Bauteile.

Bewegungsgewinde bewegen ein Bauteil.

■ **Gewindesteigung**

TB

Beispiel:

Schraube mit Gewindebezeichnung M10 × 1:

Schraube M10 mit Feingewinde, Steigung 1 mm.

(Regelgewinde = 1,5 mm)

In den meisten Fällen werden Schrauben mit Rechtssteigung verwendet (**Rechtsgewinde**). Sie werden durch Drehen im Uhrzeigersinn eingeschraubt.

Bei bestimmten Anwendungen, z. B. bei der Befestigungsschraube einer Schleifscheibe, könnte sich ein Rechtsgewinde im Betrieb aufgrund der Drehbewegung selbsttätig lösen. In solchen Fällen werden **Linksgewinde** eingesetzt. In der Bezeichnung ist dann ein „LH" angegeben (für **L**eft **H**and), z. B. M4 × 10 LH.

Ein weiteres Gewindemerkmal bei Bewegungsgewinden ist die Anzahl der Gewindegänge. **Mehrgängige Gewinde** werden eingesetzt, um eine große Steigung bei kleiner Gewindetiefe zu erreichen, z. B. bei Spindelpressen.

Die Länge der Schraube ist die Gesamtlänge **ohne** Kopf.

Nur bei **Senkschrauben** wird die Länge **mit** Kopf angegeben.

In der Schraubenbezeichnung werden nur diese beiden Maße angegeben. Die sonstigen Maße, z. B. die Länge des Gewindes oder der Kerndurchmesser, sind damit festgelegt und können den entsprechenden Tabellen entnommen werden (Tabellenbuch).

Beispiel:

Senkschraube
DIN EN ISO 10 642 – M12 × 80

Durchmesser = 12 mm

Länge = 80 mm

(Länge mit Kopf, da Senkschraube)

Sonstige Maße aus Tabellenbuch, z. B.:

Gewindelänge = 36 mm

Kernlochdurchmesser = 10,2 mm

Festigkeit

Schrauben werden nach ihrer **Zugfestigkeit** in verschiedene **Festigkeitsklassen** eingeteilt.

Angabe der Festigkeitsklasse:

8.8

Zahl vor dem Punkt mit Zahl hinter dem Punkt und mit 10 multiplizieren. Man erhält dann die *Mindeststreckgrenze* R_e des Schraubenwerkstoffs in N/mm².

Zahl mit 100 multiplizieren. Man erhält die *Mindestzugfestigkeit* R_m des Schraubenwerkstoffs in N/mm².

Bild 8 Übersicht Einteilung der Gewindearten

Einteilung nach:

Verwendung
- Befestigungsgewinde
- Bewegungsgewinde

Profilform
- metrisch M
- Rohr R
- Trapez Tr
- …

Steigung
- Regelgewinde
- Feingewinde

Steigungsrichtung
- Rechtsgewinde
- Linksgewinde LH

Gangzahl
- eingängig
- mehrgängig

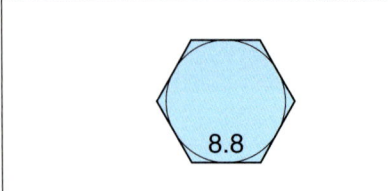

Bild 9 Festigkeitsklasse von Schrauben

■ **Festigkeitsklassen**

Abmessungen

Die Geometrie einer Schraube wird bestimmt durch zwei Maße:

- Nenndurchmesser (= Außendurchmesser) und
- Länge.

Beispiel:

Festigkeitsklasse 8.8

$R_m = 8 \text{ N/mm}^2 \cdot 100 = 800 \text{ N/mm}^2$

$R_e = 8 \cdot 8 \text{ N/mm}^2 \cdot 10 = 640 \text{ N/mm}^2$

Muttern, Schraubensicherungen

Die **Mindeststreckgrenze** entspricht 80 Prozent der *Mindestzugfestigkeit*.

Hier beginnt die **Einschnürung** der Schraube, und die übertragbare Kraft ist am höchsten.

Die **Mindestzugfestigkeit** gibt an, wann die *Verformung* der Schraube vom *elastischen* in den *plastischen* Bereich übergeht.

Wird die Schraube über diesen Wert hinaus belastet, tritt eine *dauerhafte Verformung* ein. Dies ist *unbedingt* zu vermeiden.

Im *Maschinenbau* werden hauptsächlich die **Festigkeitsklassen 5.6** bis **8.8** verwendet. Die höheren Festigkeitsklassen werden für stark beanspruchte Verbindungen eingesetzt und sind teuer.

Muttern

Das Hauptbauteil der Baugruppe 2.2 ist der Ausleger (Pos. 2.2.01). Auf diesem Ausleger ist der Schwenkwinkel (Pos. 2.2.05) befestigt. Dies geschieht mit vier Zylinderschrauben M6 × 12 (Pos. 2.2.11) und den dazugehörigen **Muttern** (Pos. 2.2.12):

Sechskantmutter ISO 4035 – M6 – 8

Im Vergleich zu der Schraubenbezeichnung gibt es bei der Mutternbezeichnung generell zwei Unterschiede:

- Eine **Länge** wird nicht angegeben (da mit der Angabe der Normnummer und des Durchmessers auch die Länge der Mutter festgelegt ist).
- Die **Festigkeit** wird nur mit einer Zahl gekennzeichnet, der Zugfestigkeit (im obigen Beispiel: 8).

Wenn diese Zahl mit 100 multipliziert wird, ergibt sich die **Mindestzugfestigkeit** des Mutternwerkstoffes.

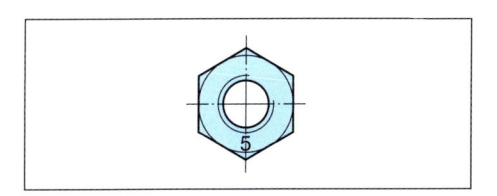

Bild 10 Festigkeitsklasse von Muttern

Beispiel:
Festigkeitsklasse 5
$R_m = 5 \cdot 100 \text{ N/mm}^2 = 500 \text{ N/mm}^2$

Die Festigkeit der Mutter sollte *mindestens* so hoch sein wie die Festigkeit der verwendeten Schraube.

Bild 11 Muttern

Die folgende Abbildung zeigt einige Ausführungen von Muttern (von links nach rechts: Sechskantmutter, Vierkantmutter, Hutmutter, Nutmutter, Kronenmutter).

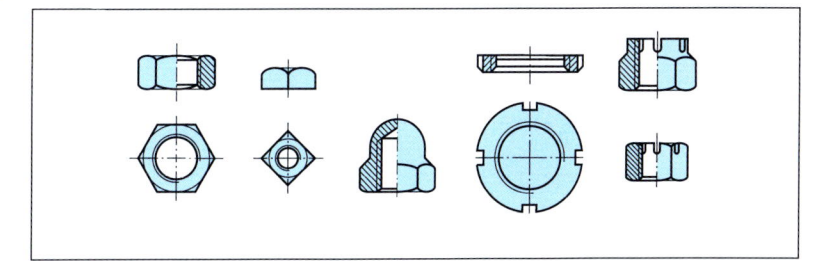

Bild 12 Beispiele für Muttern

Schraubensicherungen

Schraubenverbindungen können sich unter Einwirkung von Belastungen (Temperaturschwankungen, Schwingungen) *selbsttätig* lösen.

Durch **Schraubensicherungen** kann dieses *unerwünschte Verhalten* vermieden werden.

Ein **Federring** kann das *Lockern* einer Schraubenverbindung verhindern. Er bewirkt eine *Vorspannkraft* zwischen dem Schraubengewinde und dem Muttergewinde.

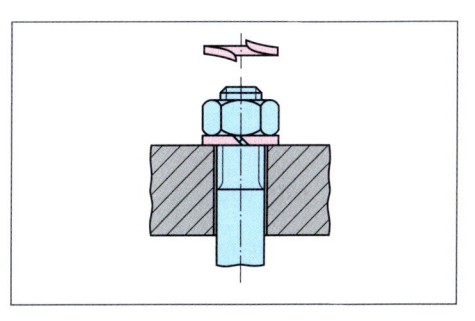

Bild 13 Schraubensicherung mit Federring

■ **Bezeichnung von Muttern**
TB

■ **Ausführungsformen von Muttern**
TB

■ **Scheiben und Federringe**
TB

Fügetechniken

Dieser Ausgleich der Vorspannkraft verhindert ein Lösen der Verschraubung. Weitere Beispiele für solche **kraftschlüssigen Schraubensicherungen** sind

- **Zahnscheiben** und **Fächerscheiben** (Vorspannung durch federnde Teile).
- **Selbstsichernde Muttern** (erhöhte Reibung im Gewinde durch Kunststoffring).
- **Kontermutter** (Verspannung mit einer Gegenmutter).

Formschlüssige Schraubensicherungen verhindern ein selbstständiges Losdrehen, beispielsweise durch

- eine **Kronenmutter** mit Splint (siehe Bild 12 „Beispiele für Muttern") oder
- ein umgebogenes **Sicherungsblech**, siehe Bild 14.

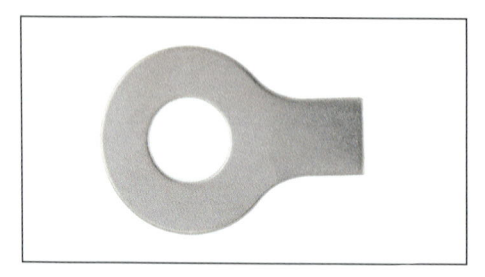

Bild 14 *Sicherungsblech*

Stoffschlüssige Schraubensicherungen werden durch Verkleben des Gewindes erreicht. Zwischen Innen- und Außengewinde wird dazu ein Klebstoff aufgebracht. Dies geschieht beispielsweise durch spezielle Schrauben mit kleinen Klebstoffkapseln im Gewinde, siehe Bild 15. Beim Einschrauben platzen diese Kapseln und der Klebstoff wird frei.

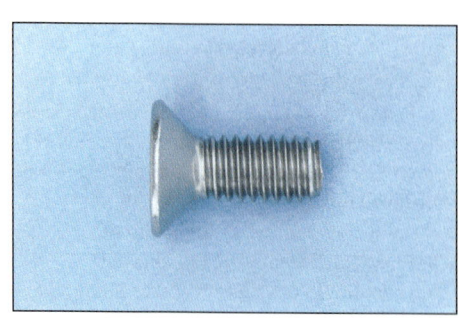

Bild 15 *Schraube mit Klebstoffkapseln*

Verbindungsarten

Werden zwei Bauteile mit einer Schraube mit Mutter verbunden – wie z. B. der Ausleger (Pos. 2.07) mit dem Schwenkwinkel (Pos. 2.16) –, so ist dies eine **Durchsteckverbindung**.

Diese Verbindungsart ist schnell montiert, da keine zeitaufwendige Herstellung eines Innengewindes notwendig ist. Nachteilig ist aber, dass deutlich mehr Platz für die Mutter und deren Montage benötigt wird.

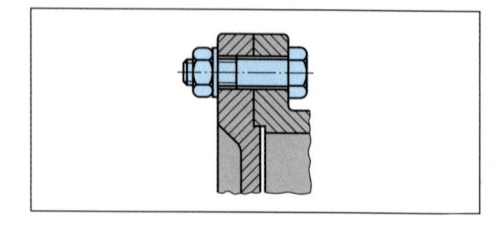

Bild 16 *Durchsteckverbindung*

Wird die Schraube direkt (ohne Mutter) in ein Innengewinde eingeschraubt, spricht man von einer **Einziehverbindung**, siehe Bild 17. Diese Verbindungsart ist aufwendiger herzustellen, da in ein Bauteil ein Gewinde gebohrt werden muss. Dafür gibt es keine außenliegende Mutter, dies ist platzsparend und vermeidet Verletzungsrisiken.

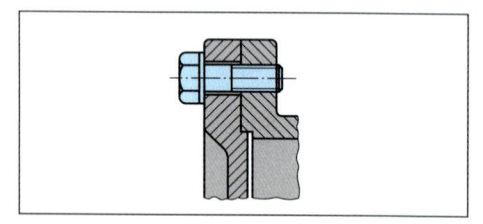

Bild 17 *Einziehverbindung*

Wird die Schraube häufig gelöst und wieder angezogen, kann das Innengewinde dabei beschädigt werden. In diesen Fällen bietet sich der Einsatz von **Stiftschrauben** an, siehe Bild 18. Die Stiftschrauben werden auf einer Seite fest in das Bauteil eingeschraubt. Beim Lösen wird nur die Mutter abgeschraubt und die Schraube verbleibt im Bauteil.

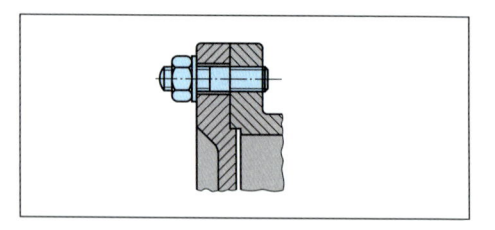

Bild 18 *Stiftschraubenverbindung*

Schraubensicherungen können **kraftschlüssig**, **formschlüssig** oder **stoffschlüssig** sein.

■ **Stiftschraube**
TB

Verbindungsarten von Schrauben		
Durchsteckverbindung	Einziehverbindung	Stiftschraube

Anziehdrehmoment, Vorspannkraft

Mindesteinschraubtiefe

Bei einer Einziehverbindung wird die Schraube in ein Gewinde geschraubt. Zum sicheren Halten benötigt sie eine bestimmte **Mindesteinschraubtiefe**.

Bei zu *geringer* Einschraubtiefe kann das Gewinde zu stark belastet und dadurch beschädigt werden.

> Die Mindesteinschraubtiefe ist abhängig
> - von der Festigkeit der Schraube
> - vom Werkstoff
>
> Bei Bauteilen aus Stahl und höherwertigen Schrauben entspricht der Wert dem 1,2-Fachen des Schraubendurchmessers.

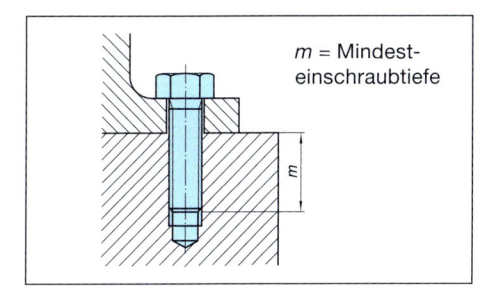

Bild 19 Mindesteinschraubtiefe

Der genaue Wert lässt sich dem Tabellenbuch entnehmen.

Anziehdrehmoment

Zum Befestigen der Schraube kann ein **Innensechskantschlüssel** benutzt werden. Durch das Drehen des Schlüssels entsteht an der Schraube ein **Anziehdrehmoment** (Bild 20).

Die Größe dieses Drehmoments M ist abhängig von der aufgewendeten Kraft F_H (Handkraft) und der Länge des Schraubenschlüssels l (Hebellänge).

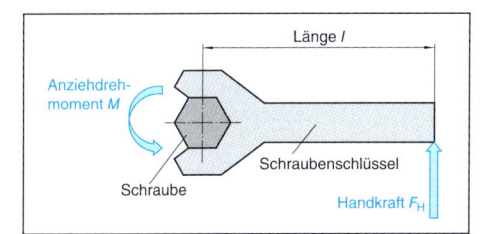

Bild 20 Anziehdrehmoment einer Schraube

Anziehdrehmoment

$M = F_H \cdot l$

M Drehmoment in Nm
F_H Kraft in N
l Hebellänge in m

> **z. B.**
> Handkraft = 300 N, Länge des Schraubenschlüssels = 28 cm.
> Anziehdrehmoment
> $M = 300 \text{ N} \cdot 0,028 \text{ m} = 84 \text{ Nm}$

Werden die Schrauben *zu fest angezogen* (Anziehdrehmoment zu hoch), können sie beschädigt werden.

Werden sie *nicht fest genug angezogen* (Anziehdrehmoment zu niedrig), können sich die Schraubverbindungen lösen.

Zum genauen Anziehen von Schrauben werden in der Praxis deshalb **Drehmomentschlüssel** verwendet. Das notwendige Drehmoment wird am Schlüssel eingestellt. Bei Erreichen dieses Werts wird die Verbindung zur Schraube automatisch getrennt.

Bild 21 Drehmomentschlüssel

Vorspannkraft

Durch das Drehmoment beim Anziehen der Schraube dehnt sich die Schraube und es entsteht eine Zugkraft in der Längsachse der Schraube, die **Vorspannkraft** F_V.

Die Größe der Vorspannkraft ist neben dem *Anzugsmoment* auch abhängig von der *Reibung* zwischen Schraube und Bauteil, also dem *Wirkungsgrad* und der *Steigung* des Gewindes.

$M = \dfrac{F_V \cdot P}{2 \cdot \pi \cdot \eta}$

M Anziehdrehmoment in Nm
F_V Vorspannkraft in N
P Gewindesteigung in m
η Wirkungsgrad

Die **Gewindesteigung** ist abhängig von der Schraubengröße. Für **Regelgewinde** sind die Werte dem Tabellenbuch zu entnehmen.

Bei **Feingewinden** wird die *Steigung* in der Schraubenbezeichnung direkt angegeben, z. B. **Feingewinde M8 × 1** (Durchmesser 8 mm, Steigung 1 mm).

Der *Wirkungsgrad* wird neben der Schraubenausführung hauptsächlich durch die *Reibungsverluste* im Gewinde und unter dem Schraubenkopf bestimmt.

Diese **Reibungsverluste** sind sehr hoch und liegen typischerweise in der Größenordnung von 85 – 90 Prozent, sodass sich ein Wirkungsgrad von ca. 10 – 15 Prozent ergibt.

- **Mindesteinschraubtiefe**

  TB

Fügetechniken

- **Haftreibungszahl** [TB]

- **Festigkeitsklasse** [TB]

🇬🇧

Gewinde
thread

Gewindesteigung
pitch of thread

Feingewinde
fine thread

Reibung
friction

Festigkeit
consistence, resistance
(against tension)

Festigkeitsklasse
tensile strength

Querkraft
shearing force

Haftreibung
adhesive friction

Dehnschraube
anti-fatigue bolt

- **Schrauben-
  bezeichnung** [TB]

@ Interessante Links
- fischerschrauben.de
- misumi-europe.com/de

Das bedeutet, dass nur ca. ein Zehntel der aufgewendeten *Handkraft* in *Vorspannkraft* umgewandelt wird.

Diese hohe Reibung verhindert aber auch ein **selbsttätiges Lösen** der Schraube, sodass eine Schraubverbindung **selbsthemmend** ist.

Wird die Schraube zu fest angezogen, kann die *zulässige Zugspannung* in der Schraube überschritten und die Schraube *überdehnt* und zerstört werden. Die im Schraubenquerschnitt herrschende **Zugspannung** σ lässt sich wie folgt bestimmen:

$$\sigma = \frac{F_V}{A}$$

σ Zugspannung in N/mm²
F_V Vorspannkraft in N
A Spannungsquerschnitt der Schraube in mm²

Die **maximal zulässige Zugspannung** ergibt sich aus der **Festigkeitsklasse** der Schraube.

Die Haftreibungszahl selbst ist abhängig von der *Werkstoffpaarung*, der *Oberflächenqualität* und der *Schmierung*. Der genaue Wert kann Tabellen entnommen werden.

Durch Reibung zwischen den Bauteilen übertragbare Kraft F_R:

$$F_R = \mu_0 \cdot F_V$$

F_R übertragbare Kraft in N
μ_0 Haftreibungszahl
F_V Vorspannkraft in N

> **z. B.**
> Zwei Flachstähle sind miteinander verschraubt.
> Wie groß muss die Vorspannkraft gewählt werden, wenn eine Querkraft von 3500 N übertragen werden kann? Die Haftreibungszahl beträgt 0,2.
>
> $F_R = \mu_0 \cdot F_V$
>
> $F_V = \dfrac{F_R}{\mu_0} = \dfrac{3500 \text{ N}}{0,2} = 17\,500 \text{ N}$

> **z. B.**
> Eine Schraubverbindung mit einer Schraube M16 × 70 wird mit einem Drehmoment von 40 Nm angezogen. Der Wirkungsgrad beträgt 0,15.
> Wie groß ist die Vorspannkraft F_V?
>
> Die Steigung P kann dem Tabellenbuch entnommen werden: $P = 2$ mm $= 0,002$ m
>
> Vorspannkraft:
>
> $F_V = \dfrac{M \cdot 2 \cdot \pi \cdot \eta}{P} = \dfrac{40 \text{ Nm} \cdot 2 \cdot \pi \cdot 0,15}{0,002 \text{ m}}$
>
> $F_V = 18\,840$ N

> **z. B.**
> Eine Schraubverbindung mit einer Sechskantschraube M10 × 65 – 8.8 hat eine Vorspannkraft von 15 kN.
> Wie groß ist die Zugspannung in der Schraube?
> Wie hoch ist die maximal zulässige Spannung der Schraube und die Sicherheit gegen Bruch?
>
> Zugspannung: $\sigma = \dfrac{15\,000 \text{ N}}{58,1 \text{ mm}^2} = \dfrac{258 \text{ N}}{\text{mm}^2}$
>
> Zulässige Spannung: $\sigma_{Zul} = \dfrac{800 \text{ N}}{\text{mm}^2}$
>
> Sicherheit: $\dfrac{\frac{800 \text{ N}}{\text{mm}^2}}{\frac{258 \text{ N}}{\text{mm}^2}} = 3,1$

Übertragbare Querkraft

Durch das Anziehen der Schraube werden die Bauteile mit der **Vorspannkraft** F_V aufeinandergepresst. Durch die **Haftreibung** zwischen den zusammengepressten Bauteilen kann eine Kraft F_R quer zur Verschraubungsrichtung übertragen werden, ohne dass die Schraube auf Abscherung belastet wird. Die Größe dieser Kraft ist abhängig von der *Haftreibungszahl* μ_0 und der *Anpresskraft* F_V.

Bild 22 auf Seite 79 zeigt zusammenfassend die *Drehmomente* und *Kräfte* einer Schraubverbindung.

Spezielle Schraubenarten

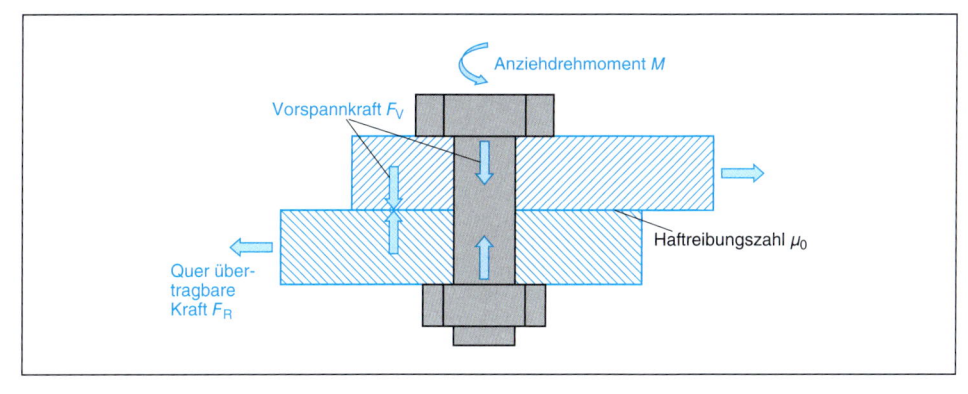

Bild 22 Drehmomente und Kräfte einer Schraubverbindung

Spezielle Schraubenarten

Neben den verschiedenen Kopfformen (z. B. Sechskant- und Senkschrauben) gibt es für spezielle Anwendungen weitere Schraubenarten. Wenn die Schraube auf *Abscherung* belastet wird, muss sie *große Querkräfte* aufnehmen.

In diesen Fällen werden **Pass-** oder **Schaftschrauben** eingesetzt (Passschrauben mit Kopf, Schaftschrauben ohne Kopf).

Der Schraubenschaft mit einem genau definierten Durchmesser bildet mit der ebenfalls genau gefertigten Bohrung eine Passung, über die die Querkräfte aufgenommen werden.

Die so gebildete **formschlüssige Verbindung** ist vergleichbar mit einer *Stiftverbindung* mit einem Gewinde. Diese Verbindungsart wird auch zur exakten Sicherung der gegenseitigen Lage von Bauteilen eingesetzt (Lagesicherung).

Bei Belastung wird der Schacht gedehnt und bei Entlastung wieder kürzer.

Dadurch wird eine zu starke Belastung des Gewindebereichs vermieden.

Die Eigenschaften **nicht rostender Schrauben** sind in der DIN EN ISO 3506-1 festgelegt. In der Praxis erkennt man sie leicht an ihrer Kennzeichnung:

An der ersten Stelle steht ein Buchstabe (für die Stahlsorte), gefolgt von einer zweistelligen Zahl (für die Festigkeitsklasse).

Beispiel:
A2-70
(Schraube aus austenitischem Stahl mit einer Zugfestigkeit von 700 N/mm²)

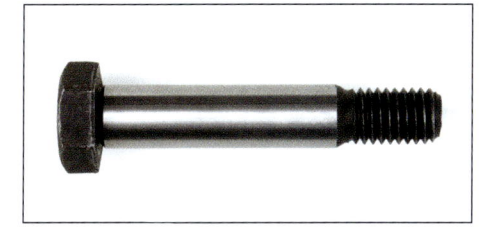

Bild 23 Passschraube

Ist die Belastung der Schraube in *Achsrichtung* stark *schwankend*, dann ist die Verwendung von **Dehnschrauben** sinnvoll. Der lange und dünne Schaft dieser Schraubenart ist relativ elastisch und wirkt wie eine Feder:

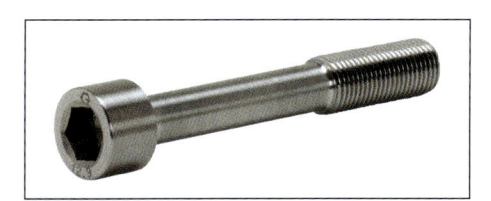

Bild 24 Dehnschraube

Schraube	screw, bolt
Schraubverbindung	screw connection
Schraubenkopf	screw head
Sechskantschraube	hexagon bolt
Schraube mit Innensechskant	hexagon socket head cap screw
Rechtsgewinde	right-handed screw thread
Linksgewinde	left-handed screw thread
Schraubensicherung	screw locking device
Durchsteckverbindung	bolt and nut connection
Stiftschraube	stud screw
Einziehverbindung	pulling connection
Anziehdrehmoment	fastening torque
Vorspannkraft	initial tensile force
Zugspannung	tension

Prüfung

1. Auf dem Kopf einer Schraube finden Sie folgende Angabe: 5.6
   Was bedeutet diese Angabe?

2. Erklären Sie folgende Schraubenbezeichnungen:
   a) DIN EN ISO 4014 – M10 × 80 – 8.8
   b) DIN EN ISO 10642 – M8 × 1 × 50 – 10.9
   c) DIN 838 – M16 × 100 – 5.6
   d) DIN EN ISO 2010 – M5 × 30 – A2-50

3. Für eine Maschine wird folgende Schraube benötigt:
   Zylinderschraube mit Innensechskant und Regelgewinde,
   Durchmesser 16 mm, Länge 120 mm, mit größtmöglicher Festigkeit.
   Wie lautet die vollständige Normbezeichnung dieser Schraube?

4. Bei der Spezifikation einer Schraube finden Sie folgende Angaben:
   $R_m = 800$ N/mm²; $R_e = 640$ N/mm²
   a) Was bedeuten diese Angaben?
   b) Welche Festigkeitsklasse hat die Schraube?

5. Wann werden Flügelmuttern eingesetzt?

6. Geben Sie die Normbezeichnung folgender Mutter an:
   Kronenmutter mit Gewinde M12 und Festigkeitsklasse 8.

7. Warum dürfen selbstsichernde Muttern nur einmal als Schraubensicherung verwendet werden?

8. Bestimmen Sie die Mindesteinschraubtiefe
   a) einer Schraube DIN EN ISO 4014 M12 × 40 – 5.6 in eine Stahlplatte,
   b) einer Schraube DIN EN ISO 4017 M20 × 80 – 8.8 in ein Gehäuse aus Grauguss.

9. Nennen Sie jeweils zwei Vor- und Nachteile einer Durchsteckverbindung im Vergleich zu einer Einziehverbindung.

10. Auf einer technischen Zeichnung ist ein Anzugsmoment der Schraube von 60 Nm angegeben. Für die Montage wird ein Schraubenschlüssel mit einer Länge von 37 cm verwendet. Welche Handkraft ist erforderlich?

11. Welchen Hauptvorteil bietet der Einsatz von Drehmomentschlüsseln beim Anziehen von Schrauben?

12. Eine Schraubverbindung mit einer Schraube M20 × 100 – 8.8 wird mit einer Vorspannkraft von 120 kN angezogen.
    Wie hoch ist
    a) die Spannung in der Schraube,
    b) die Sicherheit gegen Bruch?

13. Zwei Stahlplatten sind mit vier Schrauben miteinander verschraubt. Die Vorspannkraft beträgt pro Schraube 42 kN.
    Wie hoch ist die zulässige Querkraft F_R, wenn die Haftreibungszahl 0,25 beträgt?

14. Nennen Sie mögliche Anwendungsfälle für Passschrauben.

15. An welchem konstruktiven Merkmal erkennt man eine Dehnschraube?

3.3 Stift- und Bolzenverbindungen

■ Stifte

TB

Um die Drehplatte (Pos. 2.1.03) gegen Verdrehung zu sichern, werden zwei Zylinderstifte (Pos. 2.1.13) eingesetzt. Durch die beiden gegenüberliegend angeordneten Stifte ergibt sich eine Verdrehsicherung zwischen der Drehplatte und dem darunterliegenden Drehteller (Pos. 2.1.02).

Stifte

Üblicherweise werden **Stiftverbindungen** eingesetzt, um mindestens zwei Teile *formschlüssig* miteinander zu verbinden.

Wählt man für diese Stiftverbindungen eine **Übermaßpassung** (Seite 306), so entsteht ein *Kraftschluss*, der das Herausfallen des Stiftes verhindert.

Stifte dienen zum *Verbinden*, *Befestigen*, *Zentrieren*, *Fixieren* und *Verschließen* von Maschinenteilen.

Nach ihrer Form unterscheidet man *Zylinderstifte*, *Kegelstifte*, *Kerbstifte* und *Spannstifte*.

- **Zylinderstift**
  Passstifte zur Lagesicherung zweier Bauteile, Verbindungsstifte von Welle und Nabe zur Drehmomentübertragung.

- **Kegelstift**
  Verwendung wie Zylinderstifte; bei häufigem Aus- und Einbau können sie die auftretende Bohrungserweiterung ausgleichen; nicht rüttelfest.

- **Kerbstift**
  Kerbwülste auf dem Umfang *verformen* sich beim Eintreiben geringfügig *plastisch*. Dadurch wird ein *rüttelfreier* Sitz erreicht. Zur Aufnahme von Kerbstiften genügen mit dem Spiralbohrer hergestellte Bohrungen. Nicht so hoch beanspruchbar wie Kegel- oder Zylinderstiftverbindungen.

Stifte, Stiftverbindungen, Bolzen

- **Spannstift**
Hergestellt aus *Federstahlblech*; Durchmesser 0,2 bis 0,5 mm größer als der Bohrungsdurchmesser.
Beim Eintreiben verformen sich die in Längsrichtung geschlitzten Spannstifte und spannen sich *rüttelsicher* gegen die Lochwände.
Spannstifte lassen sich leicht austreiben und sind danach erneut verwendbar.

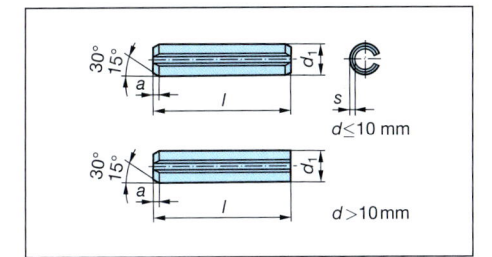

Bild 25 Spannstift

Stiftverbindungen herstellen
Die Aufnahmebohrungen für Stifte in den zu fügenden Teilen müssen im *gefügten* Zustand der Teile *fertiggebohrt* und *gerieben* werden, damit eine *genaue Passung* erreicht werden kann.

Dazu müssen die Teile durch *Schrauben* oder *Spannverbindungen* gegen *Verdrehen* oder *Verschieben* gesichert sein.

Beim Bohren der Aufnahmebohrung für *Zylinderstifte* ist die *Bearbeitungszugabe* für das Reiben zu beachten.

Für *Kegelstifte* wird die Aufnahmebohrung auf den *kleinsten Stiftdurchmesser* (Nenndurchmesser) gebohrt und dann mit der Kegelahle aufgerieben. Dabei die Eindringtiefe des Kegelstiftes öfter prüfen.
Die Stiftkuppe soll nach Einführen des Stiftes von Hand etwa 4 mm über der Bohrungskante liegen.

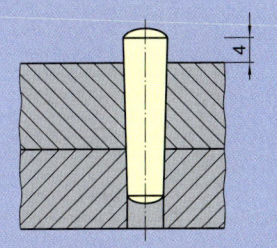

Die Kegelstifte können beim Eintreiben leicht „fressen", d. h. mit dem Werkstoff des Werkstücks kalt verschweißen. Das kann aber durch leichtes Einfetten des Stiftes vermieden werden.

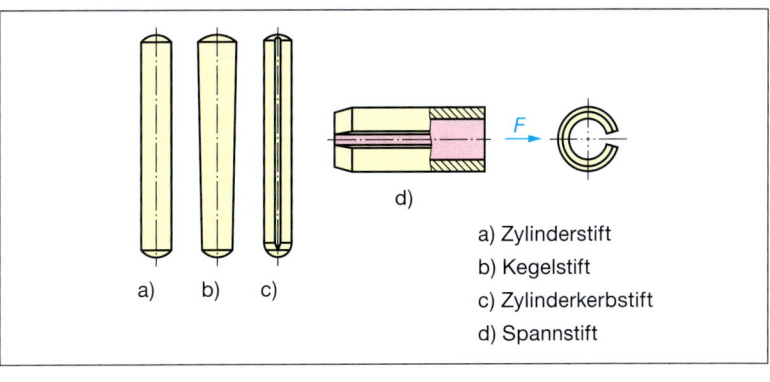

Bild 26 Stifte
a) Zylinderstift
b) Kegelstift
c) Zylinderkerbstift
d) Spannstift

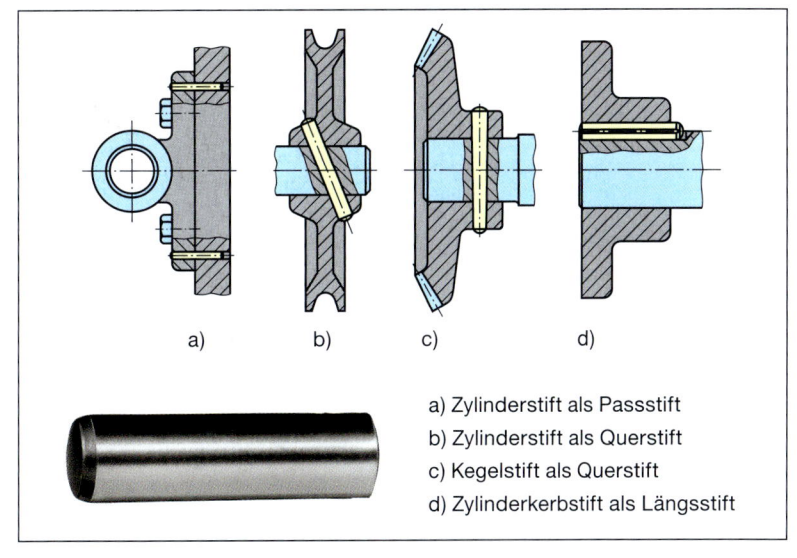

Bild 27 Zylinderstifte
a) Zylinderstift als Passstift
b) Zylinderstift als Querstift
c) Kegelstift als Querstift
d) Zylinderkerbstift als Längsstift

Bolzen

Bolzen stellen **Gelenkverbindungen** her.

Sie werden mit und ohne *Kopf* eingesetzt und müssen bei einem Bohrungssitz mit *Spielpassung* durch *Scheiben* und *Sicherungselemente* gehalten werden.

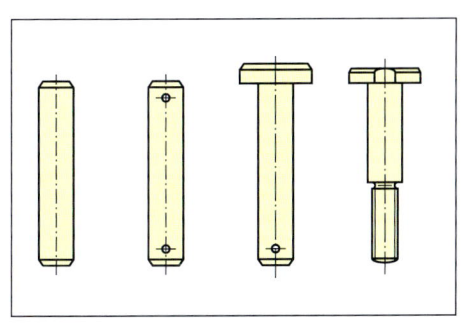

Bild 28 Bolzen

Der **Bolzenwerkstoff** ist überwiegend aus Stahl, der *härter* als der Bauteilwerkstoff sein soll.

Sechskantmutter
hexagonal nut

Splint
cotter, splint pin

Bolzen
pin

Stift
pin

Stiftsicherung
pin lock

Kegelstift
taper pin

Kerbstift
notch pin

Spannstift
spring pin

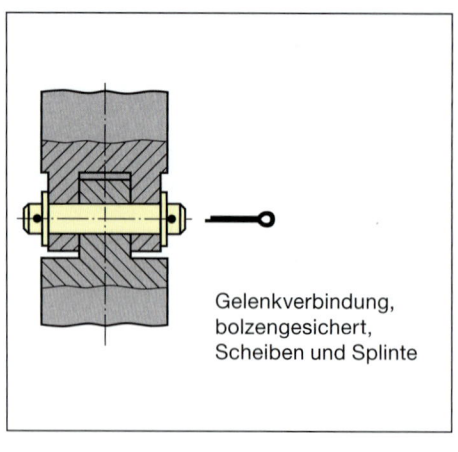

Bild 29 Bolzeneinsatz

Gelenkverbindung, bolzengesichert, Scheiben und Splinte

Prüfung

1. Erläutern Sie den Unterschied im Aufbau und in der Funktion zwischen einem Zylinderstift und einem Spannstift.
2. Für eine Baugruppe wird ein Zylinderstift benötigt (Stift gehärtet, Durchmesser 10 mm, Länge 80 mm).
   Geben Sie die Normbezeichnung dieses Stiftes an.
3. In der Stückliste einer Baugruppe ist ein Stift mit folgender Bezeichnung angegeben:
   Spannstift ISO 8752 – A – 8 × 70 – C
   Analysieren Sie diese Bezeichnung.

3.4 Schweißverbindungen

Zwei Hauptteile der Baugruppe 2 sind die Teilbaugruppen 2.3 und 2.2.2. Diese sind über einen Bolzen drehbar miteinander verbunden. Der Bolzen wird in einem Lagerbock (Pos. 2.2.02) der Teilbaugruppe 2.2.2 geführt. Dieser Lagerbock ist mit dem Ausleger (Pos. 2.2.01) durch zwei Schweißnähte fest verbunden, siehe Bild 30.

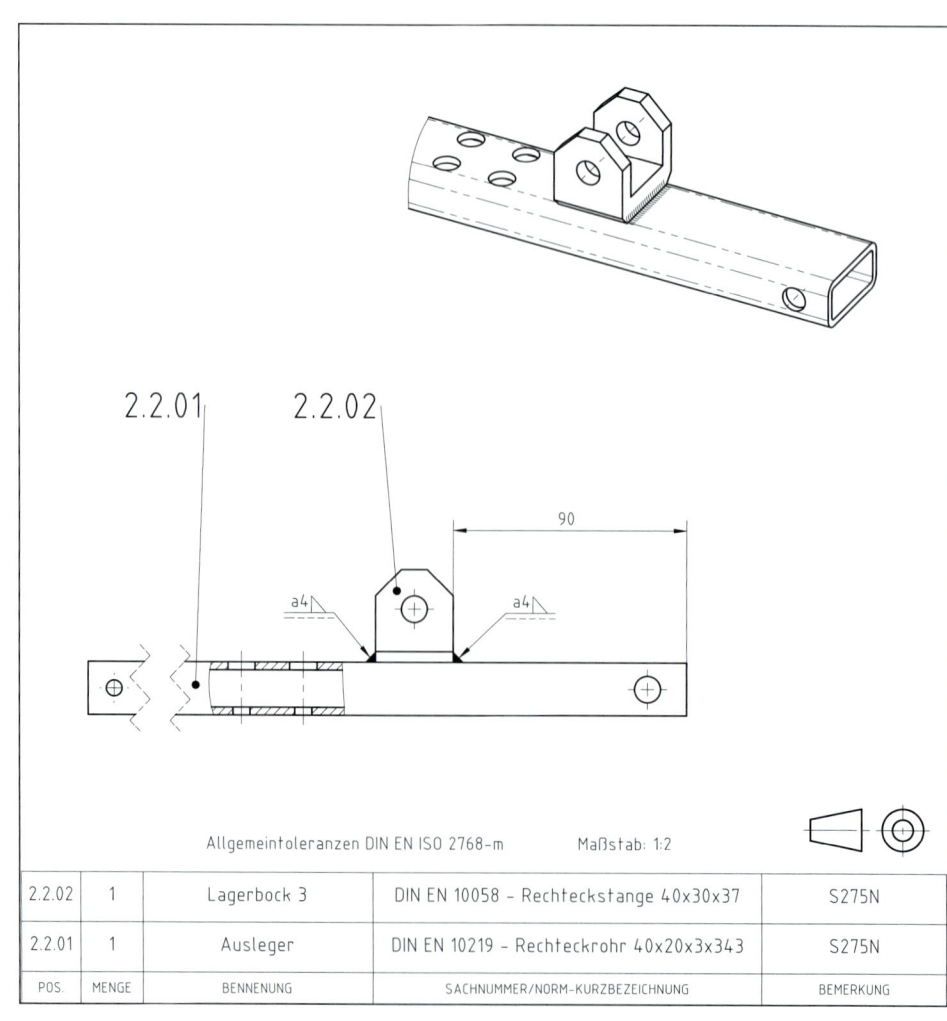

Allgemeintoleranzen DIN EN ISO 2768-m   Maßstab: 1:2

POS.	MENGE	BENNENUNG	SACHNUMMER/NORM-KURZBEZEICHNUNG	BEMERKUNG
2.2.02	1	Lagerbock 3	DIN EN 10058 – Rechteckstange 40x30x37	S275N
2.2.01	1	Ausleger	DIN EN 10219 – Rechteckrohr 40x20x3x343	S275N

Bild 30 Baugruppenzeichnung der Teilbaugruppe 2.2.2 der Baugruppe 2

Schweißverfahren, Schweißverbindungen

Schweißverfahren

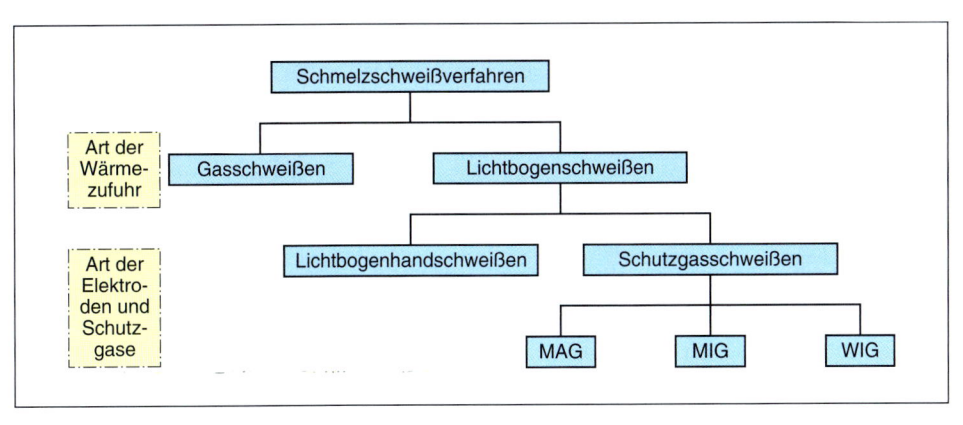

Bild 31 *Schmelzschweißverfahren*

Beim Verbinden durch **Schweißen** werden die Werkstoffe an der Fügestelle geschmolzen (Schmelzschweißen). Nach dem Abkühlen entsteht eine **Schweißnaht** mit einer **stoffschlüssigen** und **unlösbaren** Verbindung.

Die Energie zum Aufschmelzen der Werkstoffe wird in Form von Wärme (Flamme oder Lichtbogen) zugeführt. Abhängig vom **Schweißverfahren** wird noch ein artgleicher **Zusatzwerkstoff**, z. B. in Form eines Drahts, mit eingeschmolzen.

Verschweißt werden können generell Werkstücke aus *gleichen* oder *ähnlichen* Eisen- und Nichteisenmetallen. Die *Eignung zum Schweißen* wird auch stark von dem jeweiligen Material und dessen chemischer Zusammensetzung bestimmt. So ist bei Stählen die Schweißeignung stark vom Kohlenstoffgehalt abhängig.

> Beim Schweißen werden artgleiche Eisen- und Nichteisenmetalle unlösbar und stoffschlüssig verbunden.
>
> Die verschiedenen Schweißverfahren unterscheiden sich hauptsächlich durch die Art der Energiezufuhr.

Das Schweißen ist neben dem Verschrauben und Kleben eines der am meisten verwendeten Fügeverfahren.

Die *Vorteile* des Verfahrens sind
- die hohe Festigkeit und Temperaturbeständigkeit (vergleichbar den Grundwerkstoffen der Bauteile),
- das geringe Gewicht (im Vergleich zu Schraubverbindungen),
- der geringe Vorbereitungsaufwand,
- die guten Automatisierungsmöglichkeiten (Einsatz von Schweißrobotern möglich).

Nachteilig sind
- die starke Erwärmung, die beim Abkühlen zu Spannungen und Verzug der Werkstücke führen kann und
- es können keine Werkstücke aus verschiedenen Materialien z. B. Stahl und Kunststoff miteinander verbunden werden.

Abhängig von der Art der Wärmezufuhr unterscheidet man hauptsächlich zwei Verfahren (Bild 31): **Gasschweißen** und **Lichtbogenschweißen**.

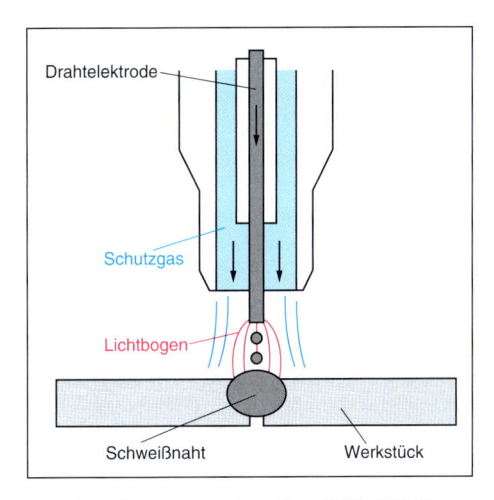

Bild 32 *Schutzgasschweißen (MIG, MAG)*

Beim **Gasschmelzschweißen** (auch **Autogenschweißen** genannt) werden die Bauteile direkt durch eine Gasflamme erwärmt.

Als *Brenngas* wird meist **Acetylen** verwendet, das ebenso wie der notwendige Sauerstoff in Druckflaschen gelagert wird. Durch den geringen Geräteaufwand wird dieses Verfahren meist in der Installationstechnik eingesetzt. Nachteilig sind die geringe Schweißleistung und die große Verzugsneigung der Bauteile.

Fügetechniken

Beim **Lichtbogenschweißen** wird die Energie durch einen elektrischen Lichtbogen zwischen einer Elektrode und den Bauteilen erzeugt.

Das **Lichtbogenhandschweißen** mit Stabelektroden ist für viele Werkstoffe geeignet und durch den relativ geringen Geräteaufwand gut auf Baustellen einsetzbar.

Durch die Zufuhr einzelner Elektroden von Hand entstehen aber viele Unterbrechungen des Schweißvorgangs.

Die *Qualität der Schweißnaht* wird außerdem durch die Reaktion des Schmelzbads mit Sauerstoff aus der Umgebungsluft beeinträchtigt.

Diese Nachteile vermeidet das **Schutzgasschweißen** durch die Verwendung von Schutzgas, das die Schweißstelle vom Sauerstoff der Luft abschirmt (Bild 32 auf Seite 83).

Verwendet werden dazu unterschiedliche *Gase* und *Elektroden*:

Beim **MAG-Verfahren** (Metall-Aktiv-Gas) und beim **MIG-Verfahren** (Metall-Inert-Gas) brennt der Lichtbogen zwischen einer kontinuierlich (z. B. von einer Rolle) zugeführten Elektrode und dem Bauteil.

Beim **WIG-Verfahren** (Wolfram-Inert-Gas) wird eine nicht abschmelzende Wolfram-Elektrode verwendet. Als Schutzgas werden aktive Gase (bei MAG) wie Kohlendioxid (CO_2) und inerte Gase (bei MIG) wie Argon oder Helium verwendet.

Die **Schutzgas-Verfahren** unterscheiden sich in der Schweißleistung und -qualität und bei den zu verschweißenden Materialien.

Das *MAG-Verfahren* ist das *Standardverfahren*, mit hoher Leistung und relativ geringen Kosten, z. B. für niedriglegierte Stähle.

Die *MIG-* und *WIG-Verfahren* bieten gute Schweißergebnisse bei vielen Werkstoffen.

Aufgrund ihrer hohen Gaskosten und geringeren Schweißgeschwindigkeiten werden sie üblicherweise für *hochlegierte Stähle* und *Aluminium* eingesetzt.

Darstellung

Die **Darstellung von Schweißverbindungen** in technischen Zeichnungen erfolgt durch einen Pfeil mit mindestens der Angabe der Nahtposition, der Nahtart und der Nahtmaße.

In dem obigen Projektbeispiel zeigt die Pfeilspitze auf die Nahtposition, die Angaben a4 ◺ bedeuten Kehlnaht mit der Dicke von 4 mm, siehe Bild 33.

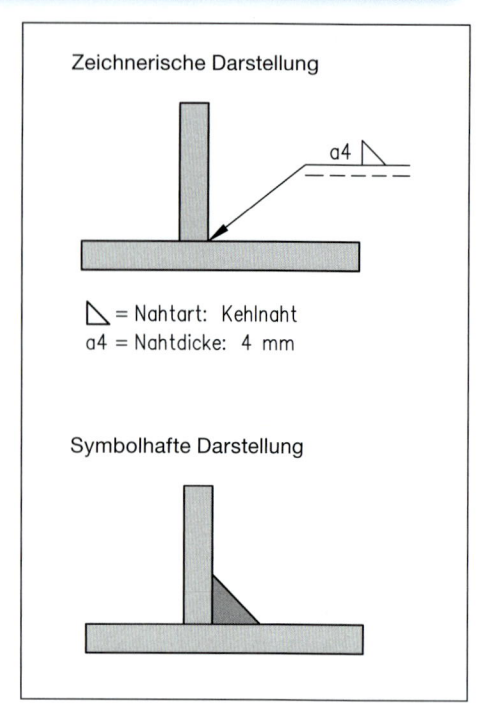

Bild 33 Darstellung einer Schweißverbindung am Beispiel Kehlnaht

Neben diesen Mindestangaben können noch weitere Angaben vorhanden sein wie

- zusätzliche Maßangaben (z. B. die Nahtlänge),
- das Schweißverfahren (falls es nicht zentral angegeben ist) oder
- Informationen zu der Schweißelektrode (beim Lichtbogenhandschweißen).

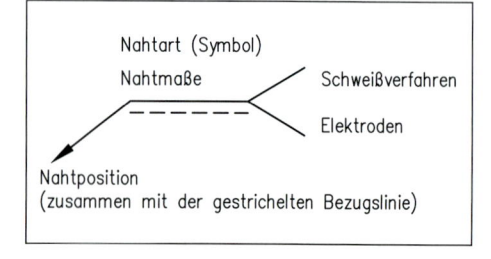

Bild 34 Wichtige Angaben bei der Kennzeichnung von Schweißnähten

Im Tabellenbuch sind diese und weitere Angaben zur Schweißnahtbemaßung zusammenfassend dargestellt.

Die **Nahtart** wird mit Symbolen angegeben. Aus der Form der Symbole kann oft direkt auf die Nahtart geschlossen werden, z. B. V für V-Naht.

Das **Schweißverfahren** wird mit Kennzahlen angegeben. Eine Kennzahl besteht aus zwei bis drei Ziffern. Die erste Ziffer steht dabei für die übergeordnete Verfahrensgruppe (z. B. 1 für Lichtbogenschweißen).

■ **Darstellung von Schweißnähten**

[TB]

■ **MAG:**
Aktive Schutzgase

■ **MIG, WIG:**
Inerte Schutzgase

■ **Wichtige Nahtsymbole:**
◺ Kehlnaht
V V-Naht
‖ I-Naht

■ **Kennzahlen wichtiger Schweißverfahren:**
111 – Lichtbogenhandschweißen
131 – MIG
135 – MAG
141 – WIG

Nahtposition, Schweißnahtdarstellung

Die **Nahtposition** ergibt sich aus der Pfeilspitze und der Position des Nahtsymbols im Verhältnis zur gestrichelten Bezugslinie:

Sind Symbol und Bezugslinie auf verschiedenen Seiten der durchgezogenen Linie
→ Schweißen auf der Pfeilseite

Sind Symbol und Bezugslinie auf einer Seite der durchgezogenen Linie
→ Schweißen auf der Pfeilgegenseite

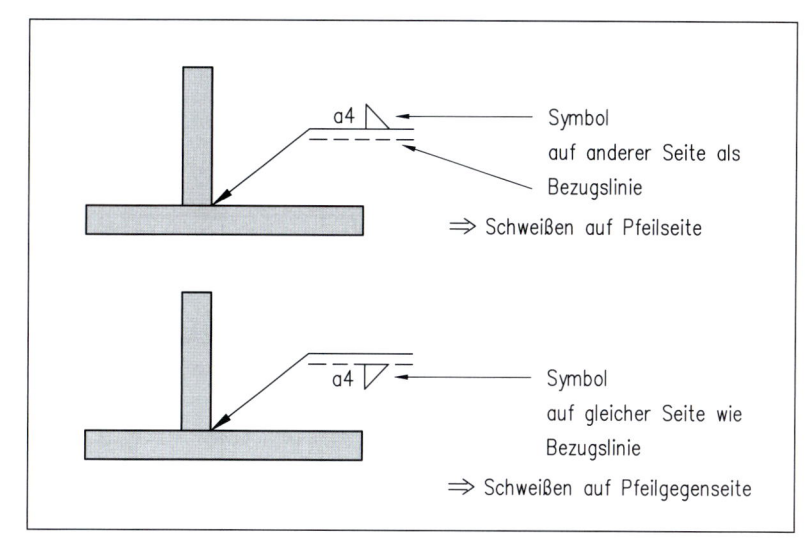

Bild 35 Beispiele für die Kennzeichnung von Nahtpositionen

Beispiel:
Was bedeutet folgende Schweißnahtdarstellung?

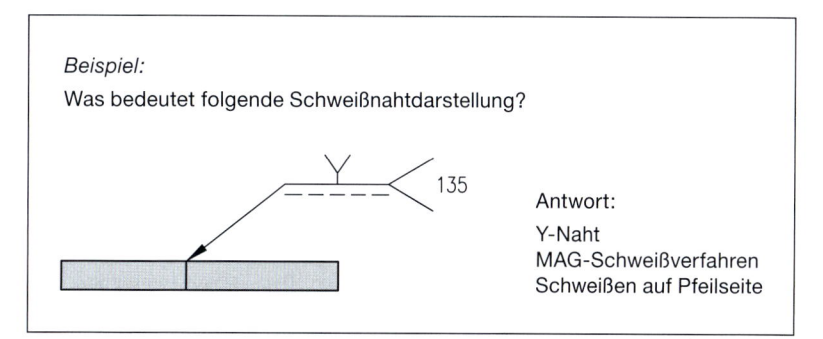

Antwort:
Y-Naht
MAG-Schweißverfahren
Schweißen auf Pfeilseite

Bild 36 Beispiel: Bedeutung einer Schweißnahtdarstellung

Prüfung

1. Nennen Sie drei Vorteile einer Schweißverbindung im Vergleich zu einer Schraubverbindung.

2. Wie unterscheiden sich die Wärmezufuhr beim Autogenschweißen und beim Lichtbogenschweißen?

3. Welche Funktion hat das Schutzgas beim Schutzgasschweißen?

4. Beim Schutzgasschweißen wird ein Schutzgas mit der Bezeichnung „M2" verwendet.
   a) Bei welchem Schweißverfahren wird dieses Gas normalerweise eingesetzt?
   b) Erläutern Sie die Zusammensetzung dieses Gasgemisches.

5. Welches Schutzgasschweißverfahren wird bei unlegierten Stählen meistens verwendet (Begründung)?

6. Wie unterscheiden sich die Elektroden beim MIG- und beim WIG-Verfahren?

7. Was bedeutet die Angabe „Schweißverfahren: 311" in technischen Zeichnungen?

8. Zwei Platten aus dem Werkstoff X5 Cr Ni 18-10 sollen wie dargestellt miteinander verbunden werden:

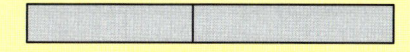

   a) Wählen Sie ein geeignetes Schweißverfahren und eine passende Nahtart aus.
   b) Bemaßen Sie die Naht.

Elektrotechnik

■ **Atom** griechisch „atomos", unteilbar	

4.1.1 Elektrische Ladung

Atome bestehen aus *Atomkern* und *Atomhülle*.

Der **Atomkern** besteht aus *Protonen* und *Neutronen*.

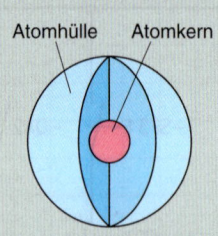

Die **Elektronen** bewegen sich auf festen Bahnen (Schalen) mit *hoher Geschwindigkeit* um den Atomkern.

Die Elektronen bilden die **Hülle** des Atoms.

Elektrische Kräfte halten die Elektronen gegen die Fliehkraft auf ihren Bahnen.
Ursache der elektrischen Kräfte ist die **elektrische Ladung**.

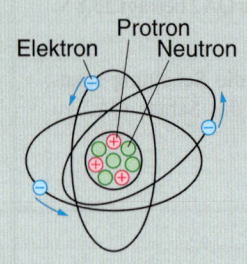

Das *Elektron* ist ein **Ladungsträger**.
Es trägt die **negative Elementarladung**
$e = -1{,}6 \cdot 10^{-19}$ As

Auch der *Atomkern* ist ein **Ladungsträger**.
Er trägt die **positive Elementarladung**
$e = +1{,}6 \cdot 10^{-19}$ As

■ **Valenzelektronen**
Die Elektronen der äußersten Schale heißen Valenzelektronen. Sind am weitesten vom Kern entfernt und somit von außen am besten zu beeinflussen.

■ **Geschwindigkeit der Elektronen**
Die Elektronen umkreisen den Atomkern mit einer Geschwindigkeit von ca. 220 km/s.
Elektrische Kräfte halten die Elektronen auf ihren Bahnen.

Gleichnamige Ladungen *ziehen sich an*.
Ungleichnamige Ladungen *stoßen sich ab*.

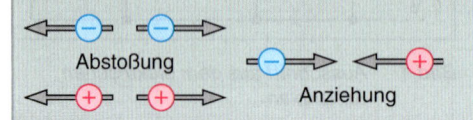

Elektrisch neutrales Atom
Negative Elementarladungen der Elektronen = positive Elementarladungen der Protonen.

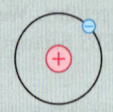

Bei *n* Protonen bzw. Elektronen beträgt die **Ladungsmenge** bzw. **Elektrizitätsmenge**
$Q = n \cdot (\pm e)$

- Q Ladungsmenge (Elektrizitätsmenge) in As oder C
- n Anzahl der Elementarladungen
- e Elementarladung ($\pm 1{,}6 \cdot 10^{-19}$ As)

Positives Ion
Atom hat Elektronen *abgegeben*.
Es hat eine **positive Ladung**.

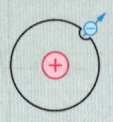

Negatives Ion
Atom hat Elektronen *aufgenommen*.
Es hat eine **negative Ladung**.

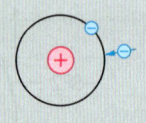

Elektronen**mangel** → **positive** Ladung
Elektronen**überschuss** → **negative** Ladung

■ **Elementarladung**
Kleinstmögliche elektrische Ladung. Eine Menge von Elementarladungen wird elektrische Ladung genannt.

■ **Coulomb (C)**
Einheit der elektrischen Ladung.
1 C = 1 As
(Ampere · Sekunde)

4.1.2 Elektrische Spannung

Bei der **Ladungstrennung** und beim **Ladungsausgleich** werden elektrische Ladungsträger (Elektronen) *bewegt*. Die *Elektronenbewegung* nennt man **elektrischer Strom**.

Ergebnis der Ladungstrennung:
Ort 1: *Mangel* an Elektronen
Ort 2: *Überschuss* an Elektronen

Zwischen Ort 1 und Ort 2 herrscht eine **elektrische Spannung**. Sie ist bestrebt, die Ladungstrennung aufzuheben (Bild 5, Seite 89).

Der **Ladungsausgleich** erfolgt, wenn Ort 1 und Ort 2 durch einen *elektrischen Leiter* miteinander verbunden werden (Bild 5, Seite 89).

Bei der **technischen Spannungserzeugung** werden unter Energieaufwand positive und negative Ladungsträger getrennt.

Es bilden sich dadurch 2 **Pole** aus:

Positiver Pol: Elektronenmangel
Negativer Pol: Elektronenüberschuss

Elektrischer Stromkreis

> Elektrische Spannung ist das Ausgleichsbestreben getrennter Ladungen.

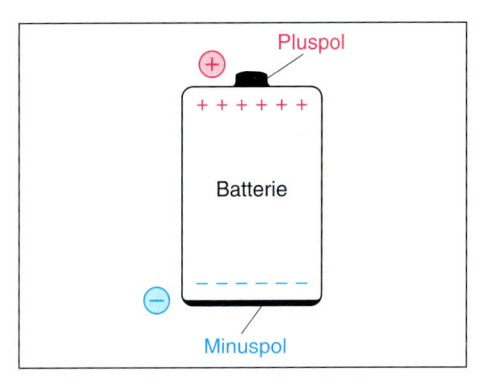

Bild 4 Ladungstrennung bei einer Batterie

Grob vergleichbar ist der Vorgang mit dem Anheben und Absenken einer Masse m (Bild 5).

Linke Abbildung: Masse m steht auf der Unterlage (Ausgleichszustand).

Mittlere Abbildung: Masse m wurde durch Zugkraft F auf die Höhe h angehoben. Die dabei aufgewendete Energie ist in der Masse gespeichert („Spannungszustand").

Rechte Abbildung:
Seil wird losgelassen, Masse m wird um die Höhe h abgesenkt.

Dabei wird wieder Energie frei. Ein Teil des „Spannungszustandes" wurde dabei abgebaut.

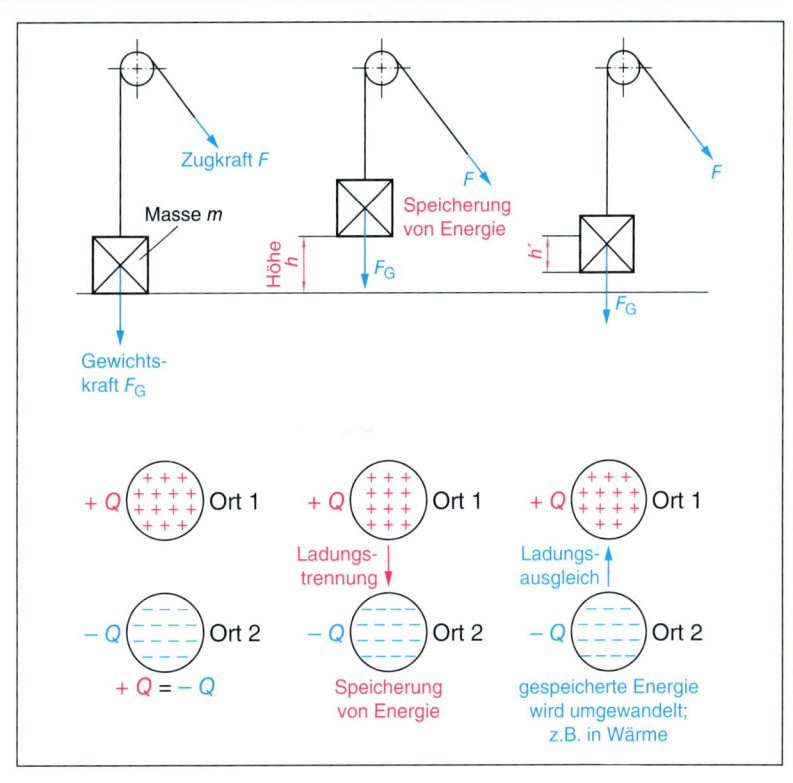

Bild 5 Ladungstrennung und Ladungsausgleich

Allgemein:
- **Ladungstrennung** → elektrische Spannung
  Ladungsausgleich → elektrischer Strom

■ **Spannungspfeil**
Spannungsquelle: Vom Pluspol zum Minuspol.
Verbrauchsmittel: Pfeil weist in Richtung des Stromflusses.

4.2 Technische Größen des Stromkreises

Nach der Demontage des Schützes nimmt der Ausbilder ein Multimeter und stellt es auf den Widerstandsmessbereich ein. Dieser Messbereich ist mit Ω (Ohm) gekennzeichnet.

Vier Widerstandsmessungen werden unter Aufsicht des Ausbilders durchgeführt (Bild 7)

■ **Schütz**
Elektromagnetisch betätigter Schalter; hier ist die Schützspule (die Betätigungseinrichtung) dargestellt.

4.2.1 Elektrischer Widerstand

Widerstandsmessungen werden nur im spannungsfreien Zustand durchgeführt!

■ **Elektrischer Widerstand (Symbol)**

Dezimale Teile und Vielfache von Einheiten.

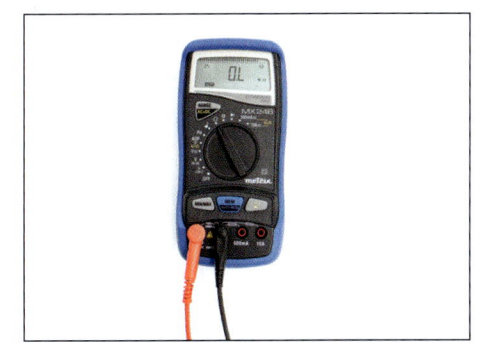

$1 \text{ mA} = 0{,}001 \text{ A} = 10^{-3} \text{ A}$
$1 \text{ μA} = 0{,}000001 \text{ A} = 10^{-6} \text{ A}$

$1 \text{ kΩ} = 1000 \text{ Ω} = 10^{3} \text{ Ω}$
$1 \text{ MΩ} = 1\,000\,000 \text{ Ω} = 10^{6} \text{ Ω}$

Bild 6 Multimeter im Widerstandsmessbereich

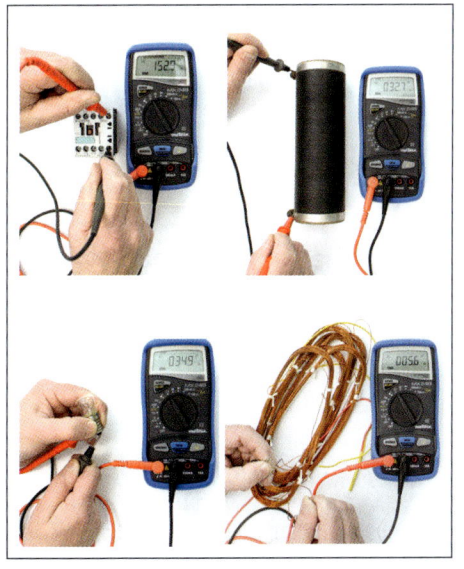

Bild 7 Messungen mit dem Multimeter

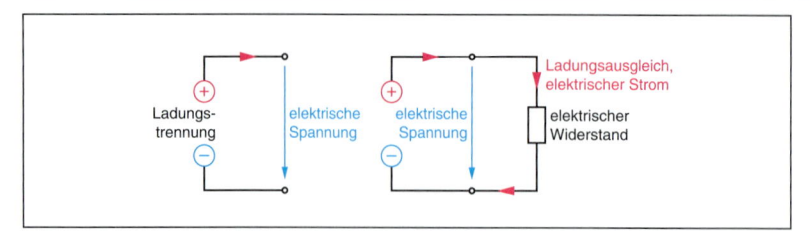

Bild 8 Ladungstrennung und Ladungsausgleich

- **Angabe der Stromrichtung**

- **Technische Stromrichtung**
  Außerhalb der Spannungsquelle: Pluspol → Minuspol

  Innerhalb der Spannungsquelle: Minuspol → Pluspol

- **Elektronenflussrichtung**
  Außerhalb der Spannungsquelle: Minuspol → Pluspol

  Innerhalb der Spannungsquelle: Pluspol → Minuspol

- **Widerstand**
  Ein Verbrauchsmittel hat den Widerstand 1 Ω, wenn es an der Spannung U = 1 V vom Strom I = 1 A durchflossen wird.

- **Stromstärke**
  Je mehr Ladungsträger pro Sekunde durch einen Leiter fließen, umso größer ist die Stromstärke I.

  Wenn $6{,}24 \cdot 10^{18}$ Ladungsträger pro Sekunde fließen, beträgt die Stromstärke 1 Ampere (1 A).

- **Spannungsquelle (Symbol)**

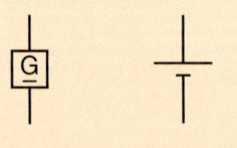

  Generator, allgemein | Galvanisches Element

Es werden unterschiedliche Widerstandswerte gemessen. Der **elektrische Widerstand** ist eine bestimmende Größe im elektrischen Stromkreis.

Zur Verdeutlichung (Bild 8):

- Ladungstrennung → **elektrische Spannung** (Pluspol, Minuspol)
- Ladungsausgleich → **elektrischer Strom**

Je größer der Strom, umso schneller erfolgt der Ladungsausgleich. Je kleiner der Strom, umso länger dauert der Ladungsausgleich.

Elektrischer Widerstand → Begrenzung des elektrischen Stromes
Formelzeichen: R
Einheit: Ω (Ohm)

Elektrischer Strom → Bewegung von Ladungsträgern
Formelzeichen: I
Einheit: A (Ampere)

Elektrische Spannung → Maß für die Ladungstrennung
Formelzeichen: U
Einheit V (Volt)

Elektrische Leitfähigkeit → Kehrwert des elektrischen Widerstandes $\left(G = \frac{1}{R}\right)$
Formelzeichen: G
Einheit: S (Siemens), $1\,S = 1\,\frac{1}{\Omega}$

Spannungsquelle
Durch Trennung elektrischer Ladungen bilden sich zwei **Pole** aus:

Minuspol: Überschuss an negativen Ladungen (Elektronenüberschuss)

Pluspol: Überschuss an positiven Ladungen (Elektronenmangel)

Ladungsunterschied zwischen den Polen:

groß hohe Spannung
klein geringe Spannung
keiner keine Spannung

Taster unbetätigt → Stromkreis unterbrochen → Stromstärke = 0

Stromfluss
Pole der Spannungsquelle über ein Verbrauchsmittel verbinden.
Es fließt ein **elektrischer Strom**.

Elektrischer Strom = Ladungsausgleich zwischen den Polen der Spannungsquelle = Bewegung von Ladungsträgern (hier Elektronen)

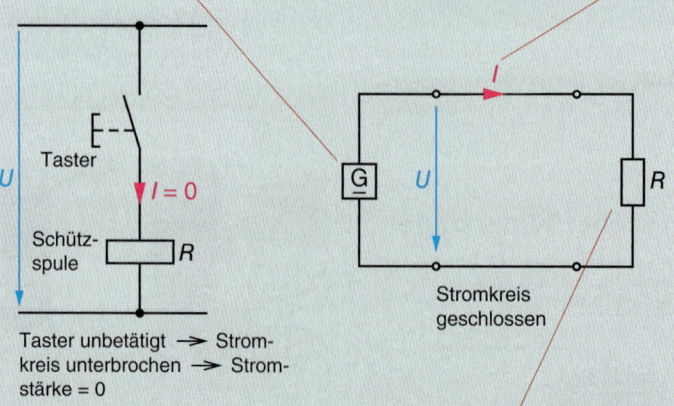

Stromkreis geschlossen

Elektrische Leitungen
Verbinden Spannungsquelle und Verbrauchsmittel.
Dienen dem Transport der elektrischen Ladungen.
Ermöglichen den Aufbau eines **Stromkreises**.
Ihr elektrischer Widerstand soll so gering wie möglich sein.

Verbraucher (Verbrauchsmittel)
Kennzeichnende Eigenschaft des Verbrauchsmittels ist der **elektrische Widerstand R**.
Seine Ladungsträgerbehinderung bestimmt den Wert des elektrischen Stromes.

Elektrischer Widerstand R

groß große Behinderung, kleiner Strom
mittel mittlere Behinderung, mittlerer Strom
gering geringe Behinderung, großer Strom

Technische Größen des Stromkreises, Ohmsches Gesetz

Die Höhe des Stromes (und damit die Dauer des Ladungsausgleichs) wird wesentlich vom **elektrischen Widerstand** bestimmt.

Hoher Widerstand → kleiner Strom,
Kleiner Widerstand → hoher Strom

Ein *hoher* Widerstand bedeutet eine *geringe* Leitfähigkeit. Ein *geringer* Widerstand bedeutet eine *hohe* Leitfähigkeit.

$$\text{Widerstand} = \frac{1}{\text{Leitfähigkeit}} \qquad G = \frac{1}{R}$$

In einem **elektrischen Stromkreis** belastet der Widerstand die Spannungsquelle (Ort der Ladungstrennung), an die er über Leitungen angeschlossen ist. Jeder **Stromkreis** hat einen elektrischen Widerstand.

$R = 1\,\Omega$, $G = 1\,S$ | $R = 10\,\Omega$, $G = 0{,}1\,S$ | $R = 100\,\Omega$, $G = 0{,}01\,S$

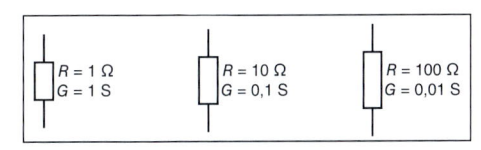

Bild 9 Widerstand und Leitfähigkeit

Messung von Spannung und Stromstärke

	Zeichnung	Beschreibung
Spannungsmessung	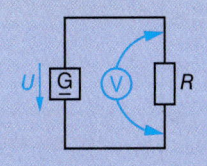 U, G, V, R	Spannungsmesser werden *parallel* zum Messobjekt (z. B. Widerstand) geschaltet. Symbol eines Spannungsmessers —(V)—
Strommessung	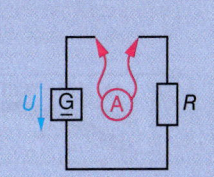 U, G, A, R	Strommesser werden *in Reihe* mit dem Messobjekt (z. B. Widerstand) geschaltet. **Vorsicht!** Strommesser (Multimeter im Strommessbereich) niemals *parallel* zum Messobjekt schalten. Symbol eines Strommessers —(A)—

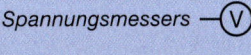

4.2.2 Ohmsches Gesetz

Das **ohmsche Gesetz** beschreibt den *Zusammenhang* zwischen den drei Größen Spannung, Widerstand und Stromstärke eines Stromkreises.

Beispiel 1:
An $U = 24\,V$ wird die Schützspule vom Strom $I = 110\,mA = 0{,}11\,A$ durchflossen. Daraus lässt sich der Spulenwiderstand errechnen.

$$R = \frac{U}{I} = \frac{24\,V}{0{,}11\,A} = 218{,}2\,\Omega$$

Aus der Widerstandskennlinie können Wertepaare Spannung-Stromstärke gebildet werden (R ist konstant).

Bei $U = 10\,V$ fließt z. B. der Strom $I = 45\,mA$ durch den Widerstand.

Die Stromstärke ist der Spannung proportional (verhältnisgleich).

$I = 0{,}11\,A$, $U = 24\,V$, $-QA2$, $R = 218{,}2\,\Omega$
$I = 110\,mA$, $R = 218{,}2\,\Omega$, $U = 24\,V$

Widerstandskennlinie: $R = 90{,}9\,\Omega$, $R = 218{,}2\,\Omega$, $R = 1200\,\Omega$

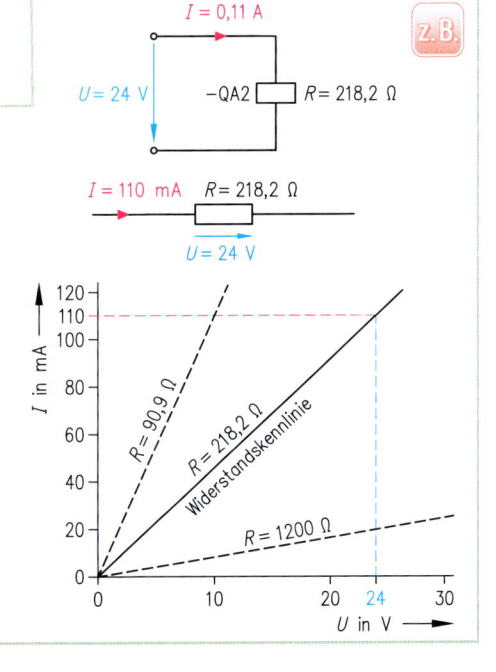

Verbrauchsmittel
current using equipment

Spannung, elektrische
voltage

Betriebsspannung
working voltage, operating voltage

Spannungsquelle
voltage source

Spannungsmesser
voltmeter

Ladung
charge

Strom
current

Minuspol
negative pole

Pluspol
positive pole

Stromstärke
current intensity, amperage

Strommesser
amperemeter, ammeter

Verbraucher
consumer

Nennspannung
rated voltage

Widerstand
resistance (Wert)
resistor (Bauelement)

Widerstandsmesser
ohmmeter

Potenzialdifferenz
potential difference

Erde
earth, ground

■ **proportional**
verhältnisgleich, im gleichen Verhältnis zunehmend oder abnehmend.

Zum Beispiel:

$1 \cdot U$	$1 \cdot I$
$2 \cdot U$	$2 \cdot I$
$3 \cdot U$	$3 \cdot I$

$U = 5\,V \rightarrow I = 2\,A$
$U = 10\,V \rightarrow I = 4\,A$
$U \sim I$

Da die Atome ihre Valenzelektronen abgeben, entstehen **positive Ionen**.

Elektrische Leiter: Stoffe, die eine große Anzahl *frei beweglicher* Ladungsträger (bei Metallen Elektronen) enthalten.

Wenn nun eine elektrische Spannung angelegt wird, bewegen sich die freien Elektronen durch das Kristallgitter (Driftbewegung, Elektronendrift).

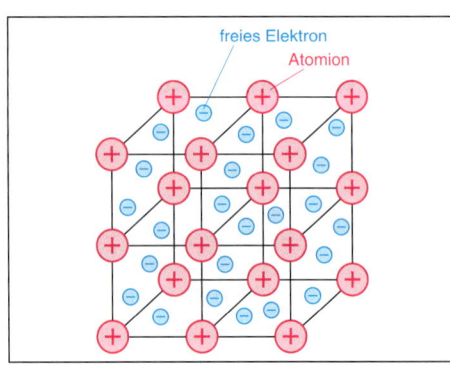

Bild 11 *Kristallgitter von Metallen*

Je *ungehinderter* die Elektronendrift erfolgen kann, umso *geringer* ist der elektrische Widerstand.

Je intensiver die **Wärmeschwingungen** der positiven Atomionen sind, umso häufiger *kollidieren* die freien Elektronen auf ihrem Weg durch das Kristallgitter mit den Atomionen. Der *elektrische Widerstand* nimmt mit der *Temperatur* zu.

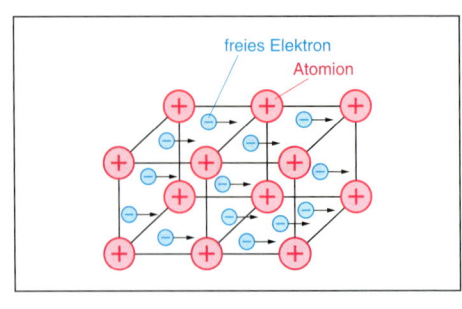

Bild 12 *Elektronendrift*

■ **Temperaturkoeffizient**
Auch Temperaturbeiwert genannt.
Formelzeichen: α
Einheit: 1/K (K = Kelvin)

■ **Kelvin (K)**
Einheit für Temperaturdifferenzen
(1 K entspricht 1 °C)
40 °C − 10 °C = 30 K

■ **Werte von α**
[TB]

Im Betrieb erwärmt sich die Spule → ihr Widerstand nimmt zu.

Zunehmend Wärmeschwingungen im Kristallgitter

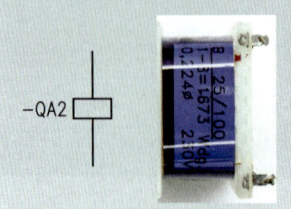

Widerstand bei 20 °C: R_{20}
20 °C ist die Ausgangstemperatur

ϑ_1 222 Ω
20° C

ϑ_2 242 Ω
40° C

Widerstand bei 40 °C: R_ϑ.
Der Spulenwiderstand hat zugenommen
$R_{20} = 222\ \Omega$
$R_\vartheta = 242\ \Omega$
$\Delta R = R_\vartheta - R_{20} = 20\ \Omega$
$\Delta\vartheta = \vartheta_2 - \vartheta_1 = 20\ K$

R_{20} in Ω	$\Delta\Omega$ in K	ΔR in Ω
1	1	α
1	$\Delta\vartheta$	$\alpha \cdot \Delta\vartheta$
R_{20}	$\Delta\vartheta$	$R_{20} \cdot \alpha \cdot \Delta\vartheta$

Jeder Werkstoff hat einen Temperaturbeiwert α. Der Beiwert von Kupfer ist $\alpha = 0{,}0039$ 1/K.

α gibt die Widerstandsänderung eines 1-Ω-Widerstandes bei 1 K Temperaturänderung an.

Widerstandszunahme
$\Delta R = R_{20} \cdot \alpha \cdot \Delta\vartheta$

Warmwiderstand
$R_\vartheta = R_{20} + \Delta R$
$R_\vartheta = R_{20} + R_{20} \cdot \alpha \cdot \Delta\vartheta$
$R_\vartheta = R_{20} \cdot (1 + \alpha \cdot \Delta\vartheta)$

Temperaturdifferenz
$\Delta\vartheta = \vartheta_2 - \vartheta_1$

$R_{20} = 1\ \Omega$ — 20 °C

$\Delta R = 0{,}0039\ \Omega$ — 21 °C

$R_{20} + \Delta R = 1{,}0039\ \Omega$ — 21 °C
$\Delta\vartheta = 1\ K$

Technische Größen des Stromkreises, Schaltung von Widerständen

Werkstoffe, bei denen der elektrische Widerstand mit der Temperatur zunimmt, nennt man **Kaltleiter**. Solche Widerstände haben einen positiven Temperaturkoeffizienten α (PTC-Widerstände). Hierzu zählen alle elektrischen Leiterwerkstoffe.

Prüfung

1. Der Spulenwiderstand des Schützes QA2 hat von 222 Ω bei 20 °C auf 242 Ω bei 40 °C zugenommen.
   Welchen Einfluss hat das auf die Stromstärke der Spule?

2. Bei einer Kupferspule erhöht sich die Wicklungstemperatur um 80 K. Bei 20 °C beträgt ihr Widerstand 46 Ω.
   Um wie viel Prozent hat sich der Widerstand bei Erwärmung erhöht?

3. Welche Folge hätte es, wenn sich die Schützspule unzulässig hoch erwärmen würde?

4. Was bedeutet es, wenn der Temperaturbeiwert α positiv ist?

Eine Motorwicklung hat bei 20 °C einen Widerstand von 215 Ω.
Bei Betrieb erwärmt sich die Kupferwicklung auf 75 °C.
Welchen Widerstand hat die Wicklung bei 75 °C?

$R_{20} = 215\ \Omega,\ \vartheta_1 = 20\ °C,\ \vartheta_2 = 75\ °C$

Temperaturunterschiede $\Delta\vartheta$ werden in Kelvin (K) angegeben.

$\Delta\vartheta = \vartheta_2 - \vartheta_1 = 75\ °C - 20\ °C = 55\ K$

Der Temperaturbeiwert von Kupfer wird dem Tabellenbuch entnommen.

$\alpha = 0{,}0039\ \dfrac{1}{K}$

Berechnung der Widerstandszunahme:

$\Delta R = R_{20} \cdot \alpha \cdot \Delta\vartheta$

Berechnung des Widerstandes bei 75 °C:

$R_\vartheta = R_{20} + \Delta R$
$R_\vartheta = R_{20} + (R_{20} \cdot \alpha \cdot \Delta\vartheta)$
$R_\vartheta = R_{20} \cdot (1 + \alpha \cdot \Delta\vartheta)$
$R_\vartheta = 215\ \Omega \cdot (1 + 0{,}0039\ \dfrac{1}{K} \cdot 55\ K)$
$R_\vartheta = 261{,}1\ \Omega$

Der Widerstand hat um 46,1 Ω zugenommen.

4.4 Schaltung von Widerständen

4.4.1 Parallelschaltung

Steuerung (s. Seite 87): Schaltung von Schützspule und Meldelampe.

Sie haben die Widerstände von Spule und Meldelampe bereits gemessen:

Schützspule: $R_1 = 221{,}5\ \Omega$
Meldelampe: $R_2 = 288\ \Omega$

Allgemeine Schaltungsdarstellung:

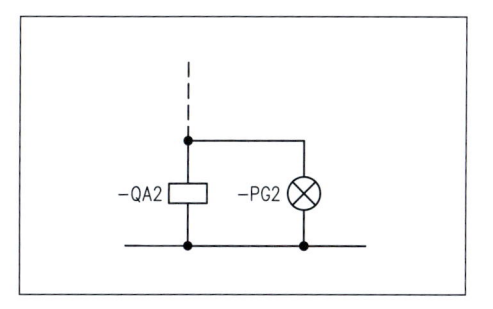

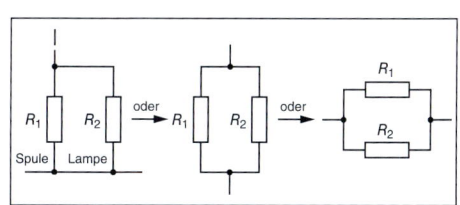

Bild 13 Schützspule und Meldelampe

Bild 14 Parallelschaltung von Widerständen

- **Aufgabenlösungen**

@ **Interessante Links**
- christiani.berufskolleg.de

- **Meldelampen** (konventionell)

- **Parallelschaltung** von zwei Schützen

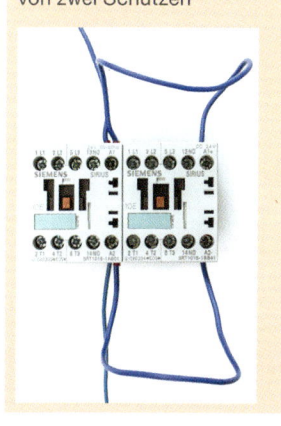

Elektrotechnik

Die beiden Widerstände sind „nebeneinander" geschaltet; **parallel geschaltet**. Man nennt dies **Parallelschaltung von Widerständen**.

Sie werden aufgefordert, das Verhalten dieser Schaltung zu untersuchen.

1. Spannungsmessungen

Gemessen werden die Spannungen an beiden Widerständen.

$U_1 = 24$ V, $U_2 = 24$ V

Bei Parallelschaltung ist die Spannung an allen Widerständen gleich groß.

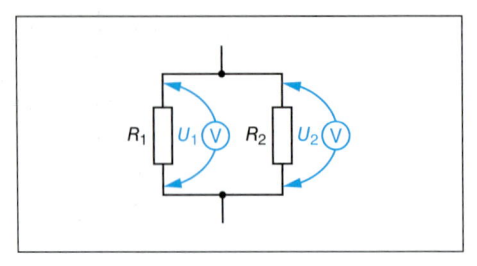

$U_1 = U_2 = 24$ V

Bild 15 Spannungsmessung

2. Strommessungen

Es werden die Ströme in den Widerständen und in der gemeinsamen Zuleitung gemessen.

$I_1 = 0{,}11$ A = 110 mA
$I_2 = 0{,}083$ A = 83 mA
$I_g = 0{,}193$ A = 193 mA

Bild 16 Strommessungen

Der **Gesamtstrom** I_g teilt sich auf die parallel geschalteten Widerstände auf.

$I_g = I_1 + I_2$ 193 mA = 110 mA + 83 mA

Je mehr Widerstände parallel geschaltet werden, umso größer ist der Gesamtstrom, der der Spannungsquelle entnommen wird.

Jeder parallel geschaltete Widerstand übernimmt dabei einen Stromanteil.

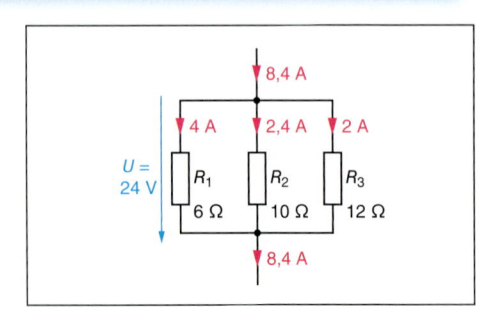

Bild 17 Stromanteile und Gesamtstrom

Der elektrisch gleichwertige **Ersatzwiderstand** $R_E = 2{,}86$ Ω wird an 24 V ebenfalls von 8,4 A durchflossen. Der Ersatzwiderstand belastet also die Spannungsquelle $U = 24$ V mit dem gleichen Strom wie die drei parallel geschalteten Widerstände.

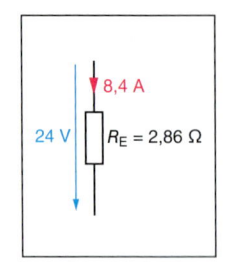

Bild 18 Ersatzwiderstand zu Bild 17

Knotenpunkte – Erster Kirchhoffscher Satz

• Knotenpunkt 1:

$I_g = I_1 + I_2 + I_3$

I_g: zufließender Strom
I_1, I_2, I_3: abfließende Ströme

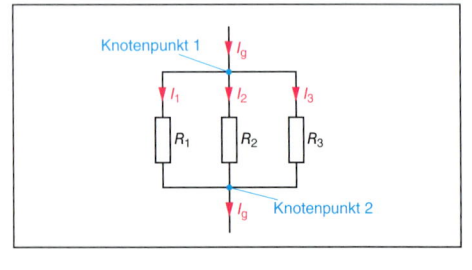

Bild 19 Knotenpunkte einer Parallelschaltung

• Knotenpunkt 2:

$I_1 + I_2 + I_3 = I_g$

I_1, I_2, I_3: zufließende Ströme
I_g: abfließender Strom

Erster Kirchhoffscher Satz (Knotenpunktregel)

Die Summe der auf einen Knotenpunkt *zufließenden* Ströme ist gleich der Summe der von einem Knotenpunkt *abfließenden* Ströme.

$\Sigma I_{\text{zufl.}} = \Sigma I_{\text{abfl.}}$

■ **Spannungsmesser**

—(V)—

■ **Knotenpunkt**
= Stromverzweigungspunkt

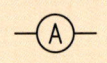

■ **Strommesser**

—(A)—

■ **Σ (Sigma)**
Griechischer Großbuchstabe; hier: Zeichen für Summe.

$\Sigma I = I_1 + I_2 + \ldots$

Parallelschaltung von Widerständen

Parallelschaltung von Widerständen, Ersatzwiderstand R_E

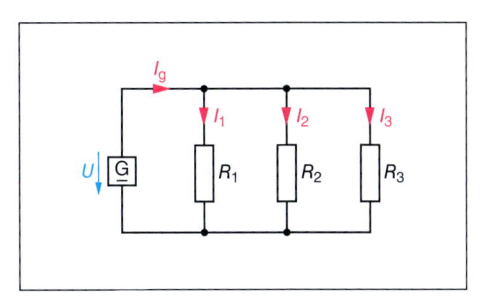

Bild 20 Parallelschaltung von Widerständen

$I_g = I_1 + I_2 + I_3$

$I_g = \dfrac{U}{R_1} + \dfrac{U}{R_2} + \dfrac{U}{R_3}$

$I_g = U \cdot \left(\dfrac{1}{R_1} + \dfrac{1}{R_2} + \dfrac{1}{R_3} \right)$

$\dfrac{I_g}{U} = \dfrac{1}{R_1} + \dfrac{1}{R_2} + \dfrac{1}{R_3}$

$\dfrac{1}{R_E} = \dfrac{1}{R_1} + \dfrac{1}{R_2} + \dfrac{1}{R_3}$

Parallelschaltung von Widerständen, Ersatzwiderstand R_E

$$\dfrac{1}{R_E} = \dfrac{1}{R_1} + \dfrac{1}{R_2} + \ldots + \dfrac{1}{R_n}$$

R_E Ersatzwiderstand in Ω
$R_1 \ldots R_n$ parallel geschaltete Widerstände in Ω

Leitwert G

$G = G_1 + G_2 + \ldots + G_n$

G Gesamtleitwert in S
$G_1 \ldots G_n$ Einzelleitwerte in S

Parallelschaltung von *zwei* Widerständen, Ersatzwiderstand R_E

$$R_E = \dfrac{R_1 \cdot R_2}{R_1 + R_2}$$

Parallelschaltung von *n gleichen* Widerständen, Ersatzwiderstand R_E

$$R_E = \dfrac{R}{n}$$

Der Ersatzwiderstand einer Parallelschaltung ist immer kleiner als der kleinste Teilwiderstand.

■ **Leitwert G**

$G = \dfrac{1}{R}$

Kehrwert des Widerstandes, Einheit Siemens (S)

Prüfung

1. Ein Widerstand trägt den Farbcode *rot/violett/rot/gold*.
   a) Wie groß ist der Widerstandswert?
   b) Wie groß ist die Toleranz?

2. Der Widerstand nach Aufgabe 1 wird an die Spannung $U = 10$ V angeschlossen. Zwischen welchen Werten darf die Stromstärke liegen (Toleranz)?

3. Sie sollen den Strom im Widerstand messen. Wie gehen Sie dabei vor?

4. Ein Widerstand von 47 Ω wird an 24 V angeschlossen. Die Spannung weicht um ± 10 % von der Bemessungsspannung ab. Zwischen welchen Werten schwankt dabei die Stromstärke?

5. Bestimmen Sie die Widerstandswerte.

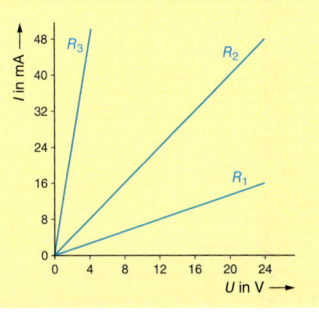

6. Warum ist die Parallelschaltung von Verbrauchsmitteln in der elektrischen Energietechnik vorherrschend?

7. $R_1 = 24$ Ω, $R_2 = 48$ Ω, $R_3 = 12$ Ω
   Berechnen Sie alle Ströme.
   Wie groß ist der Ersatzwiderstand der Parallelschaltung?
   $U = 24$ V

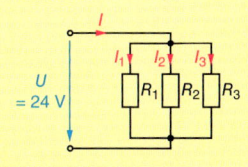

8. Wie groß ist der Widerstand R_2?
   $R_1 = 270$ Ω, $R_E = 175$ Ω

9. Drei gleiche Widerstände haben einen Ersatzwiderstand von 25 Ω. Welchen Wert haben die einzelnen Widerstände?

10. Bestimmen Sie R_2.
    47 Ω, 1 A, 40 V

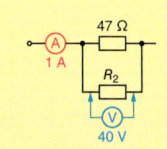

■ **Aufgabenlösungen**

TB

@ **Interessante Links**
• christiani.berufskolleg.de

Elektrotechnik

- **Spannungsteilerregel**
Die Spannungen verhalten sich wie die Widerstände.

$$\frac{U_1}{U_2} = \frac{R_1}{R_2}$$

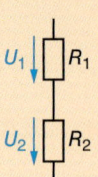

Betriebsspannung
working voltage, running voltage

Spannungsfall
voltage drop, potential drop, voltage loss

Schütz
contactor

Spule
coil, inductance coil

Spannungsteiler
voltage devider

Gruppenschaltung
series multiple connection

4.4.2 Reihenschaltung

Ihr Ausbilder fordert Sie auf, folgende Schaltungen aufzubauen und zu analysieren.

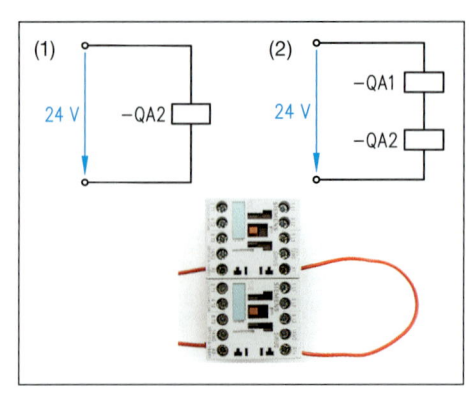

Bild 21 Schaltungen

Schaltung (1)

Spannungsmessung Spule: 24 V
Strommessung Spule: 0,11 A

Spulenwiderstand: $R = \frac{U}{I} = \frac{24\ V}{0{,}11\ A} = 218{,}1\ \Omega$

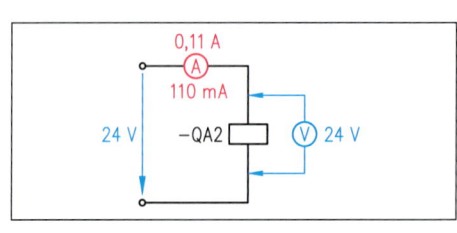

Bild 22 Schützspule an Spannung

Schaltung (2)

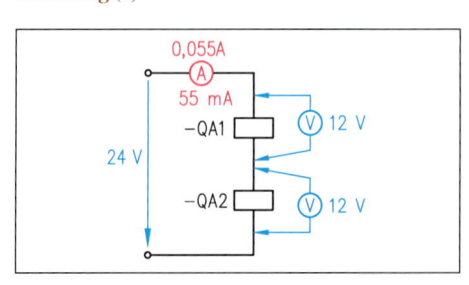

Bild 23 Schützspulen in Reihe geschaltet

Spannungsmessungen:

Spule QA1: 12 V
Spule QA2: 12 V

Strommessung, Spulen: 0,055 A

Widerstand der Spulen:

$R = \frac{U}{I} = \frac{24\ V}{0{,}055\ A} = 436{,}4\ \Omega$

Widerstand hat sich verdoppelt, Stromstärke hat sich halbiert.

Die beiden Schützspulen sind hintereinander (in Reihe) geschaltet. Man nennt dies **Reihenschaltung**.

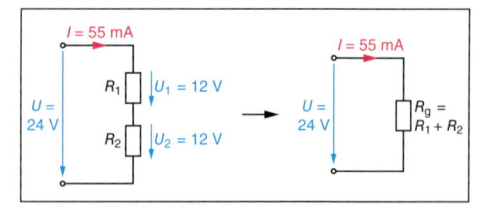

Bild 24 Reihenschaltung von Widerständen

- Der Strom ist in jedem Widerstand gleich.
- Der Gesamtwiderstand der Schaltung wird größer ($R_g = R_1 + R_2$).
- Der Gesamtwiderstand bestimmt die Stromaufnahme der Schaltung.
- Die Teilspannungen an den Widerständen addieren sich zur Gesamtspannung ($U_1 + U_2 = U$).

Gesamtwiderstand

$R_g = R_1 + R_2 + \ldots + R_n$
R_g Gesamtwiderstand in Ω
$R_1 \ldots R_n$ Einzelwiderstände in Ω

Stromaufnahme

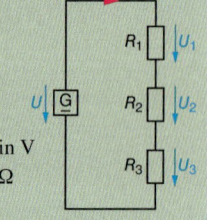

$I = \dfrac{U}{R_g}$

I Stromaufnahme
U anliegende Spannung in V
R_g Gesamtwiderstand in Ω

Spannungsfälle an den Teilwiderständen

$U_1 = I \cdot R_1$
$U_2 = I \cdot R_2$
$U_3 = I \cdot R_3$
$U_n = I \cdot R_n$

Die Spannungsfälle an den Teilwiderständen addieren sich zur anliegenden Gesamtspannung.

$U = U_1 + U_2 + \ldots + U_n$

Die *Reihenschaltung* der beiden Schützspulen ist technisch *unsinnig*.

Die Betriebsspannung der Schütze beträgt 24 V. Dann arbeiten die Schütze einwandfrei. Wenn nur 12 V an den Schützspulen anliegt, wird das Schütz nicht mehr funktionieren.

Da die Verbrauchsmittel für den einwandfreien Betrieb eine bestimmte Betriebsspannung benötigen, dominiert in der Energietechnik die *Parallelschaltung*.

Reihenschaltung

Prüfung

1. Wie groß ist der Gesamtwiderstand der Schaltung?
   Bestimmen Sie den Gesamtstrom I.
   Welche Spannungsfälle treten an den Widerständen auf?

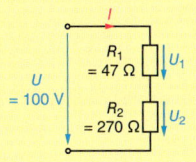

   $U = 100$ V, $R_1 = 47\,\Omega$, $R_2 = 270\,\Omega$

2. $R_1 = 1$ kΩ, $R_2 = 4,7$ kΩ
   In welchem Verhältnis stehen die Teilspannungen an den beiden Widerständen?

3. Bestimmen Sie R_1 und R_2.
   $R_g = 1,2$ kΩ, $V_1 = 12$, $V_2 = 16$

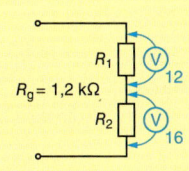

4. Warum ist die Reihenschaltung von Verbrauchsmitteln im Allgemeinen nicht möglich?
   Welche Voraussetzung muss gegeben sein, wenn die Reihenschaltung von Verbrauchsmitteln sinnvoll sein soll?

Aufgabenlösungen TB

@ Interessante Links
- christiani.berufskolleg.de

---

z. B.

Reihenschaltung: $R_1 = 5$ kΩ, $R_2 = 1$ kΩ, $U = 24$ V
Wie groß sind die Spannungsfälle an den beiden Widerständen?

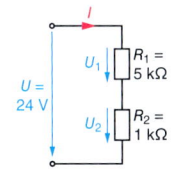

Stromaufname der Schaltung ermitteln:	$R_g = R_1 + R_2 = 5\text{ k}\Omega + 1\text{ k}\Omega = 6\text{ k}\Omega$ $I = \dfrac{U}{R_g} = \dfrac{24\text{ V}}{6\text{ k}\Omega} = 0{,}004\text{ A} = 4\text{ mA}$
Spannungsfälle an den Widerständen errechnen:	$U_1 = I \cdot R_1 = 0{,}004\text{ A} \cdot 5000\,\Omega = 20\text{ V}$ $U_2 = I \cdot R_2 = 0{,}004\text{ A} \cdot 1000\,\Omega = 4\text{ V}$
Am größeren Teilwiderstand fällt die höhere Spannung ab. Die Spannungsfälle verhalten sich wie die Widerstandswerte.	$\dfrac{U_1}{R_1} = \dfrac{U_2}{R_2}$ oder $\dfrac{U_1}{U_2} = \dfrac{R_1}{R_2}$

---

z. B.

Gesucht: Gesamtwiderstand, Stromaufnahme der Schaltung, Spannung U_{23} an der Parallelschaltung.

$U = 48$ V, $R_1 = 270\,\Omega$, $R_2 = 800\,\Omega$, $R_3 = 600\,\Omega$

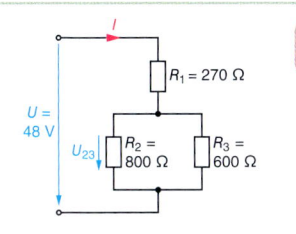

Ersatzwiderstand der Parallelschaltung:	$R_{23} = \dfrac{R_2 \cdot R_3}{R_2 + R_3} = \dfrac{800\,\Omega \cdot 600\,\Omega}{800\,\Omega + 600\,\Omega} = 342{,}9\,\Omega$
Gesamtwiderstand der Schaltung:	$R_g = R_1 + R_{23} = 270\,\Omega + 342{,}9\,\Omega = 612{,}9\,\Omega$
Dieser Gesamtwiderstand belastet die Spannungsquelle. Dadurch ergibt sich die Stromaufnahme der Schaltung.	$I = \dfrac{U}{R_g} = \dfrac{48\text{ V}}{612{,}9\,\Omega} = 0{,}0783\text{ A} = 73{,}8\text{ mA}$
Der Strom durchfließt den Widerstand R_1 und die Parallelschaltung R_{23}.	$U_{23} = I \cdot R_{23} = 0{,}0783\text{ A} \cdot 342{,}9\,\Omega = 26{,}85\text{ V}$
Am Widerstand R_1 liegt die Differenz zur Betriebsspannung:	$U_1 = U - U_{23} = 48\text{ V} - 26{,}85\text{ V} = 21{,}15\text{ V}$

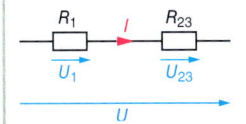

Gruppenschaltung
Die Zusammenfassung der Widerstände ist abgeschlossen, wenn nur noch ein Widerstand die Spannungsquelle belastet.

4.4.3 Gruppenschaltung

Gruppenschaltung ist die Kombination von Reihen- und Parallelschaltung. Nach deren Gesetzmäßigkeiten werden die Widerstände zu einem **Gesamtwiderstand** zusammengefasst.

- Parallelschaltung ist Bestandteil der Reihenschaltung: Ersatzwiderstand der Parallelschaltung errechnen → Gesamtwiderstand bestimmen (Bild 25).

- Reihenschaltung ist Bestandteil der Parallelschaltung: Gesamtwiderstand der Reihenschaltung ermitteln → Ersatzwiderstand der Parallelschaltung bestimmen (Bild 26).

$$R_{12} = \frac{R_1 \cdot R_2}{R_1 + R_2}$$

$$R_g = R_{12} + R_3$$

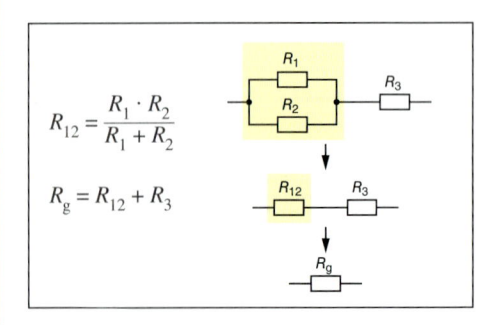

$$R_{23} = R_2 + R_3$$

$$R_g = \frac{R_1 \cdot R_{23}}{R_1 + R_{23}}$$

Bild 25 Gruppenschaltung

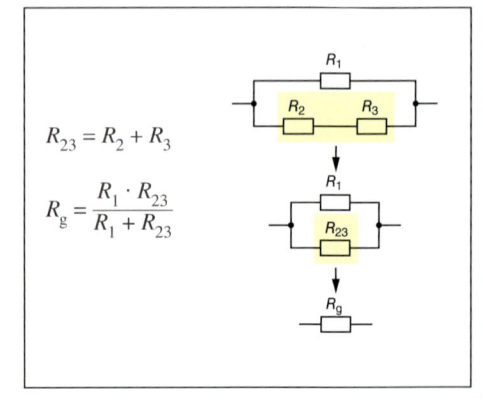

Bild 26 Gruppenschaltung

Prüfung

1. Berechnen Sie den Ersatzwiderstand.
   Wie groß sind die Ströme?
   Welche Spannung liegt an der Parallelschaltung?

   $R_1 = 50\ \Omega$, $R_2 = 100\ \Omega$, $R_3 = 60\ \Omega$, $U = 100\ V$

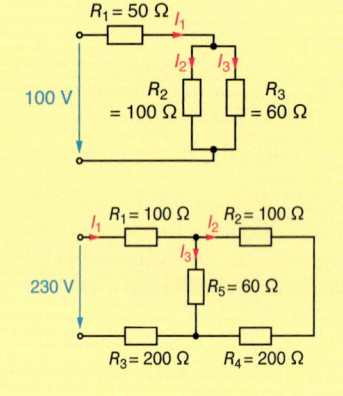

2. Berechnen Sie den Ersatzwiderstand.
   Bestimmen Sie die Ströme.
   Welche Spannung kann an R_4 gemessen werden?

   $R_1 = 100\ \Omega$, $R_2 = 100\ \Omega$, $R_3 = 200\ \Omega$, $R_4 = 200\ \Omega$, $R_5 = 60\ \Omega$, $U = 230\ V$

Aufgabenlösungen TB

@ Interessante Links
- christiani.berufskolleg.de

4.5 Energieumsatz im Stromkreis

Das Schütz QA1 hat die Aufgabe, Schaltkontakte zu schließen, geschlossen zu halten, um Antriebselemente (Motoren) von Transportand 1 einzuschalten und eingeschaltet zu halten.

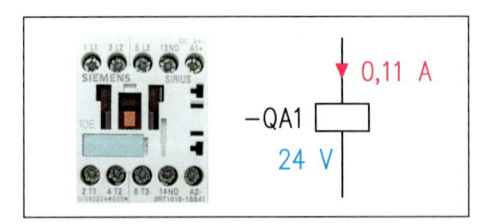

- ein starkes Magnetfeld aufzubauen, sodass die Schaltkontakte sicher geschlossen bleiben. Dies ist der Zweck des Betriebsmittels Schütz. Hierfür wird Nutzenergie aufgewendet.

- die unvermeidlichen Verluste zu decken. Schütz erwärmt sich im Betriebszustand. Wärme ist eine Energieform. Sie wird aus der elektrischen Energie umgewandelt. Unvermeidlich, da die Schützspule von Strom durchflossen wird. Wärmeerzeugung ist aber nicht der Zweck des Betriebsmittels Schütz. Der Techniker spricht dann von *Verlusten*. Die aufgewendete elektrische Energie muss *Nutzenergie* und *Verluste* decken. Natürlich ist man bestrebt, die Verluste so gering wie möglich, d. h. den *Wirkungsgrad* (die Nutzenergieausbeute) so groß wie möglich zu halten.

Bild 27 Schütz Transportband 1

Der Hersteller gibt die *Halteleistung* des Schützes mit ca. 3 W an. Diese Leistung wird benötigt um:

Gruppenschaltung, Energieumsatz im Stromkreis

4.5.1 Wärme

Erwärmung eines Körpers → intensivere *Wärmeschwingungen* des Kristallgitters durch Zuführung einer **Wärmemenge** Q.

Verschiedene Stoffe lassen sich wegen ihres unterschiedlichen atomaren Aufbaus *nicht gleich gut* erwärmen. Diese Eigenschaft wird durch die **spezifische Wärmekapazität** c berücksichtigt.

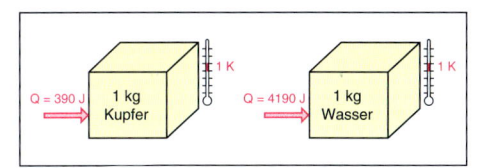

Bild 28 Erwärmung von Kupfer und Wasser

Die spezifische Wärmekapazität c gibt an, welche Wärmemenge aufzuwenden ist, um eine Masse von 1 kg dieses Stoffes um 1 K zu erwärmen.

Kupfer: $c = 390 \frac{J}{kg \cdot K}$

Wasser: $c = 4190 \frac{J}{kg \cdot K}$

Kupfer ist also besser zu erwärmen als Wasser.

Wärmemenge

$Q = m \cdot c \cdot \Delta\vartheta$

Q Wärmemenge in J
m Masse in kg
c spezifische Wärmekapazität in $\frac{J}{kg \cdot K}$
$\Delta\vartheta$ Temperaturdifferenz in K

Kupferspule eines Schützes:
Masse 325 g,
Temperaturerhöhung 20 K.
Welche Wärmemenge ist gespeichert?

$Q = m \cdot c \cdot \Delta\vartheta$

$Q = 0{,}325 \text{ kg} \cdot 390 \frac{J}{kg \cdot K} \cdot 20 \text{ K}$

$Q = 2535 \text{ J}$

4.5.2 Arbeit

Die Masse mit der Gewichtskraft $F_G = 1$ N wird um $s = 1$ m angehoben. Dabei wird die **mechanische Arbeit** $W = F \cdot s$ verrichtet.

Die Arbeit ist in der angehobenen Masse gespeichert (potenzielle Energie).

Beim Absinken der Last wird die potenzielle Energie in Bewegungsenergie (kinetische Energie) umgewandelt.

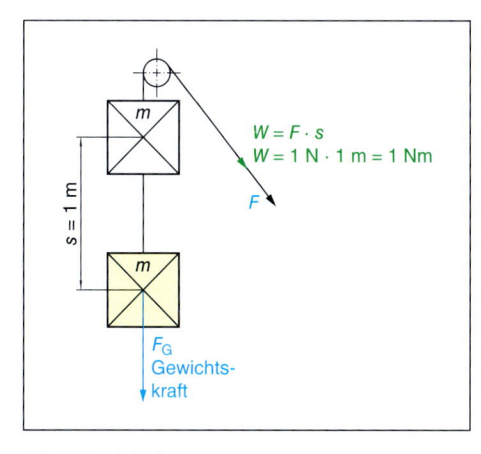

$W = F \cdot s$
$W = 1 \text{ N} \cdot 1 \text{ m} = 1 \text{ Nm}$

Bild 29 Arbeit

Arbeit

$W = F \cdot s = Q \cdot U$
$W = Q \cdot U$ → $W = U \cdot I \cdot t$
$Q = I \cdot t$

W elektrische Arbeit in Ws
U Spannung in V
I Stromstärke in A
t Zeit in s

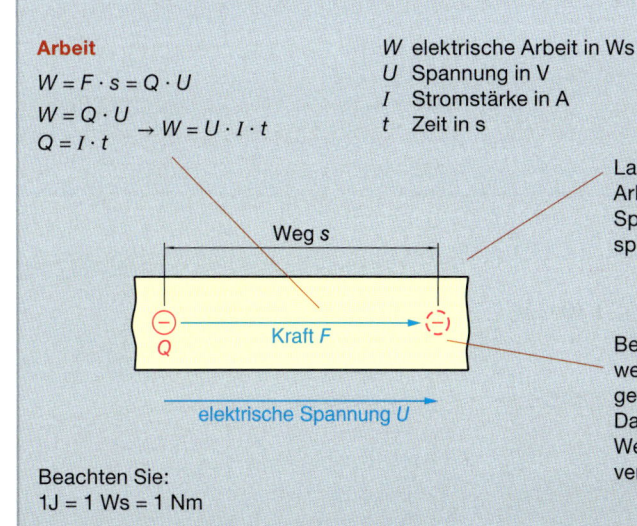

Ladungstrennung = gespeicherte Arbeit = Energie
Spannungsquellen sind Energiespeicher.

Bei der Spannungserzeugung werden elektrische Ladungen getrennt. Dabei legt die Ladung Q den Weg s zurück. Es wird Arbeit verrichtet.

Beachten Sie:
1 J = 1 Ws = 1 Nm

- **Wärmekapazität**
  verschiedener Stoffe

- **1 J = 1 Nm = 1 Ws**

- **Nm**
  Newtonmeter, Einheit der Arbeit

- **N**
  Newton, Einheit der Kraft
  $1 \text{ N} = 1 \frac{kg \cdot m}{s^2}$

- **Wärmeschwingungen**
  Bei 0 K = –273 °C kommt es noch zu keinen Wärmeschwingungen.

🇬🇧

Energie
energy, power

Energieumwandlung
energy conversion

Arbeit
work

Leistung
power, wattage

Leistungsmessung
power measurement

Leistungsmesser
power meter, wattmeter

Zähler
meter

Zählerkonstante
meter constant

Wärme
heat

- **Ws**
  Wattsekunde, Einheit der elektrischen Arbeit
  1 Wh = 3600 Ws
  1 kWh = 3,6 · 10⁶ Ws

Energie

ist das Vermögen, Arbeit zu verrichten.

Energie kann weder erzeugt werden, noch verloren gehen. Sie kann nur von einer Energieform in eine andere Energieform umgewandelt werden.

Wenn der Techniker von „Verlusten" spricht, meint er die Umwandlung in eine Energieform, die nicht unmittelbar seinen Zwecken dient.

Zähler

Messung der elektrischen Arbeit

1. Indirekte Messung
- Spannung U messen
- Stromstärke I messen
- Zeitdauer des Stromflusses messen (t)
- Rechnen: $W = U \cdot I \cdot t$

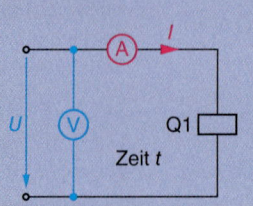

Beispiel:

Messwerte: U = 24 V; I = 0,11 A; Zeit 750 h

Elektrische Arbeit:

$W = U \cdot I \cdot t$ = 24 V · 0,11 A · 750 h
= 1980 Wh = 1,98 kWh

2. Direkte Messung

Messung der elektrischen Arbeit mit dem Elektrizitätszähler.

Spannungspfad: Spannungsspule zur Spannungsmessung

Strompfad: Stromspule zur Strommessung

Magnetische Wirkungen der Spulen versetzen die Zählerscheibe in Drehbewegung.
Je größer die elektrische Arbeit, umso höher die Drehzahl.

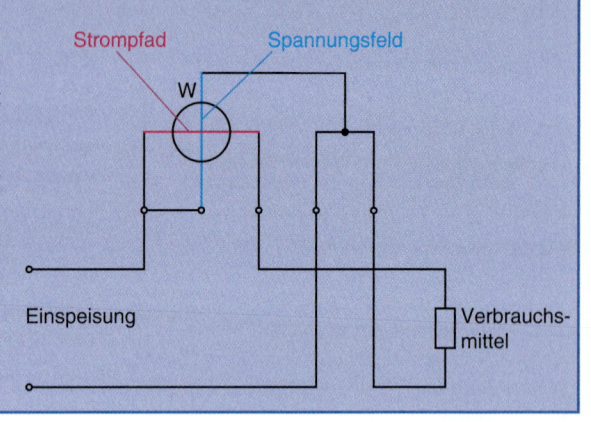

Messung der elektrischen Leistung

1. Indirekte Messung
- Spannung U messen
- Stromstärke I messen
- Leistung berechnen ($P = U \cdot I$)

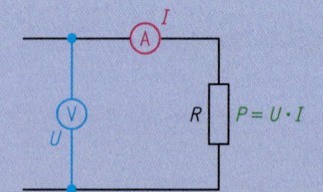

2. Direkte Messung

Messung mithilfe eines Leistungsmessers. Hier erfolgt eine automatische Produktbildung der Spannungsmessung (Spannungspfad) und Strommessung (Strompfad)).

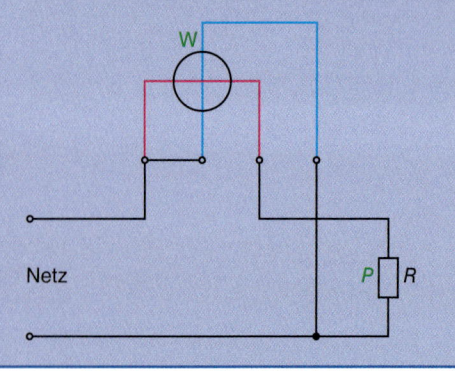

Watt (W)

Einheit der elektrischen Leistung

$1\ W = 1\ V \cdot 1\ A$

Megawatt
$1\ MW = 10^6\ W$

Gigawatt
$1\ GW = 10^9\ W$

Milliwatt
$1\ mW = 10^{-3}\ W$

Mikrowatt
$1\ \mu W = 10^{-6}\ W$

4.5.3 Leistung

Leistung ist die Fähigkeit, Arbeit *in einer bestimmten Zeit* zu verrichten.

$$\text{Leistung} = \frac{\text{Arbeit}}{\text{Zeit}} \qquad P = \frac{W}{t}$$

P Elektrische Leistung in W
W Elektrische Arbeit in Ws
t Zeitdauer in s

Elektrische Arbeit

$W = U \cdot I \cdot t$

Elektrische Leistung

$$P = \frac{W}{t} = \frac{U \cdot I \cdot t}{t}$$

$P = U \cdot I$

P Elektrische Leistung in W
U Elektrische Spannung in V
I Stromstärke in A

Energieumsatz im Stromkreis

4.5.4 Wirkungsgrad

Der **Wirkungsgrad** ist ein Maß für die *Wirtschaftlichkeit* der Energieumwandlung. Er ist das Verhältnis der durch den Energieumwandlungsprozess „gewonnenen" *Nutzenergie* zur zugeführten elektrischen Energie.

$$\text{Wirkungsgrad} = \frac{\text{abgegebene Energie/Leistung}}{\text{zugeführte Energie/Leistung}}$$

$$\eta = \frac{W_{ab}}{W_{zu}} \cdot 100\,\% = \frac{P_{ab}}{P_{zu}} \cdot 100\,\%$$

η Wirkungsgrad (in %)
W_{ab}, P_{ab} abgegebene Energie/Leistung in Ws/W
W_{zu}, P_{zu} zugeführte Energie/Leistung in Ws/W

Anwendung des ohmschen Gesetzes

$$P = U \cdot I \qquad I = \frac{U}{R}$$

$$P = \frac{U^2}{R}$$

Die elektrische Leistung nimmt quadratisch mit der Spannung zu.

$$P = U \cdot I \qquad U = I \cdot R$$
$$P = I^2 \cdot R$$

Die elektrische Leistung nimmt quadratisch mit der Stromstärke zu.

Bezogen auf die elektrische Arbeit:

$$W = U \cdot I \cdot t$$
$$W = I^2 \cdot R \cdot t$$
$$W = \frac{U^2}{R} \cdot t$$

■ **Ohmsches Gesetz**
→ 91

■ η
Eta, griechischer Kleinbuchstabe

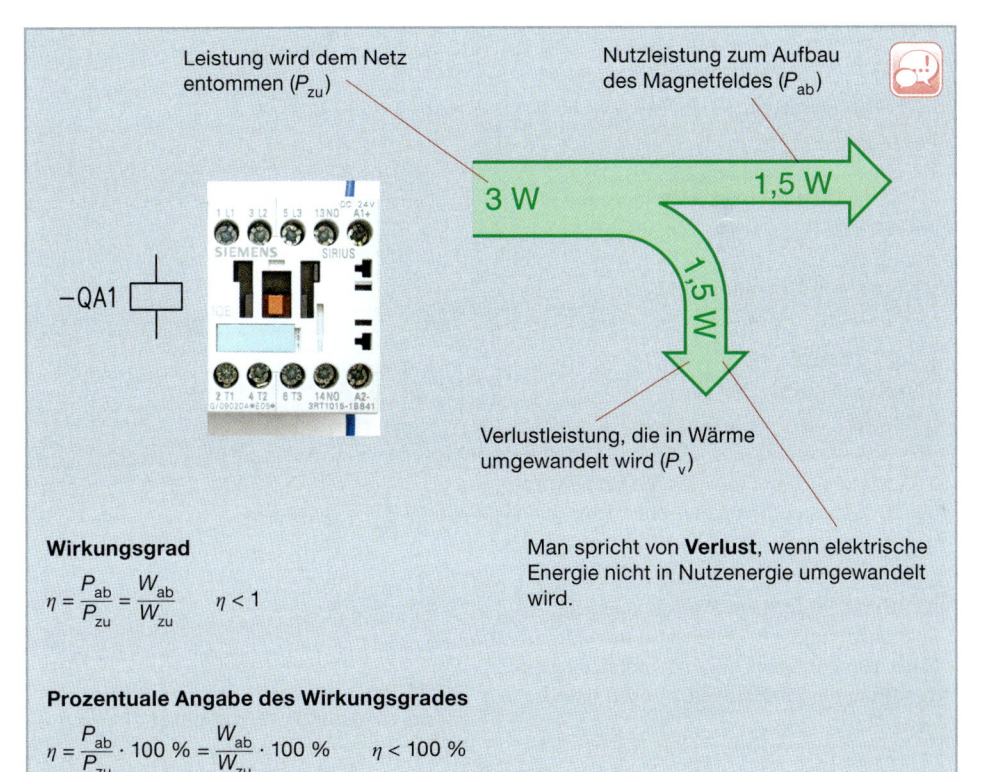

🇬🇧

Arbeit
work

Energie
energy, power

Wärme
heat

Wirkungsgrad
efficiency (factor)

Leistung
power, wattage

Leistungsmessung
power measurement

Leistungsmesser
power meter, wattmeter

Nennleistung
rated power, nominal power, wattage rating

Zähler
meter, integrating meter

Zählerkonstante
meter constant

Leistung wird dem Netz entnommen (P_{zu}): 3 W

Nutzleistung zum Aufbau des Magnetfeldes (P_{ab}): 1,5 W

Verlustleistung, die in Wärme umgewandelt wird (P_v): 1,5 W

Man spricht von **Verlust**, wenn elektrische Energie nicht in Nutzenergie umgewandelt wird.

Wirkungsgrad

$$\eta = \frac{P_{ab}}{P_{zu}} = \frac{W_{ab}}{W_{zu}} \qquad \eta < 1$$

Prozentuale Angabe des Wirkungsgrades

$$\eta = \frac{P_{ab}}{P_{zu}} \cdot 100\,\% = \frac{W_{ab}}{W_{zu}} \cdot 100\,\% \qquad \eta < 100\,\%$$

Wenn z. B. $P_{zu} = 3\,\text{W}$ und $P_{ab} = 1,5\,\text{W}$, dann beträgt der **Wirkungsgrad**

$$\eta = \frac{P_{ab}}{P_{zu}} = \frac{1,5\,\text{W}}{3\,\text{W}} = 0,5 \text{ bzw.}$$

$$\eta = \frac{P_{ab}}{P_{zu}} \cdot 100\,\% = \frac{1,5\,\text{W}}{3\,\text{W}} \cdot 100\,\% = 50\,\%$$

Die Angaben $\eta = 0,5$ bzw. $\eta = 50\,\%$ sind gleichwertig.

Wenn mehrere technische Systeme hintereinandergeschaltet sind (z. B. Motor → Getriebe), dann ist der **Gesamtwirkungsgrad** η_{ges} gleich dem Produkt der Wirkungsgrade der Teilsysteme.

$$\eta_{ges} = \eta_1 \cdot \eta_2 \cdot \eta_3$$

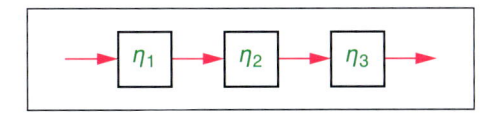

Bild 30   Gesamtwirkungsgrad

Elektrotechnik

Ohmsches Gesetz
→ 91

z. B.

1. Die Beleuchtungsanlage einer Halle hat eine Leistung von $P = 12$ kW.
Sie wird an $U = 230$ V betrieben.
Welche Energiekosten entstehen täglich (Einschaltzeit 10 Stunden), wenn ein Preis von 0,18 Euro/kWh angenommen wird.

Ermittlung der elektrischen Arbeit:

$$P = \frac{W}{t} \rightarrow W = P \cdot t$$

$$W = 12 \text{ kW} \cdot 10 \text{ h} = 120 \text{ kWh}$$

Berechnung des Verbrauchsentgeltes in Euro:

$$VE = VP \cdot W$$

$$VE = 0{,}18 \frac{\text{Euro}}{\text{kWh}} \cdot 120 \text{ kWh} = 21{,}60 \text{ Euro}$$

2. Eine Meldelampe nimmt an $U = 24$ V den Strom $I = 83$ mA auf.
Wie groß ist die Leistung der Glühlampe?

Elektrische Leistung ist das Produkt von Spannung und Stromstärke.

$$P = U \cdot I$$

$$P = 24 \text{ V} \cdot 0{,}083 \text{ A} = 2 \text{ W}$$

3. Welche Leistung wird im Widerstand R umgesetzt?

(2 A, $R = 160$ Ω, $P = ?$)

$P = U \cdot I \qquad U = I \cdot R$

$I \cdot R$ für U einsetzen.

$P = I \cdot R \cdot I = I^2 \cdot R$

$$P = I^2 \cdot R$$
$$R = (2 \text{ A})^2 \cdot 160 \text{ Ω} = 640 \text{ W}$$

4. Welche Leistung wird im Widerstand R umgesetzt?

($R = 40$ Ω, 100 V, $P = ?$)

$P = U \cdot I \qquad I = \frac{U}{R}$

$\frac{U}{R}$ für I einsetzen.

$P = U \cdot \frac{U}{R} = \frac{U^2}{R}$

$$P = \frac{U^2}{R}$$

$$P = \frac{(100 \text{ V})^2}{40 \text{ Ω}} = 250 \text{ W}$$

5. Die Spannung an einem Widerstand R wird um 20 % kleiner (Spannungseinbruch).
Welchen Einfluss hat das auf die Leistung?

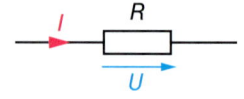

Annahme: Widerstand R bleibt konstant.
Spannung sinkt um 20 %, also auf $0{,}8 \cdot U$.
Nach dem ohmschen Gesetz wird dann auch der Strom um 20 % sinken, also auf $0{,}8 \cdot I$.

$P' = 0{,}8 \cdot U \cdot 0{,}8 \cdot I$
$P' = 0{,}64 \cdot U \cdot I$
$P' = 0{,}64 \cdot P$

Leistung sinkt auf 64 % bzw. um 36 %.

Aufgabenlösungen
TB

@ Interessante Links
- christiani.berufskolleg.de

Ah
Amperestunde
1 A · 1 h

Prüfung

1. Ein Akkumulator ist wie folgt beschriftet: 12 V, 36 Ah.
Welche Energie ist im Akkumulator gespeichert?

2. Ein Widerstand von 4,7 kΩ liegt an der Spannung 2,1 V.
Bestimmen Sie die elektrische Arbeit, wenn der Widerstand 9,5 Stunden eingeschaltet ist.

3. Kohleschichtwiderstand: 47 kΩ, 1 W.
Welche Spannung darf maximal an diesem Widerstand anliegen?

4. Die Spannung an einem Widerstand wird halbiert.
Welchen Einfluss hat das auf die elektrische Leistung?

4.6 Schutzmaßnahmen

Unsachgemäße Anwendung der elektrischen Energie sowie die Verwendung defekter elektrischer Geräte kann **erhebliche Gefahren** mit sich bringen.

Durch Beachtung von Schutzmaßnahmen lassen sich die Gefahrenrisiken erheblich reduzieren bzw. minimieren.

Gefahren des elektrischen Stromes

- **Wärmewirkung**
  Brandgefahr durch überlastete Leitungen, überhitzte Verbrauchsmittel, mangelhafte Leitungsverbindungen, Kurzschlussströme usw.
  Verletzungen durch Wärmewirkung besonders an den Ein- und Austrittsstellen des Stromes am menschlichen Körper.

- **Lichtwirkung**
  Lichtbögen bei Unterbrechung von Stromkreisen usw. können Augen und andere Körperteile verletzen.

- **Physiologische Wirkung**
  Muskelverkrampfungen, Atemlähmung, Steigerung des Blutdrucks, Herzkammerflimmern usw.

- **Chemische Wirkung**
  Der Körper des Menschen besteht zu zwei Drittel aus Wasser. Strom kann die Zellflüssigkeit des Köpers zersetzen, was zum Absterben der Zellen führt.

Körperimpedanz

Der **menschliche Körper** leitet den elektrischen Strom. Die Stromstärke des **Körperstromes** hängt ab von

- der am Körper anliegenden **Spannung** (Berührungsspannung)
- der **Impedanz**, dem Widerstand des menschlichen Körpers

Die Körperimpedanz hängt ab

- vom Weg des Stromes durch den Körper
- von der Berührungsspannung
- von der Dauer des Stromflusses
- von der Frequenz
- von der Hautfeuchte
- von der Berührungsfläche
- vom Druck auf die Kontaktfläche

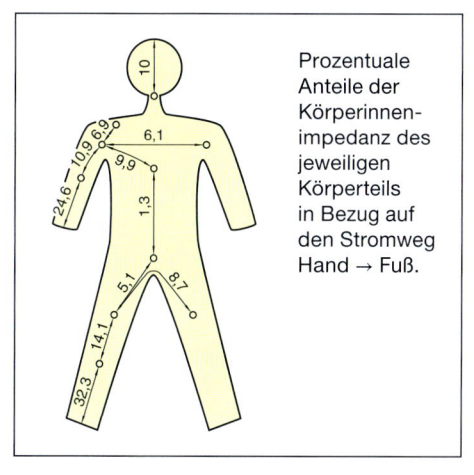

Prozentuale Anteile der Körperinnenimpedanz des jeweiligen Körperteils in Bezug auf den Stromweg Hand → Fuß.

Bild 31 Körperimpedanz des Menschen

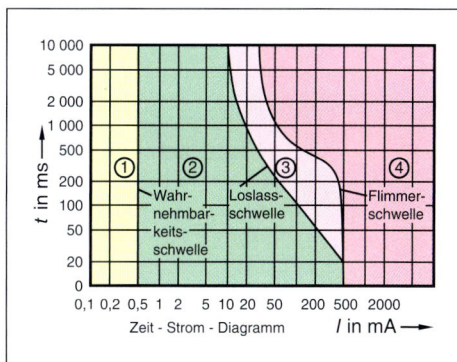

Stromweg: Linke Hand zu beiden Füßen
(erwachsene Personen)
① Keine Reaktion
② Keine physiologisch gefährliche Wirkung
③ Bei $t < 10$ s oberhalb der Loslassschwelle treten Muskelverkrampfungen auf
④ Herzkammerflimmern, Herzstillstand

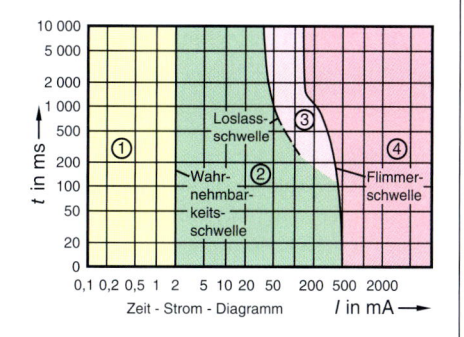

Stromweg: Linke Hand zu beiden Füßen
(erwachsene Personen)
① Keine Reaktion
② Keine physiologisch gefährliche Wirkung
③ Störungen durch Impulse im Herzen
④ Herzkammerflimmern, Verbrennungen

Bild 32 Wirkung des elektrischen Stromes auf den menschlichen Körper

Körper
body

Körperschluss
body contact

Elektrischer Schlag
electric shock

Schutz gegen elektrischen Schlag
protection against electric shock

Betätigung durch
Drücken

Ziehen

Drehen

Kippen

Allgemein

Im Allgemeinen werden die elektrischen Betriebsmittel im *unbetätigten* Zustand dargestellt.

Wenn von dieser Regel abgewichen wird, dann ist dies besonders zu kennzeichnen (Doppelpfeil).

Betätigter Schließer
(hier Schalter)

Aktive Teile
Teile, die betriebsmäßig unter Spannung stehen oder stehen können.

Körper
Berührbare, leitfähige Teile eines Betriebsmittels, die nicht zum Betriebsstromkreis gehören und Spannung im Fehlerfall annehmen können.

Fremde leitfähige Teile
Berührbare, leitfähige Teile, die nicht zur elektrischen Anlage gehören.

Fehlerstrom
Strom, der durch einen Isolationsfehler zum Fließen kommt.

Körperstrom
Strom, der bei einem elektrischen Schlag durch einen menschlichen oder tierischen Körper fließt.

Die Körperimpedanz wird überwiegend als **ohmsch** angenommen. Wirkt überwiegend wie ein ohmscher Widerstand.

Höchstzulässige Berührungsspannung U_L

- Wechselspannung (AC):   50 V
- Gleichspannung (DC):   120 V

Gründe für den höheren **Gleichspannungswert**:

- Bei einer Frequenz von 50 Hz kann es bereits zu *Herzkammerflimmern* kommen. Diese Gefährdung gibt es bei Gleichspannung nicht.
- Die Sperrwirkung der Kapazitäten menschlicher Haut wirkt bei Gleichspannung strombegrenzend.

Wirkung des elektrischen Stromes auf den menschlichen Körper

Die **Gefährdung** durch den elektrischen Strom nimmt mit steigender **Stromstärke** und längerer **Einwirkzeit** zu. Eine Stromstärke von 50 mA kann bereits zum Tod führen, wenn der Strom über das Herz fließt (Bild 32, Seite 105).

Der **Körperwiderstand** wird mit 1000 Ω angenommen.

Stromschlag

Wirkungen des Stromschlags:

- Verkohlung von Körperteilen durch Lichtbögen. Starke Verbrennungen haben tödliche Folgen.
- Verbrennungen an den Ein- und Austrittsstellen des Stromes (Strommarken).
- Zersetzung des Blutes mit der Folge schwerer Vergiftungen. Können auch noch nach Tagen auftreten.

Vorsicht!
Es ist ratsam nach einem Stromschlag auch dann einen Arzt aufzusuchen, wenn keine unmittelbaren Schädigungen erkennbar sind.

Fehlerarten

- **Kurzschluss**
  Elektrisch leitende Verbindung zwischen betriebsmäßig unter Spannung stehenden Teilen. Kein **Nutzwiderstand** im Stromkreis.

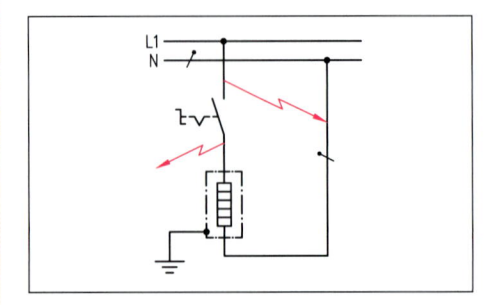

Bild 33 Kurzschluss

- **Erdschluss**
  Elektrisch leitende Verbindungen eines Außenleiters oder eines betriebsmäßig isolierten Neutralleiters mit Erde oder mit geerdeten Teilen.

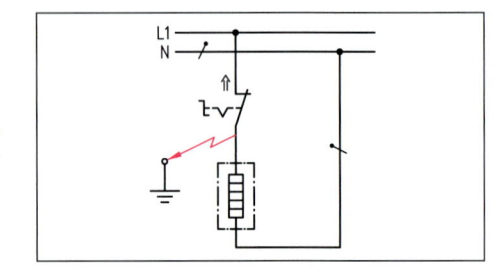

Bild 34 Erdschluss

- **Körperschluss**
  Elektrisch leitende Verbindung zwischen nicht zum Betriebsstromkreis gehörenden leitfähigen Teilen (z. B. Gehäuse) und betriebsmäßig unter Spannung stehenden Teilen.

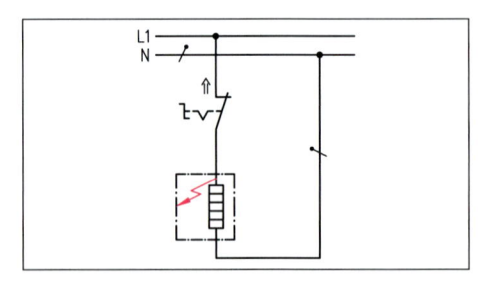

Bild 35 Körperschluss

- **Leiterschluss**
  Fehlerhafte Verbindung zwischen Leitern. Dabei liegt noch ein **Nutzwiderstand** im Fehlerstromkreis.

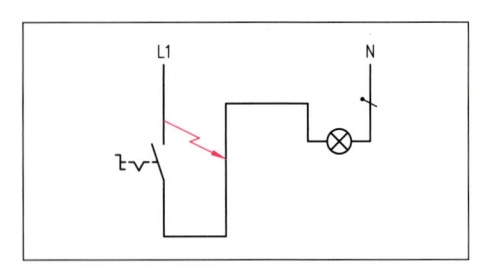

Bild 36 Leiterschluss

4.6.1 Fehlerstromkreis

Im Motor tritt ein **Körperschluss** auf. Das Gehäuse nimmt Spannung gegen Erde an. Es ist die **Fehlerspannung** U_F.

Wenn ein Mensch das Motorgehäuse berührt entsteht ein **Fehlerstromkreis**.

Fehlerarten, Fehlerstromkreis, Sicherheitsregeln

Der **Fehlerstrom** I_F fließt über den menschlichen Körper.

Die dabei *am menschlichen Körper* anliegende Spannung ist die **Berührungsspannung** U_B.

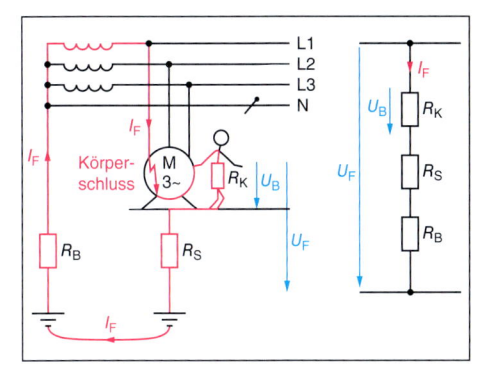

Bild 37 Fehlerstromkreis

Die **Berührungsspannung** U_B ist der Teil der Fehlerspannung U_F, die am menschlichen Körper anliegt.

Annahme:
Gesamtwiderstand des Fehlerstromkreises: 1180 Ω, Spannung gegen Erde U_0 = 230 V.

Dann fließt ein gefährlicher **Fehlerstrom** von

$$I_F = \frac{U_0}{R} = \frac{230\text{ V}}{1180\text{ Ω}} = \textbf{195 mA} \text{ (Lebensgefahr!)}$$

Unter der Annahme, dass der menschliche Körperwiderstand R_K den mit Abstand größten Widerstandsanteil im Fehlerstromkreis darstellt, wird die **zulässige Berührungsspannung** von 50 V deutlich überschritten.

Der **Körper** des Betriebsmittels wird mit Erde verbunden (Bild 38).
Ein Fehlerstrom fließt bereits, ohne dass ein Mensch den Körper des Motors berührt.

Der Fehlerstrom fließt über „Kupfer". Der Widerstand des Fehlerstromkreises ist somit gering.

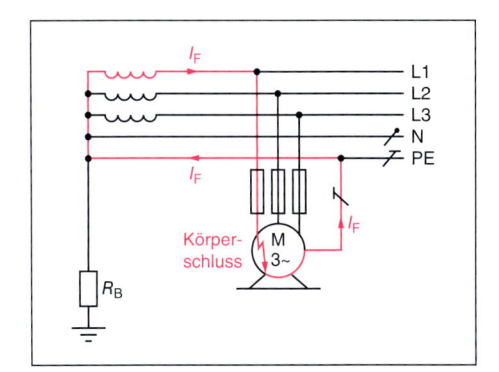

Bild 38 Fehlerstromkreis über Schutzleiter

Annahme:
Widerstand des Fehlerstromkreises: R_F = 1,5 Ω, Spannung gegen Erde U_0 = 230 V.

Fehlerstrom

$$I_F = \frac{U_0}{R_F} = \frac{230\text{ V}}{1,5\text{ Ω}} = 153\text{ A}$$

Der Strom kann ausreichen, um das vorgeschaltete *Überstrom-Schutzorgan* ansprechen zu lassen. Dann wird das defekte Betriebsmittel vom Netz getrennt.

Eine 10-A-Schmelzsicherung würde bei einem Strom von 153 A in einer Zeit unterhalb von 0,2 s abschalten.

Nur während dieser Zeit kann eine *gefährlich hohe Berührungsspannung* auftreten.

Schutzleiteranschlüsse sind mit größter Sorgfalt durchzuführen!

Die Einhaltung der einschlägigen **Bestimmungen** und **Vorschriften** (VDE, UVV, DIN) ermöglichen für den Anwender der elektrischen Energie einen hohen **Sicherheitsstandard**.

Für die **Errichtung** und die **Instandsetzung** elektrischer Anlagen gilt aber ein erheblich höheres Risiko. Für diese Tätigkeiten ist eine **besondere Qualifikation** notwendig.

- **Elektrofachkraft**
  Fachliche Ausbildung, Kenntnisse und Erfahrungen sind wichtig. Die Kenntnis und Beachtung der Normen setzt sie in die Lage, aufgeführte Arbeiten zu beurteilen und Gefahren zu erkennen.

- **Unterwiesene Personen**
  Können einen konkreten Arbeitsbereich ausführen. Wurden von einer Elektrofachkraft über fachliche Aufgaben, Gefahren und notwendige Schutzmaßnahmen unterwiesen.

4.6.2 Die fünf Sicherheitsregeln

1. Freischalten

Verbrauchsmittel und Anlagenteile, an denen gearbeitet werden soll, müssen zuvor **allpolig** vom Energieversorgungsnetz getrennt werden.

Dabei werden sämtliche *nicht geerdete* Leiter unterbrochen.

- Schalter
- Überstrom-Schutzorgan
- Steckvorrichtungen

Sinnvoll ist ein **Hinweisschild** mit Angaben über Dauer und Zuständigkeit der Freischaltung.

Fehlerspannung
fault voltage

Berührungsspannung
contact voltage, touch voltage

Fehlerstrom
fault current

■ **Berührungsspannung**
ist die Spannung, die zwischen gleichzeitig berührbaren Teilen durch Isolationsfehler auftreten kann.

■ **Schmelzsicherung**

■ **Leitungsschutz-schalter**

■ **Außenleiter**
L1 ———
L2 ———
L3 ———

■ **Neutralleiter (N-Leiter)**
N —/—

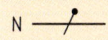

■ **Schutzleiter**
PE —/—

■ **Leiter eines Gleichstromsystems**
L+ ———
L− ———

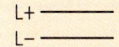

Bild 39 Freischalten

Freischalten, zum Beispiel durch Ausschalten des Hauptschalters.

2. Gegen Wiedereinschalten sichern

Während der Zeitdauer der Arbeiten muss ein Wiedereinschalten verhindert werden.

- Sichere Aufbewahrung der entfernten Sicherungen
- Vorhängeschloss bei Schaltern
- Unterwiesene Person am Freischaltort belassen

Verbotsschild gegen Wiedereinschalten anbringen.

Gegen Wiedereinschalten sichern durch einhängbares Vorhängeschloss.

Bild 40 Gegen Wiedereinschalten sichern

3. Spannungsfreiheit feststellen

Eine *Elektrofachkraft* oder *unterwiesene Person* stellt am Arbeitsort die allpolige Spannungsfreiheit fest (zweipoliger Spannungsprüfer).

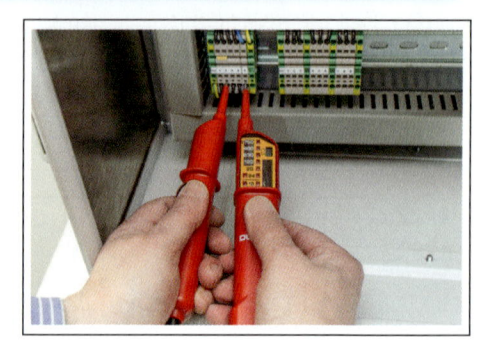

Bild 41 Spannungsfreiheit feststellen

4. Erden und kurzschließen

Zuerst erden, dann kurzschließen!

Einrichtungen zunächst mit der Erdungsanlage oder einem Erder und danach mit den Anlagenteilen verbinden.

Verbindung in Sichtweite der Arbeitsstelle.

Bei Anlagen mit Bemessungsspannungen bis 1000 V darf auf das Erden und Kurzschließen verzichtet werden.

5. Benachbarte, unter Spannung stehende Teile abdecken/abschranken

Zwecks Vermeidung der Berührung von unter Spannung stehenden Teilen.

Geeignet sind Gummimatten, Kunststoffmatten, geschlitzte Gummischläuche und Formstücke.

Schutzklassen

Elektrische Betriebsmittel müssen eine Schutzklasse haben, die durch ein genormtes Symbol gekennzeichnet wird.

Schutzklasse I Schutzmaßnahmen mit Schutzleiter	Bei Betriebsmitteln mit elektrisch leitfähigen Gehäusen	⏚
Schutzklasse II Schutz durch verstärkte oder doppelte Isolierung	Bei Betriebsmitteln mit Kunststoffgehäusen	⬜
Schutzklasse III Schutzkleinspannung	Betriebsmittel mit Bemessungsspannungen bis 50 V AC bzw. 120 V DC	⟨III⟩

■ **Vorsicht!**
Spannungsfreiheit nicht mit dem Multimeter, sondern mit dem zweipoligen Spannungsprüfer feststellen.

■ **Schutzklasse II**
ist in der Praxis unter dem Begriff Schutzisolierung bekannt.

🇬🇧
Schutzklasse
class of protection

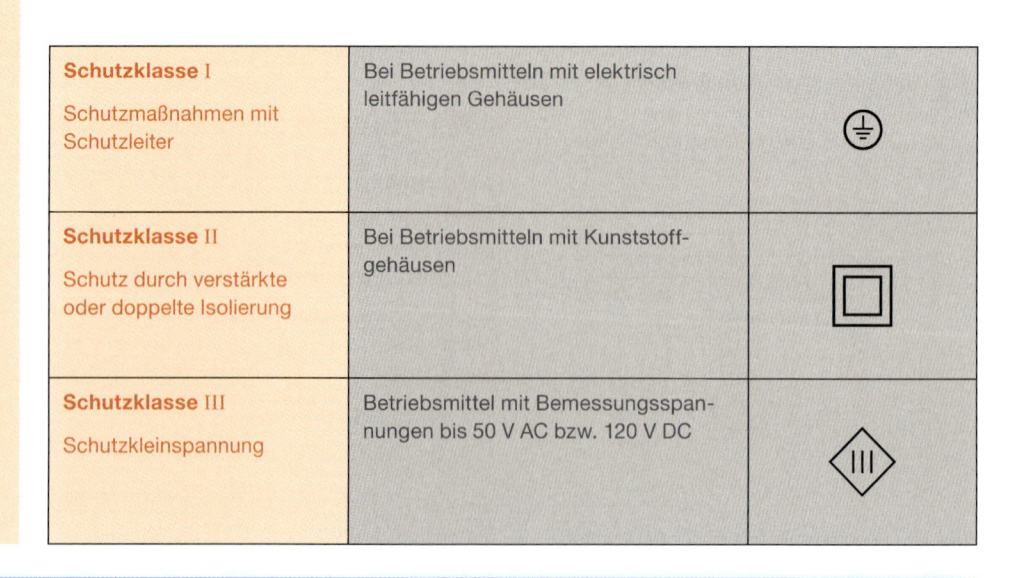

Sicherheitsregeln, Schutzmaßnahmen

4.6.3 Schutz gegen elektrischen Schlag

Basisschutz:
Schutz gegen elektrischen Schlag unter normalen Bedingungen

Die Berührung spannungsführender Teile wird verhindert.
- Isolierung
- Abdeckung
- Hindernisse

Schutz sowohl gegen direktes Berühren als auch bei indirektem Berühren
Ein elektrischer Schlag ist nicht möglich.
- SELV (Safety Extra Low Voltage)
- PELV (Protective Extra Low Voltage)

Fehlerschutz:
Schutz bei indirektem Berühren, Schutz gegen elektrischen Schlag unter Fehlerbedingungen

Gefährlich hohe Berührungsspannungen können nicht entstehen.
- Schutzisolierung
- Schutztrennung
- Potenzialausgleich, Erdung
- nicht leitende Räume

Fehlerschutz:
Schutz gegen elektrischen Schlag unter Fehlerbedingungen

Eine gefährlich hohe Berührungsspannung kann nicht bestehen bleiben.
- Abschaltung im TN-System
- Abschaltung im TT-System
- Abschaltung im IT-System

Basisschutz

Schutz gegen elektrischen Schlag unter normalen Bedingungen, Schutz gegen direktes Berühren. Notwendig bei Bemessungsspannungen über 25 V AC bzw. 60 V DC.

Bei *elektromotorisch angetriebenen* Werkzeugen und Verbrauchsmitteln ist auch unterhalb der angegebenen Spannungen ein Basisschutz notwendig.

- **Isolierung aktiver Teile**

Vollständiger Basisschutz durch Isolation aktiver Teile mit einer **Basis-** und **Betriebsisolierung**. Die Isolation darf nur durch Zerstörung entfernt werden können.

- **Abdeckung und Umhüllung**

Sichere und feste Abdeckung aktiver Teile durch **Isoliermaterialien**.
Abdeckungen dürfen nur von **Elektrofachkräften** mithilfe von **Werkzeugen** entfernt werden.

Schutzart mindestens IP2X, bei waagerecht angeordneten Abdeckungen mindestens IP4X.

- **Hindernisse**

Geländer, Schutzgitter oder Schutzleisten verhindern, dass sich Menschen *zufällig* aktiven Teilen nähern können. Nur ein **teilweiser** Schutz gegen direktes Berühren.
Durch die Hindernisse muss gewährleistet sein, dass bei reflexartigen Handlungen während der Arbeit kein aktives Teil berührt werden kann.

- **Fingersicherheit**

Fingersicherheit ist gegeben, wenn aktive Teile mit dem **Prüffinger** nach DIN VDE 0106, Teil 100 nicht berührt werden können.

Abmessungen des Prüffingers:
Länge 80 mm, Durchmesser 12 mm, Länge der Spitze 20 mm, Winkel der Spitze 36°.
Druck auf Prüffinger beim Test: $F = 10$ N

- **Abstand**

Wenn der Mensch keine **Potenzialdifferenz** überbrücken kann, dann kann kein *Körperstrom* fließen.
Schutz durch Abstand beruht darauf, dass der Mensch nur mit **einem** Potenzial in Berührung kommen kann.
Voraussetzung: Im **Handbereich** dürfen sich keine berührbaren Anlageteile mit *unterschiedlichem Potenzial* befinden.

Handbereich

Reichweite eines Menschen von der **Standfläche** aus gemessen. Nach *oben* mindestens 2,5 m, *seitlich* und nach unten mindestens 1,25 m.

4.6.4 Schutz durch Kleinspannung

Bemessungsspannungen: ≤ 50 AC, ≤ 120 V DC

SELV- und **PELV**-Stromkreise unterscheiden sich in der **Erdverbindung**.

- **SELV:** *Keine* sekundärseitige Verbindung mit Erde oder mit anderen Spannungssystemen.

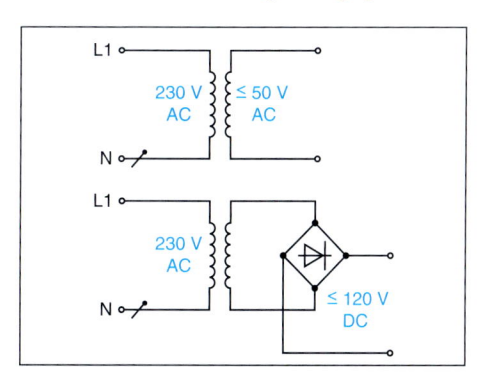

Bild 42 SELV-Spannungen

■ **Elektrischer Schlag**
Wirkung des elektrischen Stromes auf Menschen und Tiere; die gestörte Funktion von Organen und Organsystemen während der Durchströmung ihrer Körper.

🇬🇧

Basisschutz
basic protection

Fehlerschutz
fault protection

Zusatzschutz
additional protection

Schutzisolierung
protective insulation

Schutztrennung
protective separation

Schutz durch Abschaltung
protection by cut-off

Schutzkleinspannung
safety extra low voltage

■ **Schutzarten**

■ **SELV**
Safety Extra Low Voltage

■ **PELV**
Protective Extra Low Voltage

Spannungsquellen für Kleinspannung

- Galvanische Elemente
- Sicherheitstransformatoren
- Elektronische Geräte zur Erzeugung von DC- bzw. AC-Spannungen
- Motorgeneratoren mit getrennten Wicklungen

- **PELV:** Sekundärseitige Erdverbindung

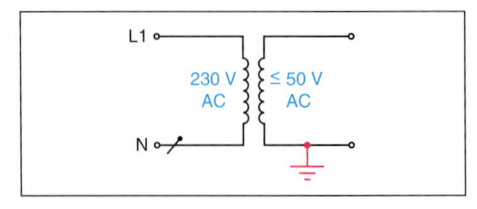

Bild 43 PELV, sekundärseitige Erdung

In **Kleinspannungsstromkreisen** kann auf einen *Schutz gegen direktes Berühren* verzichtet werden, wenn die **Bemessungsspannung** 25 V AC bzw. 60 V DC nicht übersteigt.

Ausnahme: *Erhöhte Gefährdung*, bei der geringere Spannungen vorgeschrieben sind:

- Spielzeug $U_N \leq 25$ V
- Geräte in Badewannen usw.: $U_N \leq 12$ V
- Medizinische Geräte (Strom führende Teile im Körper): $U_N \leq 6$ V

Steckvorrichtungen für Kleinspannung

- Steckvorrichtungen für Kleinspannung dürfen nicht mit Steckvorrichtungen anderer Stromkreise verwechselt werden können.
- Steckvorrichtungen für Kleinspannung dürfen keine Schutzkontakte haben.
- Zusätzlich zur Basisisolation müssen die Leiter gegeneinander isoliert sein.

Hinweis:

Wenn die Isolierung aller Leiter für die *höchste* Spannung bemessen ist, dann dürfen Leitungen *unterschiedlicher* Spannungen und Stromkreise *gemeinsam* verlegt werden. Zum Beispiel in einem Leitungskanal.

Bild 44 Betriebsmittel der Schutzklasse II

SELV	PELV
Wegen des **ungeerdeten** Betriebs können keine höheren Spannungen über den Schutzleiter in den SELV-Kreis übertragen werden.	Geerdeter Betrieb! Bis 6 V AC bzw. 15 V DC kann auf Schutz gegen direktes Berühren verzichtet werden, wenn sich die Betriebsmittel in einem Gehäuse befinden und gleichzeitig berührbare Körper und fremde leitfähige Teile mit dem gleichen Erdungssystem verbunden sind.
Sichere Trennung von Stromkreisen höherer Spannung ist unerlässlich.	
Keine Verbindung aktiver Teile mit Erdungsleitungen, Schutzleitern, Körpern einer anderen Anlage bzw. fremden leitfähigen Teilen von anderen Stromkreisen.	Unverwechselbare Steckvorrichtungen, auch gegenüber SELV-Systemen.
Unverwechselbare Steckvorrichtungen, auch gegenüber PELV-Systemen.	

4.6.5 Schutz durch verstärkte oder doppelte Isolierung

Vollisolierung	Gehäuse besteht aus Isolierstoff
Isolierauskleidung	Metallgehäuse innen mit Isolierstoff beschichtet
Isolierumkleidung	Metallgehäuse außen mit Isolierstoff beschichtet
Zwischenisolierung	Nach außen reichende Metallteile sind durch Isolierstücke unterbrochen

Hinweise:

- Farb- oder Lacküberzüge gelten nicht als Schutzisolierung.
- Wenn Leitungen und Kabel den VDE-Bestimmungen entsprechen, gelten sie als schutzisoliert. Sie tragen aber nicht das Zeichen der Schutzklasse II.
- Bei Reparaturen darf eine *dreiadrige* Anschlussleitung mit Schutzkontaktstecker verwendet werden. Der Schutzleiter wird im Stecker angeschlossen, im Gerät allerdings nicht.

Schutzmaßnahmen, Fehler in elektrischen Anlagen

- Betriebsmittel der Schutzklasse II können Metallklemmen mit dem Schutzleiterzeichen enthalten. Zum Beispiel zum Durchschleifen des Schutzleiters.
Die Klemmen müssen zu sämtlichen Metallteilen des Betriebsmittels isoliert sein.

- Bei Leitungseinführen in Betriebsmittel der Schutzklasse II sind *Kunststoffverschraubungen* oder *Würgenippel* zu verwenden.

■ **Vorsicht!**
Bei Leitungseinführungen in Betriebsmittel der Schutzklasse II dürfen keine Metallverschraubungen verwendet werden. Nur Kunststoffverschraubungen, eventuell Würgenippel.

■ **Schutz durch verstärkte oder doppelte Isolierung (Schutzisolierung)**

Kein Schutzleiteranschluss, Stecker hat keine leitenden Schutzkontaktstücke, passt aber in Schutzkontaktsteckdosen.

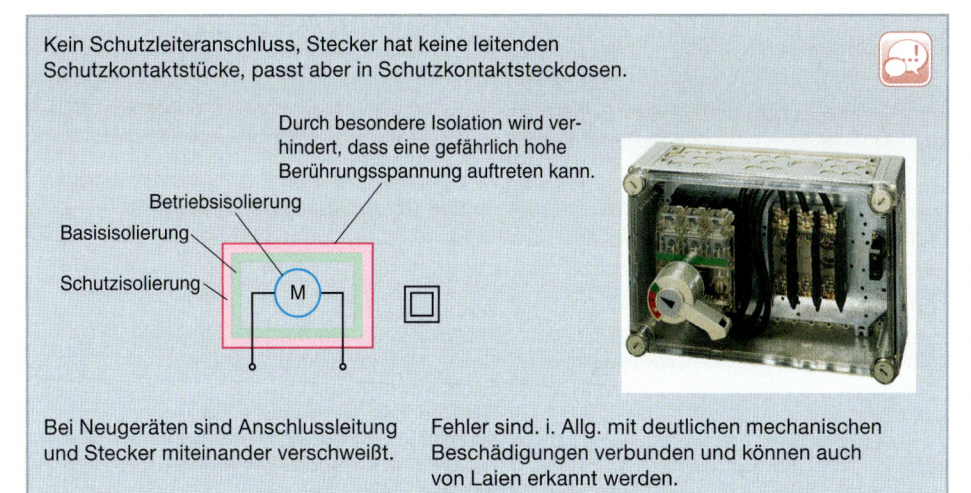

Durch besondere Isolation wird verhindert, dass eine gefährlich hohe Berührungsspannung auftreten kann.

Betriebsisolierung
Basisisolierung
Schutzisolierung

Bei Neugeräten sind Anschlussleitung und Stecker miteinander verschweißt.

Fehler sind. i. Allg. mit deutlichen mechanischen Beschädigungen verbunden und können auch von Laien erkannt werden.

4.7 Fehler in elektrischen Anlagen

Auch bei sachgerecht errichteten elektrischen Anlagen sind *Fehler* nicht auszuschließen. Beispiele für solche Fehler sind:

- **Kurzschluss**
- **Erdschluss**
- **Überlast**

Wesentlich ist, dass diese Fehler (deren Wirkungen) *beherrschbar* sind. Sie dürfen **keine Gefahren** für Menschen, Sachwerte und Nutztiere hervorrufen. Zu diesem Zweck wurden unterschiedliche *Schutzeinrichtungen* entwickelt, die bei Auftreten eines Fehlers in geeigneter Weise einwirken.

4.7.1 Kurzschluss

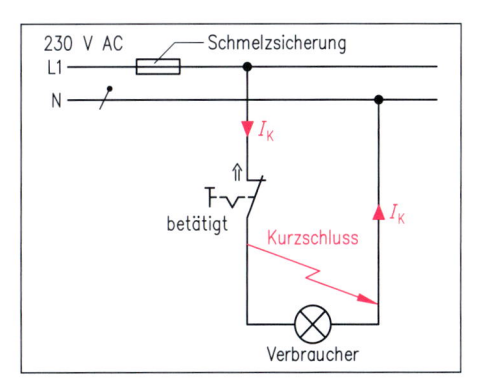

Bild 45 *Kurzschluss*

Der Verbraucher wird durch den *Kurzschluss* überbrückt. Der Verbraucherwiderstand liegt dann praktisch nicht mehr im Stromkreis und kann den Strom nicht mehr durch seinen Widerstand begrenzen.

Der auftretende *Kurzschlussstrom* ist somit sehr hoch, da er im Wesentlichen nur durch die *niederohmigen Leitungswiderstände* begrenzt wird.

Würden die verbleibenden Widerstände mit 0,5 Ω angenommen, dann würde die anliegende Spannung einen **Kurzschlussstrom** von

$$I_K = \frac{230 \text{ A}}{0{,}5 \text{ }\Omega} = 460 \text{ A}$$

hervorrufen.

Wenn dieser Strom *nicht abgeschaltet* wird, würden sich die *Leitungen stark erwärmen*, was zum Beispiel zu einer *Schädigung ihrer Isolation* führen könnte. Unter Umständen könnten *Brände* gezündet werden.

Für den *Schutz von Leitungen* gegen *Kurzschluss* und *Überlastung* werden *Überstrom-Schutzorgane* eingesetzt. Dies sind *Schmelzsicherungen und Leitungsschutzschalter*.

Ihre Aufgabe besteht darin, den fehlerhaften Stromkreis *abzuschalten*. Dann kann kein Strom mehr fließen.

Überstromschutzorgane schützen vor *Überlastung* und *Kurzschluss*. In diesen Fällen unterbrechen sie den Stromkreis *selbsttätig*.

Überlastschutz
Schutz vor Überlastung (zu große Stromstärke) in fehlerfreien Stromkreisen.

Kurzschlussschutz
Schutz vor Kurzschlussströmen, die durch eine nahezu widerstandslose Verbindung zwischen spannungsführenden Punkten hervorgerufen werden.

Projektierungsbeispiel
Es fließt ein Kurzschlussstrom von $I_K = 100$ A. Nach welcher Zeit löst die 16-A-Schmelzsicherung aus?

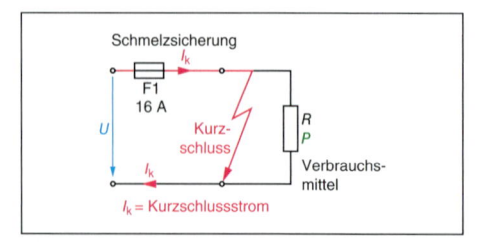

Bild 46 *Auslösung bei Kurzschluss*

Strombelastbarkeit
current-carrying capacity, ampacity

Leitungsschutz
line protection

Leitungsschutzsicherungen
fuses

Schmelzeinsatz
fuse link

Haltedraht
suspended wire

Schmelzdraht
fusing conductor

Berührungsschutz
protection against contact

Auslösezeit
tripping time

Kurzschlussstrom
short circuit current

Sicherungssockel
Zur Hutschienenbefestigung, Fußkontaktanschluss und Schraubkontaktanschluss.

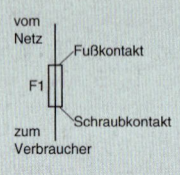

Fußkontakt: Netzzuleitung
Schraubkontakt: Verbraucherleitung

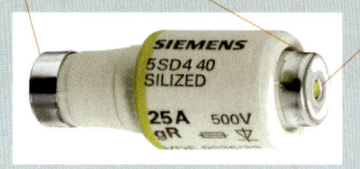

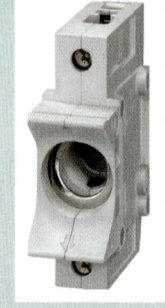

Schmelzeinsatz
Mit Quarzsand gefüllter Zylinderkörper. Schmelzleiter verbinden Fuß- und Schraubkontakt.
Bei Erreichen des Abschaltstromes schmelzen Schmelzdraht und Haltedraht des Kennmelders. Eine Feder wirft den Kennmelder ab.

Die Farbe des Kennmelders verdeutlicht den Bemessungsstrom des Schmelzeinsatzes.
Zum Beispiel: grün: 6 A, rot: 10 A, grau: 16 A

Berührungsschutz
Gewährleistet Fingersicherheit; spannungsführende Teile können dann nicht unbeabsichtigt berührt werden.

Passring, Passschraube
Verhindert, dass Schmelzeinsätze zu hoher Bemessungsstromstärke eingesetzt werden können. Kennfarben verdeutlichen den max. Bemessungsstrom.

Schraubkappe
Nimmt den Schmelzeinsatz auf und wird in den Sicherungssockel eingeschraubt. Ermöglicht einen Blick auf den Kennmelder und die Einführung einer Messspitze (Spannungsmessung).

Das Überstromschutzorgan ist die „Sollbruchstelle" im Stromkreis.
Unzulässig hohe Ströme werden abgeschaltet, bevor Schäden hervorgerufen werden.

Schmelzsicherungen

Niederspannungssicherungen		
Bezeichnung	Bereiche	Ausführung
D-System Diazed-Sicherungssystem	AC und DC bis 100 A und 500 V	
DO-System Neozed-Sicherungssystem	AC bis 100 A und 400 V DC bis 100 A und 250 V	
NH-Sicherungssystem	AC bis 1250 A und 500 V bzw. 690 V DC bis 1250 A und 440 V	

- **DC**
  Direct Current,
  Gleichstrom

- **AC**
  Alternating Current,
  Wechselstrom

- **Strom-Zeit-Kennlinie**
  [TB]

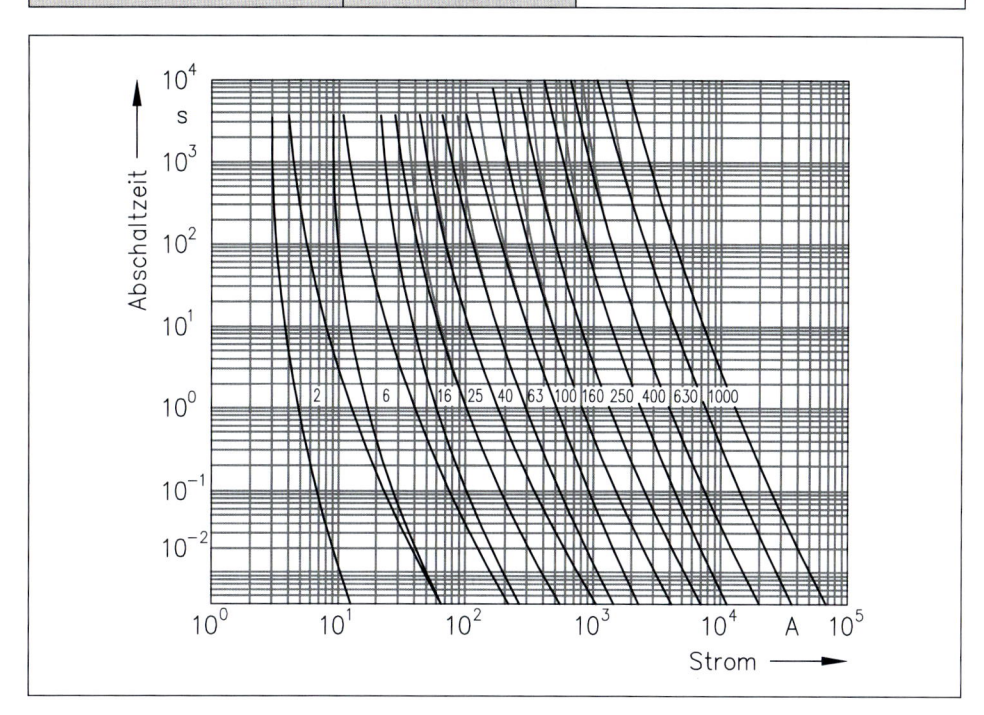

Bild 47 Strom-Zeit-Kennlinien von Schmelzsicherungen (GL)

Kennlinien Bild 47:
16-A-Schmelzsicherung, rechte Kennlinie (Auslösekennlinie): $I_K = 100$ A $= 10^2$ A → Ausschaltzeit $t = 10^0$ s $= 1$ s.

Ein Strom von 100 A muss die 16-A-Schmelzsicherung spätestens nach 1 s zum Ansprechen bringen.

Für die Bemessungsstromstärke der Schmelzsicherung ist ein „Band" angegeben, das aus *zwei* Kennlinien gebildet wird (Bild 47). Es wird immer die *rechte* Kennlinie (Auslösekennlinie) verwendet.

Die Kennlinien nach Bild 47 zeigen, dass die Abschaltung umso schneller erfolgt, je höher der Strom durch die Schmelzsicherung ist.

Bei *Kurzschluss* ist die Abschaltzeit kurz, bei *Überlastung* kann sie sich deutlich verlängern. Dies ist auch sehr sinnvoll, zumal *kurzzeitige* Überlastungen nicht zwingend zur sofortigen Abschaltung führen müssen.

Leitungsschutzschalter

haben folgende Vorteile:
- schnelles Ansprechen bei Kurzschluss
- nach Ansprechen erneut einsetzbar (keine Austauschteile)
- dürfen auch als Schalter verwendet werden
- ein unzulässiges „Flicken" (wie bei Schmelzsicherungen) ist nicht möglich

5.2 Drucklufterzeugung

Das Medium Luft

Als Luft oder Atemluft bezeichnet man das Gasgemisch der Erdatmosphäre. Dieses Gasgemisch enthält folgende Bestandteile.

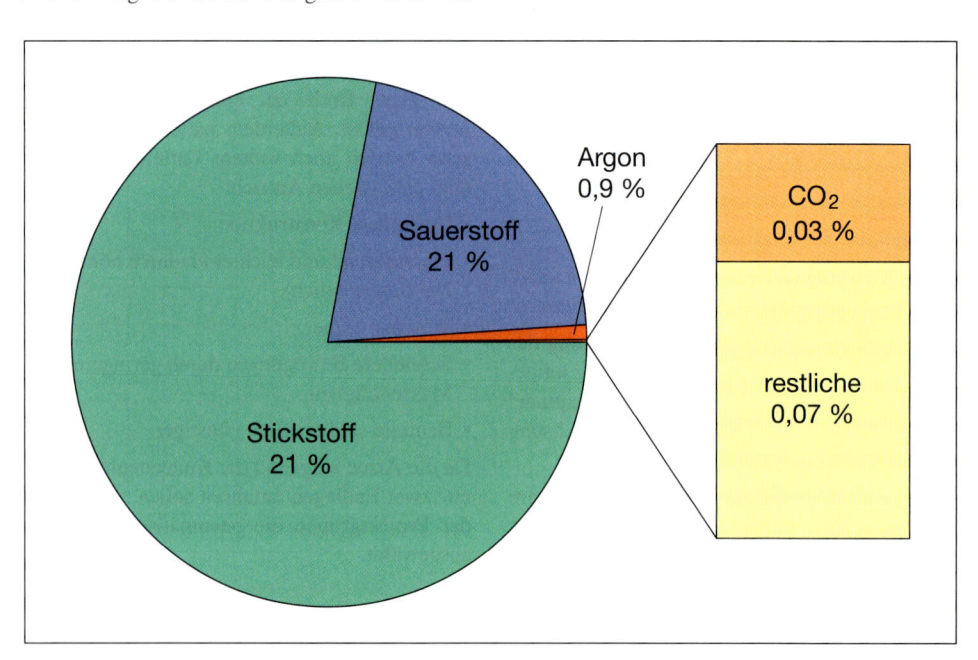

Bild 2 Anteile der verschiedenen Gase in unserer Atemluft

Die standardisierte Maßeinheit für den Luftdruck ist Hektopascal (hPa)

1 hPa = 100 Pa = 1 mbar

Der Sauerstoffgehalt unserer Atemluft beträgt rund 21 %.

Darüber hinaus sind die physikalischen Größen unserer Atemluft für die Pneumatik von Bedeutung.

Luftdichte
- entspricht 1,293 kg/m³

Luftdruck

Der Luftdruck ist annähernd an jedem beliebigen Ort der Erde gleich, vorrausgesetzt, man befindet sich auf Meereshöhe.

Der Luftdruck entsteht durch die Gewichtskraft der Luftsäule. Diese Luftsäule steht auf unserer Erdoberfläche oder auf einem Körper bzw. Gegenstand.

Die standardisierte Maßeinheit für den Luftdruck lautet hPa (Hektopascal). Früher wurde der Luftdruck in Bar angegeben, wobei ein hPa 1 mbar entspricht.

Es gilt: 1 hPa = 100 Pa = 1 mbar = 100 N/qm = 100 kg/(m qs)

(mit: qm = Meter zum Quadrat und qs = Sekunde zum Quadrat)

Der mittlere Luftdruck unserer Atmosphäre beträgt somit 1000 mbar. Hierbei gilt, dass mit zunehmender Höhe der Luftdruck abnimmt.

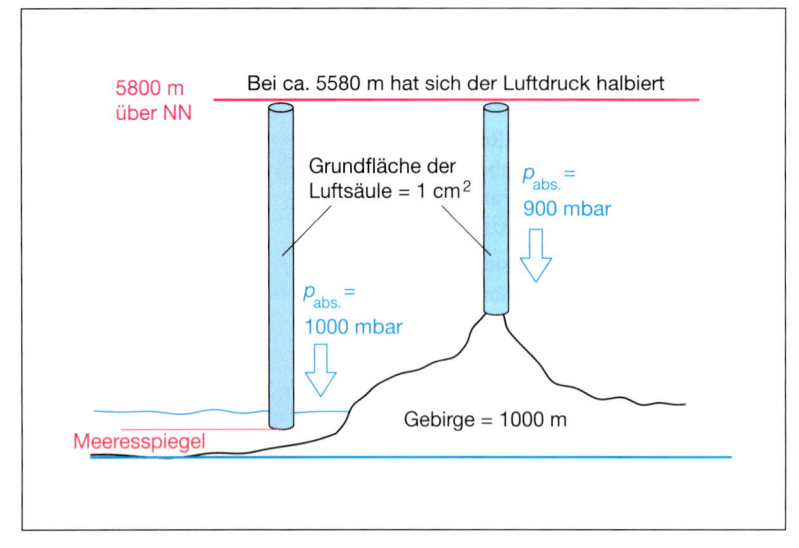

Bild 3 Luftsäule bezogen auf den Meeresspiegel

Drucklufterzeugung

Lufttemperatur

Mit der Lufttemperatur ist die Temperatur in Bodennähe gemeint. Sie wird in der Regel in einer Höhe von 2 m im Schatten gemessen.

Luftfeuchtigkeit

Als Luftfeuchtigkeit bezeichnet man den Anteil des Wasserdampfs in unserer Atemluft. Die geläufige Angabe für die Luftfeuchtigkeit ist die „relative Luftfeuchtigkeit" in Prozent.

Die Luftfeuchtigkeit ist abhängig von der Temperatur sowie dem aktuellen Luftdruck und gibt den maximalen Wasserdampfgehalt in der Luft an.

Die „absolute Luftfeuchtigkeit" ist die Wasserdampfmenge, die in einem m³ Luft tatsächlich enthalten ist. Der Wert wird in g/m³ angegeben.

Grundsätzlich gilt:
Je höher die Lufttemperatur, um so mehr Wasserdampf kann die Luft aufnehmen.

Unsere Atemluft steht uns in „unbegrenzter" Form zur Verfügung und kann somit an jedem Ort der Erde für pneumatische Anwendungen genutzt werden.

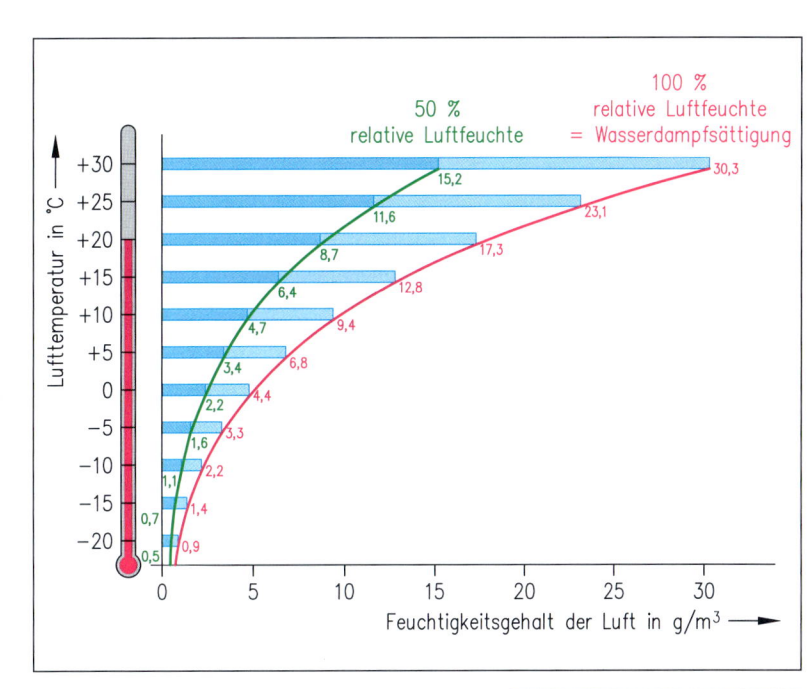

Bild 4 Sättigungsmenge von Wasserdampf in der Luft

> Je höher die Lufttemperatur, um so mehr Wasserdampf kann die Luft aufnehmen.
>
> Die Lufttemperatur wird in einer Höhe von 2 m im Schatten gemessen.
>
> ■ **Druck, Überdruck**
>
> **TB**

Kompressor- bzw. Verdichterarten

> Als Kompressor bzw. Verdichter bezeichnet man eine Maschine, mit der Gase wie z. B. Luft verdichtet bzw. komprimiert werden können.

Diese unterscheidet man nach ihrem Funktionsprinzip.

Beim Verdichten der Luft verkleinert sich das Volumen und gleichzeitig steigt der Druck im Kompressor an.

Man unterscheidet dabei verschiedene Druckarten:

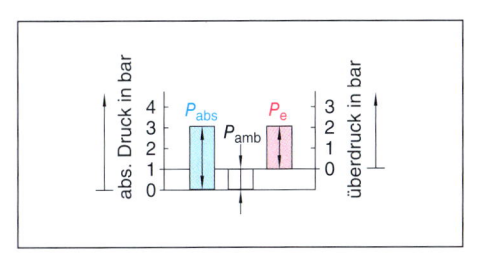

Bild 5 Druck, Überdruck

Um einen Überdruck zu erzeugen, der dann als Energieträger für verschiedenste pneumatische Anwendungen eingesetzt werden kann, gibt es eine Reihe von verschiedenen Kompressoren.

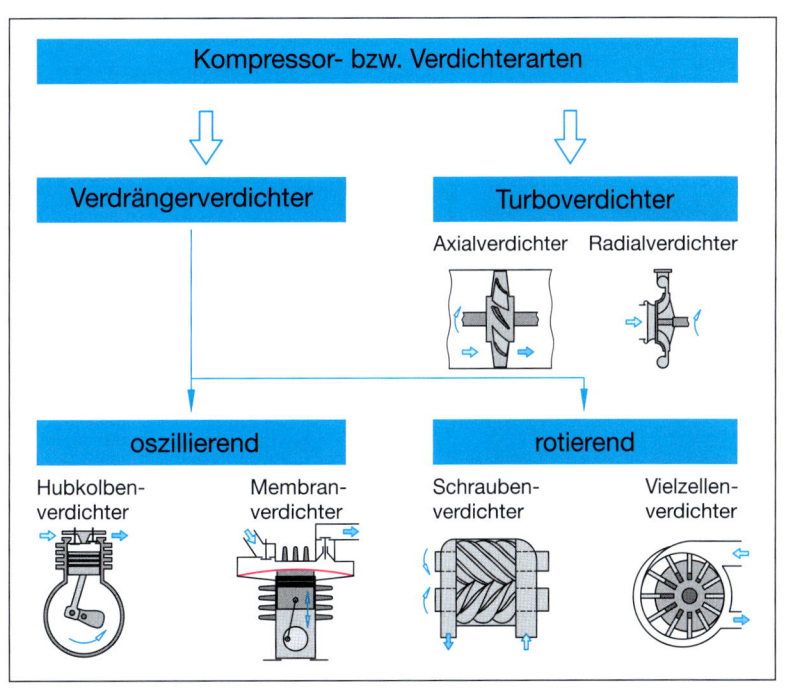

Bild 6 Verdichterbauarten

In der Industrie werden am häufigsten Kolben- und Schraubenkompressoren eingesetzt. Diese Verdichterarten sind sehr robust und können in verschiedenen Bauarten und Größen eingesetzt werden. Sie sind allerding sehr laut und müssen deshalb meistens mit Schallschutz-Gehäusen umbaut werden.

Bei einem Kolbenkompressor wird die Luft in den Kolbenraum gesaugt und dort eingeschlossen. Anschließend wird der Kolbenraum durch den sich nach oben bewegenden Kolben verkleinert und die eingeschlossene Luft somit verdichtet.

Sobald der Druck auf beiden Seiten des Austrittsventils gleich ist, öffnet sich das Austrittsventil und die Luft wird vom Kolben in die Rohrleitung geschoben. Die Druckluft wird durch die Hubbewegung des Kolbens stoßartig in die Leitung gedrückt.

Mit zweistufigen Kolbenkompressoren kann man Drücke von 35 bar erreichen.

Das Herzstück eines Schraubenkompressors nennt man Kompressorstufe. Im Inneren arbeiten zwei schneckenförmige Wellen (Schrauben), die ineinandergreifen. Die Schrauben und das Gehäuse bilden zusammen die Luftkammern. Diese sind so beschaffen, dass das Volumen von der Ansaugseite zur Druckseite immer kleiner wird.

Durch eine schnelle Rotation der Schrauben wird die Luft während des Transports komprimiert und anschließend mithilfe eines Druckventils ausgeschoben.

In die Kompressorstufe wird Öl eingespritzt, um den Verschleiß zwischen Schrauben und Gehäuse zu minimieren. Das Öl wird anschließend durch einen Ölabscheider wieder von der Druckluft separiert.

Da die Druckluft kontinuierlich gefördert wird, strömt sie sehr gleichmäßig in das Druckluftnetz.

Ein Membrankompressor bzw. -verdichter funktioniert ähnlich wie ein Kolbenkompressor. Allerdings wird hier eine Membran anstelle eines Kolbens in kleineren Hüben auf- und abbewegt. Dadurch wird die Luft bei der Abwärtsbewegung der Membran angesaugt und bei der Aufwärtsbewegung verdichtet.

Membrankompressoren können dort gut eingesetzt werden, wo man kleine Drücke benötigt und man auf kleinen Bauraum angewiesen ist. Außerdem sind sie sehr leise (ca. 55 dB) im Gegensatz zu den anderen Kompressorarten.

Sie werden daher sehr gerne im Hobbybereich, z. B beim Airbrush, eingesetzt.

Die Turbo- oder Strömungsverdichter sind besonders für große Liefermengen geeignet. Die Luft wird dabei mithilfe von einem oder mehreren Turbinenrädern in Strömung versetzt. Bei einem Axialverdichter wird die Luft parallel zur Antriebswelle transportiert und verdichtet. Ein Radialverdichter transportiert die Luft axial durch das Turbinengehäuse und lenkt die Luft dann nach außen (radial) ab.

Wirkungsgrad bei der Drucklufterzeugung

Die Druckluft ist sicherlich eine Energieform, die viele Vorteile mit sich bringt. Aber der größte Nachteil dieser Energieform ist sicherlich der schlechte Wirkungsgrad.

Von 100 % eingebrachter, elektrischer Energie werden nur ca. 5 bis 10 % in tatsächliche pneumatische Energie umgewandelt. Das entspricht einem Wirkungsgrad von $\eta = 0{,}1$ (1,0 wäre optimal).

Der größte Teil der Energie (ca. 80 %) geht als Wärme verloren. Dazu kommen noch Druck-, Reibungs- und Leckageverluste, sodass insgesamt die nutzbare pneumatische Energie sehr gering ist.

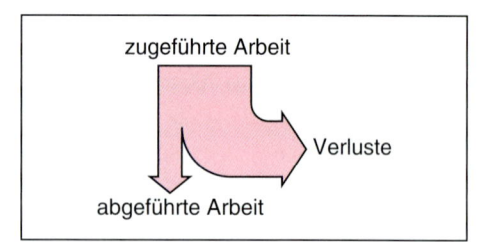

Bild 7 Einzel- und Gesamtwirkungsgrad

Den Wirkungsgrad einer Druckluftanlage kann man durch folgende Maßnahmen verbessern:

- Verlustwärme durch Wärmetauscher in eine Heizungsanlage einspeisen.
- Nenndruck nur max. 1,5 bar höher als den benötigten Betriebsdruck einstellen.
- Bedarfsgerechte Größe der Kompressoren auswählen.
- Ausreichend große Druckluftspeicher verwenden.
- Möglichst drehzahlgeregelte Kompressoren verwenden.
- Laufzeit der Kompressoren durch eine „intelligente" Steuerung regeln.
- Die Druckluft nur bis zu der wirklich benötigten Qualität aufbereiten.
- Leckagen im Druckluft-Netz beseitigen.
- Regelmäßige Wartung der Kompressoren.

Von 100 % eingebrachter, elektrischer Energie werden nur ca. 5 bis 10 % in tatsächliche pneumatische Energie umgewandelt.

Mit zweistufigen Kompressoren kann man Drücke von 35 bar erreichen.

■ **Einzel- und Gesamtwirkungsgrad**

TB

🇬🇧

Wirkungsgrad
efficiency

Gesamtwirkungsgrad
overall efficiency

Kosten und Einsparungsmöglichkeiten bei der Drucklufterzeugung

Da der Wirkungsgrad bei pneumatischen Anlagen sehr gering ist, sollte man genauso bewusst mit dieser Energieform umgehen wie mit Erdöl oder Gas.

Die Kosten für eine pneumatische Anlage, vom Kompressor bis zum Verbraucher, sind in zwei Gruppen gegliedert.

- Anschaffungskosten für:
  - Kompressoren
  - Druckluftaufbereitung
  - Rohrleitungsnetz
  - Wartungseinheiten, Ventile und Zylinder
- Laufende Kosten
  - Energiekosten (Strom)
  - Gebäudekosten (Standort der Kompressoren)
  - Wartung und Instandsetzung

Damit eine pneumatische Anlage wirtschaftlich betrieben werden kann, sollte man versuchen, die laufenden Kosten soweit wie möglich zu senken. Dabei liegt der Fokus deutlich auf den Energiekosten.

Ein Beispiel zur Energiekostenreduzierung ist ein drehzahlgeregelter Schraubenkompressor, mit dem man bis zu 35 % Energie gegenüber einem älteren Kompressor einsparen kann.

Folgende Vorteile sind zu nennen:

- Exakte Anpassung des Volumenstroms an den jeweiligen Druckluftbedarf.
- Energieschonender Anlauf ohne Stromspitzen.
- Genaue Einstellung der Betriebsdrücke in 0,1-bar-Schritten.
- Vermeidung von unnötigen Leerlaufzeiten.

Bild 8 Moderner drehzahlgeregelter Kompressor der Fa. Atlas Copco

Ein sehr großer Kostentreiber sind Leckagen (Undichtigkeiten) im Druckluftnetz. Sie können im gesamten Druckluftnetz auftreten. Hauptsächlich sind poröse Kunststoffschläuche oder lose Verschraubungen für Undichtigkeiten verantwortlich.

Aber auch defekte Ventile oder Zylinder können große Leckagen aufweisen.

Hier ein Beispiel, was diese Undichtigkeiten kosten können:

Kosten für Undichtigkeiten im Druckluftnetz:

Lochdurchmesser tatsächliche Größe mm	Luftverlust l/s bei 6 bar l/s	Energieverlust pro Jahr bei 8700 Std./a und 0,09 €/kWh kWh	€
1	1,24	2891	260,17
3	11,14	26017	2341,55
5	30,95	72270	6504,30
10	123,80	289080	26017,20

Bild 9 Kosten für Undichtigkeiten

Leckagen sind oft nur sehr schwierig zu orten. Bei laufenden Maschinen und sonstigem Produktionslärm, der in vielen Betrieben rund um die Uhr vorherrscht, kann man nur große Undichtigkeiten direkt mit dem Gehör aufspüren. Die kleineren Leckagen bleiben oft unentdeckt.

Es macht daher Sinn, bei Störungen der Produktionsanlagen oder bei anderen betriebsbedingten Stillständen auf Leckagesuche zu gehen.

Wenn dies nicht möglich ist, kann man auf sogenannte Ultraschall-Leckagesuchgeräte zurückgreifen.

Bild 10 Leckortung mit moderner Technik

Eine Leckage in einem pneumatischem System von Ø 3 mm kostet im Jahr rund 2 350,00 Euro.

@ Interessante Links
- www.atlascopco.de

Mit modernen drehzahlgesteuerten Kompressoren lässt sich ca. 35 % Energie einsparen.

Leckage
leakage

Druckluftaufbereitung
compressed air preparation

Schmutzpartikel
dirt particles

Vor- und Nachteile der Pneumatik

Vorteile:
- Luft steht unbegrenzt auf der Erde zur Verfügung.
- Druckluft ist über große Strecken transportierbar.
- Druckluft ist speicherbar.
- Druckluft kann nach verrichteter Arbeit direkt ins Freie abgegeben werden.
- Aufbereitete Druckluft ist sauber und hygienisch (Lebensmittelindustrie, Medizin).
- Druckluft ist explosionssicher und relativ temperaturunempfindlich.
- Einfache Regulierung der Kräfte und Geschwindigkeiten.
- Pneumatikanlagen sind einfach im Aufbau, robust und übersichtlich.
- Mit Druckluft lassen sich sehr hohe Geschwindigkeiten realisieren.
- (Z. B. Zahnarztbohrer bis ca. 450000 UpM).

Nachteile:
- Relativ geringe Arbeitsdrücke, dadurch sind bei hohen Kräften große Zylinderdurchmesser erforderlich.
- Störungsempfindlichkeit bei Kondenswasser und Verunreinigungen.
- Lärmbelästigung durch laute Abluftgeräusche.
- Lastabhängige Geschwindigkeiten.
- Schlechter Gesamtwirkungsgrad.
- Da Luft komprimierbar ist, lassen sich nur annähernd gleichmäßige Kolbengeschwindigkeiten realisieren.
- Signalübertragung über längere Distanzen sehr schwierig.

5.3 Druckluftaufbereitung

Bei der Druckluferzeugung wird die Druckluft mehr oder weniger mit Schmutzpartikeln, Öl und Wasser verunreinigt.

Dies kann zu erheblichen Störungen führen, und die Lebensdauer der Bauteile im pneumatischen System wird unter Umständen stark verkürzt.

Dies macht sich folgendermaßen bemerkbar:
- Höherer Verschleiß an Dichtungen und beweglichen Teilen.
- Korrosion in Rohrleitungen, Zylindern, Ventilen und anderen Anbauteilen.
- Fettpackungen in Ventilen und Zylindern werden ausgewaschen.
- Verschmutzte Schalldämpfer.

Schmutzpartikel

Beim Ansaugen der Luft aus der Umgebung des Kompressors können je nach Standort Schmutzpartikel in großem Umfang in den Ansaugtrakt gelangen. Dies wird durch einen Ansaugfilter unterbunden, der allerdings in regelmäßigen Abständen gewartet werden muss.

Außerdem werden hinter dem Kompressor Feinfilter eingesetzt, um die Qualität der Druckluft an den jeweiligen Einsatzzweck anzupassen.

Öl und Wasser

In vielen Kompressoren wird zur Schmierung der beweglichen Teile Öl in die Verdichterstufe eingespritzt.

Das meiste Öl wird nach dem Verdichten der Luft wieder durch einen Ölabscheider separiert. Jedoch wird auch ein Teil des Öles von der Luft mitgerissen.

Beim Verdichtungsvorgang steigt die Temperatur der angesaugten Luft stark an. Da der Drucktaupunkt aber nicht unterschritten wird, fällt noch kein Wasser in flüssiger Form an. Erst beim anschließenden Herunterkühlen der Druckluft wird das in der Luft gebundene Wasser frei und sammelt sich im Druckluftbehälter.

Die Menge des anfallenden Kondenswassers hängt unter anderem von der Temperatur und der Luftfeuchtigkeit der angesaugten Luft ab.

■ **Drucktaupunkt**
Der Drucktaupunkt ist die Temperatur, auf die die verdichtete Luft abgekühlt werden kann, ohne dass Kondensat ausfällt.

Druckluftaufbereitung

Trocknungsverfahren von Druckluft

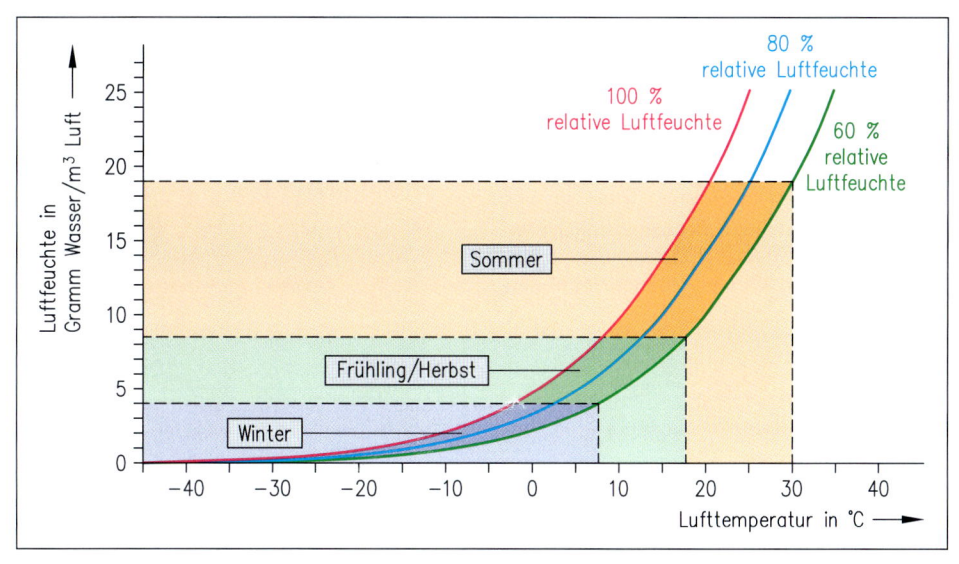

Bild 11 Wassergehalt der Luft bei unterschiedlichen Temperaturen

Wasserdampf
steam

Luftfeuchtigkeit
humidity

Es gibt drei gängige Trocknungsverfahren, die wiederum in verschiedene Unterverfahren gegliedert sind.

1. Kältetrockner

Nach jedem Kompressor sollte ein Kältetrockner eingesetzt werden. Er kühlt die Luft bis knapp oberhalb des Gefrierpunkts herunter, und das ausfallende Kondensat kann direkt abgeleitet werden. Um Energie zu sparen, wird die gekühlte Luft durch einen Wärmetauscher geleitet und die angesaugte Luft wird somit vorgekühlt.

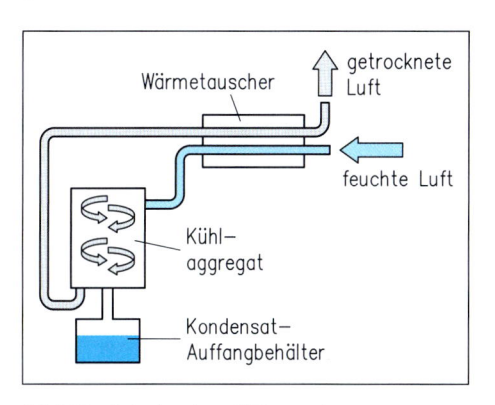

Bild 12 Prinzip eines Kältetrockners

2. Membrantrockner

Im Inneren des Membrantrockners befinden sich parallel gebündelte Hohlfasern mit einer speziellen Beschichtung, durch die die feuchte Luft in Längsrichtung geleitet wird. Aufgrund eines partiellen Druckgefälles diffundiert Wasserdampf vom Faserinneren zum Faseräußeren. Mittels Spülluft wird dann das Wasser der Außenseite der Faser abgeleitet.

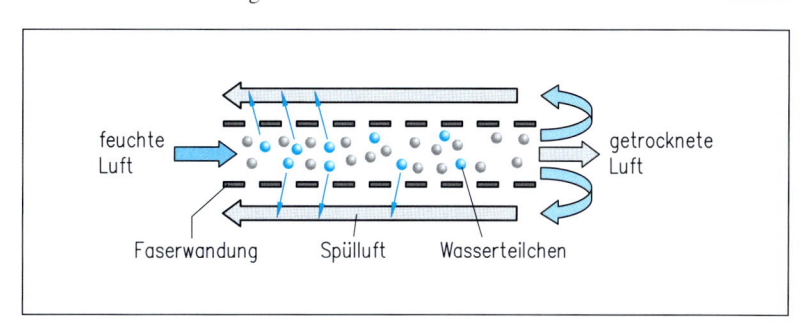

Bild 13 Prinzip eines Membrantrockners

3. Adsorptionstrockner

Ein Adsorptionstrockner hat zwei Kammern, in denen sich ein Trocknungsmittel mit einer offenen Porenstruktur befindet. Der in der Luft befindliche Wasserdampf wird durch sogenannte Adhäsionskräfte (Anhangskräfte) beim Durchströmen der Luft an das Trockenmittel gebunden.

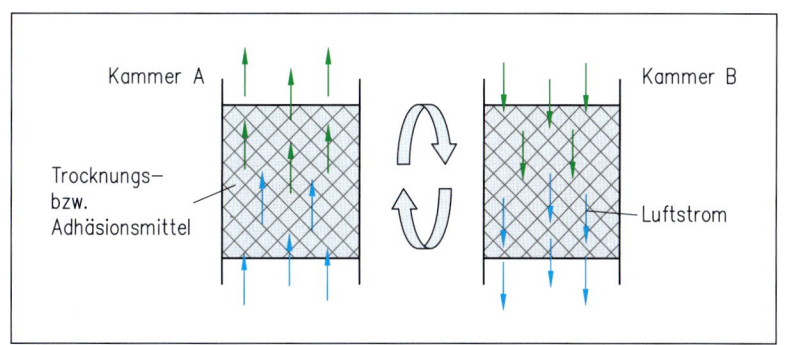

Bild 14 Prinzip eines Adsorptionstrockners

Während die eine Kammer trocknet, kann sich das Trockenmittel in der anderen Kammer wieder regenerieren. Dies geschieht mithilfe von Wärme.

Die anfallende Wassermenge ist nicht unerheblich.

In dem nachfolgenden Beispiel gehen wir von einer extremen Situation an einem heißen Sommertag mit sehr hoher Luftfeuchtigkeit aus. Auch an so einem Tag muss die Druckluft eine gleichbleibende Qualität haben:

Ansaugleistung:	2500 m³/h
Lufttemperatur:	40 °C
Relative Luftfeuchtigkeit:	90 %
Ansaugdruck:	1 bar (absolut)

Anfallende Kondensatmenge: ca. 112,5 l/h
In 24 Std. (3-Schicht-Betrieb): ca. 2700 l

Dieses Kondenswasser kann allerdings nicht einfach so in die Abwasserleitung geführt werden.

In diesem Wasser befinden sich noch Ölrückstande, die der Umwelt schaden könnten. Deshalb werden Öl-Wasser-Trennsysteme eingesetzt.

Das ölhaltige Kondensat gelangt in eine Druckentlastungskammer. Dort wird der Überdruck abgebaut. Im Trennbehälter setzt sich das Öl an der Oberfläche ab und wird von dort in ein Auffangbehälter geleitet.

Das vorgereinigte Kondensat läuft anschließend durch mehrere Filterstufen und kann dann direkt in die Kanalisation eingeleitet werden.

Sollten dennoch Kondenswasser und Schmutz in das Leitungsnetz eindringen, darf dieses nicht die pneumatischen Bauteile beschädigen. Um dies zu verhindern, werden Wartungseinheiten so montiert, dass die Verunreinigungen nicht zu den einzelnen Verbrauchern gelangen können.

Bild 15 Öl-Wasser-Trennsystem der Fa. Beko

Eine einfache Wartungseinheit besteht aus:
- Einem Feinfilter oder Feinstfilter (den Anforderungen entsprechend).
- Einem Druckminderer inkl. Wasserabscheider (zur Einstellung des geforderten Arbeitsdruckes).

■ **Wasseraufnahmevermöger der Luft**
1 m³ Luft kann bei 40 °C maximal 50 Gramm Wasser aufnehmen. 90 % davon entsprechen 45 Gramm.

An Tagen mit hoher Luftfeuchtigkeit können in 24 Stunden ca. 3 m² Kondenswasser anfallen.

@ **Interessante Links**
www.beko-technologies.de

Druckluftaufbereitung

Druckluftfilter

Die seitlich in das Filter einströmende Luft wird verwirbelt.

Durch Fliehkraft werden grobe Schmutz- und Flüssigkeitsteilchen an die Behälterwand geschleudert.

Filtereinsätze: Messing-, Bronze- oder Stahlsiebe.

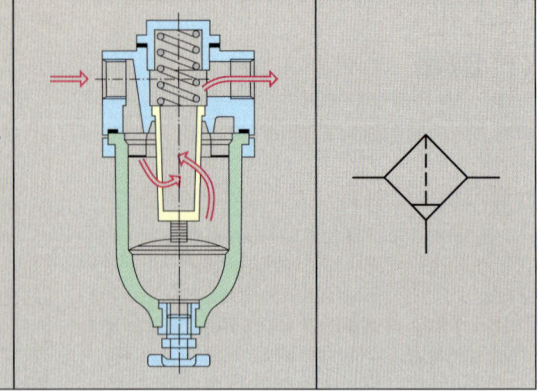

Druckluftaufbereitung (Fortsetzung)

Druckregelventil

Regelung durch den großen Ventilteller. Eine Seite wird durch eine stellbare Feder, die andere Seite durch den Arbeitsdruck beaufschlagt.

Wenn der Arbeitsdruck unter den eingestellten Wert sinkt, drückt die Feder über dem Ventilteller den Stift nach unten. Das Ventil wird geöffnet. Nun kann Druckluft einströmen, bis der Arbeitsdruck wieder erreicht ist und das Ventil wieder geschlossen wird.

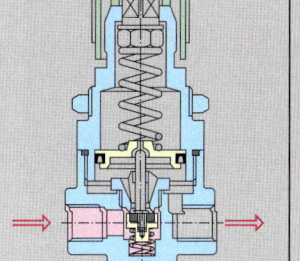

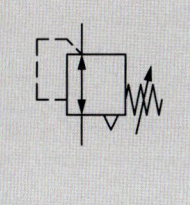

Druckluftöler

Erzeugt wird ein ununterbrochener Ölnebel. An den Engstellen (durch Verringerung des Leitungsquerschnittes) erhöht sich die Strömungsgeschwindigkeit, wodurch ein Unterdruck hervorgerufen wird. Dadurch wird aus dem unteren Behälter Öl durch ein Steigrohr nach oben gedrückt, tropft dort in die Strömung und wird vernebelt.

Eine Drosselmöglichkeit erlaubt die Dosierung der Öltropfenanzahl.

Der Trend geht zu ölfreien Pneumatikkomponenten.

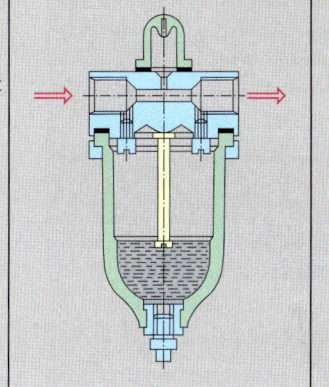

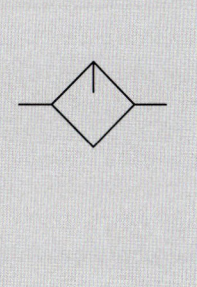

5.4 Rohrleitungsnetz

Um die erzeugte Druckluft sicher und möglichst mit geringen Verlusten zum Verbraucher zu leiten, benötigt man ein an die Größe der Druckluftanlage angepasstes Rohrleitungsnetz.

Es sollte folgende Bedingungen erfüllen:

- Von dem Rohrleitungsnetz dürfen keine Gefährungen für Leib und Leben ausgehen.
- Auch bei Wartungen und Reparaturen sollten die nicht betroffenen Anlagenteile weiterhin mit Druckluft versorgt werden können.
- Jeder Verbraucher muss zu jeder Zeit mit dem jeweiligen individuellen Volumenstrom versorgt werden können.
- Der Druckabfall sollte so klein wie möglich sein, sodass den Verbrauchern der benötigte Arbeitsdruck immer zur Verfügung steht.
- Die Duckluft sollte an jeder Abnahmestelle eine gleichbleibende Qualität aufweisen.
- Strömungsverluste (Turbulenzen) durch eine glatte, innere Oberfläche gering halten.
- Das Material sollte den Umgebungstemperaturen angepasst werden (bei niedrigen Temperaturen werden Kunststoffrohre spröde).
- Bei schlecht aufbereiteter Druckluft sind nicht rostende Werkstoffe (Kupfer, Kunststoff Edelstahl) zu verwenden.
- Bei der Verwendung von modernen Selbstmontagesystemen können die Kosten drastisch gesenkt werden.

In den meisten Fällen wird im Anschluss an die Drucklufterzeugung eine in sich geschlossene Ringleitung verlegt. Es können dann bei Störungen die betroffenen Segmente abgesperrt werden, ohne dass es zu Beeinträchtigungen des restlichen Druckluftnetzes kommt.

Von dieser Ringleitung aus gehen dann die verschiedenen Stichleitungen zu den Verbrauchern.

Die Stichleitungen werden von oben an die Ringleitung angeschlossen, um zu verhindern, dass noch Restkondensat in die Stichleitung läuft. Zur Sicherheit werden noch an den unteren Enden der Stichleitungen Kondensatabscheider angebracht.

Druckregelventil
pressure control valve

Rohrleitungsnetz
pipline network

Die Stichleitungen werden immer von oben an die Ringleitung angeschlossen. Dadurch wird verhindert, dass Restkondensat zum Verbraucher gelangen kann.

Fluidtechnik – Pneumatik, E-Pneumatik

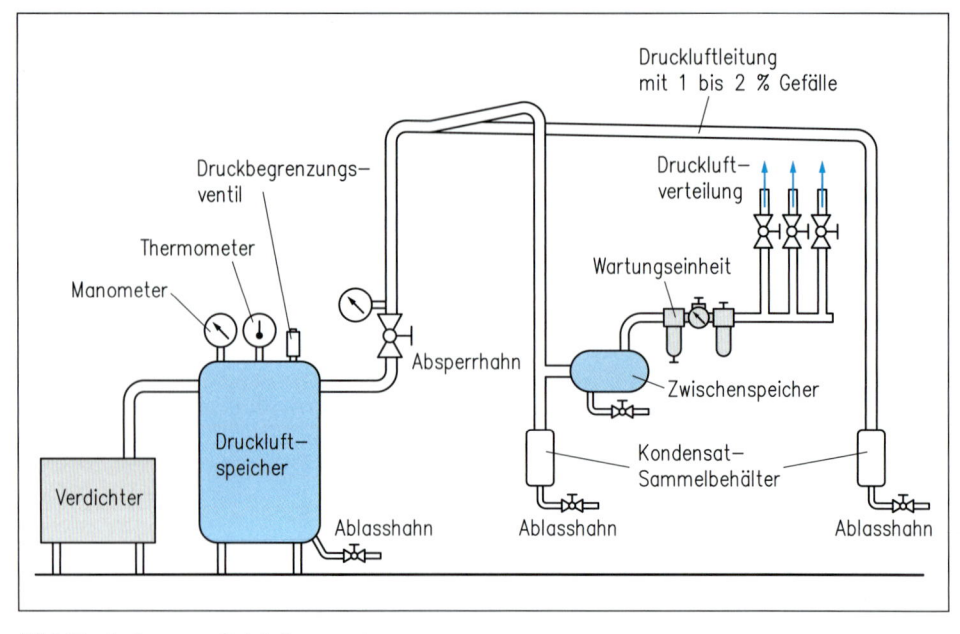

Bild 16   Aufbau von Rohrleitungsnetzen

■ **Windkessel**
sind große Druckspeicher inerhalb von Druckluftanlagen, die zur Speicherung und zum Ausgleichen von Druckschwankungen erforderlich sind. Die Installation erfolgt vorzugsweise direkt nach der Drucklufterzeugung.

🇬🇧
Druckluftspeicher
compressed air reservoir

Zusätzlich werden noch ein oder mehrere Druckluftspeicher (Windkessel) in das Rohrleitungsnetz intigriert.

Sie haben folgende Aufgaben:

- Schwankende Druckluftentnahmen werden ausgeglichen.
- Bedarfsspitzen können sicher bedient werden.
- Bei Einsatz eines Kolbenkompressors wird die von ihm erzeugte, pulsierende Druckluft nicht an die Verbraucher weitergegeben.
- Dadurch können z. B. Messeinrichtungen genauer und störungsfreier arbeiten.
- Restfeuchtigkeit kann an der großen Oberfläche der Innenwandung kondensieren und kann abgeleitet werden.

Druckbehälter unterliegen einer Anmelde- und Überwachungspflicht. In der Richtlinie 97/23/EG werden die Druckbehälter nach ihrem Volumen und des transportierten Mediums in verschiedene Klassen unterteilt. Je nach Einstufung werden unterschiedliche Anforderungen an Prüfung und Überwachung gestellt.

Der größte Abstand der wiederkehrenden inneren Prüfung (Korrosion und Beschädigungen) beträgt fünf Jahre. Dazu wird alle zehn Jahre eine Festigkeits- bzw. Druckprüfung vorgeschrieben.

Je nach Anwendungsfall können diese Fristen von der Aufsichtsbehörde verkürzt werden.

Bei der Planung eines Druckluft-Rohleitungsnetzes sollten folgende Punkte berücksichtigt werden, damit der Druckverlust < 1,5 % gehalten wird:

- Die Dimensionierung des Rohrquerschnittes sollte so gewählt sein, dass auch beim letzten Verbraucher immer genügend Luftvolumen zur Verfügung steht.
- Bei der Planung sollte genügend Reserve für die evtl. Erweiterung des Maschinenparks berücksichtigt werden.
- Die Rohre sollten möglichst mit sanften Abzweigungen (Y- statt T-Stück) und großzügigen Radien zur Strömungsoptimierung verlegt werden.
- Unnötige Querschnitsverengungen oder Erweiterungen sollten vermieden werden.
- Absperrhäne sollten immer komplett geöffnet oder geschlossen sein.

Bild 17   Druckluftspeicher (Windkessel)

Aufbau pneumatischer Systeme

Die Rohrleitungen können aus verschiedenen Materialien hergestellt werden.

Nahtlose Stahlrohre
Vorteile:
- Sehr große Querschnitte bis ca. 600 mm Durchmesser möglich.
- Bei fachgerechter Montage sind Leckagen nahezu ausgeschlossen.
- Geringer Materialpreis.

Nachteile:
- Rohre müssen verschweißt werden (hohe Montagekosten).
- Hohes Gewicht.
- Gefahr durch Korrosion.

Edelstahlrohre
Vorteile:
- Keine Korrosion.
- Bei fachgerechter Montage sind Leckagen nahezu ausgeschlossen.
- Glatte Innenwandung (geringer Strömungsverlust).

Nachteile:
- Hoher Materialpreis.
- Hohe Montagekosten durch teure Schweißverfahren.
- Hohes Gewicht.

Kupferrohre
Vorteile:
- Sie können bei kleinen Durchmessern leicht gebogen werden.
- Glatte Innenwandung (geringer Strömungsverlust).
- Einfache Montage durch Quetschverbindungen oder Hartlöten.
- Keine Korrosion.
- Viele Formteile verfügbar.

Nachteile:
- Hoher Materialpreis.
- Große Längenausdehnung bei hohen Temperaturen.
- Bei feuchter Druckluft können Kupferteilchen in nachfolgenden Stahlleitungen Lochfraß verursachen (Galvanisches Element).

Kunststoffrohre
Vorteile:
- Keine Korrosion.
- Sehr leicht.
- Geringer Materialpreis.
- Sehr glatte Innenwandung (geringer Strömungsverlust).
- Viele Formteile verfügbar.
- Einfache Montage durch Klebeverbindung.

Nachteile:
- Empfindlichkeit bei hohen Umgebungstemperaturen.
- Nur geringe Drücke realisierbar.
- Bei der Montage sind mehr Befestigungspunkte nötig (Durchhängen).
- Klebestellen können sich bei Vibrationen lösen.

🇬🇧

nahtlose Stahlrohre
seamless steel tubes

Edelstahlrohre
stainless steel tubes

Kupferrohre
capper tubes

Kunststoffrohre
plastic tubes

Der Aufbau einer pneumatischen Steuerung ist in seiner Struktur klar festgelegt. Als Grundlage hierfür dient die DIN ISO 1219.

5.5 Aufbau pneumatischer Systeme

Bereits bei der Entwicklung und Konstruktion von pneumatischen Systemen ist es sinnvoll, immer auf einen gleichen Aufbau zu achten.

Um Missverständnissen vorzubeugen, wird hierfür die DIN ISO 1219 zugrunde gelegt.

Sie beschreibt die Struktur eines pneumatischen Systemes und gibt einen umfangreichen Überblick zu den Symbolen, die in einem pneumatischen Schaltplan Anwendung finden.

Der Aufbau einer pneumatischen Steuerung ist also klar in seiner Struktur festgelegt. Dies ist besonders für komplexe Aufbauten von Vorteil, da die Schaltpläne viel einfacher nachzuvollziehen sind. In der Praxis muss sich z. B. ein Instandhalter bei einer Störung sehr schnell in die pneumatischen Vorgänge einlesen können.

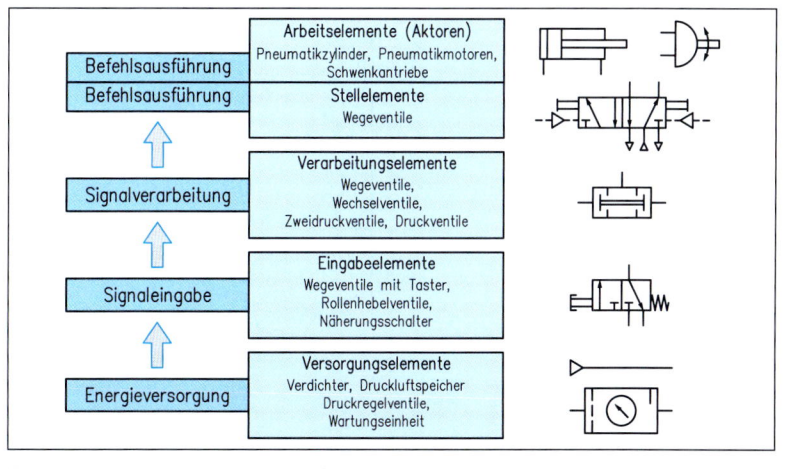

Bild 18 *Aufbau pneumatischer Systeme*

5.6 Arbeitselemente der Pneumatik (Aktoren)

Die Arbeitselemente sind in fünf grundlegende Gruppen unterteilt.

Pneumatisch gesteuerte

1. Zylinder
2. Schwenkantriebe
3. Motoren
4. Greifer
5. Vakuumsauger

Zylinder

Das am meisten verwendete Arbeitselement ist sicherlich der Pneumatikzylinder. Er wandelt die pneumatische Energie der Druckluft in mechanische Energie um und führt dabei eine lineare Bewegung aus.

> Grundsätzlich kann man sagen, dass die Kraft eines Pneumatikzylinders von der Höhe des anstehenden Druckes und von der Fläche des Kolbens abhängt.
>
> Die Geschwindigkeit, mit dem der Zylinder verfährt, hängt vom zur Verfügung stehenden Volumenstrom ab.

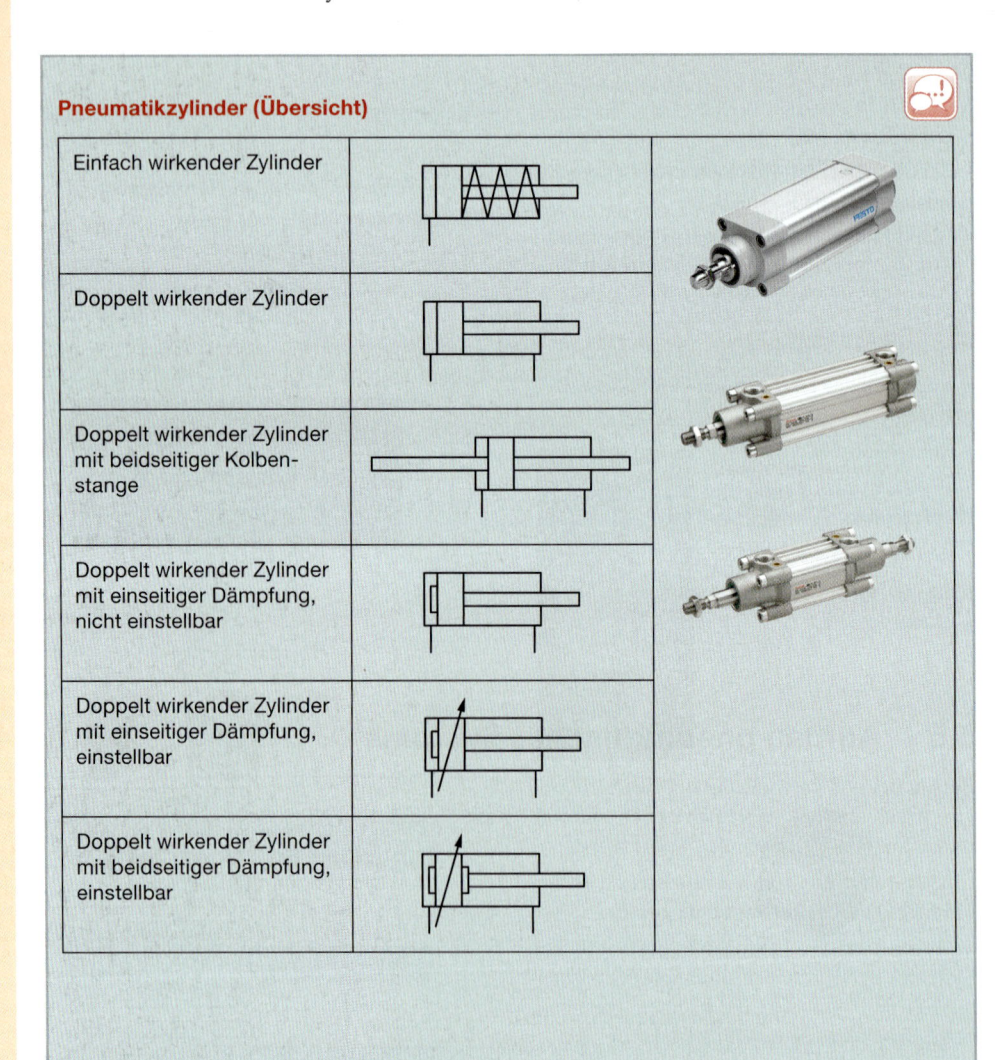

Die Kraft eines Pneumatikzylinders hängt von zwei Faktoren ab. Zum einen, wie beschrieben, vom Druck. Zum andern aber auch in gleichem Maße von der Querschnittsfläche des Kolbens.

Pneumatikzylinder (Übersicht)

Einfach wirkender Zylinder		
Doppelt wirkender Zylinder		
Doppelt wirkender Zylinder mit beidseitiger Kolbenstange		
Doppelt wirkender Zylinder mit einseitiger Dämpfung, nicht einstellbar		
Doppelt wirkender Zylinder mit einseitiger Dämpfung, einstellbar		
Doppelt wirkender Zylinder mit beidseitiger Dämpfung, einstellbar		

Arbeitselemente der Pneumatik

Einfach wirkende Zylinder

werden nur für die **Ausfahrbewegung** mit Druckluft beaufschlagt. Die **wirksame Kolbenkraft** wird um die Federkraft reduziert, die bei der Ausfahrbewegung überwunden werden muss.

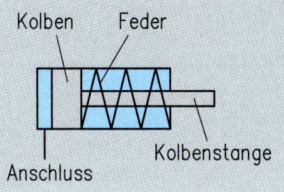

Zum Einfahren der Kolbenstange wird die linke Druckluftkammer entlüftet. Die Federkraft lässt die Kolbenstange wieder einfahren.

Im Allgemeinen werden einfach wirkende Zylinder mit 3/2-Wegeventilen angesteuert. Solche Ventile haben 3 Anschlüsse und 2 Schaltstellungen.

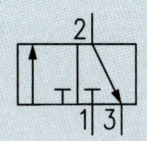

3/ 2 Wegeventil
- Anzahl der Schaltstellungen
- Anzahl der Anschlüsse
  - 1 - Druckluftversorgung
  - 2 - Arbeitsleitung
  - 3 - Rückluft

Doppelt wirkende Zylinder

können während der **Aus- und Einfahrbewegung** der Kolbenstange eine Last bewegen. Sie haben 2 Druckluftanschlüsse und keine Feder zur Kolbenrückstellung.

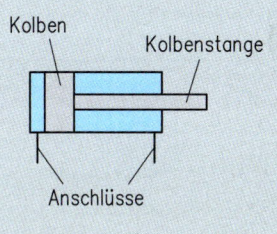

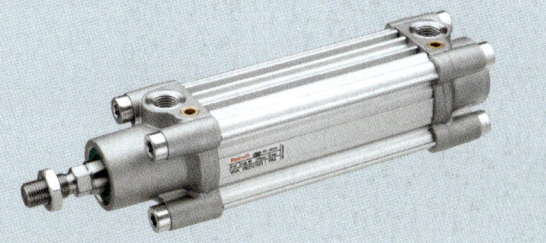

Zur Ansteuerung doppelt wirkender Zylinder werden häufig **5/2**-Wegeventile eingesetzt. Sie haben 5 Anschlüsse und **2** Schaltstellungen.

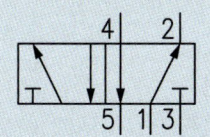

5/ 2 Wegeventil
- Anzahl der Schaltstellungen
- Anzahl der Anschlüsse
  - 1 - Druckluftversorgung
  - 2 u. 4 - Arbeitsleitung
  - 3 u. 5 - Rückluft

■ **Zylinder**
führen geradlinige Bewegungen durch. Hierfür sind sie oftmals besser geeignet als elektromotorische Antriebe.

■ **Pneumatikventile**
steuern den Druck, den Druckfluss, Start und Ende sowie Richtung der Druckluft.

🇬🇧

Ventil
valve

Pneumatisches Ventil
pneumatic valve

Vorgesteuertes Ventil
pilot-operated valve, servo-controlled valve

Kolben
piston

Kolbendurchmesser
piston diameter

Kolbenhub
piston stroke

Kolbenstange
piston rod

Kolbenstangenseite
annulus

Fluidtechnik – Pneumatik, E-Pneumatik

Pneumatikzylinder
pneumatic cylinder

Kolbenkraft
piston power

Kolbendurchmesser
piston diameter

Kolbenhub
piston stroke

Kolbenstange
piston rod

Entlüftung
venting

Druckregelventil
pressure regulator

Drucktaste
push button

Tastrolle
roller

■ **Doppelt wirkender Zylinder**
mit zweiseitiger Kolbenstange, Durchmesser unterschiedlich, beidseitige Endlagendämpfung, auf der rechten Seite einstellbar.

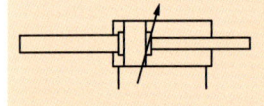

Endlagendämpfung

Bei den meisten Zylindern wird eine sogenannte einstellbare Endlagendämpfung eingesetzt. Sie verhindert, dass der Kolben ungebremst gegen die Zylinderinnenwände schlägt.

Kurz bevor der Kolben seine Endlage erreicht, wird durch einen Dämpfungskolben ein Luftpolster im Dämpfungsraum erzeugt. Dieses Luftpolster bremst den Kolben je nach Geschwindigkeit mehr oder weniger stark ab und lässt ihn sanft in seine Endlage fahren. Die Wirkung dieses Luftpolsters ist in seiner Intensität über ein Drosselventil individuell einstellbar.

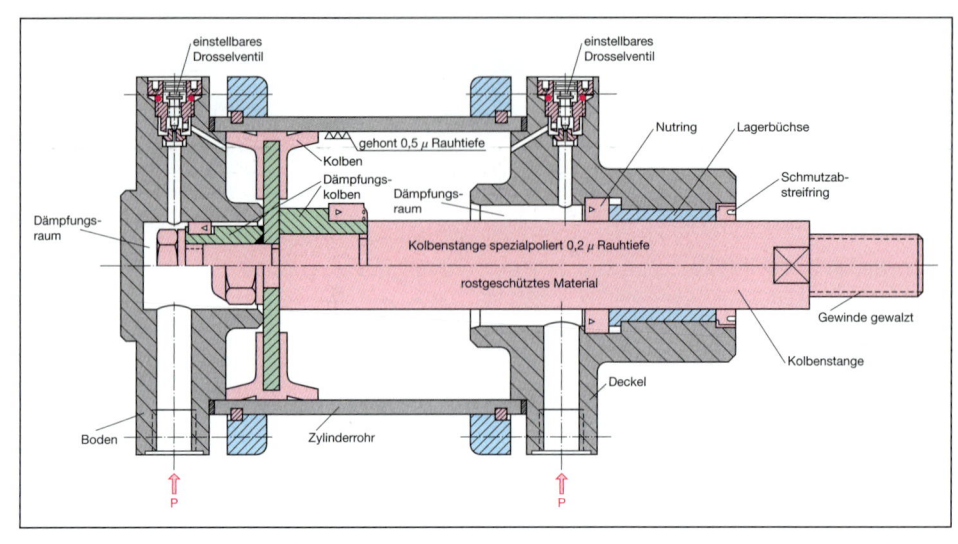

Bild 19 Pneumatikzylinder, doppelt wirkend

Bestimmung der Kolbenkraft

Der Druck p_e breitet sich in alle Richtungen gleichmäßig aus. An allen Stellen ist er so groß wie die Kolbenfläche A (Bild 20).

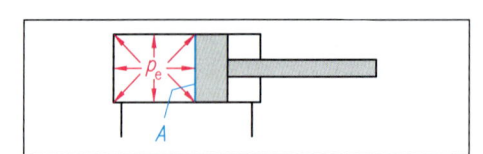

Bild 20 Druckausbreitung im Zylinder

$$p_e = \frac{F}{A}$$

$$F = p_e \cdot A$$

p_e Überdruck in bar
F theoretische Kolbenkraft in N
A wirksame Kolbenfläche in mm²

$$1\ \text{bar} = 0{,}1\ \frac{\text{N}}{\text{mm}^2} = 10\ \frac{\text{N}}{\text{cm}^2}$$

Die **Kolbenkraft** F hängt vom *Druck* p_e, der *wirksamen Kolbenfläche* A und dem *Wirkungsgrad* η ab.

Durch den Wirkungsgrad wird die Reibungskraft beim Ein- und Ausfahren der Zylinderstange berücksichtigt.

$$F = p_e \cdot A \cdot \eta$$

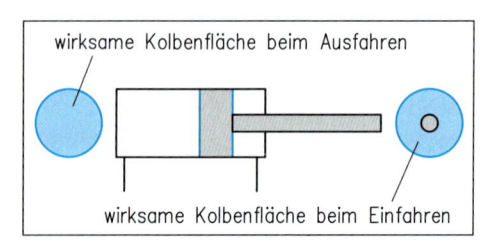

Bild 21 Wirksame Kolbenfläche

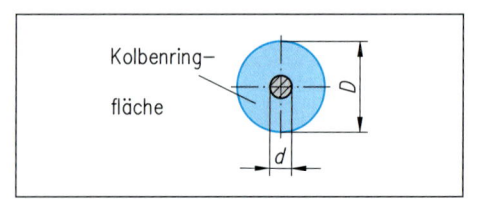

Bild 22 Kreisringfläche

Kreisringfläche

$$A = \frac{D^2 \cdot \pi}{4} - \frac{d^2 \cdot \pi}{4}$$

$$A = (D^2 - d^2) \cdot \frac{\pi}{4}$$

Die **wirksame Kraft** ist beim *Ausfahren* der Zylinderstange *größer* als beim *Einfahren*.

Dies liegt daran, dass die **wirksame Kolbenfläche** unterschiedlich groß ist.

Endlagendämpfung, spezifischer Luftverbrauch

Spezifischer Luftverbrauch

Spezifischer Luftverbrauch

Durch die Füllung der Toträume kann der tatsächliche Luftverbrauch bis zu 25 % höher sein als der errechnete oder dem Diagramm entnommene Wert.

Toträume können beispielsweise Druckluftleitungen zwischen Zylinder und Wegeventil oder nicht nutzbare Räume in der Kolbenendstellung sein.

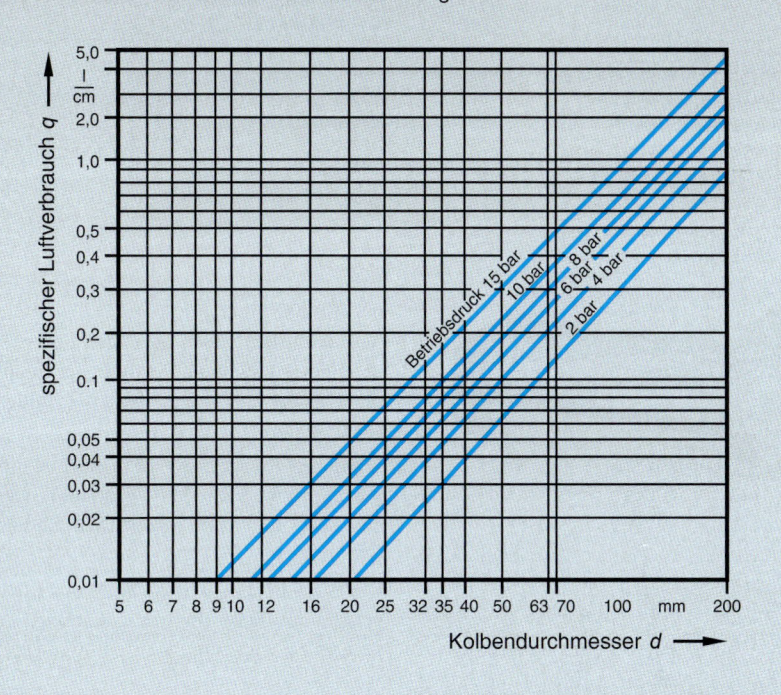

Spezifischer Luftverbrauch
specific air consumption

Bestimmung der Kolbenkraft

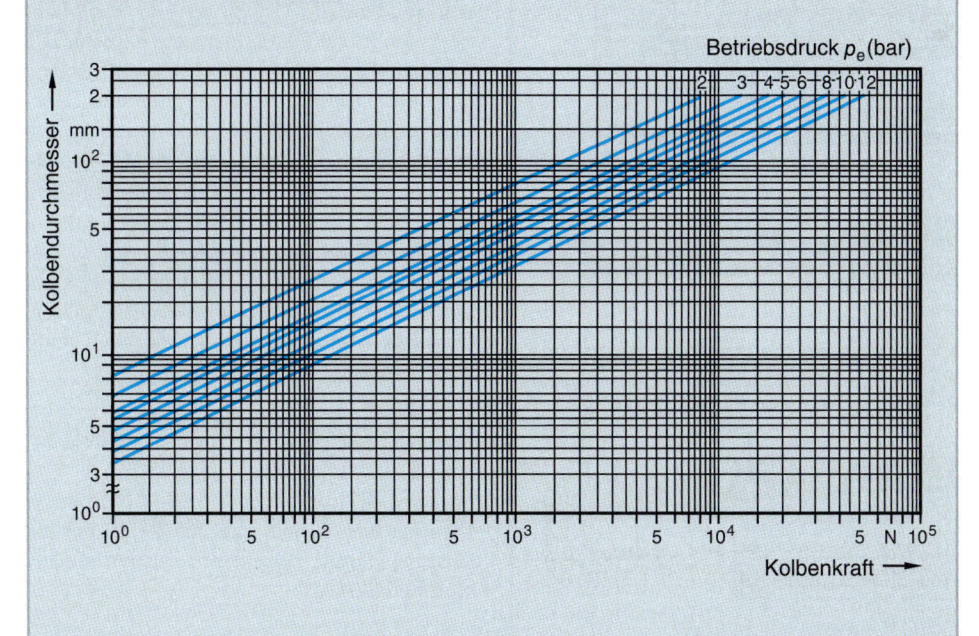

@ Interessante Links
- www.smc.de
- www.festo.de
- www.airtec.de
- www.aventics.com
- www.boschrexroth.com

Bei der magnetischen Kopplung zwischen Kolben und Läufer gibt es keine Verbindung von innen nach außen. Dadurch können diese Zylinder z. B. auch in Reinräumen eingesetzt werden.

🇬🇧
Kolbenstangenloser Zylinder
rodless cylinder

Eine weitere Gruppe von Pneumatikzylindern sind die kolbenstangenlosen Zylinder. Sie gibt es in zwei Ausführungen.

Symbole

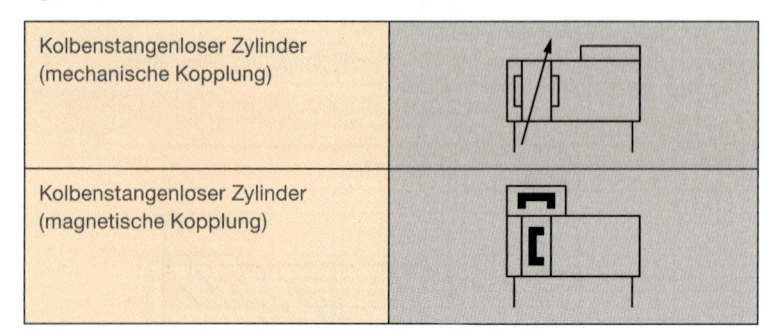

Kolbenstangenloser Zylinder (mechanische Kopplung)	
Kolbenstangenloser Zylinder (magnetische Kopplung)	

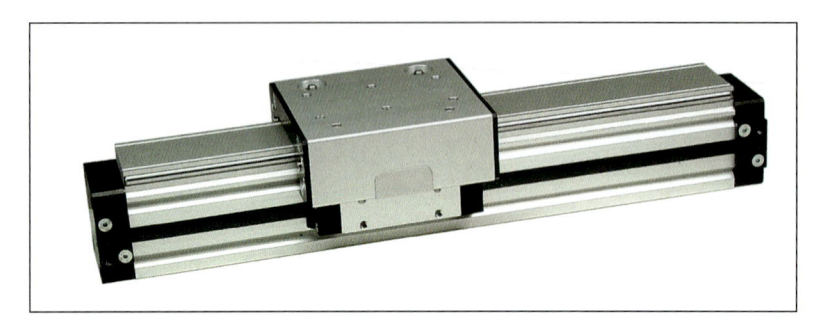

- Zylinder mit mechanischer Kopplung
- Zylinder mit magnetischer Kopplung

Bild 23 Kolbenstangenloser Zylinder 1

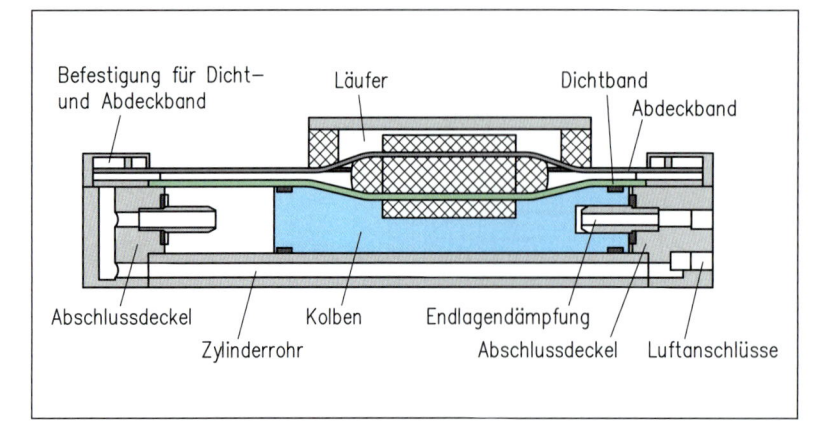

Bild 24 Kolbenstangenloser Zylinder 2

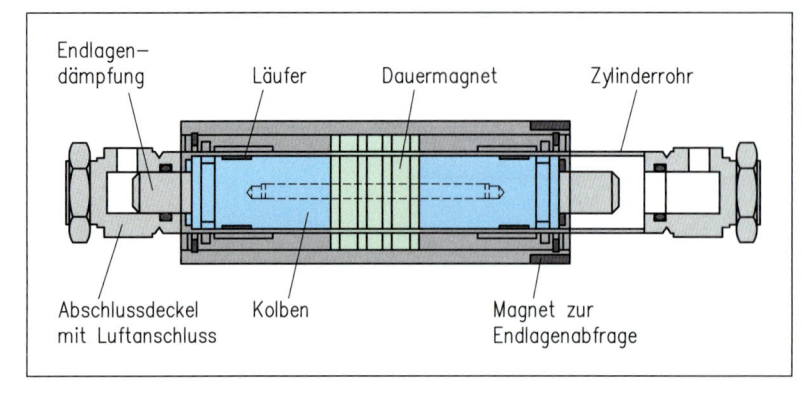

Bild 25 Kolbenstangenloser Zylinder 3

Bei Zylindern mit mechanischer Kopplung wird der Kolben über ein geschlitztes Zylindergehäuse mit dem außen liegenden Läufer verbunden. Zur Abdichtung wird ein Dichtband über die gesamte Länge des offenen Zylindergehäuses gespannt.

Wenn der Zylinder mit Druckluft beaufschlagt wird, drückt sich das Dichtband gegen das Gehäuse, und eine absolute Dichtheit wird gewährleistet.

Über die Dichtung wird noch ein Metallband gelegt, um diese vor mechanischen Beschädigungen zu schützen.

Die magnetische Kopplung zwischen Kolben und Läufer wird mithilfe von Dauermagneten realisiert. Die Ausrichtung der Pole (Nord/Süd) liegt parallel zur Laufrichtung des Kolbens. Die magnetische Kraft ist so hoch, dass der Kolben den außen liegenden Läufer mitnimmt. Dabei gibt es also keine Verbindung von innen nach außen. Diese Art der Linearzylinder können somit z. B. in Reinräumen eingesetzt werden.

Würde z. B. der Läufer bei einer Fehlfunktion hängen bleiben, und diese Kraft wäre größer als die magnetische Verbindungskraft, kann der Kolben trotzdem in seine Endlage fahren. Ein größerer mechanischer Schaden wird somit abgewendet.

Dadurch, dass diese Art von Pneumatikzylindern keine Kolbenstange besitzt, hat der Kolben auf beiden Seiten das gleiche Flächenmaß. Dies hat den Vorteil, dass die Kraft und die Geschwindigkeit in beiden Verfahrrichtungen gleich groß ist.

Schwenkantriebe

Symbole

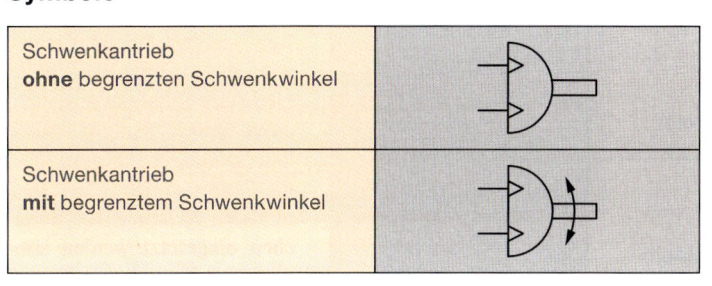

Schwenkantrieb **ohne** begrenzten Schwenkwinkel	
Schwenkantrieb **mit** begrenztem Schwenkwinkel	

Schwenkantriebe ermöglichen eine einfache Umwandlung der linearen Kolbenbewegung in eine Drehbewegung.

Schwenkantrieb
slewing drive

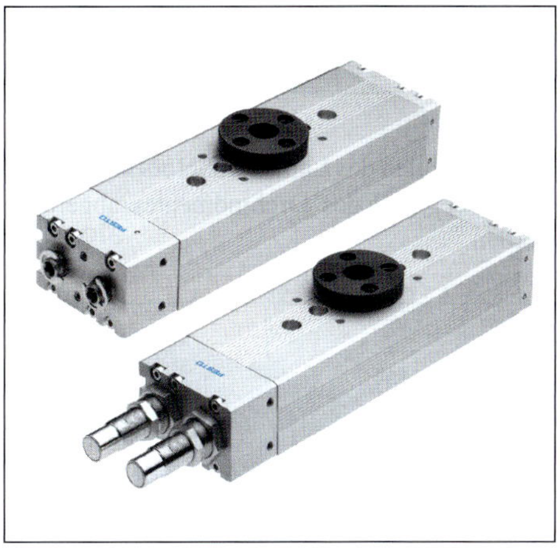

Schwenkantriebe ermöglichen eine einfache Umwandlung der linearen Kolbenbewegung in eine Drehbewegung. Dies geschieht durch zwei Zahnstangen und einem in der Mitte laufenden Ritzel, das die Kraft auf eine Welle überträgt.

Es sind verschiedene Drehwinkel von 0° bis 360° möglich, die über einstellbare Endlagen fein justierbar sind.

In den meisten Fällen besitzen sie auch eine einstellbare Endlagendämpfung und Befestigungsmöglichkeiten für verschiedene Sensoren.

Eine kompaktere Bauform ist der Schwenkantrieb mit Schwenkflügeln. Bei diesem Typ werden auf einer Welle befestigte Flügel durch die einströmende Druckluft hin- und herbewegt. Der Drehwinkel ist aufgrund seiner Bauart auf 270° begrenzt, und das erzeugte Drehmoment ist deutlich kleiner als bei der Zahnstangen-/Ritzel-Variante.

Ein Vorteil ist, dass der innere Verschleiß von Bauteilen kleiner ist. Auch hier kann man den Schwenkwinkel stufenlos einstellen und die Endlage dämpfen.

Bild 26 Schwenkantrieb

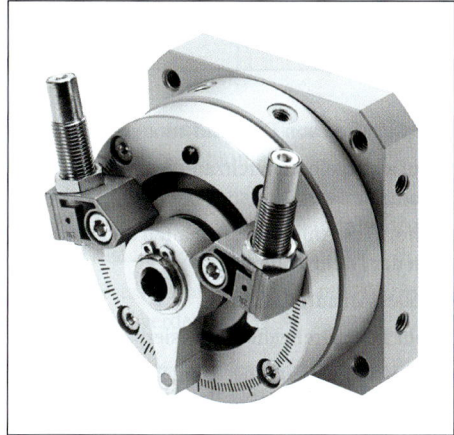

Bild 28 Schwenkantrieb mit Schwenkflügel

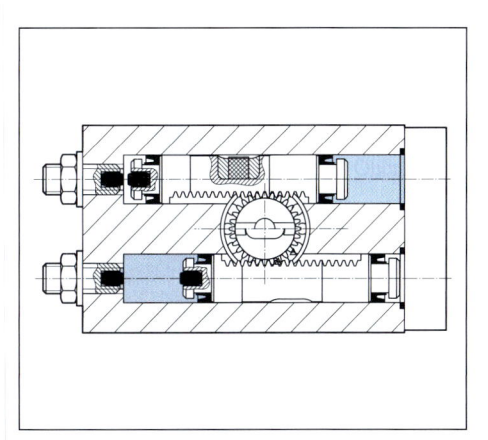

Bild 27 Schwenkantrieb im Schnitt

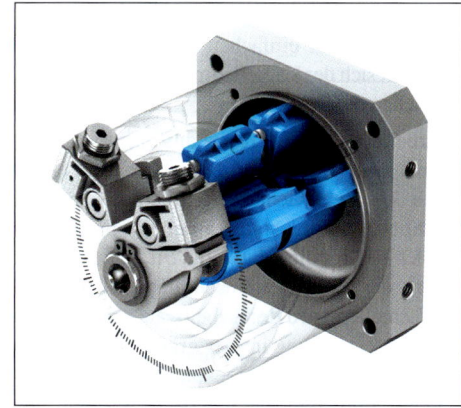

Bild 29 Schwenkantrieb mit Schwenkflügel im Schnitt

Die Vakuumsauger können bis Temperaturen von 550 °C eingesetzt werden.

An die Arbeitsleitung können nun, je nach Anwendungsfall, verschiedenste Vakuumsauger angeschlossen werden.

Je nach Größe, Form und Materialbeschaffenheit der Vakuumsauger lassen sich damit unterschiedlichste Handlings- und Positionieraufgaben realisieren.

Vakuumsauger sind nicht nur präziser und schneller als andere Greifmittel, sondern auch sehr variabel in ihrer Anwendung.

Ein weiterer Vorteil ist die preiswerte Beschaffung und Wartung.

> Mit den modernen Vakuumsaugern lassen sich sogar raue und poröse Oberflächen wie z.B. von Waschbetonplatten ansaugen und sicher bewegen.

Vakuumsauger mit speziellen Filzauflagen können in der Glasindustrie bis zu Temperaturen von 550 °C eingesetzt werden.

Bild 34   Varianten von Vakuumsaugern

5.7   Ventile

Pneumatikventile
pneumatik valve

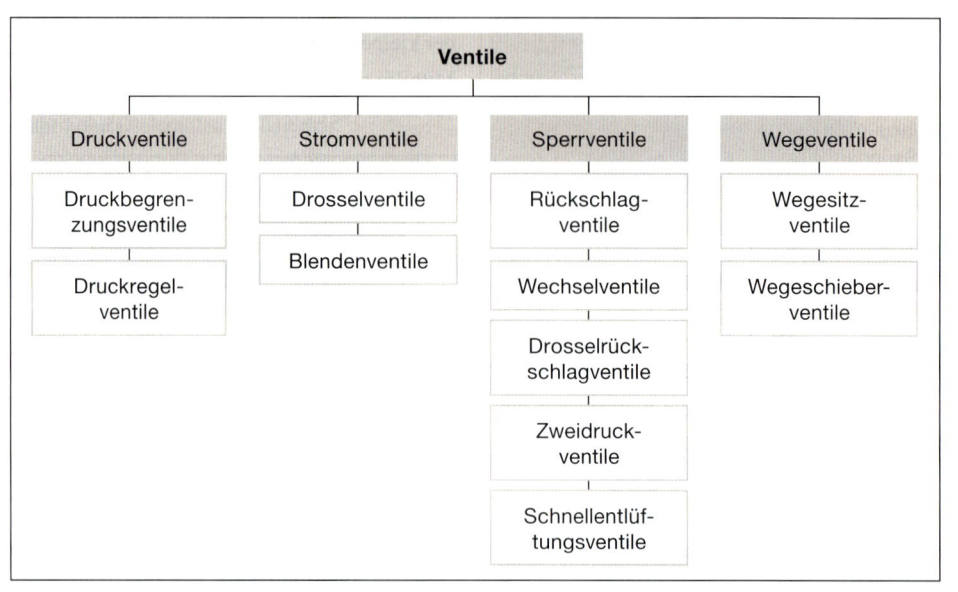

Bild 35   Übersicht der Pneumatikventile

Die Ventile in der Pneumatik werden auch Steuerelemente genannt und unterscheiden sich in Signaleingabe- und Signalverarbeitungselemente.

Sie beeinflussen den Druck, den Durchfluss, den Start und das Ende sowie die Richtung des Durchflusses.

Ventile

Signaleingabe:

In dieser Ebene einer pneumatischen Schaltung werden die Steuersignale von außen durch verschiedene Betätigungsarten gegeben:

- Handbetätigung.
- Betätigung durch pneumatische Steuersignale.
- Betätigung durch pneumatische Vorsteuerung.
- Signaleingabe durch Näherungsschalter.

Signalverarbeitung:

In dieser Ebene wird die gesteuerte Druckluft weiterverarbeitet. Mithilfe von verschiedensten Ventilarten können eine Reihe von Schaltungszuständen realisiert werden:

- Veränderung der Arbeitsdrücke inerhalb der Schaltung.
- Steuerung der Arbeitselemente (Aktoren).
- Logische Verknüpfungen (UND-ODER-Glied).
- Sicherheitskreise (Zweihandbedienung).
- Drosselung von Volumenströmen.
- Volumenströme sperren und wieder freigeben.

Signaleingabe-Elemente in der Übersicht

Manuelle Betätigung		Elektromagnetische Betätigung	
durch Muskelkraft allgemein (Hebel, Taster, Knopf usw.)		Durch Elektromagnet direkt betätigt, d.h. Magnetanker und Schaltelement sind formschlüssig miteinander verbunden.	
durch Knopf		Durch Elektromagnet direkt betätigt mit zusätzlicher Handhilfsbetätigung.	
durch Hebel		Druckbeaufschlagung durch Kombination Elektromagnetkraft und anliegender Druckenergie: indirekt betätigt vorgesteuert. Die Druckenergie für die Vorsteuerung wird vom Druckanschluss intern (Eigenfluid) entnommen und muss der Hersteller-Mindestangabe entsprechen.	
durch Hebel mit Raste			
durch Pedal			
Mechanische Betätigung			
durch Stößel oder Taster		Durch Druckentlastung des Ventils über ein elektromagnetisch betätigtes Vorsteuerventil: indirekt betätigt. Die Steuerung des Vorsteuerventils erfolgt durch Eigenfluid.	
durch Feder			
durch Tastrolle		Druckbeaufschlagung durch ein indirektes betätigtes Wegeventil. Wegeventile NG 50 und größer werden mit einer doppelten Vorsteuerung ausgerüstet, um mit gleicher elektrischer Eingangsleistung wie bei Wegeventilen kleiner Nenngröße schalten zu können. Hier ist das Verhältnis Eingangsleistung elektrisch zu Ausgangsleistung pneumatisch besonders vorteilhaft groß.	
durch Tastrolle mit Leerrücklauf			
Pneumatische Betätigung			
durch Druckbeaufschlagung		Durch Druckbeaufschlagung des Ventils über ein elektromagnetisch betätigtes Vorsteuerventil. Die Steuerung des Vorsteuerventils erfolgt durch Fremdfluid am Anschluss „Z".	
durch Druckentlastung			
durch Differenzdruckbeaufschlagung		Durch Druckentlastung des Ventils über ein elektromagnetisch betätigtes Vorsteuerventil. Die Steuerung des Vorsteuerventils erfolgt durch Fremdfluid am Anschluss „Z".	
durch Druckbeaufschlagung, federzentrierte Mittelstellung: Ruhestellung			

Fluidtechnik – Pneumatik, E-Pneumatik

■ **Rückschlagventil**
Durchfluss nur in eine Richtung.

■ **Schnellentlüftungsventile**
sollen möglichst nahe am Zylinder montiert werden.

■ **Rückschlagventil**
mit Feder, Durchfluss nur in einer Richtung, Ruhestellung geschlossen.

■ **Rückschlagventil**
entsperrbar mit Feder, durch Steuerdruck Durchfluss in beide Richtungen.

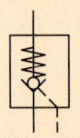

■ **Druckbegrenzungsventil**
direkt gesteuert, Öffnungsdruck über Feder einstellbar.

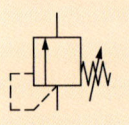

■ **Folgeventil**
eigengesteuert.

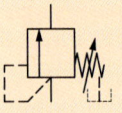

■ **Folgeventil**
eigengesteuert, mit Umgehungsventil.

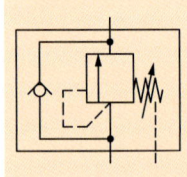

Signalverarbeitung in der Übersicht

Druckventile	
Einstellbares Druckregelventil (ohne Entlastungsöffnung)	
Druckschaltventil (mit äußerer Zuleitung)	
Einstellbares Druckbegrenzungsventil	
Strom- und Sperrventile	
Drosselventil (einstellbar)	
Rückschlagventil	
Rückschlagventil (federbelastet)	
Drosselrückschlagventil	
Zweidruckventil (UND-Funktion)	
Wechselventil (ODER-Funktion)	
Schnellentlüftungsventil	

Sperrventile und Stromventile

Sperrventile:
Die *Richtung* der Druckluft wird beeinflusst.

Stromventile:
Die *Durchflussmenge* der Druckluft wird beeinflusst.

- **Rückschlagventile**
  sperren in einer Richtung den Durchfluss und geben ihn in der anderen Richtung frei. Dadurch kann ein plötzlicher Druckabfall im Zylinder vermieden werden.

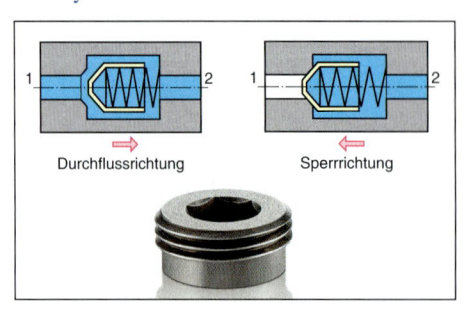

Bild 36 Rückschlagventil, Prinzip

- **Wechselventile**
  Zwei Eingänge und ein Ausgang. Wenn mindestens ein Eingang mit Druckluft beaufschlagt wird, strömt die Luft zum Ausgang. Es handelt sich hier um eine ODER-Funktion.

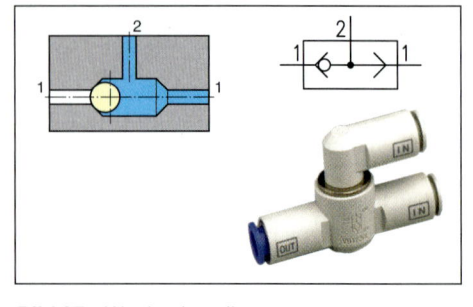

Bild 37 Wechselventil

- **Zweidruckventile**
  Nur wenn beide Steueranschlüsse mit Druckluft beaufschlagt werden, strömt die Luft zum Ausgang. Es handelt sich hier um eine UND-Funktion.

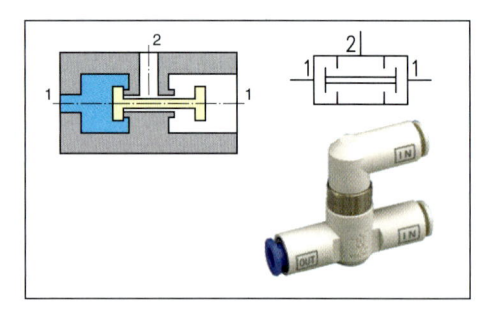

Bild 38 Zweidruckventil

- **Drosselrückschlagventile**
  Kombination von Drossel- und Rückschlagventil. In einer Richtung ist eine stufenlose Einstellung des Volumenstroms möglich (Drosselung), in der anderen Richtung unbehinderte Strömung möglich.

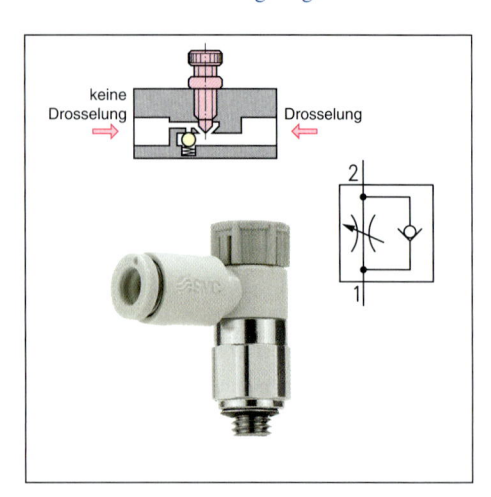

Bild 39 Drosselrückschlagventil

Ventile

- **Druckregelventile**
  Druckregelventile ermöglichen die Einstellung eines konstanten Sekundärdrucks, der unabhängig vom Primärdruck ist.
  Eine Membran und eine Feder übernehmen die Regelung. Druckventile sind Bestandteil von Wartungseinheiten und dienen zur Regelung der Kolbenkraft eines Zylinders.

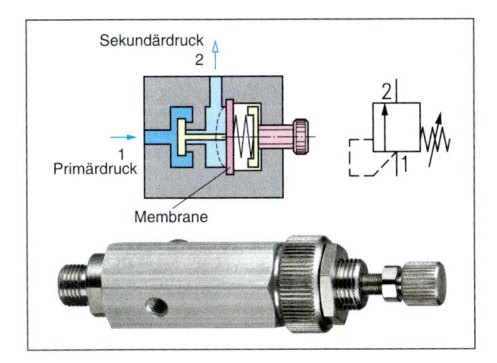

Bild 40 Druckregelventil

- **Folgeventile**
  Druckbegrenzungsventile, Zuschaltventile: Bei Überschreitung eines einstellbaren Drucks (Druckseite 1) wird die Kraft auf den Kolben größer als die entgegenwirkende Federkraft.
  Dadurch wird die Entlüftung 3 geöffnet. Wird der eingestellte Druck dabei unterschritten, schließt das Ventil wieder.
  Beim Folgeventil (Zuschaltventil) wird nicht entlüftet. Bei Öffnen des Kolbens strömt die Luft in eine Arbeitsleitung.

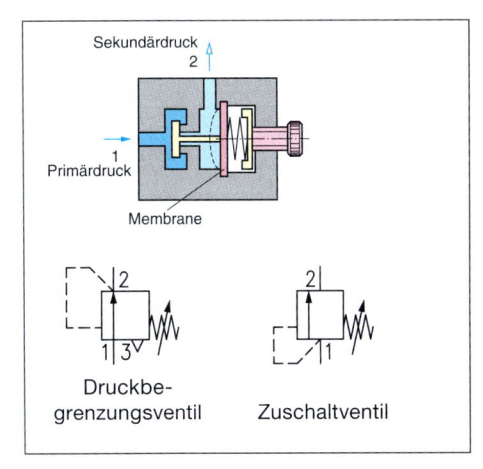

Bild 41 Folgeventil

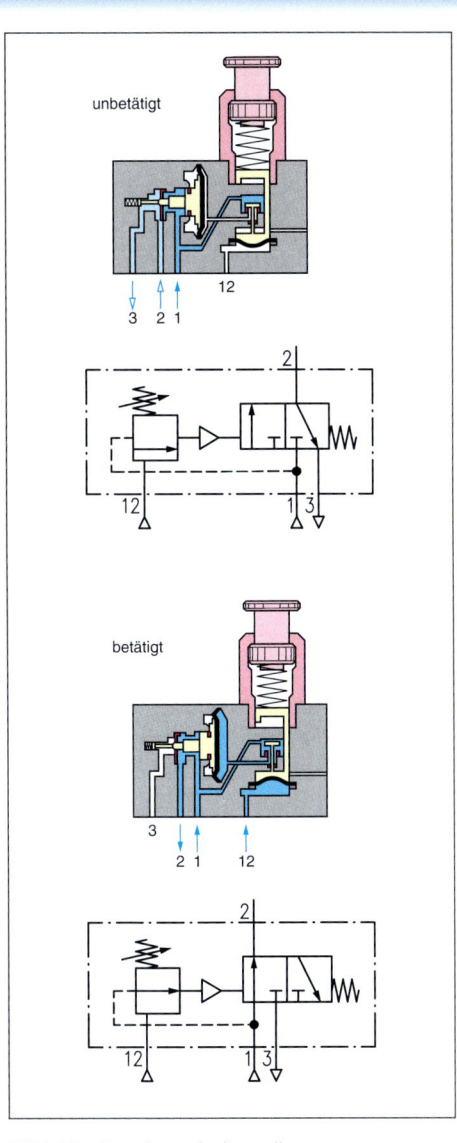

Bild 42 Druckzuschaltventil

Prüfung

1. Unterscheiden Sie zwischen Luftdruck, Überdruck und absolutem Druck.
2. Ein Druck wird mit 450000 $\frac{N}{m^2}$ angegeben. Wie viel bar sind das?
3. Was versteht man in der Pneumatik unter dem Normalzustand?
4. Wie arbeiten direkt gesteuerte Elektromagnetventile? Können Sie in der Pneumatik eingesetzt werden?
5. Wie arbeiten vorgesteuerte Ventile?
6. Erklären Sie die Wirkungsweise von Impulsventilen. Worauf muss beim Einsatz von Impulsventilen besonders geachtet werden?
7. Nennen Sie einen Einsatz für Schnellentlüftungsventile.

■ **Proportional-Druckbegrenzungsventil**
direkt betätigt, Magnet wirkt über Feder auf Ventilkegel.

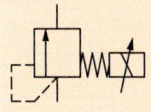

@ **Interessante Links**
- www.smc.de
- www.festo.de
- www.boschrexroth.com

■ **Aufgabenlösungen**

@ **Interessante Links**
- christiani.berufskolleg.de

Drosselung

Unter der Drosselung von pneumatischen Arbeitselementen versteht man eine Verringerung des Volumenstromes, was wiederum eine Verlangsamung der Bewegungsgeschwindigkeit zur Folge hat.

Man unterscheidet zwischen *Zuluft- oder Abluftdrosselung*.

Bei der *Zuluftdrosselung* wird die in den Zylinder einströmende Luft gedrosselt. Die Aus- bzw. Einfahrgeschwindigkeit der Kolbenstange ist zwar einstellbar, ein ruckelfreies Aus- oder Einfahren des Zylinders, besonders bei langsamen Geschwindigkeiten, ist aber nicht möglich.

Dieses Verhalten nennt man **„Stick-Slip-Effekt"**.

Der Stick-Slip-Effekt tritt immer dann auf, wenn die Haftreibung der Kolbendichtungen zur Zylinderinnenwand um ein Vielfaches größer ist, als die Gleitreibung.

Sobald sich der Kolben in Bewegung setzt und damit die Haftreibung überwunden wird, fällt der Druck im Kolbenraum schlagartig ab. Der Kolben kommt dann aufgrund der höheren Haftreibung kurzzeitig zum Stehen. Im Anschluss steigt der Druck im Kolbenraum wieder an, bis der Grenzdruck wieder erreicht ist. Dann überwindet der Kolben abermals kurzzeitig die Haftreibung. Der Druck im Kolbenraum fällt in der Folge erneut ab und der Vorgang wiederholt sich.

Bei langsamen Geschwindigkeiten fängt der Kolben also an zu ruckeln.

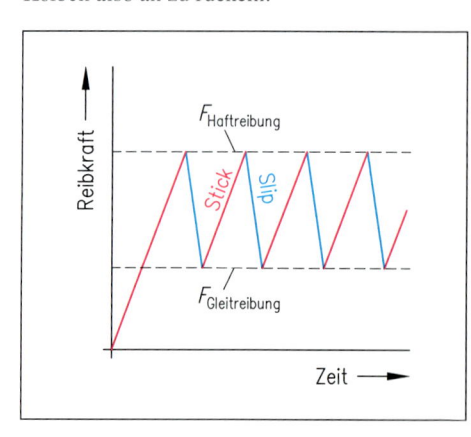

Bild 43 Diagramm Stick-Slip-Effekt

Um diesen unerwünschten Effekt zu verhindern, setzt man die Abluftdrosselung ein. Bei dieser Drosselungsart wird die **entweichende** Druckluft gedrosselt. Dadurch baut sich ein Luftpolster in der Kolbenkammer auf, der durch die eingebaute Drossel kontrolliert abgebaut wird. Der Kolben fährt mit dieser Technik auch bei langsamen Geschwindigkeiten mit einer gleichformigen Bewegung ein bzw. aus.

■ **Stick-Slip-Effekt**
oder Haftgleiteffekt bezeichnet das ruckartige Gleiten von gegeneinander bewegten Festkörpern.
Bei knarrenden Türen oder ratternden Scheibenwischern tritt dieser Effekt auch auf.

🇬🇧

haften
stick

gleiten
slip

Haftgleiteffekt
Stick-Slip-Effekt

Wegeventile erste Zahl = Anzahl der Anschlüsse zweite Zahl = Anzahl der Schaltstellungen	
2/2-Wegeventil (Durchfluss-Ruhestellung)	
3/2-Wegeventil (Sperr-Ruhestellung)	
3/2-Wegeventil (Durchfluss-Ruhestellung)	
4/2-Wegeventil (Durchfluss von 1 nach 2 und von 4 nach 3)	
5/2-Wegeventil (Durchfluss von 1 nach 2 und von 4 nach 5)	
5/3-Wegeventil (Ruhestellung gesperrt)	

Direkte und indirekte Ansteuerung von Ventilen

Bei der direkten Ansteuerung eines Ventils wird der für die Steuerung im Ventil zuständige Kolben, der über eine oder mehrere Dichtungen die innen liegenden Kanäle im Ventil verschließt oder öffnet, direkt durch das Betätigungselement bewegt.

Dies geschieht durch Handhebel, Fußschalter, elektrischen Magnetspulen usw.

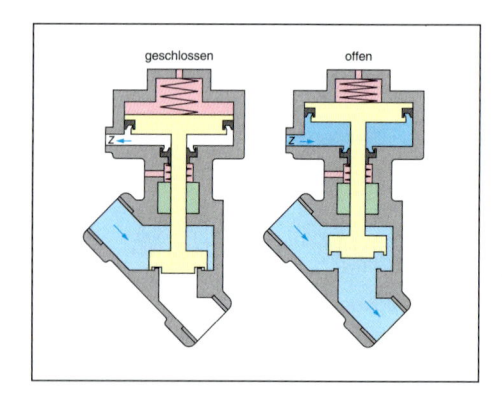

Bild 44 Direkt betätigtes Ventil

Bei größeren Ventilen steigt allerdings die Kraft, die zum Bewegen des Kolbens benötigt wird, proportional an. Das bedeutet, dass ab einer bestimmten Größe das Betätigungselement (z. B. die Magnetspule) deutlich größer wäre, als der Ventilkörper selbst.

Impulsventile, Ventilinseln

Um das zu verhindern, werden Ventile mit einer indirekten Ansteuerung eingesetzt. Diese Ventile werden auch „vorgesteuerte Ventile" genannt.

Hierbei wird über einen Bypass ein Teil der anliegenden Druckluft zum Kolben geführt. Die Kraft, die dadurch auf den Kolben wirkt, reicht aber nicht aus, um den Kolben zu bewegen. Er ist nun vorgesteuert.

Um den Kolben endgültig zu bewegen, benötigt man nur noch eine geringe Kraft, die z. B. eine kleine Magnetspule aufbringen kann.

Allerdings müssen solche vorgesteuerten Ventile mit einem recht hohen Arbeitsdruck (in der Regel über vier bar) beaufschlagt werden.

Sollen kleine Arbeitsdrücke geschaltet werden, werden Ventile eingesetzt, die über einen externen Steuerluftanschluss verfügen.

Impulsventile

Impulsventile, auch „*bistabile Wegeventile*" genannt, werden wechselseitig von elektrischen oder pneumatischen Steuersignalen umgesteuert. Dies geschieht durch einen kurzen Impuls, der ausreicht, um den Steuerkolben des Ventils in seine rechte oder linke Endlage zu bewegen.

Nach Wegnahme des Signales bleibt der Kolben in seiner Endlage stehen. Die Impulsventile haben also eine *Speicherfunktion*.

Achtung:
Da die aktuelle Schaltstellung von außen nicht erkennbar ist, kann es z. B. beim Einschalten einer Maschine zu ungewollten Bewegungen von Zylindern kommen (erhöhte Unfallgefahr).

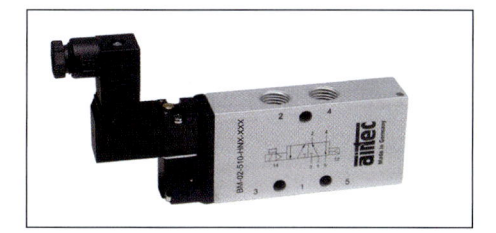

Bild 46 Wegeventil

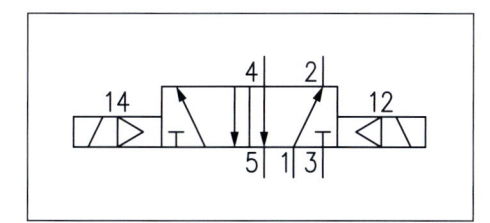

Bild 47 5/2-Wege-Impulsventil, elektrisch betätigt, pneumatisch vorgesteuert

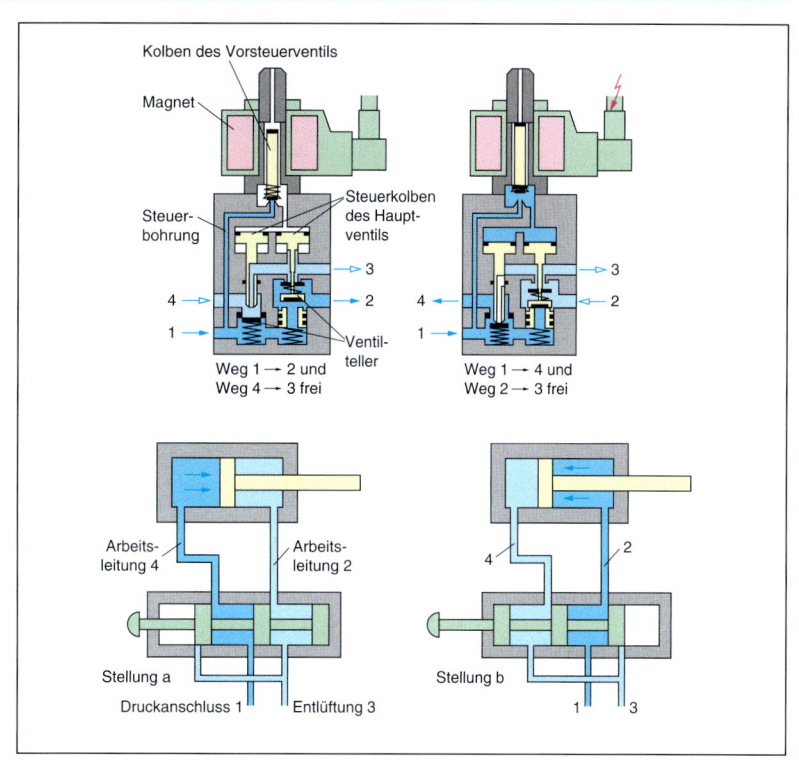

Bild 45 Vorgesteuertes Wegeventil, Arbeitsweise

Ventilinseln

Bei komplexen pneumatischen Steuerungen werden verschiedenste Ventilarten, elektrische Ein- bzw. Ausgänge und Steuerungskomponenten zu Ventilinseln zusammengefasst.

Sie sind in der heutigen pneumatischen Steuerungswelt zum Standard geworden.

Als Erfinder gilt die Fa. Festo, die 1986 erstmals eine Ventilinsel auf den Markt brachte.

Vorteile von Ventilinseln:

- Kompakte Bauweise.
- Guter Überblick bei der Fehlersuche inkl. Diagnosefunktion.
- Einfacher Austausch von defekten Ventilen.
- Nur eine pneumatische und elektrische Zuleitung.
- Verschiedenste Ventilarten und Sensoren können kombiniert werden.
- Realisierung von unterschiedlichen Druckzonen und Vakuumtechnik.
- Einfache Einbindung über BUS-Systeme in eine übergeordnete Steuerung.
- Reserveplatten für einfache Erweiterung.

■ **Vorgesteuerte Ventile** ermöglichen geringe Betätigungskräfte, wie sie z. B. durch einen kleinen Elektromagneten aufgebracht werden können.

Ventile mit indirekter Ansteuerung werden auch vorgesteuerte Ventile genannt.

🇬🇧

Ventilinsel
valve cluster

Bild 48 Beispiel Ventilinsel

5.8 Pneumatikleitungen

Die Pneumatikkomponenten werden durch **Leitungen** (i. Allg. Kunststoffschläuche) miteinander verbunden. Hierzu wird eine Vielzahl von **Verbindungselementen** angeboten.

- **Montage**
  pneumatischer Baugruppen erfolgt durch Stecken und Schrauben.

- **Pneumatikleitungen**
  - Schläuche aus Kunststoff oder Gummi.
  - Rohre aus Stahl, Kupfer, Aluminium.

Bild 49 Pneumatikleitungen

Schlauchleitungen

Außen-Ø in mm	2	4	6	8	10	12	16
Innen-Ø in mm	1,2	2,5	4	5	6,5	8	10
mind. Biegeradius in mm	4	10	15	20	27	35	45
Betriebsdruck	0,8 MPa							
Temperaturbereich	−20 bis +60 °C							
Material	Polyurethan							

Außen-Ø in mm	3,18	4	6	8	10	12	16
Innen-Ø in mm	2,18	2,5	4	6	7,5	9	13
Material	Nylon, Weich-Nylon							

Schlauch hose
Rohr pipe
Verschlauchung piping
Montage assembly
Stecken plugging
Verschrauben screwing
Verschraubung threaded joint, screwed joint
Klemmring clamp ring

Verlegung von Pneumatikschläuchen

- Leitungslängen so kurz wie möglich halten. Aber unbedingt darauf achten, dass im Betrieb keine unzulässigen Zugspannungen auftreten.
- Minimale Biegeradien nicht unterschreiten; unbedingt Herstellerangaben beachten. Niemals unmittelbar hinter einem Schlauchanschluss biegen; niemals knicken. Pneumatikschläuche dürfen niemals scheuern.

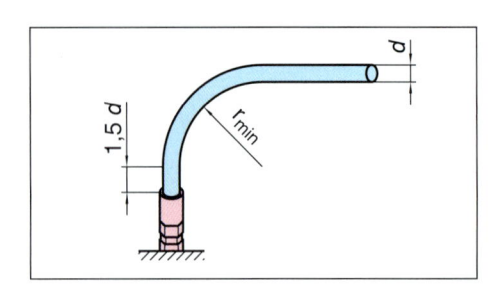

Bild 50 Biegeradius von Pneumatikschläuchen

Pneumatikleitungen

- Leitungen sind vor Beschädigungen zu schützen. Der Maschinenablauf darf durch die Leitungsführung nicht behindert werden.
- Die Servicefreundlichkeit der Maschine darf durch die Leitungsverlegung nicht beeinträchtigt werden.
- Pneumatikleitungen fachgerecht ablängen; Querschnittsverringerungen vermeiden.

Bild 51 *Pneumatikschläuche*

Steckschraubverbindungen

Pneumatikschläuche werden mit **Steckschraubverbindungen** verbunden.

- Die Steckschraubverbindung wird in das pneumatische Bauteil eingeschraubt.
- Der Pneumatikschlauch wird in die Steckverbindung geschoben und durch einen elastischen Klemmring gesichert.
- Die Abdichtung erfolgt durch einen innen liegenden O-Ring.

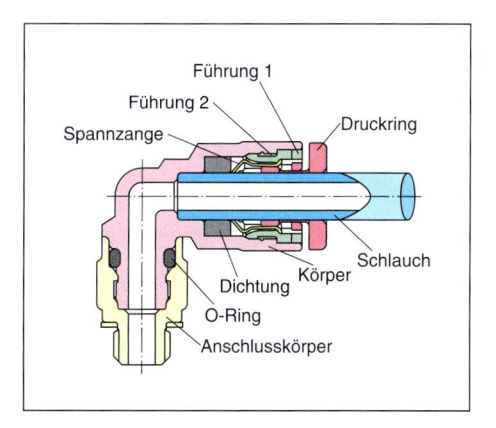

Bild 52 *Steckschraubverbindung*

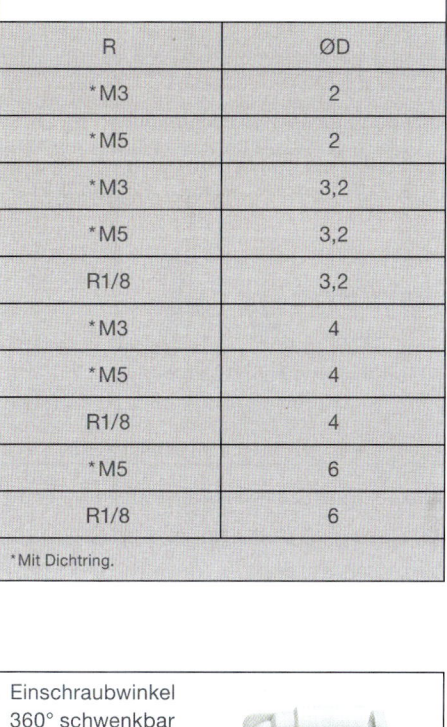

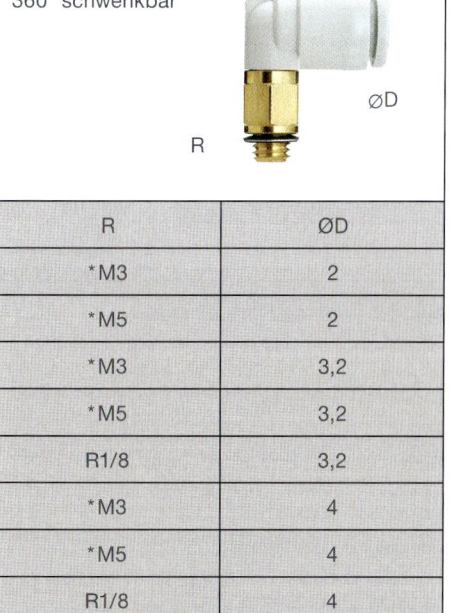

Gerade Steckschraubverbindung mit Außensechskant

R	ØD
*M3	2
*M5	2
*M3	3,2
*M5	3,2
R1/8	3,2
*M3	4
*M5	4
R1/8	4
*M5	6
R1/8	6

*Mit Dichtring.

Einschraubwinkel 360° schwenkbar

R	ØD
*M3	2
*M5	2
*M3	3,2
*M5	3,2
R1/8	3,2
*M3	4
*M5	4
R1/8	4
*M5	6
R1/8	6

*Mit Dichtring.

■ **Schlauchleitung**

■ **Schnelltrennkupplung**
ohne Rückschlagventil, entkuppelt.

■ **Steckverbindung**
Montage

- Rohrende rechtwinklig abschneiden und außen und innen entgraten.
- Rohrende bis Anschlag gegen den leichten Widerstand des O-Ringes einschieben.

Demontage

- Lösering gegen Armatur drücken und Rohr herausziehen.

■ **Schnelltrennkupplung**
mit Rückschlagventil, entkuppelt.

■ **Dreiwege-Drehverbindung**

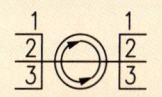

Fluidtechnik – Pneumatik, E-Pneumatik

■ **Schnelltrennkupplung** ohne Rückschlagventil, gekuppelt.

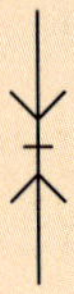

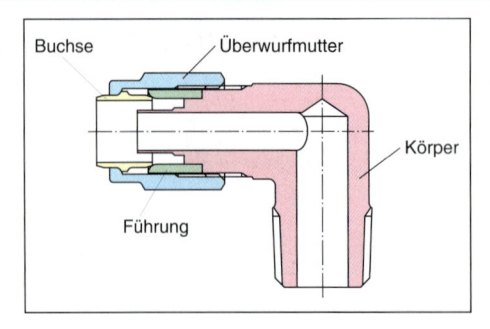

Bild 53 Klemmringverschraubung

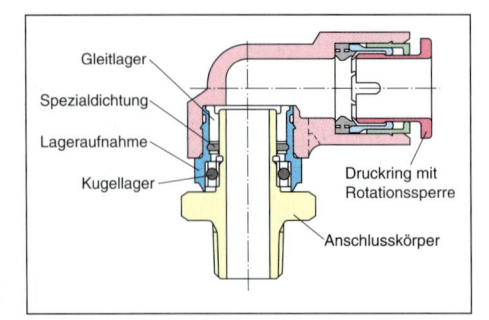

Bild 54 Rotations-Steckverbindung

@ **Interessante Links**
- www.smc.de

■ **Aufgabenlösungen**

TB

@ **Interessante Links**
- christiani.berufskolleg.de

Bild 55 Verbindungselemente

Klemmringverschraubung: gerade Steckverschraubung mit Außengewinde

R	ØD	ID
R1/8	4	2,5
R1/4	4	2,5
R1/8	6	4
R1/4	6	4
R1/8	8	6
R1/4	8	6
R3/8	8	6
R1/4	10	7,5
R3/8	10	7,5
R1/2	10	7,5
R1/4	12	9
R3/8	12	9
R1/2	12	9

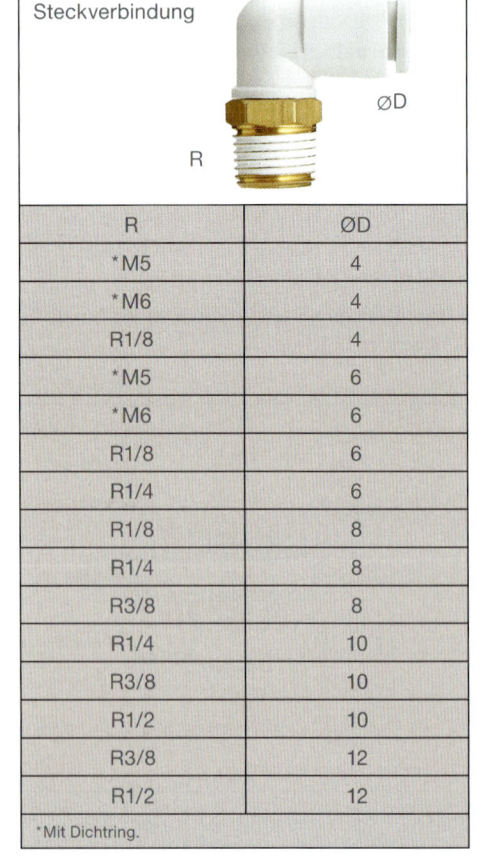

Rotations-Steckverbindung

R	ØD
*M5	4
*M6	4
R1/8	4
*M5	6
*M6	6
R1/8	6
R1/4	6
R1/8	8
R1/4	8
R3/8	8
R1/4	10
R3/8	10
R1/2	10
R3/8	12
R1/2	12

*Mit Dichtring.

Prüfung

1. Worauf ist bei der Verschlauchung von Pneumatikbaugruppen zu achten?
2. Warum müssen beim Anschluss von Pneumatikleitungen Querschnittsverringerungen vermieden werden?
3. Beschreiben Sie Ihre Vorgehensweise bei der Verschlauchung genau.
4. Selbstverständlich dürfen Pneumatikleitungen nicht abgeknickt werden. Aber warum sind Mindestbiegeradien einzuhalten?
5. Beim Einschalten der Druckluft sind alle Schlauchverbindungen auf festen Sitz zu prüfen.
   Beschreiben Sie, wie Sie danach das Einschalten der Druckluft durchführen.
6. Sie sollen einen Abzweig von der Pneumatik-Hauptleitung durchführen. Wie gehen Sie dabei technisch vor?
7. Warum sollen Pneumatikleitungen mit geringem Gefälle verlegt werden?

5.9 Berechnungen in der Pneumatik

Pneumatische Berechnungen am Schwenkarm

In der Baugruppe 2 befinden sich zwei nebeneinanderliegende Pneumatikzylinder. Diese beiden Zylinder sind für die Auf- und Abbewegung des Schwenkarms zuständig.

Für den praktischen Einsatz des Schwenkarms ist es von großer Bedeutung, wie hoch die maximale Nutzlast des Schwenkarmes sein darf. Des Weiteren ist hinsichtlich der Betriebskosten der Luftverbrauch des Schwenkarms von Wichtigkeit.

Im Einzelnen sind zu berechnen:
1. Die Gewichtskraft des Schwenkarmes.
2. Die maximale Wirkkraft der beiden Zylinder bei 4 bar Netzdruck.
3. Die maximale Nutzlast des Schwenkarmes.

Der Luftverbrauch bei 20 Doppelhüben.

Durch Recherchen beim zuständigen Konstrukteur und der Instandhaltung konnten folgende Informationen eingeholt werden:
- Die Masse des kompletten Schwenkarmes (m = 2,262 kg).
- Die Schräglage der Zylinder in Ruhestellung (32,5°).
- Die technischen Daten der beiden Zylinder.
- Der zur Verfügung stehende pneumatische Netzdruck (p_e = 4 bar).

Berechnung der Gewichtskraft des Schwenkarmes

Durch Einsicht in die Konstruktionszeichnungen konnte das Gesamtgewicht (Masse) der Baugruppe 2, 3 und 4 mit 2,262 kg ermittelt werden.

Die sich hieraus ergebende Gewichtskraft ermittelt sich wie folgt:

Masse: m = 2,262 kg
Erdbeschleunigung: g = 9,81 $\frac{m}{s^2}$
Gewichtskraft: F_G = ?

$F_G = m \cdot g$
$F_G = 2{,}262 \text{ kg} \cdot 9{,}81 \frac{m}{s^2} = 22{,}19 \text{ N}$
$\mathbf{F_G = 22{,}2 \text{ N}}$

Berechnung der Kraft für beide doppelt wirkenden Zylinder (Pos. 2.44)

Aus der Bezeichnung des Zylinders kann der Kolbendurchmesser abgelesen werden.

SMC Pneumatik/Typ: C85N16-50C
(siehe Stückliste Baugruppe 2)

Der Kolbendurchmesser beträgt also 16 mm. Mit diesem Durchmesser kann nun die maximale Kolbenkraft bei 4 bar Netzdruck ausgerechnet werden.

Überdruck: p_e = 4 bar
Kolbendurchmesser: A = 16 mm
Wirkungsgrad: η = 80 %
Kolbenkraft ges.: $F_{(ges)}$ = ?

Zu beachten ist folgende Umrechnung:
1 bar = 10 $\frac{N}{cm^2}$

$F = p_e \cdot A \cdot \eta$

$A = \frac{(D^2 \cdot \pi)}{4} = \frac{(1{,}6 \text{ cm})^2 \cdot \pi}{4} = 2{,}00 \text{ cm}^2$

$F = 40 \frac{N}{cm^2} \cdot 2{,}00 \text{ cm}^2 \cdot 0{,}8 = 64 \text{ N}$

$\mathbf{F_{ges} = 64 \text{ N} \cdot 2 \text{ Zylinder} = 128 \text{ N}}$

Berechnung der max. Nutzlast (kg) des Schwenkarmes

Die Gewichtskraft des Schwenkarmes beträgt 22,2 N.

Als Erstes muss betrachtet werden, wieviel Kraft die beiden Zylinder aufbringen müssen, um den unter einem Winkel von 32° stehenden Schwenkarm ohne Last anzuheben.

Die Gewichtsverteilung und die Querkräfte werden hierbei nicht berücksichtigt.

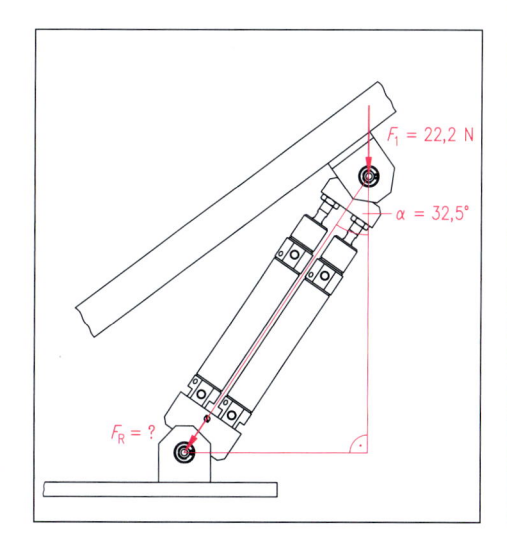

■ **Reibverluste**
im Zylinder mindern die maximal wirksame Kolbenkraft. Diese Reibverluste werden in der Rechnung mit dem Faktor Wirkungsgrad berücksichtigt.

■ **Erdbeschleunigung**
Die Beschleunigung die ein frei fallender Körper an der Erdoberfläche erfährt.

SI Einheit 9,81 m/s².

Kraft: $F_1 = 22{,}2$ N
Winkel: $\alpha = 32{,}5°$
Res. Kraft: $F_R = ?$

$$F_R = \frac{F_1}{\cos \alpha}$$

$$F_R = \frac{22{,}2 \text{ N}}{\cos 32{,}5°} = 26{,}32 \text{ N}$$

Die beiden Zylinder benötigen also eine Kraft von 26,32 N, um den Schwenkarm aus der unteren Ruheposition anzuheben.

Um nun in einem zweiten Schritt die max. Nutzlast zu berechnen, muss die Kraft, die in einem Winkel von 32,5° auf die beiden Zylinder wirkt, von der maximalen Wirkkraft der Zylinder abgezogen werden.

max. Nutzlast = 128 N − 26,32 N = 101,68 N

$$\text{max. Nutzlast} = \frac{101{,}68 \text{ N}}{9{,}81 \frac{\text{m}}{\text{s}^2}} = 10{,}37 \text{ kg}$$

Berechnung des Luftverbrauchs (bei 20 Hebevorgängen in der Minute)

Für die Auslegung der pneumatischen Anlage und für die Berechnung der Betriebskosten ist die benötigte Druckluftmenge der beiden Zylinder (Pos. 2.44) zu berechnen.

Im Normalbetrieb der Anlage werden 20 Teile pro Minute angehoben. Die beiden Zylinder fahren also 20-mal pro Minute aus und ein.

Dabei spricht man von sogenannten Doppelhüben.

Die für die Berechnung benötigte Hublänge der Zylinder kann wieder aus der Typenbezeichnung entnommen werden.

SMC Pneumatik/Typ: C85N16-50C

Die Hublänge beträgt somit 50 mm.

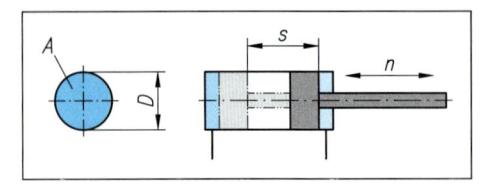

Überdruck: $p_e = 4$ bar
Luftdruck: $p_{amb} = 1$ bar
Kolbenfläche: $A = 2$ cm²
Doppelhubzahl: $n = 20 \frac{1}{\text{min}}$
Hublänge: $s = 5$ cm
Luftverbrauch: Q in Liter/min = ?

$$Q = 2 \cdot s \cdot n \cdot A \cdot \frac{p_e + p_{amb}}{p_{amb}}$$

$$Q = 2 \cdot 5 \text{ cm} \cdot 20 \frac{1}{\text{min}} \cdot 2 \text{ cm}^2 \cdot \frac{40 \frac{\text{N}}{\text{cm}^2} + 10 \frac{\text{N}}{\text{cm}^2}}{10 \frac{\text{N}}{\text{cm}^2}}$$

$$Q = 2000 \frac{\text{cm}^3}{\text{min}}$$

$$Q = 2 \frac{\text{dm}^3}{\text{min}}$$

$$Q = 2 \frac{\text{l}}{\text{min}}$$

Beim Luftverbrauch wird die Querschnittsfläche der Kolbenstange nicht berücksichtigt.

Der errechnete Wert für den Luftverbrauch ist nur ein Richtwert. Der tatsächliche Luftverbrauch kann durch das Füllen sogenannter Toträume (z. B. Leitungen in der Anlage) deutlich höher sein.

■ **Aufgabenlösung**

TB

@ **Interessante Links**
- christiani.berufskolleg.de

Prüfung

1. Ein Pneumatikzylinder mit einem Kolbendurchmesser von 50 mm wird mit 6 bar Betriebsdruck beaufschlagt.
   Bestimmen Sie die Kolbenkraft bei einem Wirkungsgrad von 85 %.

2. In einer Spannvorrichtung mit 60-mm-Kolbendurchmesser beträgt die theoretische Kolbenkraft 835 N. Der Wirkungsgrad beträgt 80 %.
   Wie hoch ist der Betriebsdruck in bar?

3. Von einem Zylinder sind folgende Werte bekannt: Kolbenkraft bei der Ausfahrbewegung: 685 N, Wirkungsgrad: 85 %, Kolbendurchmesser: 52 mm, Kolbenstangendurchmesser: 20 mm.
   Ermitteln Sie die Kolbenkraft beim Einfahren des Zylinders.

4. Der Zylinder einer Bohrvorrichtung muss eine Kraft von 3500 N aufbringen. Der Betriebsdruck wird mit 6,5 bar angegeben, der Wirkungsgrad beträgt 85 %.
   Bestimmen Sie den kleinstmöglichen Zylinderdurchmesser.
   Folgende Durchmesser stehen zur Auswahl: 35 mm, 50 mm, 70 mm, 100 mm und 140 mm.

5. Ein doppelt wirkender Zylinder hat einen Kolbendurchmesser von 100 mm und einen Kolbenweg von 120 mm. Der Zylinder wird mit einem Druck von 5 bar beaufschlagt. Die Doppelhubzahl beträgt 40.
   Wie groß ist der Luftverbrauch in dm³/min?

6. Ein Zylinder mit einem Kolbendurchmesser von 70 mm verbraucht 340 dm³ Luft pro Minute. Der Betriebsdruck beträgt 6 bar, die Doppelhubzahl 100.
   Wie groß ist die Hublänge?

5.10 Aufbau eines Pneumatikplanes mit Kennzeichnung der Bauteile

Ein pneumatischer und hydraulischer Schaltplan wird in Wirkrichtung von unten nach oben und der Funktionsablauf von links nach rechts gezeichnet.

Die Anlage wird in Ausgangsstellung dargestellt, unter Druck, jedoch vor dem Start.

In dieser Darstellung sind die alten Bezeichnungen nach DIN ISO 1219-2 in Klammern gesetzt.

■ **DIN/EN/ISO**
DIN = Deutsches Institut für Normung

EN = Europäische Normung

ISO = International Organization for Standardization

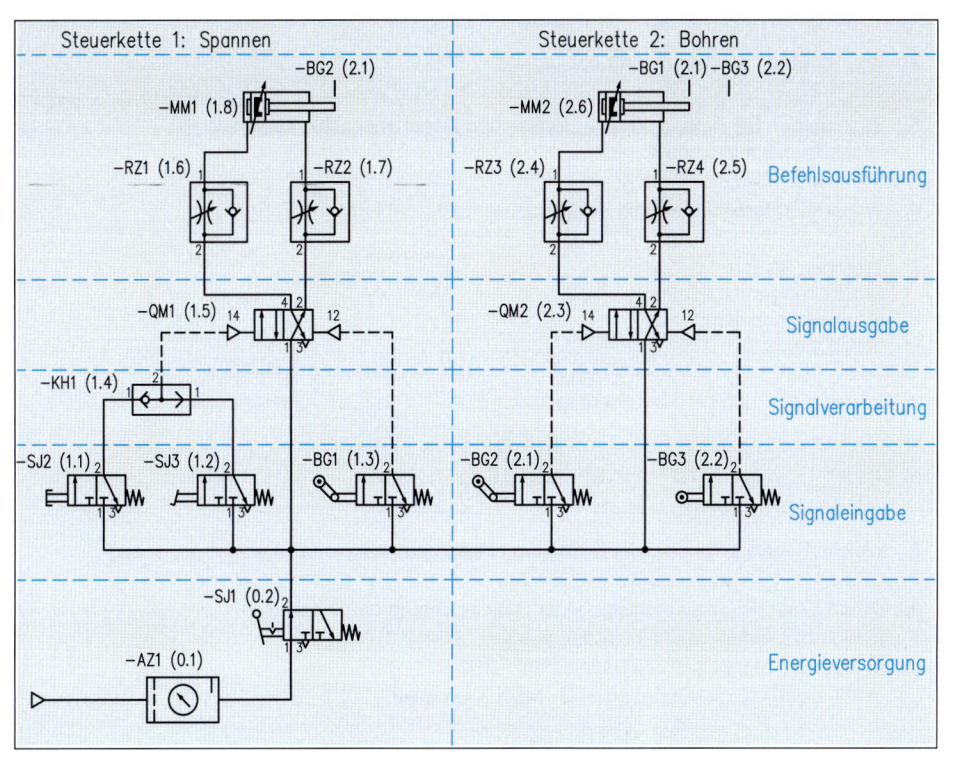

Bild 56 Beispiel Darstellung eines pneumatischen Schaltplans

Die neue Bauteilbezeichnung nach DIN EN 81 346-2 wurde im Frühjahr 2016 das erste Mal in PAL-Prüfungen verwendet und wird nach und nach für alle Prüfungen übernommen.

Der Vorteil der DIN EN 81 346-2 ist, dass die Bezeichnungen in pneumatischen- und elektrischen Schaltplänen Anwendung findet.

Übersicht der Haupt und Unterklassen DIN EN 81 346-2

Kennbuchstaben	Bedeutung
BG	Näherungsschalter/Endschalter
BP	Druckschalter
KF	Relais/Hilfsschütz/Regler
KH	Fluidregler/Ventilblock
MB	Betätigungsspule/Elektromagnet
MM	Zylinder (Pneumatik, Hydraulik)
QA	Schütz/Leistungsschalter
QM	Wegeventil (Pneumatik, Hydraulik)
RN	Drossel (z. B. pneum.)/Venturidüse
RZ	Drosselrückschlagventil
SF	Wahlschalter/Schalter (beide elektrisch)
SJ	handbetätigte Ventile
AZ	Wartungseinheit

Kennzeichnung der Ventilanschlüsse

Ziffern	Bedeutung
1	Druckanschlüsse (Zuleitung)
2, 4, 6 …	Arbeitsanschlüsse (Vorlauf)
3, 5, 7 …	Rückführanschlüsse (Entlüftungen)
12, 14, 16 …	Steueranschlüsse

Weitere Prüfungsaufgaben finden Sie am Ende des Kapitels (ab Seite 169).

Prüfung

1. Nennen Sie wesentliche Vorteile und Nachteile der Pneumatik.

2. Nennen Sie Beispiele für Arbeitsglieder der Pneumatik.

3. Für welche Anwendungen ist ein einfach wirkender Zylinder nicht einsetzbar?

4. Was bedeutet die Angabe 5/2-Wegeventil?

5. Beschreiben Sie Aufbau, Wirkungsweise und Einsatzmöglichkeiten eines Drosselrückschlagventils.

6. Wodurch unterscheiden sich Zuluftdrosselung und Abluftdrosselung?

7. Zeichnen Sie die Drosselrückschlagventile für Abluftdrosselung richtig ein.

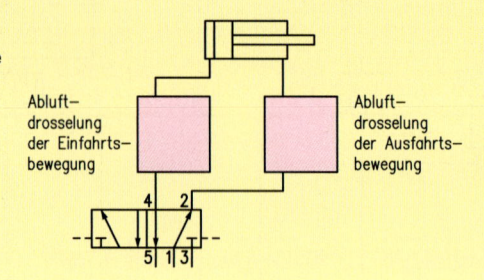

8. Welche Regeln gelten bei der Erstellung eines Pneumatikplans?

9. In Bild 57 ist der Pneumatikplan einer Hubeinrichtung dargestellt.
   a) Worum handelt es sich beim Bauelement –MM1?
   b) Welche Aufgabe hat das Bauelement –BG1?
   c) Mit welcher Drosselungsart wird –MM1 gedrosselt?

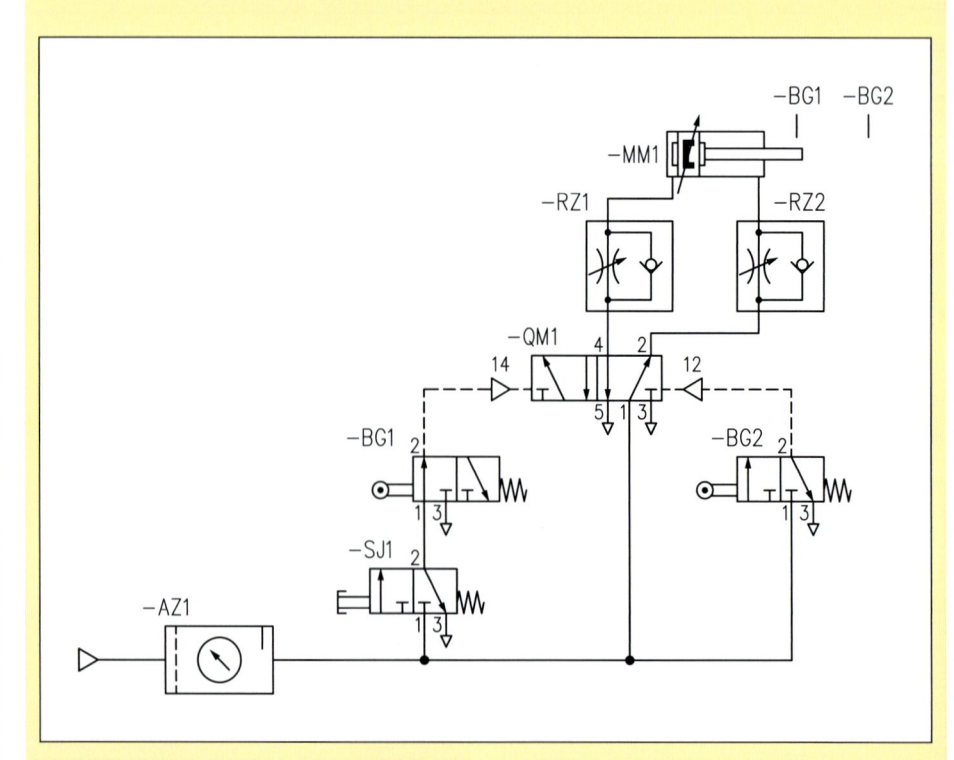

Bild 57 Pneumatikplan der Hubeinrichtung

5.11 Logische Verknüpfungen mit Pneumatikelementen

Funktion	Symbol, Gleichung	Pneumatik	Funktion	Symbol, Gleichung	Pneumatik
UND	$A = E1 \wedge E2$		ODER	$A = E1 \vee E2$	
NICHT	$A = \overline{E}$		Äquivalenz	$A = (E1 \wedge E2) \vee (\overline{E1} \wedge \overline{E2})$	
NAND	$A = \overline{E1 \wedge E2}$		Antivalenz	$A = (\overline{E1} \wedge E2) \vee (E1 \wedge \overline{E2})$	
NOR	$A = \overline{E1 \vee E2}$		Speicher	S Setzen, R Rücksetzen	
Implikation	$A = \overline{E1} \vee E2$		Speicher, vorrangiges Rücksetzen		

5.12 Pneumatische Grundsteuerungen

Grundschaltungen

Direkte Ansteuerung eines einfach wirkenden Zylinders

- Der einfach wirkende Zylinder kann nur beim *Ausfahren* der Kolbenstange *Arbeit* verrichten.
- Der *Rückhub* erfolgt durch Wegschalten des Arbeitsdrucks und *Federkraft*.
- Im Schaltplan werden die Zylinder im *eingefahrenen* Zustand dargestellt; *drucklos* gezeichnet.
- In Bild 58 gelangt die Druckluft aus der Druckquelle bis zum Anschluss 1 des 3/2-Wegeventils –SJ1. Das Dreieck symbolisiert in vereinfachter Form die Druckquelle.
- Das 3/2-Wegeventil wird durch einen *Druckknopf* betätigt, die Rückstellung erfolgt durch *Federkraft*.

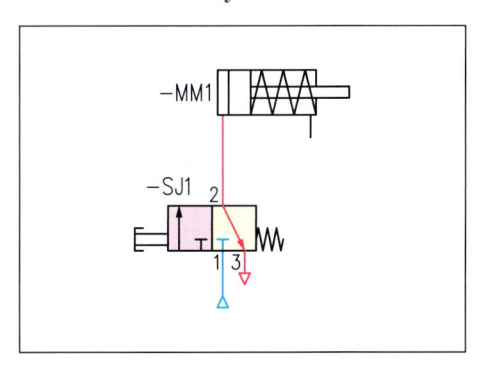

Bild 58 Zylinder eingefahren

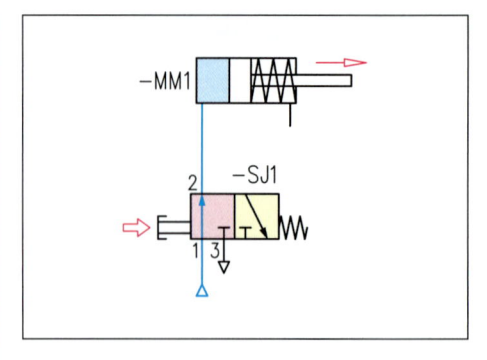

Bild 59 Kolbenstange fährt aus

- Dargestellt ist der ausgefahrene Zustand des Zylinders (Bild 59).
- Das 3/2-Wegeventil wird durch den Druckknopf betätigt. Die Druckluft gelangt über die Anschlüsse 1 und 2 zur Arbeitsleitung und in den daran angeschlossenen Zylinder.
- Die Zylinderstange fährt aus.
- Wenn das Ventil –SJ1 nicht mehr betätigt wird, schaltet es durch Federkraft um. Die Druckluft kann über Anschluss 3 entweichen (Bild 58, Seite 149). Der Zylinder fährt ein.

Indirekte Ansteuerung eines einfach wirkenden Zylinders

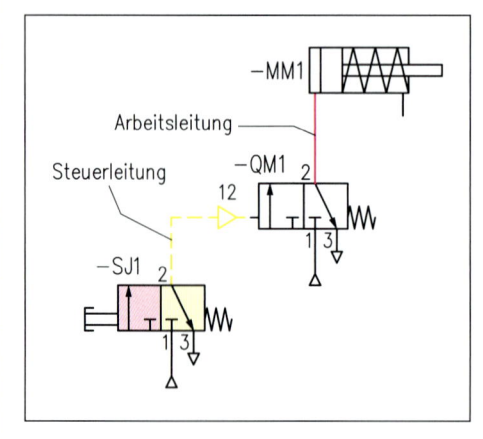

Bild 60 Indirekte Ansteuerung

- Wenn das Wegeventil (hier QM1) nicht direkt betätigt wird (z. B. durch Muskelkraft), spricht man von einer indirekten Ansteuerung (Bild 60).
- In der einfachsten Form erfolgt die Ansteuerung pneumatisch durch ein weiteres 3/2-Wegeventil.
- Die beiden 3/2-Wegeventile sind durch eine Steuerleitung miteinander verbunden.
- Steuerleitungen geben im Unterschied zu Arbeitsleitungen nur einen *Impuls* an das angeschlossene Stellglied weiter.

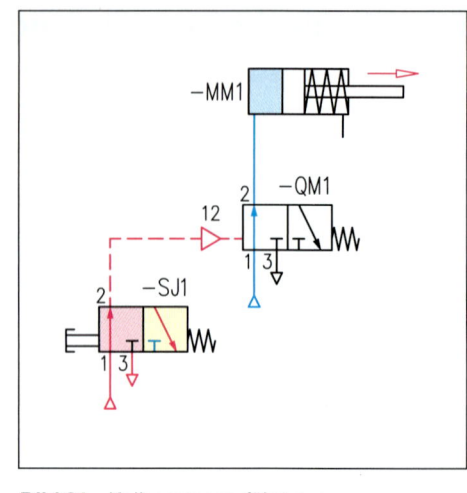

Bild 61 Kolbenstange fährt aus

- Wenn der angeschlossene Zylinder –MM1 mit Druck beaufschlagt wird, fährt die Kolbenstange aus (Bild 61).
- Solange das Ventil –QM1 betätigt ist, bleibt die Kolbenstange ausgefahren.
- Wird –QM1 losgelassen, schaltet es durch Federkraft um.
- Das Stellglied –SJ1 wird ebenfalls durch Federkraft umgeschaltet.
- Die Zylinderstange fährt in Ausgangslage zurück.

Indirekte Ansteuerung eines doppelt wirkenden Zylinders

Doppelt wirkende Zylinder können durch Ausfahr- und Einfahrbewegung eine Arbeit verrichten. Sie werden in beiden Fällen mit Druck beaufschlagt.

Eine direkte Ansteuerung doppelt wirkender Zylinder kommt nur ganz selten vor (Bild 62, Seite 151). Im Allgemeinen werden diese Zylinder in aufwendigeren Schaltungen indirekt angesteuert.

- Das 5/2-Wegeventil übernimmt die Arbeit eines speicherfähigen Stellglieds.
- Das Bauteil –1AZ1 ist eine Wartungseinheit, bestehend aus Filter, Druckregelventil, Manometer und Öler.
- Befindet sich die Zylinderstange von –MM1 in eingefahrener Position, steht das 5/2-Wegeventil –QM1 in der dargestellten Stellung (Bild 62, Seite 151). Weder Anschluss 14 noch 12 sind druckbeaufschlagt. Der letzte Impuls kam von Anschluss 12.
- Die Druckluft gelangt von Anschluss 1 (Druckquelle) zu Anschluss 2 (Arbeitsleitung).

Pneumatische Grundsteuerungen, Grundschaltungen

- Dass Ventil bleibt so lange in dieser Stellung, bis das Ventil –SJ1 betätigt wird und ein Impuls an das 5/2-Wegeventil –QM1 weitergegeben wird; Anschluss 14 (Bild 63).
- Das Ventil –QM1 wird in die linke Schaltstellung umgeschaltet. Die Druckluft strömt von Anschluss 1 nach Anschluss 4. Die Zylinderstange fährt aus.
- Hat die Zylinderstange die vordere Endlage erreicht, bleibt sie in dieser Position, bis das Signalglied –SJ2 betätigt wird. Dadurch wird ein Schaltimpuls vom 3/2-Wegeventil –SJ2 an das angeschlossene Ventil –QM1 gegeben (Bild 65, Seite 152).
- Das 5/2-Wegeventil –QM1 wird durch den Impuls umgeschaltet, die Zylinderstange fährt ein.

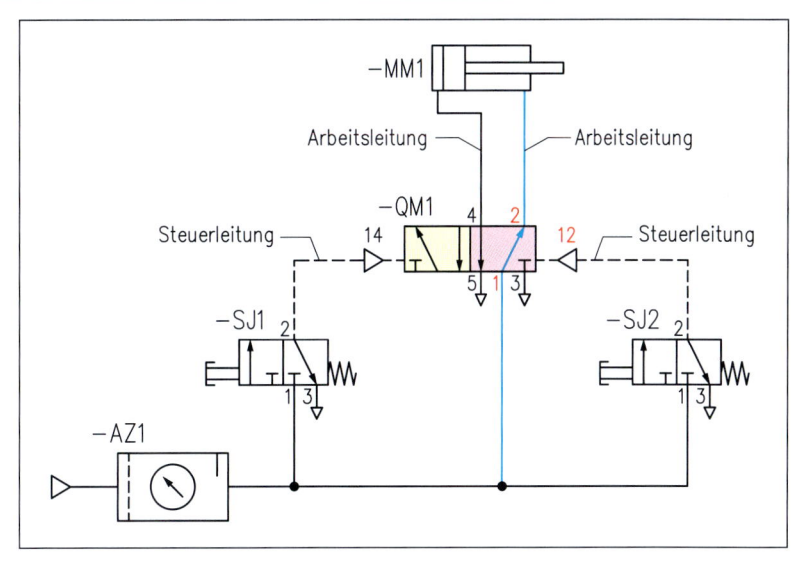

Bild 62 Indirekte Ansteuerung, doppelt wirkender Zylinder

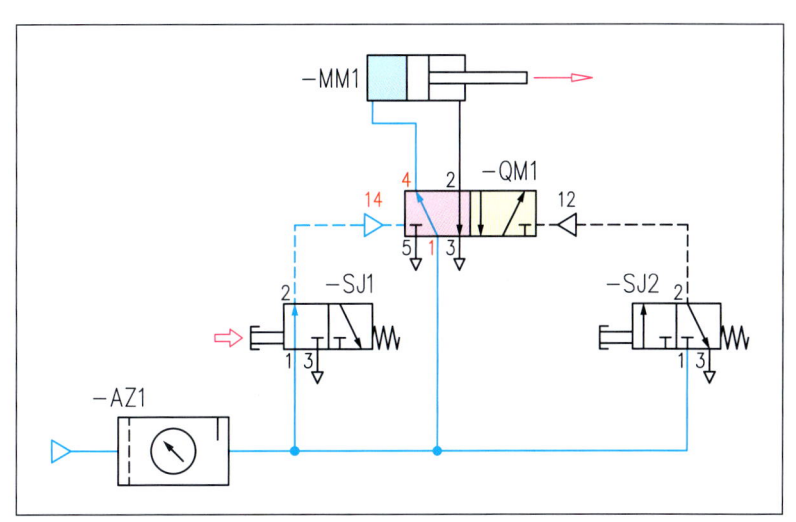

Bild 63 Kolbenstange fährt aus

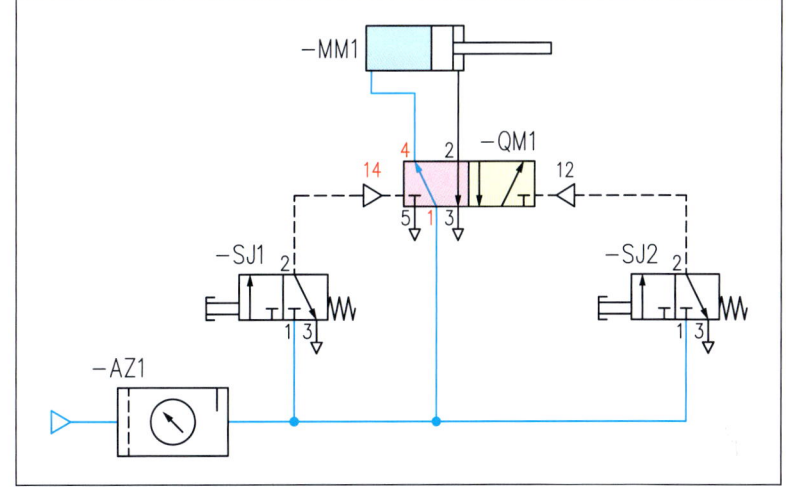

Bild 64 Kolbenstange ist ausgefahren

Prüfung

1. Erläutern Sie die Arbeitsweise der dargestellten pneumatischen Schaltung.

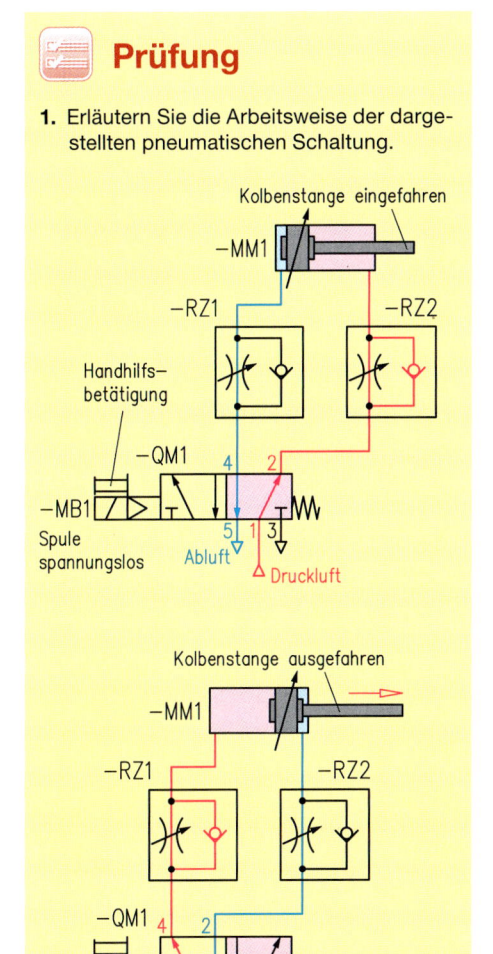

2. Worin unterscheiden sich direkte und indirekte Ansteuerung eines Zylinders?

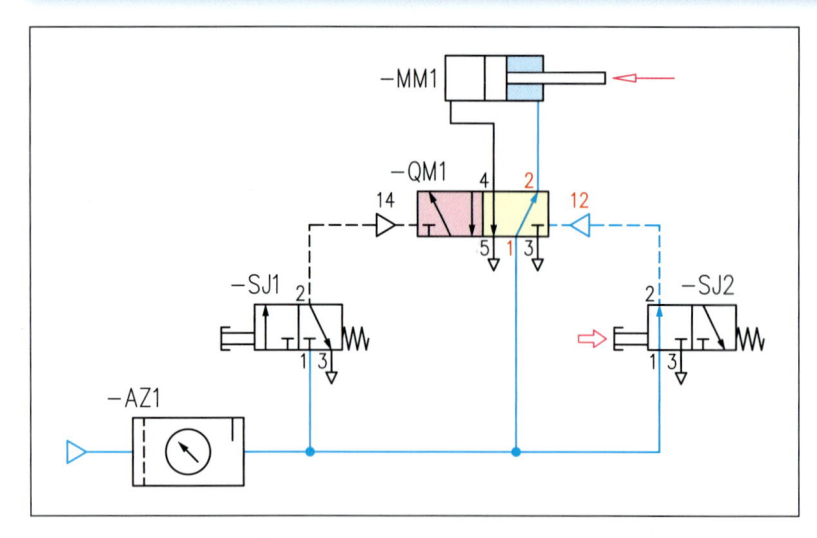

Bild 65 Kolbenstange fährt ein

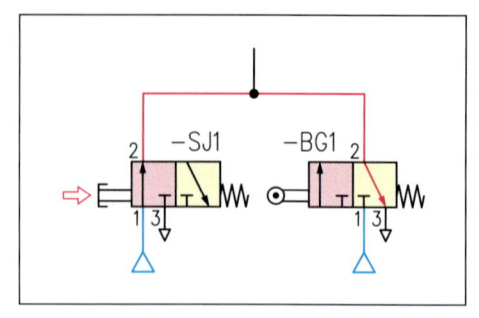

Bild 68 T-Verbindung, Betätigung von –SJ1

Der Luftdruck kann nicht in die gewünschte Richtung geleitet werden.

Um die Druckluft in die gewünschte Richtung zu leiten, wird ein **Wechselventil** eingesetzt. Das Grundprinzip ist vom Drosselrückschlagventil bekannt. Das Wechselventil wird auch **ODER-Ventil** genannt.

Das Wechselventil wird auch als ODER-Ventil bezeichnet.

ODER-Verknüpfung mit Wechselventil

Manchmal ist es sinnvoll, dass *zwei* oder *mehr* Signale dazu führen können, dass ein Ventil –QM1 geschaltet wird. Denkbar wäre der Einsatz einer **T-Verbindung**.

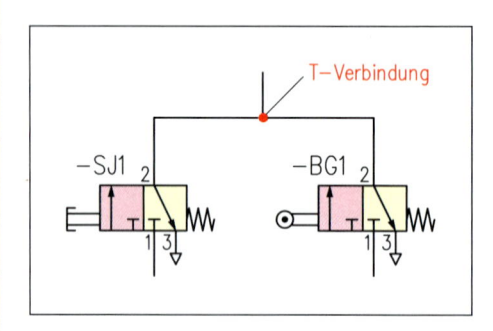

Bild 66 T-Verbindung, ODER-Verknüpfung

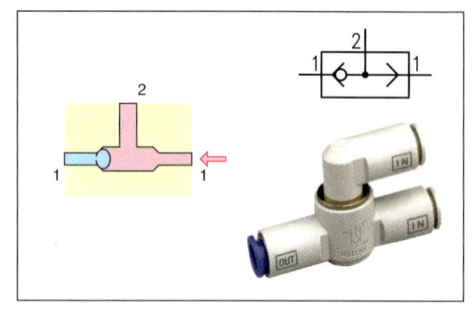

Bild 69 Wechselventil (ODER-Ventil)

Das **Wechselventil** wird eingesetzt, wenn eine Funktion *wahlweise von zwei verschiedenen Stellen* ausgeführt werden soll.

Ein Ausgangssignal wird hervorgerufen, wenn *mindestens einer* der beiden Signaleingänge mit Druck beaufschlagt wird.

Wenn beide Drucksignale zu unterschiedlichen Zeitpunkten eintreffen, gelangt das zuerst ankommende Signal zum Ausgang.

■ **Signal „0"**
kein Druck

■ **Signal „1"**
Druck

■ **Wechselventil**
ODER-Ventil

Bild 67 T-Verbindung, praktische Ausführung

Der Einsatz einer T-Verbindung bringt aber kein befriedigendes Ergebnis.

Nach Betätigung von –SJ1 gelangt die Druckluft über den Anschluss 2 des Ventils –SJ1 zum Anschluss 3 (Rückluft) und entweicht. Es wird kein Signal weitergegeben (Bild 68).

Anschluss 1	Anschluss 1	Anschluss 2
0	0	0
0	1	1
1	0	1
1	1	1

In einer **Funktionstabelle** wird dargestellt, unter welchen Bedingungen ein Signal am Anschluss 2 vorhanden ist. Ein *vorhandenes Signal* wird mit „1" gekennzeichnet, ein *nicht vorhandenes Signal* wird mit „0" gekennzeichnet.

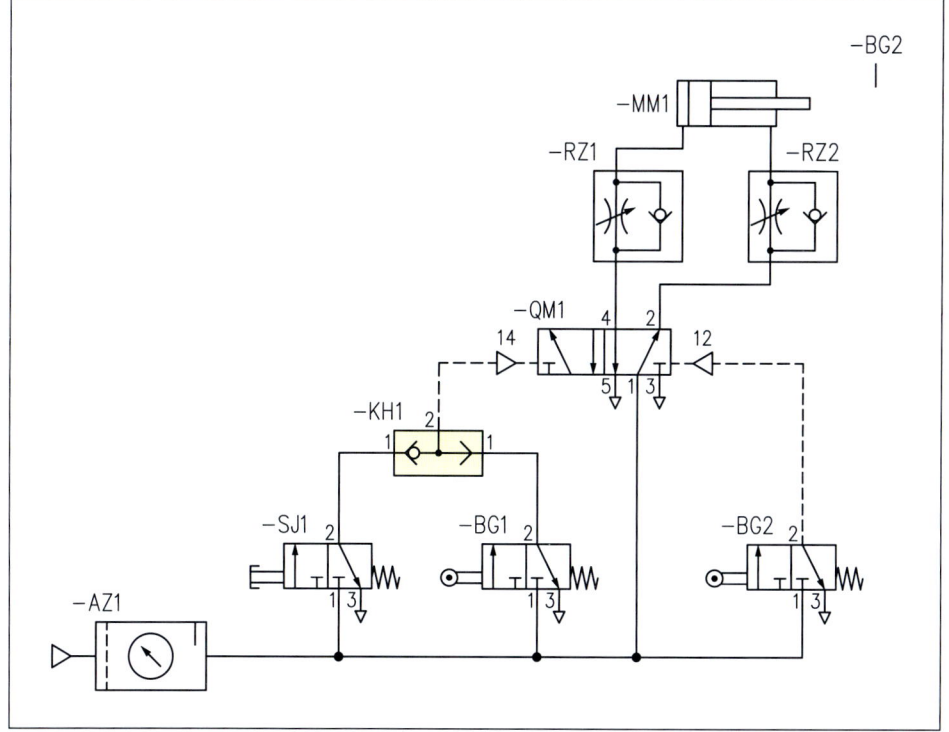

Pneumatische Grundsteuerungen, Grundschaltungen

Bild 70 Schaltplan mit ODER-Ventil

- **Zweidruckventil**
  UND-Ventil

Ansteuerung
control, piloting

Wegeventil
directional valve

Zweidruckventil
double pressure valve

UND-Ventil
AND-valve

Wechselventil
shuttle valve

ODER-Ventil
OR-valve

Schnellentlüftungsventil
quick evacuating valve

UND-Verknüpfung

Das *Zweidruckventil* (UND-Ventil) gibt nur dann ein Signal an das angeschlossene Ventil weiter, wenn beide Signalglieder –SJ1 und –BG1 betätigt sind.

Im Inneren des Zweidruckventils befindet sich ein mit zwei Dichtringen abgedichteter *Schieber*. Wird das Ventil *nur von einer Seite* mit Druckluft beaufschlagt, wird der Schieber in seine rechte oder linke Stellung gedrückt und der Durchgang zu Anschluss 2 abgedichtet.

Es kann kein Impuls an das angeschlossene Ventil weitergegeben werden.

Erfolgt eine Druckbeaufschlagung *von beiden Seiten*, positioniert sich der Schieber in der Mitte, und die Druckluft kann über Anschluss 2 zum angeschlossenen Ventil gelangen.

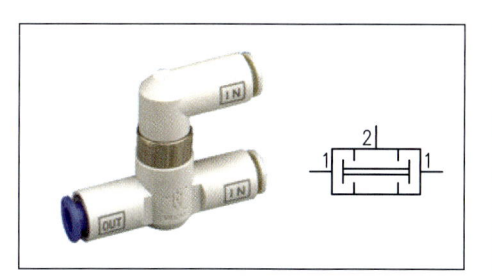

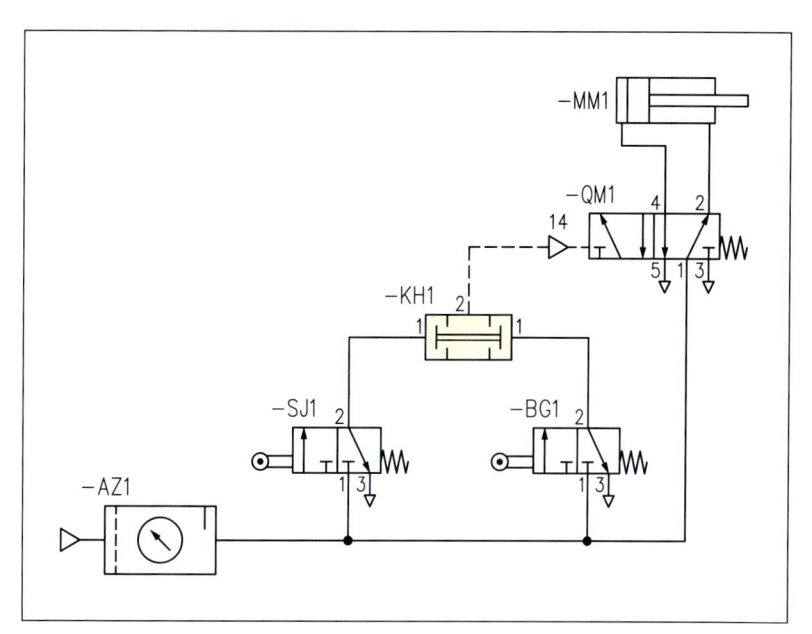

Bild 71 UND-Verknüpfung mit Zweidruckventil

Bild 72 Zweidruckventil

Anschluss 1	Anschluss 1	Anschluss 2
0	0	0
0	1	0
1	0	0
1	1	1

@ Interessante Links
- www.smc.de
- www.festo.de

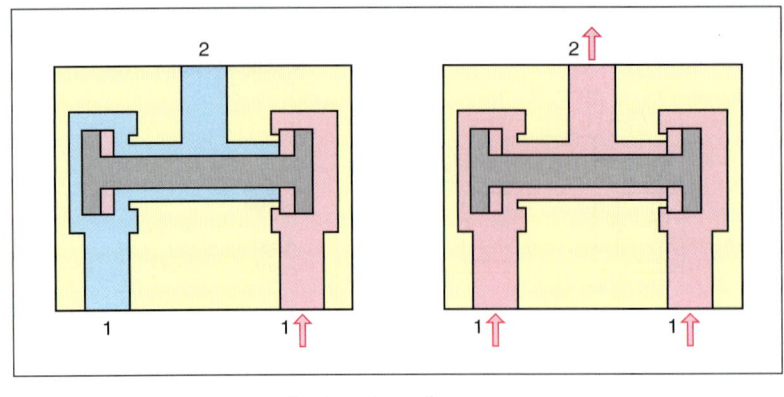

Bild 73 Arbeitsweise eines Zweidruckventils

- Es ist darauf zu achten, dass Druckluftleitungen in keinem Fall unter Druck freiliegen.
- Der zulässige Betriebsdruck darf nicht überschritten werden.
- Im Arbeitsbereich der Zylinder dürfen sich während des Betriebs keine Körperteile oder Gliedmaßen befinden.
- Ein plötzlicher Druckabfall oder Druckausfall darf keine gefährlichen Schaltvorgänge auslösen.
- Wird ein Not-Aus-Schalter eingebaut, darf nach dessen Betätigung kein Arbeitshub erfolgen oder zu Ende laufen.

Regeln zum Aufbau eines Pneumatikplans

- Die räumliche Lage der pneumatischen Bauteile wird beim Schaltplan nicht berücksichtigt.
- Der Schaltplanaufbau sollte von oben nach unten erfolgen. Beginnend mit dem Arbeitsglied über die Stellglieder und die Steuerglieder zu den Signalgliedern.
- Bauteile gleicher Zuordnung werden auf einer Ebene gezeichnet.
- Die Position von Signalgliedern, die von der Kolbenstange betätigt werden, wird durch einen Strich mit zugehöriger Bezeichnung dargestellt.
- Der Schaltplan wird in Ruhestellung gezeichnet. Ruhestellung ist der Schaltzustand bei Druckbeaufschlagung ohne Betätigung des Startsignals.
- Leitungskreuzungen sollten möglichst vermieden werden. Wenn dies nicht möglich ist, ist die Leitungskreuzung zu kennzeichnen, um die Verwendung mit einer T-Verbindung zu vermeiden.

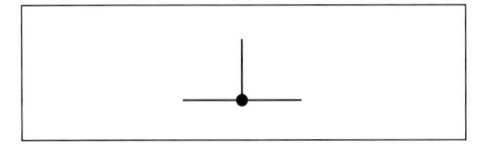

Bild 74 T-Verbindung

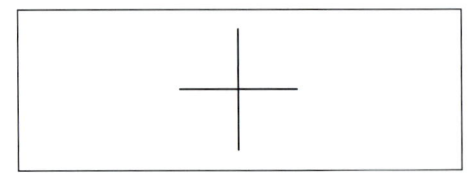

Bild 75 Leitungskreuzung

Sicherheitshinweise

- Der Auf-, Um- oder Abbau von pneumatischen Schaltungen darf nur in druckfreiem Zustand erfolgen.

■ **Normen zu Pneumatikplänen**

TB

■ **Aufgabenlösung**

TB

@ Interessante Links
- christiani.berufskolleg.de

Prüfung

1. Welche logische Verknüpfung lässt sich mit einem Wechselventil erreichen?

2. Beschreiben Sie die Wirkungsweise des Wechselventils.

3. Welche logische Verknüpfung lässt sich mit einem Zweidruckventil erreichen?

4. Beschreiben Sie die Wirkungsweise des Zweidruckventils.

5. Erläutern Sie die Bedeutung der dargestellten Symbole.

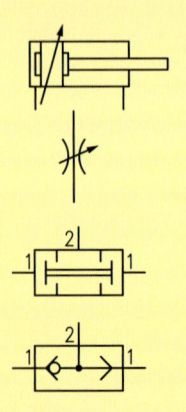

6. Ein Kompressor stellt einen Volumenstrom von $30 \frac{l}{min}$ zur Verfügung.

   An der Wartungseinheit ist ein Druck von 5 bar eingestellt.
   Verwendung findet ein doppelt wirkender Zylinder 50/20 – 200.
   a) Welche Kraft wird beim Ausfahren der Zylinderstange aufgebracht?
   b) Mit welcher Geschwindigkeit fährt die Kolbenstange aus?
   c) Wie lange dauert es, bis die Zylinderstange ausgefahren ist?

5.13 Funktionsdiagramme

Symbole und Darstellungen

Handbetätigung von Signalgliedern					Signalverknüpfungen	
⊕	EIN	¹⊘²	Wahlschalter			Signalverzweigung
⊙	AUS	ᴱ⊘ᴬ	Umschalter, Automatik/Einzelschaltung			UND-Verknüpfung
⊕	EIN/AUS	⊙	Not-Aus			
Ⓐ	Automatik-EIN	**Signalglieder**				ODER-Verknüpfung
Ⓣ	Tippen		mechanisch betätigt			
⊙ ⊙	Zwei-Hand-EIN	P 8 bar	durch Druck betätigt		S̄	NICHT-Verknüpfung des Signals S
		t 2s	Zeitglied			
Signale		---	Leerbewegungen		**Wegbegrenzungen**	
↓	Signale zu einer anderen Maschine	→	geradlinige Bewegung		→	Wegbegrenzung, allgemein
Υ	Signale von einer anderen Maschine	⌐	nicht geradlinige Bewegung		→•	Wegbegrenzung über Signalglied
Bewegungen		⌒	Schwenken			
—	Arbeitsbewegungen	○	Drehen		→|	Wegbegrenzung durch Festanschlag (einstellbar)

Darstellung handbetätigter Signalglieder

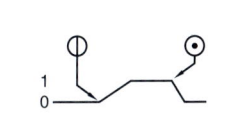

Handbetätigungen werden durch einen Kreis gekennzeichnet.
Die *Richtung des Signalflusses* wird durch Pfeile angegeben.

Darstellung mechanisch betätigter Signalglieder

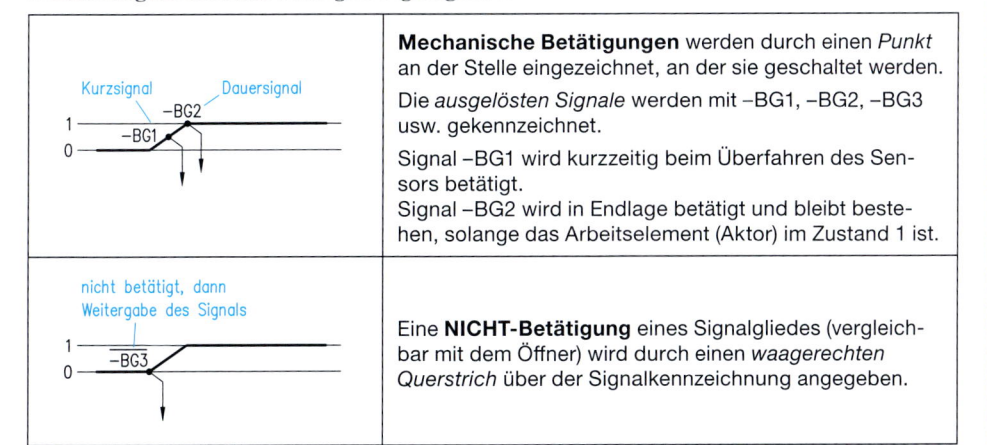

Mechanische Betätigungen werden durch einen *Punkt* an der Stelle eingezeichnet, an der sie geschaltet werden.
Die *ausgelösten Signale* werden mit –BG1, –BG2, –BG3 usw. gekennzeichnet.
Signal –BG1 wird kurzzeitig beim Überfahren des Sensors betätigt.
Signal –BG2 wird in Endlage betätigt und bleibt bestehen, solange das Arbeitselement (Aktor) im Zustand 1 ist.

Eine **NICHT-Betätigung** eines Signalgliedes (vergleichbar mit dem Öffner) wird durch einen *waagerechten Querstrich* über der Signalkennzeichnung angegeben.

Funktionsdiagramm
functional diagram

Zylinder betätigt Signalglied
cylinder actuates signal element

Fluidtechnik – Pneumatik, E-Pneumatik

Darstellung von Verknüpfungen, Verzweigungen und Verzögerungen

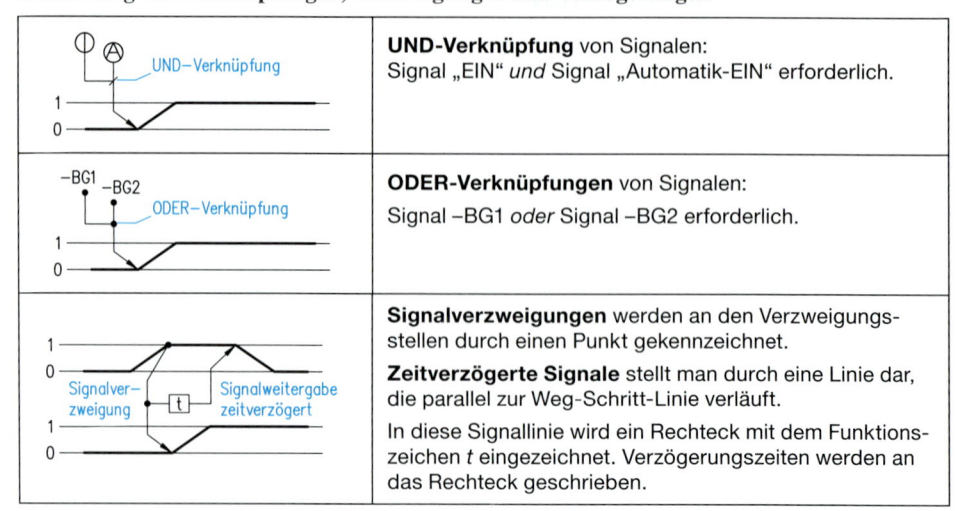

Funktionsdiagramme werden in der Pneumatik dazu genutzt, die Abläufe inerhalb einer pneumatischen Schaltung in ihren einzelnen Schritten grafisch darzustellen.

UND-Verknüpfung von Signalen:
Signal „EIN" *und* Signal „Automatik-EIN" erforderlich.

ODER-Verknüpfungen von Signalen:
Signal –BG1 *oder* Signal –BG2 erforderlich.

Signalverzweigungen werden an den Verzweigungsstellen durch einen Punkt gekennzeichnet.
Zeitverzögerte Signale stellt man durch eine Linie dar, die parallel zur Weg-Schritt-Linie verläuft.
In diese Signallinie wird ein Rechteck mit dem Funktionszeichen *t* eingezeichnet. Verzögerungszeiten werden an das Rechteck geschrieben.

Beispiel eines Funktionsdiagramms

Bauglieder			Schritte					
Benennung	Kurz-zeichen	Zustand	0	1	2	3	4	5=1
Eintaster	–SF0	betätigt						
Endschalter	–BG3–BG5	betätigt						
Halttaster	–SF11	nicht betätigt						
Doppelt wirkender Zylinder (Spannen)	–MM2	2 / 1						
Doppelt wirkender Zylinder (Bohren)	–MM3	2 / 1						
5/2–Wege–Ventil (Stellglied)	–QM2	(–MB3) a / (–MB4) b						
5/2–Wege–Ventil (Stellglied)	–QM3	(–MB5) a / (–MB6) b						

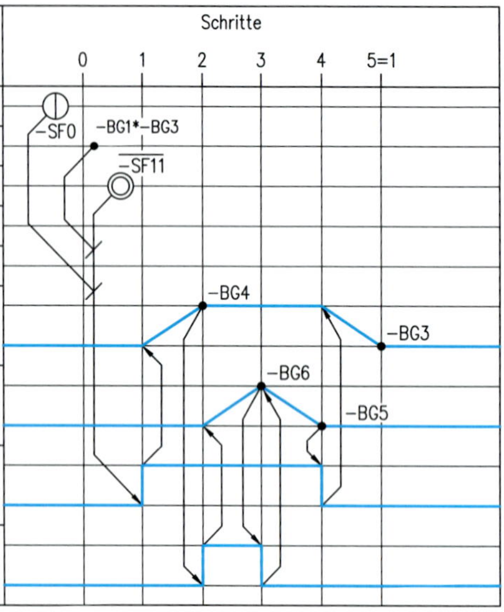

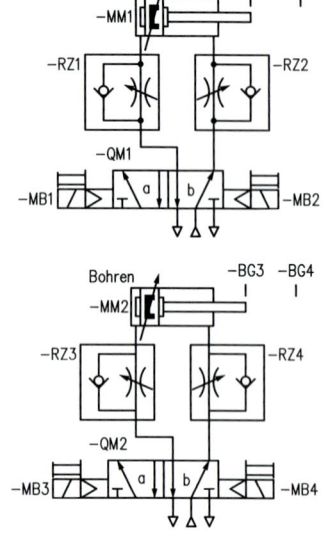

Wegabhängige Ablaufsteuerungen

Steuerung mit *zwangsweise schrittweisem Ablauf*, bei der das *Weiterschalten* (der Übergang) von einem Schritt auf den Folgeschritt vom *zurückgelegten Weg* der Arbeits- oder Stellglieder abhängig ist.

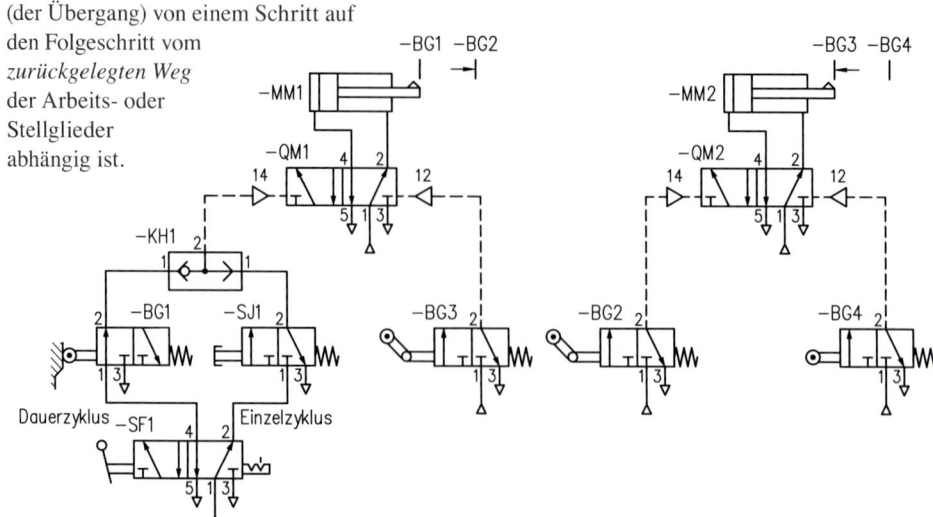

Funktionsdiagramme

Weg-Schritt-Diagramm

Bauglieder				Schritte 0 1 2 3 4 5=1
Benennung	Funktion	Kurz-zeichen	Zustand	
Doppelt wirkender Zylinder	Arbeitsglied	−MM1	2 / 1	
5/2−Wegeventil	Stellglied steuert −MM1	−QM1	b / a	
Doppelt wirkender Zylinder	Arbeitsglied	−MM2	2 / 1	
5/2−Wegeventil	Stellglied steuert −MM2	−QM2	b / a	

Prüfung

1. Pneumatikstanze: Aufgabenbeschreibung siehe Seite 163.
Verwendet werden drei Pneumatikzylinder, die in vorschriebener Reihenfolge (Seite 163) angesteuert werden. Den zugehörigen Pneumatikplan finden Sie ebenfalls auf Seite 163.

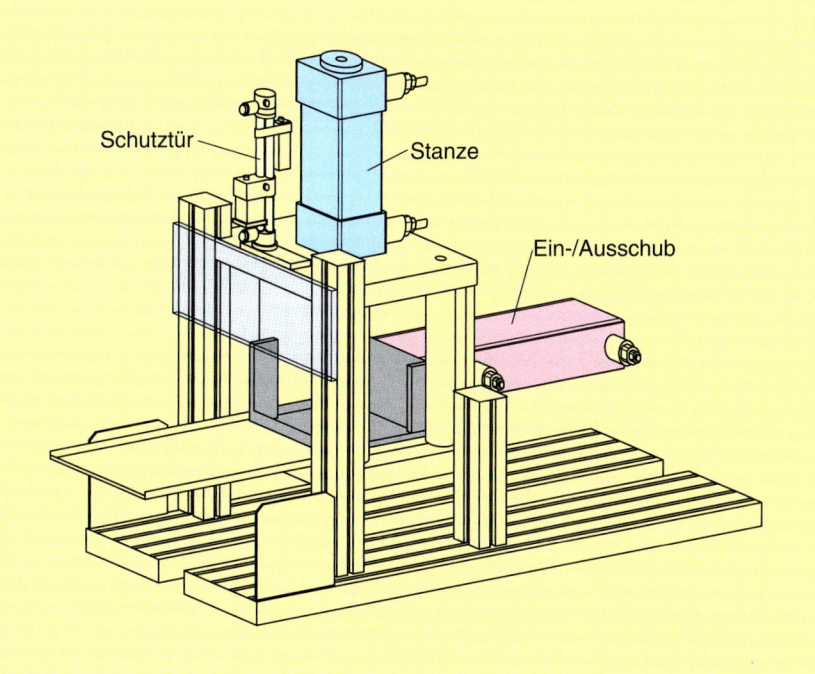

Der Aufgabenbeschreibung ist zu entnehmen, dass die Stanze als wegabhängige Ablaufsteuerung angesehen werden kann.

Erstellen Sie das Weg-Schritt-Diagramm für diese Pneumatikstanze.

■ **Aufgabenlösungen**

@ Interessante Links
- christiani.berufskolleg.de

GRAFCET

Darstellung der Steuerungsfunktion mit Schritten und Weiterschaltbedingungen für die systemunabhängige Darstellung von Abläufen in der Automatisierungstechnik.

Symbole von GRAFCET

Symbol	Bedeutung	Symbol	Bedeutung
▭	**Anfangsschritt** — Dargestellt wird die Anfangssituation der Steuerung; zusätzlich Angabe des Schrittnamens.	□—Bed.	**Aktion mit Zuweisungsbedingung** — Der zugehörige Schritt muss aktiv sein und die Zuweisungsbedingung muss erfüllt sein. $\quad$ –M5 / 6 — Motor –MM2 $\quad$ Wenn Schritt 6 aktiv ist und zusätzlich die Bedingung –M5 den booleschen Wert TRUE hat, dann wird –MM2 = „1".
□	**Schritt** mit der Angabe des Schrittnamens. $\quad$ 8		
□—Trans.—□	**Weiterschaltbedingung** (Transition) — Steht zwischen zwei Schritten auf der rechten Seite. Bewirkt den Übergang auf den Folgeschritt. $\quad$ 12 / –SF6 „Senken" / 13 $\quad$ Kommentare in Anführungszeichen setzen.	□↑ Aktivierung $\quad$ □↓ Deaktivierung	**Aktion, speichernd** — Zu unterscheiden ist: Aktion bei Aktivierung, Aktion bei Deaktivierung. $\quad$ 6 — –MM6 := 1 „Ein" $\quad$ Bei *Aktivierung* von Schritt 6 wird –MM6 speichernd eingeschaltet. $\quad$ 12 — –MB14 := 1 „Aus" $\quad$ Bei *Deaktivierung* von Schritt 12 wird –MB14 speichernd eingeschaltet.
□ / –SF1 * $\overline{–SF2}$ / □	**Transitionsbedingungen** können in Textform, durch boolsche Ausdrücke oder durch grafische Symbole beschrieben werden. $\quad$ 12 / –SF6 + –SF7 * $\overline{–SF8}$ / 13 $\quad$ UND: · $\quad$ ODER: + $\quad$ Negation: $\overline{X}$	□—$t_1/X...$ $\quad$ X... = Schrittmerker	**Aktion, zeitgesteuert** — Die Aktion ist zeitverzögert. Sie wird um die Zeit t1 nach Aktivierung des Schrittes verzögert ausgegeben. $\quad$ 12s/X6 / 6 — –MM6 $\quad$ 12 Sekunden nach Aktivierung von Schritt 6 wird der Motor –MM6 eingeschaltet.
□	**Aktion, kontinuierlich wirkend** — Mehrere Aktionen an einem Schritt sind möglich. $\quad$ —–MB4 $\quad$ Aktionen müssen gekennzeichnet sein, z. B. mit der Ausgangsvariablen.		

GRAFCET – E-Pneumatik

Symbole von GRAFCET (Fortsetzung)

Symbol	Bedeutung	Symbol	Bedeutung
$\overline{t_1/X...}$ X... = Schrittmerker	**Aktion, zeitbegrenzt** Negation der zeitverzögerten Aktion. Befehlsausgabe zeitlich begrenzen (bei weiter aktivem Schritt).		**Boolesche Verknüpfung von Signalen**
		∗	**UND** (–SF1 ∗ –SF2)
		+	**ODER** (–SF1 + –SF2)
		$\overline{X}$	**Negation** ($\overline{-SF1}$)
6 — $\overline{4s/X6}$ –QM1	Nach Schrittaktivierung wird das Ventil für 4 s geöffnet.	/	**Zeit** (3s/–SF1 – Einschaltverzögerung) (–SF1/3s – Ausschaltverzögerung)
		(...)	**Klammern** –SF3 + (–SF1 ∗ $\overline{-SF1}$)
		↑	**Steigende Flanke** (↑ –SF1)
		↓	**Fallende Flanke** (↓ –SF1)
⬡	*Einschließender Schritt;* ein solcher Schritt beinhaltet andere Schritte.		**Kennzeichnung speichernder Aktionen**
		:=	**Speichernde Zuweisung** (–MB1 := 1)
		↑	**Aktion** bei Schrittbeginn
M	*Makroschritt;* durch Expansion ergibt sich die Feinstruktur.	↓	**Aktion** bei Schrittende
		◀	**Aktion** bei Ereignis

5.14 E-Pneumatik

Wenn ein Arbeitsglied *pneumatisch bewegt* und *elektrisch gesteuert* wird, spricht man von **Elektropneumatik**.

Besonders durch Einsatz von *speicherprogrammierbaren Steuerungen* lassen sich so leistungsfähige Steuerungen wirtschaftlich aufbauen.

Elektrische Signale können *schnell verarbeitet* werden und lassen sich auch über *große Entfernungen* übertragen.

Bei elektropneumatischen Steuerungen werden **Energieteil** (Bild 76) und **Steuerteil** (Bild 77) *getrennt* dargestellt.

Zu Bild 76/Bild 77:

- –SF1 oder –SF2 betätigt → –QM1 schaltet in Stellung a → Zylinderstange fährt aus.
- Beide Taster –SF1, –SF2 unbetätigt → Rückstellfeder bringt –QM1 wieder in Stellung b → Zylinderstange fährt ein.

Im Beispiel wird die Spule –MB1 des Wegeventils *direkt* angesteuert (Bild 77). Die Steuertaster –SF1 und –SF2 wirken *direkt* auf –MB1 ein.

Indirekte Ansteuerung

Bei der *indirekten Ansteuerung* verwendet man Schütze oder Relais (Bild 78).

Die Kontakte dieser Schütze oder Relais steuern die Magnetventile.

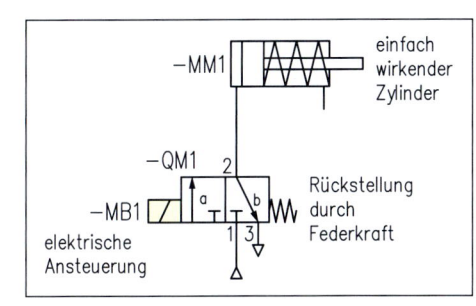

Bild 76 Energieteil

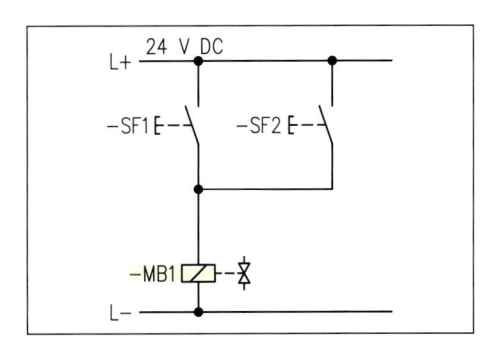

Bild 77 Steuerteil

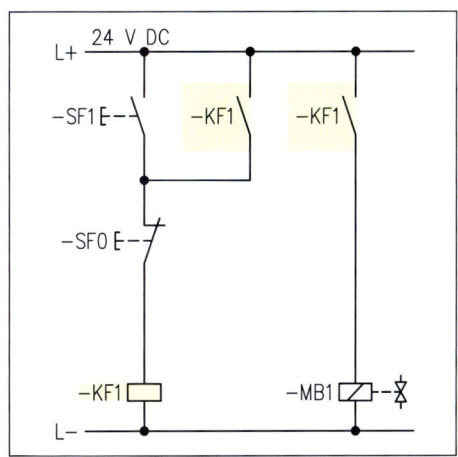

Bild 78 Indirekte Ansteuerung von M1

Wenn ein Arbeitsglied pneumatisch bewegt und elektrisch gesteuert wird, spricht man von Elektropneumatik

🇬🇧

indirekte Ansteuerung
indirect control

In der Elektropneumatik wird häufig die Versorgungsspannung 24 V DC eingesetzt (Schutzkleinspannung).

Fluidtechnik – Pneumatik, E-Pneumatik

- **Ventile**
Elektromagnetisch betätigtes Ventil

Betätigung durch Elektromagnet

- **Kontaktvervielfachung**
Zum Beispiel: Ein Reedkontakt hat einen Schließer. Dieser Schließer wird aber an mehreren Stellen in der Schaltung benötigt. Das ist nur mithilfe eines Hilfsschützes möglich.

- **5/2-Wegeventil, elektrisch angesteuert**

Zu Bild 79:

- –SF1 betätigt → –KF1 fällt ab → –MB1 wird dauerhaft erregt und schaltet das Ventil.
- –SF0 betätigt → –KF1 fällt ab → –MB1 spannungslos → Ventil wieder in Ausgangsstellung.

Ventilspulen haben *keine* Selbsthaltung (außer Impulsventile).

Wird dies gewünscht, muss ein *Hilfsschütz* verwendet werden, das das Steuerventil *indirekt* ansteuert.

Eine Aufgabe der Hilfsschütze ist die *Signalspeicherung*.

Eine weitere Aufgabe ist die *Kontaktvervielfachung*, da mit *einem* Signal häufig unterschiedliche Steuerungsvorgänge auszulösen sind.

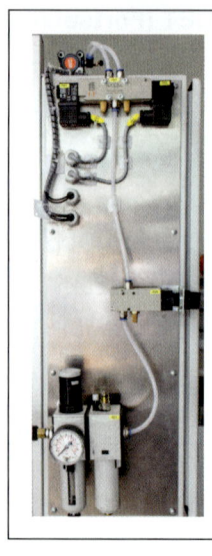

Bild 79 Elektropneumatische Schaltung

Grundschaltungen der Elektropneumatik
Steuerung eines einfach wirkenden Zylinders

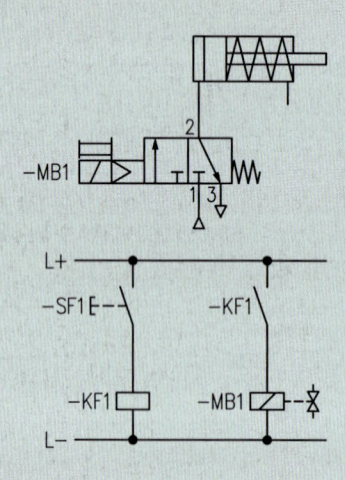

Bei Betätigung des Tasters –SF1 fährt die Zylinderstange aus.

Wird –SF1 losgelassen, kehrt die Zylinderstange durch Federkraft in die hintere Endlage zurück.

Der Zylinder wird über ein 3/2-Wegeventil mit Federrückstellung gesteuert.

Die in der Schaltung dargestellte Position entspricht dem spannungslosen Zustand der Spule –MB1.

Steuerung eines doppelt wirkenden Zylinders

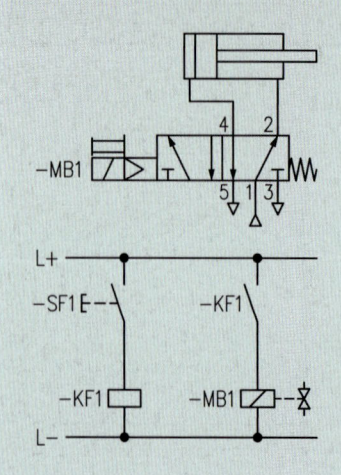

Bei Betätigung des Tasters –SF1 fährt die Zylinderstange aus. Wird –SF1 losgelassen, schaltet das 5/2-Wegeventil um, und die Zylinderstange kehrt in die hintere Endlage zurück.

Der Zylinder wird über ein 5/2-Wegeventil gesteuert.

Die in der Schaltung dargestellte Position entspricht dem spannungslosen Zustand der Spule –MB1.

E-Pneumatik

Selbsttätige Rückstellung eines doppelt wirkenden Zylinders

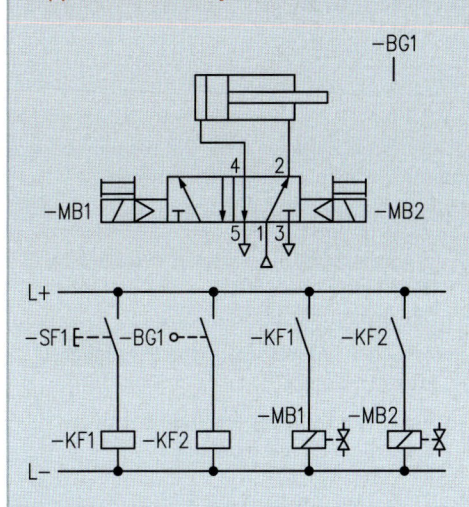

Durch kurze Betätigung des Tasters –SF1 fährt die Zylinderstange in die vordere Endlage.
Bei Erreichen dieser vorderen Endlage kehrt sie selbsttätig wieder in die hintere Endlage zurück.
Verwendet wird ein 5/2-Wegeventil (Impulsventil).

Oszillierende Bewegung eines doppelt wirkenden Zylinders

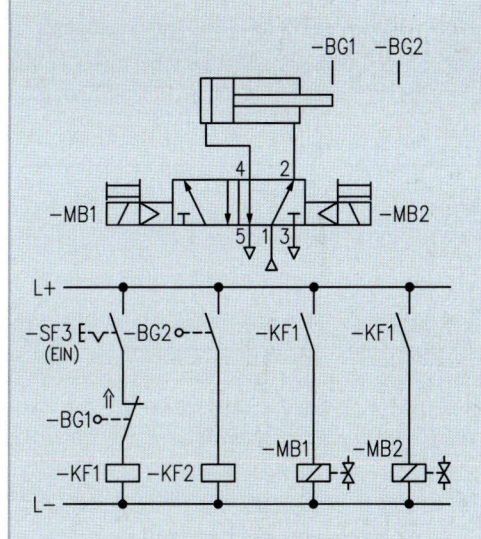

Beim Einschalten des Schalters –SF3 fährt die Zylinderstange so lange ein und aus, bis der Schalter –SF3 wieder ausgeschaltet wird.
Dann nimmt der Kolben seine eingefahrene Grundstellung wieder an.
Verwendet wird ein 5/2-Wegeventil.

Grundschaltungen der Elektropneumatik
Doppelt wirkender Zylinder mit Selbsthaltung

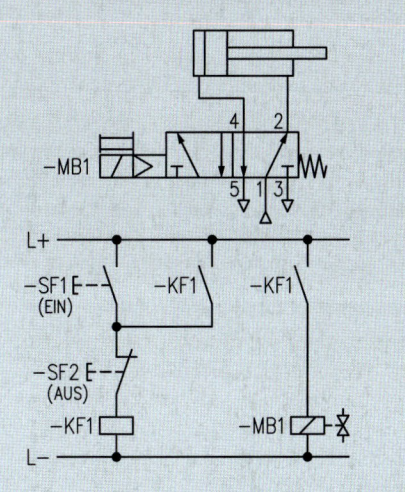

Bei kurzer Betätigung von –SF1 fährt die Zylinderstange aus.
Sie soll so lange in der vorderen Endlage verbleiben, bis ein zweites Signal (–SF2) den Kolben wieder in Ausgangsstellung bringt.
Bei Verwendung eines Wegeventils mit Federrückstellung muss die Signalspeicherung elektrisch erfolgen.

Zeitabhängige Zylindersteuerung ohne Selbsthaltung (Anzugsverzögerung)

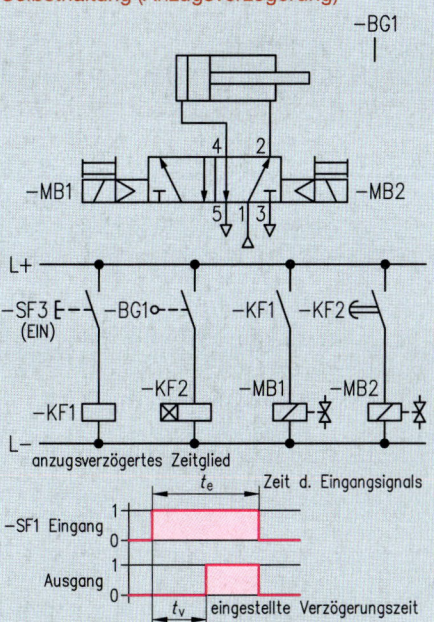

Wenn –SF1 kurz betätigt wird, fährt die Zylinderstange aus.
Sie verbleibt dann in der eingestellen Zeit t_v in der vorderen Endlage und fährt danach wieder ein.
Verwendet wird ein 5/2-Wegeventil (Impulsventil) mit beidseitiger Betätigung.

Stromlaufplan
circuit diagramm

Pneumatikplan
pneumatic circuit diagram

Funktionsplan
logic diagram

UND
AND-function

ODER
OR-function

NICHT
NOT-function

Elektrische Steuerung
electric open loop control

Elektrische Kontakte
electric contacts

Schließer
normally open contact, NO

Öffner
normally closed contact, NC

Wechsler
changeover contact

Taster
push-buttons

Näherungssensor
proximity sensor

Reedkontakt
reed contact

Reedschalter
reed switch

■ **Impulsventil**
→ 141

■ **Oszillierend**
sich ständig hin- und herbewegend

Erweiterungsauftrag

Die pneumatischen Zylinder (Pos. 2.2.10 und 2.3.03) des Schwenkarmes sollen von einer rein pneumatischen Ansteuerung auf eine elektropneumatische Ansteuerung umgebaut werden.

In der ersten Ausbaustufe sollen die beiden Achsen des Schwenkarmes unabhängig voneinander per elektrischem Taster verfahren werden können.

Um die Endlagen der Zylinder abzufragen, müssen sogenannte Reedkontakte montiert werden.

Die Reedkontakte werden von außen an den Zylindern befestigt. Im Kolben der Zylinder ist ein Magnet eingearbeitet. Kommt dieser Magnet in die Nähe der Reedkontakte, werden diese geschaltet und ein 24-V-Signal an die Steuerung weitergeleitet.

Bild 80 Befestigung Reedkontakte

Die Zylinder (Pos. 2.3.03) werden zusammen von einem 5/2-Wege-Impulsventil angesteuert.

Der Zylinder (Pos. 2.2.10) wird von einem zweiten 5/2-Wege-Impulsventil angesteuert, da die beiden Arme sich unabhängig voneinander bewegen sollen.

Wichtig

Die beiden Zylinder (Pos. 2.2.10) müssen sich absolut synchron zueinander bewegen.

Dazu sollte man folgendes beachten:

- Beide Zylinder über ein Ventil ansteuern.
- Pro Bewegungsrichtung → ein Drosselrückschlagventil für beide Zylinder.
- Zwischen Drossel und Zylinder möglichst kurze Leitungen.
- Bei einem Defekt sollten immer beide Zylinder getauscht werden.

Funktionsbeschreibung

1. Steuerung Schwenkarm mit Schalter –QB1 einschalten → Kontrollleuchte –PF1 leuchtet.
2. Alle drei Zylinder –MM1 bis 3 befinden sich in der hinteren Endlage.
3. Sensoren –BG1 und –BG3 sind bedämpft.
4. Taster –SF1 kurz betätigen → Zylinder –MM1 und –MM2 fahren synchron aus.
5. Taster –SF3 kurz betätigen → Zylinder –MM3 fährt aus.
6. Sensoren –BG2 und –BG4 sind bedämpft.
7. Taster –SF2 und –SF4 kurz betätigen → alle drei Zylinder fahren in die hintere Endlage.

■ Reedkontakt

Reedkontakte sind berührungslos wirkende, magnetische Näherungsschalter, zur Endlagenabfrage von Zylindern.

- wartungsfrei
- kurze Schaltzeiten (ca. 0,2 ms)
- hohe Lebensdauer
- kompakte Bauweise
- begrenzte Ansprechempfindlichkeit

Ein induktiv-magnetischer Näherungsschalter arbeitet mit einem hochfrequenten Schwingkreis, der mittels einer Spule an der aktiven Sensorfläche ein elektromagnetisches Wechselfeld erzeugt. Nähert sich ein Metallgegenstand diesem Feld, so kommt es im Schwingkreis zu einer Bedämpfung. Überschreitet diese Bedämpfung einen Schwellenwert, wird ein Schaltsignal generiert.

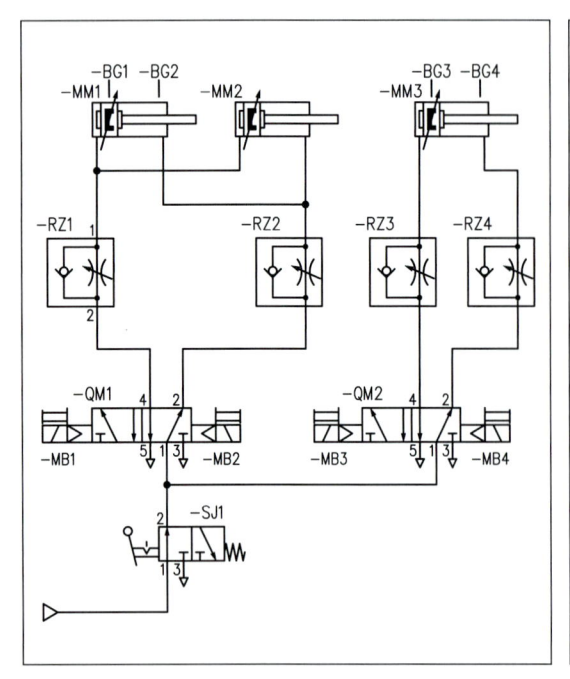

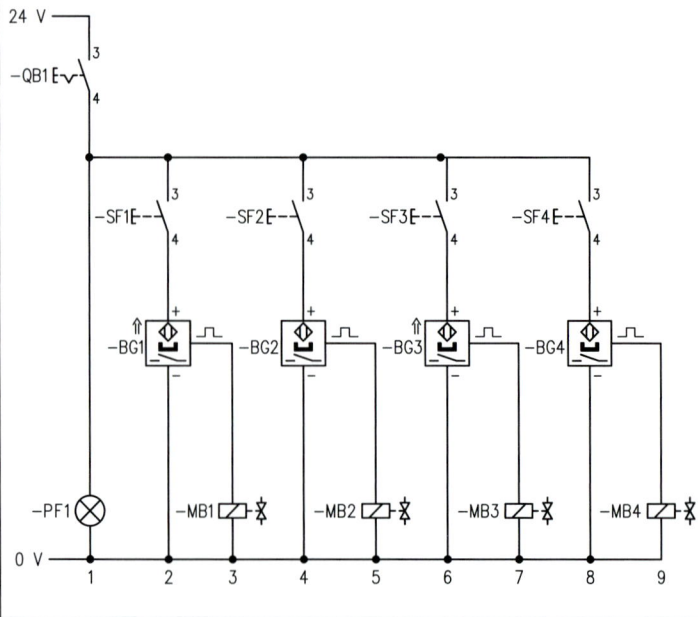

Bild 81 Pneumatischer Schaltplan Schwenkarm

Bild 82 Elektopneumatischer Schaltplan Schwenkarm

Projekt Pneumatikstanze

Die *Pneumatikstanze* soll folgende Funktionen erfüllen:

- **Grundstellung anfahren**

  Die Grundstellung
  – *Ausschub ausgefahren*
  – *Schutztür offen*
  – *Stanze oben*
  soll durch Betätigung des Schlüsseltasters –SF0 im Tippbetrieb angefahren werden.

  Dabei ist unbedingt folgende Reihenfolge zu beachten:
  – *Stanze heben*
  – *Schutztür öffnen*
  – *Ausschub ausfahren*

  Wenn die Grundstellung dabei erreicht ist, leuchtet die Meldelampe –PF1.

- Der Starttaster wirkt nur in Grundstellung der Stanze. Dann laufen folgende Vorgänge ab:
  – *Ausschub einfahren*
  – *Schutztür schließen*
  – *Stanze senken*
  – *Stanze heben*
  – *Schutztür öffnen*
  – *Ausschub ausfahren*

  Diese Vorgänge wiederholen sich automatisch, bis der Stopptaster betätigt wird.

  Die Meldelampe –PF2 signalisiert den Startvorgang nach Betätigung des Starttasters.

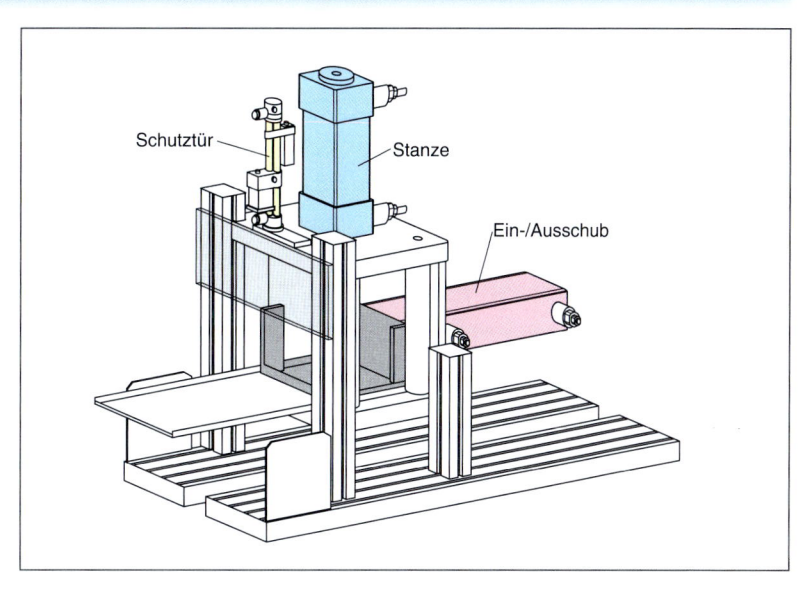

Bild 83 Schematische Darstellung der Pneumatikstanze

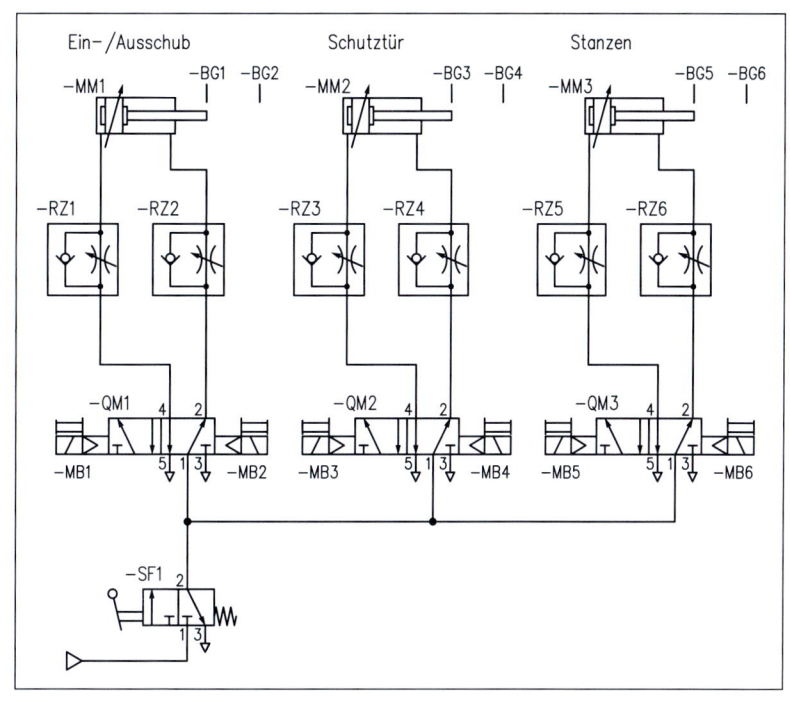

Bild 84 Pneumatikplan der Stanze, Steuerung siehe Seite 164

Analyse der Schaltung:
Annahme: Die Stanze steht *nicht* in Grundstellung. Der Schlüsseltaster –SF0 (Grundstellung) wird betätigt.
Das Schütz –KF5 zieht an (Bild 86, Seite 164).

Stromkreis zu –MB6 wird aufgebaut → –MB6 wird erregt → Stanze fährt hoch.

–BG5 schaltet –KF3 → –MB4 wird erregt → Schutztür öffnet sich.

–BG3 schaltet –KF2 → –MB1 wird erregt → Ausschub fährt aus.

> Beachten Sie den gesamten Schaltplan auf Seite 164.

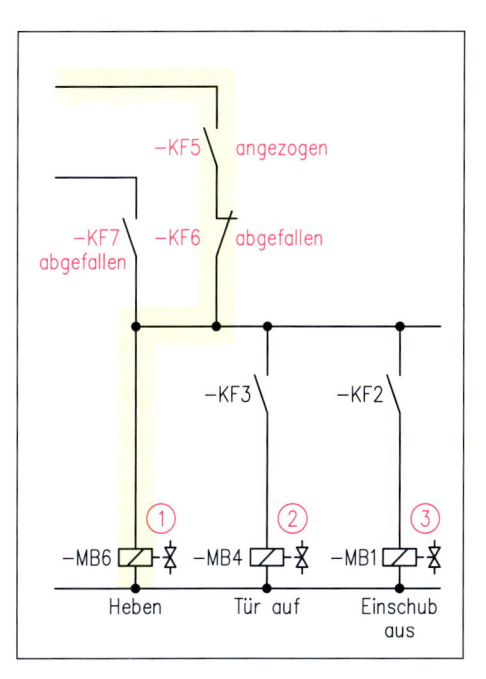

Bild 85 Grundstellung anfahren

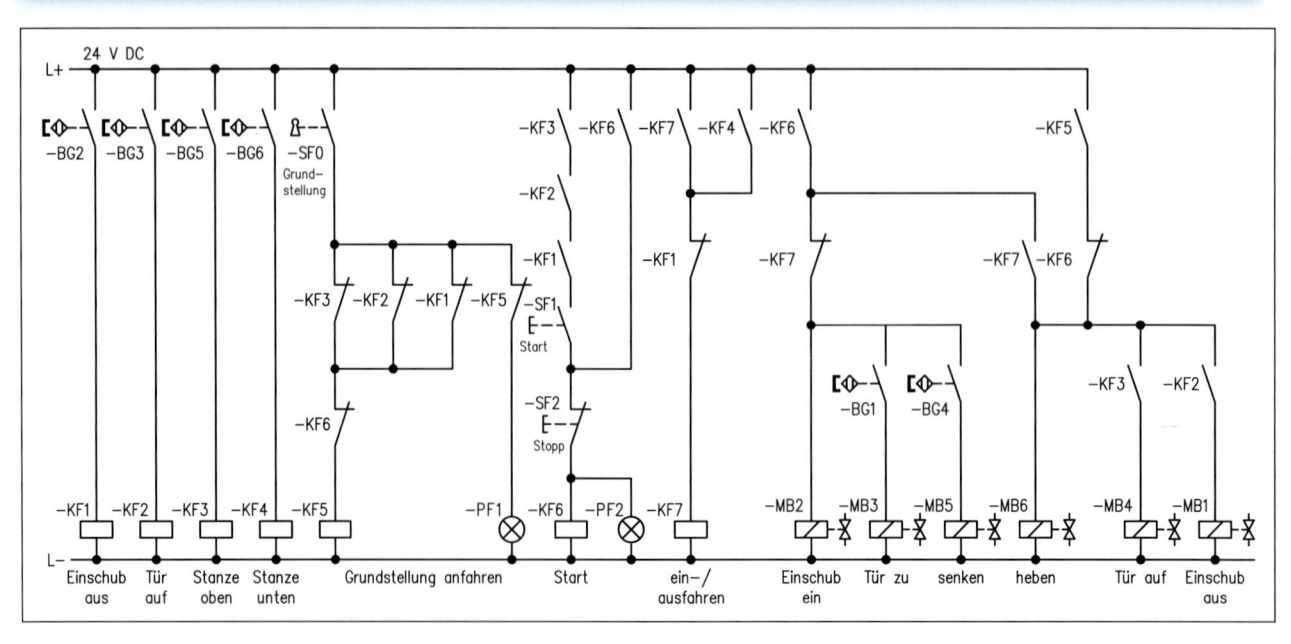

Bild 86 Schaltplan (Steuerung) der Pneumatikstanze

Nacheinander werden die Stromkreise ① → ② → ③ aufgebaut (Bild 85, Seite 163).

Wenn die Grundstellung erreicht ist:

–BG5 schaltet –KF3
–BG3 schaltet –KF2
–BG2 schaltet –KF1

Dadurch fällt –KF5 ab und –PF1 leuchtet (Bild 87).

–KF6 (Startschütz) hat die Aufgabe, ein *Anfahren der Grundstellung* während des Stanzenbetriebs zu vermeiden (Verriegelung).

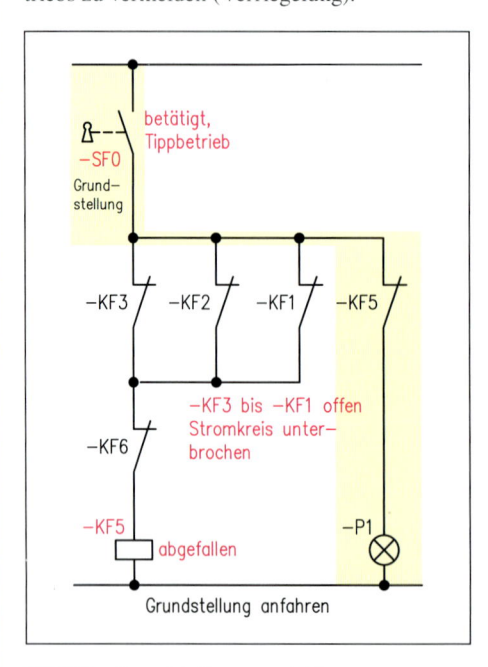

Bild 87 Grundstellung erreicht

Die Schütze –KF1 bis –KF4 haben die Aufgabe der *Kontaktvervielfachung* (Bild 88). Dies ist notwendig, da die Signalzustände der Reedkontakte –BG2, –BG3, –BG5 und –BG6 mehrfach, bzw. als Schließer und Öffner verwendet werden müssen.

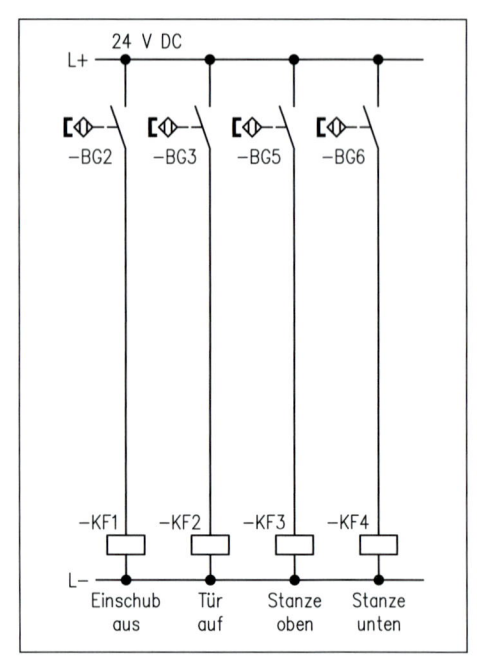

Bild 88 Schütze zur Kontaktvervielfachung

Hilfsschütze –KF1, –KF2 und –KF3 (Bild 89):

Diese drei Schütze signalisieren die *Grundstellung*. Nur wenn die Grundstellung angefahren ist (alle drei Schließer geschlossen), darf das Startschütz –KF6 anziehen.

Projekt Pneumatikstanze, SPS-Programm der Stanze

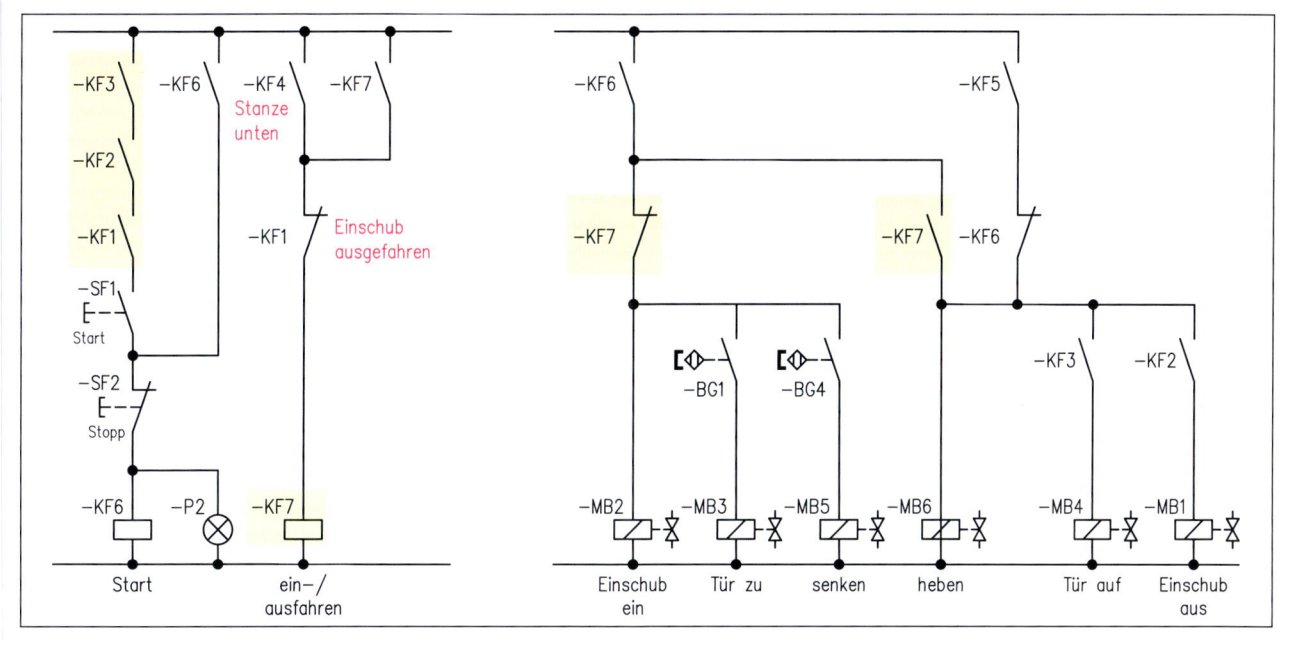

Bild 89 Startbedingung über Schütz –KF7

Das Schütz –KF7 unterscheidet *zwei Zustände*:

Einschub einfahren, Schutztür schließen, Stanze senken.

Die Elektromagnete der vorgesteuerten Wegeventile werden in der *richtigen Reihenfolge* erregt.

Nach *Abschluss* dieser Vorgänge zieht –KF7 an. Gesteuert durch –BG6 und Schütz –KF4.

Stanze heben, Schutztür öffnen, Einschub ausfahren.

Auch hier werden die Elektromagnete der Wegeventile in der *richtigen Reihenfolge* erregt.

Nach Abschluss dieser Vorgänge fällt –KF7 ab. Gesteuert durch –BG2 und –KF1.

Bei Betätigung des Stopptasters –SF2 fällt –KF6 ab. Die Magnetventile sind dann nicht mehr ansteuerbar.

SPS-Programm der Stanze

Das Programm wird hier auf der Grundlage der vorliegenden Schützsteuerung entwickelt.

Dies ist nicht unbedingt professionell, zeigt aber sehr gut die logischen Zusammenhänge auf und ist somit eine sehr gute Übung.

Der **Anschlussplan** der Sensoren und Aktoren an die SPS ist in Bild 90 dargestellt.

Die zugehörige **Symboltabelle** finden Sie auf Seite 166.

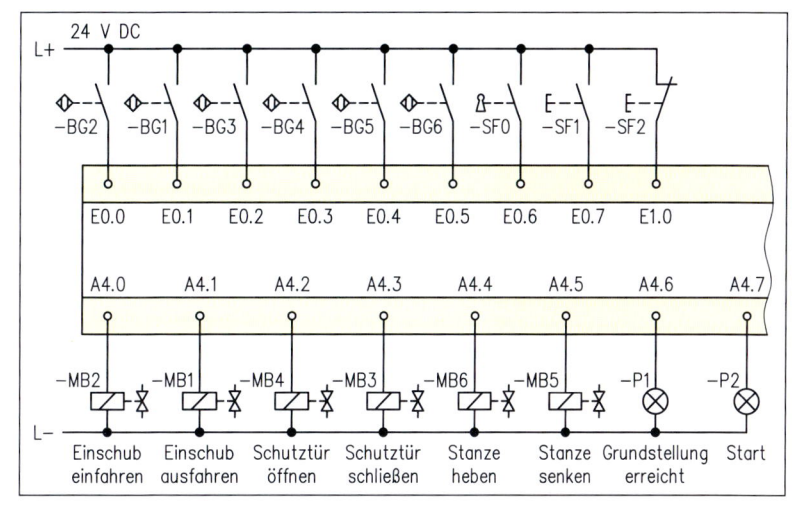

Bild 90 Anschlussplan der Pneumatikstanze

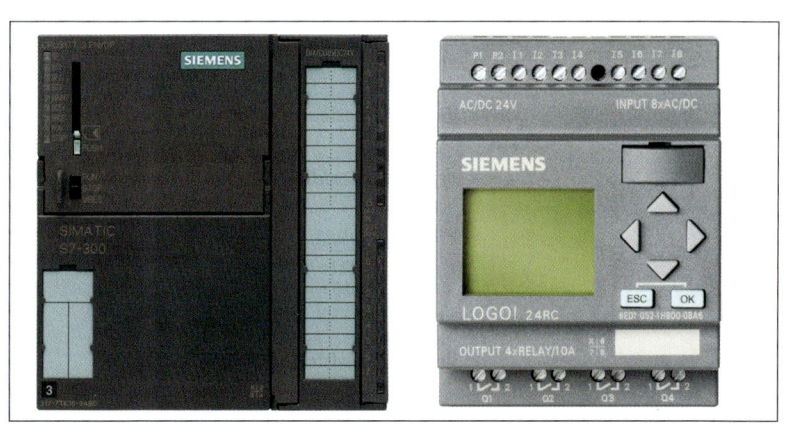

Bild 91 Speicherprogrammierbare Steuerung (SPS) und Kleinsteuerung

Checkliste zum Programmtest

Annahme: Grundstellung ist nicht angefahren.

Ausgangssituation: E1.0 = „1" (Stopptaster)		
Nr.	Handlung	Wirkung
1	Starttaster E0.7 : 1 → 0	Keine Reaktion, da Grundstellung nicht angefahren.
2	Grundstellungstaster E0.6 = 1	A4.4 = 1 Stanze heben
3	Stanze oben E0.4 = 1	A4.2 = 1 Schutztür öffnen
4	Schutztür offen E0.2 = 1	A4.1 = 1 Ausschub ausfahren
5	Ausschub ausgefahren E0.0 = 1	A4.1 = 0, A4.2 = 0, A4.4 = 0 Meldung Grundstellung: A4.6 = 1
Die Grundstellung der Stanze ist erreicht.		
6	Grundstellungstaster E0.6 = 0	A4.6 = 0
7	Starttaster E0.7 : 1 → 0	A4.0 = 1, A4.7 = 1 Einschub einfahren, Meldung Start
8	E0.0 = 0 E0.1 = 1	A4.3 = 1 Schutztür schließt
9	E0.2 = 0 E0.3 = 1	A4.5 = 1 Stanze senken
10	E0.4 = 0 E0.5 = 1	A4.0 = 0, A4.3 = 0, A4.5 = 0 A4.4 = 1 Stanze heben
11	E0.5 = 0 E0.4 = 1	A4.2 = 1 Schütztür öffnet sich
12	E0.3 = 0 E0.2 = 1	A4.1 = 1 Ausschub ausfahren
13	E0.1 = 0 E0.0 = 1	A4.0 = 1 Ausschub einfahren
14	Stopptaster E1.0 : 0 → 1	Alle Ausgänge abgeschaltet.

- **Aufgabenlösung**
  TB

@ Interessante Links
- christiani.berufskolleg.de

📋 Prüfung

1. Worin besteht der wesentliche Unterschied der beiden Programmvarianten für die Pressensteuerung?

2. Erläutern Sie die Aussage der Darstellung.

3. Stellen Sie die gesamte Pressensteuerung in GRAFCET dar.

4. Welche Aufgabe hat die Initialisierung einer Ablaufkette?

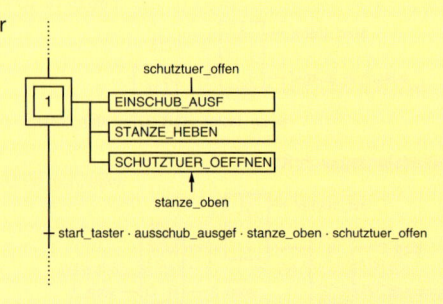

Zusätzliche Prüfungsfragen Pneumatik

1. **Aus welchen Hauptbestandteilen besteht das Wirkmedium einer pneumatischen Anlage?**
   Stickstoff (78 %) und Sauerstoff (21 %).

2. **Welche Bauteile sollte eine Wartungseinheit mindestens beinhalten?**
   Druckregelventil, Filtereinheit, Manometer, Wasserabscheider.

3. **Wann wird zusätzlich ein Öler in einer Wartungseinheit eingesetzt?**
   Z. B. zur Schmierung von pneumatischen Motoren und pneumatischen Handwerkzeugen.

4. **Wann darf kein Öler in einer Wartungseinheit eingesetzt werden?**
   Z. B. bei medizinischen Geräten, in der Lebensmittelindustrie, in Lackierbetrieben.

5. **Wann tritt der Stick-Slip-Effekt auf?**
   Wenn die Haftreibung der Kolbendichtungen größer ist als die Gleitreibung.

6. **Warum wählt man bei einer Drosselung eines doppelt wirkenden Zylinders grundsätzlich eine Abluftdrosselung?**
   Der Kolben des Zylinders ist dann zwischen zwei Luftpolstern „pneumatisch gespannt" und somit tritt kein Stick-Slip-Effekt auf.

7. **Was ist der Hauptunterschied zwischen den Arbeitsmedien in der Hydraulik und der Pneumatik?**
   Hydraulikflüssigkeiten sind nicht komprimierbar.

8. **Welche Bedeutung haben die Ziffern 2 und 4 bei einem pneumatischen Ventil?**
   Die Arbeitsleitungen.

9. **Welche Bedeutung haben die mit den Ziffern 3 und 5 gekennzeichneten Anschlüsse eines pneumatischen Ventils?**
   Die Entlüftungen.

10. **Wie werden die mit den Ziffern 12 und 14 gekennzeichneten Anschlüsse eines pneumatischen Ventils genannt und welche Aufgabe haben diese?**
    Die Steuerleitungen.
    Die Stellung des Ventils von Stellung a in Stellung b und zurückzusteuern.

11. **Skizzieren Sie das Schaltbild eines doppelt wirkenden Zylinders mit beidseitiger einstellbaren Endlagendämpfung!**

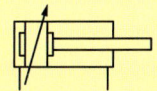

12. **Erläutern Sie die Bezeichnung 5/3-Wegeventil inklusive der Anzahl und Aufgaben der Anschlüsse.**
    Fünf Anschlüsse (1 × Zuleitung, 2 × Arbeitsanschluss, 2 × Entlüftungsanschluss).
    Drei Schaltstellungen.

13. **Beschreiben Sie folgendes Ventil!**

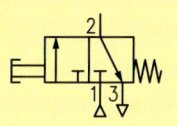

    3/2-Wegeventil mit Sperr-Ruhestellung, betätigt mit Muskelkraft über Druckknopf, Feder zurückgestellt.

14. **Wie heißt das nachstehend dargestellte Ventil?**

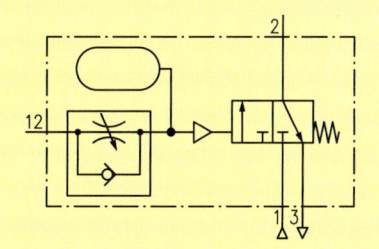

    Zeitverzögerungsventil.

15. **Beschreiben Sie die Funktionsweise eines Zeitverzögerungsventils!**
    Über eine Drossel strömt Druckluft in einen kleinen Speicher. Wenn der Druck auf der Steuerseite des 3/2-Wegeventils so weit ansteigt, dass die Federkraft überwunden wird, schaltet das 3/2-Wegeventil durch und die Druckluft kann zeitverzögert z. B. einen Aktor antreiben.

16. **Nennen Sie die drei Hauptkomponenten eines Zeitverzögerungsventils!**
    Drosselrückschlagventil, Speicher, 3/2-Wegeventil.

17. **Welche Linienart kennzeichnet verschiedene pneumatische Bauteile die zu einer Baugruppe (ein Gehäuse) zusammengefasst sind?**
    Strich-Punktlinie, schmal.

18. **Welche logischen Verknüpfungen lassen sich mit einem Wechselventil und mit einem Zweidruckventil realisieren?**
    Wechselventil = ODER Verknüpfung,
    Zweidruckventil = UND Verknüpfung.

19. **Wozu dient eine Endlagendämpfung bei einem doppelt wirkenden Zylinder?**
    Sie verhindert ein hartes, mechanisches Anschlagen des Kolbens in seinen beiden Endlagen.

Zusätzliche Prüfungsfragen Pneumatik

20. Wie stellt man eine Endlagendämpfung richtig ein?
Vor der Inbetriebnahme die Einstellschrauben ganz reindrehen. Wenn der Zylinder unter Druck steht, langsam die Einstellschrauben rausdrehen und den gewünschten Dämpfungsgrad einstellen.

21. Ein doppelt wirkender Zylinder hat einen Kolbendurchmesser von 30 mm und einen Wirkungsgrad von 85 %. Der Betriebsdruck beträgt 6 bar. Berechne die maximale Kolbenkraft bei der Ausfahrbewegung.

$F = p \cdot A \cdot \eta$

$A = \dfrac{d^2 \cdot \pi}{4} = \dfrac{(3\ cm)^2 \cdot \pi}{4} = 7{,}06\ cm^2$

$F = 60\ \dfrac{N}{cm^2} \cdot 7{,}06\ cm^2 \cdot 0{,}85 =$ **360,06 N**

22. Welchen Nachteil bezüglich der Wirtschaftlichkeit hat ein doppelt wirkender gegenüber einem einfach wirkenden Zylinder?
Der Luftverbrauch ist ungefähr doppelt so hoch.

23. Wie heißt die Drosselungsart im nachfolgenden Bild?

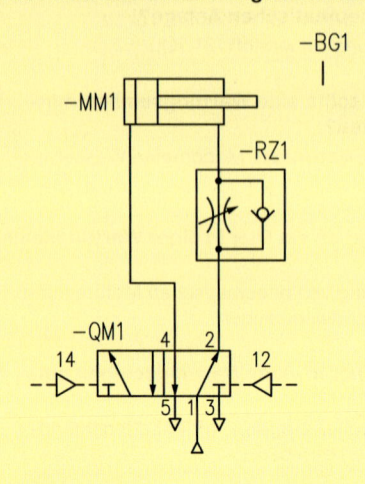

Abluftdrosselung

Zusätzliche Prüfungsfragen E-Pneumatik

1. Aus welchen drei Teilen besteht ein einfacher Stromkreis?
Aus einer Spannungsquelle, Energiewandler (Verbraucher)n und Leitungen.

2. Was ist zu tun, wenn ein elektrisches Gerät einen offensichtlichen Schaden aufweist?
Es ist unverzüglich stillzulegen, gegen Wiederinbetriebnahme sichern und den Schaden dem Vorgesetzten melden.

3. Bennen Sie das nachstehende Bauteil und deren Funktion!

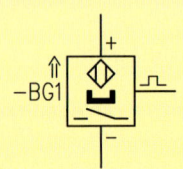

Näherungsschalter (magnetischer Sensor).
Er reagiert bei Annäherung eines Magneten.

4. Was bedeutet der Pfeil über der Nennung –BG1?

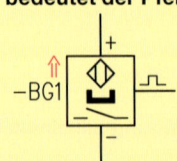

Die Darstellung zeigt den betätigten Zustand.

5. Was wird mit einem Näherungsschalter in einer elektropneumatischen Steuerung erfasst?
Das Erreichen von bestimmten Aktorpositionen (Endlagen).

6. Bei der Inbetriebnahme einer elektropneumatischen Steuerung stellen Sie fest, dass der doppelt wirkende Zylinder nicht einfährt. Nennen Sie Maßnahmen zur Fehlersuche!
– Schlauchleitungen auf richtigen Anschluss nach Schaltplan prüfen.
– Näherungsschalter auf richtige Justage prüfen.
– Näherungsschalter auf einen Defekt prüfen.
– Vorbedingungen, die zur Freigabe des Rückfahrsignals gegeben sein müssen, prüfen.
– Funktion aller Ventile prüfen.

7. Eine elektropneumatische Steuerung wird mit 24 V Gleichspannung betrieben. Der vom Relais angesteuerte Energiewandler (Verbraucher) weist einen elektrischen Widerstand von 120 Ω auf. Welche Stromstärke fließt beim Schließen des Relaiskontaktes?

$U = R \cdot I \rightarrow I = \dfrac{U}{R}$

$I = \dfrac{24\ V}{120\ \Omega} =$ **0,2 A**

8. Bei einem Relais in einer elektropneumatischen Steuerung mit einer Betriebsspannung von 36 V wird eine Stromstärke von 0,6 A gemessen. Wie hoch ist der Widerstand im Relais?

$U = R \cdot I \rightarrow R = \dfrac{U}{I}$

$R = \dfrac{36\ V}{0{,}6\ A} =$ **60 Ω**

Zusätzliche Prüfungsfragen E-Pneumatik

9. Benennen Sie die mit den Buchstaben A bis E gekennzeichneten Teile dieser GRAFCET-Struktur!

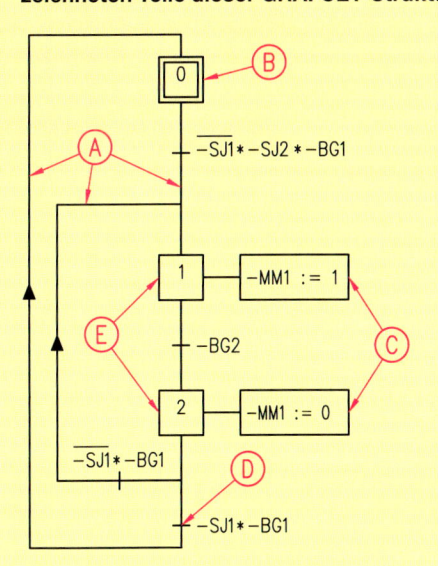

A = Wirkverbindung,
B = Anfangsschritt,
C = Aktion,
D = Transitionsbedingung,
E = Allgemeiner Schritt

10. In welchen Schritten des Funktionsplanes nach GRAFCET DIN EN 60848 wird z. B. ein Werkstück mit einem Zylinder geklemmt?

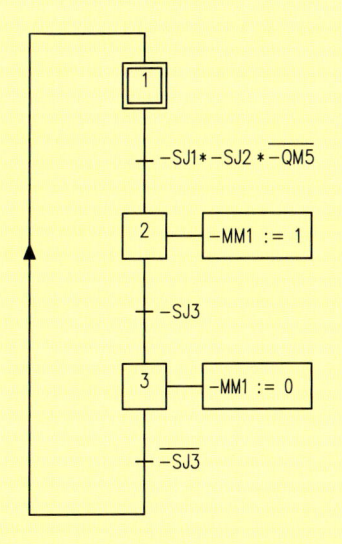

1 und 3

11. Beim Ablauf der Steuerung nach GRAFCET DIN EN 60848 fährt die Kolbenstange des Zylinders –MM1 im Schritt zwei aus und bleibt dann stehen, fährt also nicht wie gewünscht in die Endlage zurück.
Was könnte hierfür die Ursache sein?

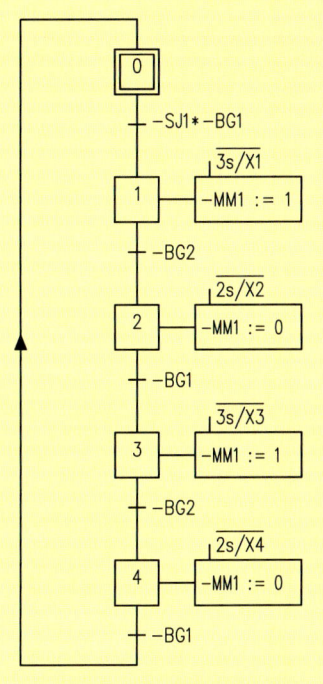

Näherungsschalter –BG2 defekt

12. Im nachstehenden Funktionsplan nach GRAFCET wird der Schritt zwei nicht ausgeführt.
Welche Transitionsbedingung ist dafür verantwortlich?

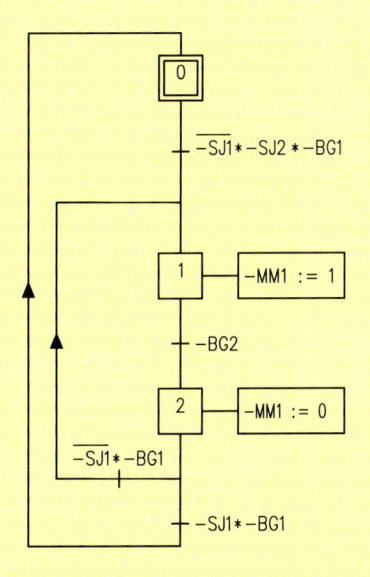

-1S3

Steuerungstechnik

■ Verknüpfungen
Jede Steuerungsaufgabe besteht aus den logischen Verknüpfungen. Gleichgültig, ob sie mit Schützen oder mit SPS verwirklicht wird.

Die logischen **Grundverknüpfungen** sind:

UND
ODER TB
NICHT

■ UND-Verknüpfung
Reihenschaltung

🇬🇧

Schaltfunktion
switching function,
logical function

UND-Funktion
AND function

ODER-Funktion
OR function

NICHT-Funktion
NOT function

■ ODER-Verknüpfung
Parallelschaltung

6.1 Logische Verknüpfungen

Grundlage jeder steuerungstechnischen Problemlösung sind *logische Verknüpfungen*.

Die *Eingangsgrößen* werden hier mit E, die *Ausgangsgrößen* mit A bezeichnet.

Reihenschaltung (UND)
Schaltungstechnisch ist die UND-Verknüpfung eine Reihenschaltung. Nur wenn E1 und E2 (also beide) betätigt sind, erhält A1 Spannung.

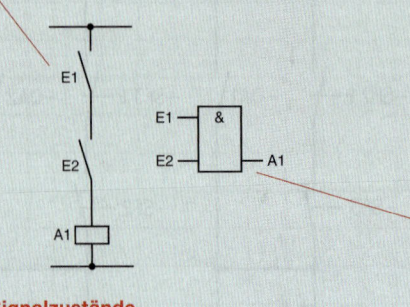

Signalzustände
Spannung vorhanden: „1"-Signal, Signalzustand „1"
Keine Spannung: „0"-Signal, Signalzustand „0"

Schaltfunktion
A1 = E1 ∧ E2
(lies: A1 = E1 UND E2)

Wahrheitstabelle

E2	E1	A1
0	0	0
0	1	0
1	0	0
1	1	1

Der Ausgang einer UND-Verknüpfung ist „1", wenn sämtliche Eingänge (hier E1 und E2) „1" sind.

Allgemeine Darstellung
Da die Schützschaltung nur eine Möglichkeit der Verwirklichung ist, wird eine allgemeine Darstellung der UND-Verknüpfung benötigt.

Nur wenn *alle Eingänge* der UND-Verknüpfung den Signalzustand „1" führen, nimmt der Ausgang den Signalzustand „1" an.

Parallelschaltung (ODER)
Schaltungstechnisch ist die ODER-Verknüpfung eine Parallelschaltung. Wenn E1 ODER E2 betätigt sind (oder auch beide), erhält A1 Spannung.

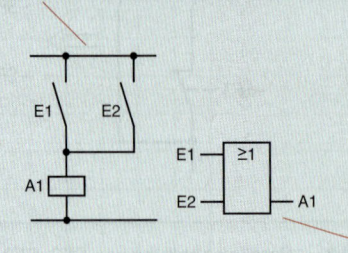

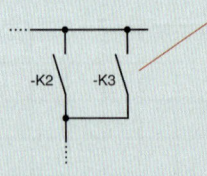

ODER-Verknüpfung zwischen K2 und K3. Wenn mindestens einer der beiden Kontakte betätigt ist, hat die Parallelschaltung K2, K3 Stromdurchgang.

Schaltfunktion
A1 = E1 ∨ E2
(lies: A1 = E1 ODER E2)

Wahrheitstabelle

E2	E1	A1
0	0	0
0	1	1
1	0	1
1	1	1

Der Ausgang einer ODER-Verknüpfung ist „1", wenn mindestens ein Eingang den Signalzustand „1" hat.

Allgemeine Darstellung
≥ 1: mindestens ein Eingang oder mehr als Eingang.

Wenn mindestens ein Eingang den Signalzustand „1" führt, nimmt bei der ODER-Verknüpfung der Ausgang den Signalzustand „1" an.

Logische Verknüpfungen, Signalspeicherung

Öffner
Die NICHT-Funktion kann mit einem Öffner verwirklicht werden.

Öffner unbetätigt: → „1"-Signal
Öffner betätigt: → „0"-Signal

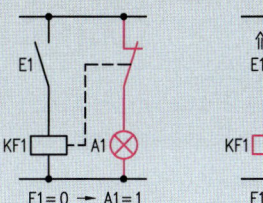

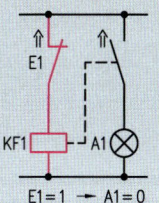

Darstellung der NICHT-Funktion (Negation)
Im Allgemeinen wird nicht die ausführliche Darstellungsform verwendet. Das Symbol wird auf den Kreis reduziert und in Kombination mit anderen Verknüpfungen verwendet.

Schaltfunktion
A1 = $\overline{E1}$
(lies: A1 = NICHT E1)

Wahrheitstabelle

E1	A1
0	1
1	0

Der Ausgang der NICHT-Verknüpfung nimmt den entgegengesetzten Signalzustand des Einganges an.

Allgemeine Darstellung

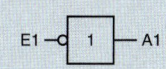

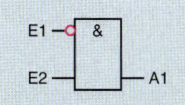

UND-Verknüpfung mit Negation von E1.

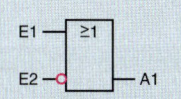

ODER-Verknüpfung mit Negation von E2.

■ Öffner
Aus Gründen der Drahtbruchsicherheit werden in der Steuerungstechnik Öffner verwendet.

Öffner sind auf den Signalzustand „0" abzufragen, da sie bei Betätigung diesen Signalzustand liefern.

In diesen Fällen ist eine Negation erforderlich.

■ Signalzustand „0"
Boolscher Wert: FALSE

■ Signalzustand „1"
Boolscher Wert: TRUE

6.2 Signalspeicherung

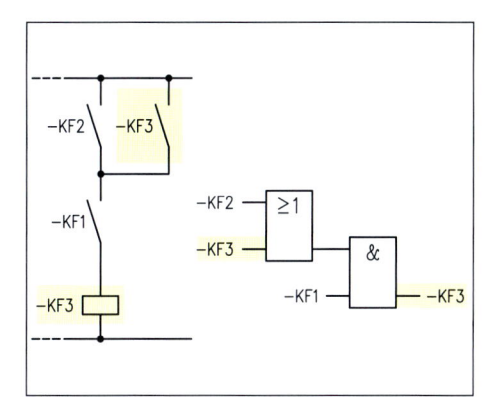

Bild 4   Schützschaltung und Funktionsplan

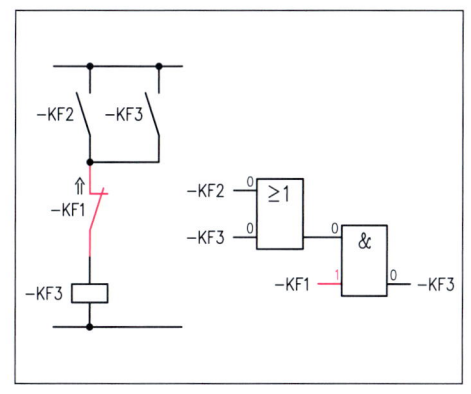

Bild 5   Phase 1

Bild 4: Schütz KF3 geht in **Selbsthaltung**.

Funktionsplan der **Selbsthaltung**.

Parallelschaltung KF2, KF3: **ODER-Verknüpfung**.

Reihenschaltung (KF2, KF3), KF1 **UND-Verknüpfung**.

Phase 1: KF1 = „1"

UND-Funktion vorbereitet, aber noch nicht erfüllt (Bild 5).

Phase 2: KF2 = „1"

ODER-Funktion erfüllt →
UND-Funktion erfüllt → KF3 = „1" (Bild 6).

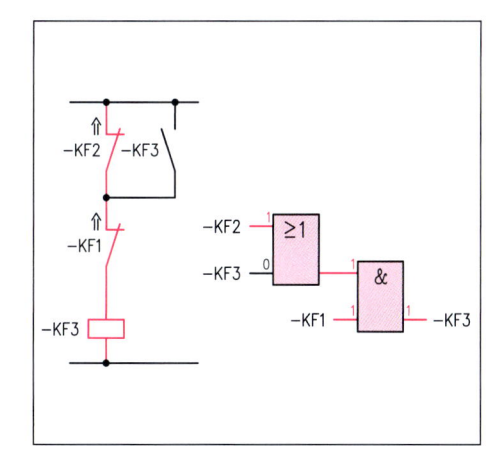

Bild 6   Phase 2

Speicher
store, storage

Selbsthaltung
self-holding

Signalspeicher
transient recorder, event recorder

Signalspeicherung
signal storage

■ Selbsthaltung
Bei Schützschaltungen wird die Signalspeicherung Selbsthaltung genannt.

■ Zeichen für Betätigung
⇑

Phase 3: KF3 = „1"

Keine Veränderung in Bezug auf Phase 2; Selbsthaltung (Bild 7).

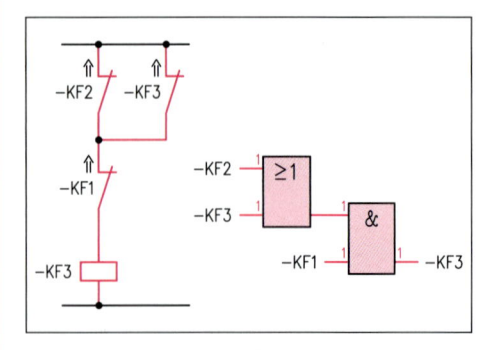

Bild 7 Phase 3

Phase 4: KF2 = „0"

Schütz ist in Selbsthaltung, Signalspeicherung (Bild 8).

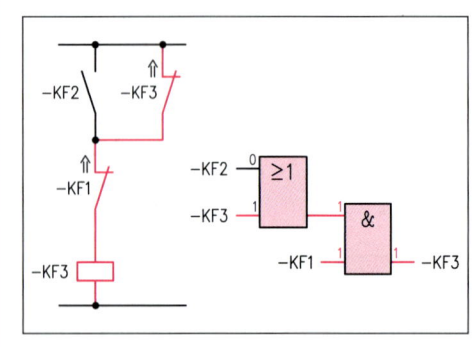

Bild 8 Phase 4

Phase 5: KF1 = „0"

Schütz ausgeschaltet, Selbsthaltung fällt ab (Bild 9).

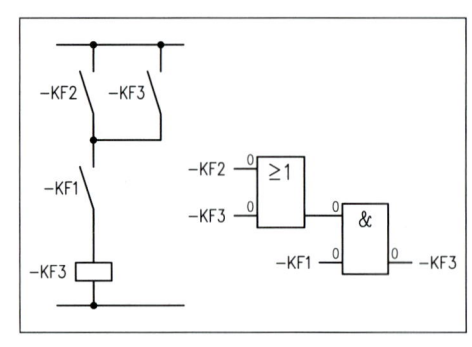

Bild 9 Phase 5

Darstellung bei einer einfachen Schützsteuerung

S1 ist ein Öffner. Im *unbetätigten* Zustand hat er Stromdurchgang, liefert den Signalzustand „1".

Nur bei SF1 = „1" ist die UND-Funktion erfüllbar (Bild 10).

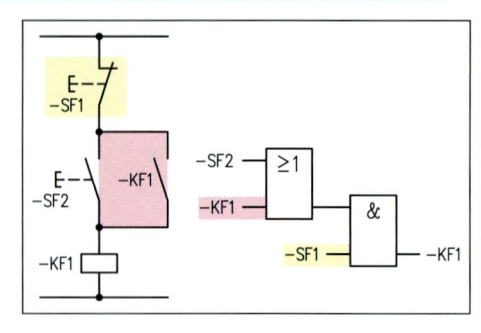

Bild 10 Einfache Schützschaltung und FUP

Drahtbruchsicherheit ist eine wesentliche Eigenschaft von Öffnern beim Ausschalten.

Ein *betätigter* Öffner *unterbricht* den Stromkreis. Die gleiche Wirkung hat eine durch Fehler hervorgerufene Leitungsunterbrechung oder eine gelöste Klemmverbindung.

Öffner sind **drahtbruchsicher**.

Vorrangiges Ausschalten

Öffner SF1 und Schließer SF2 werden *gleichzeitig* betätigt.

Das Schütz kann dann nicht eingeschaltet werden oder bleiben, da der Öffner den Spulenstrom unterbricht.

Im Funktionsplan (FUP) liefert der betätigte Öffner „0"-Signal (SF1 = „0") und blockiert damit die UND-Funktion.

Es liegt **vorrangiges Ausschalten** vor.

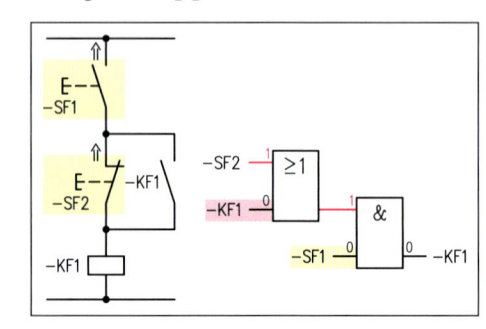

Bild 11 Vorrangiges Ausschalten

Vorrangiges Einschalten

Öffner SF1 und Schließer SF2 werden *gleichzeitig* betätigt.

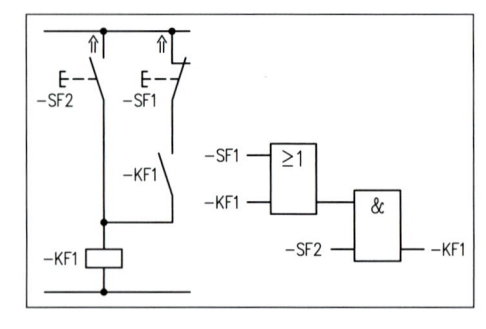

Bild 12 Vorrangiges Einschalten

Signalspeicherung, SPS

Das Schütz wird dann zwingend eingeschaltet, wenn SF2 betätigt wird. Der Öffner hat dann keinen Einfluss.

Beachten Sie die ODER-Funktion (Bild 12). Wenn SF2 = „1", ist zwingend KF1 = „1". Es liegt **vorrangiges Einschalten** vor.

■ **VPS**
Verbindungsprogrammierbare Steuerung

■ **SPS**
Speicherprogrammierbare Steuerung

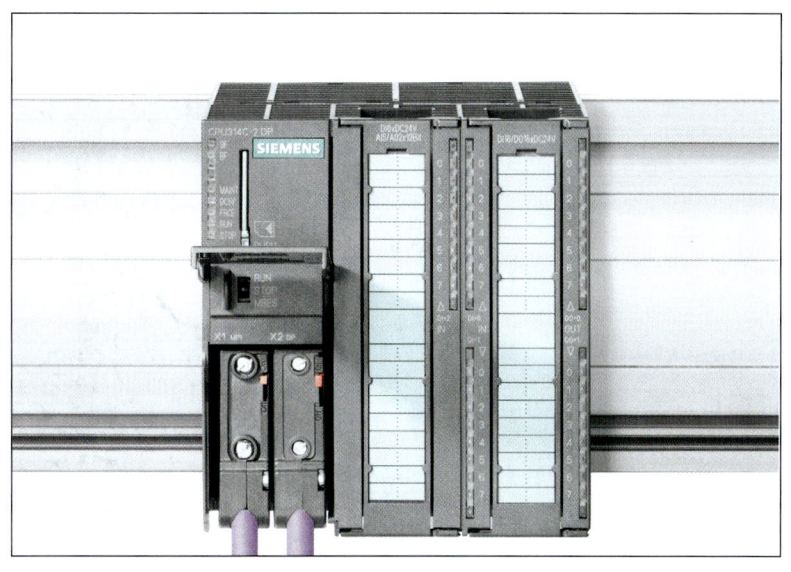

6.3 Speicherprogrammierbare Steuerungen

Prinzip der SPS

Die *Logik* der Schützsteuerung steckt in der *Verdrahtung* der einzelnen Betriebsmittel. *Reihenschaltung* und *Parallelschaltung* sind beispielsweise Elemente dieser Logik.

Die *Verdrahtung* ist das „Steuerungsprogramm". *Programmänderungen* erfolgen durch *Verdrahtungsänderung*. „Programmierwerkzeuge" sind Schraubendreher und Verdrahtungsleitung.

Man spricht dann von einer **verbindungsprogrammierten Steuerung** (VPS).

Bei der **VPS** ist eine **Programmänderung** im Allgemeinen mit einem erheblichen Aufwand verbunden.

Die **SPS** zählt zu den **freiprogrammierbaren Steuerungen** (FPS). Das Steuerungsprogramm ist schnell und ohne großen Aufwand änderbar.

Bei der SPS ist das Steuerungsprogramm in einem **Programmspeicher** abgelegt. Mithilfe eines **Programmiergerätes** kann es dort eingeschrieben, ausgelesen und geändert bzw. ausgetauscht werden.

Bild 13   Speicherprogrammierbare Steuerung

Speicherprogrammierbare Steuerungen mit ihrer Untergruppe **Kleinsteuerungen** haben vielfältige Vorteile und beherrschen die Steuerungstechnik seit vielen Jahren. Selbst bei kleineren Steuerungsaufgaben sind sie *wirtschaftlich* einsetzbar.

Wesentliche Vorteile der SPS

- **Flexibilität** durch problemlose Änderung der Steuerungsaufgabe bei gleicher Hardware.
- **Zuverlässigkeit** durch Ersatz von Schützen und Relais durch verschleißfreie Elektronik.
- **Kompakte Abmessungen** reduzieren die Kosten z. B. für Schaltschränke.
- Die Aufgaben von Hilfsschützen, Zeitrelais und Zählern können von der SPS ohne zusätzliche Kosten übernommen werden.

Kompaktsteuerung

CPU mit Eingängen und Ausgängen in einem gemeinsamen Gehäuse.

Modulare Steuerung

Aus einzelnen Modulen aufbaubar (CPU, Eingabe-, Ausgabe-Baugruppen usw.). Modulare Steuerungen sind besonders flexibel in Bezug auf Erweiterungen.

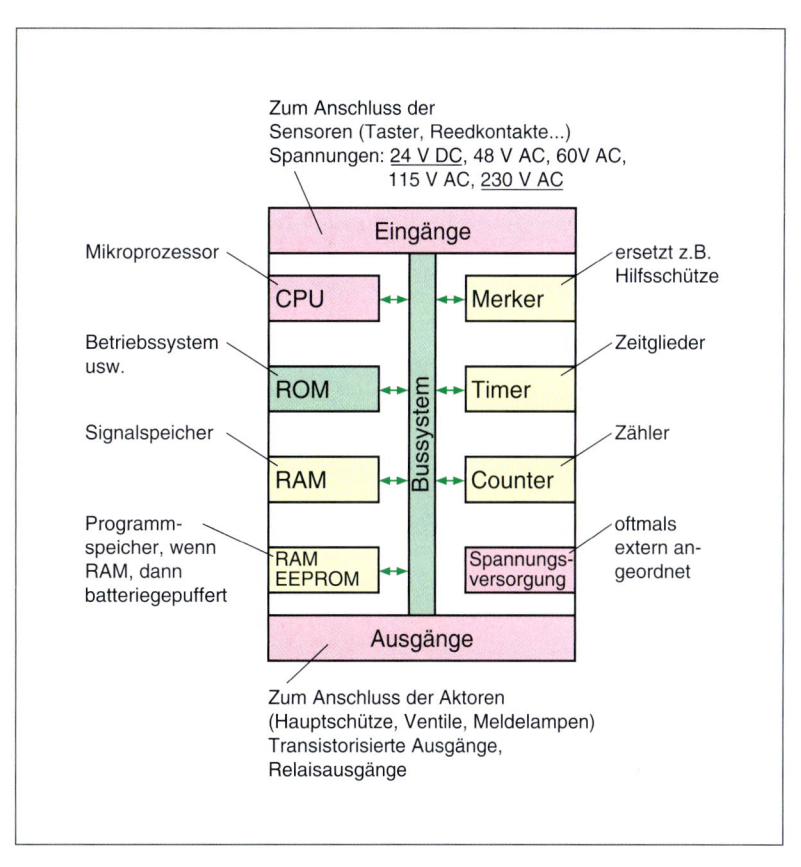

Bild 14   Aufbau einer speicherprogrammierbaren Steuerung (SPS)

SPS-Steuerungen können vernetzt werden.

Auch Kombinationen zwischen Kompaktsteuerungen und modularen Steuerungen sind möglich.

Die Ein- und Ausgänge verfügen über **Optokoppler.** Sie dienen der **galvanischen Trennung** zwischen der 5-V-Ebene im Inneren des Automatisierungsgerätes und der Peripherie.

Ein **Optokoppler** besteht prinzipiell aus einer *Leuchtdiode* und einem *lichtempfindlichen Transistor*:
Signalübertragung erfolgt durch *Licht*.

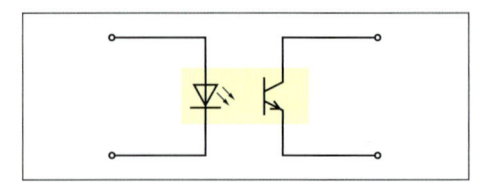

Bild 15 Optokoppler

Betriebsmittel	Ein-/Ausgang	Kommentar
SF1	E0.0	Austaster, Öffner (NC)
SF2 (NO)	E0.1	Taster für QA1, Schließer (NO)
SF2 (NC)	E0.2	Tasterverriegelung (NC)
SF3 (NO)	E0.3	Taster für QA2, Schließer (NO)
SF3 (NC)	E0.4	Verriegelung
QA1	A4.0	Hauptschütz 1
QA2	A4.1	Hauptschütz 2

6.3.1 Beschaltung der SPS

Der Stromlaufplan (Bild 1, Seite 173) soll für die SPS-Programmierung aufbereitet werden. Dazu sind die Betriebsmittel an die Ein- und Ausgänge der speicherprogrammierbaren Steuerung anzuschließen.

Steuerungsprogramm als Funktionsplan (FUP)

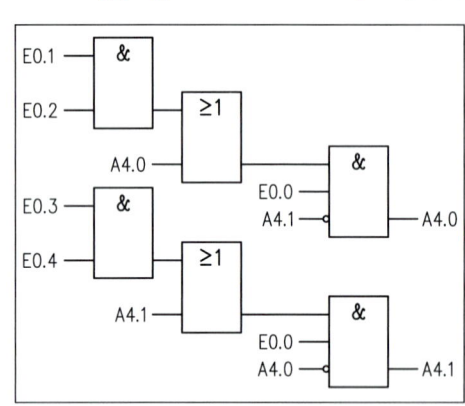

Bild 17 Funktionsplan zu Bild 16

Zwar ist die Zuordnung der einzelnen Betriebsmittel zu den Ein- und Ausgängen der SPS beliebig. Sie bleibt demjenigen überlassen, der diese Liste erstellt.

Doch Vorsicht! Danach ist die Zuordnung absolut verbindlich. *Verdrahtung* und *Programmierung* des Projekts müssen auf der *absolut gleichen Zuordnung* beruhen.

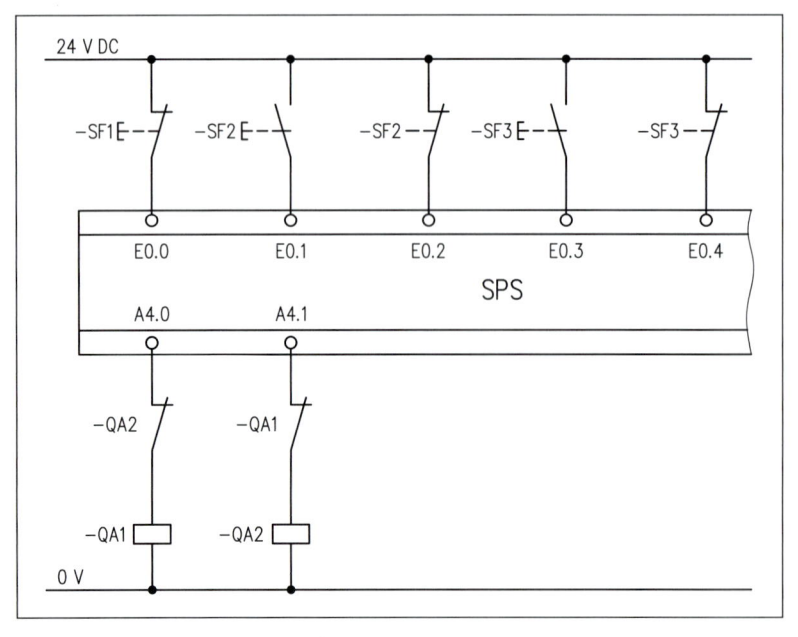

Bild 16 Belegungsplan der SPS

6.3.2 Programmierung der SPS

Die *Beschaltung* der SPS bedeutet ein „einfaches" *Auflegen* der Ein- und Ausgänge

Die **Verdrahtung** im Sinne einer Schützsteuerung, also die **Erfüllung der Steuerungsaufgabe**, erfolgt durch ein **Steuerungsprogramm**, das in den **Programmspeicher** der SPS eingeschrieben wird.

Ein SPS-Programm ist eine Folge von **Steueranweisungen**.

Zuordnungsliste

Die Zuordnung der Befehlsgeber (Sensoren) und Schütze zu den Ein- und Ausgängen der SPS kann auch durch eine *Zuordnungsliste* verdeutlicht werden.

Hinweis:
Auf die Meldelampen wurde hier verzichtet.

SPS, Beschaltung, Programmierung

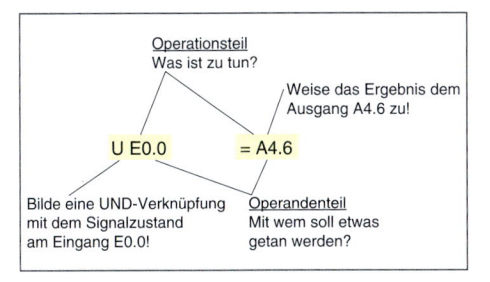

Bild 18 Aufbau einer Steueranweisung im SPS-Programm

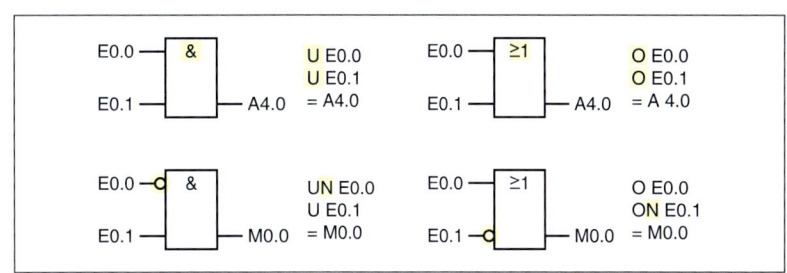

Bild 19 Steueranweisungen, Beispiele

Operationsteile

U	UND-Verknüpfung
=	ODER-Verknüpfung
N	NICHT-Verknüpfung
=	Ergebniszuweisung

Operandenteile (Kennzeichen)

E	Eingang
A	Ausgang
M	Merker
T	Zeitglied
Z	Zähler

Merker

Die **Merker** (Bitmerker) sind 1-Bit-Speicherelemente. Sie können den Signalzustand „0" bzw. „1" speichern.

Programmtechnisch können **Merker** wie **Ausgänge** behandelt werden. Sie sind **interne Speicher** (z. B. für Zwischenergebnisse) und können ihren Signalzustand *nicht* unmittelbar an den Steuerungsprozess ausgeben. Darin unterscheiden sie sich von den Ausgängen.

Merker können wie **Eingänge** *abgefragt* werden.

6.3.3 Programmiersprachen

Die *Darstellung der Steuerungsprogramme* kann in den Programmiersprachen **Funktionsplan** (FUP), **Kontaktplan** (KOP) und **Anweisungsliste** (AWL) erfolgen.

Alle drei Programmiersprachen sind *gleichwertig*. Die Wahl erfolgt aus *Zweckmäßigkeitsgründen*. In der *Bitverarbeitung* wird allerdings der *Funktionsplan* bevorzugt angewendet.

Funktionsplan (FUP)

Jede *Steuerungsfunktion* wird durch ein entsprechendes **Symbol** dargestellt. Die **Programmie-**

rung erfolgt durch die *funktionsrichtige Anordnung* der Symbole.

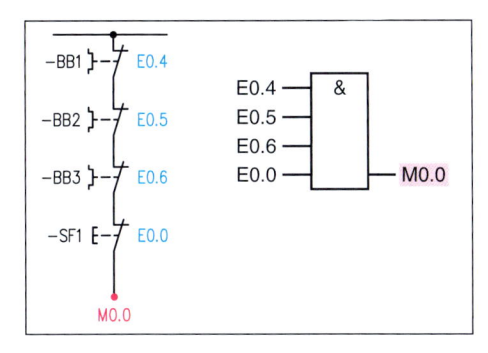

Bild 20 UND-Verknüpfung mit 4 Eingängen

Es handelt sich um eine **UND-Verknüpfung** mit 4 Eingängen (Reihenschaltung).

Nur wenn *alle* Eingänge den Signalzustand „1" führen, nimmt der Merker M0.0 den Signalzustand „1" an.

Merker M0.0 dient hier als *interner Speicher*.

Nur wenn M0.0 = 1, dürfen die Bänder 1 bis 3 eingeschaltet sein. Der Merker „ersetzt" also die Motorschutzrelais und den Stopptaster.

Kontaktplan (KOP)

Die Programmiersprache *Kontaktplan* ist eng mit dem Stromlaufplan verwandt. Allerdings sind die Strompfade *waagerecht* angeordnet.

■ **Steueranweisung**
Eine Steueranweisung besteht aus Operationsteil und Operandenteil.

■ **Bit**
Kleinste Informationseinheit, kann nur den Signalzustand „1" oder „0" speichern.

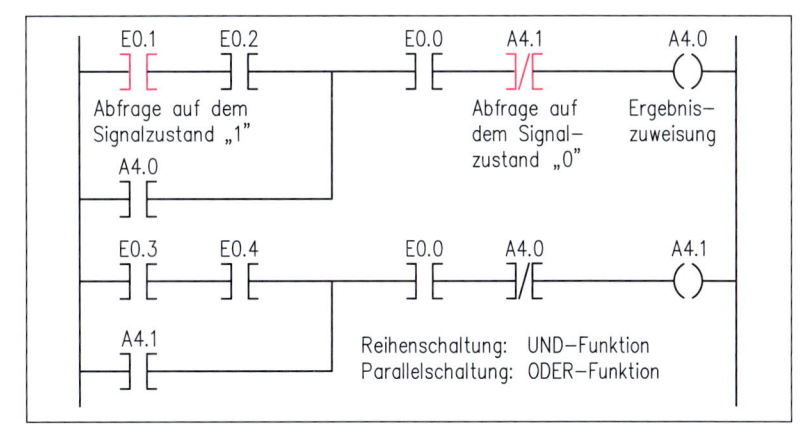

Bild 21 Kontaktplan zu Bild 16

Anweisungsliste (AWL)

Auch die *Anweisungsliste* ist eine sehr anschauliche Programmiersprache.

U	E0.1	U	E0.3
U	E0.2	U	E0.4
O	A4.0	O	A4.1
U	E0.0	U	E0.0
UN	A4.1	UN	A4.0
=	A4.0	=	A4.1

6.3.4 Programmabarbeitung

Die Abarbeitung des Steuerungsprogramms soll am Beispiel der Anweisungsliste

O E0.0
O E0.1
= A4.0

gezeigt werden.

Wichtig ist dabei ein *interner SPS-Speicher*, den man **Verknüpfungsergebnis** (VKE) nennt.

Der Inhalt dieses Bitspeichers („0" oder „1") wird für die weitere Signalverarbeitung verwendet.

Am *Ende* des Programms wird der Inhalt des Signalspeichers an die *Ausgänge* gegeben.

Dann nimmt der Ausgang A4.0 den Signalzustand „1" an.

Danach folgt der Rücksprung zum Programmanfang.

■ **VKE**
Verknüpfungsergebnis,
1-Bit-Speicher

■ **Prozessabbild**
der Ausgänge wird erst an die Ausgangsbaugruppe übertragen, wenn das Steuerungsprogramm vollständig abgearbeitet wurde.

🇬🇧

Zykluszeit
cycle time

Merker
flag, marker

Klammer
clip, clamp, bracket

aktualisieren
update

SPS-Programme werden **sequenziell** nach dem **Prozessabbild** bearbeitet.

Die Programmbearbeitung erfolgt in einer gewollten **Endlosschleife**.

Wenn ein Programmdurchlauf beendet wurde, beginnt sofort der nächste Durchlauf.

Man spricht von einer **zyklischen Programmbearbeitung**.

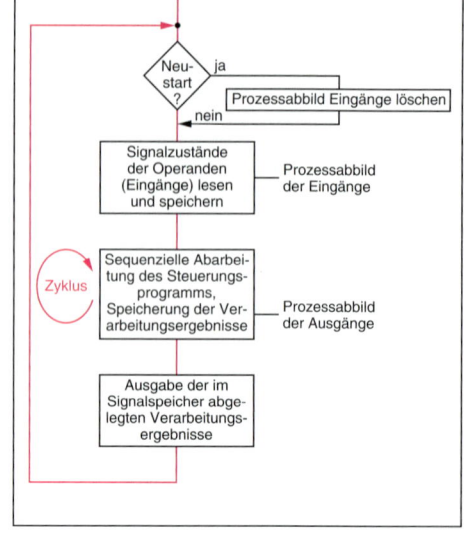

Bild 22 SPS-Programm, Abarbeitung

Prozessabbild der Eingänge (Bild 22)

Die zu *diesem Zeitpunkt* gültigen Signalzustände an den Eingängen werden für den folgenden **Zyklus** in das **Prozessabbild** übernommen.

Mit *diesem* Prozessabbild wird der Zyklus durchgeführt. Erst *nach* dem Zyklus wird das Prozessabbild der Eingänge wieder *aktualisiert*.

Prozessabbild der Ausgänge (Bild 22)

Die bei der Programmbearbeitung gespeicherten *VKE-Inhalte* werden an die *Ausgänge* der SPS ausgegeben.

Zykluszeit (Bild 22)

Die Zeit, die für einen kompletten Zyklus benötigt wird, nennt man **Zykluszeit**.

Mit *abnehmender* Zykluszeit reagiert die SPS *schneller* auf Signalzustandsänderungen.

Es wird nämlich nur *einmal* das Prozessabbild der Eingänge während eines *Arbeitszyklus* gebildet.

Während der Programmbearbeitung kann auf *Änderung* des Eingangs-Signalzustandes *nicht* reagiert werden.

Während der Programmbearbeitung *ändern* sich die Ausgangs-Signalzustände *nicht*.

Die Funktionstüchtigkeit der SPS beruht auf einer sehr *kleinen* **Zykluszeit**.

Annahme: E0.0 = „1", E0.1 = „0"   z.B.

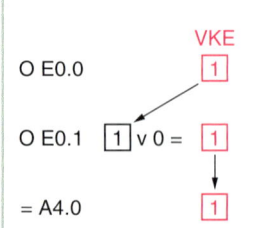

	VKE	
O E0.0	[1]	Der Signalzustand von E0.0 wird in das VKE geladen (E0.0 = „1" → VKE = „1")
O E0.1	[1] v 0 = [1]	VKE-Inhalt mit Signalzustand an E0.1 ODER-verknüpfen → neuer VKE-Inhalt
= A4.0	[1]	VKE-Inhalt wird im Signalspeicher dem Speicherplatz für A4.0 zugewiesen (aber noch nicht dem Ausgang A4.0)

SPS, Programmabarbeitung, Merker, Klammern

Prüfung

1. Welche Funktion hat die Schaltung?

2. Welche Vorteile hat die speicherprogrammierbare Steuerung im Vergleich zur Schützsteuerung?

3. Skizzieren Sie das Signal-Zeit-Diagramm für den Ausgang A1.

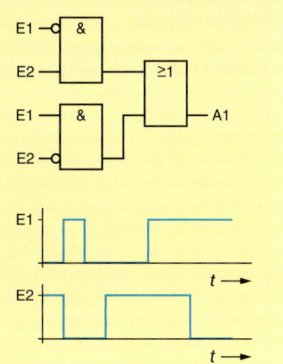

6.3.5 Programmierung mit Merkern und Klammern

ODER-Funktion UND-verknüpft

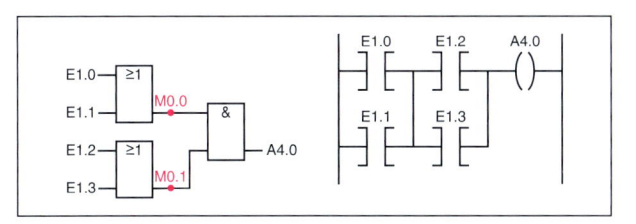

Bild 24 *ODER-Funktion UND-verknüpft, FUP und KOP*

UND-Funktion ODER-verknüpft

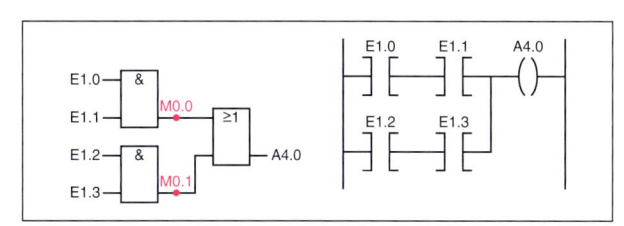

Bild 23 *UND-Funktion ODER-verknüpft, FUP und KOP*

Mit zwei Merkern		Mit einem Merker		Mit Klammern		Mit zwei Merkern		Mit einem Merker		Mit Klammern	
O	E1.0	O	E1.0	U	(	U	E1.0	U	E1.0	U	E1.0
O	E1.1	O	E1.1	O	E1.0	U	E1.1	U	E1.1	U	E1.1
=	M0.0	=	M0.0	O	E1.1	=	M0.0	=	M0.0	O	(
				)						U	E1.2
O	E1.2	O	E1.2	U	(	U	E1.2	U	E1.2	U	E1.3
O	E1.3	O	E1.3	O	E1.2	U	E1.3	U	E1.3	)	
=	M0.1	U	M0.0	O	E1.3	=	M0.1	O	M0.0	=	A4.0
		=	A4.0	)				=	A4.0		
U	M0.0			=	A4.0	O	M0.0				
U	M0.1					O	M0.1				
=	A4.0					=	A4.0				

Bei FUP- und KOP-Programmierung sind weder Klammern noch Merker notwendig.

Prüfung

1. Welche Aufgabe hat die Schaltung?

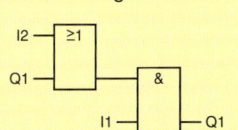

2. Welche Punkte sind bei der Auswahl einer SPS-Hardware besonders zu berücksichtigen?

3. Eine Steueranweisung besteht aus Operationsteil und Operandenteil. Erläutern Sie dies an einem Beispiel.

4. Welche Bedeutung hat die Zykluszeit einer SPS?

5. Speicherprogrammierbare Steuerungen arbeiten nach dem Prinzip des Prozessabbildes. Was bedeutet das?

6. Was bedeutet Drahtbruchsicherheit?

Bei manchen Programmiersystemen wird das **vorrangige Rücksetzen** mit **SR** und das **vorrangige Setzen** mit **RS** bezeichnet.

Beachten Sie die Informationen des Steuerungsherstellers.

Setzeingang S
Ein kurzzeitiges „1"-Signal an S setzt den Speicherausgang dauerhaft auf „1".

Rücksetzeingang R
Ein kurzzeitiges „1"-Signal an R setzt den Speicherausgang dauerhaft auf „0".

Vorrangiges Rücksetzen   **Vorrangiges Setzen**

Vorrangig ist, was sich durchsetzt, wenn gleichzeitig S = „1" und R = „1".

Darstellung bei SPS
Vorrangiges Rücksetzen (SR)   Vorrangiges Setzen

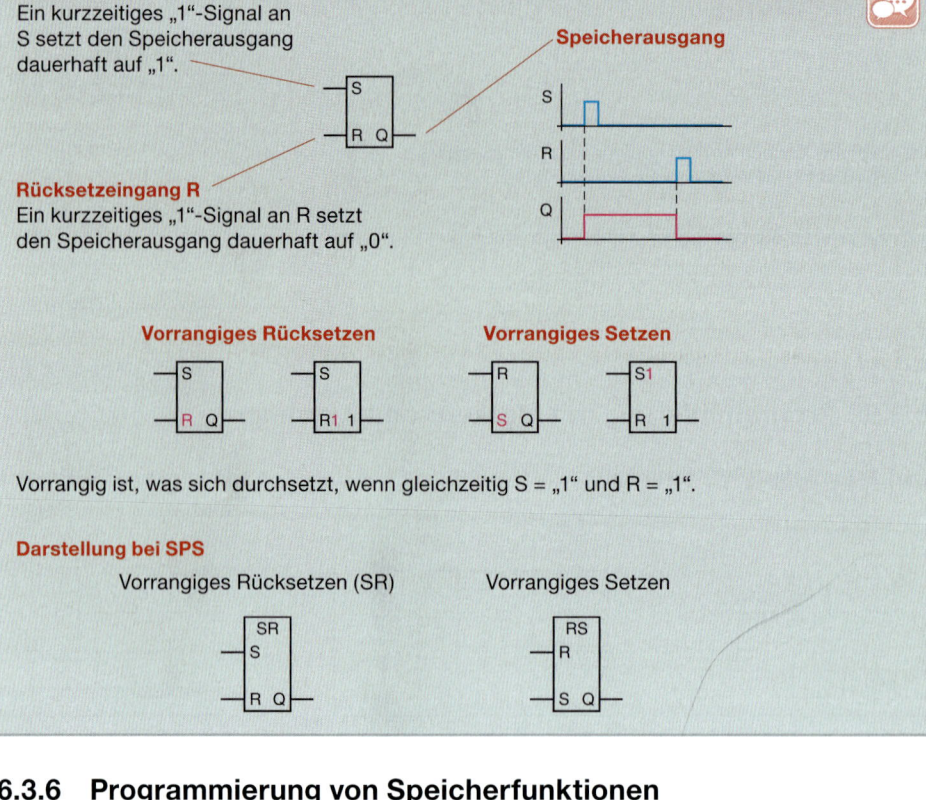

6.3.6 Programmierung von Speicherfunktionen

Speicherfunktionen finden Verwendung, wenn ein nur *kurzzeitig* auftretendes Signal ein *dauerhaft* auftretendes Signal hervorrufen soll.

Zum Beispiel: Ein *kurzer* Druck auf den Starttaster schaltet den Motor *dauerhaft* ein.

Speicherschaltungen werden auf der Grundlage des **RS-Kippgliedes** programmiert.

Bild 27: **Setzen** des Speichers: M0.2 = „1",
Rücksetzen des Speichers: E0.7 = „0" ODER M0.1 = „0".

Abfrage auf den Signalzustand „0"
Die Eingänge der ODER-Verknüpfung vor dem *Rücksetzeingang* des Speichers werden auf den *Signalzustand „0"* abgefragt (Negation).

■ **Speicher**
werden benötigt, wenn die Befehlsausführungsdauer größer als die Zeit der Befehlsausgabe ist.

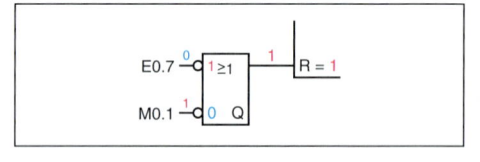

Bild 25 Rücksetzbedingung „1"

Schließer SF5 offen → E0.7 = „0" → Negation von „0" ergibt „1" → R = „1" → Speicher wird ausgeschaltet oder kann nicht eingeschaltet werden. Beachten Sie, dass der Speicher *vorrangiges Rücksetzen* hat.

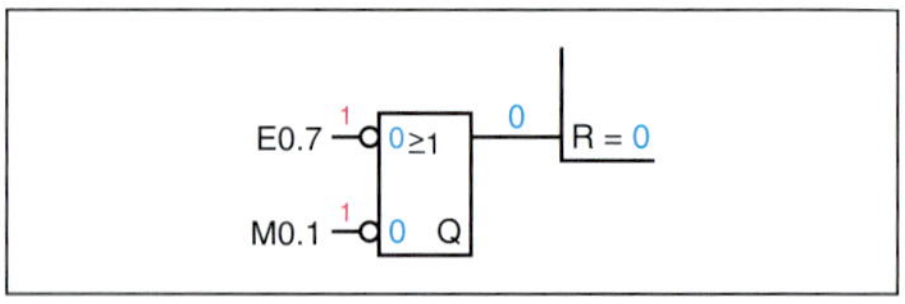

Bild 26 Rücksetzbedingung „0"

Schließer SF5 geschlossen → E0.7 = „1" → Negation von „1" ergibt „0" → R = „0" → Speicher kann gesetzt werden oder gesetzt bleiben.

Dies entspricht genau der Aufgabenstellung von SF5. Der Eingang E0.7, an dem SF5 angeschlossen ist, muss auf den Signalzustand „0" abgefragt werden. E0.7 ist zu **negieren**.

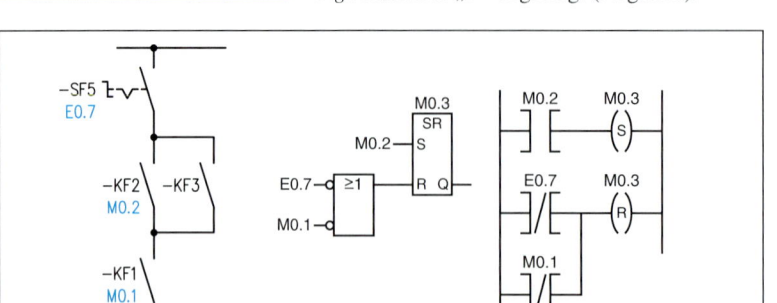

Bild 27 Speicherfunktion, Steuerungsausschnitt Seite 149

SPS, Speicherfunktionen

Abfrage eines Öffners

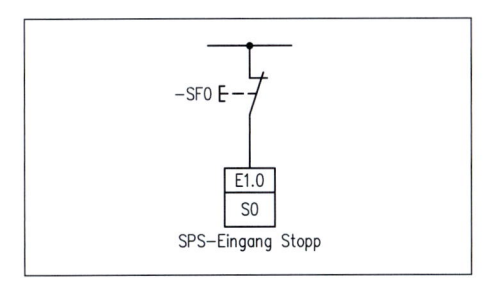

Bild 28 *Abfrage eines Öffners*

Bild 28: Austaster SF0 unbetätigt → E1.0 = „1"

Austaster SF0 betätigt → E1.0 = „0"

Bei *Betätigung* von SF0 soll *ausgeschaltet* werden.

Bei E1.0 = „0", soll ausgeschaltet werden. E1.0 wird auf den **Signalzustand „0"** abgefragt.

> Ein **Öffner** wird zum Zwecke des **Rücksetzens** eines Speichers auf den **Signalzustand „0"** abgefragt.
>
> Dies macht eine **Negation** notwendig.

Steuerungsprogramm mit Speichern

Das Steuerungsprogramm auf den Seiten 178, 179 soll nun unter Verwendung von *Speichern* erstellt werden.

Funktionsplan (FUP)

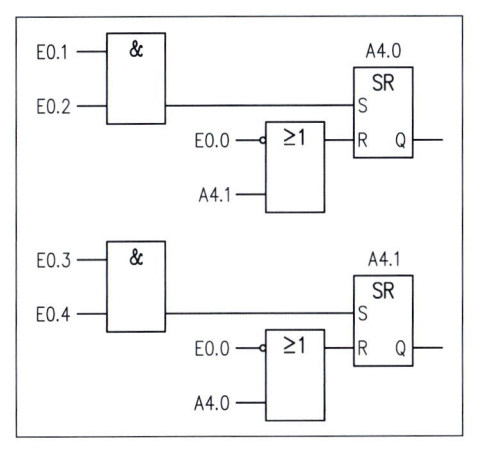

Bild 29 *Funktionsplan*

Anweisungsliste

U	E.01	U	E0.3
U	E0.2	U	E0.4
S	A4.0	S	A4.1
ON	E0.0	ON	E0.0
O	A4.1	O	A4.0
R	A4.0	R	A4.1

Prüfung

1. Welche Funktion hat die dargestellte Schaltung?

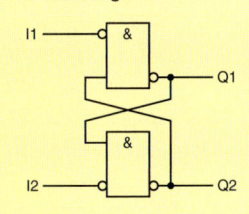

2. Entwickeln Sie den Funktionsplan für das dargestellte Signal-Zeit-Diagramm.

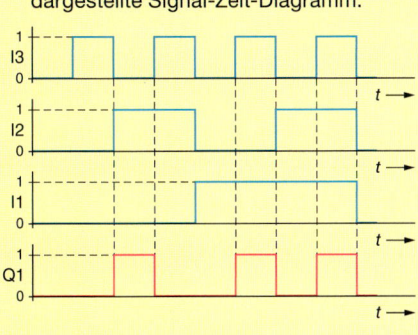

Kontaktplan (KOP)

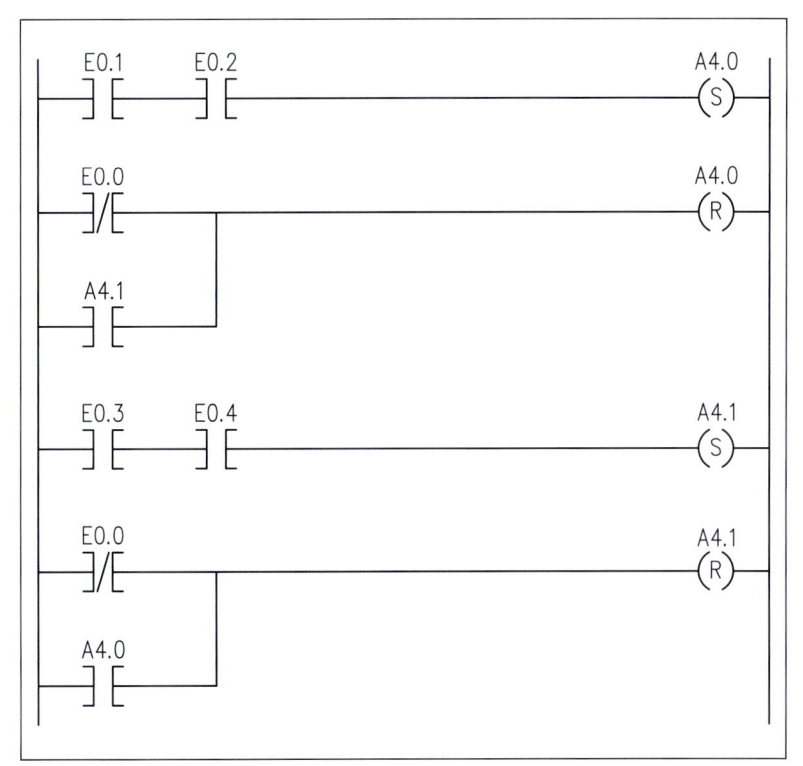

Bild 30 *Kontaktplan*

Hier liegt *vorrangiges Rücksetzen* vor, da die Steueranweisungen R...- näher am Programmende als die S...-Anweisungen stehen.

■ **Öffner**
müssen wegen der Drahtbruchsicherheit verwendet werden.

6.3.7 Zeitfunktionen

Drei Transportbänder sollen in einem *zeitlichen Abstand von 5 s* nacheinander eingeschaltet werden.

Start → Band 1 → Wartezeit 5 s → Band 2 → Wartezeit 5 s → Band 3

Jedes eingeschaltete Band wird durch eine Meldelampe signalisiert.

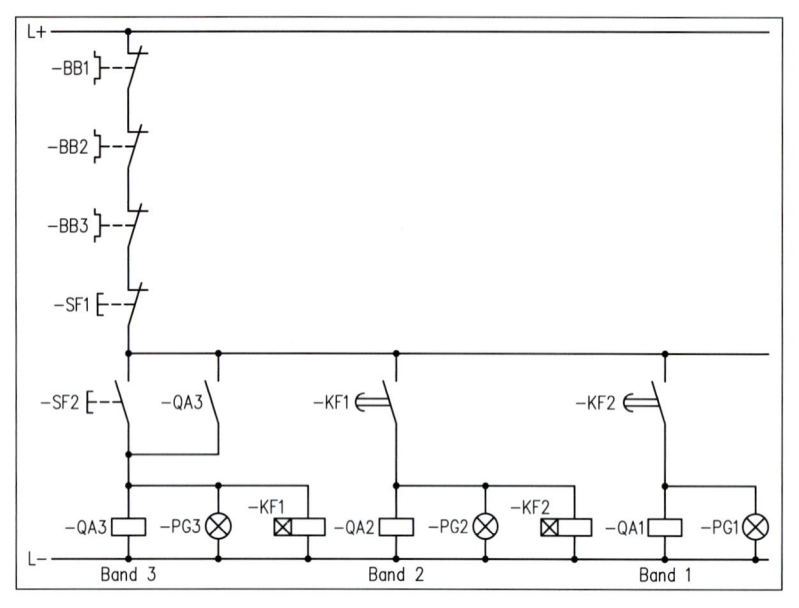

Bild 31 *Transportbandsteuerung, Zuordnungsliste Seite 185*

Einschaltverzögerung

Zeitglied starten → Zeit läuft ab. Wenn die eingestellte Zeit verstrichen ist, Schaltvorgang.

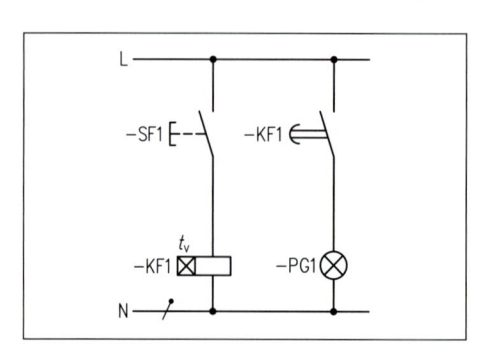

Bild 32 *Einschaltverzögerung*

Bild 32:
- Taster SF1 wird betätigt und bleibt betätigt.
- Die eingestellte Zeit läuft ab.
- Wenn die Zeit abgelaufen ist, wird PG1 eingeschaltet.
- Taster SF1 wird losgelassen.
- PG1 erlischt, Zeitglied läuft in Ruhelage zurück.

■ **Zeitfunktion**
wird gestartet, wenn das VKE vor der Startoperation seinen boolschen Wert ändert.

Abgesehen von der Ausschaltverzögerung wird die Zeit durch einen Wechsel von 0 → 1 gestartet.

Bei Start der Zeitfunktion wird die programmierte Zeitdauer übernommen.

■ **S5t#5s**
Groß- und Kleinschrift spielt hierbei keine Rolle.

Beachten Sie:
Damit die Zeit ablaufen kann, muss SF1 betätigt sein. Sobald S1 *nicht* mehr betätigt ist, wird KF1 spannungslos, und das Zeitglied kehrt in *Ruhelage* zurück.

Die **Einschaltverzögerung** ist **nicht speichernd**.

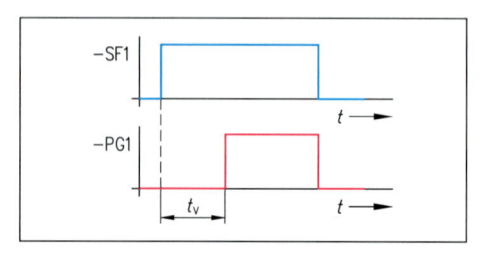

Bild 33 *Einschaltverzögerung, Wirkung*

Schützsteuerung mit Zeitgliedern (Bild 31)
Folgeschaltung

SF2 betätigt → QA3 zieht an und geht in Selbsthaltung → Zeitglied KF1 wird gestartet.

Zeit verstrichen → QA2 zieht an → Zeitglied KF2 wird gestartet.

Zeit verstrichen → QA1 zieht an.

Beachten Sie:
Die Schütze QA2 und QA1 benötigen *keine Selbsthaltung*, da die *Kontakte* der Zeitrelais geschlossen bleiben, wenn die *Spulen* der Zeitglieder an *Spannung* liegen. Das ist hier der Fall.

Einschaltverzögerung bei SPS

Wenn das VKE am *Starteingang* des Zeitgliedes von „0" nach „1" wechselt, wird das Zeitglied gestartet.

Die unter *Zeitdauer* programmierte Zeit läuft dann ab.

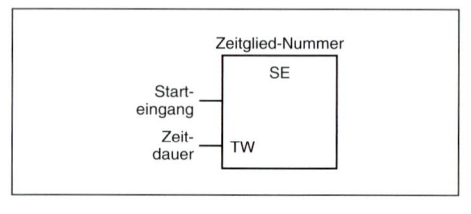

Bild 34 *Einschaltverzögerung, SPS*

Ist die programmierte Zeit *abgelaufen* und der Starteingang immer noch „1", ergibt die *Abfrage* des Zeitgliedes den Signalzustand „1".

Wenn *vor* Ablauf der programmierten Zeit das VKE von „1" nach „0" wechselt, wird die Zeitfunktion gestoppt.

Beispiele für die Eingabe der Zeitdauer:

S5t#12s	12 Sekunden
S5t#30m	30 Minuten
S5t#2h	2 Stunden
S5t#2h30m12s	2 Std., 30 Min., 12 Sek.

SPS, Zeitfunktion

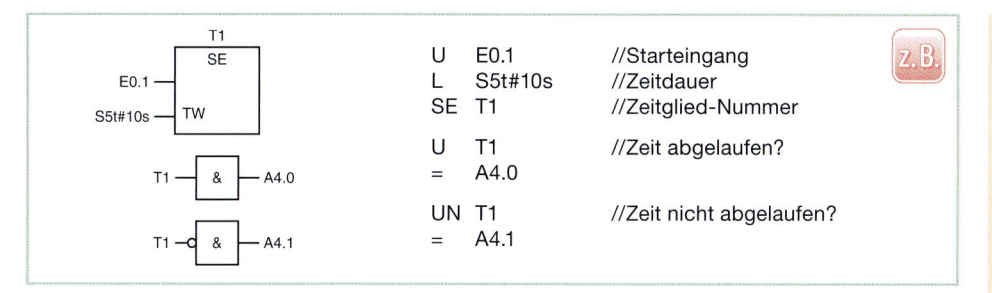

```
U   E0.1        //Starteingang
L   S5t#10s     //Zeitdauer
SE  T1          //Zeitglied-Nummer

U   T1          //Zeit abgelaufen?
=   A4.0

UN  T1          //Zeit nicht abgelaufen?
=   A4.1
```

Transportbandsteuerung
Zuordnungsliste

Betriebs-mittel	Ein-/Ausgang	Kommentar
BB1	E0.0	Motorschutz, Band 1, NC
BB2	E0.1	Motorschutz, Band 2, NC
BB3	E0.2	Motorschutz, Band 3, NC
SF1	E0.3	Austaster, NC
SF2	E0.4	Eintaster, NO
KF1	T1	Zeitglied, Einschaltverzögerung
QA1	A4.0	Band 1
QA2	A4.1	Band 2
QA3	A4.2	Band 3
PG1	A4.3	Meldung Band 1
PG2	A4.4	Meldung Band 2
PG3	A4.5	Meldung Band 3

Speichernde Einschaltverzögerung

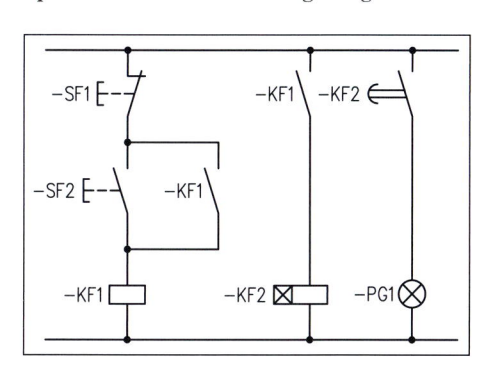

Bild 35 Speichernde Einschaltverzögerung

Bild 35:
- SF2 wird betätigt → KF1 zieht an und geht in Selbsthaltung.
- Zeitrelais KF2 wird gestartet.
- Nach Ablauf der Zeit leuchtet PG1.
- SF1 wird betätigt → KF1 fällt ab → KF2 kehrt in Ruhelage zurück → PG1 erlischt.

Zum Starten und Ablaufen des Zeitgliedes ist nur ein *kurzzeitiges* Betätigen von SF2 notwendig (Bild 35).

Man spricht dann von einer **speichernden Einschaltverzögerung**.

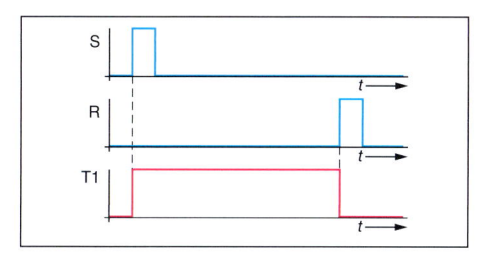

Bild 36 Signal-Zeit-Diagramm

Wenn ein Zeitglied zum Beispiel dadurch gestartet werden soll und die Zeit ablaufen soll, dass eine Lichtschranke für eine *kurze* Zeit unterbrochen wird, ist eine solche *speichernde* Einschaltverzögerung sinnvoll. Die Zeit kann dann vollständig ablaufen.

Steuerungsprogramm zu Bild 31

Netzwerk 1: Merker

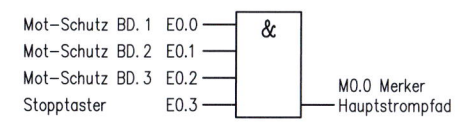

Netzwerk 2: Band 3

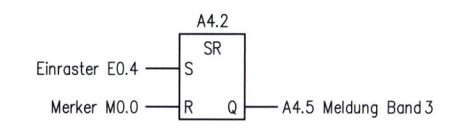

Netzwerk 3: Zeitglied T1 starten

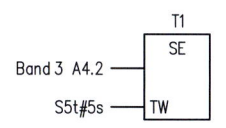

■ **Speichernde Einschaltverzögerung**
Wechselt das VKE am Starteingang des Timers von 0 → 1, wird die Zeit mit dem angegebenen Zeitwert gestartet.

Steuerungstechnik

- **Positive Flanke**
  steigende Flanke, Signalwechsel 0 → 1

- **Negative Flanke**
  fallende Flanke, Signalwechsel 1 → 0

🇬🇧

Flanke
slope, edge

flankengesteuert
edge-triggered

Flankenanstieg
rise of pulse

Flankenabfall
fall of pulse

- **Flankenauswertung**
  ermöglicht eine dreifache Auswertung eines Signals:

  1. Statisches Signal
  2. Signalanstieg 0 → 1
  3. Signalabfall 1 → 0

  Damit eröffnen sich dem Programmierer viele Möglichkeiten, z. B. Starttaster mit positiver Flanke.

- **Starttaster**
  Auch bei blockiertem Taster nur ein kurzer Impuls am Setzeingang S des Speichers.

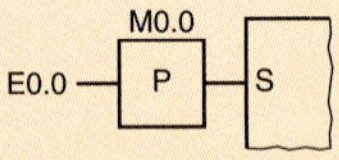

Netzwerk 4: Band 2

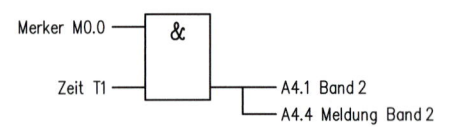

Merker M0.0 — & — A4.1 Band 2
Zeit T1 — — A4.4 Meldung Band 2

Netzwerk 5: Zeitglied T2 starten

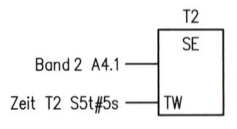

Band 2 A4.1 — T2 SE
Zeit T2 S5t#5s — TW

Netzwerk 6: Band 1

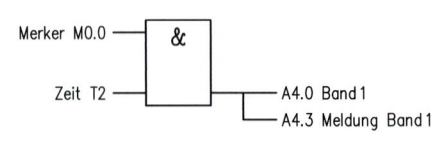

Merker M0.0 — & — A4.0 Band 1
Zeit T2 — — A4.3 Meldung Band 1

Speichernde Einschaltverzögerung mit SPS

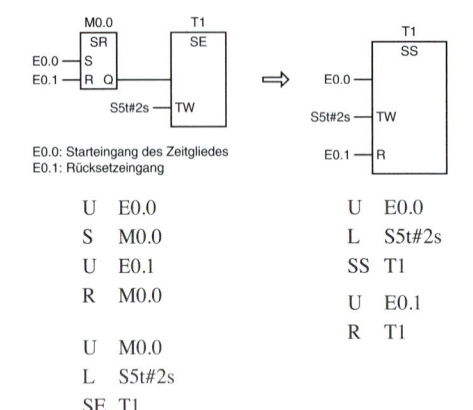

E0.0: Starteingang des Zeitgliedes
E0.1: Rücksetzeingang

U	E0.0
S	M0.0
U	E0.1
R	M0.0
U	M0.0
L	S5t#2s
SE	T1

U	E0.0
L	S5t#2s
SS	T1
U	E0.1
R	T1

6.3.8 Flankenauswertung

Bislang wurde bei den Sensoren nur das *statische Signal* ausgewertet; die beiden Signalzustände „0" und „1".

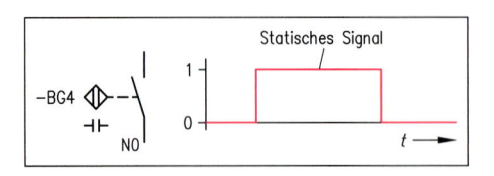

Bild 37 „Statisches" Sensorsignal

- BG4 unbedämpft: „0"-Signal
- BG4 bedämpft: „1"-Signal

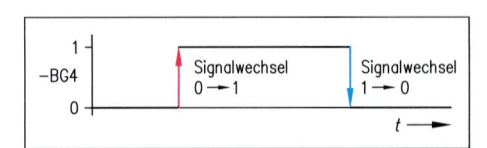

Bild 38 Signalwechsel

Auch die **Signalwechsel** von „0" → „1" bzw. von „1" → „0" können ausgewertet werden. Man nennt das **Flankenauswertung**.

- Positive Flanke: Signalwechsel „0" → „1"
- Negative Flanke: Signalwechsel „1" → „0"

Die Flankenauswertung mithilfe der SPS ist besonders einfach.

Positive Flanke (SPS)

Wechselt das VKE vor der Flankenauswertung von „0" nach „1", wird eine **positive Flanke** erkannt.

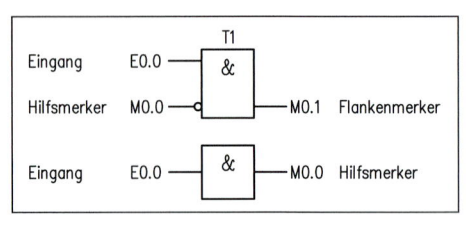

Bild 39 Positive Flankenauswertung, FUP

Anweisungsliste

U	E0.0	//Eingang
UN	M0.0	//Hilfsmerker
=	M0.1	//Flankenmerker
U	E0.0	//Eingang
=	M0.0	//Hilfsmerker

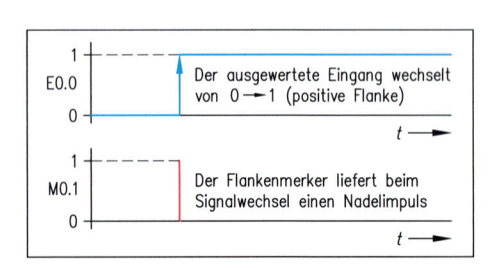

Bild 40 Flankenmerker, Nadelimpuls

Funktionsweise (siehe FUP oder AWL)

- Das Prozessabbild der Eingänge erkennt den Signalwechsel „0" → „1" an E0.0.
- Der Merker M0.0 ist dann noch „0". Die Negation von „0" ergibt „1".
- Der Merker M0.1 nimmt „1"-Signal an (Nadelimpuls ansteigend).
- Da E0.0 immer noch „1" ist, nimmt der Merker M0.0 den Signalzustand „1" an.
- Im nächsten Zyklus ist M0.0 = „1". Die Negation von „1" ergibt „0". Die UND-Funktion ist nicht mehr erfüllt und M0.1 = „0" (Nadelimpuls abfallend).

SPS, Flankenauswertung

Programmierung der positiven Flanke

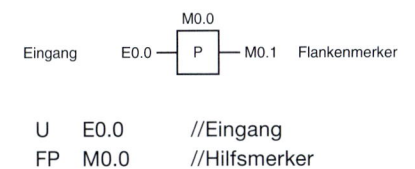

Eingang E0.0 —[P]— M0.1 Flankenmerker (M0.0)

```
U   E0.0    //Eingang
FP  M0.0    //Hilfsmerker
=   M0.1    //Flankenmerker
```

Negative Flanke (SPS)

Wechselt das VKE vor der Flankenauswertung von „1" nach „0", wird eine **negative Flanke** erkannt.

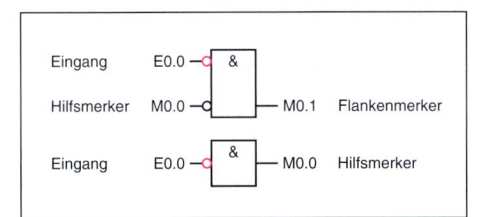

Bild 41 Negative Flankenauswertung, FUP

Anweisungsliste

```
UN  E0.0    //Eingang
UN  M0.0    //Hilfsmerker
=   M0.1    //Flankenmerker
UN  E0.0    //Eingang
=   M0.0    //Hilfsmerker
```

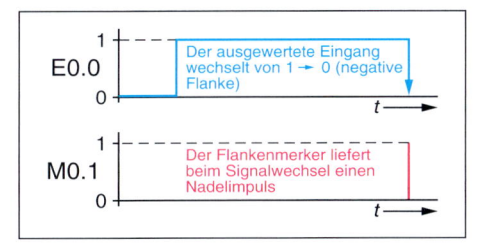

Bild 42 Flankenmerker, Nadelimpuls

Funktionsweise

Prinzipiell wie bei positiver Flanke.

Programmierung der negativen Flanke

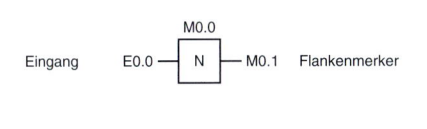

Eingang E0.0 —[N]— M0.1 Flankenmerker (M0.0)

```
U   E0.0    //Eingang
FN  M0.0    //Hilfsmerker
=   M0.1    //Flankenmerker
```

Prüfung

1. Für folgende Schaltungen ist die Wahrheitstabelle zu ermitteln.

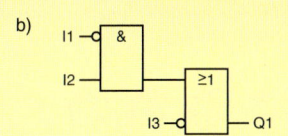

   a) (I1, I2) & → ≥1 mit I3 → Q1

   b) (I1̄, I2) & → ≥1 mit I3̄ → Q1

   c) (I1, I2̄) ≥1 → & mit I3 → Q̄1

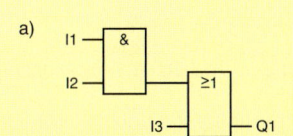

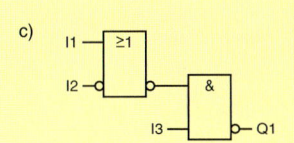

2. Welche Funktion hat die Schaltung?

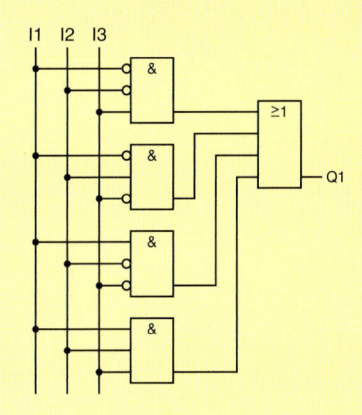

3. Welche Funktion haben die dargestellten Schaltungen?

   a) I1, I2 → & → S, R-Q → Q

   b) I1 → S, (I1, I2) → & → R-Q → Q

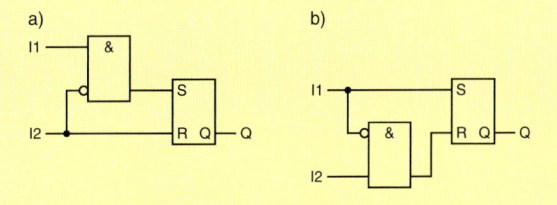

4. Vervollständigen Sie das Signal-Zeit-Diagramm.

   E —[20s 0]— A

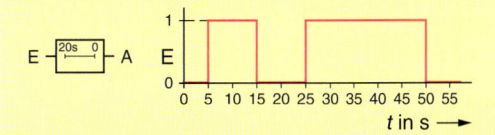

5. Nennen Sie Anwendungsbeispiele für die Flankenauswertung.

6. Worin besteht der Unterschied zwischen einer positiven und einer negativen Flanke?

6.4 Schütze

Schütze sind *elektromagnetisch betätigte* Schalter.
Man unterscheidet *Hauptschütze* und *Hilfsschütze*.

Schütze sind Schaltgeräte, die mit *Hilfsenergie* betätigt werden.
Die Hilfsenergie erregt die Schützspule.
Das Magnetfeld zieht den Anker mit den beweglichen Schaltstücken gegen eine Federkraft.

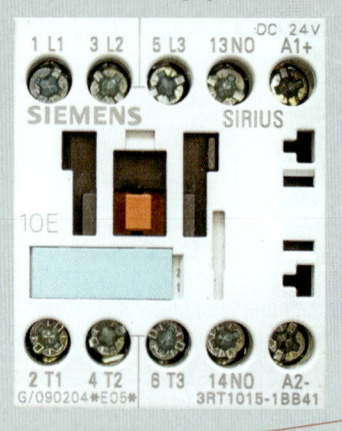

Spulenanschlüsse A1, A2
A1: Steuerleitung
A2: Spannungsversorgung (z. B. N-Leiter)

Bevorzugte **Steuerspannungen**
230 V AC, 24 V AC, 24 V DC

Hauptschaltglieder werden einzifferig bezeichnet:
1 – 2, 3 – 4, 5 – 6

1, 3, 5: Anschluss Netz
2, 4, 6: Anschluss Verbraucher

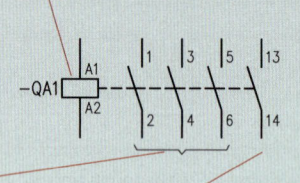

Hauptschaltglieder (nur bei Hauptschützen)
Schalten von Hauptstromkreisen. Ausführung wird wesentlich vom notwendigen Schaltvermögen und von der Stromart (AC, DC) bestimmt.
Ein Hauptschaltglied hat eine **Doppelunterbrechung** und eine **Lichtbogenlöschkammer**.

Im Symbol wird die **Doppelunterbrechung** nicht dargestellt.

Hilfsschaltglieder haben Schaltkammern ohne Löscheinrichtung und **Doppelunterbrechung**. Bemessungsströme 2 – 20 A

Kennzahl
Art und Anzahl der Hilfsschaltglieder eines Hauptschützes

1. Ziffer: Anzahl der Schließer
2. Ziffer: Anzahl der Öffner

Kennzahl 21:
2 Schließer, *1* Öffner

Funktionsziffern Hilfsschaltglieder
1 – 2: Öffner
3 – 4: Schließer
5 – 6: Spätöffner
7 – 8: Frühschließer

Bild 43 *Hauptschütz (Lastschütz)*
3 Hauptschaltglieder
3 Hilfsschaltglieder, Kennziffer 21

Bild 44 *Hauptschütz (Lastschütz)*

Schütz, Befehlsgeräte

Hilfsschütze

Grundsätzlich gleicher Aufbau wie Hauptschütze. Haben aber nur **Hilfsschaltglieder** mit relativ geringer Belastbarkeit (2 bis 20 A).

Eingesetzt werden sie z. B. für das Schalten von *Verriegelungs-* und *Verknüpfungsfunktionen* und zur *Kontaktvervielfachung*.

Wichtige Kenndaten von Schützen

- **Mechanische Lebensdauer**
  Wird in Schaltspielen angegeben. Ein Schaltspiel ist ein Ein- und Ausschaltvorgang.
- **Schwankende Steuerspannung**
  Das Schütz muss im Spannungsbereich 0,85 bis 1,1 · U_N sicher anziehen. Bei U_N = 24 V bedeutet das einen Spannungsbereich von 20,4 V bis 26,6 V.
- **Steuerspannung**
  Übliche Steuerspannungen sind 230 V AC, 24 V AC und 24 V DC.
  Vorteil der Steuerspannung 230 V AC: Im Steuerstromkreis (und damit über die Schaltkontakte) fließen deutlich geringere Ströme bzw. müssen von den Kontakten unterbrochen werden.

Beispiel:

Halteleistung eines Schützes: P = 6 W
Stromstärke bei 230 V:

$$I = \frac{P}{U} = \frac{6\,W}{230\,V} = 26\,mA$$

Stromstärke bei 24 V:

$$I = \frac{P}{U} = \frac{6\,W}{24\,V} = 250\,mA$$

6.5 Befehlsgeräte

Wichtige Befehlsgeräte in der Steuerungstechnik sind **Drucktaster** und **Steuerungsschalter**.

Drucktaster dienen der **gezielten** Befehlsgabe. Sie werden von **Hand**, also **willentlich** betätigt.

Sie müssen *leicht* und *gefahrlos erreichbar* sein und Festlegungen bezüglich **Farbe, Symbolen** und **Anordnung** genügen.

Vorsicht!
Die Farbe Rot darf nur dann für Stopp-/Aus-Funktionen verwendet werden, wenn in unmittelbarer Nähe kein Bedienteil zum Ausschalten oder Stillsetzen im Notfall installiert ist (z. B. Hauptschalter mit den Farben Rot/Gelb).

Gebrauchskategorie (Hauptschütze)

Die richtige **Wahl der Gebrauchskategorie** bestimmt ganz wesentlich die *Lebensdauer* des Schützes. Sie wird angegeben durch

AC-... für Wechselstromschütze

DC-... für Gleichstromschütze

gefolgt durch Ziffern.

So bedeutet beispielsweise:

- **AC-1:** Schütz mit Hauptschaltgliedern für nicht oder schwach induktive Last sowie Widerstandsöfen.
- **AC-4:** Schütz mit Hauptschaltgliedern für Käfigläufermotoren (Anlassen, Gegenlaufbremsen, Reversieren, Tippen).

Schaltwege

Bei Schützen werden die **Schaltstücke** beim Ein- und Ausschalten um einen **Hub** von einigen Millimetern bewegt. Dies zeigen die **Schaltfolgediagramme**.

Bild 45 *Schaltfolgediagramme*

Hilfsschaltglieder

Schließer	Früh-schließer	Öffner	Spät-öffner
x3 / x4	x7 / x8	x1 / x2	x5 / x6

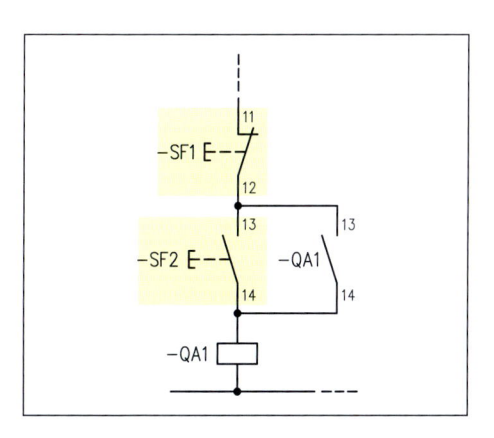

Bild 46 *Drucktaster in einer Schaltung*

Steuerung
control, open loop control

Auftrag
job

Änderung
change, alteration, modification

Schütz
contactor, control gate

Schaltglied
switching element

Darstellung
presentation

Kontakt
contact

Hauptschütz
master contactor

Hilfsschütz
auxiliary contactor

Schließer
closer, normally open contact, NO

Öffner
normally close contact, NC

Die Druckknöpfe können auch Symbole tragen (0 – I – II).

Jedes Schaltelement (Tastelement) kann bis zu vier Schließer oder Öffner (natürlich auch in Kombination) tragen.

In der Regel sind *ein Öffner* und *ein Schließer* vorhanden, die *ohne Überschneidung* arbeiten.

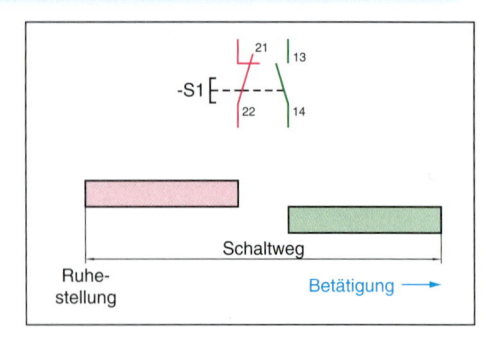

Bild 47 Öffner und Schließer, Schaltweg

6.6 Leuchtmelder

Informationen durch Aufleuchten, Blinken oder Erlöschen eines Lichtsignals.

Farben: weiß, rot, grün, blau

Leuchtmelder mit Glühlampen

Im Einsatz sind Glühlampen für unterschiedliche Spannungen (Klammerangaben: Lebensdauer).

- 110 – 130 V/2,4 W (2000 h)
- 6 V/2 W (5000 h)
- 12 V/2 W (5000 h)
- 24 V/2 W (5000 h)
- 48 V/2 W (5000 h)
- 60 V/2 W (5000 h)

Leuchtmelder mit LED

Wirtschaftlicher Ersatz für Leuchtmelder mit Glühlampen durch sehr viel längere Lebensdauer (Servicekosten) und deutlich geringeren Energieeinsatz.

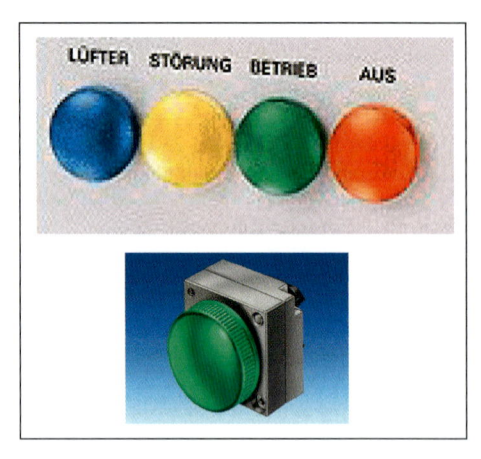

- 12 – 30 V   AC/DC   8 – 15 mA
                0,26 W   (100 000 h)
- 85 – 264 V   AC/50/60 Hz   5 – 15 mA
                0,33 W   (100 000 h)

Bild 48 Leuchtmelder

Leuchtdrucktaster

In einem System sind Drucktaster und Leuchtmelder *kombiniert*.

Beispielsweise sinnvoll bei Anforderungen an das Bedienpersonal:
Leuchtdrucktaster „Störung quittieren" blinkt.

6.7 Grenztaster

Grenztaster (Positionsschalter) sind **mechanisch** betätigte Befehlsgeber beim Steuern oder bei der Signalisierung von Bewegungsabläufen.

Sie bestehen aus einem **Antriebsglied** und einem **Schaltglied**.

Die technische Ausführung des **Antriebskopfes** des **Antriebsgliedes** richtet sich nach *geometrischer Form* des Betätigungselements und der Anfahrgeschwindigkeit.

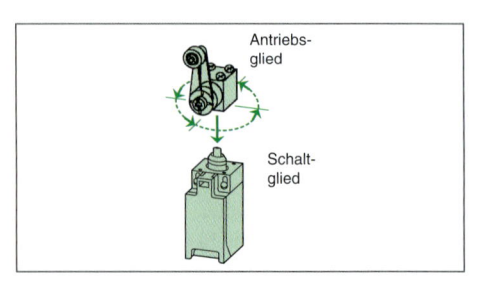

Bild 49 Schaltglied und Antriebsglied

Taster
feeler, tracer, push-button switch

Schalter
switch, circuit breaker

Drucktaster
push-button switch

Lampe
lamp

Leuchte
lighting fitting, luminaire

Glühlampe
filament lamp

Leuchtdiode
light emitting diode, LED

Schaltglied
switching element

Leuchtmelder, Grenztaster, Motorschutz

Bei *niedrigen Anfahrgeschwindigkeiten* werden Schaltglieder mit **Sprungkontakten** verwendet.

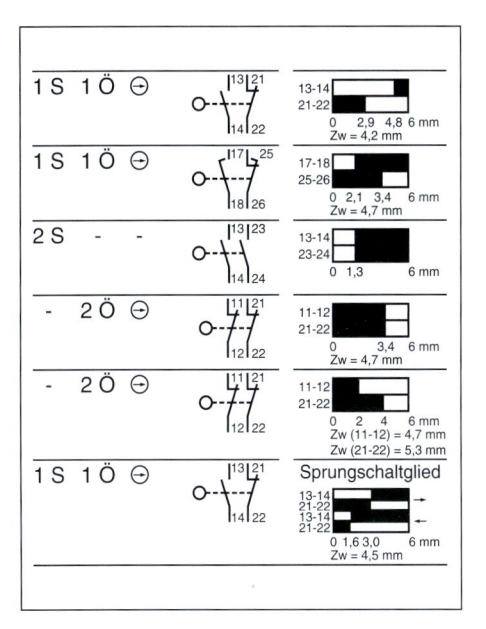

Bild 50 Grenztaster, Ausführungsformen

In **Sicherheitsstromkreisen** müssen die Positionsschalter mit **Öffnerkontakten** ausgerüstet sein, die **zwangsläufig** öffnen.

In *Arbeitsstellung* müssen die Kontakte wegen **Drahtbruchsicherheit** *geöffnet* sein.

Ein *betätigter Öffner* unterbricht den Stromkreis wie eine *unterbrochene Leitungsverbindung*.

→ Sicherheitsfunktion durch Zwangsöffnung

Zwangsöffnung ist eine Öffnungsbewegung, die sicherstellt, dass die Hauptkontakte eines Schaltgerätes die **Offenstellung** erreicht haben, wenn das Bedienteil in Aus-Stellung steht.

Zwangsführung

Zwangsgeführte Hilfskontakte eines Schaltgerätes befinden sich stets in der Schaltstellung, die der offenen oder geschlossenen Stellung der Hauptkontakte entspricht.

Schützkontakte sind **zwangsgeführt**, wenn sie mechanisch so miteinander verbunden sind, dass Öffner und Schießer *niemals gleichzeitig geschlossen* sein können.

Dabei muss sichergestellt sein, dass auch bei gestörtem Zustand *Kontaktabstände* von mindestens 0,5 mm vorhanden sind.

6.8 Motorschutz

6.8.1 Motorschutzrelais

Motorschutzrelais (Bimetallrelais) können nur in **Kombination** mit *Hauptschützen* eingesetzt werden. Dabei übernimmt das Hauptschütz das Abschalten des Motors.

Das Motorschutzrelais hat *keine* Schaltkontakte.

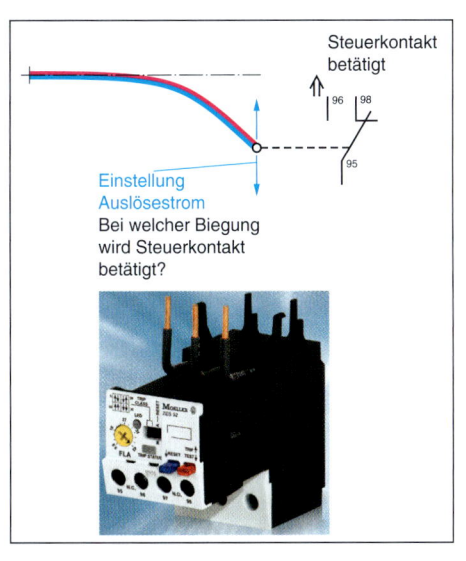

Bild 51 Motorschutzrelais

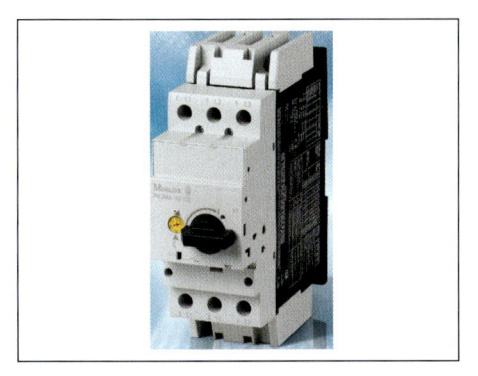

6.8.2 Motorschutzschalter

Motorschutzschalter verfügen über einen

- thermischen Auslöser (Bimetallauslöser wie beim Motorschutzrelais); löst bei Überlastung verzögert aus.
- elektromagnetischen Auslöser (wie beim Leitungsschutzschalter); löst bei hohen Strömen unverzögert aus.

Motorschutzschalter können als **Schutzgerät** und als **Schaltgerät** eingesetzt werden.

Sie schützen die Motorwicklung bei *Überlastung, Nichtanlauf, Zweiphasenlauf* und *Einbruch der Netzspannung*.

Bild 52 Motorschutzschalter

Motorschutz
motor protection

Motorschutzschalter
motor circuit breaker

Bimetallauslöser
bimetallic release

Motorschutzrelais
bimetallic strip relay

- **Motorschutzrelais** übernehmen nur den Überlastschutz, nicht den Kurzschlussschutz.

- **Motorschutzeinrichtungen** schützen den Motor bei Netzspannungseinbruch, Leiterunterbrechung, Windungsschluss, Wicklungsschluss, Überlastung.

- **Motorschutzschalter**

Motorschutzrelais

Die Auslösezeit verkürzt sich mit zunehmender Überlast.

Einstellung der Betriebsart

HAND: Der ausgelöste Überstromauslöser ist mithilfe der Rückstelltaste **manuell** betriebsbereit zu schalten.

AUTO: Nach Abkühlung der Bimetallstreifen kehrt der Steuerkontakt **automatisiert** in seine Ruhelage zurück.

Dreipolige Ausführung, Bemessungsstrombereiche gestuft bis 630 A, Einstellung auf Bemessungsstrom des Motors möglich.

Einstellung des Stromes; im Allgemeinen **Bemessungsstrom** des Motors.

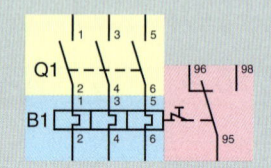

Die Bimetallstreifen werden entweder direkt durch den hindurchfließenden Strom erwärmt oder die Erwärmung der Bimetallstreifen erfolgt indirekt über Heizwiderstände.

Steuerkontakte; im Symbol als Wechsler ausgeführt. Der Öffner (95 – 96) unterbricht den Steuerstromkreis des Motorschützes. Der Motor wird ausgeschaltet. Das Foto zeigt NC und NO.

Auslösekennlinie

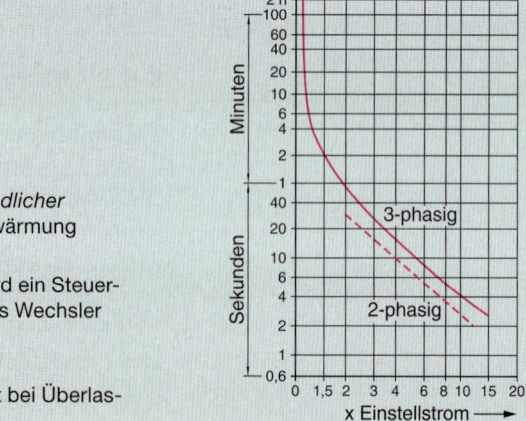

Bimetall

20 °C
50 °C

Zwei Metalle mit *unterschiedlicher Wärmeausdehnung*. Bei Erwärmung kommt es zur **Biegung**.

Bei Biegung (einstellbar) wird ein Steuerkontakt betätigt, der z. B. als Wechsler ausgeführt sein kann.

Thermischer Auslöser: Löst bei Überlastung **verzögert** aus.

Motorschutzschalter mit begrenztem Schaltvermögen

Solche Motorschutzschalter erfordern einen vorgeschalteten **Überstromschutz**. Bei den **Bemessungsströmen** sind die Herstellerangaben zu beachten.

Bei *Verzicht* auf die Überstromschutzorgane könnte ein schädlicher **Lichtbogen** zwischen den Schaltstücken hervorgerufen werden. Zum Beispiel beim Schalten von **Kurzschlussströmen**.

Eigensichere Motorschutzschalter

Bezüglich der *Beherrschung von Kurzschlussströmen* sind die gleichen Anforderungen wie bei *Leitungsschutzschaltern* zu erfüllen:

Abschaltvermögen mindestens 6000 A.

Wenn diese Motorschutzschalter am *Anfang* eines Stromkreises installiert sind, werden *keine weiteren Überstromschutzorgane* benötigt.

Eigensichere Motorschutzschalter übernehmen den **Leitungsschutz** und den **Motorschutz**.

Bild 53, Seite 193 zeigt einen Motorstromkreis mit eigensicherem Motorschutzschalter, einen sogenannten „sicherungslosen Stromkreis".

@Interessante Links

Motorschutz
- abb.de
- phoenixcontact.com
- reissmann.com
- moeller.net

Motorschutz

Zusatzausrüstungen
Hilfsschalter, Ausgelöstmelder, Unterspannungsauslöser, Schaltantrieb.

Schaltschloss
Freiauslösung: Erst nach Abkühlen der Bimetalle oder Beseitigung des Grundes für den hohen Strom ist ein Wiedereinschalten möglich.

Steuerkontakt, hier Schließer, erweiterbar.

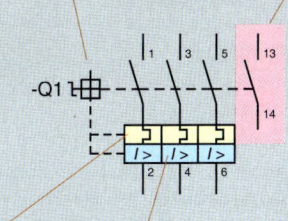

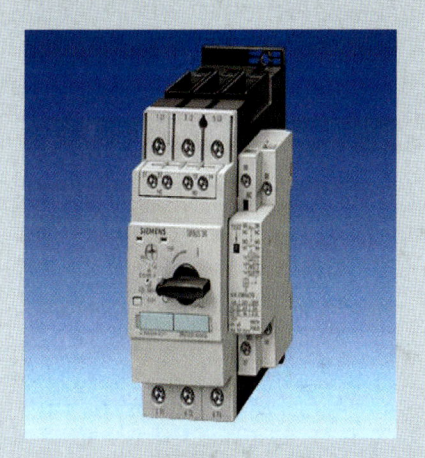

Thermische Auslöser, verzögert (Bimetalle)

Elektromagnetische Auslöser, unverzögert. Eingestellt auf den 8 – 18-fachen Bemessungsstrom.

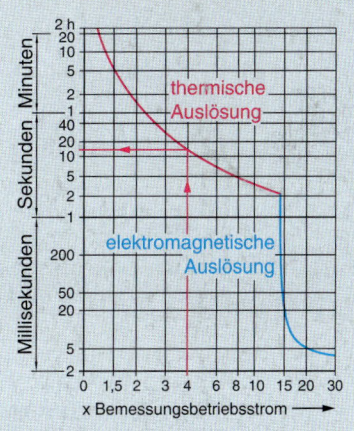

Im Allgemeinen Einstellung auf den **Bemessungsstrom** des zu schützenden Motors.

Trägheitsgrad T1: leichte Anlaufbedingungen

Trägheitsgrad T2: schwere Anlaufbedingungen

Auslösekennlinie

Mittelwerte bei 20 °C Umgebungstemperatur vom kalten Zustand aus.
Bei betriebswarmen Geräten sinkt die Auslösezeit auf 25 % der abgelesenen Werte.

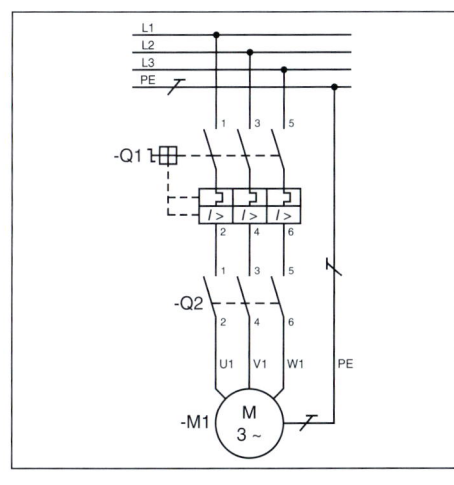

■ Unterspannungsauslöser
Sinkt die Netzspannung unter einen bestimmten Wert ab, kann der Motor durch einen zusätzlichen Unterspannungsauslöser allpolig abgeschaltet werden.

Vermeidung der Motorüberlastung bei Unterspannung und des unkontrollierten Wiederanlaufens bei Wiederkehr der Spannung.

Netzspannungseinbruch: 30 bis 50 %

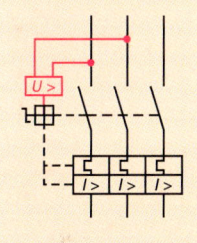

■ Hinweis
Auf die Darstellung der Unterklasse wurde hier bei der Referenzkennzeichnung verzichtet.

Elektromotoren müssen gegen die Auswirkung von **Überlastung** geschützt werden.

Bei Motoren unter 0,5 kW darf auf einen Motorschutz *verzichtet* werden.

Bei Belastung mit dem **1,05-fachen Wert** des Motor-Bemessungsstromes darf **keine Auslösung** erfolgen.

Bei Belastung mit dem **1,2-fachen Wert** des Motor-Bemessungsstromes muss die Auslösung innerhalb von **2 Stunden** erfolgen.

Beim **1,5-fachen** Motor-Bemessungsstrom soll innerhalb von **2 Minuten** ausgelöst werden (z. B. bei Ausfall eines Außenleiters; Zweiphasenlauf).

■ Q1, F1
Für den Motorschutzschalter (Q1 in Bild 53) wäre auch das Betriebsmittelkennzeichen F1 möglich (Hauptfunktion *Schutzelement*).

Die Unterbrechung der *Energiezufuhr* zum Motor übernimmt nämlich das Hauptschütz Q2.

Die Aufgabe des eigensicheren Motorschutzschalters sind *Motorschutz* und *Leitungsschutz*.

Bild 53 *Motorstromkreis, Motorschutzschalter*

6.8.3 Motorvollschutz

Bei Motorschutzschaltern und Bimetallrelais wird über die *Höhe* und *Zeitdauer* des Stromflusses *indirekt* auf die Wicklungstemperatur geschlossen. Eine zu hohe Umgebungstemperatur, Reibungsverluste und mangelhafte Kühlung können zum Beispiel *nicht erfasst* werden.

Der **Motorvollschutz** arbeitet *direkt*.

Die **Temperaturerfassung** erfolgt durch **Thermistoren** (Kaltleiter-Temperaturfühler) oder durch **Protektoren** (Thermokontakte), die an Stellen kritischer Temperaturbereiche in die **Wicklung** (vom Hersteller) eingebaut werden.

Vorgeschrieben ist der **Motorvollschutz** beispielsweise, wenn der Motor dauerhaft *erhöhten Umgebungstemperaturen* ausgesetzt ist.

Protektoren (Bimetallkontakte) unterbrechen den Stromkreis bei unzulässig hoher Temperatur und schließen ihn bei Abkühlung wieder.

Eingesetzt werden sie z. B. zum Schutz von Leitungsrollern.

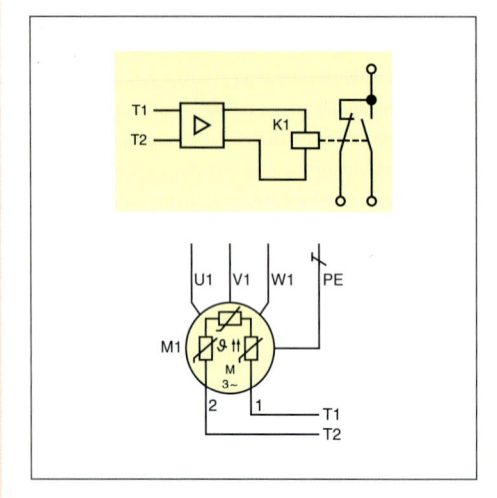

Bild 54 Motorvollschutz

Mit zunehmender Wicklungstemperatur erhöhen die *drei in Reihe geschalteten Thermistoren* ihren **Widerstand**. Dadurch verringert sich der Strom.

Wenn der **Haltestrom** eines Relais in der Überwachungseinheit *unterschritten* wird, fällt das Relais ab. Der Relaiskontakt ist im **Steuerstromkreis** des Motors eingebunden.

Notizen

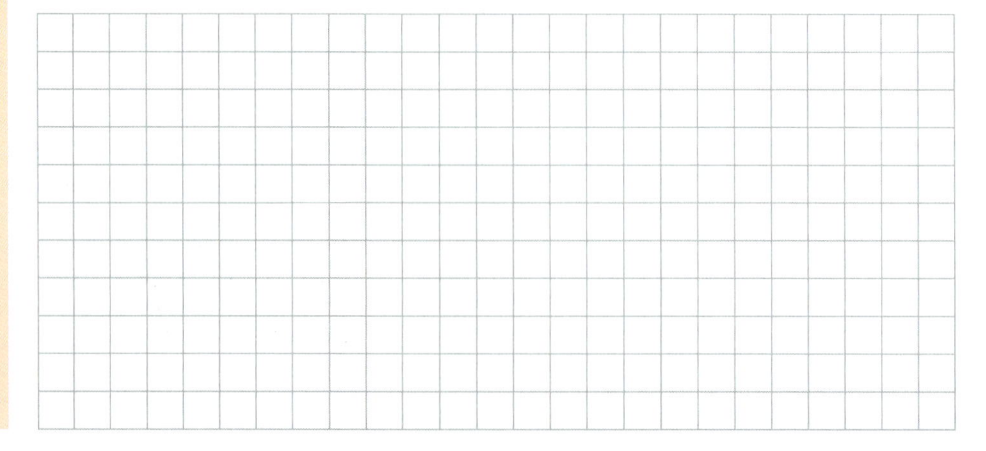

Prüfung

1. Worauf achten Sie bei der Inbetriebnahme, wenn ein Motorschutzrelais eingesetzt ist?

2. „Normale" Motorschutzschalter haben ein begrenztes Schaltvermögen. Was bedeutet das für den praktischen Einsatz?

3. Erläutern Sie den Begriff Freiauslösung?

4. Welchen Vorteil hat es, wenn Bimetallschalter in die Wicklung des Motors eingebaut sind?

5. Welche Anforderung ist an einen Motorschutzschalter zu stellen, der in einem „sicherungslosen Stromkreis" eingesetzt werden soll?

6. Worin besteht der Unterschied zwischen einem Hauptschütz und einem Hilfsschütz?

7. Worin besteht der wesentliche Unterschied zwischen Schützen und Relais?

8. Welche Anforderungen sind an Grenztaster zu stellen?

9. Erläutern Sie den Begriff Zwangsöffnung.

7 Qualitätsmanagement

Die Qualität ist ein maßgebliches Kriterium dafür, wie erfolgreich ein Produkt oder auch eine Dienstleistung am Markt sein kann.

Produkte und Dienstleistungen können die unterschiedlichsten Aufgaben haben und die unterschiedlichsten Zielgruppen (Kunden) ansprechen.

Von Qualität ist aber jedes Mal dann zu sprechen, wenn das Produkt/die Dienstleistung seine bzw. ihre Aufgabe zur Zufriedenheit der Zielgruppe erfüllt.

Daraus lässt sich folgende Definition ableiten:

Qualität ist der Grad der Erfüllung von Kundenanforderungen.

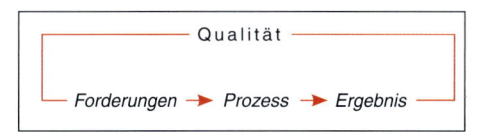

Bild 1 Qualität

Die Anforderungen, die Kunden an ein Produkt haben, sind häufig sehr vielfältig. Hierzu gehören:

- Das Erfüllen gesetzlicher Vorgaben bezogen auf die Sicherheit und den Umweltschutz.
- Einwandfreie Funktionsfähigkeit des Produktes.
- Zuverlässigkeit und hohe Lebensdauer.
- Geringe Störanfälligkeit und wartungsarm.
- Ansprechendes Design.
- Guter Kundenservice.
- Hohe Lieferfähigkeit und kurzfristige Verfügbarkeit des Produktes.

Qualitätsmanagement ist das Führen und Steuern einer Organisation, bezogen auf die Qualität ihrer Dienstleistungen und Produkte.

Zum Qualitätsmanagement gehören folgende Bereiche:

Qualitätsziele

In Abhängigkeit zu den Kundenanforderungen legt die Organisation Qualitätsziele fest, die die Kundenanforderungen wirtschaftlich umsetzbar erfüllen.

Qualitätsplanung

Die Qualitätsplanung beinhaltet alle Planungen, die Auswirkung auf die Produkt-, oder Dienstleistungsqualität haben. Bei der Qualitätsplanung sollte stets der gesamte Prozess, von der Auftragsannahme, über die Konstruktion und Fertigung, bis zur Qualitätskontrolle und Auslieferung an den Kunden betrachtet werden.

Qualitätslenkung

Nachdem die Qualitätsplanung den Rahmen festgelegt hat, in welchem die Qualitätsziele umgesetzt werden, sorgt die Qualitätslenkung für die Umsetzung. Sie umfasst alle steuernden Tätigkeiten, die während des gesamten Prozesses die Qualität überwachen und entsprechende Korrekturmaßnahmen einleiten.

Qualitätssicherung/Qualitätsprüfung

Die Qualitätssicherung/Qualitätsprüfung ist Bestandteil der Qualitätslenkung und umfasst alle Tätigkeiten, die die Produkt-/Dienstleistungsqualität prüfen und die Ergebnisse als Eingangsgrößen der Qualitätslenkung dienen.

Im einfachsten Fall erreicht man dies mit einer Endkontrolle, am nachhaltigsten jedoch durch Qualitätssicherungsmaßnahmen in allen Stufen des Entstehungsprozesses eines Produktes bzw. einer Dienstleistung.

Qualitätsverbesserung

Qualitätsverbesserung ist der ständige Prozess, aus den Ergebnissen der Qualitätssicherung und Qualitätslenkung zu lernen und wieder in eine verbesserte Qualitätsplanung einfließen zu lassen und gegebenenfalls die Qualitätsziele zu anzupassen (siehe auch Qualitätsregelkreis).

Um Qualität erzeugen und halten zu können, ist ein ständiger Abgleich der Kundenerwartungen, der nötigen Tätigkeiten zur Umsetzung, der Prüfung des Ergebnisses und der evtl. Korrektur des Prozesses erforderlich. Dies wird durch den Qualitätsregelkreis veranschaulicht:

■ **SPC**
Statistical Process Control

■ **Qualitätssicherung**
Instandhaltung ist eine wesentliche Voraussetzung zur Qualitätssicherung. Man spricht von qualitätsbezogener Instandhaltung.

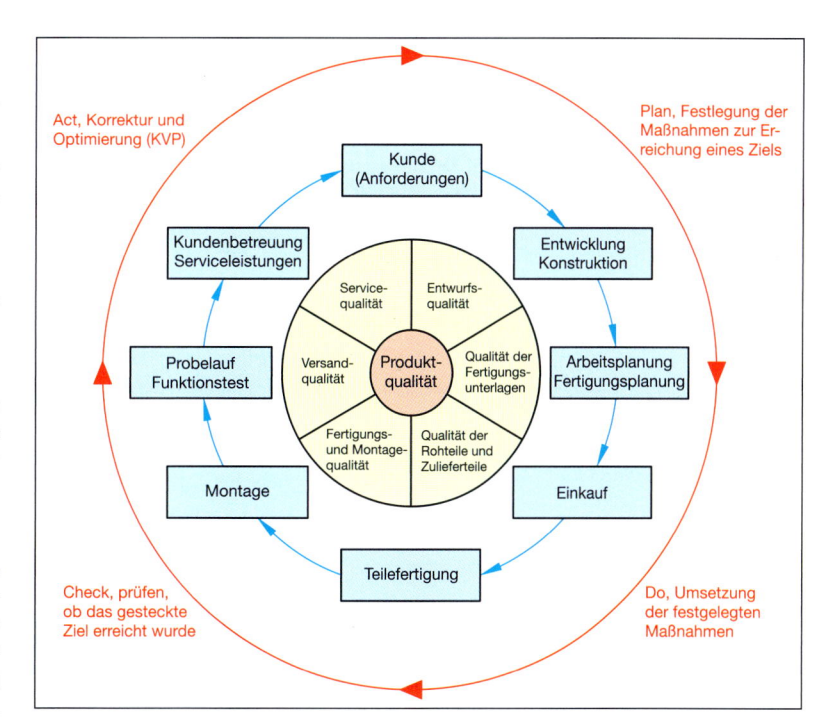

Bild 2 Qualitätsregelkreis

7.1 Internationale Standards durch Qualitätsnormen

Die Qualitätsziele sind je nach Produkt und Kunde sehr individuell. Die Rahmenbedingungen und Verfahren die für Qualitätsplanung, -lenkung und -sicherung zugrunde gelegt werden können, sind jedoch in der Normengruppe DIN EN ISO 9000 ff. festgelegt.

DIN EN ISO 9000

Diese Norm definiert nur die Grundlagen und Begriffe für Qualitätsmanagementsysteme. Sie beinhaltet auch die Grundsätze des Qualitätsmanagements:

1. Kundenorientierung

Im Mittelpunkt allen Bestrebens steht immer die Erfüllung oder das Übertreffen der Kundenforderungen.

2. Führung

Qualitätsmanagement wird immer als eine oberste Führungsaufgabe verstanden, die über die evtl. vorhandenen, verschiedenen Hierarchiestufen bis zum einzelnen Mitarbeiter umgesetzt werden muss.

3. Einbeziehung von Personen

Qualitätsmanagement ist nur dann wirksam möglich, wenn alle am Prozess beteiligten Personen einbezogen werden.

4. Prozessorientierter Ansatz

Jede ausgeführte Tätigkeit soll mit all ihren Einflussfaktoren als Prozess verstanden und geregelt werden.

5. Verbesserung

Ziel des Qualitätsmanagements ist eine kontinuierliche Verbesserung des Produktes und der gesamten Organisation.

6. Faktengestützte Entscheidungsfindung

Grundlage aller Entscheidungen sind Fakten, die aus der Analyse von Daten gewonnen werden.

7. Beziehungsmanagement

Gute Beziehungen zwischen allen interessierten Personen (Kunden, Lieferanten, Mitarbeitern, …) stützen das Qualitätsgefüge.

DIN EN ISO 9001:2015

Die DIN EN ISO 9001 legt die Mindestanforderungen an ein Qualitätsmanagementsystem fest. Sie bildet den internationalen Standard, nach dem Unternehmen weltweit ein vergleichbares Qualitätsmanagementsystem aufbauen können. Sie ist die einzige Norm in der Normengruppe DIN EN ISO 9000 ff., nach der sich Unternehmen zertifizieren lassen können. Die aktuelle Version der Norm ist 2015 erschienen.

Die Überprüfung eines Qualitätsmanagementsystems nennt man Qualitätsaudit. Eine Anleitung zur Auditierung von QM-Systemen liefert die DIN EN ISO 19011.

DIN EN ISO 9004

Die DIN EN ISO 9004 ist keine verpflichtende Norm, nach der sich ein Unternehmen zertifizieren lassen kann.

Sie ist ein Leitfaden zur Qualitätsverbesserung, der die Mindestanforderungen der DIN EN ISO 9001:2015 ergänzt und deutlich erweitert. Sie zielt darauf ab, Unternehmensbereiche in die Qualitätsbetrachtungen, einschließlich Wirtschaftlichkeit einzubeziehen und ist ein erster Schritt in Richtung Total Quality Management (TQM).

7.2 Standards, aber keine Norm

Deutlich weiter gefasst als die Mindestanforderungen der DIN EN ISO 9001:2015 ist der Ansatz des Total Quality Management (TQM). Die Idee des TQM ist eine ganzheitliche Unternehmensführung nach qualitativen Aspekten. Dies umfasst nicht nur die Produkt- und Dienstleistungsqualität, sondern sämtliche Bereiche des Unternehmens, wie z. B. auch Personal- und Kundenmanagement. Für TQM existiert zwar keine verbindliche internationale Norm, dafür aber einige internationale Modelle, die in ihrer Komplexität und Wertigkeit jedoch höher anzusehen sind als die Norm.

EFQM-Modell für Business Excellence

Die EFQM ist die „European Foundation for Quality Management", also die europäische Organisation für Qualitätsmanagement. Nach dem von der EFQM entwickelten „Business Excellence Modell" kann man sich nicht zertifizieren lassen. Den erreichten Umsetzungsgrad dieses Modells ermittelt man durch Teilnahme am Europäischen Qualitätspreis (European Quality Award). Dieser Preis gilt als die höchste europäische Auszeichnung für Qualitätsmanagement.

Kundenorientierung
customer focus

■ **EFQM**
European Foundation for Quality Management

Europäische Organisation für Qualitätsmanagement

Ludwig-Erhard-Preis

Der Ludwig-Erhard-Preis ist der Deutsche Excellence-Preis und steht unter der Schirmherrschaft des Bundesministeriums für Wirtschaft und Energie. Er ist die höchste deutsche Auszeichnung für Qualitätsmanagement.

Bild 3 Ludwig-Erhard-Preis

Malcolm Baldridge National Quality Award

Der Malcolm Baldridge National Quality Award ist die höchste amerikanische Auszeichnung für Qualitätsmanagement und war das Vorbild für den European Quality Award der EFQM.

Deming Award

Der japanische TQM-Preis ist der „Deming Award" und ist nach dem amerikanischen Qualitätsmanagement Pionier William Edwards Deming benannt, der die TQM-Lehre 1950 in Japan forcierte.

7.3 Qualitätsmanagementwerkzeuge

Das Feststellen der Qualität oder des Qualitätsgrades erfolgt durch Messen und Analysieren der Messergebnisse.

Die einfachste Art der Qualitätssicherung ist hier die Endkontrolle der Produkte in Stichproben oder als 100-%-Kontrolle. Dies kann natürlich die Auslieferung fehlerhafte Produkte verhindern, trägt aber noch zu wenig zur Verbesserung des Prozesses und damit zur Qualitätsverbesserung bei.

Die statistische Auswertung der Ergebnisse über mehrere Stufen des Entstehungsprozesses hinweg führt dagegen zu detaillierten Informationen, um ein wirksames Qualitätsmanagement zu betreiben. Man spricht hier von SPC (Statistical Process Control).

■ **Die wichtigsten Qualitätspreise und -wettbewerbe**
- Ludwig-Erhard Preis (Deutschland)
- Malcolm Baldrige National Quality Award (USA)
- European Quality Award (Europa)
- Deming Award (Japan)

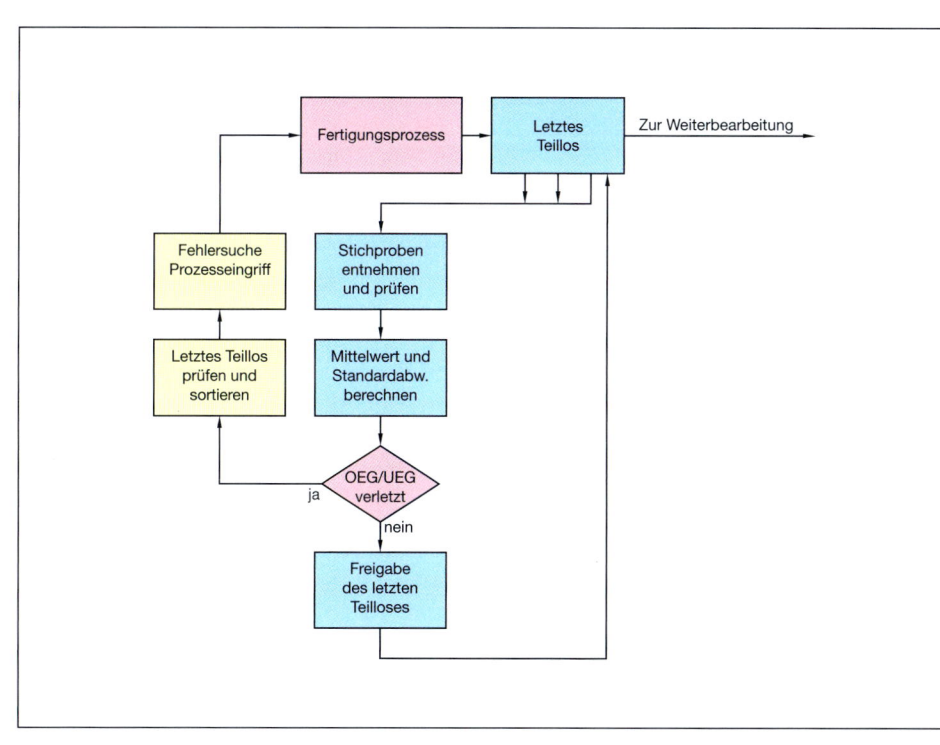

■ **OEG**
Obere Eingriffsgrenze

■ **UEG**
Untere Eingriffsgrenze

Bild 4 Ablaufplan der Qualitätsregelung durch SPC

- **Losgröße**
  Eine Losgröße ist die Herstellungsmenge, die ohne Unterbrechung gefertigt werden kann.

- **Teillos**
  Ein Teillos ist eine Teilmenge der Losgröße.

Qualitätsmerkmale

Qualitätsmerkmale sind die Eigenschaften eines Produktes, das seine Qualität ausmacht. Um Qualität richtig beurteilen zu können, muss man sich die Qualitätsmerkmale ansehen, die den größten Einfluss auf die Kundenzufriedenheit haben.

Man spricht hier auch von den **kundenkritischen Merkmalen**.

Je nach Art des Merkmals ergibt sich auch die Art der Prüfung.

Nicht erfüllte Merkmale bezeichnet man als Fehler.

Bei den Fehlerarten unterscheidet man:

Kritische Fehler

Fehler, die größtmöglichen Schaden nach sich ziehen können (Triebwerksausfall beim Flugzeug, …).

Hauptfehler

Fehler mit Folgen für Brauchbarkeit und Sicherheit des Produktes (defekte Klimaanlage, Maschinenstörung, …).

Nebenfehler

Fehler, die die Brauchbarkeit des Produktes nicht gefährden, aber dessen Wert herabsetzen (beschädigte Oberflächen im Sichtbereich, quietschende Autotür, …).

Prüfplanung

Bevor eine Prüfreihe statistisch ausgewertet werden kann, muss die Prüfung von Merkmalen zunächst geplant werden.

Hierzu müssen folgende Dinge festgelegt werden:

- Was wird geprüft (welches Merkmal)
- Wie/womit wird geprüft
  (z. B. Bügelmessschraube)
- Wie viel wird geprüft
- Wann wird geprüft
- Wie oft wird geprüft
- Wo wird geprüft
- Wer prüft
- Wie wird dokumentiert

Art der Merkmale	Unter Gruppierung	Beispiel
Quantitative Merkmale	prüfbar	Maße, Oberflächengüte, Winkligkeit, Gewicht, …
	zählbar	Ausfallquote, Hübe pro Minute, …
Qualitative Merkmale	nominal	Funktion i.O., oder nicht i.O.
	ordinal	Sehr gut, gut, befriedigend, …

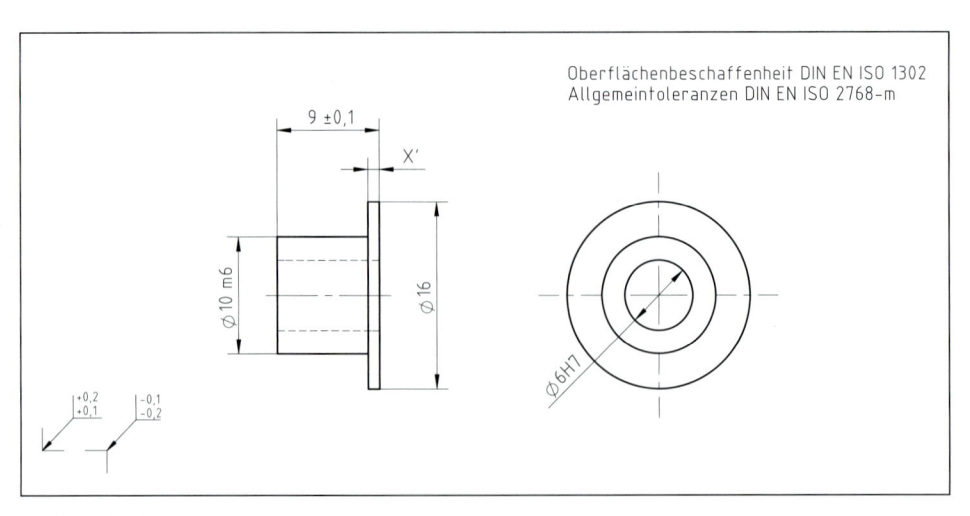

Bild 5 Prüfplan

Qualitätsmerkmale, Prüfplanung

Bezeichnung: Lager 2								
Sachnummer: 800997_2.2.03								
Lfd. Nr.	Merkmal	Höchstmaß	Mindestmaß	Prüfart	Prüfumfang	Prüffrequenz	Wer prüft	Dokumentationsart
1	9 +/− 0,1	9,1	8,9	Messen	1	alle 60 min	WS	Prüfprotokoll
2	1	1,1	0,9	Messen	1	alle 60 min	WS	Prüfprotokoll
3	Ø10 m6	10,015	10,006	Lehren	5	alle 20 min	QS	Qualitätsregelkarte
4	Ø 6 H7	6.012	6,00	Lehren	5	alle 20 min	QS	Qualitätsregelkarte
5	Ø 16	16,2	15,8	Messen	1	alle 60 min	WS	Prüfprotokoll
6	Gratfrei			Sichtkontrolle	5	alle 20 min	WS	Prüfprotokoll

WS = Werkerselbstprüfung   QS = Qualitätssicherung

■ **Qualitätsregelkarte**
→ 200

Statistische Qualitätslenkung (SPC)

Die Qualitätsprüfung wird *während des Fertigungsprozesses* in regelmäßigen Abständen durch *Stichprobenentnahme* vorgenommen.

Bei jeder *Stichprobe* wird an $n = 2$ bis $n = 25$ Teilen ein bestimmter *Merkmalswert x* geprüft. Zum Beispiel ein bestimmtes Längenmaß. Von den n-Merkmalswerten x_1 bis x_n werden dann der *arithmetische Mittelwert* $\bar{x}$ und die *Standardabweichung s* berechnet.

Arithmetischer Mittelwert
Addition aller Einzelwerte einer Messreihe und anschließender Division der Summe durch die Anzahl der Einzelwerte.

$$\bar{x} = \frac{x_1 + x_2 + \ldots + x_n}{n}$$

$\bar{x}$ arithmetisches Mittel (Mittelwert)
x Messwerte einer Stichprobe
n Anzahl der Einzelmessungen

Spannweitenmitte R_M, Spannweite R
Spannweitenmitte ist der *Mittelwert* zwischen dem *größten* und dem *kleinsten* Einzelwert einer Messreihe.

$$R_M = \frac{x_{max} - x_{min}}{2}$$

Spannweite ist die Differenz zwischen dem größten und dem kleinsten Einzelwert einer Messreihe.

$$R = x_{max} - x_{min}$$

R_M Spannweitenmitte
R Spannweite
x_{max} Größtwert der Messreihe
x_{min} Kleinstwert der Messreihe

■ **Messreihe**
Eine Messreihe ist eine größere Zahl von Messungen, bei denen sich nur ein Parameter in bestimmten Intervallen ändert.

Standardabweichung
standard deviation

Mittelwert der Standardabweichung $\bar{s}$, Standardabweichung s

Die *Standardabweichung* gibt die *durchschnittliche Abweichung* der Einzelwerte vom Mittelwert an.

$$s = \pm \sqrt{\frac{1}{n-1} \sum_{i=1}^{n} (x_i - \bar{x})^2}$$

$$\bar{s} = \frac{s_1 + s_2 + \ldots + s_n}{n}$$

- $\bar{s}$ Mittelwert der Standardabweichung
- s Standardabweichung, bezogen auf $\bar{x}$
- n Anzahl der Einzelmessungen
- x_i Einzelwert
- $\bar{x}$ arithmetischer Mittelwert

Grundstandardabweichung σ

Gaußsche Normalverteilung: Die Normalverteilung zeigt die Verteilung der Einzelwerte in Diagrammform.

Die Standardabweichung der Einzelwerte wird *Grundstandardabweichung* genannt.

Alle Einzelwerte (100 %) und damit alle zufälligen Schwankungen (Fehler) werden durch die Fläche unter der Kurve erfasst.

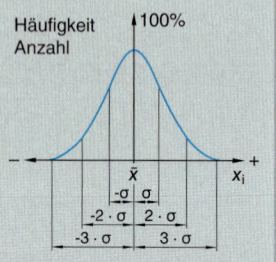

Eine große Anzahl von Einzelwerten entspricht dem Mittelwert oder weicht nur wenig vom Mittelwert ab. Bei einer großen Abweichung der Einzelwerte vom Mittelwert ist die Anzahl der Einzelwerte gering. Es liegt eventuell ein *systematischer Fehler* vor.

Im Bereich $\bar{x} \pm 1 \cdot \sigma$ liegen 68,26 % der Messwerte.

Im Bereich $\bar{x} \pm 2 \cdot \sigma$ liegen 95,44 % der Messwerte.

Im Bereich $\bar{x} \pm 3 \cdot \sigma$ liegen 99,73 % der Messwerte.

Bei einer entsprechenden Anzahl von Einzelmessungen kann also vorhergesagt werden, welcher Prozentsatz der gefertigten Produkte in einem bestimmten *Toleranzbereich* liegen.

Qualitätsregelkarte, Shewhart-Regelkarte

Wenn sich ein als befriedigend erkannter, beherrschbarer Zustand (Sollzustand) eines Fertigungsprozesses eingestellt hat, werden *Qualitätsregelkarten* eingesetzt.

Bei der *Shewhart-Regelkarte* werden die Eingriffsgrenzen aufgrund des Prozessverhaltens nach fertigungstechnischen Gesichtspunkten engstmöglich festgelegt.

Die *Eingriffsgrenzen* beschreiben den 99,73-%-Zufallsstreubereich ($\pm 3 \cdot \sigma$). Der ungestörte Prozess bewegt sich also zufallsverteilt innerhalb der Einflussgrenzen. Die *Warngrenzen* begrenzen den 95,44-%-Zufallsstreubereich ($\pm 2 \cdot \sigma$).

Beispiel: Qualitätsregelkarte

OEG	obere Eingriffsgrenze	15,86 mm
OWG	obere Warngrenze	15,83 mm
UEG	untere Eingriffsgrenze	15,58 mm
UWG	untere Warngrenze	15,61 mm
M	Mittellinie (Sollwert)	15,72 mm

Alle auftretenden Maßabweichungen vom Sollwert x liegen bei dieser Stichprobenauswertung innerhalb der zulässigen Grenzen (Eingriffsgrenzen).

Der Fertigungsprozess verläuft stabil.

Qualitätsregelkarte, Prozessregelkarte

Qualitätsregelkarte (Beispiel)

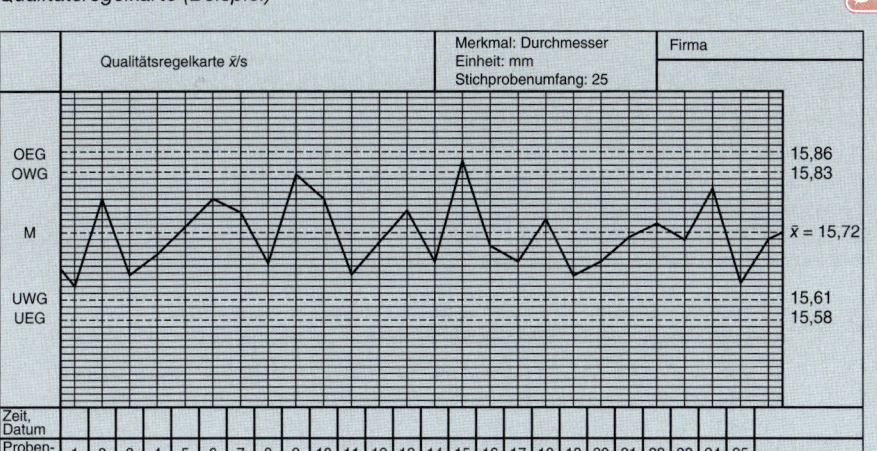

Qualitätsregelkarte $\bar{x}/s$	Merkmal: Durchmesser Einheit: mm Stichprobenumfang: 25	Firma

OEG — 15,86
OWG — 15,83

M — $\bar{x}$ = 15,72

UWG — 15,61
UEG — 15,58

Zeit, Datum
Proben-Nr.: 1 2 3 4 5 6 7 8 9 10 11 12 13 14 15 16 17 18 19 20 21 22 23 24 25

Die Überwachung eines Prozesses wird bei der *statistischen Prozesslenkung* durch *Prozessregelkarten* vorgenommen. In einer Prozessregelkarte werden für jede der genommenen Stichproben die Merkmalswerte, der arithmetische Mittelwert und die Standardabweichung oder die Spannweite eingetragen.

An einem *Vorlos* werden anhand der gemessenen Merkmalswerte von Stichproben die obere Eingriffsgrenze (OEG) und die untere Eingriffsgrenze (UEG) für den arithmetischen Mittelwert und die obere Eingriffsgrenze für die Standardabweichung festgelegt (Vorstudie).

Wenn sich dann im Prozess der arithmetische Mittelwert und die Standardabweichung bzw. die Spannweite der Stichproben innerhalb der Eingriffsgrenzen bewegen, läuft die Fertigung fehlerfrei ab. Das gefertigte Los kann zur Weiterbearbeitung freigegeben werden.

Wird jedoch eine der Grenzen verletzt, dann muss nach Fehlern gesucht werden und in den Prozess durch entsprechende Korrekturen eingegriffen werden.
Das hergestellte Los wird vor der Weiterbearbeitung *vollständig* geprüft und sortiert.

Qualitätsprüfung
quality inspection

Qualitätssicherung
quality management

Qualitätsregelkarte
quality control chart

Prozessregelkarten

Die Überwachung eines Prozesses wird bei der *statistischen Prozesslenkung* durch **Prozessregelkarten** vorgenommen.

In einer Prozessregelkarte werden für jede der genommenen Stichproben die *Merkmalswerte*, *der arithmetische Mittelwert* und die *Standardabweichung* oder die *Spannweite* eingetragen (siehe Seite 199 und Seite 200).

An einem **Vorlos** werden anhand der gemessenen Merkmalswerte von Stichproben die obere Eingriffsgrenze (OEG) und die untere Eingriffsgrenze (UEG) für den arithmetischen Mittelwert und die obere Eingriffsgrenze für die Standardabweichung festgelegt (Vorstudie).

Wenn sich dann im Prozess der arithmetische Mittelwert und die Standardabweichung bzw. die Spannweite der Stichproben innerhalb der Eingriffsgrenzen bewegen, läuft die Fertigung fehlerfrei ab.

Das gefertigte Los kann zur Weiterbearbeitung freigegeben werden.

Wird jedoch eine der Grenzen verletzt, dann muss nach Fehlern gesucht und in den Prozess durch entsprechende Korrekturen eingegriffen werden.

Qualitätsmanagement

Qualitätsprüfung
quality inspection

Qualitätssicherung
quality management

Qualitätsregelkarte
quality control chart

Qualitätsmanagement
quality management

QM-Handbuch
quality management manual

Stichprobe
random sample

Mittelwert
mean value

Qualitätsaudit
quality audit

Qualitätskontrolle
quality control

Qualitätssicherung
quality assurance

Prozessregelkarte ($\bar{x}$/R)

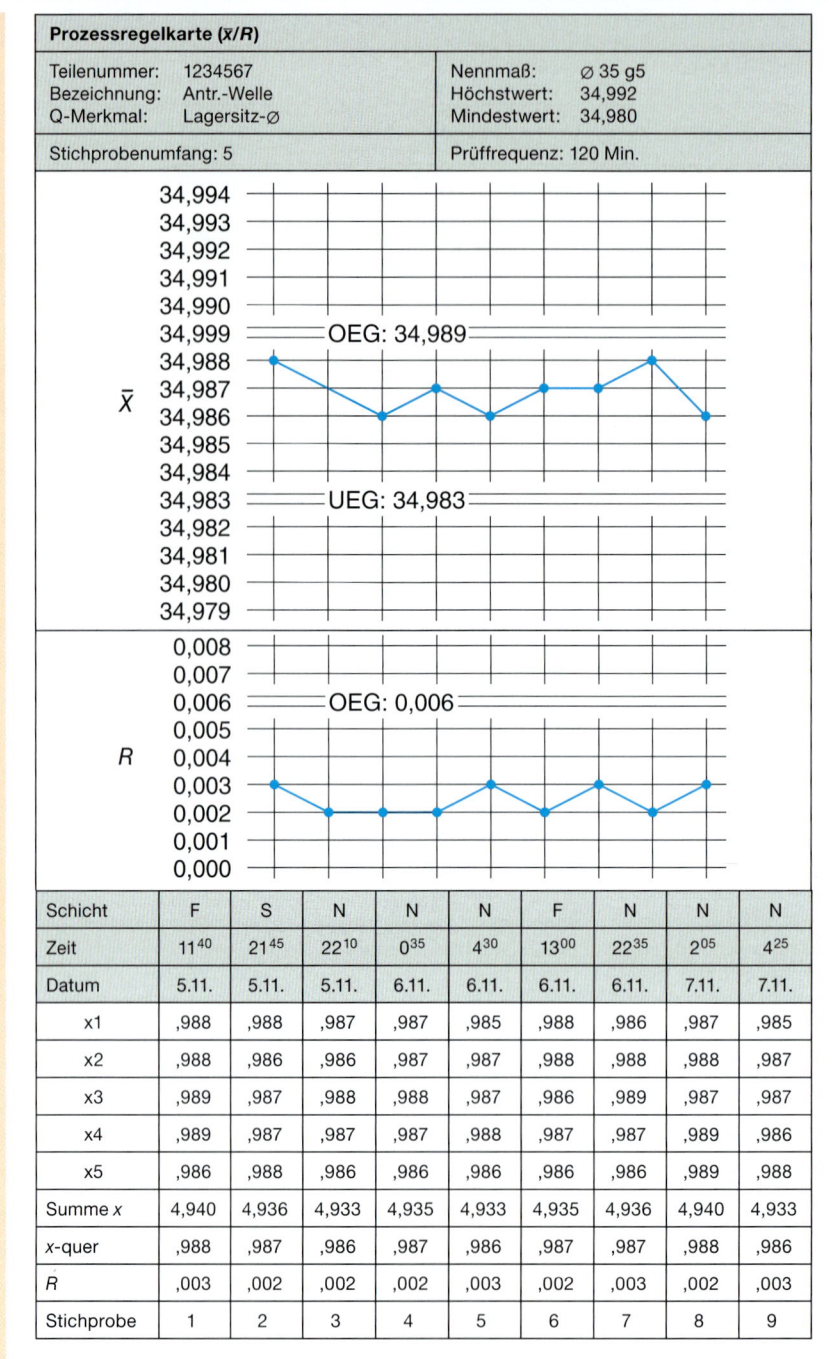

Teilenummer:	1234567	Nennmaß:	⌀ 35 g5
Bezeichnung:	Antr.-Welle	Höchstwert:	34,992
Q-Merkmal:	Lagersitz-⌀	Mindestwert:	34,980
Stichprobenumfang: 5		Prüffrequenz: 120 Min.	

$\bar{x}$-Diagramm: OEG: 34,989 ; UEG: 34,983

R-Diagramm: OEG: 0,006

Schicht	F	S	N	N	N	F	N	N
Zeit	11^{40}	21^{45}	22^{10}	0^{35}	4^{30}	13^{00}	22^{35}	2^{05}	4^{25}
Datum	5.11.	5.11.	5.11.	6.11.	6.11.	6.11.	6.11.	7.11.	7.11.
x1	,988	,988	,987	,987	,985	,988	,986	,987	,985
x2	,988	,986	,986	,987	,987	,988	,988	,988	,987
x3	,989	,987	,988	,988	,987	,986	,989	,987	,987
x4	,989	,987	,987	,987	,988	,987	,987	,989	,986
x5	,986	,988	,986	,986	,986	,986	,986	,989	,988
Summe x	4,940	4,936	4,933	4,935	4,933	4,935	4,936	4,940	4,933
x-quer	,988	,987	,986	,987	,986	,987	,987	,988	,986
R	,003	,002	,002	,002	,003	,002	,003	,002	,003
Stichprobe	1	2	3	4	5	6	7	8	9

Bild 6 Prozessregelkarte der statistischen Prozesslenkung

Prüfung

1. Beschreiben Sie die unterschiedlichen Qualitätssicherungsmaßnahmen.

2. Welche Einflussgrößen beschreiben die Produktqualität?

@Interessante Links
- christiani-berufskolleg.de

Prozessverläufe

Natürlicher Verlauf (Bild 7)

66 % der Werte liegen im Bereich ± Standardabweichung s.

Alle Werte liegen *innerhalb* der Eingriffsgrenzen.

Prozess ist *ungestört*, er ist unter Kontrolle und kann ohne Eingriffe fortgesetzt werden.

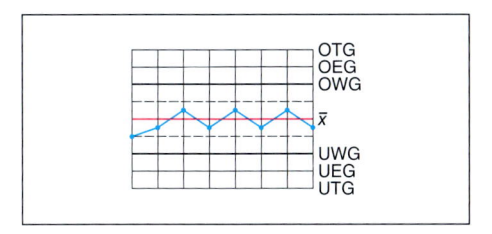

Bild 7 Natürlicher Verlauf

Überschreiten der Eingriffsgrenzen (Bild 8)

Die Werte unterschreiten bzw. überschreiten die Eingriffsgrenzen.

Der Prozess ist *gestört*.

Überjustierte Maschine, verschiedene Materialchargen, beschädigte Maschine. Messgeräte überprüfen.

In den Prozess muss eingegriffen werden, 100-%-Prüfung.

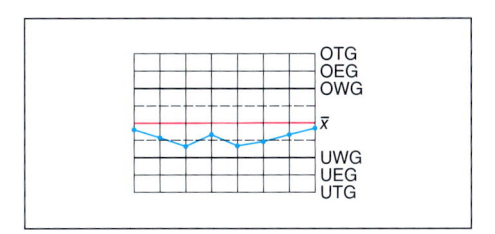

Bild 8 Überschreiten der Eingriffsgrenzen

Run (in Folge), Bild 9

Sieben oder mehr aufeinander folgende Werte liegen auf einer Seite der Mittellinie.

Der Prozess ist *gestört*, die Ursachen sind zu ergründen.

Werkzeugverschleiß, andere Materialchargen, neues Werkzeug, neues Personal.

Der Prozess ist verschärft zu beobachten.

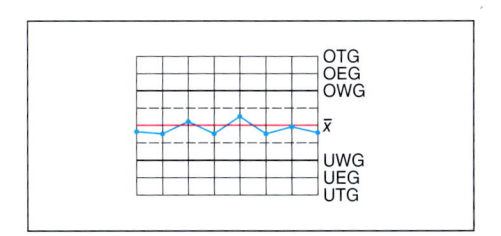

Bild 9 Run

Trend (Bild 10)

Sieben oder mehr aufeinanderfolgende Werte zeigen eine steigende oder fallende Tendenz.

Der Prozess ist *gestört*.

Verschleiß an Werkzeugen, Vorrichtungen oder Messgeräten, ungenügende Wartung, Personalermüdung.

Der Prozess ist zu unterbrechen, alle Maschinenparameter sind zu überprüfen.

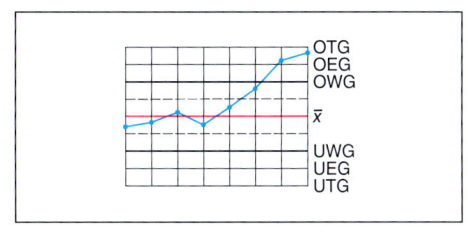

Bild 10 Trend

Middle Third (Bild 11)

Mindestens 15 Werte liegen aufeinanderfolgend innerhalb ± Standardabweichung s.

Der Prozess ist *eventuell gestört*.

Verbesserte Fertigung, bessere Beaufsichtigung, beschönigte Prüfergebnisse, defekte Messgeräte. Feststellen, wodurch der Prozess verbessert wurde bzw. Prüfergebnisse überprüfen.

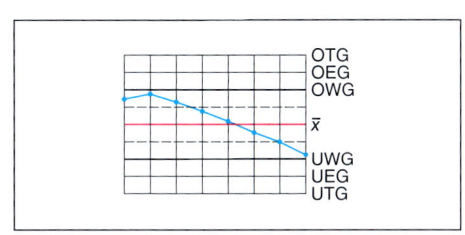

Bild 11 Middle Third

Perioden (Bild 12)

Die Werte wechseln periodisch um die Mittellinie.

Prozess ist *gestört*.

Fertigungsprozess nach Einflüssen untersuchen.

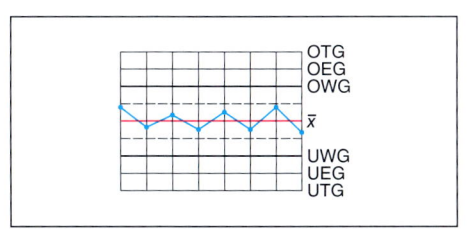

Bild 12 Perioden

- **OTG** obere Toleranzgrenze
- **OWG** obere Warngrenze
- **UWG** untere Warngrenze
- **UTG** untere Toleranzgrenze

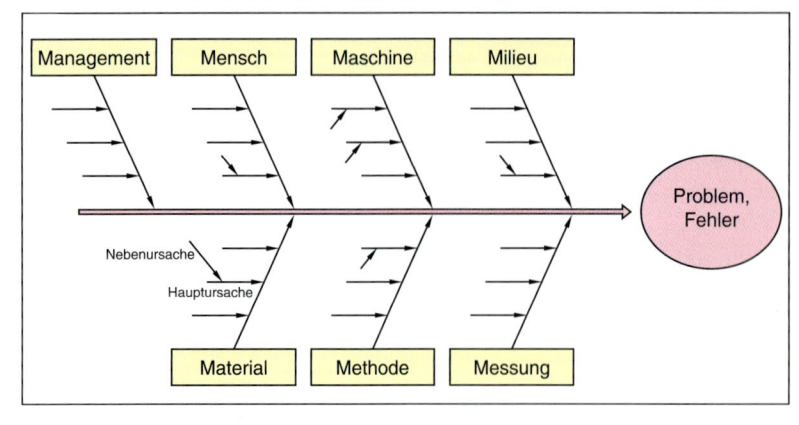

Bild 13 Ursachen-Wirkungs-Diagramm (Ishikawa-Diagramm)

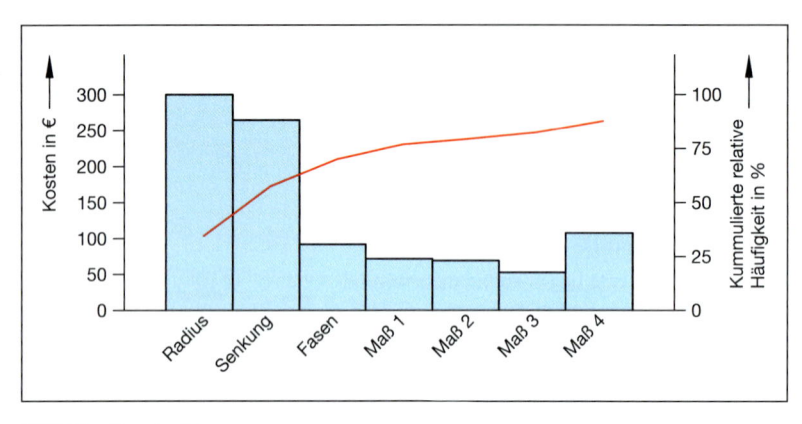

Bild 14 Pareto-Diagramm

Beispiel für eine Fehler-Sammelliste

Produkt-Nr.			Prüfart		jedes 20. Teil
Bezeichnung			Prüfer		Mayer
Nr.	Fehlerart	19.09.	20.09.	21.09.	Summe
1	Radius	III	IIII	III	
2	Senkung	II	II	I	
3	Fase	I	II	II	
4	Maß 1	I	II	I	
5	Maß 2	I	I	II	
6	Maß 3	I	I	I	
7	Maß 4		I	I	

Ursachen-Wirkungs-Diagramm

Die möglichen Ursachen und Wirkungen werden in *Haupt-* und *Nebenursachen* unterteilt.

Durch die Programmstruktur können positive und negative Einflussgrößen identifiziert und ihre Abhängigkeit zur Zielgröße dargestellt werden.

In der Bewertung ergeben sich einige *Ursachenschwerpunkte*, die dann näher untersucht werden können (Bild 13).

Pareto-Diagramm

Das *Pareto-Diagramm* basiert auf der festgestellten Tatsache, dass die meisten Auswirkungen eines Problems (80 %) häufig nur auf eine *kleine Anzahl* von Ursachen (20 %) zurückzuführen sind.

Es ist ein *Säulendiagramm*, das Problemursachen nach ihrer Bedeutung ordnet (Bild 14).

Je größer die Säule im Diagramm, umso wichtiger ist diese Kategorie. Sie zu beheben, bedeutet die größte Verbesserungsmöglichkeit.

Eine *steile Summenkurve* deutet darauf hin, dass es *sehr wenige wichtige* Ursachen für das Problem gibt. Eine *flache Kurve* zeigt an, dass *viele gleichwertige* Ursachen vorliegen.

So kann verhindert werden, dass mit hohem Zeit- und Kostenaufwand unwichtige Ursachen beseitigt werden und das Problem dennoch bestehen bleibt.

Histogramm

Säulendiagramm, in dem gesammelte Daten zu *Klassen* zusammengefasst werden.

Die Größe einer Säule entspricht dabei der Anzahl der Daten in einer Klasse. Die Seitenlänge ist proportional zur jeweiligen Klassenhäufigkeit (Bild 15).

Anhand des fertigen Histogramms lässt sich leicht erkennen, ob sich die gemessenen Werte innerhalb der *Toleranzgrenzen* befinden und in welchem Bereich bzw. welcher Klasse die meisten Messwerte liegen.

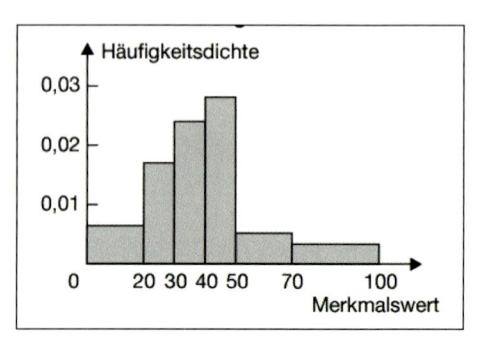

Bild 15 Histogramm

Fehler-Sammelliste

Mithilfe von *Fehler-Sammellisten* können beobachtete oder festgestellte Fehler auf einfache Weise erfasst werden.

Durch eine übersichtliche Darstellung nach Art und Anzahl der Fehler können *Trends* erkannt werden, nach denen die Fehler auftreten.

Um die Anzahl der Fehlerarten zu begrenzen, aber dennoch eine vollständige Erfassung zu ermöglichen, sollte eine Kategorie „sonstige Fehler" aufgenommen werden.

Korrelations-Diagramm

Die Menge der untersuchten Objekte sollte begrenzt sein, damit die Übersichtlichkeit nicht verloren geht.

Korrelations-Diagramm

Hierbei handelt es sich um eine grafische Darstellung, durch die die Beziehung zwischen zwei Merkmalen dargestellt wird, die paarweise an einem Objekt aufgenommen werden.

Aus deren Muster können Rückschlüsse auf einen statistischen Zusammenhang zwischen den beiden Merkmalen gezogen werden (Bild 16).

Aus dem größten und kleinsten ermittelten Wert eines Merkmals ergibt sich die sinnvolle Einteilung der Achsen.

Die Wertepaare werden als Punkte eingetragen, sodass eine Punktewolke entsteht.

Je näher die Punkte an der Ausgleichsgeraden liegen, umso stärker ist der Zusammenhang der beiden Merkmale.

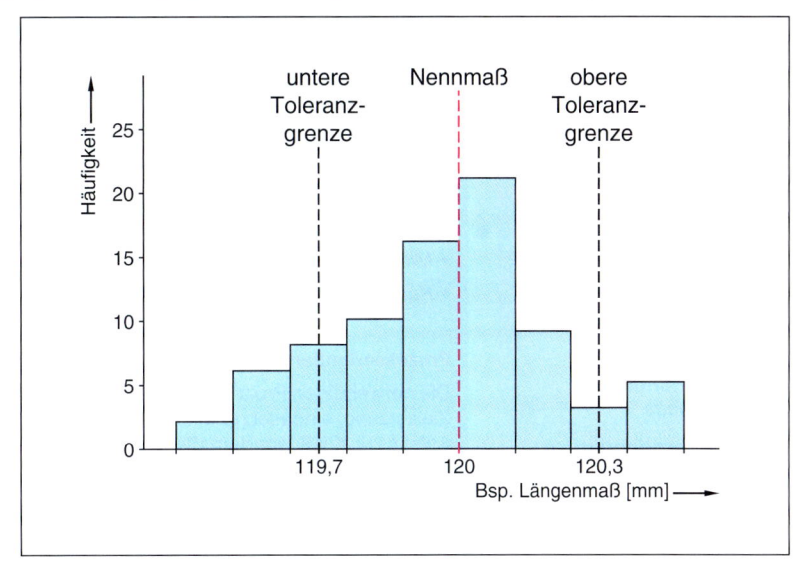

Bild 16 Histogramm

Prüfung

1. Wie können Prozessverläufe grafisch dargestellt werden?
2. Wie ist eine Fehler-Sammelliste aufgebaut?
3. Welche Aussage macht das Pareto-Diagramm (Bild 14, Seite Seite 204)?

@ Interessante Links
- christiani-berufskolleg.de

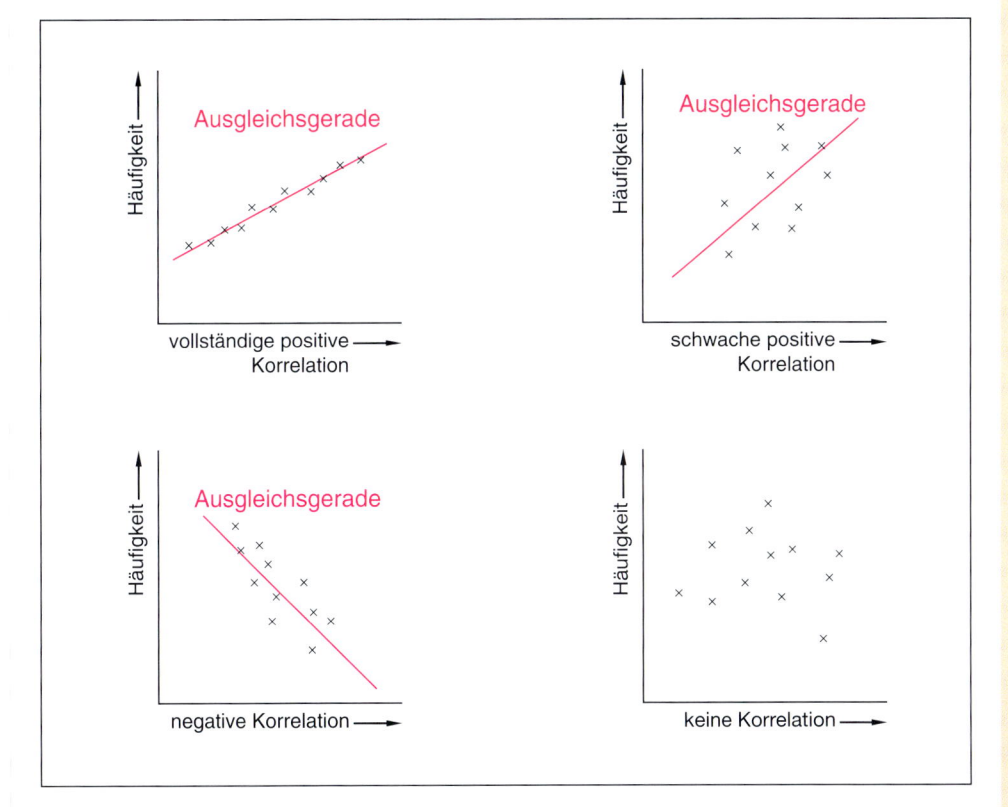

Bild 17 Korrelations-Diagramm

Manuelle Zerspanungsverfahren

Als Vorbereitung für diese Arbeiten sind notwendig: Abmessen und Anreißen der Maße und das Körnen vor dem Bohren. Nach der Bearbeitung sind die Schnittflächen zu entgraten (z. B. durch Feilen), die Bohrungen zu senken und teilweise zu reiben.

Das Sägen ist ein **spanendes Fertigungsverfahren**. Bei diesem trennenden Verfahren werden Teile des Werkstücks schichtweise abgetragen, es entstehen „**Späne**".

Siehe Kapitel Fertigungsverfahren.

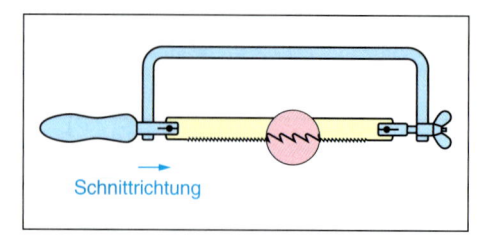

Bild 1 Säge mit Sägeblatt und -zähnen

Schaut man sich das Sägeblatt genau an, erkennt man viele kleine hintereinander liegende Zähne, die sogenannten **Schneidkeile**. Wird die Säge über ein Werkstück bewegt, dringen diese Zähne nacheinander in das Werkstück ein. Jeder Zahn hebt dabei einen Span ab. Die Anzahl und die Form der Zähne wird als **Schneidkeilgeometrie** bezeichnet. Sie ist entscheidend für die Qualität des Schneidvorgangs.

8.1 Schneidkeilgeometrie

Im Bild 2 ist diese Geometrie allgemein dargestellt. Die Grundform jeder Schneide ist ein Keil. Dieser **Schneidkeil** (roter Winkel in gelb dargestelltem Werkzeug) wird durch die Freifläche auf der Seite des Werkstückes begrenzt (rote Linie). Die Seite, auf der sich der Span bildet, heißt „Spanfläche" (grüne Linie).

■ **Geometrie am Schneidkeil**

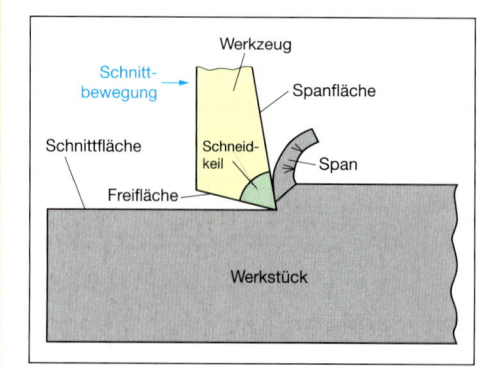

Bild 2 Flächen am Schneidkeil

Beim Spanen wird das Werkzeug über das Werkstück geführt („Schnittbewegung") und trennt dabei einen Teil des Werkstückes ab. Vor dem Werkzeug entsteht ein **Span**.

Das Werkzeug und das Werkstück bilden beim Schneidvorgang drei Winkel, siehe Bild 3:

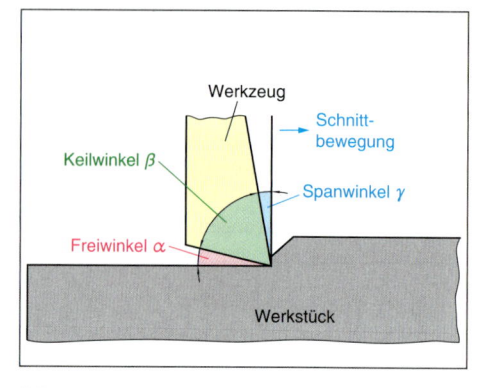

Bild 3 Winkel am Schneidkeil

1. Der **Freiwinkel** α liegt zwischen der Freifläche des Schneidkeils und der Schnittfläche des Werkstücks.
2. Der **Keilwinkel** β stellt den Werkzeugkeil dar.
3. Der **Spanwinkel** γ ist zwischen der Vorderseite des Schneidkeils (Spanfläche) und der Senkrechten zur Schnittfläche.

Die Summe dieser drei Winkel ist immer 90°.

Der **Freiwinkel** α dient zur Verminderung der Reibung zwischen dem Schneidkeil und dem Werkstück. Wäre der Winkel z. B. 0°, würde die ganze Freifläche auf der Werkstückoberfläche aufliegen und eine entsprechend hohe Reibung erzeugen. Dies erhöht die Schnittkraft und die Erwärmung des Schneidkeils.

> Der *Freiwinkel* α verringert die Reibung zwischen Schneidkeil und Werkstück.
>
> Harte und spröde Werkstoffe (z. B. Gusseisen) → geringe Reibung → kleiner Freiwinkel.
>
> Weiche Werkstoffe (z. B. Kupfer) → hohe Reibung → große Freiwinkel.

Der **Keilwinkel** β bestimmt das Eindringverhalten in das Werkstück und die Stabilität. Ein Schneidkeil mit kleinem Keilwinkel kann leicht in das Werkstück eindringen. Er ist allerdings auch wenig stabil, deshalb kann er bei harten Werkstoffen schneller verschleißen oder sogar zerstört werden.

Schneidkeilgeometrie, Übersicht der Schneidkeilwinkel

Der **Keilwinkel** β bestimmt die Stabilität des Schneidkeils.

Je härter der Werkstoff, desto größer der Keilwinkel.

Der **Spanwinkel** γ beeinflusst die Ausbildung und die Abfuhr des Spanes.

Harte Werkstoffe → kleiner Spanwinkel (10 – 15°).

Weiche Werkstoffe → große Spanwinkel (25°).

Durch die Größe des Spanwinkels und den zu bearbeitenden Werkstoff bilden sich verschiedene **Spanarten** aus:

Reißspan

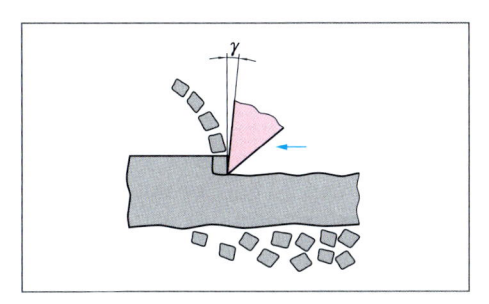

Bild 4 *Reißspan*

Harte und spröde Werkstoffe werden mit kleinen Spanwinkeln bearbeitet.

Es bilden sich sehr kurze Spanelemente, die aus der Oberfläche herausgerissen werden und dann zu kleinen Brocken zerplatzen. Dadurch ist die Qualität der entstehenden Oberfläche sehr schlecht.

Scherspan

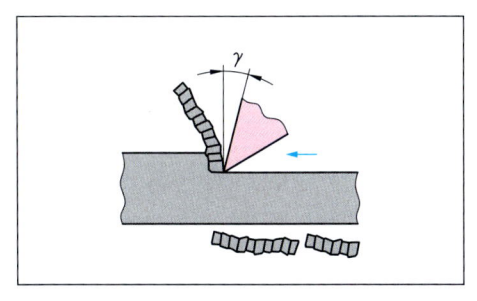

Bild 5 *Scherspan*

Bei zäheren und leicht spröden Werkstoffen werden mittlere Spanwinkel (von 10° bis 25°) bei niedrigen Schnittgeschwindigkeiten verwendet.

Es entstehen kleine zusammenhängende Spanelemente.

Fließspan

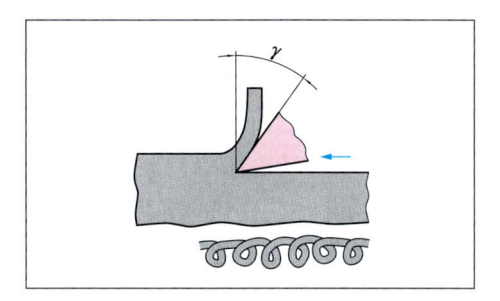

Bild 6 *Fließspan*

Weiche und zähe Werkstoffe werden mit großem Spanwinkel bearbeitet.

Der Span ist lang und zusammenhängend.

Die *Winkelgrößen an der Werkzeugschneide* sind oftmals ein *Kompromiss*.

Wenn nämlich *einer* der Winkel verändert wird, verändern sich auch *alle anderen* Winkel.

Anforderungen wie geringer Kraftaufwand bei hoher Oberflächengüte, hoher Schnittgeschwindigkeit und hoher Standzeit des Werkzeugs sind *nicht gleichzeitig* zu erreichen.

Übersicht der Schneidkeilwinkel

Ein *negativer* Spanwinkel ergibt sich, wenn die Summe von Freiwinkel α und Keilwinkel β größer als 90° ist.

Schneidkeile mit negativem Spanwinkel wirken *schabend*.

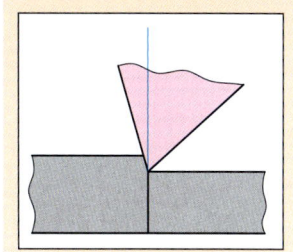

Freiwinkel α	Keilwinkel β	Spanwinkel γ
Zwischen Schnittfläche und Schneidkeil	Größe des Schneidkeils	Zwischen Spanfläche und Senkrechter
Beeinflusst hauptsächlich		
Reibung	Stabilität, Eindringen in Werkstoff	Spanbildung, Spanabfuhr
Anwendungsbeispiele		
Harte Werkstoffe = kleiner Freiwinkel	Harte Werkstoffe = großer Keilwinkel	Harte Werkstoffe = kleiner Spanwinkel
Summe aller Winkel = 90°		

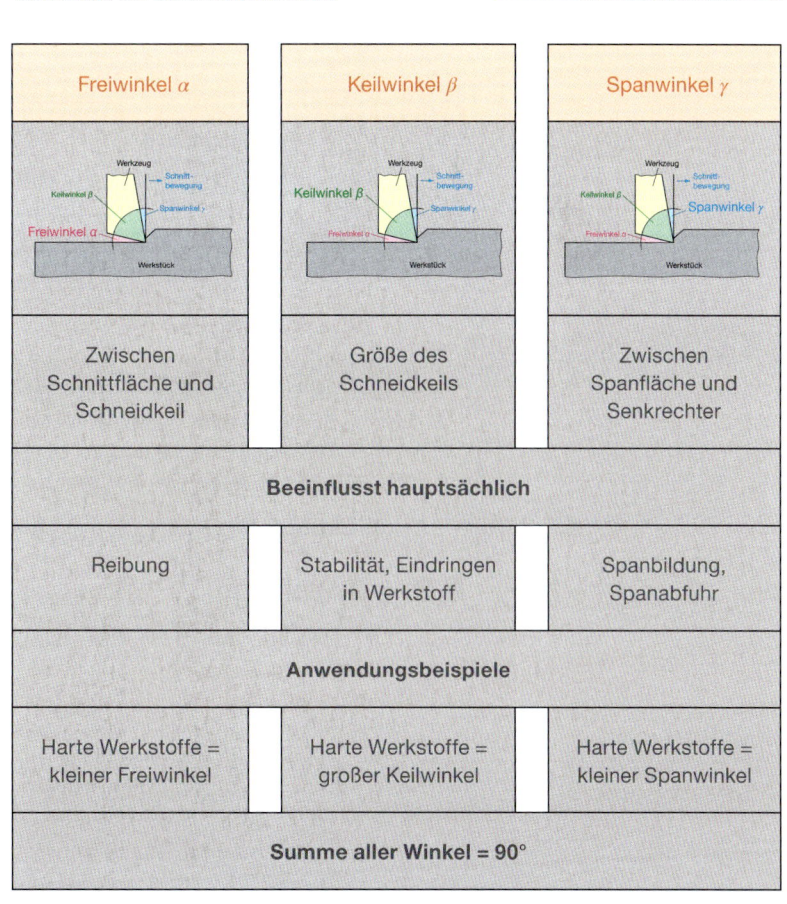

Werkzeugschneide	cutting edge
Keil	wedge
Keilwinkel	wedge angle
Freiwinkel	clearance angle
Spanwinkel	rake angle
Spanen	chipping
Trennen	cutting
Reißspan	tearing chip
Fließspan	flowing chip
Scherspan	continuous chip

Fertigungsverfahren

Zur Herstellung von Werkstücken und Maschinen werden viele verschiedene **Fertigungsverfahren** angewendet. Diese werden in sechs **Hauptgruppen** eingeteilt:

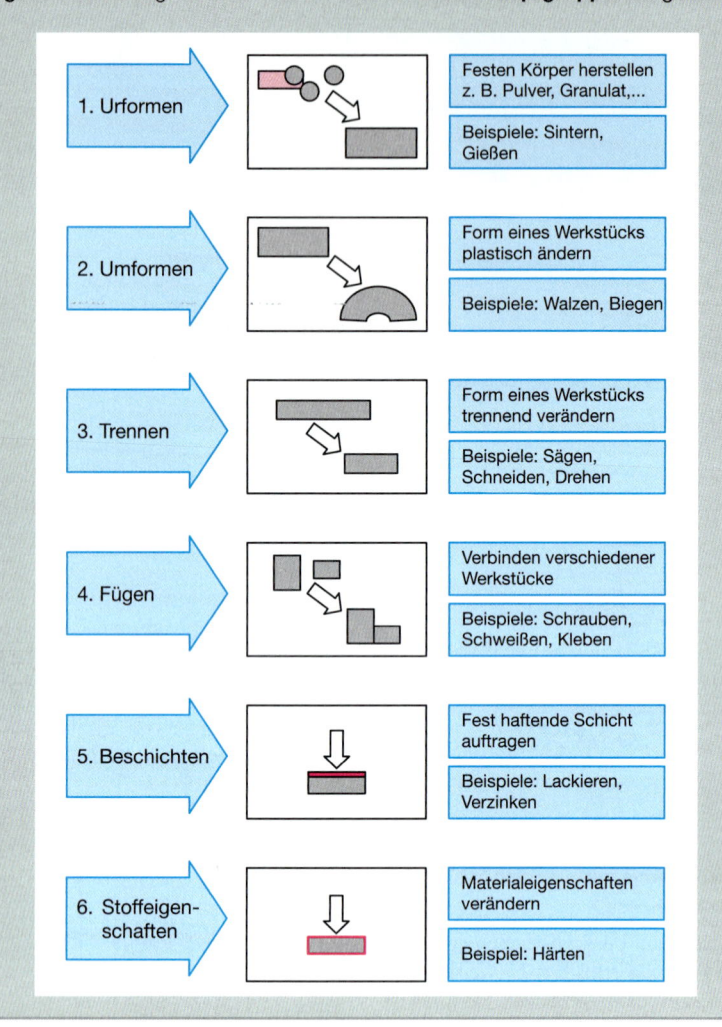

Hauptgruppe	Beschreibung	Beispiele
1. Urformen	Festen Körper herstellen z. B. Pulver, Granulat,...	Sintern, Gießen
2. Umformen	Form eines Werkstücks plastisch ändern	Walzen, Biegen
3. Trennen	Form eines Werkstücks trennend verändern	Sägen, Schneiden, Drehen
4. Fügen	Verbinden verschiedener Werkstücke	Schrauben, Schweißen, Kleben
5. Beschichten	Fest haftende Schicht auftragen	Lackieren, Verzinken
6. Stoffeigenschaften	Materialeigenschaften verändern	Härten

PRÜFUNG

1. Erklären Sie die Begriffe Schnittfläche, Spanfläche, Freifläche.
2. Erklären Sie die Begriffe Freiwinkel, Keilwinkel, Spanwinkel.
3. Welche Werkzeuggeometrie wird bei spröden Werkstoffen üblicherweise eingesetzt?
4. Wie beeinflußt der Keilwinkel die Stabilität einer Schneide?

8.2 Anreißen

Der Ausleger (Pos. 2.2.01) aus einem rechteckigen Hohlprofil hat lt. Zeichnung eine Länge von 340 mm. Das rechteckige Hohlprofil steht üblicherweise als Stangenware mit einer Länge von 6 m zur Verfügung. Vor dem Absägen erfolgt das **Anreißen** der Längenmaße.

Hierzu sind folgende Anreißwerkzeuge notwendig:

- Reißnadel (gerade Ausführung)
- Anschlagwinkel
- Stahllineal (Länge 500 mm)

Für *aufwendigere* und *genauere* Arbeiten werden **Anreißplatte** und **Höhenanreißer** verwendet (Seite 213).

Anreißen

> Beim Anreißen wird eine Form oder ein Maß auf das zu bearbeitende Werkstück, Rohteil oder Halbzeug übertragen.

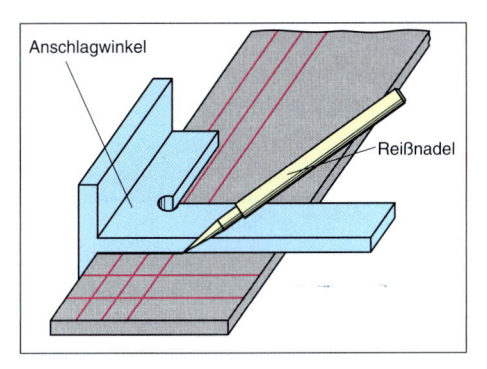

Bild 7 Anreißen

Die **Anrisslinie** muss auf dem Werkstück gut sichtbar sein.

Wenn nötig, kann die Werkstückoberfläche vor dem Anreißen mit einem Anreißlack beschichtet werden.

Die Reißnadel erzeugt dann auf dem Reißlack einen gut sichtbaren Anriss.

Bei einem Anreißvorgang *ohne* Verwendung von **Anreißlack** wird die Werkstückoberfläche *eingeritzt*.

Dies kann dazu führen, dass Werkstücke mit einer hohen Oberflächengüte oder einer gut sichtbaren Fläche eine Nachbehandlung (z. B. Polieren) erforderlich machen.

Das Einritzen der Werkstückoberfläche kann auch zur Zerstörung des Werkstücks bei der späteren Bearbeitung führen.

Dünne und weiche Werkstücke (wie z. B. Aluminium- oder Zinkblech) können beim Abkanten oder Biegen im Anrissbereich brechen. Anrisslinie *nur* auf der *Radiusinnenseite* ziehen.

Anreißwerkzeuge	Verwendungszweck	Eigenschaften
Stahlreißnadel mit gehärteter Spitze.	Werkstücke, Halbzeuge oder Rohteile aus Stahl.	Einritzen der Werkstückoberfläche, da Spitze des Anreißwerkzeugs härter als das Werkstück ist. Reißnadel nutzt sich nur gering ab.
Reißnadel mit Hartmetallspitze.	Werkstücke, Halbzeuge oder Rohteile mit Zunderschicht.	Einritzen der Werkstückoberfläche, da Spitze des Anreißwerkzeugs härter als das Werkstück ist. Reißnadel nutzt sich sehr gering ab.
Messingreißnadel	Harte Werkstücke, Halbzeuge oder Rohteile. Veredelte/beschichtete Oberflächen.	Auf der Oberfläche des Werkstücks entstehen messingfarbene Anreißlinien. Geringes Einritzen der Werkstückoberfläche. Werkstück ist härter als die Spitze des Anreißwerkzeugs. Die Reißnadel nutzt sich sehr stark ab.
Bleistift	Beschichtete und veredelte Oberflächen, dünne Bleche sowie Bleche aus weichen Werkstoffen (z. B. Aluminium oder Zink).	Auf der Oberfläche des Werkstücks entstehen schwarzgraue Anreißlinien. Kein Einritzen der Werkstückoberfläche. Werkstück ist härter als die Bleistiftspitze. Der Bleistift nutzt sich sehr stark ab.

■ **Parallelanreißer**
→ 213

Anriss
incipient crack

Anreißplatte
marking plate

Maßstab
scale

Bemaßung
dimensioning

Zeichnung
drawing

Zeichnungsnorm
drawing practice standard

Zeichnungssatz
set of working drawings

Normung
standardization

■ Bemaßung

[TB]

■ Maßbezugsebene
Ausgangsfläche für Fertigung und Bemaßung des Werkstücks.

Damit ein Sägeschnitt mit der gewünschten Genauigkeit durchgeführt werden kann, sollte die Anrisslinie in gleichmäßigen Abständen mit **Körnerpunkten** versehen werden.

- Der Sägeschnitt kann dann unterbrochen werden.
- Der Schnittverlauf kann kontrolliert und eventuell korrigiert werden.

Ist der Sägevorgang abgeschlossen, müssen die halben *Körnerpunkte* auf der *zugeschnittenen* Seite noch sichtbar sein.

Bei der weiteren Bearbeitung werden sie dann entfernt.

Vorsicht!
- Zur Vermeidung von Schnittverletzungen durch den Schnittgrat sind nicht engratetete Bleche zuerst zu entgraten.
- Die Spitze der Reißnadel ist mit Kork oder einem anderen geeigneten Mittel zu sichern.
- Reißnadel nicht in die Taschen der Kleidung stecken.

Beim Anreißen werden die Maße stets der Zeichnung entsprechend von ihren Maßbezugsebenen aus übertragen und kontrolliert.

Die **Maßbezugsebenen** müssen völlig *gratfrei* und *gerade* sein und *rechtwinklig* zueinander verlaufen.

Die Anreißnadel berührt beim Anreißen nur mit der *Spitze* die *untere* Kante des Winkelschenkels. Sie muss in *Ziehrichtung* geneigt sein.

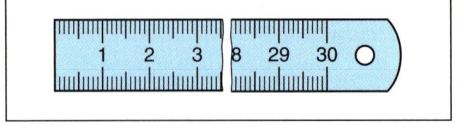

Bild 8 Stahlmaßstab zum Anreißen

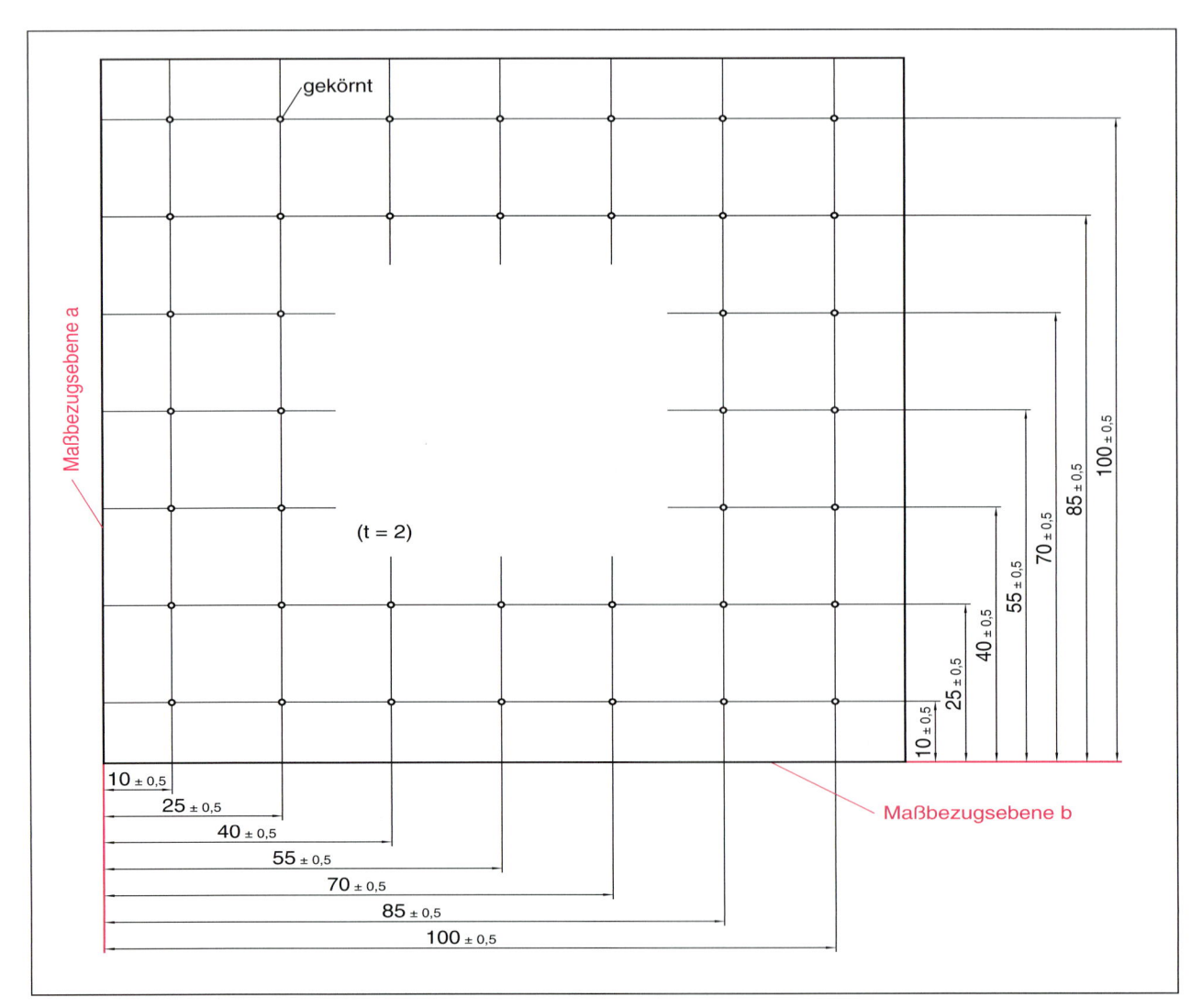

Bild 9 Bemaßung beim Anreißen (Maßbezugsebenen)

Anreißen mit dem Parallelanreißer

Bild 10 Anschlagwinkel

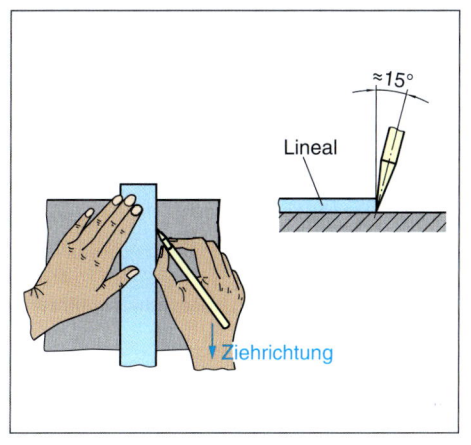

Bild 12 Führung der Reißnadel

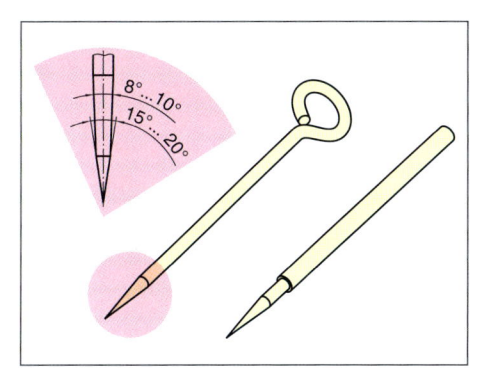

Bild 11 Reißnadeln

Kreise und Radien werden mit Spitzzirkeln oder Stangenzirkeln angerissen.

Prüfung

Welchem Zweck dient das Anreißen?
Worauf ist beim Anreißen besonders zu achten?

■ **Aufgabenlösungen**

@ **Interessante Links**
- christiani.berufskolleg.de

Anreißen mit dem Parallelanreißer

Anreißplatte verwenden
Ihre Oberfläche ist eben, plan und glatt.
Nur zum Anreißen benutzen!
Sorgfältig reinigen und evtl. vor Korrosion schützen.

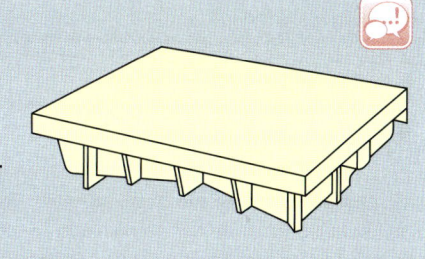

Parallelanreißer
Die Reißnadelspitze wird mithilfe des **Standmaßes** auf das anzureißende Maß eingestellt. Dies erfolgt auf der **Anreißplatte**.

Die Teilstriche des Standmaßes dabei nicht durch die Reißnadel beschädigen!

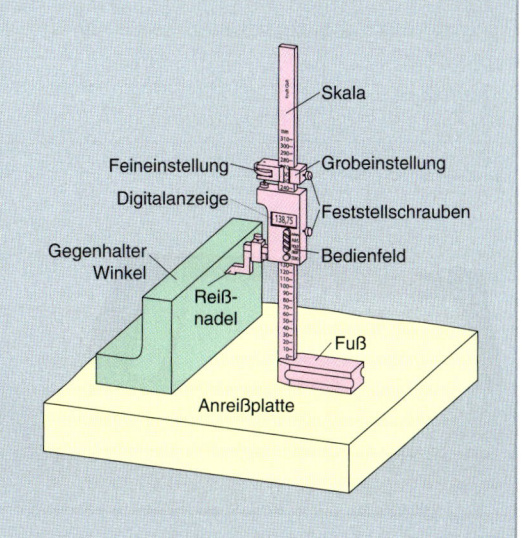

■ **Nonius**
Einstellung und Ablesung

→ 313

Anreißvorgang

Werkstück mit **Maßbezugsfläche** auf Anreißplatte legen und mit der Hand festhalten.

Mit der anderen Hand den Parallelanreißer am Fuß umfassen und an das Werkstück heranführen.

Die eingestellte Reißnadelspitze gleichmäßig an die anzureißende Werkstückfläche entlangziehen.

Dabei ist die Reißnadel leicht in Zielrichtung zum Werkstück geneigt.

Eventuell **Anreißfarbe** oder **Schlämmkreide** verwenden.

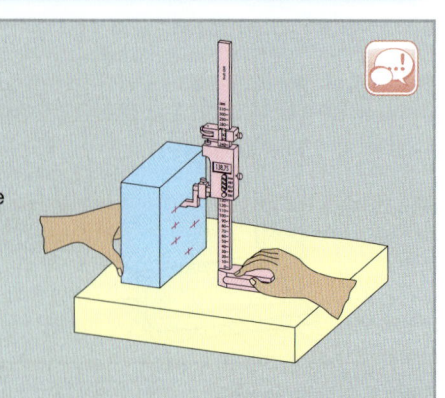

Anreißen von Rundungen

Verwendet werden **Radiuslehren**, an denen die Reißnadel entlanggeführt wird.

Außenrundungen
Radiuslehre so an die Werkstücke anlegen, dass ein *Viertelkreis* angerissen wird und der Kreisbogen in die Werkstückkante übergeht.

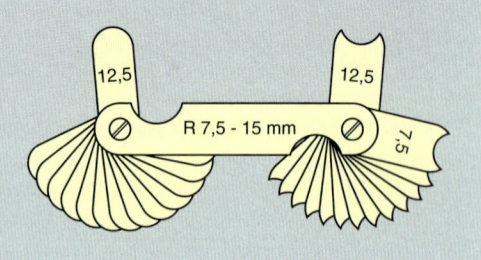

Innenrundungen
Zunächst muss die *Mittellinie* als **Bezugsebene** angerissen werden.

Dann wird die Breite der Rundung angerissen und entlang der angelegten Radiuslehre der Kreisbogen gezogen.

8.3 Sägen

Das durch die **Anrisslinie** angezeichnete Profilstück kann nun an der Werkbank in den **Schraubstock** eingespannt und auf **Länge** abgesägt werden.

Das Trennverfahren **Sägen** wird angewendet, um

- *Halbzeuge auf ein gewünschtes Längenmaß abzutrennen.*
- *Schlitze in Werkstücke einzuarbeiten.*
- *Formen auszuarbeiten.*

Bei der abzutrennenden **Strebe** handelt es sich um ein *Einzelteil*. Hierfür wird eine **Handsäge** verwendet.

Bild 13   *Handbügelsäge und Maschinensäge*

@ **Interessante Links**
- www.flott.de

Sägen, Sägeblätter

Zum Abtrennen von Rohren, langen Profilen oder bei der Serienfertigung kann man **Maschinensägen** einsetzen.

Diese Sägen sind mit einer **Spannvorrichtung** und einem **verstellbaren Anschlag** ausgestattet.

Der Antrieb erfolgt durch einen Elektromotor.

Bei der *manuellen Zerspanung* wird die **Trennkraft** durch *Muskelkraft* aufgebracht.

Auch die *Werkzeugbewegung* wird *von Hand* ausgeführt.

Bild 14   Sägen mit Handbügelsäge

Hierbei werden **Kräfte** aufgebracht, die über das geführte Werkzeug (Handsäge) durch keilförmige Schneiden Späne abtragen.

Die Späne werden in den Schneidenzwischenräumen aus der Trennfuge abgeführt.

> Sägeblätter führen nur in *einer Richtung* eine Schnittbewegung aus.
>
> Der **Arbeitshub** wird mit Druck ausgeführt (Schnittbewegung).
>
> Der **Rückhub** erfolgt ohne Druck und dient nur dem erneuten Ansetzen des Arbeitshubs.
>
> Die keilförmigen Schneiden des Sägeblatts nennt man **Zähne**.

Sägeblätter

Das **einseitig gezahnte** (Form A) und das **doppelseitig gezahnte** Sägeblatt (Form B) werden am häufigsten verwendet.

Die **Zähne** des Sägeblatts sind hintereinander gereihte kleine **Schneidkeile**.

Die Form der Schneidkeile wird durch die **Winkel** und **Flächen** bestimmt.

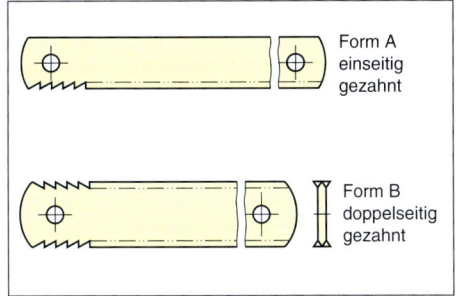

Bild 16   Sägeblätter

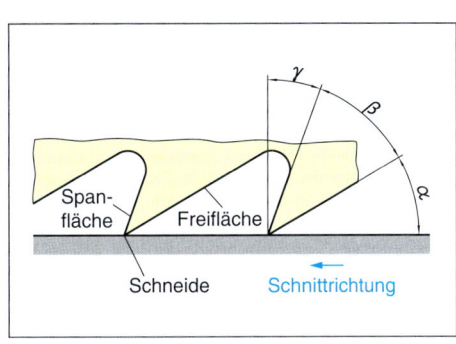

Bild 17   Winkel und Flächen am Sägezahn

- **Spanfläche**
  Über sie gleitet der Span bei Sägen.
  Ist immer der Schnittrichtung zugewandt.

- **Freifläche**
  Fläche des Schneidkeils.
  Ist der Schnittrichtung abgewandt.

■ **Sägeblatt einspannen**
→ 217

🇬🇧

Halbzeug
semifinished material

Fertigung
fabrication, manufacture, production

Sägen
sawing

Sägeschnitt
saw-cut

Sägeblatt
saw-blade

Sägemaschinen
sawing machines

Bügelsäge
hack saw

Zahnteilung
spacing

Spanfläche
face

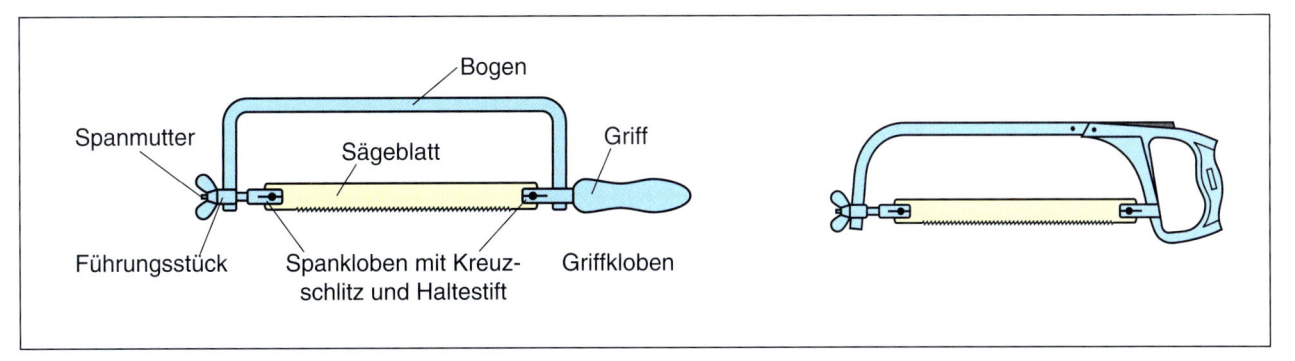

Bild 15   Handsägen, unterschiedliche Ausführungsformen

Manuelle Zerspanungsverfahren

- **Keilwinkel** β
  Wird durch die Spanfläche und die Freifläche des Schneidkeils eingeschlossen. Ein großer Keilwinkel gibt der Schneide eine gute Festigkeit.

- **Freiwinkel** α
  Wird von der Werkstückoberfläche und der Freifläche gebildet. Ein großer Freiwinkel lässt die Schneide gut in den Werkstoff eindringen.

- **Spanwinkel** γ
  Winkel zwischen Spanfläche und einer gedachten Fläche, die senkrecht zur neu entstandenen Werkstückoberfläche steht. Ein großer Spanwinkel erleichtert die Spanabnahme.

- $\alpha + \beta + \gamma = 90°$
  Da sich die Forderungen an die Winkel gegenseitig ausschließen (wenn γ größer wird, dann wird β kleiner), ist das Sägeblatt immer ein Kompromiss.

Zahnteilung

Die **Zahnteilung** t ist der Abstand zwischen zwei Zahnschneiden.

Zusammen mit dem Freiwinkel α bestimmt t die Größe der Zahnlücke.

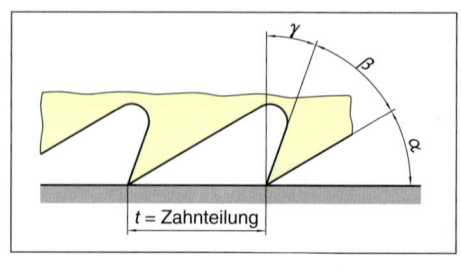

Bild 19   Zahnteilung

Da die Späne bis zum Austritt aus dem Sägeschlitz genügend Platz in den Zahnlücken haben müssen, richtet sich die Wahl der **Feinheit** des *Sägeblattes* nach dem zu trennenden Werkstoff.

Daher werden Sägeblätter für Handsägen in drei **Feinheitsstufen** hergestellt.

> Die **Feinheit** des Sägeblatts wird durch die *Anzahl der Zähne pro 25 Millimeter* (**Inch**) **Blattlänge** gekennzeichnet.

Arbeitsweise der Handsäge

Beim **Vorwärtshub** dringen die hintereinander angeordneten Sägezähne in den zu trennenden Werkstoff ein.

Jeder Zahn hebt dabei einen Span ab. Die abgetrennten Zähne werden in den Zahnlücken aus dem Sägeschlitz transportiert.

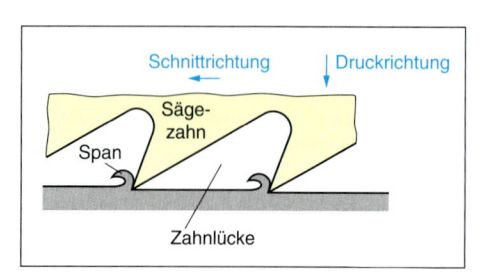

Bild 18   Arbeitsweise der Handsäge

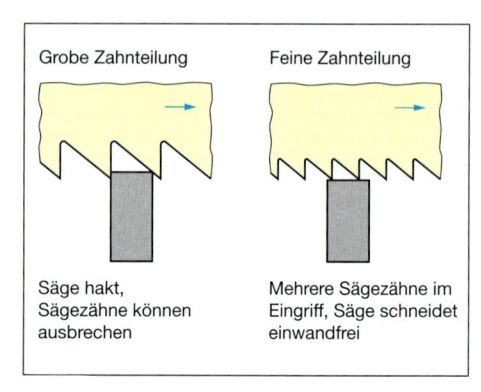

Bild 20   Einfluss der Zahnteilung

■ **Inch (in)**
1 Inch = 25,4 cm

Zahnteilung		Verwendung
Grob	18 Zähne pro Inch	Weiche Werkstoffe: Kunststoff, Aluminium
Mittel	22 Zähne pro Inch	Werkstoffe mit mittlerer Festigkeit: Stahl
Fein	32 Zähne pro Inch	Harte Werkstoffe: (rostfreier Stahl), Bleche, dünnwandige Profile

Freischnitt, Schnittfuge

Freischnitt

Damit sich während des Sägevorgangs das Sägeblatt in der *Schnittfuge nicht reibt, erwärmt* oder *verklemmt*, muss die Schnittfuge *breiter* als die Stärke (Dicke) des Sägeblattes sein.

Deshalb muss das Sägeblatt eine **Schnittfuge** erzeugen, die *breiter* als die eigene Dicke ist.

Das wird Freischneiden oder **Freischnitt** genannt. Erreicht wird dies durch *Wellen*, *Schränken* oder *Stauchen* der Zähne.

Vorsicht!

- Vor dem Durchsägen ist der Druck auf das Sägeblatt und die Vorschubgeschwindigkeit zu verringern (bei den letzten Hüben). Sonst könnte ein plötzliches Abrutschen der Säge Handverletzungen verursachen.
- Sägespäne nicht mit den Fingern, nur mit einem Pinsel oder Handfeger entfernen.
- Die Schnittkante ist scharfkantig und kann zu Verletzungen (Schnitt- oder Risswunden) führen.

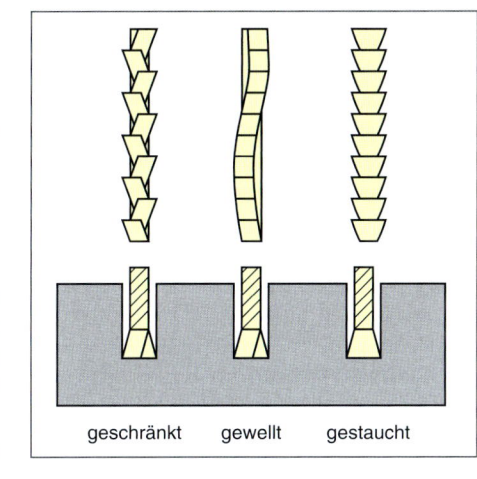

geschränkt   gewellt   gestaucht

Bild 21 Sägeblatt mit Freischnitt

■ Schränken

Sägeblattzähne werden abwechselnd nach links oder rechts ausgebogen. Schränken wird beim Sägen zur Bearbeitung weicher Werkstoffe angewendet.

■ Wellen

Jeweils stets bis acht aufeinanderfolgende Zähne verlaufen wellenförmig. Zweckmäßig bei Sägen mit einer feinen Zahnteilung. Anwendung bei Sägen für die Metallbearbeitung.

■ Einstreichsägen

werden zum Einschneiden schmaler Schlitze verwendet, z. B. an Gewindestiften oder Schraubenköpfen. Durch das breite Sägeblatt ist ein gerader Schnitt möglich.

Einspannen des Sägeblatts

Die Handsäge spant nur in der Vorwärtsbewegung.

Die Zähne müssen mit ihrer Spanfläche zur Spannschraube gerichtet sein.

Das Sägeblatt darf nur wenig flattern (stramm anziehen). Sonst ist ein ungenaues Ausschneiden, Klemmen im Sägeschlitz und Bruch die Folge.

Körperhaltung beim Sägen

Bewegung aus den Armen heraus.

Unterstützung durch entsprechende Körperbewegung.

Auf den richtigen Abstand zum Werkstück achten, damit die Bewegungen frei und ungehindert ausgeführt werden können.

Richtwert: ca. ein Vorhub pro Sekunde.

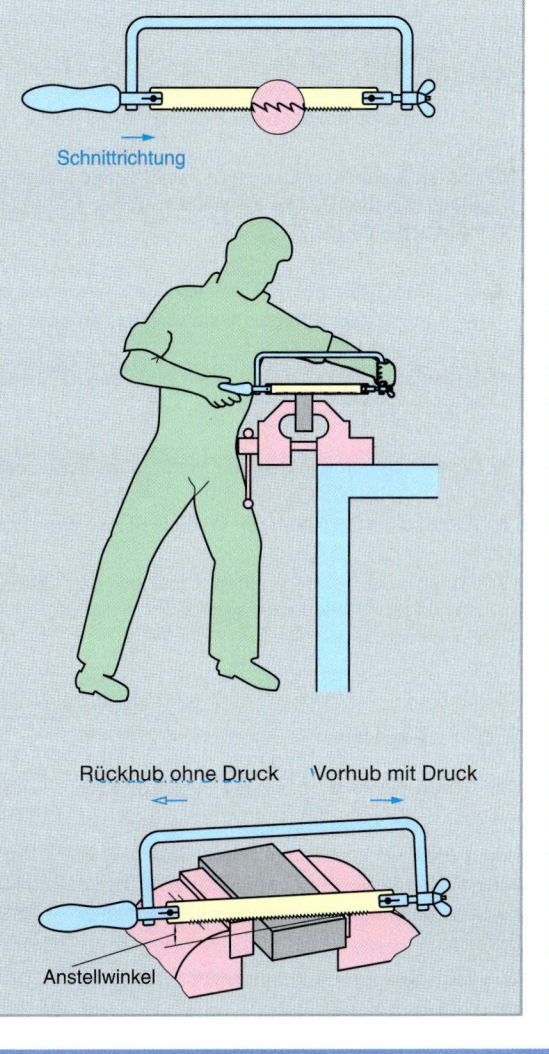

Schnittrichtung

Rückhub ohne Druck   Vorhub mit Druck

Anstellwinkel

Unterscheidungsmerkmale von Sägen

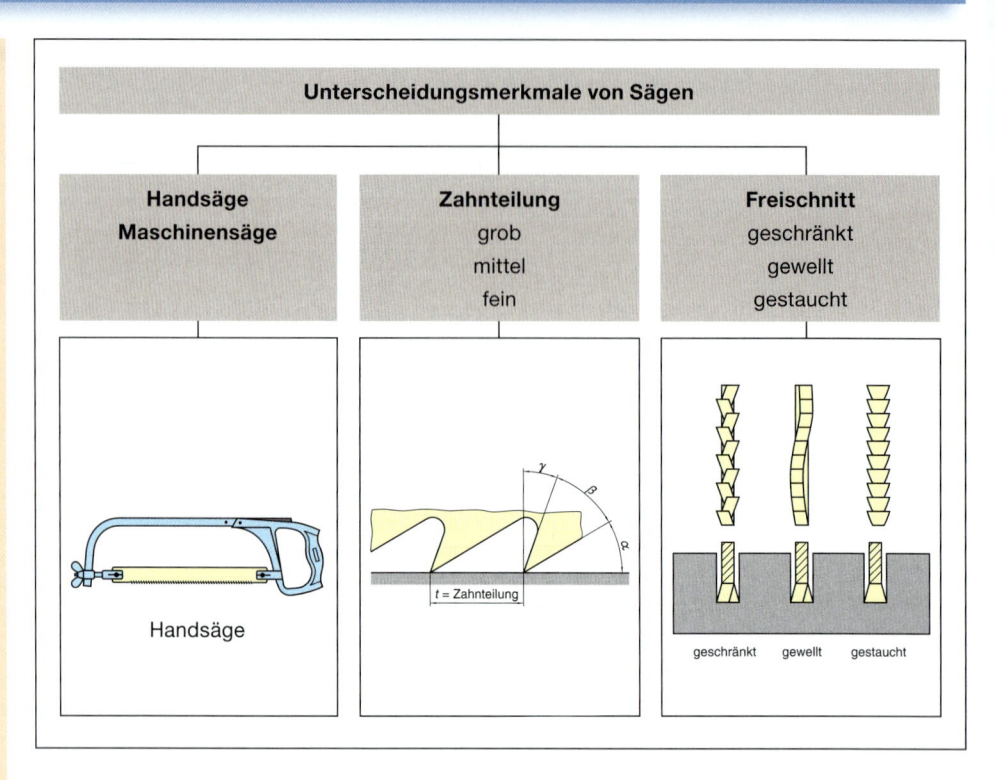

- **Handsäge / Maschinensäge**
- **Zahnteilung**: grob, mittel, fein
- **Freischnitt**: geschränkt, gewellt, gestaucht

t = Zahnteilung

Handsäge

geschränkt — gewellt — gestaucht

Prüfung

1. Wie ist die Reißnadel beim Ziehen der Anrisslinien zu führen?

2. Auf der Zeichnung für ein Werkstück stehen folgende Halbzeug- bzw. Werkstückangaben:
   Blech DIN EN 10131 – 1,5 × 834 × 1756 – 1.0333.
   Was bedeutet das?

3. Der Sägeschlitz beim Sägen wird stets breiter als das Sägeblatt dick ist.
   Warum ist das wichtig und wie wird das erreicht?

4. Sägeblätter für Handsägen werden in den Feinheitsstufen grob, mittel und fein verwendet.
   Worauf bezieht sich diese Angabe?

5. Worauf ist beim Einspannen eines Sägeblatts in den Sägebogen besonders zu achten?

6. Wie wird ein Sägeblatt am Werkstück zweckmäßig angesetzt?

7. Warum muss bei den letzten Hüben vor dem Durchsägen des Werkstücks der Druck auf das Sägeblatt verringert werden?

■ **Aufgabenlösungen**

TB

@ Interessante Links
- christiani.berufskolleg.de

8.4 Feilen

Die *Schnittkanten* werden nach dem Ablängen mit einer **Feile** entgratet.

Eine **Feile** wird benutzt, um eine *glatte Fläche herzustellen* (z. B. bei Reparaturarbeiten), in der Blechbearbeitung oder zur Herstellung einer Passung.

Wie beim Sägen erfolgt beim Feilen die *Spanabnahme* im **Vorwärtshub**.

Der **Rückhub** muss *ohne Druck* erfolgen, da sonst die Feile stumpf wird.

Die **Zähne** des Feilenblattes dringen bei der Spanabnahme in das Werkstück ein und entfernen zahlreiche kleine Späne.

Die **Zahnzwischenräume** dienen auch hier zum *Abtransport* der feinen Späne.

Feilen

Beim Feilen werden geringe Werkstoffmengen (Späne) durch zahlreiche hintereinander und nebeneinander angeordnete Schneiden (Zähne) abgetragen.

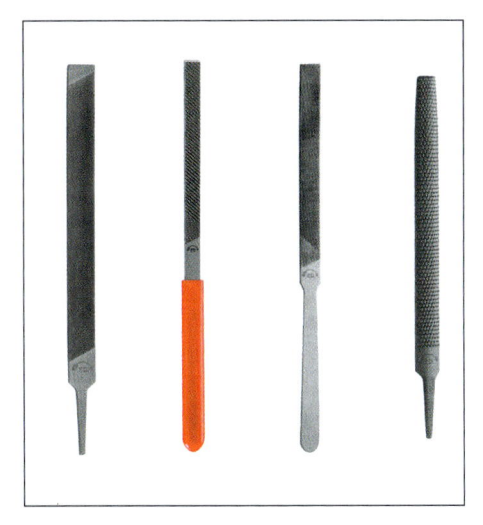

Bild 22 Feilen

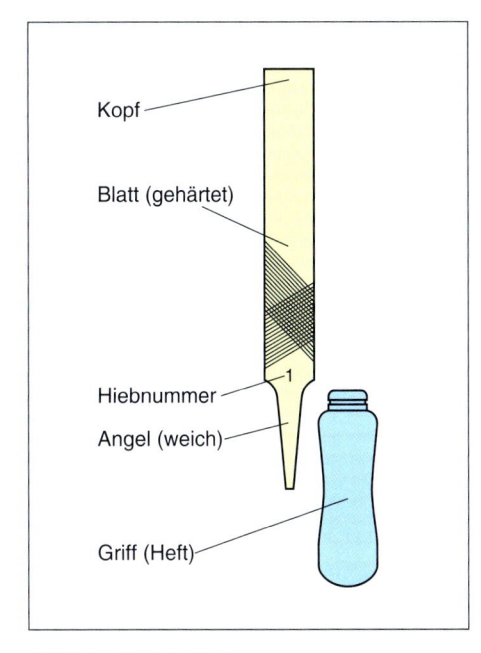

Bild 23 Werkstattfeile

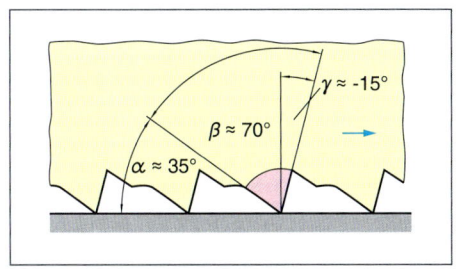

Bild 24 Gehauene Feile

Gefräste Feilen

haben einen positiven Spanwinkel γ bis 5°, Keilwinkel ca. 50°. Dadurch ist der Schneidkeil nicht so stabil.
Solche Feilen werden zur **Grobbearbeitung** *weicher Werkstoffe* verwendet.

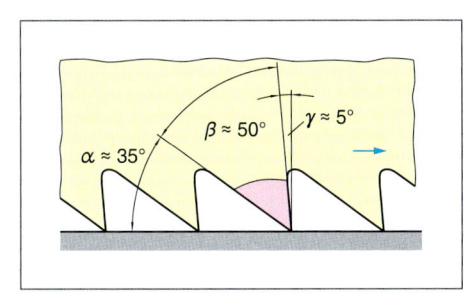

Bild 25 Gefräste Feile

Hiebarten

Die *in Reihe angeordneten Zähne* einer Feile werden **Hieb** genannt.

- **Einhiebfeilen** sind meist gefräste Feilen. Sie werden für *weiche* Werkstoffe eingesetzt. Die Spanabfuhr erfolgt seitlich zum Feilenblatt.
- **Doppel- oder Kreuzhieb**
  So sind i. Allg. gehauene Feilen ausgestattet. Unterschieden wird zwischen Ober- und Unterhieb. Beide Hiebe werden in unterschiedlichen Winkeln zur Mittelachse der Feile angeordnet. Der Oberhieb wird über den Unterhieb eingehauen. Dadurch wird die Riefenbildung vermindert.

Zu Bild 26, Seite 220:

Unter- und Oberhieb haben *unterschiedliche Teilungen* und damit auch *unterschiedliche Winkel* zur Feilenlängsachse. Dadurch entsteht die sogenannte **Schnürung**.

Die Feilenzähne stehen *versetzt* hintereinander. Beim Feilen nimmt ein Zahn das weg, was der andere Zahn stehen gelassen hat.

Der **Oberhieb** ist daran erkennbar, dass er ohne Unterbrechung verläuft, während der **Unterhieb** regelmäßig vom Oberhieb unterbrochen wird.

Zahnformen von Feilen

Unterschieden wird zwischen **gehauenen** und **gefrästen** Feilen.

Gehauene Feilen

Großer Keilwinkel von annähernd 70°, stabiler Schneidkeil.
Einsatz zur Bearbeitung von Werkstoffen *höherer Festigkeit* (z. B. Stahl).

@ Interessante Links
- www.dick.de

🇬🇧

Entgraten trimming
Feilen filing
Feile file
Spanabnahme chip removal
Hieb cut
Feilenheft file handle
Feilenbürste file brush
Feilspäne filings
Raspel rasp
Schruppen rough-working
Schlichten smoothing
Feinschlichten ultra-smoothing

■ **Gehauene Feile**
- Negativer Spanwinkel am Schneidkeil: schabende Wirkung.

- Positiver Spanwinkel am Schneidkeil: schneidende Wirkung.

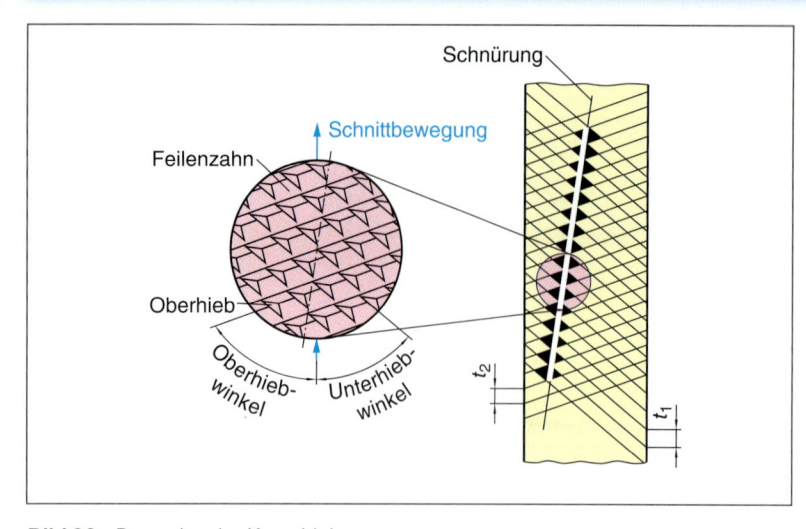

Bild 26 Doppel- oder Kreuzhieb

Die **Hiebteilung** t ist der Abstand von Hieb zu Hieb in Richtung der Feilenlängsachse gemessen. Sie bestimmt die **Feinheit** der Feile.

Die Feinheit wird durch **Hiebnummern** 1 bis 6 angegeben. Je größer die Hiebnummer ist, umso feiner ist bei gleich langen Feilen die Hiebteilung.

Die **Hiebzahl** gibt an, wie viele Hiebe eine Feile pro Zentimeter hat. Durch die *Hiebzahl* lässt sich die *Hiebnummer* bestimmen.

Hat eine Feile z. B. eine hohe *Hiebzahl* (120 Hiebe pro Zentimeter), so ergibt sich eine hohe *Hiebnummer* (5). Mit einer solchen Feile erzeugt man *glatte Oberflächen*.

Eine *kleine* Hiebzahl (10 Hiebe pro Zentimeter) bedeutet auch eine *kleine* Hiebnummer (1). Es handelt sich um eine *grobe Feile*, mit der *große Spanmengen* abgenommen werden können.

Hiebzahl und Hiebnummer

Hieb-nummer	Bezeichnung	Hiebzahl
0	Grobfeile (Schruppfeile)	4,5 – 10
1	Bastardfeile (Schruppfeile)	5,3 – 16
2	Halbschlicht-feile	10 – 25
3	Schlichtfeile	14 – 35
4	Doppelschlicht-feile	25 – 50
5	Feinschlichtfeile	40 – 71

■ **Schlichten**
Hohe Oberflächenqualität; dabei sind möglichst viele Zähne im Eingriff.

■ **Schruppen**
Große Spanabnahme bei hohem Kraftaufwand.

Bild 27 Unterschiedliche Feilen

Raspeln

Punktförmige Zähne sitzen einzeln auf dem Feilenblatt. Im engeren Sinne haben Raspeln *keinen* Hieb. Sie werden mit den **Hiebnummern** 1, 3 und 5 hergestellt. Besonders geeignet für die Bearbeitung von *weichen Werkstoffen* wie Leder, Holz, hartem Stein.

Führen einer Feile

Zur Vermeidung von Riefen muss der Feilenvorschub genau in *Richtung der Feilenlängsachse* erfolgen. Dabei sind *Schnittbewegung* und *Schnittkraft* gut aufeinander abzustimmen.

Die *rechte* Hand *drückt* und *schiebt*, während die *linke* Hand *nur* auf die Feile *drückt*.

Der *Rückhub* wird *ohne Druck* auf die Feile ausgeführt. Die *gesamte* Feilenlänge ist zu nutzen.

Entgraten

Entgraten ist das *Entfernen* von scharfen bei einem Bearbeitungs- oder Herstellungsvorgang entstandenen *Kanten, Ausfaserungen* oder S*plittern* eines meist metallischen Werkstücks.

Entgraten

Flachstumpffeile **Form A**	—	
Vierkantfeile **Form D**	☐	
Rundfeile **Form F**	○	
Halbrundfeile **Form E**	⌣	
Dreikantfeile **Form C**	▽	
Messerfeile **Form G**	▷	

Wenn eine *definierte Abschrägung* an der den Grat aufweisenden Kante entsteht, wird dies **Fase** genannt.

Das Entgraten erfolgt stets mit einer *feinhiebigen Feile in Längsrichtung* der Flächenkanten.

Wenn keine Fase entstehen soll, darf nicht zu stark auf die Feile gedrückt werden.

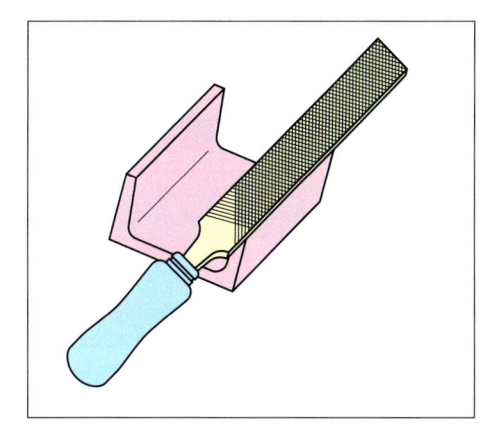

Bild 29 Entgraten mit einer Feile

Vorsicht!
- Unter keinen Umständen mit einer Feile ohne Feilengriff arbeiten.
- Vor Arbeitsbeginn prüfen, ob das Feilenheft richtig befestigt ist.
- Festsitzende Späne mit der Feilenbürste entfernen.
- Die bearbeiteten Flächen nicht mit den Händen oder Fingern berühren, da sonst die Fettschicht der Hand ein Greifen der Feile verhindert.

■ **Feilenauswahl**
- Hiebart
- Hiebzahl
- Feilenquerschnitt

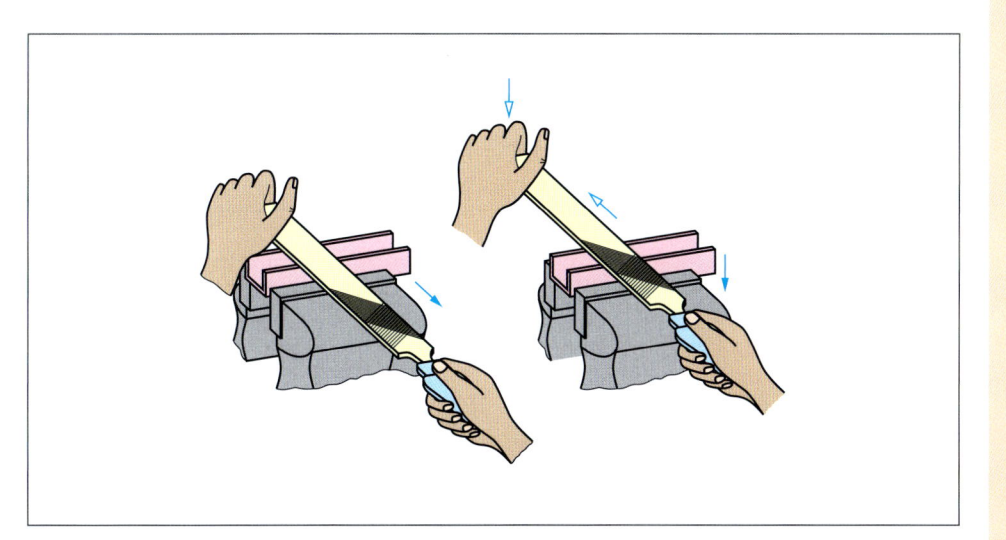

Bild 28 Führen einer Feile

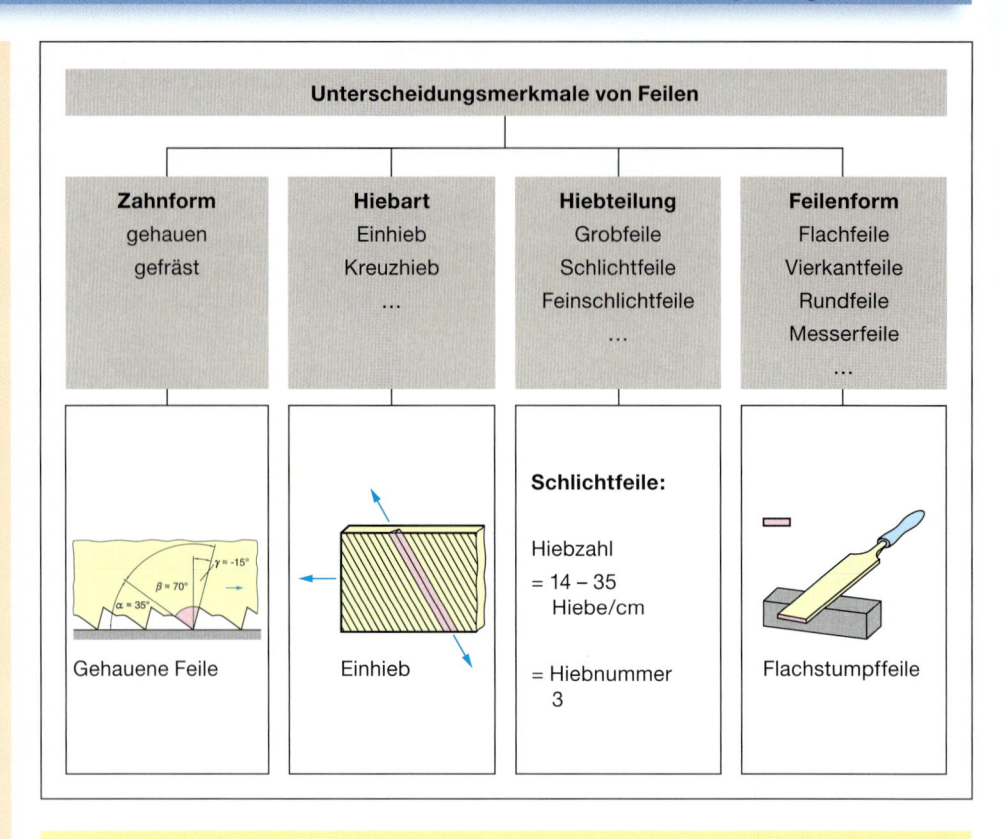

Unterscheidungsmerkmale von Feilen

Zahnform
- gehauen
- gefräst

Hiebart
- Einhieb
- Kreuzhieb
- ...

Hiebteilung
- Grobfeile
- Schlichtfeile
- Feinschlichtfeile
- ...

Feilenform
- Flachfeile
- Vierkantfeile
- Rundfeile
- Messerfeile
- ...

Gehauene Feile: $\gamma \approx -15°$, $\beta \approx 70°$, $\alpha \approx 35°$

Einhieb

Schlichtfeile:

Hiebzahl
= 14 – 35
Hiebe/cm

= Hiebnummer 3

Flachstumpffeile

Prüfung

1. Beschreiben Sie, wie Sie beim Entgraten von Schnittkanten vorgehen.

2. Beim Feilen im Kreuzstrich zeigt sich eine unregelmäßige Schattierung an der Werkstückoberfläche.
   Welche Schlussfolgerung ziehen Sie daraus?

3. Unterscheiden Sie zwischen Vorfeilen und Fertigfeilen.

4. Verschmutzte Feilen greifen nicht richtig oder zerkratzen unter Umständen die glatte Oberfläche. Daher müssen Feilen rechtzeitig gereinigt werden.
   Wie werden Feilen gereinigt?

■ **Aufgabenlösungen**

TB

@ Interessante Links
- christiani.berufskolleg.de

8.5 Körnen

In den Ausleger (Pos. 2.2.01) sind nach dem Ablängen und dem Entgraten verschiedene Bohrungen einzubringen.

Dazu werden zunächst die Positionsmaße der Bohrungsmittelpunkte auf das Profil übertragen (Anreißen).

Vor dem Bohren erfolgt dann das Körnen. Dadurch erhält der Bohrer zum Anbohren die erste Führung. Daher muss die Körnung größer als beim normalen Anreißen sein und genau auf dem Kreuzungspunkt der Anrisslinien liegen.

Hierzu wird ein **Körner** verwendet, der *härter* als der zu körnende Werkstoff sein muss.

Durch einen Hammerschlag auf den Kopf des Körners dringt die Spitze in den Werkstoff ein und bildet eine kegelförmige Vertiefung.

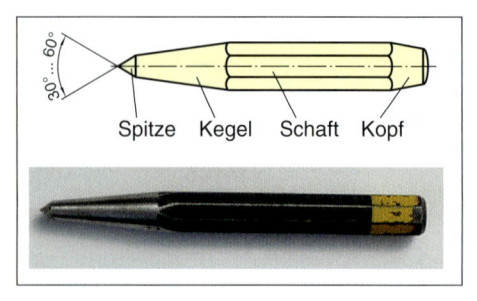

Spitze ($30°...60°$) – Kegel – Schaft – Kopf

Die Fertigungskonturen werden durch Körnen verdeutlicht.

Körnerpunkte dienen der Fertigungskontrolle.

Bild 30 Körner

Körnen, Bohren

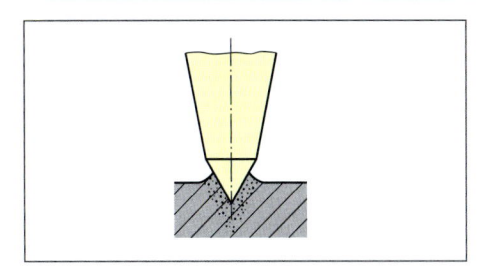

Bild 31 Kegelförmige Vertiefung beim Körnen

Vorgang des Körnens

- Werkstück auf eine Stahlunterlage legen.
- Körner mit allen Fingern der linken Hand halten und seine Spitze auf den Schnittpunkt der Anreißlinien setzen. Dabei den Körner leicht vom Körper wegneigen (Bild 32).

Bild 32 Körner ansetzen

- Danach Körner lotrecht zur Werkstückoberfläche stellen und einen Hammerschlag in Richtung der Körnerachse führen.

Den Schlag nicht zu stark ausführen, da die Körnerspitze nur wenig in das Werkstück eindringen soll (Bild 33).

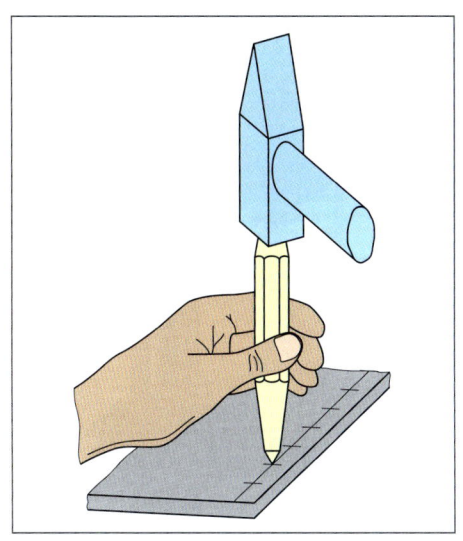

Bild 33 Hammerschlag beim Körnen

Vorsicht!

- Der Hammer muss fest eingestielt sein; er darf nicht am Stiel wackeln. Hammerbahn und Hammerstiel dürfen nicht beschädigt sein.
- Die Körnerköpfe dürfen keinen Grat haben, der auch „Bart" genannt wird. Sonst können nämlich Splitter vom Grat abspringen und zu Verletzungen führen.
- Hammerbahn und Werkzeugkopf müssen fettfrei sein, damit der Hammer nicht beim Schlag abrutscht.

8.6 Bohren

Die Bohrungen auf dem Hohlprofil des Auslegers sind angerissen und gekörnt. Jetzt sollen die Bohrungen mithilfe einer Säulenbohrmaschine angebracht werden.

Säulenbohrmaschine

Die Antriebsenergie der **Säulenbohrmaschine** liefert der angeflanschte Elektromotor.

Über das **Zahnrad-** und **Riemengetriebe** wird die Energie zur **Bohrspindel** geleitet.

Die **Viskosekupplung** ermöglicht eine *stufenlose* Drehzahleinstellung.

Die Übertragung der Arbeitsbewegung erfolgt über die **Bohrspindel**.

In den **Kegelschaft** der Bohrspindel wird das **Bohrfutter** eingesetzt.

Bohrer mit großem Durchmesser (ab ca. 16 mm Ø) werden direkt in den Kegelschaft eingesetzt.

Die **Bohrspindel** führt die *Drehbewegung* und geradlinige *Vorschubbewegung* zum Werkstück aus.

Die *Vorschubbewegung* kann nicht nur von Hand über das **Handkreuz** erfolgen, manche Maschinen verfügen auch über ein **Vorschubgetriebe**.

Das Vorschubgetriebe kann über einen Schalter zugeschaltet werden. Mithilfe des **Tiefenanschlags** kann die Bohrtiefe (bei Grundlochbohrungen) eingestellt werden.

Der höhenverstellbare **Bohrtisch** ist mit zwei T-Nuten versehen, die zur Befestigung des Werkstücks oder des Maschinenschraubstocks dienen.

■ **Körnen**

Bohren
drilling

Bohrmaschine
drilling machine

Handbohrmaschine
hand drill

Bohrer, Bohrung
drill

Bohrertyp
type of drill

Spiralbohrer
twist drill

Spitzenwinkel
point angle

Querschneide
chisel edge angle

Bohrspindel
drill spindle

Antriebswelle
transmission shaft

Getriebe
gear

Schnittkraft
force of sectioning

Vorschubgeschwindigkeit
rate of feed, feed rate

Spanner
turnbuckle

Bild 34 Säulenbohrmaschinen

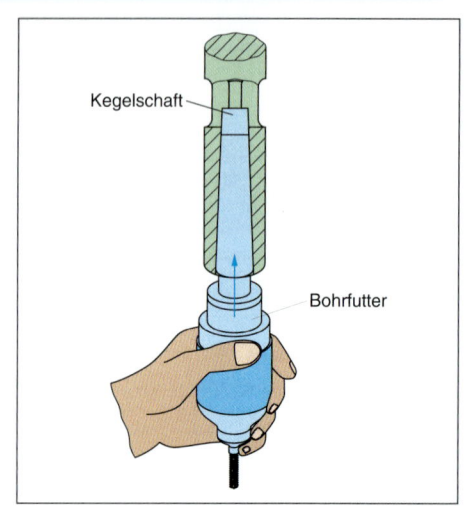

Bild 35 Kegelschaft mit Bohrfutter

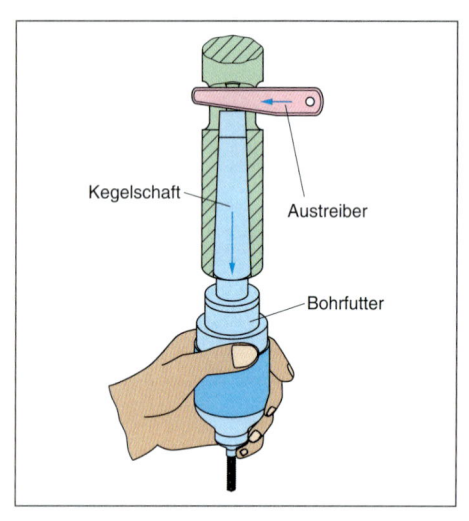

Bild 36 Bohrfutter entfernen

@ **Interessante Links**
- www.flott.de
- www.knuth.de
- www.easgmbh.de

■ **Kühlschmiermittel**

TB

Kühlschmiermittel

sollen
- die Wärme von der Wirkstelle ableiten,
- die Reibung vermindern,
- den Werkzeugverschleiß verringern,
- die Oberflächenqualität verbessern.

Um das Werkstück und den Bohrer während des Bohrvorgangs zu kühlen, wird ein **Kühlschmiermittel** eingesetzt.

An Bohrmaschinen muss ein gut erreichbarer **Not-Aus** angebracht sein, der im Notfall die Maschine stillsetzt.

Einsetzen und Entfernen des Bohrers

Bohrfutter sind meist mit einem **Kegelschaft** ausgerüstet.

Vor Einsetzen des **Bohrfutters** sind Schaft und Aufnahme mit einem Tuch zu reinigen.

Zur Befestigung des Bohrfutters wird der Kegelschaft in die Aufnahme gestoßen. Durch die Haftreibung sitzt das Bohrfutter in der Bohrspindel.

Je nach Größe des Schafts und der Aufnahme muss eine Zwischenhülse aufgesetzt werden.

Um das Bohrfutter aus der Spindel zu *entfernen*, wird ein Kegelschaft in die seitliche Öffnung eingesetzt und mit leichten Hammerschlägen in die Öffnung getrieben. Dabei muss das Futter festgehalten werden (Bild 36).

Spannen des Werkstücks

Durch die rotierende Bewegung des Bohrers kann das Werkstück mitgerissen werden. Das bedeutet erhebliche **Unfallgefahr**.

Eine der Form und Größe des Werkstücks angemessene **Sicherung** ist unverzichtbar.

Mit zunehmendem Bohrerdurchmesser wächst die übertragene Kraft.

- Vor Einspannen des Werkstücks ist der Maschinenschraubstock mit Pinsel und Handfeger zu reinigen.
- Zum Spannen wird das angerissene und gekörnte Werkstück in den Maschinenschraubstock gelegt. Als Unterlage dienen zwei gleich große, saubere und unbeschädigte Parallelleisten.
- Nach dem Spannen mit einem Schonhammer auf das Werkstück schlagen, bis die Parallelendmaße fest sitzen (nach jedem Schlag überprüfen).

Spiralbohrer, Spiralbohrertypen

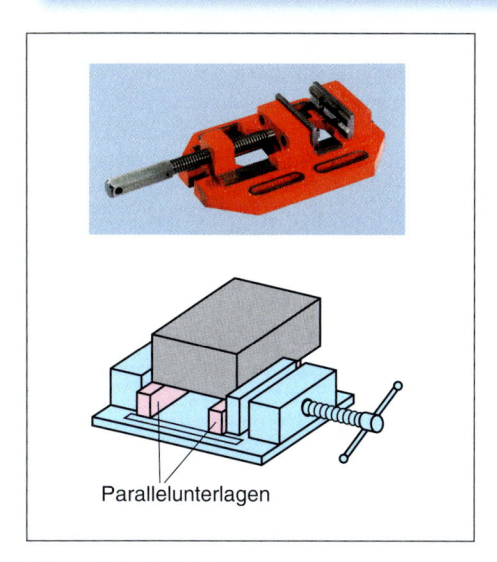

Bild 37 Werkstück spannen

Spiralbohrer

Zum Abtransport der Späne sind in den **Schneidteil** des Bohrers zwei gewendelte **Spannuten** eingearbeitet Bild (67/68, Seite 103).

Durch den **Anschliff** des Bohrers entstehen

- *Hauptschneide*
- *Querschneide*
- *Freifläche*

Die **Spanabnahme** erfolgt durch die beiden Hauptschneiden.

Die beiden **Hauptschneiden** müssen gleichmäßig angeschliffen sein, um einen mittigen Verlauf der Bohrung zu erzielen.

> Unter **Verlaufen** versteht man beim Bohren eine ungewollte Abweichung im Verlauf des Bohrungskanals.

Zum **Führen** des Bohrers im Bohrloch sind zwei schmale Fasen seitlich am Schneidteil angebracht.

Die **Querschneide** befindet sich in der Mitte des Bohrers, im sogenannten Bohrerkern.

Bis *zu einem Durchmesser von 16 mm* haben Bohrer üblicherweise einen **Zylinderschaft**.

Bohrer mit größerem Durchmesser haben einen **Kegelschaft**.

Meist werden Bohrer für die Metallbearbeitung aus **Schnellarbeitsstahl** (HS) hergestellt. Je nach Anwendungsfall werden auch Bohrer mit **Hartmetallschneiden** eingesetzt.

Die **Bohrerauswahl** ist abhängig vom zu bearbeitenden Werkstoff. Hierfür gibt es Bohrer mit verschiedenen **Werkzeugwinkeln**.

Werkzeugwinkel am Spiralbohrer
Bild 38 (Bild 39, Seite 226)

Die Bohrerspitze hat einen *kegelförmigen Anschliff*.

Am Auslauf der Spannuten entstehen die beiden *Schneidkeile*.

Auch an diesen Schneidkeilen sind der **Keilwinkel** β, der **Spanwinkel** γ und der **Freiwinkel** α vorhanden.

Die beiden Hauptschneiden schließen den **Spitzenwinkel** τ ein (Bild 39, Seite 226).

Durch den **Hinterschliff** der Hauptschneiden wird der **Freiwinkel** α erreicht.

Im Bereich des Bohrerkerns entsteht durch den Anschliff eine **Querschneide**.

Der **Schneidteil** ist am Umfang bis auf zwei **Führungsfasen** nachgearbeitet. Dadurch wird die *Reibung* beim Bohrvorgang vermindert.

Nur diese beiden Fasen haben das *Maß des Bohrerdurchmessers* und geben dem Bohrer eine einwandfreie *Führung* in der Bohrung.

Spiralbohrertypen

Die verschiedenen Bohrertypen werden durch die unterschiedlichen *Steigungen der Spannuten* unterschieden.

- **Schnellarbeitsstahl** TB
- **Hartmetallschneiden** TB
- **Bohren, Spiralbohrer** TB

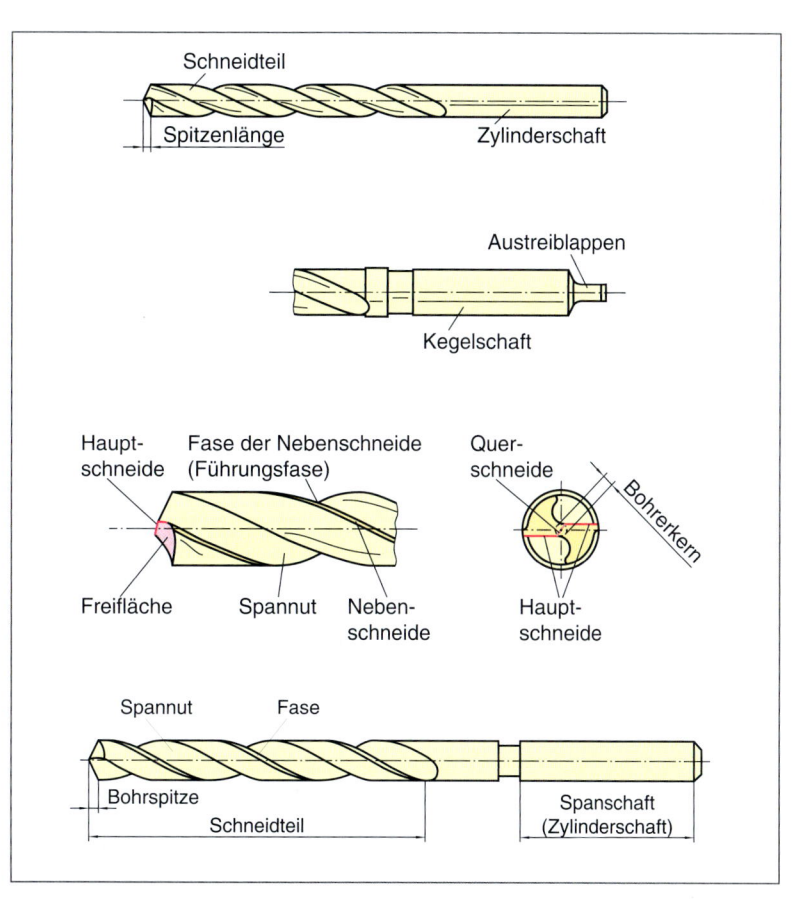

Bild 38 Spiralbohrer

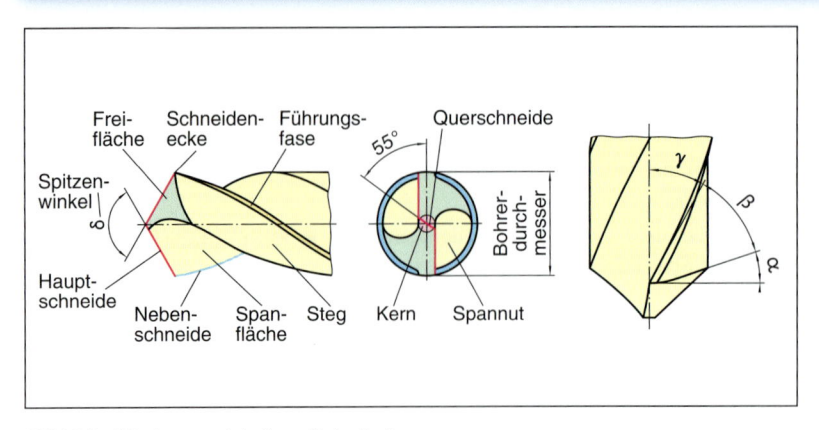

Bild 39 Werkzeugwinkel am Spiralbohrer

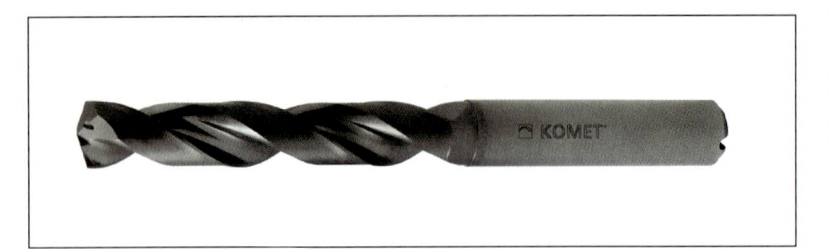

Bild 40 Spiralbohrer

Diese **Schnittgeschwindigkeit** wird im Wesentlichen durch den *Werkstoff* und die *Werkzeugschneide* sowie die *Kühlung* bestimmt.

Die Schnittgeschwindigkeit gibt an, welchen Weg ein Schneidwerkzeug (oder eine Schneide) in einer bestimmten Zeit zurücklegt.

Beim **Bohren** wird die *Schnittgeschwindigkeit* in *Meter pro Minute* (m/min) angegeben.

Schnittgeschwindigkeit beim Bohren

$$n = \frac{v_C \cdot 1000}{\pi \cdot d}$$

- n Drehzahl in $\frac{1}{\min}$
- v_C Schnittgeschwindigkeit in $\frac{m}{\min}$
- d Bohrerdurchmesser in mm

Der Faktor 1000 dient der Umrechnung von Meter in Millimeter (1 m = 1000 mm).

Berechnungsbeispiel siehe Seite Seite 227.

Dadurch ergeben sich verschiedene **Keilwinkel**.

Unten sind die unterschiedlichen Bohrertypen dargestellt.

Drehzahlbestimmung

Für jedes spanabhebende Fertigungsverfahren gibt es eine **Schnittgeschwindigkeit**, bei der das Werkzeug den Werkstoff *optimal* zerspant.

Wenn an der Bohrmaschine eine **Tafel zur Drehzahlermittlung** vorhanden ist (Bild 70, Seite 104), kann die Drehzahl auch *direkt* abgelesen werden.

Bohrertyp	Typ N		Typ H			Typ W
Spanwinkel	$\gamma = 19° - 40°$		$\gamma = 10° - 19°$			$\gamma_f = 27° - 45°$
Schneidkeil	mittlerer Schneidkeil		stabiler Schneidkeil			schlanker Schneidkeil
Verwendung	Werkstoffe mit mittlerer Härte und Festigkeit		harte und zähharte oder kurzspanende Werkstoffe			weiche und zähe oder langspanende Werkstoffe
Spitzenwinkel	118°	130°	80°	118°	130°	130°
Werkstoffbeispiele	unlegierter und niedriglegierter Stahl, Gusseisen	Kupferlegierungen hoher Festigkeit	Thermoplaste	hochlegierter Werkzeugstahl	Hartguss	Kupfer, Kupferlegierungen geringer Festigkeit, Blei, Zinn, Aluminium, Aluminiumlegierungen

Drehzahlbestimmung, Drehzahlermittlung

Bohrerdurchmesser 9 mm, Schnittgeschwindigkeit 25 $\frac{m}{min}$.
Welche Drehzahl ist zum Bohren einzustellen?

Die errechnete Drehzahl kann im Allgemeinen nicht genau eingestellt werden. Es ist dann die *nächst kleinere* mögliche Drehzahl einzustellen.

$$n = \frac{1000 \cdot v_C}{\pi \cdot d}$$

$$n = \frac{1000 \cdot 25 \frac{m}{min}}{\pi \cdot 9 \text{ mm}}$$

$$n = 884{,}6 \frac{1}{min}$$

z.B.

■ **Drehzahl beim Bohren**

TB

■ **Schnittgeschwindigkeit**
Wegstrecke in m, die von der Schneidenecke in 1 min zurückgelegt wird.

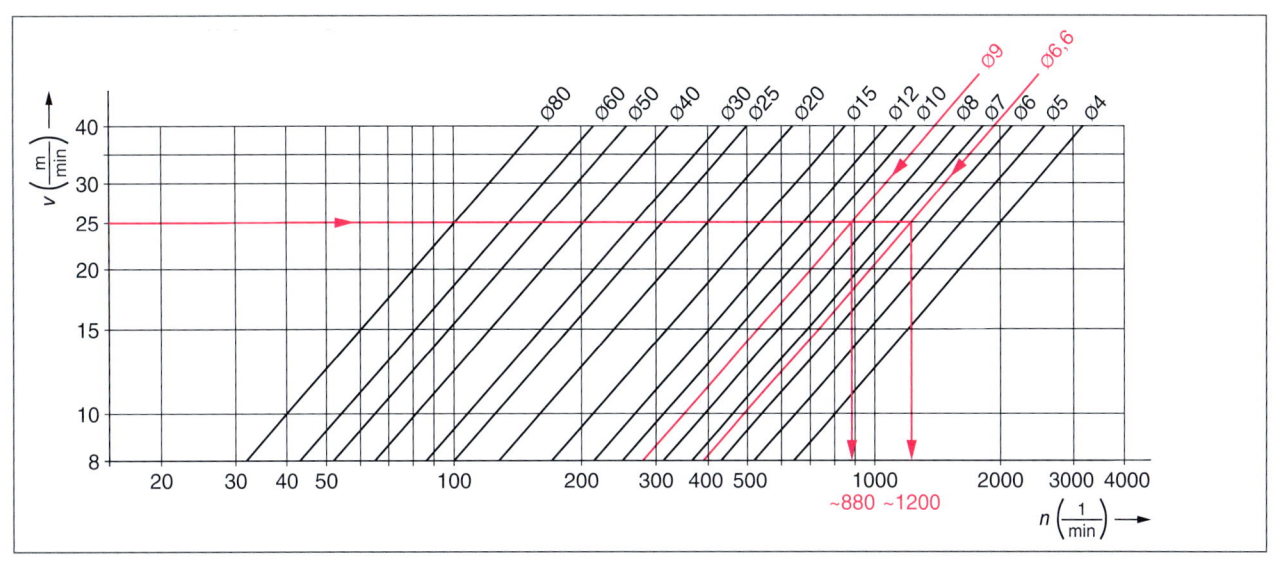

Bild 41 Drehzahlschaubild

Faustformel zur Drehzahlermittlung

Baustahl: $n = \frac{7000}{d}$

Edelstahl: $n = \frac{3500}{d}$

d ist der Bohrerdurchmeser

Arbeitsschritte beim Bohren (Bild 42)

- Bohrer mit seinem zylindrischen Schaft bis zum Anschlag in das Bohrfutter schieben und zentrisch einspannen.
- Es dürfen nur scharfe Bohrer eingesetzt werden.
- Vor dem Bohrvorgang ist der Rundlauf zu prüfen.
- Nach Einschalten der Bohrmaschine die Körnung nach Augenmaß unter die Bohrerspitze platzieren.
- Bohrerspitze einspielen lassen.
- Bohrung zunächst nur anbohren.

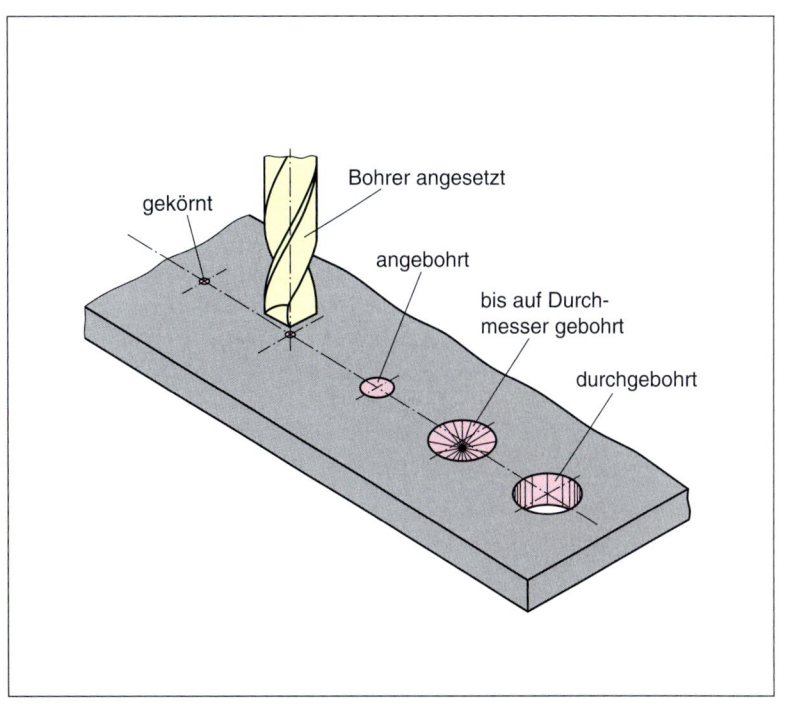

Bild 42 Arbeitsschritte beim Bohren

Bohren von Grundlöchern

Grundlöcher sind Bohrungen, die nur bis *zu einer bestimmten Tiefe* in das Werkstück gebohrt werden.

Um die **Lochtiefe** einzuhalten, wird nach **Anschlag** oder nach **Skale** gebohrt.

Zu beachten ist, dass die in der Zeichnung angegebene Lochtiefe *ohne* die Bohrerspitze gilt.

Es muss also zunächst die **gesamte Bohrtiefe** berechnet werden.

Bohrtiefe L = Lochtiefe l + Bohrerspitze l_a

Für die Bohrerspitze wird mit $l_a = 0{,}3 \cdot$ Bohrerdurchmesser d_1 gerechnet.

Beispiel:
Lochtiefe l = 10 mm, Bohrerdurchmesser d_1 = 5 mm
Bohrtiefe:
$L = l + l_a$
L = 10 mm + 1,5 mm = 11,5 mm

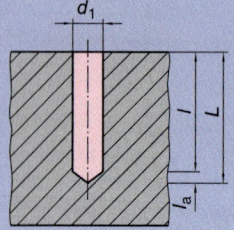

Vorbohren und Aufbohren

Beim Bohren mit *höheren Durchmessern* in den *vollen Werkstoff* kommt es häufig vor, dass sich die Bohrerspitze beim Anbohren *nicht* in die Körnung des Anrisses einspielt, weil die *Querschneide* des Bohrers zu groß ist.

Die Bohrung ist dann *zum Anriss versetzt*. Außerdem kann der Bohrer *verlaufen*, weil die Querschneide *nicht schneidet*, sondern nur *schabt*.

Abhilfe: *Vorbohren* und anschließendes *Aufbohren* der Löcher.

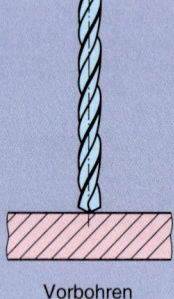

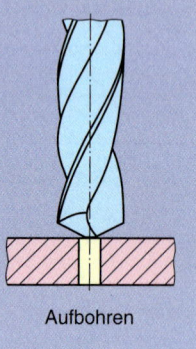

Vorbohren — Aufbohren

- Bohrvorgang unter Verwendung von Kühlschmiermittel fortsetzen.
- Eine gleichmäßige Vorschubkraft ist ebenso unverzichtbar wie das häufige Unterbrechen der Vorschubkraft als spanbrechende Maßnahme.
- Beim Durchbohren ist die Vorschubkraft zu verringern, um ein Verhaken des Bohrers zu vermeiden.

Vorsicht!

- Vor Einschalten der Bohrmaschine sind Leitungen und Stecker auf einwandfreien Zustand zu prüfen.
- Eng anliegende Kleidung tragen.
- Bei langen Haaren ist ein Haarnetz oder eine Kopfbedeckung zu tragen.
- Bohrspäne dürfen nur mit einem Pinsel oder Besen entfernt werden.
- Werkstücke und/oder Maschinenschraubstöcke sind gegen Herumreißen zu sichern.
- Beim Bohren ist stets eine Schutzbrille zu tragen.
- Beim Bohren auf Ständer- oder Tischbohrmaschinen dürfen keine Handschuhe getragen werden.

Entgraten

Beim Bohren entsteht an *beiden Seiten* des Bohrlochs ein **Grat**, der entfernt werden muss.

Dazu wird ein **Kegelsenker** mit einem **Spitzenwinkel** von 60° oder 90° verwendet.

Der **Senker** wird wie der Bohrer in das Bohrfutter gespannt.

■ **Nachschleifen** der Bohrerschneiden sollte nur mit Spiralbohrer-Schleifvorrichtungen oder Spiralbohrer-Schleifmaschinen durchgeführt werden.

Vorbohren und Aufbohren

Der *erste Bohrer*, der in den vollen Werkstoff bohrt, soll nur *einen geringfügig größeren Durchmesser* haben, als die *Querschneide* des nachfolgenden Bohrers *lang ist*.

Dadurch wird die *Querschneide* des *Vorbohrers* kurz gehalten und die notwendige *Vorschubkraft* für das nachfolgende Aufbohren erheblich verringert.

Aufbohrer

Zum *Reiben* können die Bohrungen durch einen weiteren Bohrvorgang mit einem speziellen *Aufbohrer* sehr gut vorbereitet werden; wesentlich glattere Bohrungswand als bei Verwendung eines Spiralbohrers.

Senken

Die **Drehzahl** zum Senken ist *wesentlich niedriger* als zum Bohren, etwa 100 $\frac{1}{\min}$.

Nachdem die Senkerspitze in die Bohrung eingespielt ist, wird der Grat durch geringen Vorschub entfernt.

Dabei soll nur eine kleine **Fase** von etwa 0,3 bis 0,5 mm entstehen.

Ein zu großer Grat wird vorher mit der **Feile** entfernt.

8.7 Senken

Kegeliges Ansenken

Zur Aufnahme von **Senkschrauben** werden kegelige Ansenkungen benötigt; **Senkwinkel** 90°.

Nur mit *geringen Drehzahlen* arbeiten (1/4 bis 1/5 der Bohrerdrehzahl). Zu hohe Drehzahlen zerstören den Senker und erzeugen **Rattermarken**.

Der Schraubenkopf darf nicht an der Werkstückfläche überstehen (Bild 44).

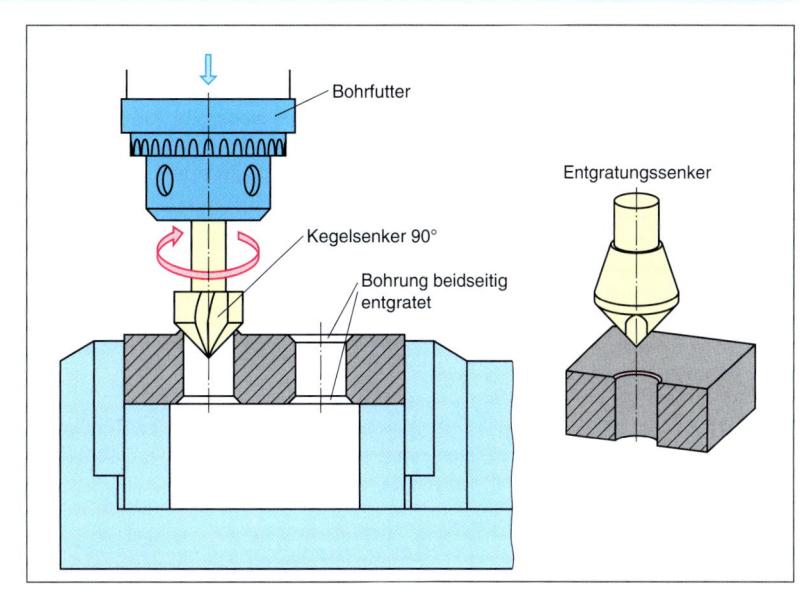

Bild 43 Entgraten

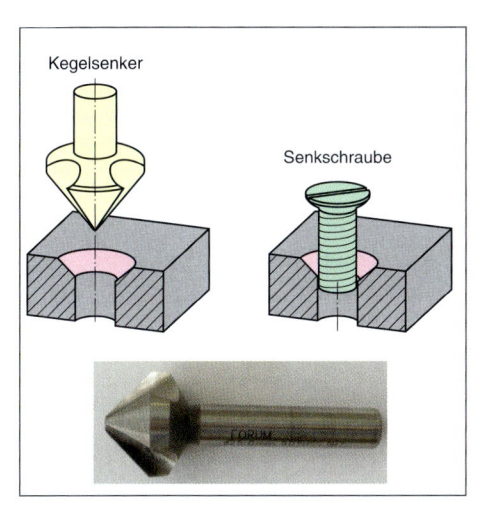

Bild 44 Kegeliges Ansenken

Zylindrisches Einsenken

Um Zylinderkopfschrauben oder Innensechskantschrauben aufnehmen zu können, ist ein *zylindrisches Einsenken* (Flachsenken) notwendig (Bild 45).

Diese Einsenkungen werden mit einem **Flachsenker** gefertigt. Der Flachsenker hat immer einen Führungszapfen und maximal 4 Schneiden. *Schnittgeschwindigkeit* ca. 5 m/min.

- Die Bezugsebene zum Senken ist die Werkstückoberfläche.
- Der Führungszapfen des Flachsenkers wird bei stillstehender Bohrspindel in die Bohrung eingespielt.

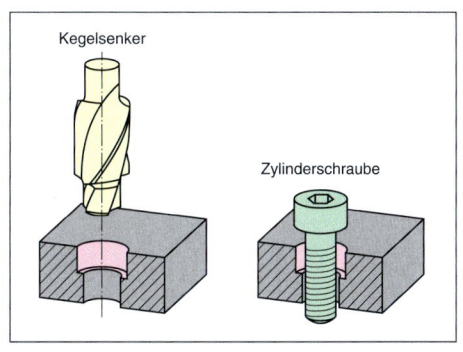

Bild 45 Zylindrisches Einsenken

- Die Bohrspindel wird so weit abgesenkt, bis die Schneiden des Senkers die Werkstückoberfläche berühren. Dies ist die „Nullstellung", von der aus nach der Maßskale gesenkt wird.
- Bohrmaschine erst einschalten, wenn der Senker zurückgenommen ist und der Führungszapfen sich nicht mehr in der Bohrung befindet.

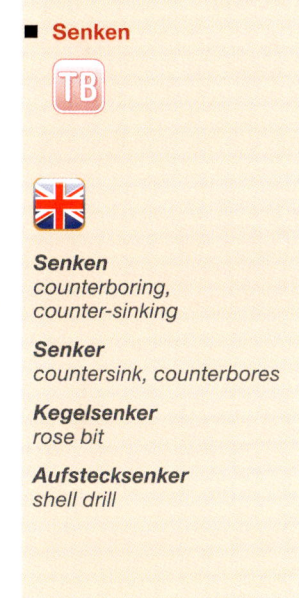

■ **Senken**

Senken
counterboring, counter-sinking

Senker
countersink, counterbores

Kegelsenker
rose bit

Aufstecksenker
shell drill

Prüfung

1. Für jedes spanende Verfahren gibt es besonders günstige Schnittgeschwindigkeiten, aus denen die einzustellende Drehzahl errechnet werden kann. In Baustahl soll gebohrt und gesenkt werden.
   Geben Sie Schnittgeschwindigkeiten an.
2. Welche Arbeitsschritte sind beim Bohren notwendig?
   Geben Sie diese in der richtigen Reihenfolge an.
3. Beim Flachsenken nach Maßskale der Maschine haben Sie die gewünschte Senktiefe nicht erreicht. Woran kann das liegen?
4. Welche Maßnahmen des Unfallschutzes sind bei Arbeiten an der Bohrmaschine zu beachten?
5. Welche Aufgaben hat das Kühlschmiermittel beim Bohren?

8.8 Reiben

- **Reiben**
  Aufbohren mit geringer Spanungsdicke zur Erhöhung der Oberflächengüte.

- **Reiben**
  TB

Die beiden 10-mm-Bohrungen am Ende des Auslegers dienen zur Aufnahme von Lagern (Pos. 2.2.04). Wegen der erforderlichen hohen Maßgenauigkeit ist die Toleranzklasse H7 angegeben. Dies erfordert eine weitere Bearbeitung der eingebrachten Bohrungen.

Die mit einem Spiralbohrer gefertigten Bohrungen haben eine *raue Oberfläche* und *große Toleranzen*.

Zum **passgenauen Fügen** mit Verbindungselementen (z. B. Zylinderstifte), müssen Bohrungen *nachbearbeitet* werden.

> Um eine *maß- und formgenaue* Bohrung herzustellen, setzt man das Fertigungsverfahren **Reiben** ein.

Soll eine Bohrung *aufgerieben* werden, muss der Bohrungsdurchmesser vor dem Reiben um die *Bearbeitungszugabe geringer* sein.

Das Fertigungsverfahren ist spanend, wobei die Spanabnahme *gering* ist.

Je nach Werkstoff, Werkzeug und Bohrungsdurchmesser beträgt die Spandicke mehrere Hundertstelmillimeter.

> Die **Bearbeitungszugabe** beim Reiben liegt zwischen 0,1 mm und 0,5 mm.

Die *Schnittbewegung* ist *kreisförmig*, die *Vorschubbewegung* verläuft *geradlinig zur Werkzeugachse*.

Um die gewünschte **Oberflächengüte** zu erreichen, muss die Schnittgeschwindigkeit *kleiner* als beim Bohren gewählt werden.

Die Spanabnahme erfolgt **schabend** am Umfang des Werkzeuges.

Durch das Reiben erhält man Bohrungen mit dem **Toleranzgrad** 7 (z. B. 6H7).

Reibahlen werden mit *ungleicher Teilung* und *gleicher Schneidenzahl* gefertigt.

Es liegen immer zwei Schneiden gegenüber. Die ungleiche Teilung wird durch ungleiche Winkel zwischen den Schneiden erreicht. Durch die *ungleiche Schneidenteilung* wird eine bessere Oberfläche erreicht.

Unebenheiten in der Bohrung werden durch das **Reiben** beseitigt.

Eine harte Fehlstelle im Werkstoff würde eine Schneide wegdrücken. Bei gleicher Zahnteilung könnte eine solche Fehlstelle nicht beseitigt werden.

Die Schneiden könnten sich in die Vertiefung einhaken und **Rattermarken** hervorrufen.

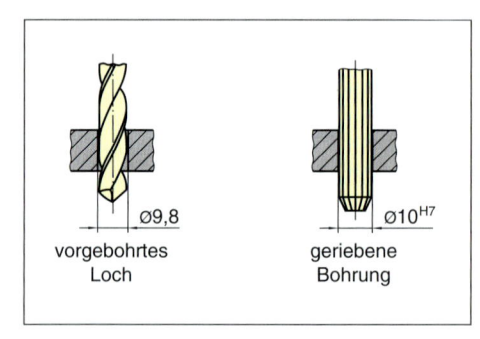

Bild 46 Reiben

> Durch ungleiche Teilung werden **Rattermarken** vermieden.

Die **Oberflächengüte** kann durch Zugabe eines geeigneten **Kühlschmiermittels** verbessert werden.

Beim Reiben ist das *Schmieren* wesentlich *wichtiger* als das *Kühlen*. Daher ist **Schneidöl** besser geeignet als Bohremulsion.

Beim Reiben erhält man eine **hohe Oberflächengüte** durch

- Werkzeuge mit mehreren Schneiden,
- Schneidkeile mit schabender Wirkung,
- niedrige Schnittgeschwindigkeit,
- Zugabe von Kühlschmiermittel.

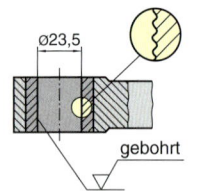

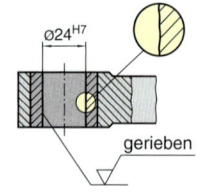

Bohrungsdurchmesser	bis 5 mm	5 – 10 mm	10 – 20 mm	über 20 mm
Bearbeitungszugabe bezogen auf Ø	0,1 mm	0,1 – 0,2 mm	0,2 – 0,3 mm	0,3 – 0,5 mm

Reiben, Reiben von Hand

Reibahlen

Handreibahlen und Maschinenreibahlen unterscheiden sich im Wesentlichen in zwei Punkten:

- **Ausführung des Schaftes**
  Handreibahlen haben am Schaftende einen Vierkant (Windeisen).

- **Ausführung des Anschnitts**
  Die *Handreibahlen* haben einen langen, kegeligen Anschnitt mit schmalen Führungsfasen, damit sie von Hand gut geführt werden können.
  Bei *Maschinenreibahlen* genügt wegen der Führung durch die Bohrmaschine ein kurzer Anschnitt ohne Führungsfasen.

- Beim Zurücknehmen der Reibahle aus der Bohrung ist die Reibahle stets in Schnittrichtung zu drehen, damit keine Späne einklemmen und die Oberfläche der Bohrungswand beschädigen.

> Reibahle niemals *gegen* den Uhrzeigersinn drehen, da sonst die Schneiden ausbrechen.

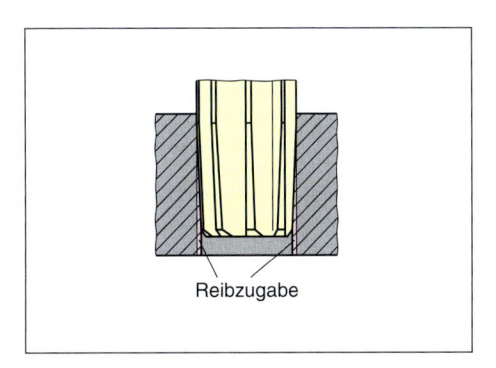

Bild 47 Bearbeitungszugabe zum Reiben

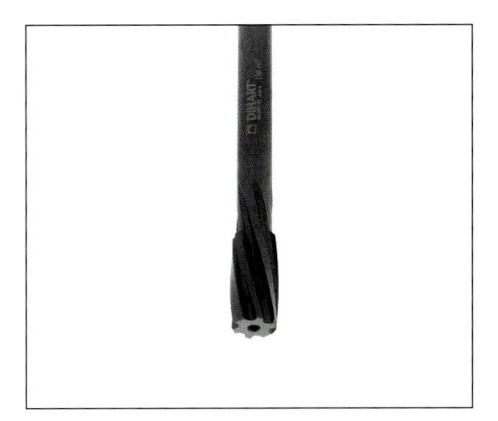

Bild 48 Reibahle

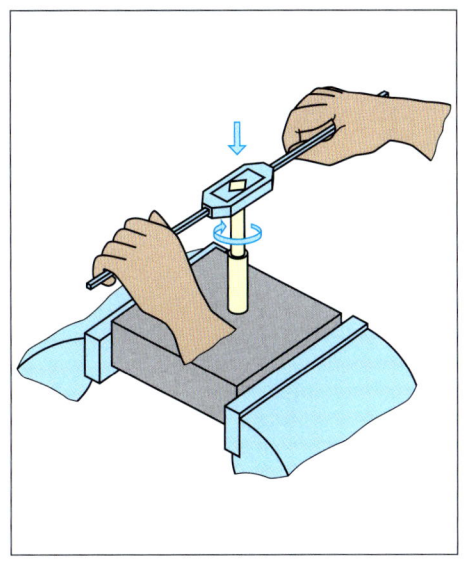

Bild 49 Reiben

Reiben von Hand

- Handreibahle in das Windeisen einsetzen.
- Reibahle rechtwinklig zum Werkstück in die Bohrung einführen.
- Reibahle durch Drehen im Uhrzeigersinn anschneiden lassen.
- Unter gleichem Druck beider Hände die Reibahle langsam und gleichmäßig winden.
- Schneidöl verwenden.

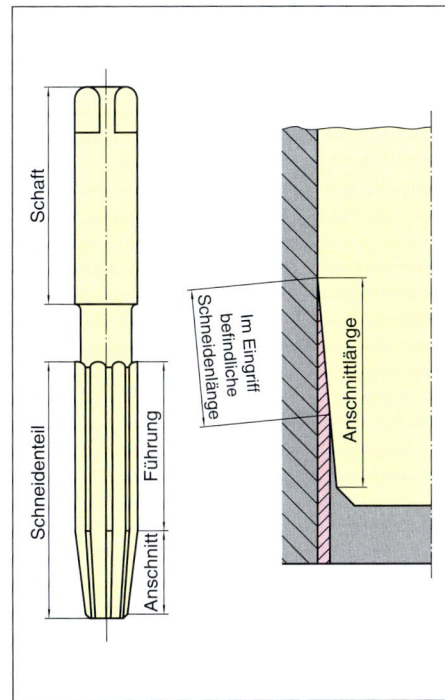

Bild 50 Handreibahle

- **Reibahlen**

- **Reiben**
  - von Hand mit Handreibahlen
  - maschinell mit Maschinenreibahlen

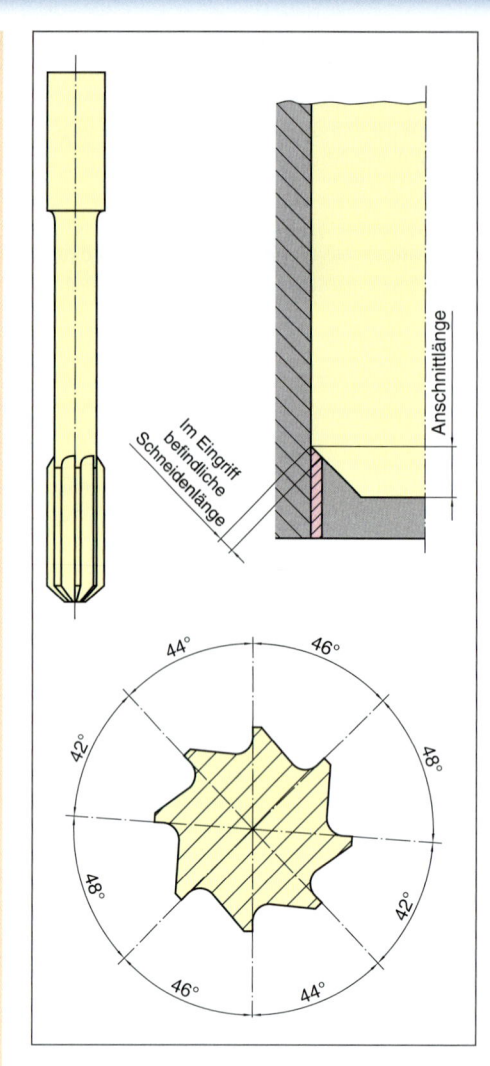

Bild 51 Maschinenreibahle

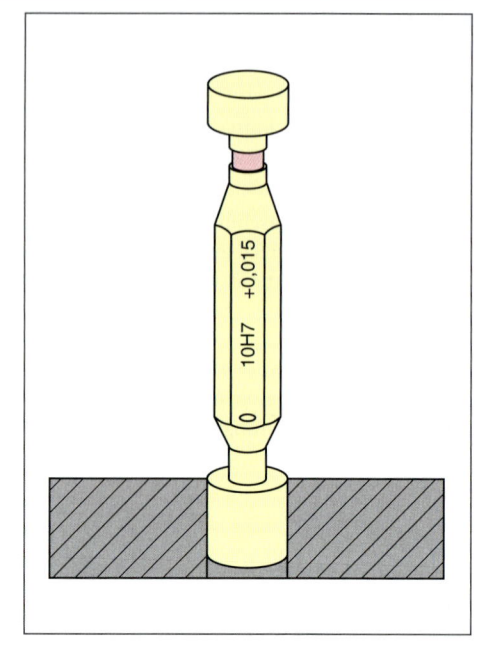

Bild 52 Prüfen mit dem Grenzlehrdorn

Reiben mit der Maschine

- Kleine Drehzahl wählen (ca. ein Drittel der Bohrerdrehzahl).
- Vor dem Einschalten der Maschine die Reibahle vorsichtig in die Bohrung einführen.
- Schneidöl verwenden.
- Mit gleichmäßigem Vorschub reiben.

Prüfung der Bohrung

Die **Maßhaltigkeit** einer *geriebenen Bohrung* kann mit einem **Grenzlehrdorn** geprüft werden.

Die **Gutseite** mit dem längeren Prüfzylinder weist das **Mindestmaß** auf. Sie muss sich *ohne Kraftaufwand* in die Bohrung einführen lassen.

Die **Ausschussseite** mit dem **Höchstmaß** hat den kürzeren Prüfzylinder und ist zusätzlich mit einem **roten Farbring** gekennzeichnet. Diese Seite darf *nicht* in die Bohrung passen, sondern nur anschnäbeln.

■ Aufgabenlösungen

@ Interessante Links
- christiani.berufskolleg.de

■ Grenzlehrdorn

Prüfung

1. Wie groß muss die Bearbeitungszugabe beim Reiben sein?

2. Welche Werkzeuge werden zum Reiben eingesetzt?

3. Was versteht man beim Reiben unter Rattermarken?

4. Das Reiben erfolgt mit geringer Spanabnahme. Welche Schnittgeschwindigkeit ist dabei zu wählen?

5. Was bedeutet die Zeichnungsangabe ⌀ 24H7?

6. Macht der Einsatz eines Kühlschmiermittels beim Reiben Sinn?

7. Wodurch unterscheiden sich die einzelnen Handreibahlen?

8. Beschreiben Sie die Vorgehensweise beim Reiben von Hand.

9. Wie kann die Maßgenauigkeit einer geriebenen Bohrung geprüft werden?

10. Welchen Vorteil haben drallgenutete Reibahlen?

8.9 Gewinde schneiden

Die Deckplatte der Baugruppe 1 (Pos. 1.03) ist auf jeweils zwei Standfüßen vorne (Pos. 1.01) und hinten (Pos. 1.02) befestigt. Die Verbindung erfolgt durch Verschrauben.

Dazu wird bei jedem Fuß eine Zylinderschraube M5×20 durch die Deckplatte gesteckt und in die Gewindebohrung der Füße eingeschraubt.

Die Zeichnung zeigt den Standfuß vorne (Pos. 1.01) mit der entsprechenden Gewindebohrung M5. Zusätzlich sind bei dem Bauteil drei weitere Gewindebohrungen (M5 und M4) anzubringen.

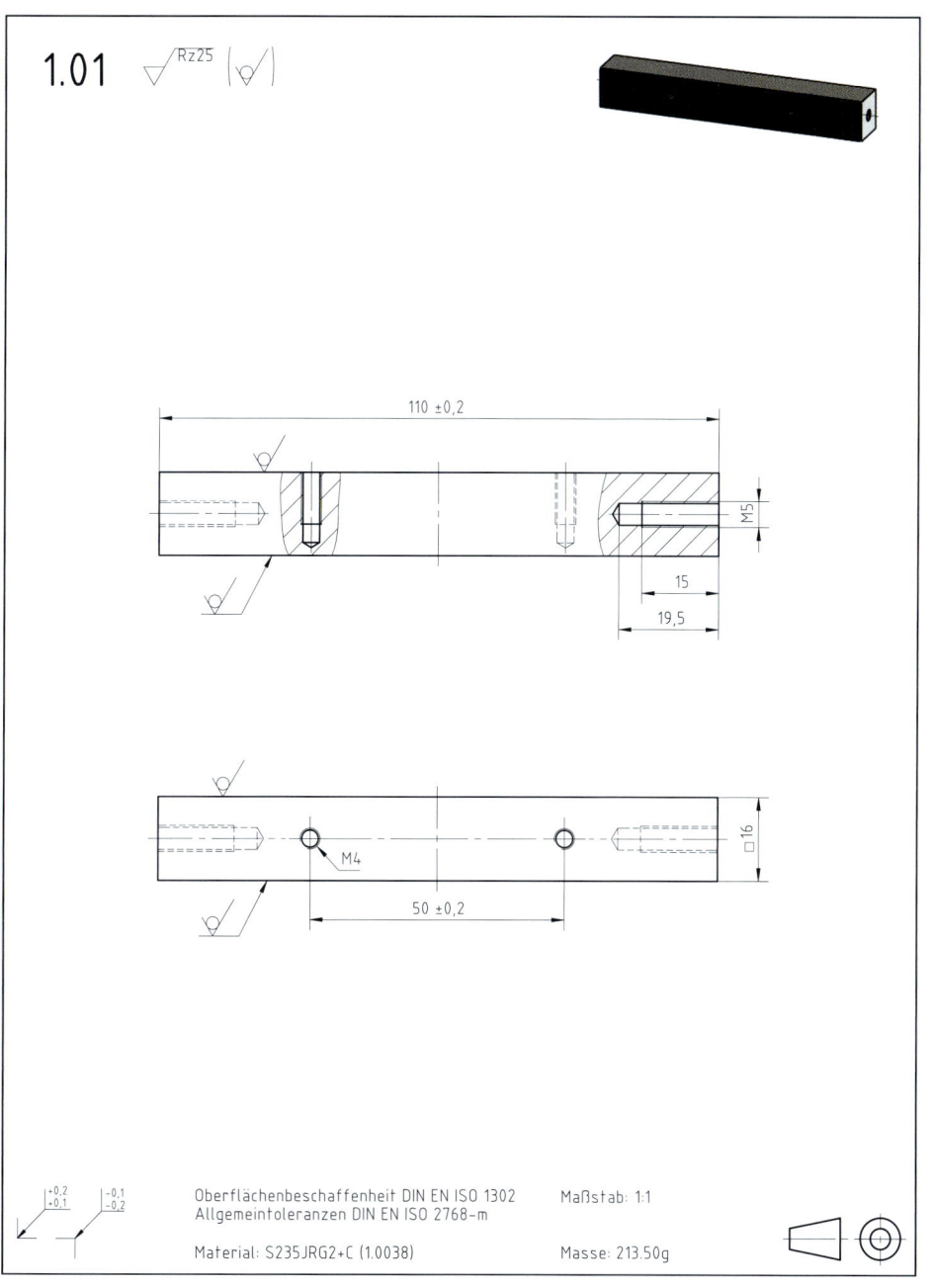

Vorderes Seitenblech ausgeblendet

- **Gewindebohrung**
  Bohrung mit Innengewinde

- **Gewinde**
  TB

1.01 Rz25

Oberflächenbeschaffenheit DIN EN ISO 1302
Allgemeintoleranzen DIN EN ISO 2768-m
Material: S235JRG2+C (1.0038)
Maßstab: 1:1
Masse: 213,50g

Manuelle Zerspanungsverfahren

- **Gewinde**
  [TB]

Metrische Innengewinde

Metrische Innengewinde können *von Hand* mit **Satzgewindebohrern** hergestellt werden.

Ein **Gewindebohrersatz** besteht aus *drei* Gewindebohrern mit unterschiedlichen Schneidteilen.

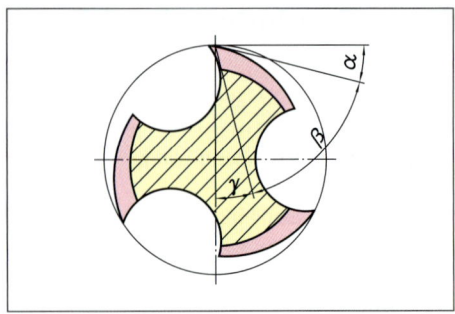

Bild 55 Anschnitt des Gewindebohrers

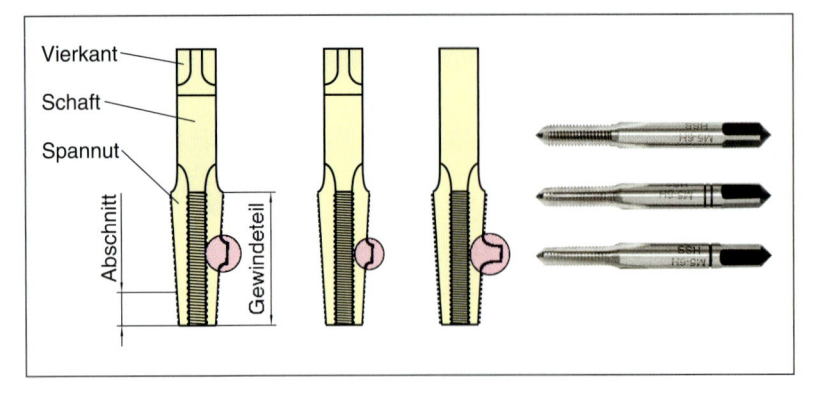

Bild 53 Gewindebohrersatz

- **Freiwinkel, Keilwinkel, Spanwinkel**
  → Kapitelanfang

- **Vorschneiden**
  Einen Ring am Schaft. Langer, schlanker Anschnitt, Anschnittlänge 5 Gewindegänge. Die Schneiden sind kurz, weil sie das Gewinde nur *vorschneiden* sollen.

- **Mittelschneider**
  Zwei Ringe am Schaft. Anschnittlänge 3,5 Gewindegänge. Die Schneiden sollen das vorgeschnittene Gewindeprofil vertiefen.

- **Fertigschneider**
  Kein Ring am Schaft. Anschnittlänge 2 Gewindegänge. Schneidet das Gewindeprofil fertig.

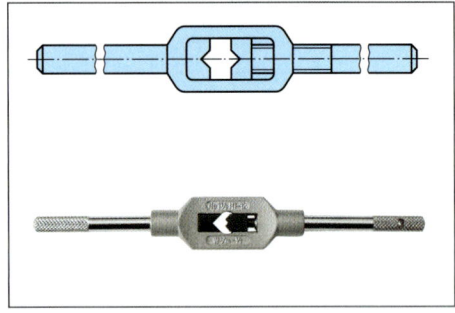

Bild 56 Windeisen, einstellbar, zweiarmig

Die Zahl der **Spannuten** am Gewindebohrer kann *gerade* oder *ungerade* sein. Das *Spanen* erfolgt im Bereich des *Anschnitts*.

Der hintere Teil des Schneidteils dient der *Führung* und der *Vorschubbewegung* sowie dem Glätten der Gewindeflanken.

Daher ist der *Freiwinkel* α an den Schneiden auch nur im Anschnitt angeschliffen. *Keilwinkel* β und *Spanwinkel* γ sind im gesamten Schneidteil vorhanden.

Windeisen

Das **Windeisen** wird auf den *Vierkant* des Gewindebohrers aufgesetzt. Oftmals wird ein einstellbares, zweiarmiges Windeisen eingesetzt (Bild 56).

- **Bohren**
  → 223

Herstellung eines Innengewindes

Zunächst ist eine sogenannte **Kernlochbohrung** notwendig. Informationen über die erforderlichen *Gewindeabmessungen* und den passenden *Kernlochdurchmesser* finden sich im Tabellenbuch.

- **Gewindebohren in Grundlöchern**
  → 236

Grundsätzlich gilt:

Kernlochdurchmesser
= 0,8 · Gewinde-Nenndurchmesser
+ 0,2 bis 0,5 mm Zugabe

Die *Zugabe* steigt mit der Gewindegröße.

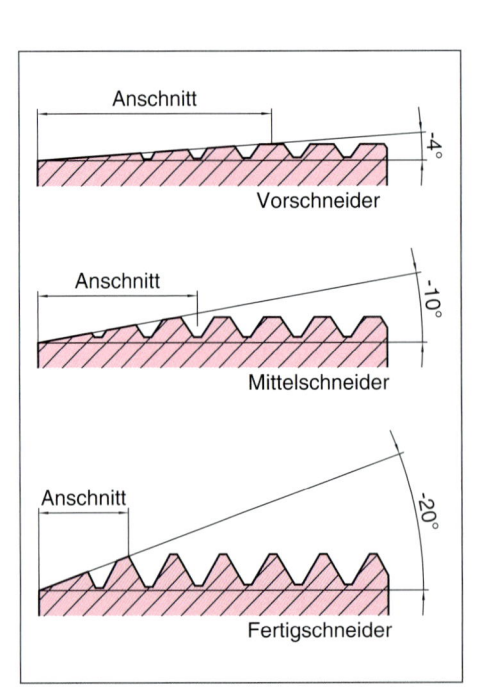

Bild 54 Schneidteile der Gewindebohrer

Gewindebohren von Hand

- Kernloch beidseitig ansenken (Kegelwinkel 120°, Durchmesser etwas größer als Gewindedurchmesser).
  Diese „normalen Schwankungen" sind fertigungsbedingt und im Allgemeinen in technischen Zeichnungen nicht dargestellt.
- Vorschneider (1 Ring) in das Windeisen einsetzen.
- Vorschneider in das vorbereitete Kernloch setzen und unter gleichmäßigem Druck beider Hände in die Bohrung drehen, bis er anschneidet. Bereits hierbei Schneidöl verwenden.
- Hat der Vorschneider ausreichend Halt im Kernloch, seine rechtwinklige Stellung zum Werkstück prüfen.
- Mittelschneider (2 Ringe) in Windeisen einsetzen.

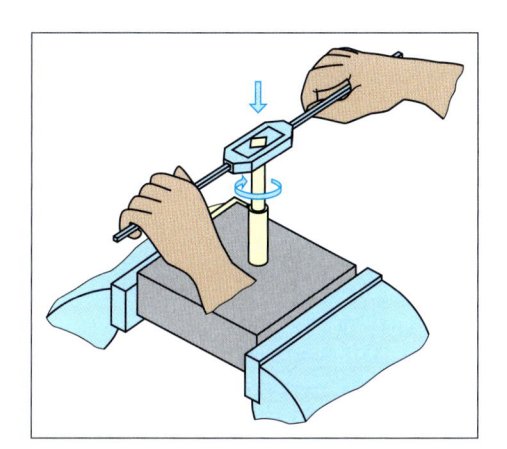

Bild 57 Gewindeschneiden von Hand

- Mittelschneider genau in die vorgeschnittene Gewinderille aus dem ersten Schneidvorgang ansetzen, um das Gewindeprofil weiter auszuschneiden.
- Fertigschneider (kein Ring) in Windeisen einsetzen.
- Mit dem Fertigschneider erhält das Gewinde sein endgültiges Profil.

Beachten Sie:

Bei allen Schneidvorgängen ist darauf zu achten, dass die *Drehkraft* nicht zu *groß* wird.
Sonst könnte der Gewindebohrer abbrechen.
Durch *kurzzeitiges Zurückdrehen* des Gewindebohrers die *Späne brechen*.
Ruckartiges Weiterdrehen des Gewindebohrers vermeiden.

Einschnitt-Handgewindebohrer

Dieser **Gewindebohrer** hat eine gerade Spannut und einen längeren Schälanschnitt.

Er eignet sich besonders zum Schneiden von Durchgangsgewindebohrungen.

Mit diesem Werkzeug können Gewinde *in einem Schnitt* gefertigt werden.

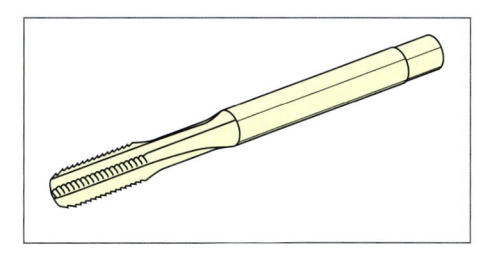

Bild 58 Einschitt-Handgewindebohrer

Auch mit **Maschinengewindebohrern** werden Gewinde *in einem Schnitt* gefertig.

Durchgangs-gewindebohrer

Sackloch-gewindebohrer

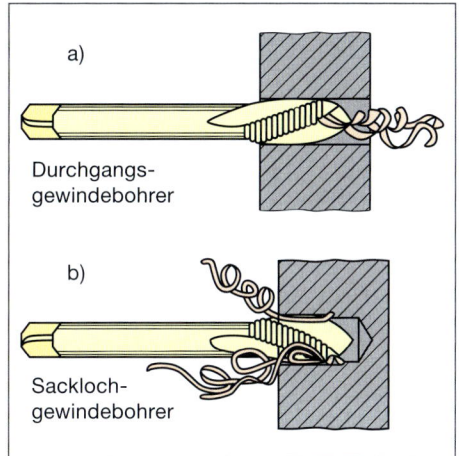

Bild 59 Maschinengewindebohrer

Zu Bild 59:

a) Maschinengewindebohrer mit Schälanschnitt für Durchgangsbohrungen.
b) Maschinengewindebohrer mit kurzem Anschnitt für Grundlochbohrungen.

Bild 60 Gewindebohrer

■ **Gewindeschneiden**

TB

■ **Durchgangsbohrung, Grundlochbohrung**

TB

■ **Durchgangsbohrung**
Spanabfuhr in Vorschubrichtung durch **Gewindebohrer mit Linksdrall**.

■ **Grundlochbohrung**
Spanabfuhr gegen die Vorschubrichtung durch **Gewindebohrer mit Rechtsdrall**.

Manuelle Zerspanungsverfahren

Gewindebohren in Grundlöchern

Die in der **Zeichnung** angegebene Gewindetiefe ist die **nutzbare Gewindetiefe**. Soweit muss sich z. B. eine Schraube einschrauben lassen.

Das **Kernloch** wird stets *tiefer* als die angegebene **nutzbare Gewindelänge** gebohrt, weil:
- der Gewindebohrer zum Lochgrund noch einen Sicherheitsabstand haben soll,
- der Gewindeanschnitt zu berücksichtigen ist.

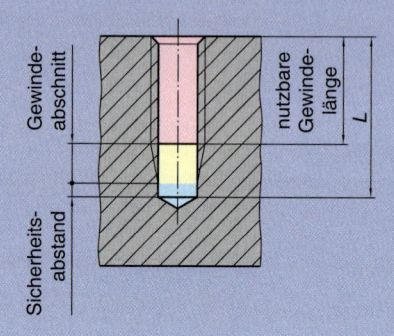

Beachten Sie:
- Gewindebohrer mit besonderer Vorsicht drehen, damit er nicht abbricht.
- Gewindebohrer nicht gegen den Grund des Kernlochs stoßen lassen.
- Bei Auftreten eines stärkeren Widerstandes den Gewindebohrer zurückdrehen.
- Schneidöl verwenden.

Gewindeschneiden — thread cutting
Gewindeschneiden von Hand — thread cutting manually
Innengewindeschneiden — cutting internal threads
Innengewinde — internal threads
Außengewinde — external threads
Gewindeauslauf — screw thread runout
Mittelpunkt — centre point
Tiefe — depth
Gewindebohrer — screw tap
Gewindedurchmesser — thread diameter
Gewindegang — pitch of screw
Gewindekern — root of thread, thread core
Gewindelänge — lenght of thread
Gewindeschneider — threader

Auch **Außengewinde** können von Hand hergestellt werden. Dazu werden **Schneideisen** verwendet, siehe Bild 61.

Das Schneideisen ist auf beiden Seiten mit einem Anschnitt versehen, sodass es beidseitig verwendet werden kann.

Anschnitt: Genormte 60°-Senkung, Anschnittlänge $\approx 1\frac{1}{2}$ Gewindegänge.

Ein *guter Spanabfluss* ist wichtig für das Erreichen *glatter Gewindeflanken* und *kleiner Drehkräfte* beim Schneidvorgang.

Die **Spanlöcher** dienen dem Spanabfluss.

Schneideisenhalter
Ermöglicht die *Aufnahme* des Schneideisens und seinen Gebrauch.

Die **Spreizschraube** muss in den Schlitz ragen und die **Befestigungsschrauben** müssen in die entsprechenden *Haltebohrungen* am Schneideisen eingreifen und angezogen werden.

Gewindeschneiden von Hand

- Um ein maßhaltiges und sauberes Gewinde zu erreichen, muss der Bolzen je nach Werkstück bis zu 0,2 mm kleiner als der Nenndurchmesser des Gewindes sein. Das Schneideisen drückt nämlich beim Schneiden etwas Werkstoff nach außen, sodass der Außendurchmesser des fertigen Gewindes größer als der Nenndurchmesser des Bolzens ist.

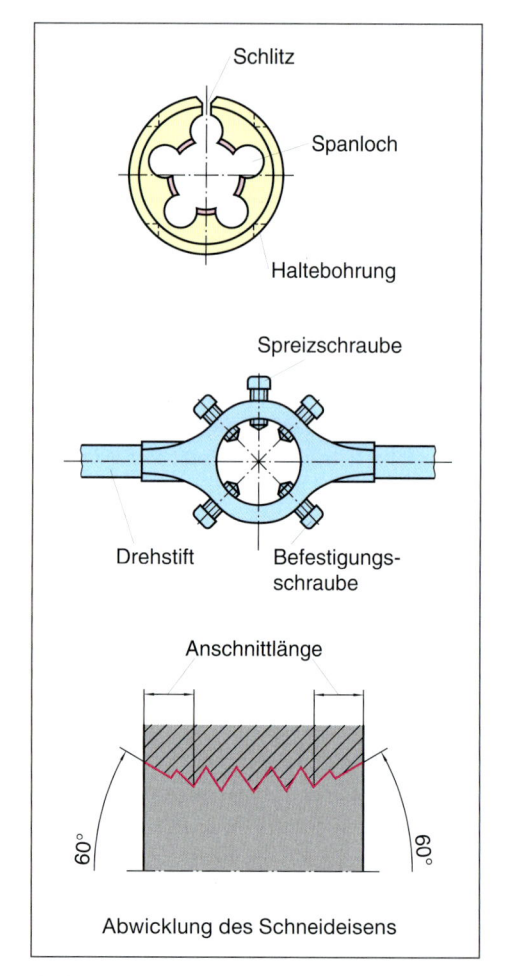

Bild 61 Außengewinde von Hand schneiden

Gewindeschneiden von Hand

- Damit das Schneideisen gut angreifen kann, wird der Bolzen an den Gewindeanfängen durch Feilen entweder mit einer Kegelkuppe oder einer Linsenkuppe versehen.

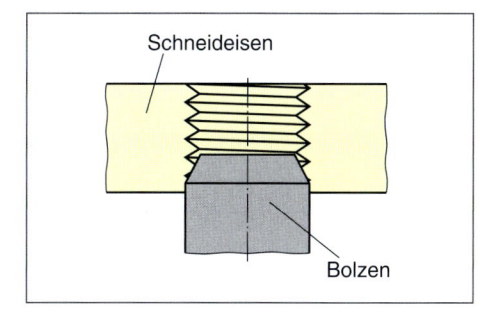

Bild 62 Bolzen mit Kegelkuppe

- Schneideisen(halter) rechtwinklig zur Werkstückachse aufsetzen.

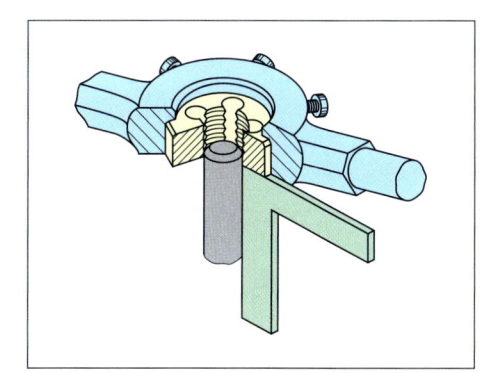

Bild 63 Aufsetzen des Schneideisens

- Durch gleichmäßiges Drehen im Uhrzeigersinn und unter gleichmäßigem Druck das Gewinde anschneiden.
- Nach Anschnitt der ersten Gewindegänge Druck auf Schneideisenhalter verringern. Die vorhandenen Gewindegänge übernehmen nun Führung und Vorschub.
- Jeweils nach einer ganzen Umdrehung des Schneideisens durch eine halbe Drehung entgegen dem Uhrzeigersinn die Späne brechen, die dadurch abfallen.
- Geeigneten Kühlschmierstoff (Schneidöl) verwenden. Dadurch werden Oberflächengüte und Sauberkeit der Gewindeflanken verbessert.

Prüfung

1. Erläutern Sie alle notwendigen Arbeitsschritte zur Herstellung eines Innengewindes in einer Stahlplatte.

2. Warum müssen die Kernlochbohrungen vor dem Gewindeschneiden angesenkt werden?

3. Was ist der Unterschied zwischen einem Durchgangsgewindebohrer und einem Grundlochgewindebohrer?

4. Wie groß sind die Kernlochdurchmesser für folgende Gewindebohrungen:
   a) M10?
   b) M24?

5. Wozu dient ein Schneideisen?

6. Welche Vorteile hat der Einsatz von Schneidölen bei der Gewindeherstellung?

Für zwei Arbeitsvorgänge mit manueller Zerspanung sind die notwendigen Arbeitsschritte in der nachfolgenden Abbildung zusammenfassend dargestellt:

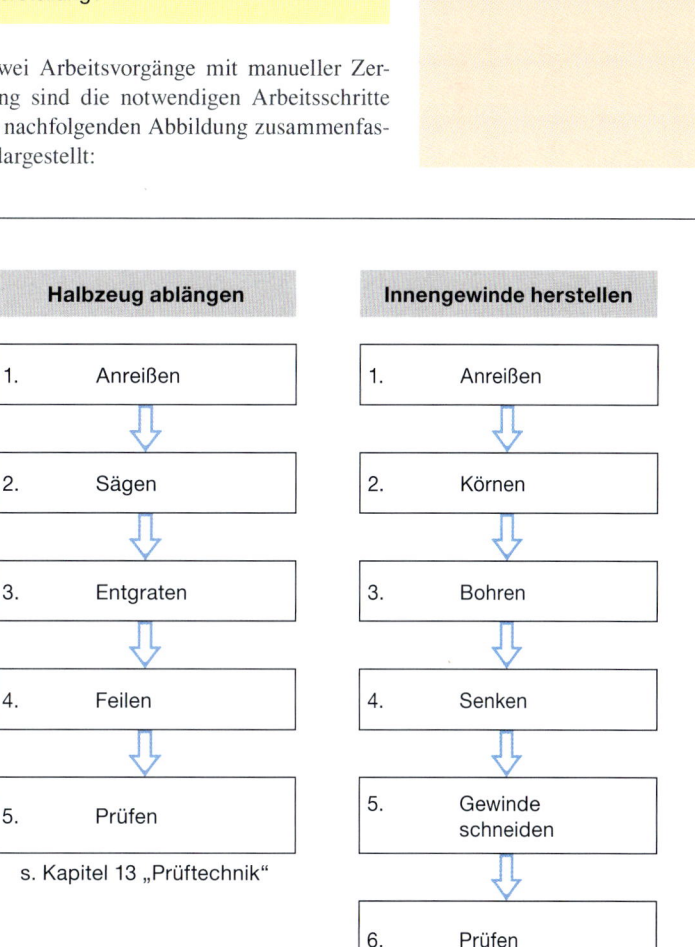

Halbzeug ablängen	Innengewinde herstellen
1. Anreißen	1. Anreißen
2. Sägen	2. Körnen
3. Entgraten	3. Bohren
4. Feilen	4. Senken
5. Prüfen	5. Gewinde schneiden
s. Kapitel 13 „Prüftechnik"	6. Prüfen
	s. Kapitel 13 „Prüftechnik"

Notizen

9 Maschinelle Zerspanungsverfahren

9.1 Fräsen

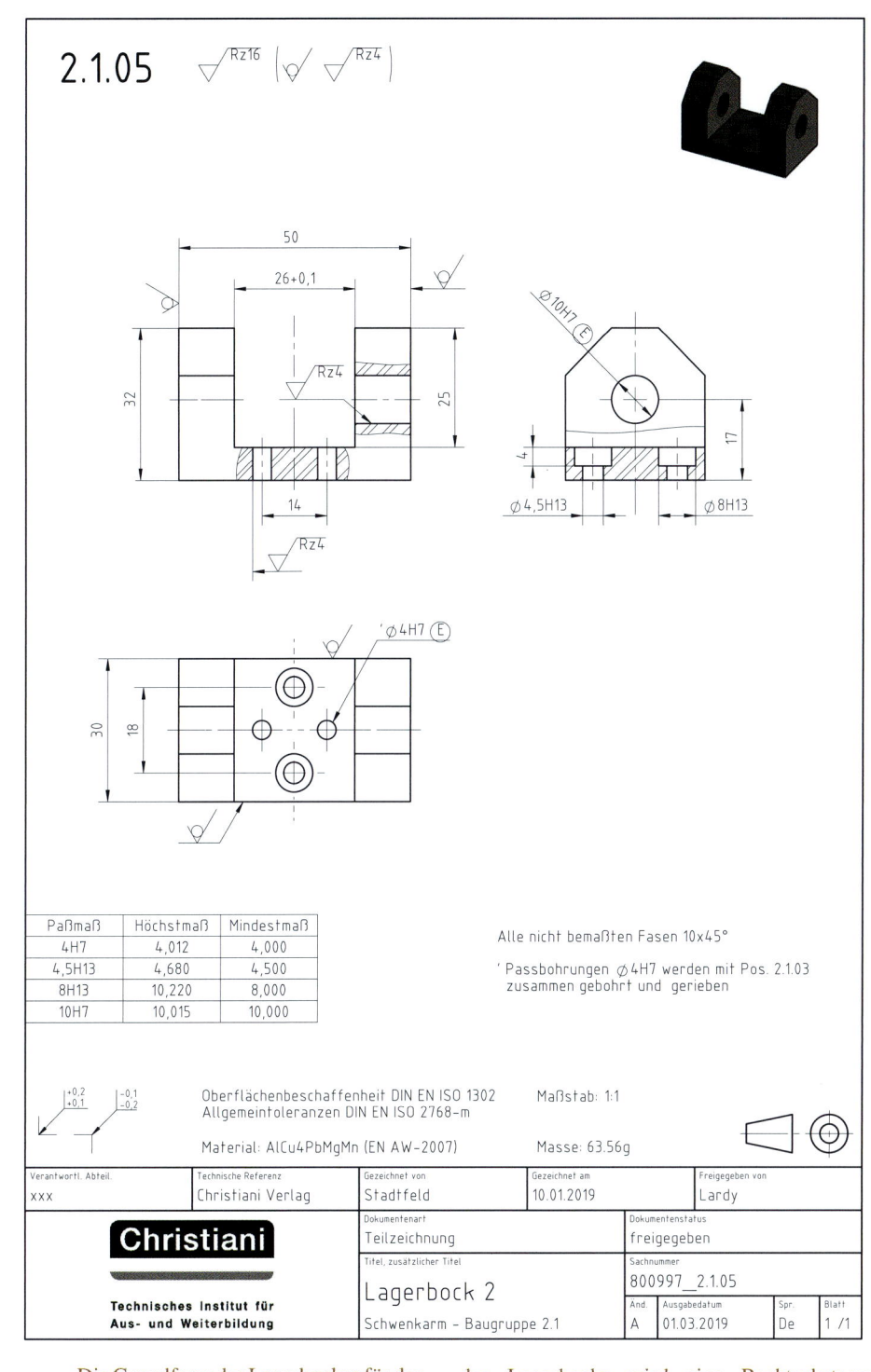

Paßmaß	Höchstmaß	Mindestmaß
4H7	4,012	4,000
4,5H13	4,680	4,500
8H13	10,220	8,000
10H7	10,015	10,000

Alle nicht bemaßten Fasen 10x45°

' Passbohrungen ⌀4H7 werden mit Pos. 2.1.03 zusammen gebohrt und gerieben

Oberflächenbeschaffenheit DIN EN ISO 1302
Allgemeintoleranzen DIN EN ISO 2768-m
Material: AlCu4PbMgMn (EN AW-2007)
Maßstab: 1:1
Masse: 63.56g

Verantwortl. Abteil.: xxx
Technische Referenz: Christiani Verlag
Gezeichnet von: Stadtfeld
Gezeichnet am: 10.01.2019
Freigegeben von: Lardy
Dokumentenart: Teilzeichnung
Dokumentenstatus: freigegeben
Titel: Lagerbock 2 – Schwenkarm – Baugruppe 2.1
Sachnummer: 800997_2.1.05
Änd.: A
Ausgabedatum: 01.03.2019
Spr.: De
Blatt: 1/1

Die Grundform des Lagerbockes für den Schwenkarm (Baugruppe 2, Teilgruppe 2.1) ist ein Bauteil, das aus einem rechteckigen Aluminium-Flachprofil hergestellt wird.

Die Bezeichnung des verwendeten Halbzeugs ist nach DIN EN 754-5 festgelegt. Im Falle des Lagerbocks wird eine Rechteckstange 50 × 30 × 36 aus AlCu4PbMgMn verwendet. Aus diesem Rechteckprofil wird auf einer konventionellen Fräsmaschine durch verschiedene Fräsoperationen die geometrische Grundform des Teils gefertigt.

■ **Halbzeugform und Aluminiumsorte**

TB

Fertigungsverfahren Fräsen

Auch das Fräsen zählt, ebenso wie das Drehen, zu den Verfahren mit geometrisch definierter Schneide, da die Geometrie der Schneiden an den Fräswerkzeugen (milling tool) bekannt ist.

Fräsen
milling

Werkstück
workpiece

Schneiden
cutting edges

unterbrochener Schnitt
interrupted cut

Hartfräsen
hard milling

Hochgeschwindigkeitsfräsen
high speed milling

Fräsverfahren
milling procedures

Fräsen – Grundbegriffe

Das **Fräsen** ist ein spanendes Fertigungsverfahren, bei dem im Gegensatz zum Drehen das Werkzeug rotiert.

> Beim Fräsen wird die kreisförmige Schnittbewegung vom Werkzeug ausgeführt. Die Vorschubrichtung ist beliebig wählbar. Die Lage der Schnittbewegung des Werkzeugs ist unabhängig von der Vorschubbewegung.

Durch Fräsen werden insbesondere ebene, aber auch gekrümmte Oberflächen hergestellt, aus denen dann Stück für Stück ein Werkstück mit einer geometrisch genau definierten Form entsteht.

Das Werkzeug dreht sich beim Fräsen um seine Mittelachse und fährt die herzustellende Kontur ab. Beim Fräsen wird das Material entfernt, indem sich das Fräswerkzeug mit hoher Geschwindigkeit um seine eigene Achse dreht, während entweder das Werkzeug die herzustellende Kontur abfährt oder das Werkstück entsprechend bewegt wird.

Beim Fräsen haben die einzelnen Schneiden nicht ständig Kontakt mit dem Werkstück. Während einer Umdrehung dringen sie in den Werkstoff ein, tragen dabei Späne ab und lösen sich wieder vom Werkstück. Während die Schneiden keinen Kontakt zum Werkstück haben, können diese abkühlen und heizen sich infolgedessen nicht so stark auf. Dieses für das Fräsen typische Merkmal bezeichnet man als unterbrochener Schnitt.

Zudem werden durch diesen unterbrochenen Schnitt kurze, kommaförmige Späne erzeugt, die sich nicht im Werkzeug oder der Maschine verfangen können. Maßnahmen für einen kontrollierten Spanbruch sind somit nicht erforderlich.

Auf modernen Fräsmaschinen lassen sich jedoch auch komplizierte dreidimensionale Formen erzeugen wie Turbinenschaufeln oder Gesenke.

Außerdem sind auch Gewinde möglich. Sonderverfahren sind das Hartfräsen und Hochgeschwindigkeitsfräsen.

Fräsverfahren

Einteilung der Fräsverfahren

Die Einteilung der Fräsverfahren ist in DIN 8589 gegliedert:

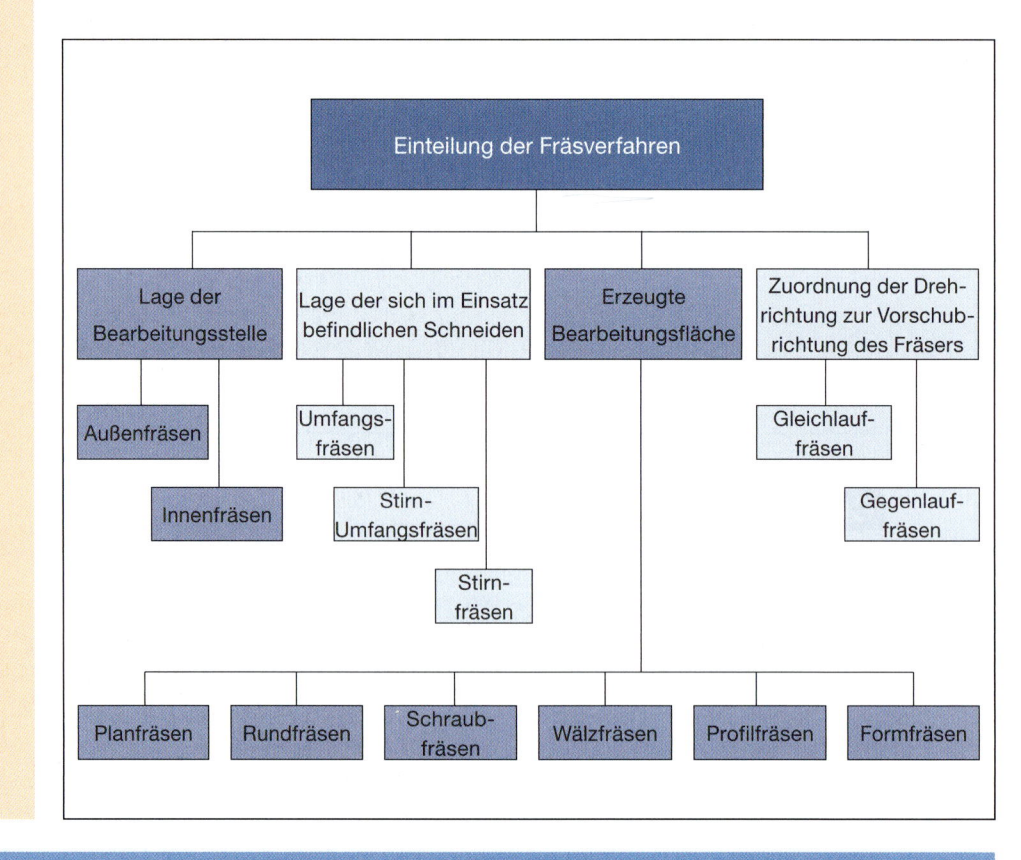

```
Einteilung der Fräsverfahren
├── Lage der Bearbeitungsstelle
│   ├── Außenfräsen
│   └── Innenfräsen
├── Lage der sich im Einsatz befindlichen Schneiden
│   ├── Umfangsfräsen
│   ├── Stirn-Umfangsfräsen
│   └── Stirnfräsen
├── Erzeugte Bearbeitungsfläche
└── Zuordnung der Drehrichtung zur Vorschubrichtung des Fräsers
    ├── Gleichlauffräsen
    └── Gegenlauffräsen
```

Planfräsen · Rundfräsen · Schraubfräsen · Wälzfräsen · Profilfräsen · Formfräsen

Fräsverfahren, Gegen- und Gleichlauffräsen

Gegen- und Gleichlauffräsen

Beim Fräsen werden beim Schnitt der Werkzeugschneide im Werkstück, hinsichtlich der Umlaufrichtung des Werkzeugs, in Bezug zur Vorschublaufrichtung zwei verschiedene Verfahren unterschieden.

Gegenlauffräsen

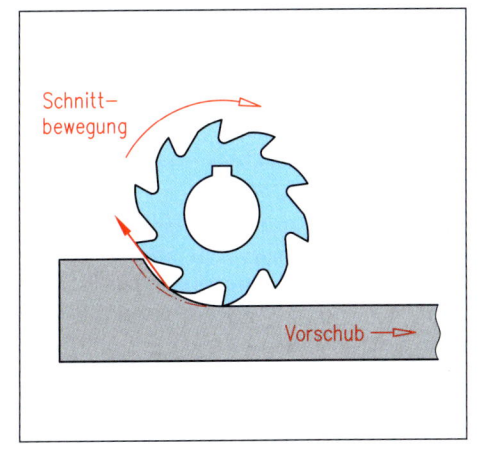

Bild 1 Gegenlauffräsen

- Beim Gegenlauffräsen wirkt die Vorschubrichtung des Werkstücks gegen die Schneide des sich drehenden Werkzeugs. Der gebildete Span verdickt sich vom Eintrittspunkt der Schneide bis zu ihrem Austrittspunkt aus dem Werkstück stetig. Es entsteht ein sogenannter Kommaspan.
- Beim Eintreten der Schneide in den Werkstoff gleitet diese zunächst auf der Arbeitsfläche und verfestigt das vorhandene Gefüge. Dadurch entsteht erst eine hohe Reibung, und anschließend muss die Schneide durch das verfestigte Material dringen. Die Belastung der Maschine ist aufgrund der zunehmenden Spandicke unterschiedlich und neigt zudem zu Vibrationen. Der Kraftaufwand ist analog zum dicker werdenden Span ebenfalls steigend. Beim Eintritt der Schneide in den Werkstoff ist er zunächst gering, weil noch wenig Material abgenommen werden muss, wächst aber dann während des Fräsvorgangs stetig an. Kurz bevor der Span beim Schneidenaustritt abgetrennt wird, erreicht er seinen Höchstwert.

Da beim Gegenlauffräsen die resultierende Kraft F_r dem Werkstück entgegenwirkt und nach oben gerichtet ist, besteht bei fehlerhafter oder zu schwacher Einspannung des Werkstücks die Gefahr, dass dieses aus dem Spannmittel herausgerissen wird.

Gleichlauffräsen

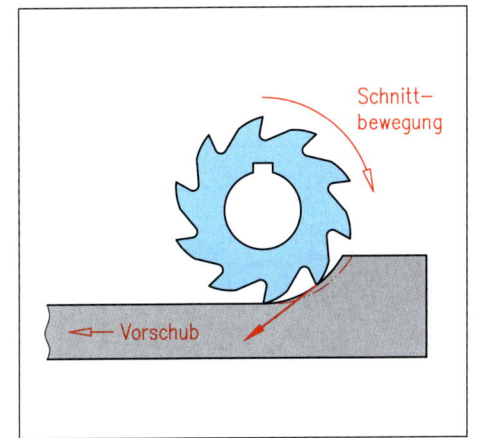

Bild 2 Gleichlauffräsen

- Beim Gleichlauffräsen wirkt die Vorschubrichtung des Werkstücks in gleicher Richtung wie die Schnittbewegung des Werkzeugs. Daraus resultiert ein völlig anderer Kraftverlauf bei der Zerspanung. Im Gegensatz zum Gegenlauffräsen, bei dem sich die Kraft langsam aufbaut, ist sie beim Gleichlauffräsen unmittelbar nach dem Eintritt der Schneide in den Werkstoff am größten und nimmt dann aber kontinuierlich ab.
- Der Span wird zum Schneidenaustritt hin immer dünner und wird kurz vor Austritt der Schneide abgeschält. Dadurch entsteht im Verhältnis zum Gegenlauffräsen eine glattere Oberfläche. Der Span ist wie beim Gegenlauffräsen ebenfalls kommaförmig, nur wird in diesem Fall anfangs viel Material abgenommen und am Ende wenig.
- Die resultierende Kraft F_r wirkt in Richtung des Vorschubs. Dadurch besteht die Gefahr, dass das Werkstück ruckartig unter den Fräser gezogen wird. Aus diesem Grund ist die Spielfreiheit der Vorschubeinrichtung des Schlittens der Werkzeugmaschine unbedingte Voraussetzung.
- Das Gleichlauffräsen erzeugt gegenüber dem Gegenlauffräsen eine bessere Oberfläche und neigt zudem weniger zum Rattern.

Beim Gleichlauffräsen wirkt die resultierende Kraft F_r in Richtung des Vorschubs und ist nach unten gerichtet. Dadurch besteht die Gefahr, dass das Werkstück unter den Fräser gezogen wird. Aus diesem Grund darf das Gleichlauffräsen nur auf Maschinen mit einer spielfreien Spindel angewendet werden.

Beim Gegenlauffräsen entsteht, ausgelöst durch die Verdichtung und der dadurch entstehende hohe Druck auf die Schneide, ein starker Verschleiß an den Freiflächen der Schneiden, wodurch sich die Standzeit verringert.

Gegenlauffräsen
upcut milling

Vorschubrichtung
feed direction

Gegenlauffräsen
downcut milling

Durch den geringeren Verschleiß an der Schneide kann bei gleicher Standzeit gegenüber dem Gegenlauffräsen eine höhere Vorschubgeschwindigkeit realisiert werden.

Beim Gleichlauffräsen muss die Antriebsspindel für den Vorschub spielfrei sein! Dies wird durch den Einsatz von Kugelumlaufspindeln gewährleistet.

Vorschubantriebe mit Trapezspindeln sind nicht spielfei und deswegen für Gleichlauffräsen ungeeignet!

Planfräsen
face milling

Umfangsplanfräsen
horizontal face milling

Schnittkraft
cutting force

Planfräsen

Beim Planfräsen werden ebene Flächen hergestellt (Absätze, Dichtungsflächen, Motor- oder Getriebegehäuse, usw.). Es werden drei verschiedene Verfahren unterschieden.

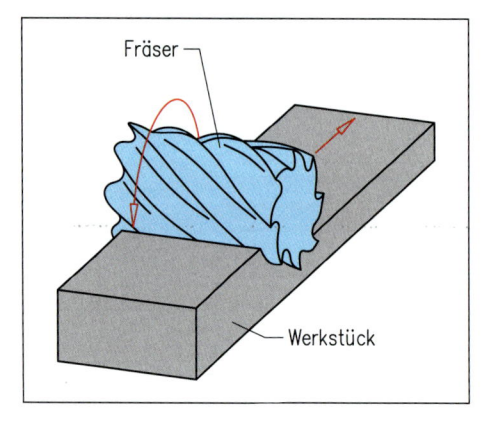

Bild 3   Umfangsplanfräsen

Beim Umfangsplanfräsen sind nur Schneiden am Umfang des Fräsers im Eingriff. Die Drehachse des Fräsers liegt parallel zur Bearbeitungsfläche.

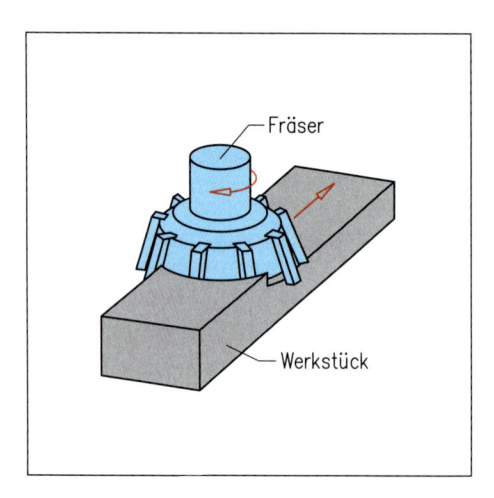

Bild 4   Stirnplanfräsen

Beim Stirnplanfräsen wird die herzustellende Fläche mit den Nebenschneiden an der Stirnseite des Fräsers erzeugt. Die Fräserachse steht senkrecht auf der erzeugten Fläche. Der größte Teil der Zerspanung leisten jedoch die Hauptschneiden am Umfang.

Die Schnittkraft verläuft in der ersten Hälfte des Zerspanungsvorgangs entgegen der Vorschubrichtung. In der zweiten Hälfte des Zerspanungsvorgangs jedoch richtungsgleich. Somit finden in einem Arbeitsgang gleichzeitig Gegenlauf- und Gleichlauffräsen statt.

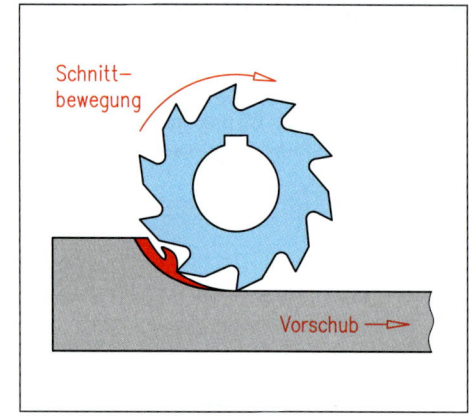

Bild 5   Spanbildung beim Fräsen

Im Bild ist gut zu sehen, dass während des gesamten Fräsvorgangs stets mehrere Schneiden im Eingriff sind. Dies hat eine gleichmäßige Belastung der Schneiden und einen ruhigeren Lauf des Werkzeugs zur Folge.

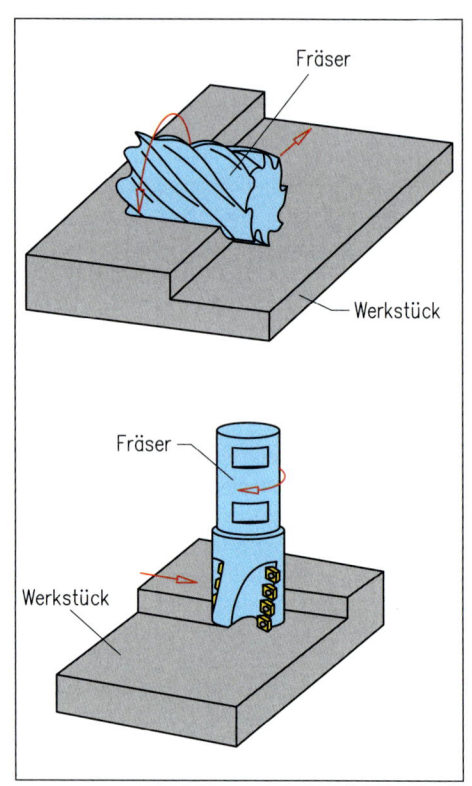

Bild 6   Stirn-Umfangsplanfräsen

Beim Stirn-Umfangsplanfräsen eines Absatzes erzeugen die Hauptschneiden am Umfang und die Nebenschneiden an der Stirnseite des Fräsers zwei neue Flächen.

Aus der Abbildung ist erkennbar, dass zur Herstellung von größeren ebenen Werkstückoberflächen mehrere Arbeitsschritte erforderlich sind.

Fräsverfahren, Rund-/Schraub-/Walz-/Profil-/Formfräsen

Rundfräsen

Beim Rundfräsen werden kreiszylindrische Außen- oder Innenflächen hergestellt. Die kreisförmige Vorschubbewegung kann vom Werkzeug oder vom Werkstück erzeugt werden.

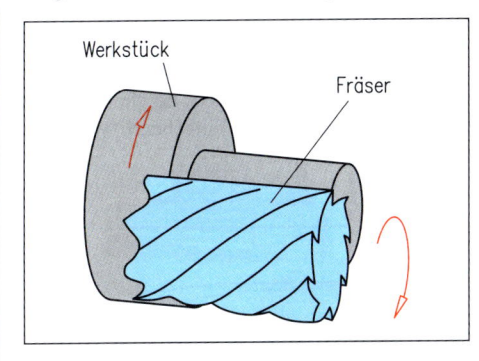

Bild 7 Außenrundfräsen

Schraubfräsen

Das Schraubfräsen findet hauptsächlich im Bereich Gewindefräsen Anwendung.

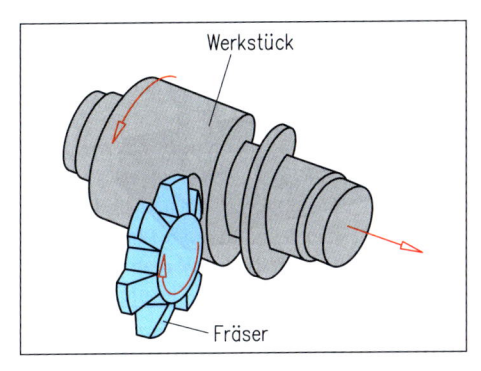

Bild 8 Schraubfräsen

Beim Schraubfräsen besteht der Bewegungsablauf aus der kreisförmigen Schnittbewegung des Fräsers sowie aus einer kombinierten geraden und kreisförmigen Vorschubbewegung.

Wälzfräsen

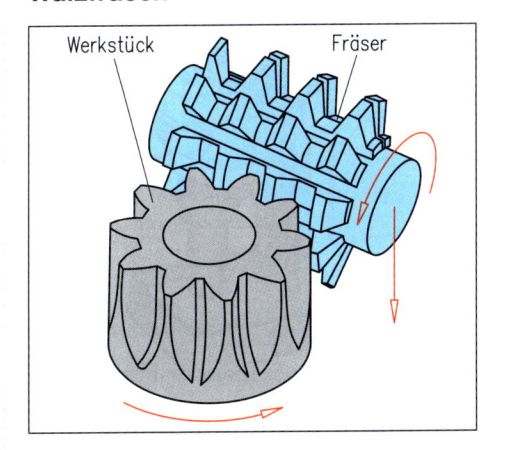

Bild 9 Wälzfräsen

Durch Wälzfräsen können z. B. Zahnräder, Zahnstangen oder Keilwellen hergestellt werden. Die dabei genutzten Wälzfräser haben ein Profil, das dem der herzustellenden Zähne entspricht. Schnittbewegung und Vorschubbewegung des Fräsers sowie die Drehbewegung des herzustellenden Werkstücks müssen exakt aufeinander abgestimmt sein.

Profilfräsen

Beim Profilfräsen werden Werkzeuge eingesetzt, deren Form dem Negativ des herzustellenden Profils entspricht. (z. B. T-Nuten, Schwalbenschwanznuten). Bei Werkstücken, die um ihre eigene Achse rotieren, können auch umlaufende Nuten erzeugt werden. Für genormte Formelemente an Werkstücken wie Radien und Schrägen gibt es entsprechende, genormte Profilfräser.

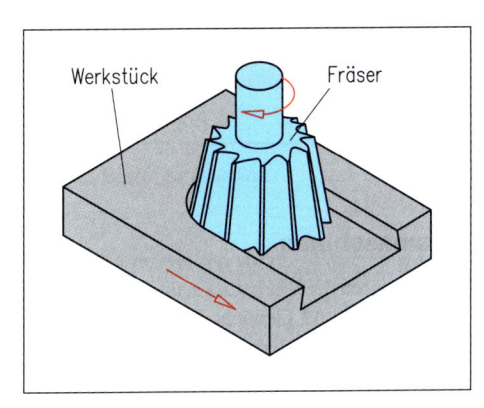

Bild 10 Profilfräsen

Formfräsen

Beim Formfräsen werden Werkzeuge verwendet, die nicht die zu erzeugende Form in sich tragen. Durch die Steuerung der Vorschubbewegungen lassen sich beliebige dreidimensionale Formen erzeugen. Es können neben den Bewegungen der drei Hauptachsen noch zusätzliche Schwenkbewegungen des Werkzeuges erzeugt werden.

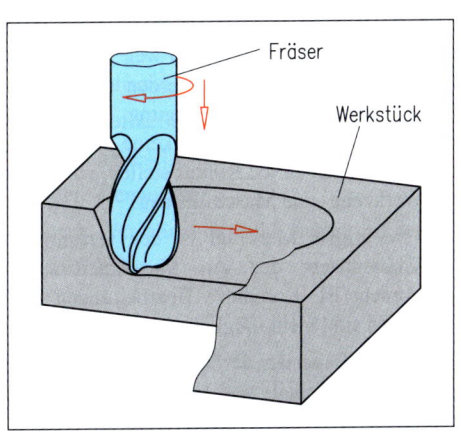

Bild 11 Formfräsen

Rundfräsen
circular milling

Schraubfräsen
helical milling

Walzfräsen
hobbing

Profilfräsen
profile milling

Formfräsen
form milling

Zum Formfräsen wird mindestens eine Maschine mit einer CNC-Steuerung und 3D-Bahnsteuerung benötigt. Je nach Anforderung bis zur 5-Achs-Bahnsteuerung.

Numerisch gesteuerte Fräsmaschine

Alle genannten und beschriebenen Fräsmaschinentypen sind in verschiedenen Versionen am Markt verfügbar.

- Als manuell gesteuerte Maschine.
- Als Maschine, ausgestattet mit einer NC- oder CNC-Steuerung,

NC-gesteuerte Maschinen benötigen zur Abarbeitung der Informationen einen Datenträger. Sie haben keinen eigenen Speicher, um Informationen zu sichern. Mit diesen Steuerungen können einfachere Bewegungsabläufe automatisiert werden.

Maschinen mit CNC-Steuerung haben die Möglichkeiten zur Speicherung und zum Editieren der verwendeten Programme. Sie verfügen meistens über eine Bahnsteuerung. Somit können Konturzüge frei programmiert und die zugehörigen Vorschubbewegungen in mehreren Achsen gleichzeitig verrechnet werden.

Unabhängig davon, ob eine NC- oder CNC-Steuerung in der Maschine verwendet wird, gibt es drei unterschiedliche Arten, die Werkzeugbewegung zu kontrollieren!

Bei diesen Steuerungsarten unterscheidet man zwischen Punktsteuerung, Streckensteuerung und Bahnsteuerung.

Arbeitssicherheit an Fräsmaschinen

Sicherheitsgründe von **Fräsmaschinen**:

- Sie müssen mit einer Motorbremse versehen sein, damit das rotierende Werkzeug nach dem Ausschalten der Spindel oder dem Betätigen des **Not-Aus** sofort zum Stillstand kommt.
- Sie müssen einen Werkzeugschutz besitzen, der einen Späneflug wirksam verhindert.
- Sie müssen einen **Not-Aus**-Schalter besitzen.
- Die persönliche Schutzausrüstung, eng anliegende Arbeitskleidung, Sicherheitsschuhe, Schutzbrille müssen stets getragen werden.
- Bei langen Haaren gilt: Zusammenbinden genügt nicht! Es muss auf jeden Fall eine geeignete Mütze oder ein Haarnetz getragen werden.
- Schutzeinrichtungen dürfen nicht entfernt oder deren Funktion durch Überbrücken gestört werden.
- Ein Zugriff in den Arbeitsraum der Maschine (Rüstarbeiten, Messungen, Werkstück- oder Werkzeugwechsel) darf nur bei stillstehender Maschine erfolgen.
- Sowohl Werkzeuge als auch Werkstücke müssen stets sicher und fest eingespannt sein, sodass die Einspannung auch durch Vibrationen nicht beeinträchtigt wird.
- Reinigung der Maschine: Entfernen von Spänen niemals mit der Hand, sondern stets mit geeigneten Mitteln (Pinsel, Handfeger, Spänesauger usw.).

Fräswerkzeuge

Fräser gibt es in unterschiedlichen Abmessungen, Formen, Materialien und Qualitäten. Für das Zerspanen von weichen Materialien wie Kunststoff oder Holz sind andere Schneidwerkzeuge notwendig als für die Bearbeitung von harten und höherfesten Werkstoffen wie z. B. gehärtetem Stahl.

Das Werkzeug wird am sogenannten **Fräserschaft** in die Werkzeugaufnahme der Fräsmaschine eingespannt.

Der Fräser ist das rotierende Bearbeitungswerkzeug, an dem sich die Schneide befindet, die für das Schneiden des Spans zuständig ist.

Einteilung der Fräswerkzeuge

Fräswerkzeuge kann man auf folgende Weise einteilen:

- Nach der Art der Mitnahme
- Nach der Zahnform
- Nach der Fräserform
- Nach der Feinheit der Bearbeitung
- Nach dem zu bearbeitenden Werkstoff
- Nach der Anzahl der Schneiden

Nach Art der Mitnahme

Aufsteckfräser

Aufsteckfräser werden über Nuten und Passfedern vom Fräsdorn aufgenommen. Hauptsächliche Anwendung bei Scheibenfräsern, Walzenfräsern, Winkelstirnfräsern und Profilfräsern.

Numerisch gesteuerte Fräsmaschine
numerically controlled milling machine

Konturzüge
contour train

Arbeitssicherheit
occupational safety

Motorbremse
motor brake

Not-Aus
emergency stop

Werkzeugschutz
tool protection

Persönliche Schutzausrüstung
personal protective equipment

Schutzeinrichtungen
protective devices

Arbeitsraum der Maschine
machine workspace

Fräserschaft
milling tool shank

Werkzeugaufnahme
tool holding fixture

Aufsteckfräser
shell end mill

Fräswerkzeuge
milling tools

Bahnsteuerungen sind in verschiedenen Ausbaustufen verfügbar und können mindestens 2 Achsen (2A) gleichzeitig interpolieren (miteinander verrechnen) und steuern.

Verfügbar sind als Standardsteuerungen die Ausbaustufen 2½A, 3A, 4A und 5A.

Prüfung

1. Aufgrund welcher Kriterien werden Fräsmaschinen unterschieden?
2. Nennen Sie das wichtigste Merkmal der Konsolfräsmaschine.
3. Erläutern Sie, aufgrund welcher Vorteile die Universal-Fräsmaschinen die Vertikal- und Horizontalfräsmaschinen weitgehend verdrängt haben.
4. Für welche Anwendungen werden Bettfräsmaschinen vorzugsweise eingesetzt?
5. Nennen Sie fünf Vorteile die eine Bettfräsmaschine gegenüber der Konsolfräsmaschine aufweist.
6. Nennen Sie fünf Sicherheitsregeln für das Fräsen.

Fräswerkzeuge, Einteilung der Fräswerkzeuge

Bild 16 Aufsteckfräser

Schaftfräser

Die Aufnahme erfolgt über einen zylindrischen Schaft und über ein Spannfutter.

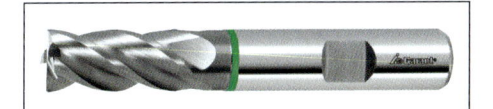

Bild 17 Schaftfräser

Nach der Zahnform

Geradgezahnte Fräser

Die Spanbildung erfolgt über die gerade verlaufende Schneidkante. Der Span wird über die volle Breite des Fräsers gleichzeitig gebildet. Durch eine ungleichförmige Belastung entsteht ein unruhiger Arbeitsverlauf und dadurch eine verminderte Oberflächenqualität. Diese Fräserart wird vorzugsweise bei der Herstellung von flachen Nuten verwendet.

Bild 18 Scheibenfräser – geradverzahnt

Kreuzgezahnte Fräser

Kreuzgezahnte Fräser werden zur Herstellung von tiefen Nuten verwendet. Durch die Kreuzverzahnung wird ein ruhigerer Arbeitsverlauf erzeugt und dadurch die Oberflächenqualität verbessert.

Bild 19 Scheibenfräser – kreuzverzahnt

Wendelgezahnte Fräser

Durch die wendelgezahnten Schneiden entsteht ein extrem ruhiger Arbeitsverlauf und dadurch eine sehr hohe Oberflächengüte.

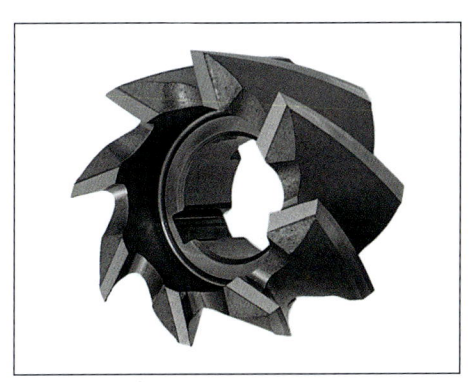

Bild 20 Walzenstirnfräser

Nach der Fräserform

Winkelfräser

Bei Winkelstirnfräsern gibt es genormte Fräserformen. Diese dienen der Herstellung von Schwalbenschwanzführungen o. Ä.

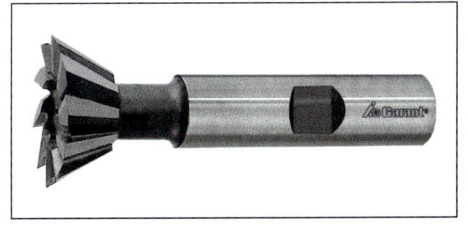

Bild 21 Winkelfräser

Schaftfräser
end mill

Zahnform
tooth shape

geradgezahnte Fräser
straight toothed

kreuzgezahnte Fräser
cross toothed

wendelgezahnte Fräser
helical toothed

Fräserform
shape of tool

Winkelfräser
angular milling cutter

T-Nutenfräser
T-slot milling cutter

Kugelgesenkfräser (Kopierfräser)
copy milling cutter

Viertelkreisfräser
quadrant milling cutter

Eckfräser
square shoulder milling cutter

Planfräser
face milling cutter

T-Nutenfräser

T-Nutenfräser schneiden sowohl am Umfang als auch an den Seiten.

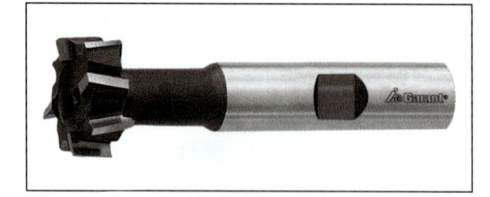

Bild 22 T-Nutenfräser

Kugelgesenkfräser (Kopierfräser)

Kugelgesenkfräser dienen hauptsächlich der Herstellung von Innenradien. Sie können direkt ins Werkstück eintauchen und anschließend im Werkstück verfahren.

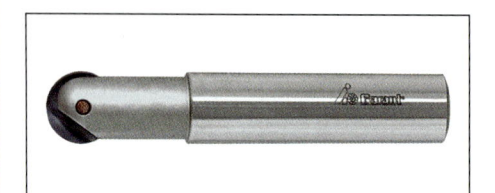

Bild 23 Kopierfräser

Viertelkreisfräser

Zur Erzeugung von Außenradien werden Viertelkreisfräser eingesetzt.

Bild 24 Viertelkreis-Scheibenfräser

Bild 25 Viertelkreis-Schaftfräser

Eckfräser

Beim Eckfräser werden die Schneidplatten meist in einem Winkel von 90° eingestellt. Zumeist werden diese Fräser zum Vorbereiten des Werkstückes eingesetzt, da sie eine verminderte Oberflächengüte erzeugen.

Einstellwinkel $\kappa = 90°$

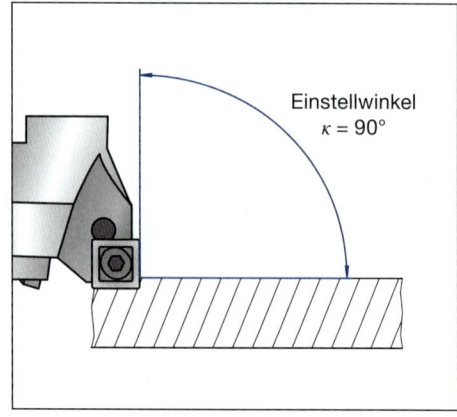

Bild 26 Eckfräser

Bild 27 Eckfräser

Planfräser

Planfräser haben den gleichen Aufbau wie Eckfräser. Lediglich der Einstellwinkel der Wendeschneidplatten beträgt 45° oder 75°. Mit Planfräsern kann man sehr gute Oberflächen erzeugen.

Einstellwinkel $\kappa = 45°$

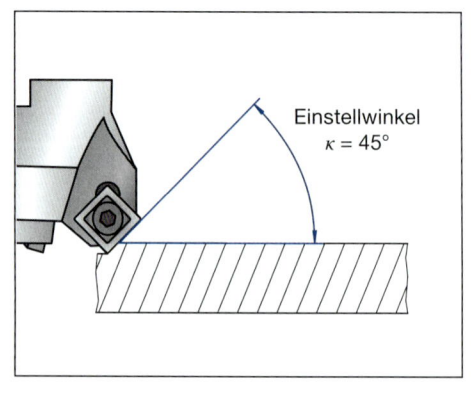

Bild 28 Planfräser

Fräswerkzeuge, Einteilung der Fräswerkzeuge

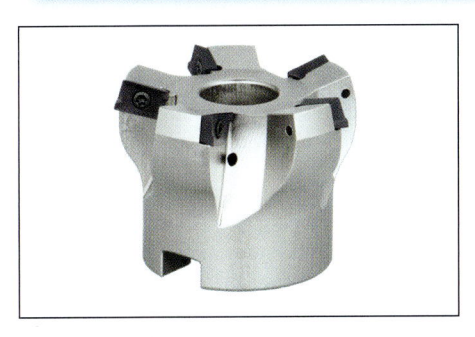

Bild 29 Planfräser

Nach der Feinheit der Bearbeitung

Schruppfräser werden, wie der Name sagt, für die grobe Bearbeitung verwendet und die Schlichtfräser für die nachfolgende Feinbearbeitung.

Schruppfräser (R)

Durch den Einsatz eines Schruppfräsers erreicht man ein hohes Zerspanungsvolumen. Schruppfräser werden daher zur Vorbearbeitung des Werkstückes eingesetzt. Es verbleibt für die Fertigbearbeitung lediglich eine Schlichtzugabe auf dem Werkstück.

Bild 30 Walzenstirn-Schruppfräser

Schrupp-Schlichtfräser (F)

Beim Schrupp-Schlichtfräser unterscheidet sich das Schneidenprofil von dem des Schruppfräsers. Durch dieses Schneidenprofil sinkt der Materialabtrag am Werkstück. Dafür können wesentlich höhere Oberflächenqualitäten erreicht werden.

Nach dem zu bearbeitenden Werkstoff

Abhängig von den Werkstoffeigenschaften wie Festigkeit und Zerspanbarkeit kommen Fräswerkzeuge aus Hochleistungs-Schnellarbeitsstahl (HS), Hartmetall und Fräswerkzeuge mit eingesetzten Wendeschneidplatten zum Einsatz, die sich hinsichtlich ihrer Schneidengeometrie und der Zähnezahl unterscheiden.

> Für die Anzahl der Schneiden gilt: Je höher die Festigkeit/Härte des Werkstoffs, desto mehr Schneiden sollten vorhanden sein.

Fräser Typ N

Dieser Fräsertyp kommt bei Werkstoffen mit mittlerer Festigkeit und guter Zerspanbarkeit zum Einsatz (z. B. Stahl, Gusseisen).

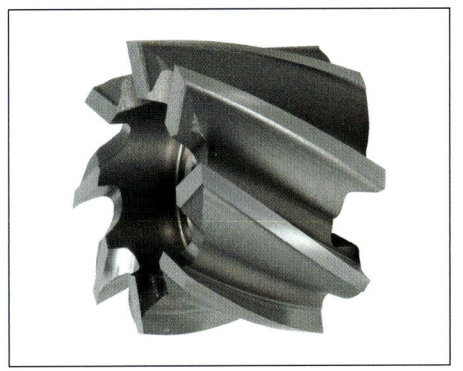

Bild 32 Fräser Typ N

Fräser Typ H

Der Fräser Typ H wird bei zähharten Werkstoffen mit höherer Festigkeit oder bei kurzspanenden, spröden Werkstoffen verwendet (z. B. Stähle höherer Festigkeit, CuZn-Legierungen).

Bild 31 Walzenstirn-Schrupp-Schlichtfräser

Bild 33 Fräser Typ H

Diese Einteilung der Fräswerkzeuge erfolgt nach sogenannten Werkzeuganwendungsgruppen (WAG) in die Typen N, H und W.

Das Zerspanungsvolumen Q wird in cm^3/min angegeben

🇬🇧

Schruppfräser
roughing cutter

Schrupp-Schlichtfräser
semi-finishing milling cutter

Zerspanbarkeit
machinability

Schneidengeometrie
cutting geometry

Zähnezahl
number of teeth

Die Fräswerkzeuge sind in allen drei Werkzeuganwendungsgruppen in den Varianten Schrupp (R), Schrupp-Schlicht (F) und Schlicht (ohne weiteren Kennbuchstaben) erhältlich. Beispiel: Typ N: Verfügbare Versionen NR – NF – N

Maschinelle Zerspanungsverfahren

- **Tabellenwerte S. 325**
  TB

- **Tabellenwerte S. 325**
  TB

🇬🇧

Zerspanungsgrößen beim Fräsen
chip removal parameters

Vorschub pro Zahn
feed rate per tooth

Vorschub
feed rate

Fräser Typ W

Typisches Merkmal sind die im Vergleich zum Typ N der große Spanwinkel sowie die kleine Zähnezahl.

Eingesetzt werden solche Fräser bei Werkstoffen mit geringer Festigkeit wie Aluminium, Kupfer, usw.

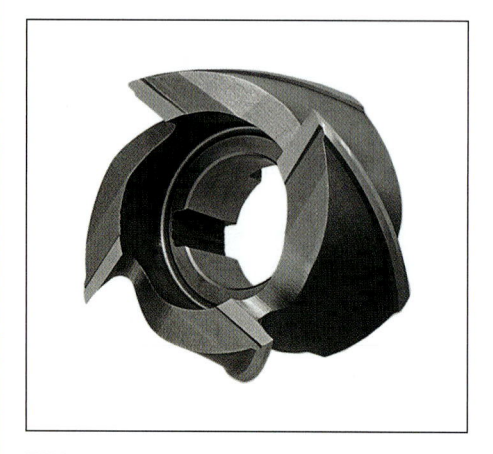

Bild 34 Fräser Typ W

> ### Prüfung
> 1. Nach welchen Gesichtspunkten werden die Fräswerkzeuge eingeteilt?
> 2. In welchen Merkmalen unterscheiden sich die Fräser der Anwendungsgruppen N, H und W?
> 3. Für welche Werkstoffe wird ein Fräser Typ H eingesetzt?
> 4. An welchem Merkmal erkennen Sie einen Schruppfräser?

Zerspanungsgrößen beim Fräsen

Damit ein optimales Fräsergebnis erreicht wird ist es wichtig, dass alle Fräsparameter stimmen. Wichtige Einstellgrößen bilden hier die Schnittwerte, welche unbedingt eingehalten werden sollten. Nicht nur eine Überbeanspruchung führt zu vorzeitigem Verschleiß des Werkzeugs, sondern auch eine Unterbeanspruchung. Es kann in diesen Fällen sogar zum Bruch des Werkzeugs kommen, was eine Störung des Fertigungsablaufs nach sich zieht.

Die Auswahl der Schnittdaten hängt ab von
- dem zu bearbeitenden Werkstoff,
- dem eingesetzten Schneidstoff,
- dem Bearbeitungsverfahren.

Schnittgeschwindigkeit v_c

Die **Schnittgeschwindigkeit** v_c ist der wichtigste Faktor beim Fräsen. Die Schnittgeschwindigkeit bestimmt maßgeblich die Standzeit der Werkzeugschneide.

Die Einstellwerte für die Schnittgeschwindigkeit sind Erfahrungswerte und umfassen einen sehr weiten Bereich, abhängig von den Eigenschaften des Werkstoffes wie z. B. Festigkeit, Zerspanbarkeit, usw.

> Um die Fertigung möglichst wirtschaftlich zu gestalten, sollte die Schnittgeschwindigkeit möglichst groß gewählt werden, da durch eine hohe Schnittgeschwindigkeit die Fertigungszeit verkürzt wird.

> Bei der Wahl der Zerspanungsparameter bilden die Datenblätter der Werkzeughersteller die Grundlage und sind unbedingt zu beachten. Darüber hinaus sind weitere Parameter wie Werkstückspannung, Leistungsfähigkeit der Maschine, Werkzeugspannung, Standzeitvorgaben usw. zu berücksichtigen. Die Herstellerangaben beziehen sich auf optimale Systemstabilität.

Vorschub pro Zahn f_z

Der Zahnvorschub f_z ist der Vorschubweg, bezogen auf je eine einzelne Schneide des Fräsers. So wie die Schnittgeschwindigkeit ist auch der Zahnvorschub f_z ein Erfahrungswert und kann Tabellen entnommen werden. Gewählt wird der Wert für den Zahnvorschub nach den Erfordernissen für die Fertigung und der gewählten Frässtrategie. Für grobe Zerspanung (Schruppen) wird er groß gewählt. Liegt der Fokus auf der zu erreichenden Oberflächengüte, so wird er klein gewählt.

> Mit zunehmendem Zahnvorschub f_z wird der Span dicker. Die Schnittkraft steigt und der Verschleiß an der Schneide erhöht sich.

Vorschub f

Der Vorschub f ist der Vorschubweg, der bei einer Umdrehung des Fräsers zurückgelegt wird. Für den Vorschub f ist die Zähnezahl des Fräsers z die Grundlage zu dessen Berechnung, die nach folgender Formel erfolgt:

$$f = f_z \cdot z$$

Fräsen, Zerspanungsgrößen

Vorschubgeschwindigkeit v_f

Die Vorschubgeschwindigkeit v_f wird in mm/min angegeben. Zu deren Berechnung wird die eingestellte Drehzahl des Fräsers und der Vorschub f benötigt.

$$v_f = f \cdot n$$

Die Vorschubgeschwindigkeit v_f kann auch direkt unter Verwendung des Zahnvorschubs berechnet werden:

$$v_f = f_z \cdot z \cdot n$$

Arbeitseingriff

Der Arbeitseingriff des Werkzeugs wird beim Fräsen über die beiden Parameter Schnitttiefe a_p und den Arbeitseingriff a_e des Werkzeugs definiert.

Die Schnitttiefe wird grundsätzlich senkrecht zur Arbeitsebene gemessen.

Zur Veranschaulichung sind in den Abbildungen die jeweiligen Arbeitseben als imaginäre Ebenen dargestellt.

Beim Stirnfräsen ist die Eingriffsbreite a_e meist deutlich größer als die Schnitttiefe.

Schnitttiefe

Die **Schnitttiefe** a_p hängt **beim Schruppen** von der Werkstückstabilität, der Maschinenleistung und der Schneidenlänge ab. Für eine wirtschaftliche Fertigung sollte die Schnitttiefe a_p beim Schruppen möglichst groß gewählt werden. **Beim Schlichten** wird die Tiefe des Absatzes als Schnitttiefe a_p groß, der seitliche Arbeitseingriff a_e kleiner gewählt, um Vibrationen durch die auftretenden Schnittkräfte zu vermeiden.

📝 Prüfung

1. Von welchen Parametern hängt die Auswahl der Schnittdaten ab?

2. Weshalb sollte die Schnittgeschwindigkeit stets so hoch wie möglich gewählt werden?

3. Welche Faktoren sind ausschlaggebend für die Wahl der Schnitttiefe a_p?

4. Der für das Projekt herzustellende Lagerbock soll mit einem Walzen-Stirnfräser mit Schrupp-Profil aus HSS, Zähnezahl 6 überfräst werden (Stirnplanfräsen). Die Schnitttiefe a_p beträgt 2 mm.
   a) Bestimmen Sie anhand des Tabellenbuchs die Schnittgeschwindigkeit.
   b) Bestimmen Sie für diese Schrupp-Fräsoperation den Vorschub pro Zahn.
   c) Errechnen Sie die Vorschubgeschwindigkeit.

Spannmittel für Werkzeuge

Die stabile Einspannung des Werkzeugs und die passende Wahl des Spannmittels spielen neben den Schnittparametern eine wichtige Rolle.

Die Einspannung des Werkzeugs sollte stets so stabil wie möglich gewählt werden, um Schwingungen des Werkzeugs zu vermeiden. Schwingungen und Vibrationen führen zu einer Verringerung der Standzeit und einer schlechteren Qualität der gefrästen Oberflächen..

Für die vielfältigen Anforderungen stehen unterschiedliche Spannmittel zur Verfügung.

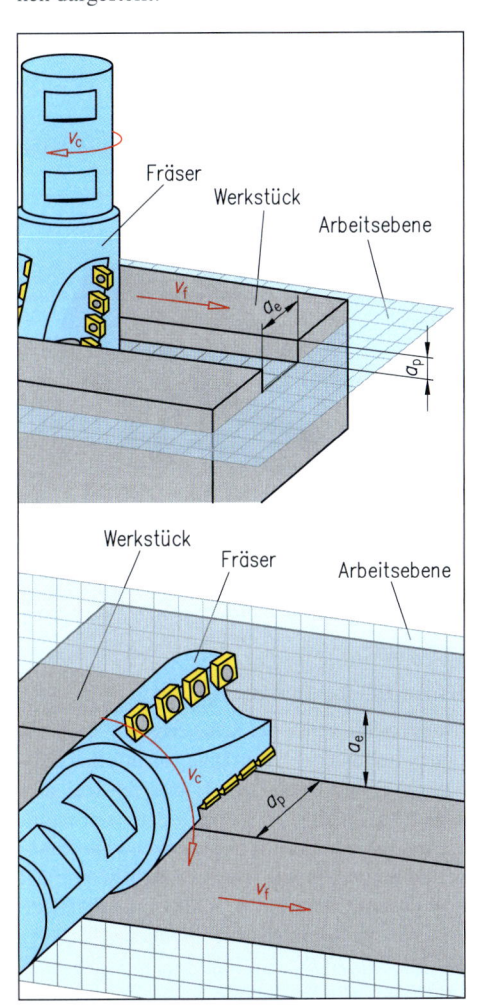

Bild 35 Abeitseingriff

🇬🇧

Vorschubgeschwindigkeit
feeding speed

Arbeitseingriff
work engagement

Schnitttiefe
depth of cut

Schlichten
finishing

Spannmittel für Werkzeuge
clamping devices for tools

stabile Einspannung
stable clamping

Bei modernen HSC-Maschinen müssen die Werkzeuge und deren Aufnahmen wegen der hohen Drehzahlen feingewuchtet sein. Es sinken die Standzeit von Werkzeugen und Spindel deutlich, wenn die vorgegebene Wuchtgüte nicht eingehalten wird.

Kombi-Aufsteckfräsdorn
combination face mill adaptor

Spannzangenfutter
collet chuck

Flächenspannfutter (Weldon-Aufnahme)
side lock arbor

Hydro-Dehnspannfutter
HD chuck

Aufgrund ihrer Eigenschaften entwickelt sich die HSK-Aufnahme zunehmend als Standard-Schnittstelle für Bearbeitungszentren.

Hydro-Dehnspannfutter bieten eine sehr hohe Rundlaufgenauigkeit.

Die Spannmittel für Fräswerkzeuge sind in unterschiedlichen Systemen der Werkzeugaufnahme (Werkzeugspindel-Schnittstelle) erhältlich:

- SK-Aufnahme (Steilkegel)
- HSK-Aufnahme (Hohlschaftkegel)
- CAPTO^{TM}-Aufnahme

Kombi-Aufsteckfräsdorn

Können Fräswerkzeuge mit Längsnut und mit Quernut aufnehmen. Für Werkzeuge mit Quernut ist ein spezieller Mitnehmerring erforderlich.

In beiden Fällen ist die Aufnahmeart der Werkzeuge formschlüssig, was eine hohe Kraftübertragung ermöglicht.

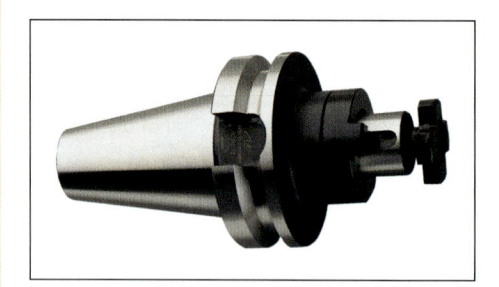

Bild 36 Kombi-Aufsteckfräsdorn

Spannzangenfutter

Sollen Fräswerkzeuge mit zylindrischem Schaft gespannt werden, so kommt ein Spannzangenfutter zur Anwendung. Die Anpassung für die unterschiedlichen Schaftdurchmesser der Fräser erfolgt über Spannzangen mit entsprechendem Spanndurchmesser.

Spannzangenfutter und Spannzangen sind in den Varianten ER und OZ erhältlich.

> Der Schaftdurchmesser des Fräsers und der Spanndurchmesser der Spannzange müssen exakt aufeinander abgestimmt sein.

Bild 37 Spannzangenfutter

Beim Spannzangenfutter ist die Aufnahmeart kraftschlüssig. Daher können nur geringe Kräfte bei der Zerspanung kompensiert werden.

Dafür ist die Rundlaufgenauigkeit beim Typ ER sehr hoch, weshalb das Spannzangenfutter bei genauer Bearbeitung zum Einsatz kommt.

Flächenspannfutter (Weldon-Aufnahme)

Die Weldon-Aufnahme bietet gegenüber dem Spannzangenfutter Typ ER eine geringere Rundlaufgenauigkeit. Aufgrund der seitlichen Spannschraube wird der Fräser zusätzlich in Radialrichtung verdrehsicher gespannt, sodass hohe Drehmomente bei der Zerspanung aufgenommen werden können. Weiterhin fixiert die seitliche Spannschraube den Schaftfräser in Axialrichtung, sodass der Fräser durch die bei der Zerspanung auftretenden Kräfte in Längsrichtung nicht aus dem Spannfutter herausgezogen werden kann.

> Ein Flächenspannfutter ist einem herkömmlichen Spannzangenfutter bei Schruppbearbeitung vorzuziehen.

Ein großer Nachteil besteht darin, dass für jeden Schaftdurchmesser des Fräsers das jeweils passende Flächenspannfutter vorhanden sein muss.

Bild 38 Flächenspannfutter

Hydro-Dehnspannfutter

Idealerweise sollte bei schwierigen Fräsoperationen mit einem Hydro-Dehnspannfutter gearbeitet werden. Denn enge Toleranzen und steigende Anforderungen an die Genauigkeit erfüllt dieses Spannmittel sehr gut. Durch eine Rundlauf-Genauigkeit von 3 μm erreicht man nicht nur bessere Oberflächen, sondern die Standzeit der Werkzeuge erhöht sich erheblich.

Die Vorzüge liegen im den sehr hohen Spannmomenten (bis 1000 Nm) und der Wechsel des Werkzeugs ohne zusätzliche Peripheriegeräte.

Spannmittel für Werkstücke

Bild 39 Hydro-Dehnspannfutter

Schrumpffutter

Werden an das Spannfutter höchste Ansprüche hinsichtlich der Rundlaufgenauigkeit gestellt, dann ist die Aufnahme des Werkzeugs in einem Schrumpfspannfutter die erste Wahl.

Die stirnseitige Aufnahmebohrung für das Werkzeug im Spannfutter ist ein wenig kleiner als der Durchmesser des Werkzeugs. Wird nun die Schrumpfaufnahme erwärmt, dehnt sich die Bohrung aus, wird größer und das Fräswerkzeug kann eingeschoben werden. Mit dem Abkühlen der Aufnahme zieht sich das Material wieder zusammen, wodurch sich die Aufnahme um den Fräserschaft kraftschlüssig und formgenau spannt.

Gemeinsam mit den anderen Spannfuttern ist es nachteilig, dass für jeden Schaftdurchmesser jeweils ein passendes Spannfutter benötigt wird. Zudem wird noch als Zusatzausstattung ein Induktionserwärmer benötigt.

Spannmittel für Werkstücke

Auch für die Werkstückspannung gilt: Die Aufspannung des Werkstücks sollte stets so stabil wie möglich gestaltet sein. Die Auf- oder Einspannung des Werkstücks muss ebenfalls so erfolgen, dass möglichst keine Schwingungen entstehen. Dies kann z. B. durch eine möglichst tiefe Einspannung im Maschinenschraubstock sowie eine so kurz wie mögliche Ausspannlänge gewährleistet werden.

Je nach Spannaufgabe stehen vielfältige Spannmittel zur Verfügung.

Maschinenschraubstock

Der Maschinenschraubstock ist das am meisten genutzte Spannmittel für kleine bis mittelgroße Werkstücke. Durch zwei planparallele Spannflächen kann das Werkstück vibrationsfrei gespannt werden. Sind die Maschinenschraubstöcke mit einer hydraulischen Unterstützung ausgestattet, können hohe Spannkräfte realisiert werden.

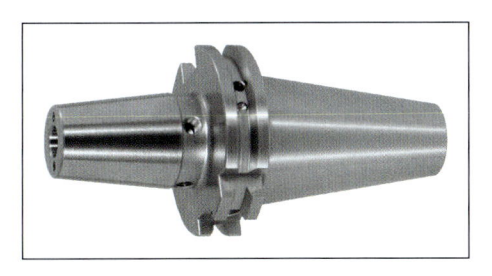

Bild 40 Schrumpffutter

🇬🇧

Schrumpffutter
shrink-fit chuck adaptor

Spannmittel für Werkstücke
clamping devices for workpieces

Maschinenschraubstock
vice

hydraulische Unterstützung
high pressure vice

Spannschrauben
tee-bolt

Bild 41 Hochdruck-Maschinenschraubstock

Spannschrauben

Spannschrauben (T-Nutenschrauben) können in die T-Nuten des Maschinentisches eingeführt werden und ermöglichen so die Befestigung von Maschinenschraubstöcken oder aber die direkte Spannung des Werkstücks (in Verbindung mit Spanneisen und Spannunterlagen) auf dem Maschinentisch.

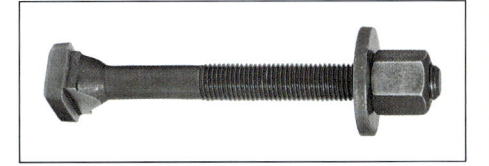

Bild 42 T-Nutenschraube

📋 Prüfung

1. Welche Grundregel muss bei der Einspannung von Fräswerkzeugen beachtet werden?
2. Welche Folgen hätte es, wenn diese Regel missachtet wird?
3. Welches ist das richtige Spannmittel für einen Walzenstirnfräser mit Quernut?
4. Weshalb sollte beim Spannen von Schaftfräsern vorzugsweise ein Flächenspannfutter zum Einsatz kommen?
5. Welchen Nachteil haben Flächenspannfutter gegenüber einem Spannzangenfutter?
6. Erklären Sie die Vorgehensweise, wenn ein Schaftfräser in einem Schrumpfspannfutter gespannt werden soll.

■ **Spannmittel**
Als Spannmittel werden in der Fertigungstechnik alle Vorrichtungen zum festen Fixieren eines Werkstückes oder Werkzeuges während des Bearbeitungsprozesses bezeichnet.

Spanneisen
single goose-neck clamp

Spannunterlagen
clamping supports

Flachspanner
flat clamp

Spannpratzen
clamping claw

Magnetspannplatten
magnetic clamping plate

Spanneisen

Spanneisen bieten den Vorteil einer individuellen Aufspannung des Werkstücks auf dem Maschinentisch, abgestimmt auf Form und Größe des Werkstücks. Spanneisen gibt es in verschiedenen Bauformen: Einfache Spanneisen, gekröpfte Spanneisen, Gabelspanneisen und Gabelspanneisen mit Spannansatz.

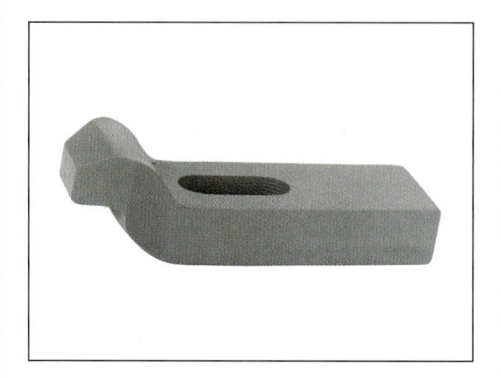

Bild 43 Spanneisen

Spannunterlagen

Für die sichere Spannung des Werkstücks und eine gleichmäßige Verteilung des Spanndrucks auf dem Werkstück muss dafür Sorge getragen werden, dass das Spanneisen gleichmäßig auf dem Werkstück aufliegt.

Diese Aufgabe übernehmen die Spannunterlagen, die die gleiche Höhe wie das zu spannende Werkstück aufweisen müssen.

Eingesetzt werden Treppenböcke, Schraubböcke und Spannunterlagen.

Bild 44 Spannunterlage

Flachspanner

Wenn das Werkstück durch seine spezielle Form oder fertigungsbedingt nur seitlich gespannt werden kann, dann kommen Flachspanner zum Einsatz.

Sie werden in den T-Nuten des Maschinentisches befestigt und ermöglichen durch ihre Bauform ein seitliches Spannen des Werkstücks.

Bild 45 Flachspanner

Spannpratzen

Spannpratzen ermöglichen das Spannen von Werkstücken mit unterschiedlichen Höhen, ohne dass dabei noch zusätzlich Spannunterlagen verwendet werden müssen.

Bild 46 Spannpratze

Magnetspannplatten

Mit Magnetspannplatten können auf schnelle und unkomplizierte Weise Werkstücke gespannt werden. Allerdings ist die Spannung auf Werkstücke aus magnetisierbaren Werkstoffen beschränkt.

Spannmittel für Werkstücke

Bild 47 Magnetspannplatte

Man unterscheidet zwischen Permanent-Magnetspannplatten, Elektro-Permanent-Magnetspannplatten und Elektro-Magnetspannplatten.

Hydraulische Spannsysteme

Hydraulische Spannsysteme bieten mehrere Vorteile. Die Einspannung des Werkstücks erfolgt schnell und einfach, und die Spannkraft des Systems bleibt stets gleich.

Hydraulische Spannsysteme können problemlos in die Maschinensteuerung integriert werden. So kann Spanndruck gesteuert werden, ebenso wie der Spannzeitpunkt, was für einen automatisierten Fertigungsprozess Grundvoraussetzung ist.

Bild 48 Schwenkspannzylinder

Spannvorrichtungen

Spannvorrichtungen haben ein weites Einsatzspektrum. Sie kommen in der Serienfertigung von unregelmäßig geformten Teilen zum Einsatz, aber auch, wenn dünne und somit labile Teile sicher gespannt und positioniert werden sollen.

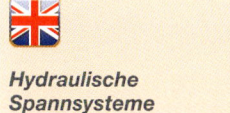

Hydraulische Spannsysteme
hydraulic clamping systems

Prüfung

1. Welches ist das am häufigsten eingesetzte Spannmittel für Werkstücke beim Fräsen?

2. Durch welche zusätzliche Einrichtung lässt sich die Spannkraft dieses Spannmittels enorm erhöhen?

3. Wann kommen Flachspanner zum Einsatz?

4. Nennen Sie drei Vorteile, die ein hydraulisches Spannsystem bietet.

5. Erläutern Sie, wann in der Fertigung Spannvorrichtungen eingesetzt werden.

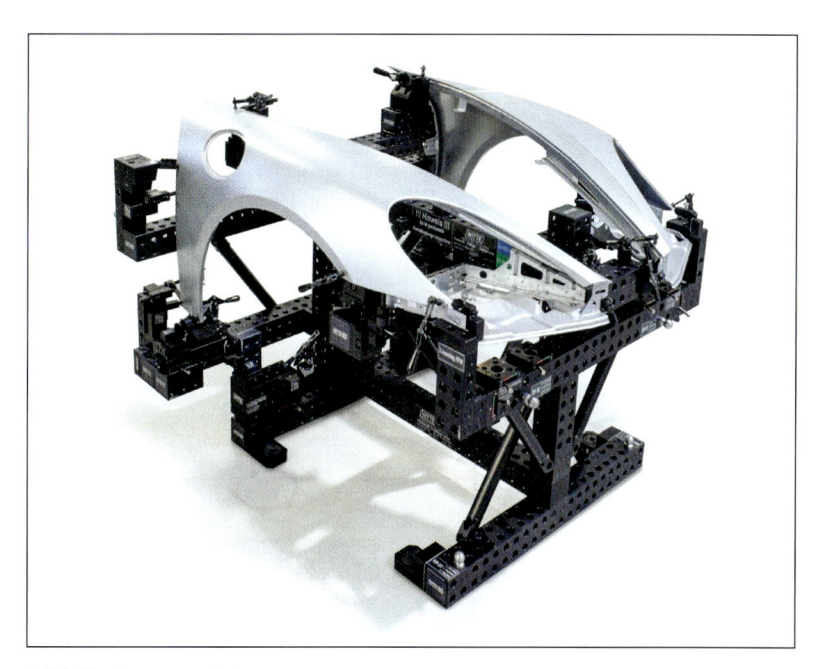

Bild 49 Spannvorrichtung

9.2 Drehen

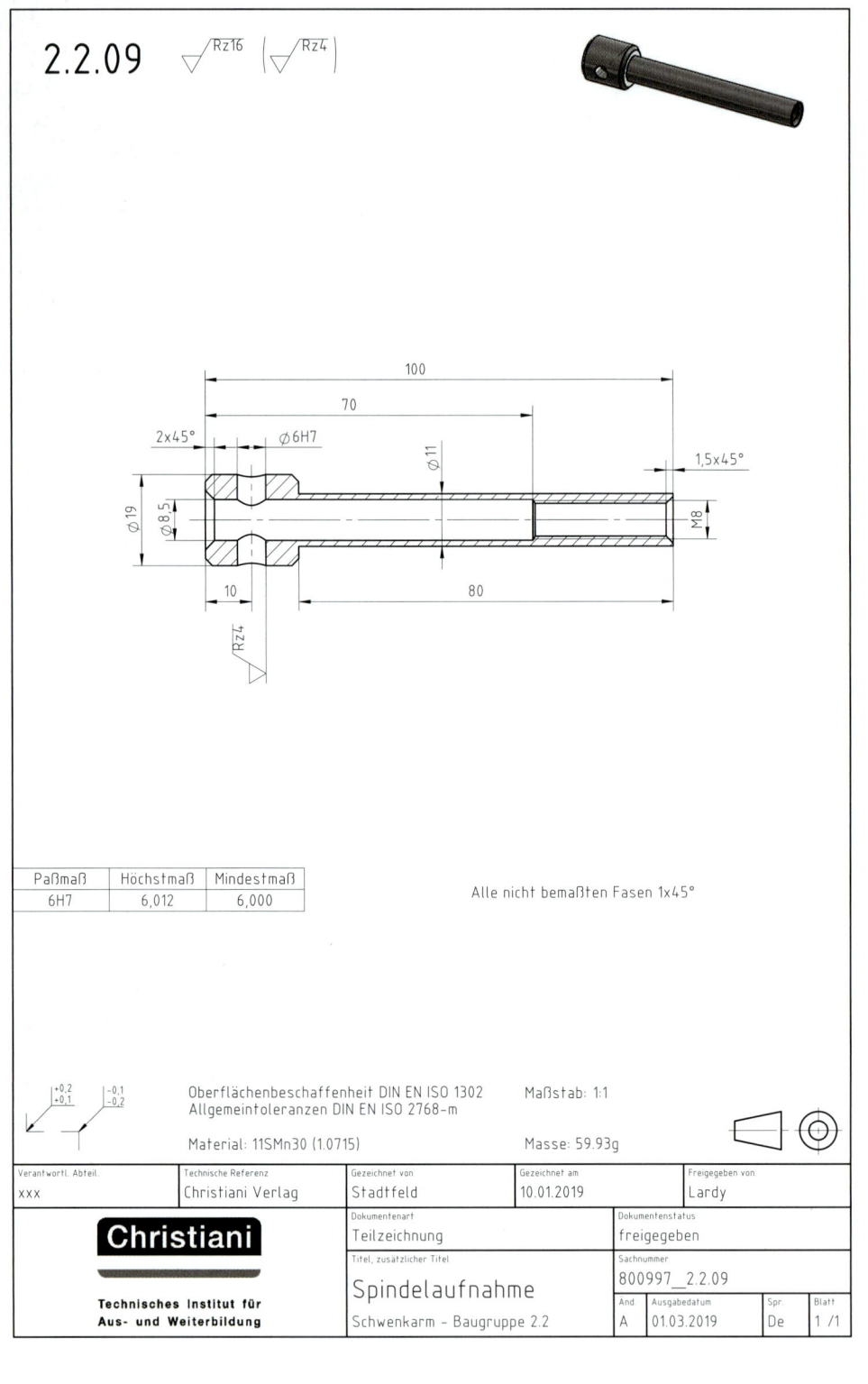

2.2.09

Paßmaß	Höchstmaß	Mindestmaß
6H7	6,012	6,000

Alle nicht bemaßten Fasen 1x45°

Oberflächenbeschaffenheit DIN EN ISO 1302
Allgemeintoleranzen DIN EN ISO 2768-m
Material: 11SMn30 (1.0715)

Maßstab: 1:1
Masse: 59.93g

Verantwortl. Abteil.	Technische Referenz	Gezeichnet von	Gezeichnet am	Freigegeben von
xxx	Christiani Verlag	Stadtfeld	10.01.2019	Lardy

Christiani
Technisches Institut für
Aus- und Weiterbildung

Dokumentenart	Dokumentenstatus
Teilzeichnung	freigegeben

Titel, zusätzlicher Titel: **Spindelaufnahme** – Schwenkarm - Baugruppe 2.2

Sachnummer: 800997_2.2.09
Änd: A | Ausgabedatum: 01.03.2019 | Spr: De | Blatt: 1/1

■ **Halbzeugform und Stahlsorte**

TB

Die Grundform der Spindelaufnahme für den Schwenkarm (Baugruppe 2, Teilgruppe 2.2) ist ein *rotationssymmetrisches Bauteil* und wird aus einem Halbzeug nach DIN EN 10087 – Rundstahl Ø 20 × 105 aus 11SMn30 – gefertigt. Die Spindelaufnahme soll daher auf einer konventionellen Drehmaschine gefertigt werden.

Drehen, Drehmaschinen

Beim **Drehen** *rotiert das Werkstück um seine eigene Achse, wodurch ein rotationssymmetrisches Werkstück entsteht. Die Spanabnahme erfolgt hierbei durch die zusätzliche geradlinige Vorschubbewegung des Werkzeuges (z. B. Drehmeißel, Bohrer). Je nach Richtung der Vorschubbewegung wird nach Längs-Rund- oder Quer-Plandrehen unterschieden.*

Konventionelle Drehmaschinen (Universaldrehmaschine) werden für die Einzel- und Kleinserienfertigung mit Längs- und Plandreharbeiten eingesetzt.

Auf CNC-Drehmaschinen können die Vorschubbewegungen auch kreisförmig verlaufen. Durch angetriebene Werkzeuge können weitere Bearbeitungen, wie z. B. das Fräsen von Flächen und Aussparungen oder das Bohren von Querbohrungen erfolgen.

Aufbau von konventionellen Drehmaschinen

Kenngrößen einer Drehmaschine

Die **Größe der Drehmaschine** wird wie folgt festgelegt:

- Die **Spitzenhöhe** beschreibt den *Abstand zwischen der Spindelmitte und dem Maschinenbett*, durch Verdoppeln der Spitzenhöhe erhält man den größtmöglichen zu bearbeitenden Durchmesser.
- Die **Spitzenweite** beschreibt den *Abstand für die größte Werkstücklänge beim Drehen zwischen Spitzen*.
- Der **Drehzahlbereich** gibt die kleinste und größte einzustellende Drehzahl der Arbeitsspindel an. Die Drehzahl ist entweder in n-konstant oder bei einigen Maschinen auch in v_C-konstant einstellbar.
- Die **Antriebsleistung** bestimmt hauptsächlich das mögliche Zeitspanungsvolumen einer Maschine. Bei Maschinen mit hoher Antriebsleistung kann die Zustellung und der Vorschub erhöht werden.

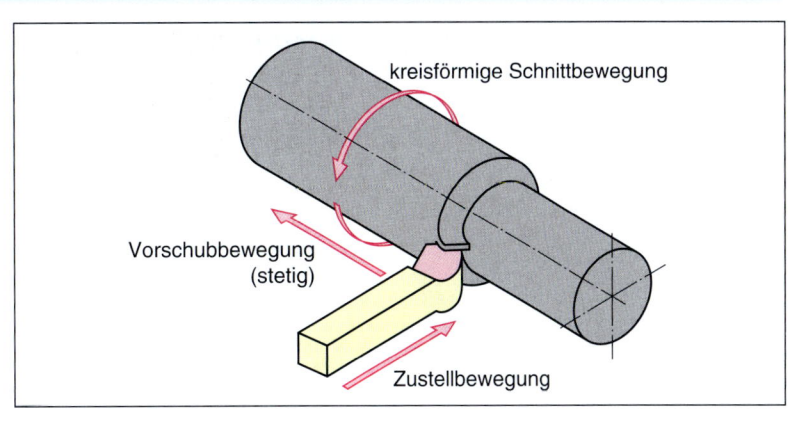

Bild 50 *Wirkung des Drehmeißels*

Bild 51 *Spitzenweite*

■ **Fertigungsverfahren Drehen**

🇬🇧

Drehen
turning

Vorschubbewegung
feed motion

Konventionelle Drehmaschine
conventional lathe

Universaldrehmaschine
universal lathe

angetriebene Werkzeuge
driven tools

weitere Bearbeitungen
further machining processes

Spitzenhöhe
centre height

Spitzenweite
distance between centres

Drehzahlbereich
speed range

Antriebsleistung
drive performance

Für rotationssymetrische Werkstücke ist Drehen zu bevorzugen.

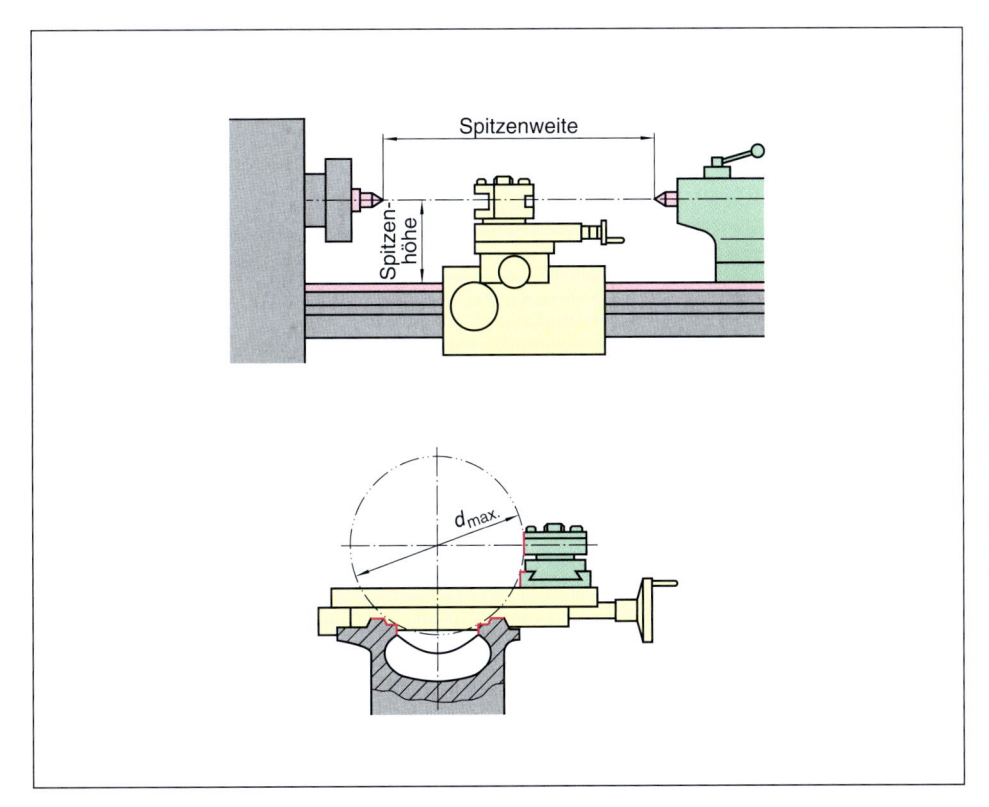

Bild 52 Konventionelle Drehmaschine

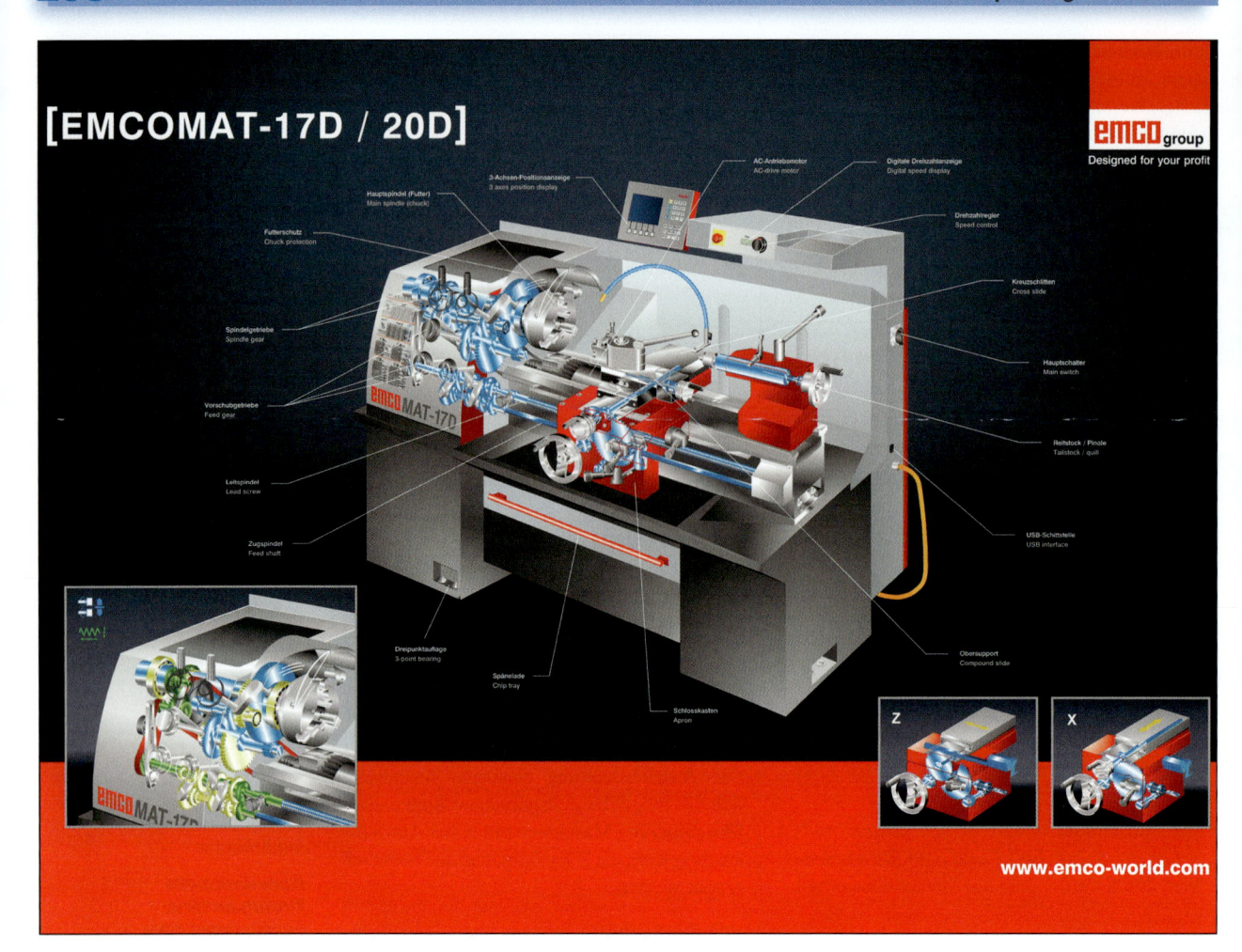

Maschinenunterbau	machine base (machine stand)
Maschinenbett	machine bed
Werkzeugschlitten	carriage
Schlosskasten	apron gearbox
Längsdrehen	longitudinal turning
Handrad	handwheel
Zugspindel	feed rod
Leitspindel	lead screw
teilbare Schlossmutter	leadscrew half nut
Planschlitten	cross slide

Grundaufbau

Auf dem **Maschinenunterbau** befindet sich das **Maschinenbett**, dieses muss sehr verwindungssteif und schwingungsdämpfend sein, da sonst keine gute Oberflächenqualität erreicht werden kann und der Werkzeugverschleiß ansteigt.

Werkzeugschlitten

Über den **Schlosskasten** zusammen mit dem **Werkzeugschlitten** erfolgt die *Vorschubbewegung für das Längsdrehen in der Z-Achse*. Entweder mit dem **Handrad** von Hand, über die **Zugspindel** (eine glatte Welle mit Längsnut oder Sechskantprofil) mit *eingestelltem Vorschub* oder mit der **Leitspindel** (eine Trapezgewindespindel), die den Bettschlitten zum *Gewindedrehen* über die **teilbare Schlossmutter** antreibt.

Mit dem **Planschlitten** erfolgt die *Vorschubbewegung für das Plandrehen in der X-Achse*. Entweder mit dem **Handrad** von Hand oder durch die **Zugspindel** mit *eingestelltem Vorschub*. Mit dem Planschlitten können auch Einstiche gedreht oder Werkstücke abgestochen werden.

Mit dem **Oberschlitten** erfolgt eine *Vorschubbewegung für das Längsdrehen in der Z-Achse von Hand*. Der Oberschlitten kann z. B. für das Kegeldrehen gedreht werden. Auf dem Oberschlitten befindet sich der Schnellwechselhalter mit Werkzeug.

Spindeldrehzahl und Vorschubantrieb

Ein **Elektromotor** (in der Regel mit zwei Schaltstufen für die Drehzahl) treibt über einen Riementrieb das Hauptgetriebe an.

Im **Hauptgetriebe** kann stufenweise die Drehzahl für die Arbeitsspindel eingestellt werden.

Im **Vorschubgetriebe** wird der *maschinelle Vorschub für den Werkzeug- und Planschlitten eingestellt.* Die Vorschubgeschwindigkeit wird beim Drehen in *mm pro Umdrehung* angegeben. *Das Vorschubgetriebe ist daher direkt mit dem Hauptgetriebe verbunden*, damit der Vorschub bei unterschiedlichen Drehzahlen gleichbleibend ist.

Reitstock

Der **Reitstock** kann auf dem Maschinenbett verschoben und geklemmt werden. Über eine *Pinole im Reitstock mit Morsekegelaufnahme* können verschiedene Werkzeuge aufgenommen werden. Über ein Handrad erfolgt die Zustellbewegung für die Werkzeuge.

- Mit einer *mitlaufenden Zentrierspitze* werden lange Werkstücke gegen das Wegdrücken abgestützt.
- Mit einem Bohrfutter werden z. B. Bohrer, Senker und Reibahlen eingespannt.
- Größere Werkzeuge und Gewindeschneidvorrichtungen können direkt über den Morsekegel aufgenommen werden.

Sicherheit an Drehmaschinen

Drehmaschinen müssen aus Sicherheitsgründen

- mit einer Motorbremse versehen sein, damit das rotierende Werkstück nach dem *Ausschalten der Spindel* oder dem Betätigen des **Not-Aus**-Schalters sofort zum Stillstand kommt,
- eine Futterschutzhaube besitzen, die mit einem Schalter versehen ist, der das Einschalten der Spindel bei geöffneter Schutzhaube verhindert,
- einen **Not-Aus**-Schalter besitzen.

Zusätzlich sind noch weitere Unfallverhütungs-Vorschriften einzuhalten:
- Eng anliegende Arbeitskleidung tragen.
- Lange Haare sind eng zusammenzubinden oder es muss ein Haarnetz getragen werden.
- Werkzeug- und Werkstückwechsel sowie alle Rüstarbeiten und Messungen sind grundsätzlich bei stillstehender Maschine durchzuführen.
- Späne dürfen nur mit Pinsel, Handfeger oder Spänehaken entfernt werden.
- Nicht in die Nähe von laufenden Werkstücken greifen.

- Werkstücke und Werkzeuge sicher und fest einspannen.
- Schutzbrille tragen, zum Schutz von herumspritzendem Kühlschmierstoff und herumfliegenden Spänen.
- Bei Störungen Maschine stilllegen und gegen Wiederinbetriebnahme sichern.
- Reparaturen dürfen nur durch geschultes und fachlich geeignetes Fachpersonal durchgeführt werden.

Spannmittel

Beim Drehen entstehen große Schnittkräfte zwischen Werkstück und Werkzeug. Damit beim Drehen das Werkstück und die Werkzeuge sicher gespannt sind, gibt es je nach Größe und Form unterschiedliche Spannmittel.

> Werkstücke und Werkzeuge immer so kurz wie möglich einspannen, um Schwingungen zu vermeiden.

Spannmittel für Werkstücke

Backenfutter

In **Dreibackenfutter** können zylindrische und z. B. sechskantförmige Bauteile gespannt werden.

In **Vierbackenfutter** werden Vier- oder Achtkantprofile gespannt. *Sie eignen sich nicht sehr gut für zylindrische Bauteile.*

Aus **Sicherheitsgründen** dürfen die Backen nicht zu weit geöffnet werden und aus dem Futterkörper herausragen. Für größere Werkstücke können die außen gestuften Spannbacken gegen innen gestufte getauscht werden.

Der Spanndruck muss der Bearbeitung und der Werkstückstabilität angepasst werden, um Deformationen zu vermeiden.

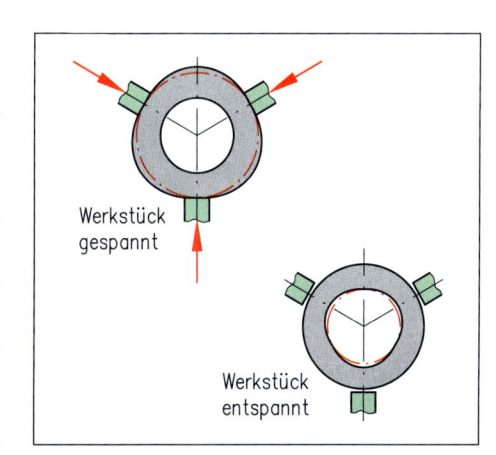

Bild 53 *Formfehler durch Spannung*

Oberschlitten
upper slide

Elektromotor
electric motor

Hauptgetriebe
main spindle gear box

Vorschubgetriebe
quick change gear box

Reitstock
tailstock

Pinole
quill

mitlaufende Zentrierspitze
revolving lathe centre

Bohrfutter
drill chuck

Not-Aus
Emergency Stop

Spannmittel
clamping devices

Schwingungen
vibrations

Backenfutter
jaw chuck

Dreibackenfutter
3-jaw chuck

Vierbackenfutter
4-jaw chuck

Maschinelle Zerspanungsverfahren

Die Wahl der Werkstückspannung ist von der geforderten Werkstückgenauigkeit abhängig.

🇬🇧

Spannzangenfutter
collet chucks

Schnellwechselhalter
quick change lathe tool post

Längs-Runddrehen
Longitudinal turning

Quer-Plandrehen
face turning
(facing)

Außen- und Innendrehen
outside and internal turning

Profildrehen
profile turning

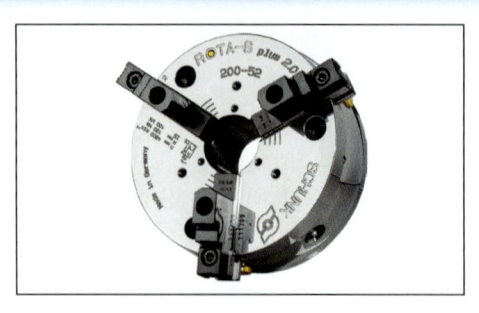

Bild 54 *Spannfutter*

Spannzangenfutter

Spannzangenfutter bieten eine hohe Rundlauf- und Wiederholgenauigkeit. Die Materialoberflächen werden nicht beschädigt, und es lassen sich auch sehr kleine Durchmesser gut spannen.

Nachteil: Es können nur kleine Spannkräfte aufgebaut werden. Dies ist bei der Wahl der Schnittdaten zu berücksichtigen.

Bild 55 *Spannzangenfutter*

Mit einer mitlaufenden Zentrierspitze im Reitstock können lange Werkstücke gegen das Wegdrücken abgestützt werden.

Spannmittel für Werkzeuge

Schnellwechselhalter

Mit Schnellwechselhalter wird eine präzise und gleichbleibende Stellung der Werkzeuge, auch nach einem Werkzeugwechsel, gewährleistet. Die richtige Höhe der Werkzeuge wird über eine Höhenverstellschraube eingestellt.

Bild 56 *Schnellwechselhalter*

Die Halter können stufenweise auf der Aufnahme gedreht werden.

Drehverfahren

Die Drehverfahren unterscheiden sich nach der Vorschubbewegung und zu erzeugenden Fläche in:

Längs-Rund- und Quer-Plandrehen

Beim **Längs-Runddrehen** *werden zylindrische Flächen erzeugt.*

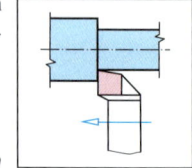

Bild 57 *Längs-Runddrehen*

Beim **Quer-Plandrehen** *wird eine rechtwinklig zur Drehachse liegende Fläche (Planfläche) erzeugt.*

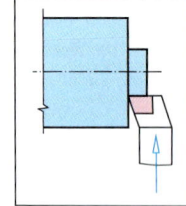

Bild 58 *Quer-Plandrehen*

Außen- und Innendrehen

Je nach **Lage der Bearbeitungsfläche** wird in **Außen- und Innendrehen** unterschieden. *Beim Innendrehen werden spezielle Drehmeißel benötigt, die durch die Form des Werkstücks bestimmt werden.*

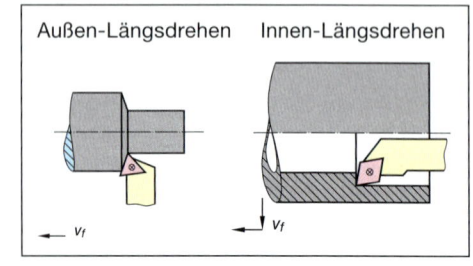

Bild 59 *Außen- und Innendrehen*

Profildrehen

Mit **Profildrehen** werden komplexe Werkstückprofile hergestellt, die sich mit einem normalen Drehmeißel nicht herstellen lassen. *Die Drehmeißel besitzen das Negativprofil des zu erstellenden Werkstückprofils.*

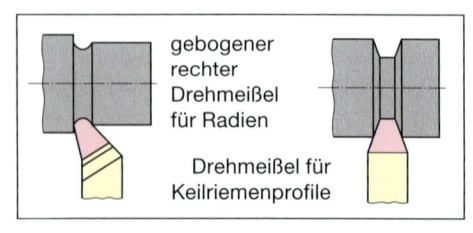

Bild 60 *Profildrehen*

Drehverfahren, Drehwerkzeuge

Ein- und Abstechdrehen

Das **Einstechdrehen** wird zum Erstellen von Nuten in Werkstücken eingesetzt (z. B. für Sicherheitsringe). Einstiche können entweder *senkrecht zur Drehachse (Quer-Einstechen)* oder *entlang der Drehachse (Längs-Einstechen)* hergestellt werden.

Das **Abstechdrehen** kommt zum Einsatz, wenn Drehprozesse automatisiert werden, z. B. wenn Werkstücke von der Stange gedreht und am Ende des Fertigungsprozesses abgestochen werden. Hierfür können auch Stechdrehmeißel mit einem Einstellwinkel von ca. 8° verwendet werden. Dadurch verringert sich der Materialrest am Fertigteil.

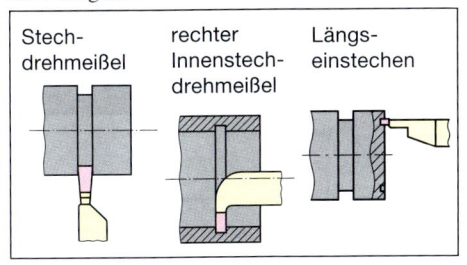

Bild 61 Einstechdrehen

Gewindedrehen

Beim **Gewindedrehen** wird mit speziellen *Drehmeißeln, welche die Form der Gewindeflanken herstellen*, gefertigt. *Der eingestellte Vorschub entspricht der Gewindesteigung.* Der Vorschub wird hierbei über die **Leitspindel** ausgeführt.

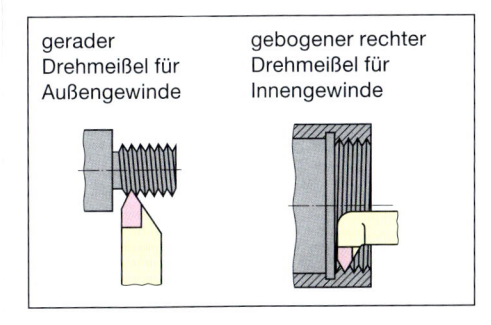

Bild 62 Gewindedrehen

Schrupp- und Schlichtdrehen

Beim **Schruppdrehen** soll das Werkstück in möglichst kurzer Zeit vorgedreht werden. Hierfür wird ein *großer Vorschub*, eine *große Schnitttiefe*, eine *kleine Schnittgeschwindigkeit* und eine *stabile Schneidengeometrie* verwendet. *Die Oberflächengüte wird beim Schruppen vernachlässigt.*

Beim **Schlichtdrehen** soll die geforderte Oberflächengüte hergestellt werden.

Hierfür werden ein *kleiner Vorschub*, eine *kleine Schnitttiefe* und eine *hohe Schnittgeschwindigkeit* verwendet.

Drehwerkzeuge

Drehwerkzeuge gibt es in verschiedenen Ausführungen.

- Das Drehverfahren bestimmt die Form der Drehwerkzeuge.
- Der Aufbau der Drehwerkzeuge bestimmt die Wirtschaftlichkeit:
  - Drehmeißel aus HSS oder mit aufgelöteten Schneidplatten werden nur noch in Sonderfällen oder in der Ausbildung eingesetzt.
  - Für eine wirtschaftliche Fertigung werden Drehwerkzeughalter mit aufgeschraubten oder geklemmten Wendeschneidplatten verwendet.

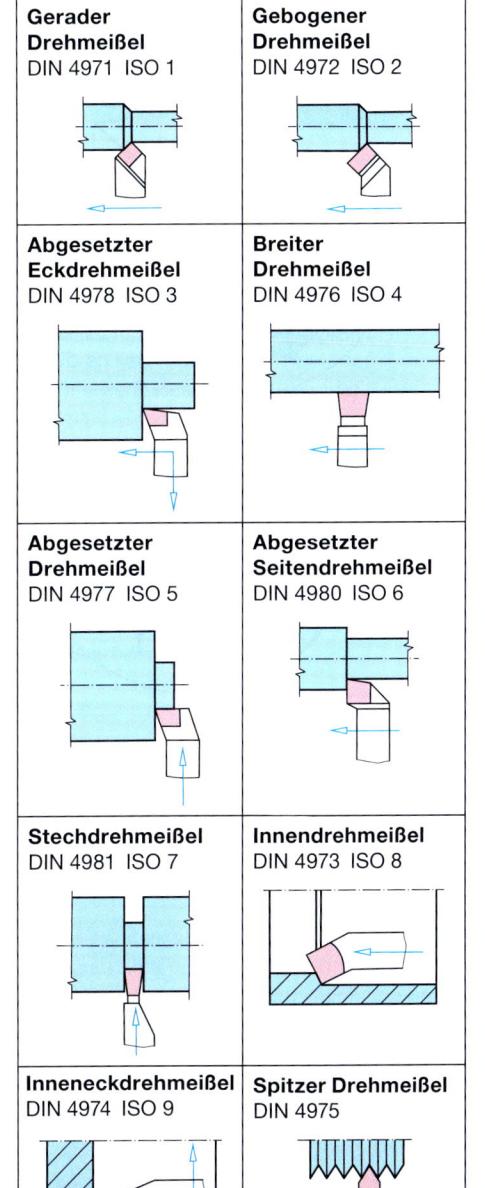

Gerader Drehmeißel DIN 4971 ISO 1	Gebogener Drehmeißel DIN 4972 ISO 2
Abgesetzter Eckdrehmeißel DIN 4978 ISO 3	Breiter Drehmeißel DIN 4976 ISO 4
Abgesetzter Drehmeißel DIN 4977 ISO 5	Abgesetzter Seitendrehmeißel DIN 4980 ISO 6
Stechdrehmeißel DIN 4981 ISO 7	Innendrehmeißel DIN 4973 ISO 8
Inneneckdrehmeißel DIN 4974 ISO 9	Spitzer Drehmeißel DIN 4975

■ **Drehwerkzeuge**

TB

Es ist situationsbedingt zu entscheiden, ob ein Einstellwinkel notwendig ist.

Einstechdrehen
recessing

Abstechdrehen
cutting off

Gewindedrehen
thread turning

Schruppdrehen
roughing

Schlichtdrehen
finishing

Drehwerkzeuge
turning tools
(lathe tools)

Schnittgeschwindigkeit, Vorschub, Schnitttiefe für Drehmeißel aus HSS

Werkstückwerkstoff	Zugfestigkeit R_m N/mm² Brinellhärte HB	Schnittgeschwindigkeit v_c m/min	Vorschub f mm	Schnitttiefe a_p mm	Schneidwerkstoff	Freiwinkel α	Spanwinkel γ	Neigungswinkel λ_s
Stahl, unlegiert	< 500	65 ... 50	0,1 ... 0,5	3	S 10-4-3-10	8°	18°	0 ... + 4°
		50 ... 40	0,2 ... 1	6	S 18-1-2-10	8°	18°	0 ... – 4°
Stahl, legiert	500 ... 900	30 ... 22	0,1 ... 0,5	3	S 10-4-3-10	8°	18°	0 ... + 4°
		22 ... 18	0,2 ... 1	6	S 18-1-2-10	8°	18°	0 ... – 4°
Vergütungsstahl	... 900	22 ... 18	0,5 ... 1	3 ... 6	S 18-1-2-10	8°	18°	0 ... – 4°
Stahlguss, GS	... 700	22 ... 15	0,5 ... 1	3 ... 6	S 10-4-3-10	8°	14°	0 ... – 4°
Gusseisen, EN-GJL Temperguss, EN-GJM	150 ... 250	40 ... 15	0,3 ... 0,6	3 ... 6	S 12-1-4-5	8°	0° ... 10°	0 ... – 4°
Al-Legierungen	–	180 ... 120	0,1 ... 0,6	3 ... 6	S 10-4-3-10	10°	18° ... 30°	+ 4
Cu-Zn-Legierungen – Messing – Bronze	–	120 ... 80	0,1 ... 0,3	6	S 10-4-3-10	10°	18° ... 30°	+ 4
		150 ... 100	0,1 ... 0,6	3	S 10-4-3-10	10°	18° ... 30°	+ 4
Kunststoff – Thermoplaste – Duroplaste ohne Füllstoffe	–	400 ... 200	0,1 ... 0,5	bis 6	S 14-1-4-5	10°	0° ... 5°	+ 4
		250 ... 80	0,1 ... 0,5	bis 6	S 14-1-4-5	10°	0°	+ 4

Schnittgeschwindigkeit, Vorschub für Wendeschneidplatten aus HM

Werkstückwerkstoff	Zugfestigkeit R_m N/mm² Brinellhärte HB	Vorschub f mm	Schnittgeschwindigkeit[1] v_c in m/min					
			Schneidwerkstoff beschichtetes Hartmetall			Schneidwerkstoff unbeschichtetes Hartmetall		
			P15C	P25C	P35C	P10	P40	K10
Stahl, unlegiert	< 500	0,1 ... 0,5	260 ... 230	... 190	... 120	... 250		–
Automatenstahl		0,5 ... 1,5						
Stahl, legiert	500 ... 900	0,1 ... 0,5				... 210		
Einsatzstahl		0,5 ... 1,5	220 ... 200	200 ... 170	140 ... 110	140 ... 115	80 ... 65	–
Vergütungsstahl	900 ... 1200	0,1 ... 0,5	230 ... 205	180 ... 150	140 ... 120	125 ... 110	90 ... 70	
		0,5 ... 1,5	205 ... 180	150 ... 130	120 ... 90	110 ... 90	70 ... 60	–
Stahlguss, GS	< 900	0,1 ... 0,5	200 ... 150	140 ... 120	110 ... 90	115 ... 90	80 ... 65	–
		0,5 ... 1,5	150 ... 120	120 ... 100	90 ... 75	90 ... 80	65 ... 55	
Gusseisen, EN-GJL Temperguss, EN-GJM	150 ... 250	0,1 ... 0,5	230 ... 180	200 ... 150	140 ... 125	–	–	145 ... 125
		0,5 ... 1,5	180 ... 140	150 ... 110	125 ... 95	–	–	125 ... 105
Al-Legierungen	–	0,1 ... 0,6	600 ... 400	–	–	–	–	600 ... 200
Cu-Zn-Legierungen	–	0,1 ... 0,6	–	–	–	–	–	500 ... 200

[1] Die Richtwerte beziehen sich auf eine Standzeit von 15 Minuten für Stahl, 30 Minuten für NE-Metalle.

Bild 69 Auszug aus dem Tabellenbuch Metalltechnik

Schnittgeschwindigkeit — cutting speed

Schnittgeschwindigkeit v_c

Die **Schnittgeschwindigkeit** ist der *wichtigste Faktor beim Drehen*, sie bestimmt hauptsächlich die *Spanbildung und die Standzeit* der Werkzeugschneide.

> Bei Schruppbearbeitungen werden in der Regel eher die unteren v_c-Werte und bei Schlichtbearbeitung die oberen v_c-Werte eingesetzt. Je nach Maschine, Spanbildung und Werkstück müssen die v_c-Werte noch angepasst werden.

Eine möglichst hohe Schnittgeschwindigkeit verkürzt die Fertigungszeit und steigert somit die Wirtschaftlichkeit.

Die Drehzahl beim Drehen wird aus der Schnittgeschwindigkeit und dem Drehdurchmesser berechnet.

Da beim Plandrehen mit konstanter Drehzahl die Schnittgeschwindigkeit mit kleiner werdendem Durchmesser abnimmt, geht man beim Plandrehen für die Berechnung der Drehzahl vom mittleren Durchmesser (d_m) aus.

Schnittgeschwindigkeit

Drehzahl

$$n = \frac{v_C \cdot 1000 \, \frac{mm}{m}}{\pi \cdot d}$$

- n Drehzahl in $\frac{1}{min}$
- v_C Schnittgeschwindigkeit in $\frac{m}{min}$
- d Werkstückdurchmesser in mm

Vorschub f

Der Vorschub f bestimmt hauptsächlich die *Spanbildung und die Oberfläche* des Werkstücks.

Die theoretische Oberflächengüte (Rautiefe R_z) kann in Abhängigkeit von Vorschub und Eckenradius berechnet werden.

Beim Schlichten wird *die Schnitttiefe a_p kleiner* gewählt, um Vibrationen durch die auftretenden Schnittkräfte zu vermeiden.

Beim Längsdrehen sollte auch beim Schlichten eine höhere Schnitttiefe als die Größe des Eckenradius gewählt werden. Dies sorgt für eine verbesserte Spankontrolle.

Spanleistung

$$\dot{Q} = A \cdot v_c$$

$$\dot{Q} = a_p \cdot f \cdot v_c$$

$$\dot{Q} = \frac{P_c}{k_c}$$

Vorschub
feed

Schnitttiefe
depth of cut

Rautiefe in Abhängigkeit von Vorschub und Eckenradius

$R_z = \frac{f^2}{8 \cdot r}$ R_z gemittelte Rautiefe r Radius an der Schneidenecke f Vorschub	Radius r in mm	Vorschub f in mm/Umdrehung für					
		Schruppen		Schlichten		Feindrehen	
		R_z 100 µm	R_z 63 µm	R_z 25 µm	R_z 16 µm	R_z 6,3 µm	R_z 4 µm
	0,4	0,57	0,45	0,28	0,2	0,14	0,1
	0,8	0,8	0,63	0,4	0,3	0,2	0,16
	1,2	1	0,8	0,5	0,4	0,25	0,2
	1,6	1,13	0,9	0,6	0,5	0,3	0,25
	2,4	1,4	1,3	0,7	0,6	0,4	0,3

Bild 70 Auszug aus dem Tabellenbuch Metalltechnik

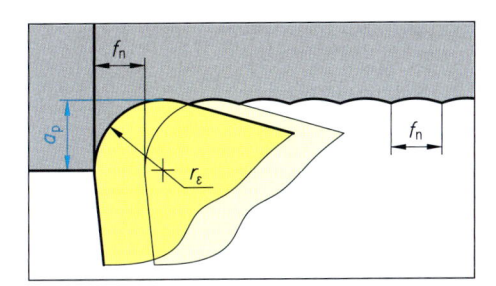

Bild 71 Vorschub Eckenradius

Bei Schruppbearbeitungen werden in der Regel die oberen f-Werte und bei Schlichtbearbeitung die unteren f-Werte eingesetzt. Je nach geforderter Oberflächengüte, Spanbildung, Maschine und Werkstück muss der Vorschub noch angepasst werden.

Prüfung

1. Schnittdaten für die Fertigung des Ø 11 der Spindelaufnahme laut Tabellenbuch.
   a) Berechnen Sie die Drehzahlen für das Schruppen und Schlichten.
   b) Wählen Sie den Vorschub für die Schruppbearbeitung.

2. Berechnen Sie den Vorschub für die Schlichtbearbeitung (R_z 16)

3. Berechnen Sie das Zeitspanungsvolumen für die Schruppbearbeitung mit den Schnittdaten aus Aufgabe 1.

■ **Fertigungsverfahren Drehen**

Schnitttiefe a_p

Die **Schnitttiefe a_p** hängt **beim Schruppen** *von der Werkstückstabilität, der Maschinenleistung und der Schneidenlänge ab*. Für eine wirtschaftliche Fertigung sollte die Schnitttiefe a_p beim Schruppen möglichst groß gewählt werden.

Kräfte beim Drehen

Kräfte beim Drehen
forces acting on the lathe tool

Zerspankraft
machining force

Schnittkraft
cutting force

Vorschubkraft
feed force

Passivkraft
passive force

Spanform
chip shape

Beim Zerspanungsprozess wirkt eine Zerspankraft F, diese setzt sich zusammen aus der Schnittkraft F_c, der Vorschubkraft F_f und der Passivkraft F_p.

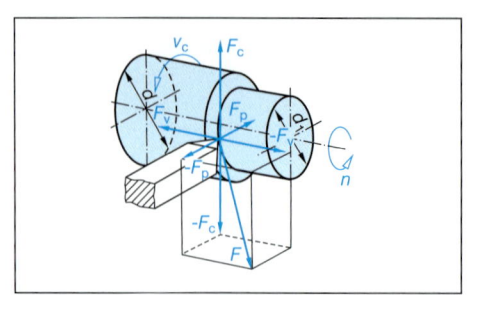

Bild 72 Berechnungen zum Drehen

Die **Schnittkraft** F_c ergibt sich aus dem Spanungsquerschnitt und der spezifischen Schnittkraft k_c.

Die **spezifische Schnittkraft** k_c ist abhängig von der Spanungsdicke und dem Werkstoff. Sie wird in Experimenten ermittelt und in Tabellen festgehalten.

Spannungsquerschnitt

$$A = b \cdot h = a_p \cdot f \qquad a_p = \frac{d - d_1}{2}$$

$$h = f \cdot \sin \chi_r \qquad F_c = k_c \cdot A$$

Die **Vorschubkraft** F_f ist in der Regel wesentlich kleiner als die Schnittkraft F_c und wirkt in Vorschubrichtung.

Die **Passivkraft** F_p wirkt senkrecht zur Werkstückachse und ist hauptsächlich vom Einstellwinkel abhängig. Bei 90°-Einstellwinkel wirkt theoretisch keine Passivkraft auf das Werkstück, jedoch erzeugt bereits der Eckenradius auch eine Passivkraft. Mit kleiner werdendem Einstellwinkel erhöht sich die Passivkraft und versucht, das Werkstück abzudrängen. Dadurch kann es bei instabilen Werkstücken zu Formfehlern und Vibrationen kommen.

■ **Werte für Berechnungen zur Schnittkraft**
TB S. 304

■ **Fertigungsverfahren Drehen**
TB

Prüfung

1. Berechnen Sie die Schnittkraft und die Schnittleistung für die Schruppbearbeitung.
   V_c = 200 m/min, A_p = 2,5 mm,
   f = 0,3 mm, Einstellwinkel κ 90°,
   K_c = 1935 N/mm²

Spankontrolle

Die **Spankontrolle (Spanbildung)** beim Drehen hängt ab von

- dem zu bearbeitenden Material,
- der Schneidengeometrie,
- den Schnittdaten.

Die **Spanform** ist für den Bearbeitungsprozess sehr wichtig. Kurze, aber nicht zu feine Späne sind am leichtesten zu beseitigen. Mit zunehmender Spanlänge erhöht sich die Gefahr, dass er sich um das Werkstück bzw. das Werkzeug wickelt und dabei die Oberfläche zerkratzt, den Schneidvorgang stört und den Maschinenbediener gefährdet.

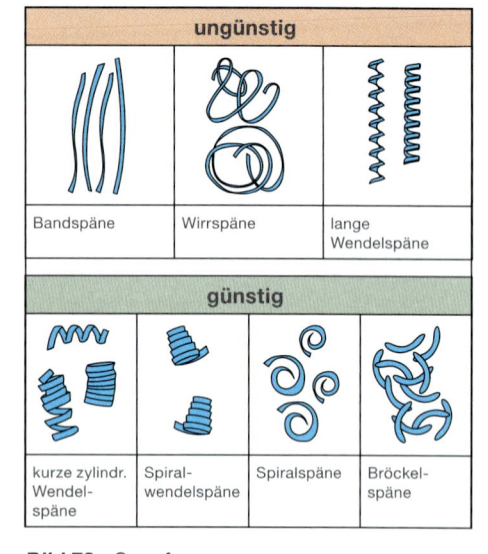

ungünstig		
Bandspäne	Wirrspäne	lange Wendelspäne

günstig			
kurze zylindr. Wendelspäne	Spiralwendelspäne	Spiralspäne	Bröckelspäne

Bild 73 Spanformen

Werkstoff

Kurzspanende Werkstoffe (z. B. Guss) sind in der Regel leicht zerspanbar. Bei Werkstoffen mit hoher Zähigkeit ist der Spanbruch schwieriger, diese neigen zu langen Spänen.

Spanwinkel γ

Ein **kleiner Spanwinkel** *staucht den Werkstoff stark*, der Span kann nicht gut abgleiten und bricht daher schnell.

- Kurze Reißspäne
- Schlechte Oberflächengüte

Ein **großer Spanwinkel** *lässt die Schneide gut in den Werkstoff eindringen*, der Span gleitet gut über die Spanfläche und bricht schlecht ab.

- Lange Fließspäne
- Gute Oberflächengüte

Standzeit und Verschleiß

Um bei großen Spanwinkeln den Span besser zu brechen, haben Wendeschneidplatten nach der Spanfläche einen kleinen Radius, den sogenannten *Spanbrecher*.

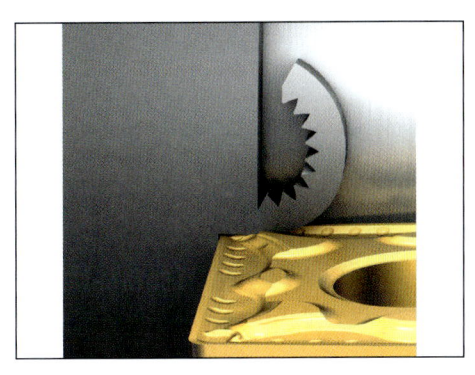

Bild 74 Seitenansicht einer Wendeschneidplatte

Schnittgeschwindigkeit v_c

Bei zu **niedriger Schnittgeschwindigkeit** v_c erfolgt *kein gleichmäßiger Schnitt*, die Werkstoffkörner werden aus dem Gefüge herausgerissen.

- Kurze Reißspäne
- Schlechte Oberflächengüte

Bei **hoher Schnittgeschwindigkeit** v_c erfolgt ein *gleichmäßigerer Schnitt*, die Werkstoffkörner werden durchtrennt (durchgeschnitten).

- Lange Fließspäne
- Gute Oberflächengüte

Vorschub f

Ein **kleiner Vorschub** f erzeugt *dünne Späne*. Diese lassen sich gut umformen, und der Span bricht schlecht ab.

- Lange Späne
- Gute Oberflächengüte

Ein **großer Vorschub** f erzeugt *dicke Späne*. Diese lassen sich nicht gut umformen, und der Span bricht schneller ab.

- Kurze Späne
- Schlechte Oberflächengüte

Ändern der Schnittdaten im Fertigungsprozess in wirtschaftlicher Reihenfolge.

Zu lange Späne:
1. Vorschub f erhöhen (unter Berücksichtigung der Oberflächengüte).
2. Schnittgeschwindigkeit v_c reduzieren.

Zu kurze Späne:
1. Schnittgeschwindigkeit v_c erhöhen (WP-Herstellerangaben nicht überschreiten).
2. Vorschub f reduzieren.

Prüfung

1. Bei der Fertigung der Spindelaufnahme entstehen lange Späne.

   a) Welche Folgen und Gefahren können durch diese Späne entstehen?

   b) Wie können Sie die Spanbildung unter wirtschaftlichen Gesichtspunkten verbessern?

Form und Position des Spanbrechers sind vom Hersteller der Wendeschneidplatten so konzipiert, dass dieser nur in vorgegebenen Bereichen für den Vorschub optimal arbeitet. Diese empfohlenen **Vorschubwerte** des Herstellers können auf der Verpackung nachgelesen werden.

9.3 Standzeit und Verschleiß

Verschleiß lässt sich beim Zerspanungsprozess nicht vermeiden. Verschleiß an der Schneide entsteht durch Wärmeeinwirkung (Reibungskräfte), durch unterbrochenen Schnitt, schlagartige Krafteinwirkung, durch Druckbeanspruchung der Schneidkante usw.

Die **Standzeit** ist die Eingriffszeit der Werkzeugschneide, bis diese den zulässigen Verschleißgrad erreicht hat.

Beim Fräsen ist die Werkzeugschneide sich abwechselnden thermischen Belastungen ausgesetzt. Die Schneide erwärmt sich während des Schneideneingriffs und kühlt anschließend wieder ab.

Standzeit
lifetime

Verschleiß
wear

Glossar

Standzeit
tool life

Verschleiß
wear

Verschleißursachen
causes of wear

mechanischer Verschleiß
mechanical wear

Abrasion (Abrieb)
abrasive wear

Aufbauschneide (Adhäsionsverschleiß)
build-up-edge

thermischer Verschleiß
thermal wear

Oxidation
oxidation

Diffusion
diffusion

Die Schnittgeschwindigkeit hat den größten Einfluss auf die Standzeit.

In der Fertigung nimmt man zum Teil eine kürzere Standzeit in Kauf, wenn dadurch die Fertigungszeit verringert werden kann und die Wirtschaftlichkeit steigt. Ebenso werden in der Serienproduktion die Wendeschneidplatten oft vor Erreichen der Standzeit ausgewechselt, um einen eventuellen Schneidplattenbruch und ungeplante Maschinenstillstände zu vermeiden.

Die Standzeit kann sich durch z. B. schlechte Werkstück- oder Werkzeugspannung, instabile Maschine und einen unterbrochenen Schnitt verringern.

Verschleiß macht sich bei der Bearbeitung bemerkbar durch z. B.:

- Vibrationen, erkennbar an der Werkstückoberfläche und an Geräuschen.
- Maßabweichung.
- Schlechte und ungleichmäßige Oberfläche.
- Gratbildung.
- Anstieg der Werkstück- und Werkzeugtemperatur.
- Ungleiche Spanentwicklung.
- Lärmentwicklung.
- Anstieg der Maschinenleistung.

Verschleißursachen

Für die Entstehung von **mechanischem Verschleiß** sind eine niedrige Schnittgeschwindigkeit und die dadurch bedingten geringen Temperaturen verantwortlich.

- **Abrasion (Abrieb)**

  Bei der Zerspanung gleitet der Span über die Spanfläche und das Werkstück reibt an der Freifläche. Hierdurch werden Partikel von der Wendeschneidplatte abgerieben.

  Abhilfe:
  Abrasionsverschleiß lässt sich nicht vermeiden. Durch den Einsatz härterer Schneidstoffe und Beschichtungen kann er verringert werden.

- **Aufbauschneide (Adhäsionsverschleiß)**

  Wenn der Span infolge einer zu geringen Schnitttemperatur oder zu kleinem Spanwinkel nicht richtig abfließen kann, werden durch die hohen Drücke Spanpartikel auf der Schneide verschweißt. Dadurch verändert sich die Schneidkantengeometrie und es kommt zu neuen Verschweißungen. Beim Losreißen der Spanpartikel werden auch Schneidkantenteilchen mit abgerissen, was bis zum Schneidplattenbruch gehen kann. Aufbauschneiden treten vor allem bei sehr klebrigen Werkstückstoffen wie kohlenstoffarmer Stahl, rostfreier Stahl und Aluminium auf.

  Abhilfe:
  Schnittgeschwindigkeit v_c erhöhen,
  Schneidengeometrie anpassen,
  Kühlschmierstoff verwenden,
  beschichtete Schneidplatten verwenden.

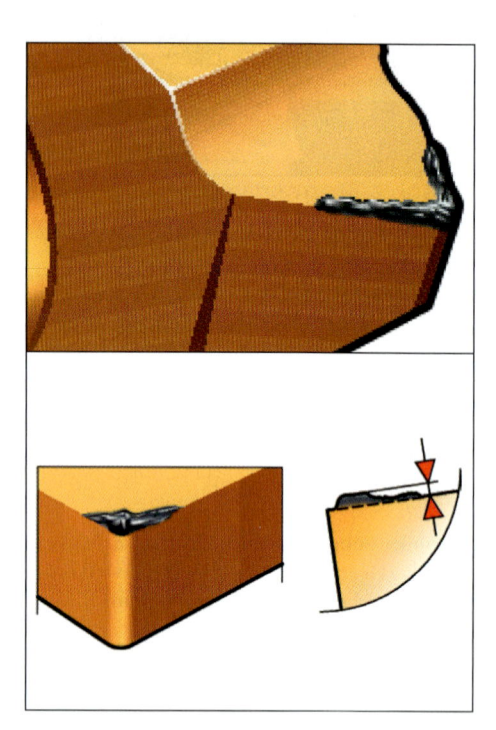

Bild 75 Aufbauschneide

Thermischer Verschleiß entsteht bei hohen Schnittgeschwindigkeiten und Temperaturen durch:

- **Oxidation**

  Aufgrund von hohen Temperaturen an der Schneidkante reagiert der Schneidstoff mit Luftsauerstoff, dadurch bildet sich eine sehr spröde Schicht (Zunder), die bei Belastung wegbricht.

- **Diffusion**

  Bei hohen Temperaturen wandern Atome zwischen Span und Schneidstoff und vermischen sich. Durch die Atome des weicheren Werkstoffes wird die Schneide zunehmend weicher und verformt sich.

  Abhilfe:

  Durch den Einsatz beschichteter Schneidstoffen mit harter Oberfläche kann Oxidations- und Diffusionsverschleiß reduziert werden.

Verschleißursachen, Verschleißformen

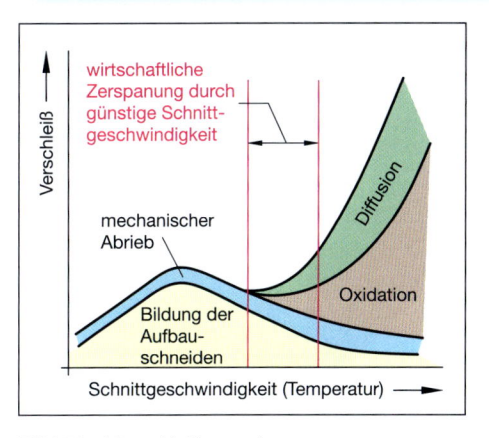

Bild 76 Verschleißursachen

Verschleißformen

Verschleißformen können an der Schneidkante einzeln oder auch kombiniert auftreten.

Die gängigsten Verschleißformen sind:

Freiflächenverschleiß

ist ein Abrieb an der Freifläche der Schneidplatte. Er hat Einfluss auf die Oberflächengüte, die Maßgenauigkeit, die Bearbeitungstemperatur und auf die Maschinenleistung.

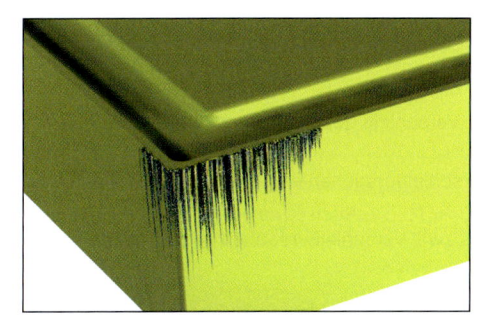

Bild 77 Freiflächenverschleiß

Ursachen:
- Zu hohe Schnittgeschwindigkeit.
- Zu zähe Schneidplattensorte.
- Unzureichende Verschleißfestigkeit.
- Zu geringe Kühlmittelzufuhr.

Abhilfe:
- Schnittgeschwindigkeit reduzieren.
- Geeignetere Schneidplattensorte wählen.
- Kühlschmierstoffmenge erhöhen.

Kerbverschleiß

An der äußeren Stelle der Schneidzone, an der gut Luft an die Schneide kommt, zusammen mit hohen Temperaturen, entsteht Oxidation. Dadurch bildet sich an dieser Stelle eine Kerbe. Kerbverschleiß führt zu einer mangelnden Oberflächengüte und kann zu einem Schneidenbruch führen.

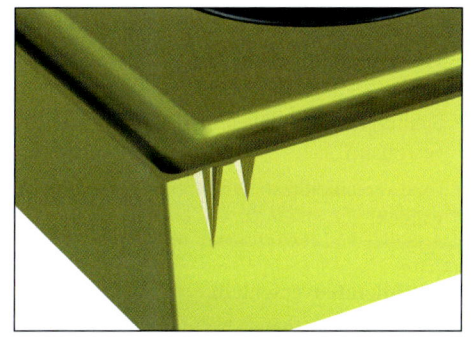

Bild 78 Kerb- oder Oxidationsverschleiß

Ursachen:
- Klebende und/oder kaltverfestigende Werkstoffe.
- Verwendung eines ~90°-Einstellwinkels.

Abhilfe:
- Eine schärfere Schneide wählen.
- Einstellwinkel verringern.
- Geeignetere Schneidplattensorte wählen.
- Variierende Schnitttiefen wählen.
- Kühlschmierstoffmenge erhöhen.

Kolkverschleiß

Wird die Werkzeugschneide zu heiß, so entsteht durch den Verlust von Kohlenstoff in der Werkzeugschneide der Kolkverschleiß. Die Erhitzung der Werkzeugschneide entsteht durch das Abgleiten des heißen Spans an der Spanfläche. Die Werkzeugschneide wird geschwächt und die Schnittkräfte nehmen zu, was zum Werkzeugbruch führen kann.

Kolkverschleiß ist eine Kombination aus Abrasions- und Diffusionsverschleiß.

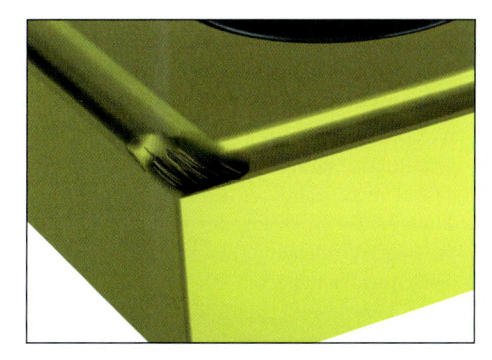

Bild 79 Kolkverschleiß

Verschleißformen
types of wear

Freiflächenverschleiß
flank wear

Kerbverschleiß
notch wear

Kolkverschleiß
crater wear

Schneidkantenverschleiß
cutting edge wear

Um die Vor- und Nachteile jedes Werkstoffes richtig zu verstehen, ist es wichtig, Kenntnisse über die verschiedenen Verschleißmechanismen zu haben, denen Schneidwerkzeuge unterworfen sind.

Ursachen:
- Zu hohe Schnittgeschwindigkeit und/oder Vorschub.
- Zu zähe Schneidplattensorte.
- Zu enger Spanbrecher.

Abhilfe:
- Schnittgeschwindigkeit oder Vorschub verringern.
- Eine verschleißfestere Schneidplattensorte wählen.

Schneidkantenverschleiß

Durch unterbrochene Schnitte, sehr hoher mechanischer Belastung und hohen Temperaturspannungen können Schneidstoffpartikel aus der Schneidkante herausbrechen. Dadurch ändert sich die Schneidengeometrie, wodurch die Spanbildung ungleichmäßig wird. Es entsteht eine ungleichmäßige Abnutzung der Schneidkante und dadurch eine mangelnde Oberflächenbeschaffenheit am Werkstück. Einkerbungen und Abblättern einzelner Partikel können zu einem Werkzeugbruch führen.

Bild 80 Schneidkantenverschleiß

Ursachen:
- Instabile Bedingungen.
- Zu harte/spröde Schneidplattensorte.

Abhilfe:
- Für stabilere Bedingungen der Maschine sorgen.
- Eine zähere Schneidplattensorte wählen.
- Eine stabilere Geometrie wählen.

Prüfung

1. Wie macht sich in der spanenden Fertigung der Verschleiß des Werkzeugs bemerkbar?

2. In welche beiden Hauptgruppen werden die Verschleißursachen eingeteilt?

3. Ordnen Sie jeder dieser beiden Gruppen jeweils zwei Verschleißursachen zu und nennen Sie zu jeder Ursache Möglichkeiten der Abhilfe.

4. Nennen Sie vier verschiedene Verschleißformen und deren Ursachen.

5. Durch welche Maßnahme kann der Oxidations- und Diffusionsverschleiß reduziert werden?

6. Berechnen Sie die Hauptnutzungszeit für das Schruppen des Ø 11 mit 0,2 mm Schlichtaufmaß.
v_c = 200 m/min, a_p = 2,5 mm,
f = 0,3 mm, l_a = 2 mm, Rohteil Ø 20 mm

10 Arbeitssicherheit und Gesundheitsschutz

10.1 Arbeitssicherheit in Deutschland, wie alles begann

Mitte des 19. Jahrhunderts nahm mehr und mehr die Dampfmaschine Einzug in die verschiedensten Industriezweige. 1861 gab es ca. 8695 Dampfmaschinen in Deutschland.

Mit der steigenden Anzahl der Dampfmaschinen stieg aber auch die Anzahl der Unfälle. Es kam vermehrt zu schweren Explosionen, die zum Teil viele Arbeiter in den Tod riss.

Die Ursachen hierfür waren vielfältig:
- Konstruktionsfehler der Dampfkessel.
- Unzureichende Wartung der Dampfkessel.
- Verkalkte Sicherheitsventile (Überdruckventile).
- Zu hoher Dampfdruck durch Überhitzung.
- Wassermangel.
- Materialermüdung von Kesselblechen und Nieten.

Bild 1 Explosion eines Dampfkessels

Daraus folgte:

1871 Unternehmer gründen in Eigeninitiative zur Sicherung ihrer Produktionsanlagen den Verein zur Überwachung der Dampfkessel in den Kreisen Elberfeld und Barmen als Vorläufer des TÜV Rheinland. Kurz darauf wurde der Verein mit der Aufgabe beliehen, hoheitliche Sicherheitsinspektionen durchzuführen.

1877 Zusammenschluss von über 80 Dampfkesselbetreibern zum Rheinischen Dampfkessel-Überwachungsverein (DÜV) Köln-Düsseldorf.

1900 Der DÜV inspiziert die ersten Kraftfahrzeuge und nimmt Führerscheinprüfungen ab.

1918 Ausweitung der DÜV-Aktivitäten auf die Bereiche Bergbau und Energie.

1936 Aus den DÜV werden die TÜV, die Technischen Überwachungsvereine; aus dem Rheinischen DÜV wird der TÜV Köln.

Gesetzliche Unfallversicherung für Arbeitnehmer

Ein zweiter wichtiger Aspekt für den Arbeits- und Gesundheitsschutz ist die gesetzliche Unfallversicherung der zuständigen Berufsgenossenschaften (BGs).

Bei den Berufsgenossenschaften handelt es sich um Sozialversicherungsträger, die sich selber verwalten und sich aus den Pflichtmitgliedschaften der zugewiesenen Unternehmen finanzieren.

Die Höhe der Beiträge richten sich nach der Gefahrenklasse, der Anzahl der Arbeitsunfälle und dem Lohnniveau in einem Unternehmen.

Passieren also pro Beitragsjahr weniger Arbeits- und Wegeunfälle, muss das Unternehmen im folgenden Jahr weniger Beiträge bezahlen.

Die Unternehmer sollen mit diesen Maßnahmen dazu bewegt werden, die Arbeitssicherheit stetig in ihrem Betrieb zu verbessern.

1885 Im Oktober trat das Unfallversicherungsgesetz in Kraft. Am selben Tag nahmen auch die ersten 57 BGs ihre Arbeit auf.

1886 erließen die BGs die ersten Unfallverhütungsvorschriften (UVV). Die UVVs sind bis heute gültig.

1887 Gründung der land- und forstwirtschaftlichen BGs. Inzwischen gab es schon 62 BGs mit 3 861 560 Versicherten.

1929 kamen die BGs der Gesundheitsdienste und der Wohlfahrtspflege hinzu.

Im Laufe der Zeit wurden immer wieder BGs zusammengelegt. Heute gibt es je neun gewerbliche und landwirtschaftliche BGs.

Bereits im Jahre 1877 wurde der Grundstein für die heutige Arbeitssicherheit gelegt.

🇬🇧

Arbeitssicherheit
safety at work

Gesundheitsschutz
health protection

Unfallversicherung
accident insurance

10.2 Gesetzliche Vorschriften und Regeln der Arbeitssicherheit

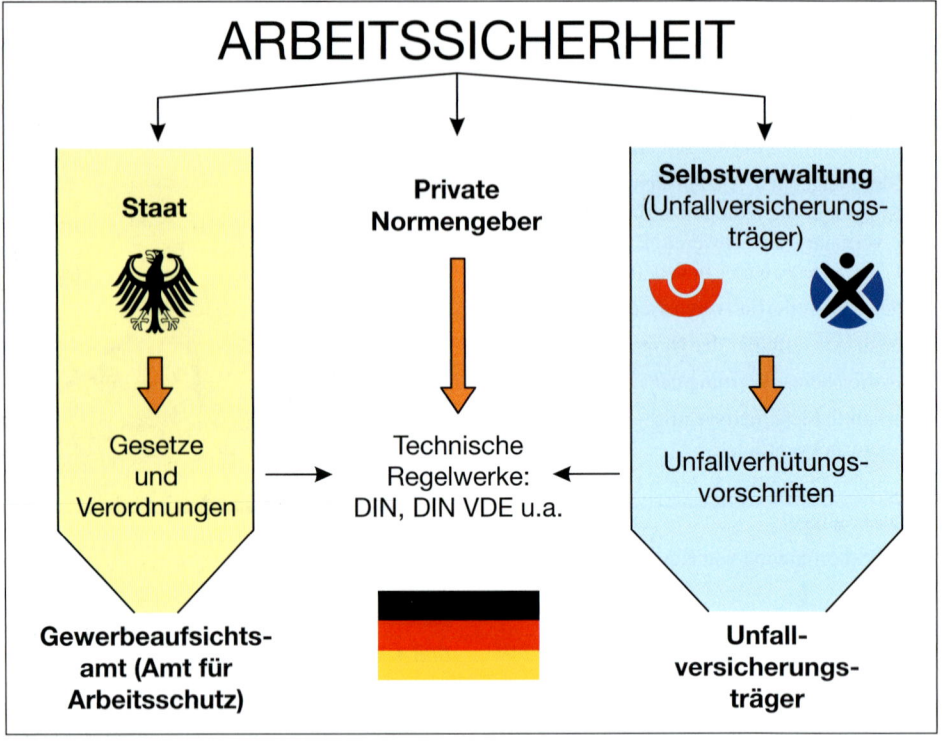

Bild 2 Aufbau des deutschen Arbeitsschutzsystems

Die Gewerbeaufsicht ist die zuständige Behörde für die Einhaltung von Vorschriften des Arbeits-, Umwelt- und Verbraucherschutzes.

In Deutschland wird die Arbeitssicherheit über das Arbeitsschutzgesetz (ArbSchG) geregelt.

Dieses Gesetz dient zur stetigen Verbesserung der Sicherheit und des Gesundheitsschutzes aller Beschäftigten bei der Arbeit.

Es verpflichtet also den Arbeitgeber, Gesundheitsgefährdungen am Arbeitsplatz zu beurteilen und über notwendige Schutzmaßnahmen zu entscheiden.

Pflichten des Arbeitgebers nach § 4 ArbSchG (Zusammenfassung):

1. Die Arbeit ist so zu gestalten, dass eine Gefährdung für das Leben und die Gesundheit möglichst gering gehalten wird.
2. Gefahren sind an ihrer Quelle zu bekämpfen.
3. Bei den Maßnahmen ist der aktuelle Stand von Technik, Arbeitsmedizin und Hygiene zu berücksichtigen.
4. Maßnahmen sind so zu planen, dass Technik, Arbeitsorganisation, Arbeitsbedingungen, soziale Beziehungen und Einfluss der Umwelt auf den Arbeitsplatz sachgerecht verknüpft werden.
5. Individuelle Schutzmaßnahmen sind nachrangig zu anderen Maßnahmen.
6. Spezielle Gefahren für besonders schutzbedürftige Beschäftigtengruppen sind zu berücksichtigen.
7. Den Beschäftigten sind geeignete Anweisungen zu erteilen.
8. Geschlechtsspezifische Regelungen sind nur dann zulässig, wenn diese aus biologischen Gründen zwingend notwendig sind.

Hierbei ist zu beachten, dass der Arbeitsschutz in einem Unternehmen nur dann funktioniert, wenn auch die Beschäftigten ihren Pflichten laut ArbSchG nachkommen.

Pflichten des Arbeitnehmers nach § 15 ArbSchG (Zusammenfassung):

1. Die Beschäftigten sind verpflichtet, nach ihren Möglichkeiten sowie gemäß den Unterweisungen und Anweisungen des Arbeitgebers für ihre eigene Sicherheit und Gesundheit Sorge zu tragen.
2. Die Beschäftigten sind dazu verpflichtet, alle Arbeitsgeräte, Arbeitsstoffe, Transportmittel, Schutzvorrichtungen und sonstige Arbeitsmittel bestimmungsgemäß zu verwenden. Hierzu muss der Arbeitgeber den Beschäftigten auch geeignete, persönliche Schutzausrüstung zur Verfügung stellen.

Das Arbeitsschutzgesetz (ArbSchG) regelt unter anderem die Pflichten des Arbeitgebers und die des Arbeitnehmers in Bezug auf die Arbeitssicherheit.

Benutzung von Arbeitsmitteln

10.3 Unterrichtung und Unterweisung

Der Arbeitgeber ist dazu verpflichtet, jeden Mitarbeiter angemessen über sicherheits- und umwelrelevante Themen zu unterrichten und zu unterweisen.

Hierbei ist es wichtig, dass die Gefahren im unmittelbaren Arbeitsbereich im Vordergrund stehen.

Die Unterweisungen sollten in angemessener Länge gehalten werden, und sie müssen für jeden Mitarbeiter klar verständlich sein. Diese Unterweisungen müssen jährlich und für Personen unter 18 Jahren (insbesondere Azubis) halbjährlich wiederholt werden.

Darüber hinaus müssen direkt an den Arbeitsstätten sogenannte Betriebsanweisungen ausgehängt werden. Dies gewährleistet, dass sich jeder Mitarbeiter zu jeder Zeit nochmals über alle im Arbeitsbereich auftretenden Risiken informieren kann.

Die Farbgebung von Betriebsanweisungen ist formell nicht vorgeschrieben. Allerdings hat sich folgende Farbgebung durchgesetzt:

blau	Arbeitsmittel z. B. Maschinen, Anlagen und Geräte
gelb	gentechnische Anlagen
grün o. pink	biologische Arbeitsstoffe
rot o. orange	Gefahrstoffe

Bild 3 Übersicht Betriebsanweisungen

Folgende Punkte sollten Betriebsanweisungen enthalten:

- Anwendungsbereich.
- Hinweise auf Gefahren für Mensch und Umwelt.
- Schutzmaßnahmen und Verhaltensregeln.
- Verhalten bei Störungen.
- Verhalten bei Unfällen und Erster Hilfe.
- Sachgerechte Entsorgung von Gefahrstoffen.
- Hinweise auf Instandhaltungsmaßnahmen.
- Folgen bei Nichtbeachtung der Betriebsanweisung.

> In allen Arbeitsbereichen müssen die sogenannten „Betriebsanweisungen" aushängen. Hierüber können sich die Mitarbeiter selbstständig und zu jeder Zeit über alle Risiken informieren.

10.4 Arbeitsmittel

Arbeitsmittel müssen vom Arbeitgeber den Mitarbeitern in ausreichender und angemessener Form zur Verfügung gestellt werden. Außerdem hat der Arbeitgeber dafür zu sorgen, dass die Arbeitsmittel regelmäßig überprüft werden und sich in einem sicheren Zustand befinden.

Arbeitsmittel sind Werkzeuge, Geräte, Maschinen, Anlagen und Vorrichtungen, die zur Erledigung der einzelnen Arbeitsschritte notwendig sind.

Hierbei werden alle Tätigkeiten wie z. B. Ingangsetzen, Stillsetzen, Transport, Instandhaltung und Umbau berücksichtigt.

Arbeitsmittel sind so auszuwählen und bereitzustellen, dass sie für ihren Einsatzzweck geeignet sind und bei bestimmungsgemäßer Verwendung die Sicherheit der Mitarbeiter gewählleistet ist. Hierbei sollte auch die Mensch-Maschine-Schnittstelle betrachtet werden.

Wer darf ein Arbeitsmittel benutzen?

Arbeitsmittel dürfen nur dann von einem Mitarbeiter benutzt werden, wenn folgende Punkte gegeben sind:

- Es muss beim Mitarbeiter eine Eignung festgestellt werden, d. h. er muss körperlich und geistig geeignet sein, um die Arbeitsmittel sicher zu bedienen.
- Der Mitarbeiter muss angemessen unterwiesen werden. Diese Unterweisungen müssen jährlich wiederholt werden.
- Der Mitarbeiter muss von seinem Vorgesetzten beauftragt werden, eine bestimmte Tätigkeit mit dem Arbeitsmittel auszuführen.

> Arbeitsmittel müssen vom Arbeitgeber den Mitarbeitern in ausreichender und angemessener Form zur Verfügung gestellt werden.

Sicherheitsunterweisung
safety instructions

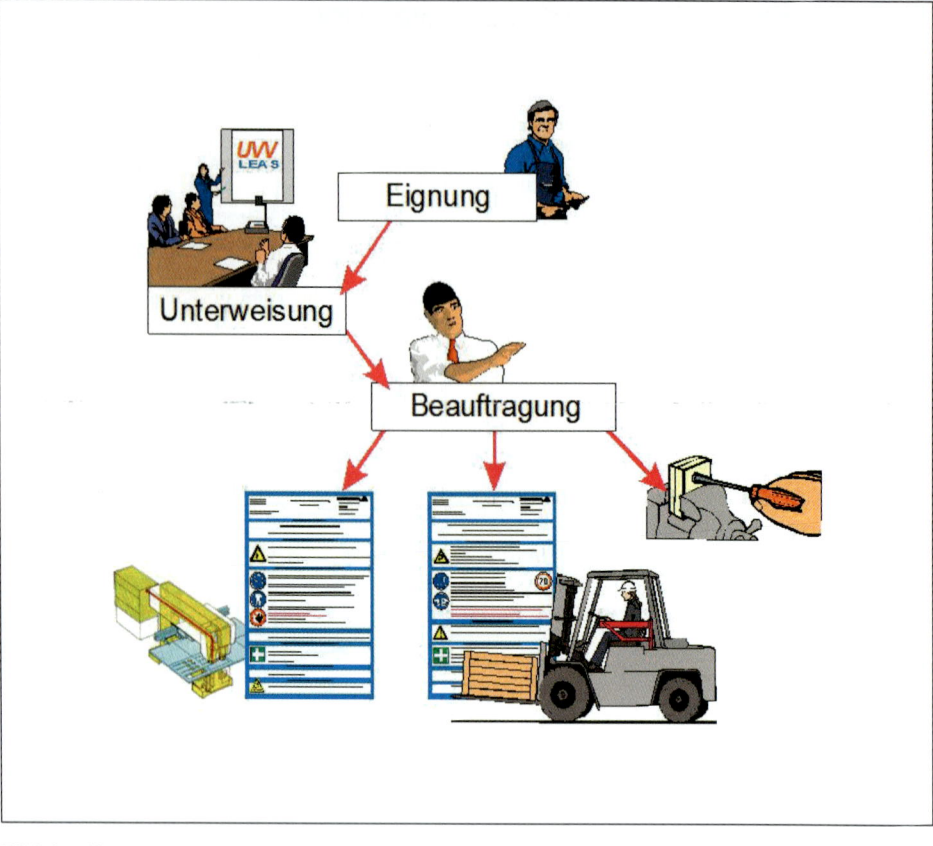

Bild 4 Benutzung von Arbeitsmitteln

Bestimmungsgemäße Verwendung
intended use

Die bestimmungsgemäße Verwendung gibt Aufschluss über den genauen Verwendungszweck und über die Folgen eines Fehlgebrauchs eines Produktes.

Bestimmungsgemäße Verwendung von Arbeitsmitteln

Zu jedem Arbeitsmittel gehört eine Bedienungs- oder Betriebsanleitung. Hier muss der Hersteller angeben, für welchen Anwendungszweck das Arbeitsmittel bestimmt ist.

Darüber hinaus muss der Hersteller den Anwender vor Risiken in Verbindung mit einem Fehlgebrauch warnen.

Beispiel einer bestimmungsgemäßen Verwendung

Auszug aus einer Bedienungsanleitung einer Gehrungskappsäge:

Punkt 2. Bestimmungsgemäße Verwendung

Die Gehrungskappsäge ist geeignet für Längs- und Querschnitte sowie Gehrungsschnitte.

Es dürfen nur solche Materialien bearbeitet werde, für die das entsprechende Sägeblatt geeignet ist.

Die zulässigen Abmessungen müssen eingehalten werden.

Werkstücke mit runden oder unregelmäßigen Querschnitten dürfen nicht gesägt werden.

Jede andere Verwendung ist bestimmungswidrig. Durch bestimmungswidrige Verwendung, Veränderungen am Gerät oder durch Gebrauch von Teilen, die nicht vom Hersteller geprüft und freigegeben sind, können unvorherbare Schäden entstehen.

Bild 5 Gehrungskappsäge von der Firma Metabo

10.5 Ergonomie am Arbeitsplatz

Bei der ergonomischen Arbeitsplatzgestaltung geht es darum, die Menschen bei der Arbeit vor körperlichen Schäden auch bei langfristiger Ausübung ihrer Tätigkeit zu schützen. Im Vordergrund steht dabei die Verbesserung der Mensch-Maschine-Schnittstelle.

Betrachtet werden unter anderem:
- Richtige Beleuchtung der Arbeitsplätze.
- Angenehmes Raumklima.
- Bewegungsfreiheit der Mitarbeiter.
- Richtige Sitzposition.
- Ermüdungsfreies Stehen.
- Benutzerfreundlichkeit von Arbeitsmitteln.
- …

Die ergonomische Arbeitsplatzgestaltung hat einen direkten positiven Einfluss auf die Leistungsfähigkeit, Minimerung der Fehlerquote, Sicherheit und die Motivation der Mitarbeiter.

Ziel ist es also, die Arbeitsplätze so zu gestalten, dass die Mitarbeiter ermüdungsfrei über einen längeren Zeitraum ihre Tätigkeiten verrichten können.

Gerade bei sogenannten Zwangshaltungen über einen längeren Zeitraum kann es zu schwerwiegenden Schädigungen des Muskel- und Knochenaparates, Kopfschmerzen und Konzentrationsproblemen kommen.

Dies hat nicht nur für den Mitarbeiter, sondern auch für das Unternehmen schwerwiegende Folgen.

Wären z. B. alle Büroarbeitsplätze optimal ergonomisch gestaltet, dann müssten die Unternehmen, laut einer Studie des Frauenhofer Institutes, nicht auf 36 % der Arbeitsleistung ihrer Mitarbeiter verzichten.

■ **Zwangshaltungen**
sind Arbeiten die in ungünstiger, statischer Körperhaltung länger als 4 s verrichtet werden müssen. Z. B. Knien auf dem Boden, Arbeiten in der Hocke, Arbeiten über Kopf, langes Sitzen oder Stehen usw.

Grundregeln der Ergonomie am Arbeitsplatz

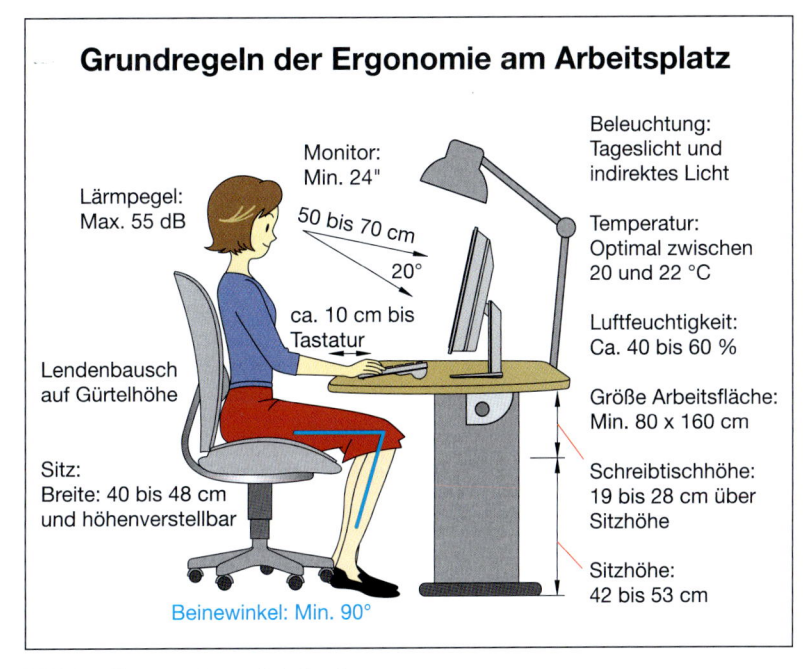

- Lärmpegel: Max. 55 dB
- Monitor: Min. 24"
- 50 bis 70 cm
- 20°
- ca. 10 cm bis Tastatur
- Lendenbausch auf Gürtelhöhe
- Sitz: Breite: 40 bis 48 cm und höhenverstellbar
- Beinewinkel: Min. 90°
- Beleuchtung: Tageslicht und indirektes Licht
- Temperatur: Optimal zwischen 20 und 22 °C
- Luftfeuchtigkeit: Ca. 40 bis 60 %
- Größe Arbeitsfläche: Min. 80 x 160 cm
- Schreibtischhöhe: 19 bis 28 cm über Sitzhöhe
- Sitzhöhe: 42 bis 53 cm

Bild 6   Ergonomie am Arbeitsplatz

10.6 Persönliche Schutzausrüstung (PSA)

Die PSA muss bei allen Tätigkeiten und Arbeiten eingesetzt werden, die aufgrund der Risikobeurteilung eine Gefährdung für den Mitarbeiter darstellt und durch technische oder organisatorische Maßnahmen nicht verhindert werden kann.

Die **gesetzliche Verpflichtung** des Arbeitgebers zur Bereitstellung von PSA ergibt sich aus dem Arbeitsschutzgesetz.

Eine PSA findet nicht nur in der Industrie und im Handwerk Anwendung, sondern auch im Rettungsdienst, Polizei, Militär, Sport usw.

Der Einsatz der PSA muss an das Gefährdungspotenzial angepasst werden und richtet sich nach der möglichen Schwere der Verletzung.

Das Spektrum des Schadensaußmaßes wird in vier Kategorien unterteilt:

- S1 = leichte Verletzung, nicht meldepflichtig. Ausfall weniger als drei Tage.

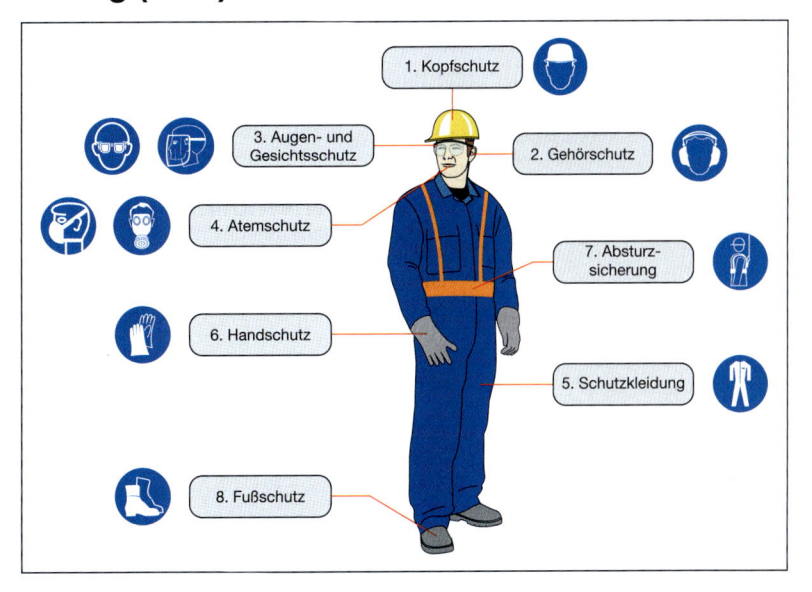

1. Kopfschutz
2. Gehörschutz
3. Augen- und Gesichtsschutz
4. Atemschutz
5. Schutzkleidung
6. Handschutz
7. Absturzsicherung
8. Fußschutz

Bild 7   Beispiele für Persönliche Schutzausrüstung

Irreversible Vorgänge kann man nicht mehr rückgängig machen (bleibende Gesundheitsschäden).

- S2 = leichte Verletzung, meldepflichtiger Unfall. Ausfall mehr als drei Tage.
- S3 = mittelschwere bis schwere irreversible Verletung einer oder mehrerer Personen, Arbeits-/Gewerbeunfähig.
- S4 = Tod einer oder mehrerer Personen.

Kategorie S3 und S4 sind absolut inakzeptabel.

Je höher die Kategorie, desto anspruchsvoller sind die Bedingungen, die bei der Herstellung und Gestaltung der PSA zu realisieren sind.

Zur Unterscheidung des Schutzgrades einer PSA werden sie in drei Kategorien unterteilt:

Kategorie I
Einfache PSA zu Schutz minimaler Gefahren.

- Leichte mechanische Tätigkeiten mit oberflächlichen Auswirkungen z. B. Gartenarbeit.
- Berührung mit schwach aggressiven Reinigungsmitteln z. B. verdünnte Reinigungslösungen.
- Gefahren durch Hitze nicht über 50 °Celsius.

Kategorie II
PSA zum Schutz vor mittleren Risiken. Alle PSA die nicht in Kategorie I und II einzustufen sind.

- Diese PSA sollen einen Standardschutz vor mechanischen Risiken bieten.
- Sicherheitshelme.
- Sicherheitsschuhe.
- Gehörschutz.
- Schutzbrille.
- …

Kategorie III
Komplexe PSA zum Schutz vor tödlichen Gefahren und irreversiblen Gesundheitsschäden.

- Gesundheitsgefährdende Stoffe und Gemische.
- Atmosphären mit Sauerstoffmangel.
- Heiße Umgebungen von 100 °Celsius und mehr, Infrarotstrahlung, Flammen oder Spritzern von geschmolzenen Materialien.
- Kalte Umgebungen von – 50 °Celsius und weniger.
- Absturzgefahr.
- Stromschlag bei Arbeiten an spannungsführenden Teilen.
- Ertrinken.
- Schwere Schnittverletzungen (Kettensäge).
- Hochdruckstrahl.
- …

10.7 Lärmschutz

Lärm ist jeder Schall, der zu einer Beeinträchtigung des Hörvermögens oder zu einer sonstigen indirekten oder direkten Gefährdung von Sicherheit und Gesundheit der Beschäftigten führen kann. Besonders Schall im Frequenzbereich von 16 Hz bis 16 kHz stehen beim Lärmschutz im Fokus.

Die Einheit, in der die Lautstärke bzw. der Schallpegel gemessen wird, ist Dezibel (dB).

Die Einheit in der die Lautstärke bzw. der Schallpegel gemessen wird ist Dezibel (dB).

Bei der Schallmessung wird der eindringende Schall im Meßgerät so gefiltert, dass die Eigenschaften des menschlichen Gehörs nachgeahmt werden.

Hierbei werden die mittel- und hochfrequenten Geräuschanteile stärker berücksichtigt.

Dies nennt man A-Bewertung, kurz dB(A).

Die Angabe dB(C) bezieht sich auf den Schalldruckpegel, der nahezu unabhängig von der Schallfrequenz gemessen wird.

0 dB(A) entspricht der Hörschwelle, 130 dB(A) der Schmerzgrenze.

Bild 8 Vergleich diverser Schallquellen

Lärmexposition, Gefahrstoffe

Die Dezibel-Skala verläuft exponentiell, d. h. von 20 auf 40 dB(A) verdoppelt sich die Lautstärke nicht, sondern sie verzehnfacht sich.

10.7.1 Lärmexposition

Lärmexposition ist die Schallimmission/Geräuschbelastung, der ein Mensch etwa am Arbeitsplatz ausgesetzt ist. Üblicherweise wird sie mit Schallpegelmessern festgestellt, um daraus ortsbezogene durchschnittliche Lärmexpositionen zum Beispiel über eine Tagesschicht festzustellen. Aus den Ergebnissen können Lärmkataster erstellt werden. Sie verdeutlichen die Lärmbereiche, die besondere Schutzmaßnahmen (Gehörschutz, Vorsorgeuntersuchungen) erfordern.

- **Tages-Lärmexpositionspegel**
  Mittelwert des Schallpegels während eines Arbeitstages (8 Std.) in dB(A).

- **Wochen-Lärmexpositionspegel**
  Mittelwert des Schallpegels während der Arbeitswoche (40 Std.) in db(A).

- **Spitzenschalldruckpegel**
  Höchstwert des momentanen Schallpegels (Pegelspitze) während des Arbeitstages (8 Std.) in dB(C).

Hohe Lärmbelastungen (> 85 dB) können bei kurzzeitiger Einwirkung zu reversiblen Hörstörungen, bei langfristiger zu chronischer, irreversibler Lärmschwerhörigkeit und Hörstörungen wie Tinnitus führen. Ab 40 dB können Stress, Gereiztheit, Unkonzentriertheit, ab 70 dB vegetative Störungen wie Herzklopfen auftreten. Am empfindlichsten reagiert das Ohr im Frequenzbereich 1 bis 6 kHz.

Ab einer Lärmexposition von mehr als 85 dB(A) ist das Tragen von geeignetem Gehörschutz vorgeschrieben.

Lärmschwerhörigkeit entwickelt sich abhängig von Dauer, Pegel, Frequenzspektrum und Impulshaltigkeit des Lärms und der individuellen Konstitution des Betroffenen.

Gegenüber den herkömmlichen Gehörschutzprodukten werden immer häufiger sogenannte Otoplastiken eingesetzt.

Dieser Gehörschutz hat viele Vorteile und ist flexibel einsetzbar. Es handelt sich hierbei um einen individuell angepassten Gehörschutz und setzt als erstes einen Abdruck des Gehörganges voraus. Mit diesem Abdruck wird eine Negativform hergestellt, die wiederum mit verschiedensten Materialien ausgegossen werden kann.

Vorteile

- Sehr genaue und dichte Passform.
- Hoher Tragekomfort.
- Leicht zu reinigen.
- Hohe Lebensdauer.
- Verschiedene Filter für unterschiedliche Frequenzen können eingesetzt werden.
- Lautsprecher für Monitoring können mitverbaut werden.
- Höhere Akzeptanz bei den Mitarbeitern.
- Kein Schwitzen wie bei einem Kapselgehörschutz.

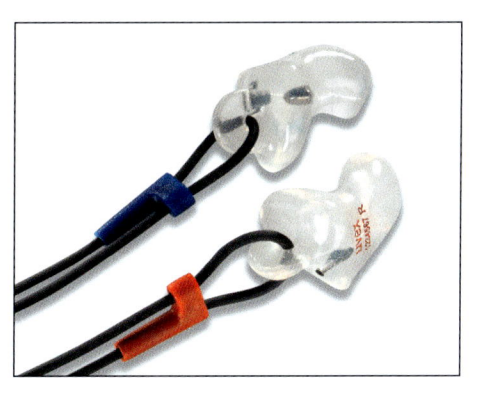

Bild 9   Moderner Gehörschutz

■ **Spitzenschalldruckpegel**
Höchstwert für das lauteste Schallereignis innerhalb eines Arbeitstages: 137 dB(C).

Reversible Vorgänge kann man noch rückgängig machen (nicht bleibender Gesundheitsschaden).

10.8 Gefahrstoffe

Gefahrstoffe sind solche Stoffe, Gemische und Erzeugnisse, die bestimmte physikalische oder chemische Eigenschaften besitzen.

Gefahrstoffe im Sinne der Gefahrstoffverordnung (GefStoffV) sind:

1. Gefährliche Stoffe und Gemische nach § 3 Gefahrstoffverordnung.
2. Stoffe, Gemische und Erzeugnisse, die explosionsfähig sind.
3. Stoffe, Gemische und Erzeugnisse, aus denen bei der Herstellung oder Verwendung gefährliche Stoffe entstehen oder freigesetzt werden.
4. Stoffe und Gemische, die die Kriterien für eine Einstufung nicht erfüllen, aber aufgrund ihrer physikalisch-chemischen, chemischen oder toxischen Eigenschaften und der Art und Weise, wie sie am Arbeitsplatz vorhanden sind oder verwendet werden, die Gesundheit und die Sicherheit der Beschäftigten gefährden können.
5. Alle Stoffe, denen ein Arbeitsplatzgrenzwert zugewiesen worden ist.

Gefahrstoffe
hazardous substances

Arbeitssicherheit und Gesundheitsschutz

Sie können in folgenden *physikalischen* Erscheinungsformen auftreten:

- rauchförmig
- gasförmig
- dampf- oder nebelförmig
- flüssig
- kristallin oder fest
- faserförmig

und folgende *chemische* Erscheinungsformen aufweisen:

Als reiner Stoff
- organische Stoffe
- synthetische Stoffe
- Salze
- Säuren

Als Mischung oder Zubereitung
- Naturstoffe
- anorganische Stoffe
- Laugen

■ Einführung des GHS

Die Bestimmungen der Richtlinie 67/548/EWG wurden in die am 31. Dezember 2008 veröffentlichte Verordnung (EG) Nr. 1272/2008 des Europäischen Parlaments und des Rates integriert, zusammen mit dem sie ablösenden global harmonisierten System zur Einstufung und Kennzeichnung von Chemikalien (GHS).[1] Mit diesem seit 1992 durch eine UN-Kommission erarbeiteten System werden die Warnsymbole für Gefahrstoffe als GHS-Gefahrenpiktogramme neu definiert und weltweit vereinheitlicht. Somit ist die Gültigkeit der bisherigen Gefahrensymbole mit ihren Gefahrenhinweisen (sowie der R- und S-Sätze) auf die im GHS festgelegten Übergangsfristen begrenzt. Stoffe müssen seit dem 1. Dezember 2010 nach GHS gekennzeichnet werden, die Übergangsregelung lief am 1. Dezember 2012 aus. Für Gemische gilt die neue Regelung seit dem 1. Juni 2015. Auch hier gab es eine zweijährige Übergangsfrist: Für Lagerbestände konnte die alte Kennzeichnung noch bis zum 1. Juni 2017 genutzt werden.

Während die alten Gefahrensymbole Quadrate in orange sind, sind die neuen Gefahrenpiktogramme Rauten in weiß mit roter Umrandung. Die abgebildeten Piktogramme – symbolische Bilder der Gefährdung – sind weitgehend ähnlich (die Gefahrensymbole in Rauten auf verschiedenen Volltonfarben werden für die Gefahrgutklassen nach ADR/RID des Transportwesens verwendet).

Gefahrensymbole

Symbol	Kennzeichen, Hinweis auf besondere Gefahren	Erläuterung
	GHS 01 explosiv	Instabile, explosive, selbstzersetzende Stoffe, organische Peroxide (können ohne Sauerstoff explodieren). Zum Beispiel: Nitroglycerin, Ethylnitrat.
	GHS 02 entzündbar (pyrophor)	Entzündbare Gase, Aerosole, Flüssigkeiten, Feststoffe, selbstzersetzliche, mit Sauerstoff und/oder Wasser reagierende Stoffe, organische Oeroxide. Zum Beispiel: Propan, Butan, Acetylen.
	GHS 03 oxidierbar (brandfördernd)	Oxidierende Gase, Flüssigkeiten, Feststoffe, die bei Berührung mit brennbaren Stoffen die Brandgefahr deutlich erhöhen. Zum Beispiel: Sauerstoff, Kaliumchlorat.
	GHS 04 Gase unter Druck	Gase unter Druck, verdichtete, verflüssigte, tiefgekühlt verflüssigte, gelöste Gase. Zum Beispiel: Flüssiggase, Druckluftflaschen.
	GHS 05 hautätzend schwere Augenschädigung	Auf Metalle korrosiv wirkend, Hautätzend, schwer Augenschädigend. Zum Beispiel: Natronlauge, Salzsäure.
	GHS 06 giftig	Akut toxisch. Das Einatmen, Berühren oder Verschlucken kann zu Gesundheitsstörungen oder zum Tode führen. Zum Beispiel: Blausäure, Brom.
	GHS 07 hautreizend allergieauslösend Augen reizend	Akut toxisch. Reizt die Augen, die Haut, die Atemwege. Sensibilisierung der Haut bereits bei einmaliger Exposition. Zielorgan-Toxizität, Narkotisierende Wirkung. Die Ozonschicht schädigend. Zum Beispiel: Kohlenwasserstoff.
	GHS 08 krebserzeugend Erbgut-verändernd Fortpflanzungsgefährdend	Sensibilisierung der Atemwege, Keimzellmutagenität, Karzinogenität, Reproduktionstoxität, Zielorgan-Toxizität, bei einmaliger oder wiederholter Exposition, Aspirationsgefahr. Zum Beispiel: Benzol, Arsen, Methanol.
	GHS 09 schädlich für die Umwelt	Umweltgefährliche Stoffe. Akut und chronisch gefährdend für Gewässer, Böden, Luft und Klima. Pflanzen und Mikroorganismen können verändert werden. Zum Beispiel: Insektizide, Lindan, Ammoniak.

Durch folgende Möglichkeiten können Gefahrstoffe aufgenommen werden:

- **Inhalation/Einatmen**
  Gase, Dämpfe, Stäube, Rauche und Aerosole können über die Atemwege in die Lunge und in den Blutkreislauf gelangen.
- **Orale Aufnahme/Verschlucken**
  Stäube und Flüssigkeiten können über den Mund in die Speiseröhre, den Magen und den Darm gelangen.
- **Aufnahme durch die (unverletzte) Haut**
  Stäube und Flüssigkeiten können über die Haut aufgenommen werden.

Schutzmaßnahmen, die im Umgang mit Gefahrstoffen wichtig sind, kann man sich mit der sogenannten S-T-O-P Regel herleiten.

S = Substitution (Ersatz oder Auswechseln mit weniger gefährlichen Stoffen).

T = Technische Maßnahmen, z. B. Absauganlagen, Lüftungsmaßnahmen usw.

O = Organisatorische Maßnahmen, z. B. Erstellen von Betriebsanweisungen.

P = Persönliche Schutzmaßnahmen, z. B. Handschutz, Augenschutz, Atemschutz usw.

Wirkung von Gefahrstoffen auf den Menschen

- Reizung der Augen, Verringerung oder Verlust des Sehvermögens, Kopfschmerzen.
- Geruchsbelästigung, Atembeschwerden, verringerte Selbstreinigungskraft der Lunge.
- Übelkeit, Erbrechen, Vergiftung.
- Auslöser von Allergien, Ekzemen, Hautreizungen, Verätzungen.

Erste-Hilfe-Maßnahmen nach einem Unfall mit Gefahrstoffen können schwerwiegende Verletzungen und Erkrankungen verhindern.

Nach Einatmen gefährlicher Stoffmengen

- Gefahrenbereich sofort verlassen und möglichst frische Luft zuführen.
- Den Verunfallten auf keinen Fall alleine zum Arzt fahren lassen.

Nach Hautkontakt mit Gefahrstoffen

- Betroffene Körperteile sofort mit viel Wasser (ggf. Seife) abwaschen.
- Bei großflächiger Hautbenetzung eine Körperdusche benutzen.

Nach Eindringen von Gefahrstoffen ins Auge

- Auge mindestens 10 bis 15 Minuten unter fließendem Wasser spülen.
- Wenn vorhanden, eine Augendusche verwenden.
- Auf jeden Fall einen Augenarzt aufsuchen.

Nach Verschlucken von Gefahrstoffen

- Nur bei akuter Gesundheitsgefahr Erbrechen auslösen (falls der Betroffene bei Bewusstsein ist).
- Viel Wasser zu trinken geben (keine anderen Getränke).
- Auf jeden Fall einen Arzt aufsuchen.

Arbeitsplatzgrenzwert (AGW)

Seid dem 01. Januar 2005 wurde mit der Neufassung der Gefahrstoffverordnung der Arbeitsplatzgrenzwert (AGW) eingeführt. Die beiden bisher gültigen Werte MAK (Maximale Arbeitsplatz-Konzentration) und die TRK (Technische Richt-Konzentration) wurden in dem neuen AGW zusammengefasst.

Der AGW gibt an, bei welcher Konzentration eines Stoffes akute bzw. chronisch schädliche Wirkungen auf die Gesundheit nicht zu erwarten sind.

Dies bezieht sich auf einen gegebenen Referenzzeitraum von z. B. einer täglichen, 8-stündigen Einwirkung an 5 Tagen pro Woche während der Dauer der Lebensarbeitszeit.

Für kurzzeitige Einwirkungen sind sogenannte Spitzenbegrenzungen festgeschrieben. Hierbei muss die Dauer und die Höhe der Belastung genau definiert werden.

■ **Aerosole**
Ein Aerosol ist ein heterogenes Gemisch (Dispersion) von flüssigen oder festen Teilchen (= Partikel) in einem Gas, üblicherweise in Luft (z. B. Nebel, Rauch). Ein mittelgroßes Aerosolpartikel misst zirka 100 Nanometer respektive 0,0001 Millimeter. Aerosole können unter bestimmten Bedingungen in Verbindung mit Sauerstoff ein explosionsfähiges Gemisch bilden.

10.9 Sicherheitskennzeichen

Farben und Formen

Farbe	Bedeutung	Beispiel	Form	
rot	Verbot, Halt, Brandschutz	Not-Aus, Haltezeichen, Verbotszeichen, Brandschutzzeichen	◯ ▢	Kontrastfarbe weiß
gelb	Gefahr, Warnung, Vorsicht	Hinweise auf Gefahren wie z. B. Feuer, Strahlung, Explosion Kennzeichnung von Hindernissen	△	Kontrastfarbe schwarz
blau	Gebot, Hinweis	Tragen von Schutzausrüstungen, besondere Tätigkeiten	◯ ▢	Kontrastfarbe weiß
grün	Erste Hilfe, Gefahrlosigkeit	Rettungszeichen, Notausgänge, Rettungsstationen	▢ ▢	Kontrastfarbe weiß

Verbotszeichen

Verbot	Zutritt für Unbefugte verboten	Zutritt verboten für Personen mit Herzschrittmacher	Zutritt verboten für Personen mit Metallimplantaten	Für Fußgänger verboten
Rauchen verbotem	Feuer und offenes Licht verboten	Flurförderzeuge verboten	Betreten der Fläche verboten	Berühren verboten
Fotografieren verboten	Nicht schalten	Mit Wasser löschen verboten	Mobilfunk verboten	Mit Wasser spritzen verboten
Kein Trinkwasser	Essen und Trinken verboten	Personenbeförderung verboten	Nichts abstellen oder lagern	Mitführen von Tieren verboten

Sicherheitskennzeichen, Warnzeichen/Brandschutzzeichen

Warnzeichen

Warnung vor einer Gefahrenstelle	Warnung vor brandfördernden Stoffen	Warnung vor feuergefährlichen Stoffen	Warnung vor explosionsgefährlichen Stoffen	Warnung vor explosionsfähiger Atmosphäre
Warnung vor schwebender Last	Warnung vor Flurförderfahrzeugen	Warnung vor Quetschgefahr	Warnung vor Gefahr durch eine Förderanlage im Gleis	Warnung vor giftigen Stoffen
Warnung vor gesundheitsschädlichen Stoffen	Warnung vor radioaktiven Stoffen	Warnung vor Laserstrahlen	Warnung vor ätzenden Stoffen	Warnung vor Biogefährdung
Warnung vor Handverletzungen	Warnung vor Stolpergefahr	Warnung vor Rutschgefahr	Warnung vor Absturzgefahr	Warnung vor automatischem Anlauf
Warnung vor gefährlicher elektrischer Spannung	Warnung vor elektromagnetischem Feld	Warnung vor magnetischem Feld	Warnung vor optischer Strahlung	Warnung vor Gefahren durch Batterien

Brandschutzzeichen

[1] Richtungspfeile nur kombiniert mit einem weiteren Brandschutzzeichen.

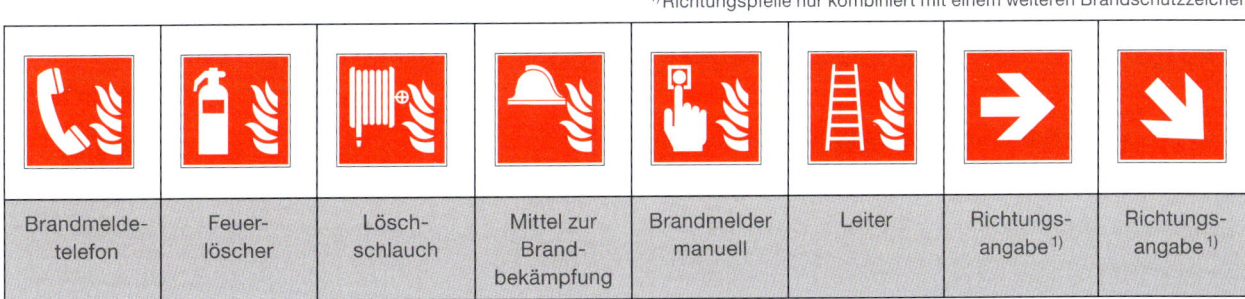

Brandmeldetelefon	Feuerlöscher	Löschschlauch	Mittel zur Brandbekämpfung	Brandmelder manuell	Leiter	Richtungsangabe [1]	Richtungsangabe [1]

Gebotszeichen

Augenschutz benutzen	Gesichtsschutz benutzen	Gehörschutz benutzen	Schutzhelm benutzen	Atemschutz benutzen	Handschutz benutzen	Fußschutz benutzen
Schutzbekleidung	Rettungsweste	Vor Arbeiten freischalten	Vor Öffnen Netzstecker ziehen	Sicherheitsgurt benutzen	Für Fußgänger	Auffanggurt benutzen

Rettungszeichen

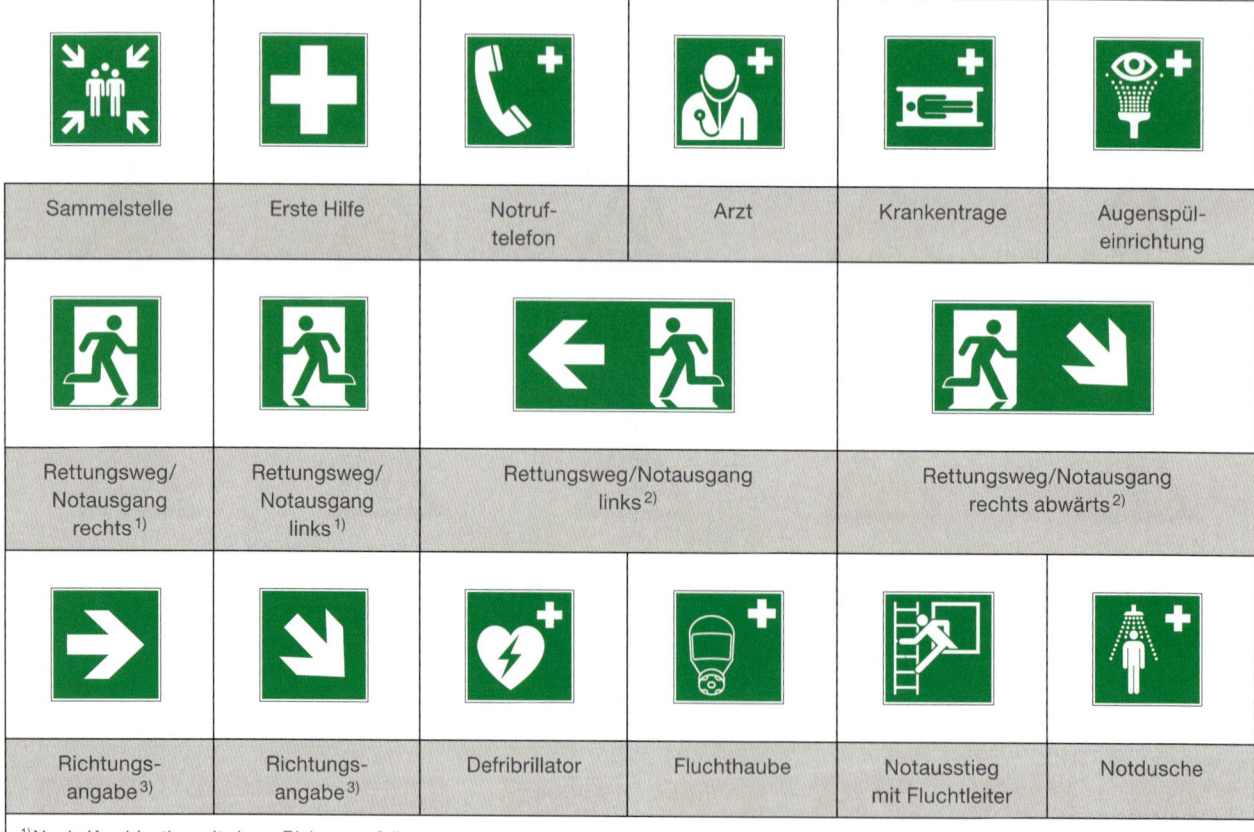

Sammelstelle	Erste Hilfe	Notruftelefon	Arzt	Krankentrage	Augenspüleinrichtung
Rettungsweg/Notausgang rechts [1]	Rettungsweg/Notausgang links [1]	Rettungsweg/Notausgang links [2]		Rettungsweg/Notausgang rechts abwärts [2]	
Richtungsangabe [3]	Richtungsangabe [3]	Defibrillator	Fluchthaube	Notausstieg mit Fluchtleiter	Notdusche

[1] Nur in Kombination mit einem Richtungspfeil.
[2] Pfeil darf nur in Richtung weisen, die den Rettungswegverlauf anzeigt.
[3] Nur in Kombination mit einem anderen Rettungszeichen.

Prüfungsfragen

Betrachten Sie den Schwenkarm nach seinem Gefährdungspotenzial und versuchen Sie, alle sicherheitsrelevanten Schwachstellen zu erkennen und Sicherheitsmaßnahmen dafür festzulegen. Hierbei gibt es keinen vorgeschriebenen Lösungsweg. Diskutieren Sie Ihr selbsterstelltes Sicherheitskonzept mit Ihrem Ausbilder oder Berufsschullehrer.

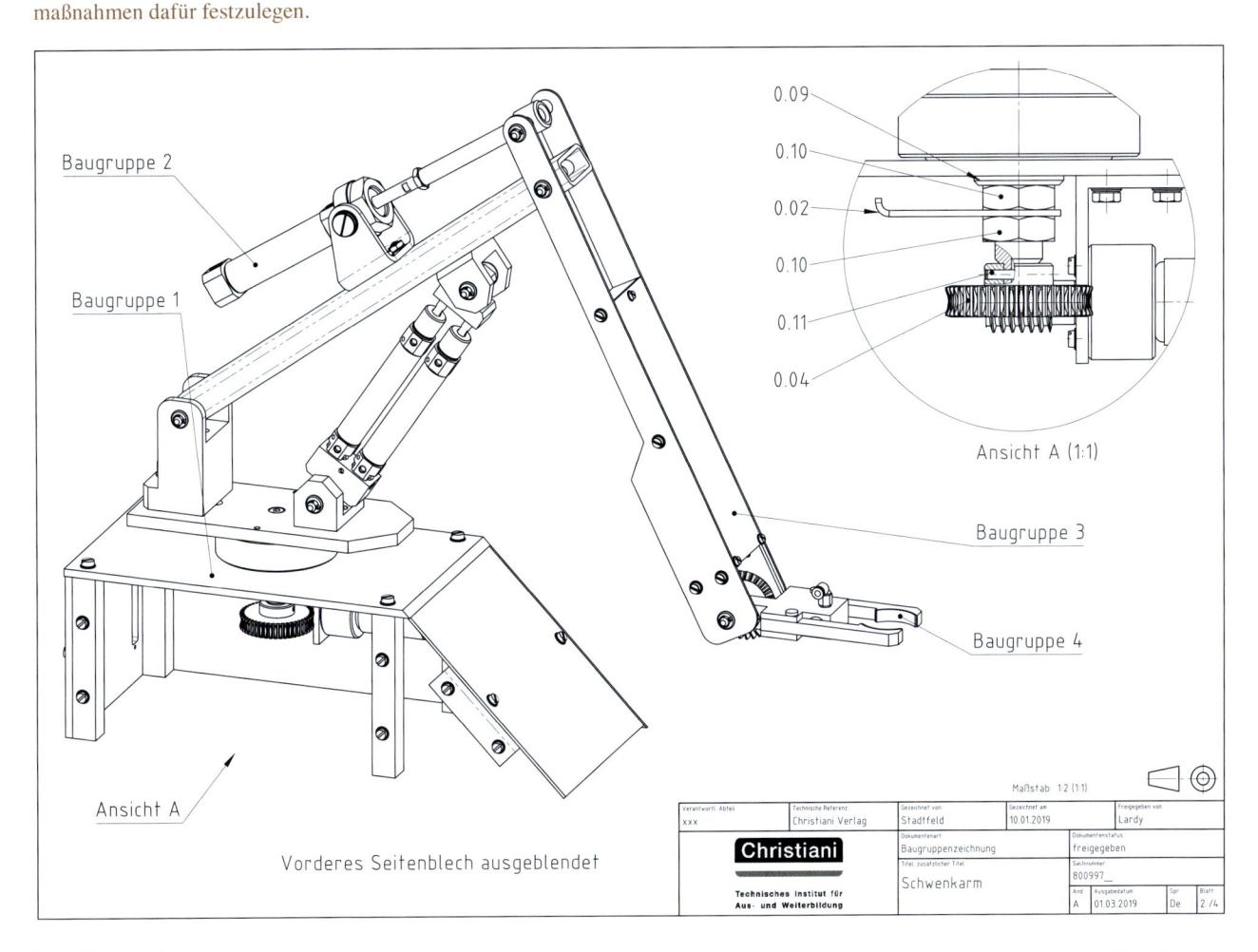

Prüfungsfragen

1. **Nennen Sie drei Maßnahmen, auf die man beim Umgang mit KSS (Kühlschmierstoff) unbedingt achten muss.**
   - Kontakt mit der Haut vermeiden (Handschuhe tragen).
   - Regelmäßige Kontrolle der chemischen Parameter inkl. pH-Wert Messung.
   - Konzentration der Mischung mit dem Refraktometer prüfen.
   - Wechselintervalle beachten.

2. **Was hat ein starker Bakterienbefall von KSS zur Folge?**
   - Bakterien zersetzen das Öl-Wasser-Gemisch und der KSS wird dadurch unbrauchbar.
   - Bakterien können eine akute Gesundheitsgefahr darstellen.
   - Das Kühlstsystem und die Leitungen der Maschine sind ebenfalls mit Bakterien befallen und müssen vor Neubefüllung mit speziellen Mitteln gereinigt werden.

3. **Nennen Sie mindestens vier Sicherheitsaspekte (bezüglich Maschine und Werkzeug) bei Arbeiten an konventionellen Bohr-, Dreh- und Fräsmaschinen.**
   - Werkstück richtig festspannen.
   - Materialspezifische Werkzeuge verwenden.
   - Richtiger Vorschub und richtige Drehzahl einstellen.
   - Werzeuge für Werkzeugwechsel nicht stecken lassen.
   - Möglichst Kühlschmierstoff verwenden.
   - Späne durch Unterbrechung der Vorschubskraft kurzhalten.
   - Bei Dreh- und Fräsarbeiten möglichst Automatenstahl verwenden.
   - Vorsicht beim Werkzeugwechsel – Schnittgefahr.

4. **Nennen Sie mindestens vier Sicherheitsaspekte (bezüglich Bediener) bei Arbeiten an konventionellen Bohr-, Dreh- und Fräsmaschinen.**

- Schutzbrille tragen (auch der Kollege, der nur zuschaut).
- Lange Haare nach hinten zusammenbinden.
- Keinen Hals- und Armschmuck tragen.
- Keine weite Arbeitskleidung tragen.
- Sicherheitsschuhe tragen.
- Keine Handschuhe tragen.
- Späne nie mit der Hand entfernen.
- Nie bei laufender Maschine prüfen oder messen.
- Laufende Maschine nie verlassen.

5. **Welche Bedeutung hat das nebenstehende Zeichen?**

   Das Gerät entspricht den gültigen sicherheitstechnischen Vorschriften nach § 21 des Produktsicherheitsgesetzes.

6. **Was bedeuten durchgehende gelbe Linien auf dem Boden von Produktionshallen?**

   Die Linien markieren Fahrwege, die von Fußgängern nicht benutzt werden dürfen.

7. **Mit welcher Angabe müssen Anschlagmittel immer gekennzeichnet sein?**

   Höchstzulässige Tragfähigkeit.

8. **Welche Maßnahmen sind vor der Benutzung von Geräten und Werkzeugen durchzuführen?**

   Vor jeder Benutzung sollte das Gerät oder Werkzeug auf seinen ordnungsgemäßen und sicheren Zustand überprüft werden.

9. **Nennen Sie vier Punkte zur Feststellung der Sicherheit vor Inbetriebnahme einer Werkzeugmaschine.**
   - Korrekte Funktion der Not-Aus-Einrichtungen.
   - Korrekte Funktion der Schutzabdeckungen.
   - Korrekte Funktion der Sicherheitsschalter von Schutztüren.
   - Kontrolle von Drehfutter, Werkzeughalter; Maschinenschraubstock auf festen Sitz und Beschädigungen prüfen.

10. **Nennen Sie mindestens vier Dinge, die zur Persönlichen Schutzausrüstung (PSA) gehören.**
    - Schutzbrille
    - Gehörschutz
    - Sicherheitsschuhe
    - Handschuhe
    - Helm
    - Atemschutz usw.

11. **Was muss bei der Auswahl der PSA beachtet werden?**

    Die PSA muss immer den zu erwartenden Gefahren angepasst werden.

12. **Schreiben Sie unter die folgenden Schilder die richtige Kategorie.**

    Warnzeichen   Gebotszeichen

    Verbotszeichen   Rettungszeichen

    Brandschutzzeichen

13. **Welche Vorschrift muss beachtet werden, wenn im europäischem Wirtschaftsraum eine Maschine in den Verkehr gebracht wird?**

    Die EG-Maschinenrichtlinie.

14. **Ab welchem dB(A)-Wert ist das Tragen von Gehörschutz Pflicht?**

    Ab einem Wert von 85 db(A).

15. **Sie finden auf einer Werkzeugmaschine das CE-Kennzeichen. Was sagt dieses aus?**

    Die Maschine erfüllt die sicherheitstechnischen Anforderungen nach der EG-Maschinenrichtlinie.

16. **Was muss bei auslaufendem Hydrauliköl unternommen werden?**

    Der Bereich muss abgesperrt werden (Ausrutschgefahr). Der Gefahrenbereich muss gekennzeichnet werden. Das Hydrauliköl muss mit Ölbindemitteln (Granulat oder Ölaufsaugtücher) aufgenommen werden. Diese müssen dann umweltgerecht entsorgt werden.

17. **Bei der Reparatur einer Hydraulikanlage fallen ölhaltige Putzlappen an. Wie würden Sie diese Putzlappen bis zur Abholung durch ein Entsorgungsunternehem zwischenlagern?**

    Die Putzlappen sollten bis zur Abholung separat in einem verschlossenem, feuersicherem Behälter gelagert verden.

Prüfungsfragen

18. Wie müssen Gefahrstoffe gekennzeichnet werden?
- Name
- Gefahrstoffsymbol
- R- und S-Sätze

19. Was bedeuten R- und S-Sätze bei der Gefahrstoffkennzeichnung?

R-Sätze = Risikosätze → beschreiben die Risiken beim Umgang mit einem Gefahrstoff.
S-Sätze = Sicherheitssätze → Vorschläge für den sicheren Umgang mit Gefahrstoffen.

20. Wie ist der Arbeitsplatzgrenzwert definiert?

Der AGW gibt an, bei welcher Konzentration eines Stoffes akute bzw. chronische schädliche Wirkung auf die Gesundheit nicht zu erwarten sind.
Dies bezieht sich auf einen gegebenen Referenzzeitraum von z. B. einer täglichen, 8-stündigen Einwirkung an 5 Tagen pro Woche während der Dauer der Lebensarbeitszeit.

21. Was verstehen Sie unter dem Begriff Betriebsanweisungen?

Betriebsanweisungen sind Auszüge aus den UVV (Unfallverhütungsvorschriften). In Betriebsanweisungen werden Hinweise auf Gefahren und Schutzmaßnahmen gegeben.

22. Welche inhaltlichen Punkte sollte eine Betriebsanweisung enthalten?
- Anwendungsbereich.
- Hinweise auf Gefahren für Mensch und Umwelt.
- Schutzmaßnahmen und Verhaltensregeln.
- Verhalten bei Störungen.
- Verhalten bei Unfällen und Erster Hilfe.
- Sachgerechte Entsorgung von Gefahrstoffen.
- Hinweise auf Instandhaltungsmaßnahmen.
- Folgen bei Nichtbeachtung der Betriebsanweisung.

23. Was ist beim Veröffentlichen von Betriebsanweisungen zu beachten?

Beriebsanweisungen müssen zu jeder Zeit für alle Mitarbeiter zugänglich sein. Betriebsanweisungen müssen Informationen in angemessenem Umfang enthalten und wenn nötig, in mehreren Sprachen verfasst werden.

24. Was versteht man unter dem Begriff Rettungskette?

Die Rettungskette beschreibt den Ablauf der Hilfsmaßnahmen eines Ersthelfers.
1. Sofortmaßnahmen (Absichern der Unfallstelle, Eigenschutz).
2. Notruf absetzen/Sofortmaßnahmen.
3. weitere Erste Hilfe.

25. Sie stellen an einer elektrischen Handbohrmaschine einen Schaden an der Zugentlastung der Anschlußleitung fest. Was tun Sie?

Die Bohrmaschine sofort sicherstellen und vor weiterer Benutzung schützen. Den Schaden unverzüglich dem Vorgesetzten melden.

26. Welches sind die Grundgedanken des Recyclings?

Kosten sparen und die Umwelt entlasten. Getrennte Sammlung von Problemstoffen, die nach entsprechender Wiederaufbereitung erneut als Rohstoff verwendet werden können (z. B. Öle).

27. Wie werden schwere Lasten vom Boden aus richtig angehoben?

In die Hocke gehen, die Wirbelsäule gerade halten und die Last aus den Beinen heraus anheben.

Notizen

11 Warten von Betriebsmitteln

11.1 Instandhaltung nach DIN 31 051

Definition

Unter dem Begriff „Instandhaltung" von technischen Arbeits- und Betriebsmitteln werden folgende Maßnahmen zusammengefasst:

- Feststellung und Einschätzung eines Istzustandes.
- Wiederherstellung und Bewahrung des Sollzustandes.

Aus diesen Maßnahmen leiten sich die **Wartung**, **Inspektion**, **Instandsetzung** und **Verbesserungen** ab.

Aufgaben und Ziele der Instandhaltung

Arbeits- und Betriebsmittel unterliegen einem ständigen Verschleiß, der vom Benutzungsgrad der Produktionsanlagen abhängig ist. Dadurch verlieren sie teilweise oder ganz ihre Funktionsfähigkeit.

Ist die Funktionfähigkeit der Produktionsanlagen eingeschränkt, können sicherheitsbedenkliche Zustände für die Maschinenbediener oder das Instandhaltungspersonal auftreten.

Da in den meisten Betrieben die Produktionsanlagen rund um die Uhr laufen, ist der Abnutzungsgrad der Anlagen sehr hoch.

Deshalb ist es wichtig, diesen wichtigen Punkt bereits bei der Konstruktion der Produktionsanlagen zu berücksichtigt.

Beispiele für Ursachen von Anlagenausfällen:

- Normaler Verschleiß von Anlagenteilen.
- Überdurchschnittlich hoher Verschleiß durch Überlastung der Anlagen.
- Fehlkonstruktion von Anlagenteilen.
- Umwelteinflüsse (z. B. Staub, Hitze, Feuchtigkeit → Korrosion).
- Bedienungsfehler der Anlagenbediener
  – schlechte Ausbildung
  – fehlende Motivation
  – gesundheitliche Verfassung
  – Sabotage

Beispiele für Folgen von Anlagenausfällen:

- Kosten durch Produktionsausfall.
- Einbußen bei der Produktqualität.
- Erhöhter Energieaufwand.
- Umweltbelastung.
- Imageverlust und Vertragsstrafen (Konventionalstrafen).

Um Ausfälle von Produktionsanlagen vorzubeugen und damit die optimalen Produktionsergebnisse sicherzustellen, ist es unverzichtbar, eine gut funktionierende Instandhaltung in den Betrieben zu installieren.

■ **Vertragsstrafe** (auch Konventionalstrafe od. Konventionsstrafe genannt) ist eine zwischen den dem Vertragspartnern fest zugesagte Geldsumme für den Fall, dass einer der Vertragspartner seine vertraglichen Verpflichtungen nicht oder nicht in angemessener Weise erfüllt.

	Instandhaltung		
Wartung	Inspektion	Instandsetzung	Verbesserung
Bewahren des Sollzustands	Festlegen und Beurteilen des Istzustands	Wiederherstellen des Sollzustands	Verbessern des Soll- und Istzustands
Reinigen Schmieren Nachstellen	Messen Prüfen Diagnostizieren	Austauschen Ausbessern	Weiterentwickeln, Verbessern, Ausbau

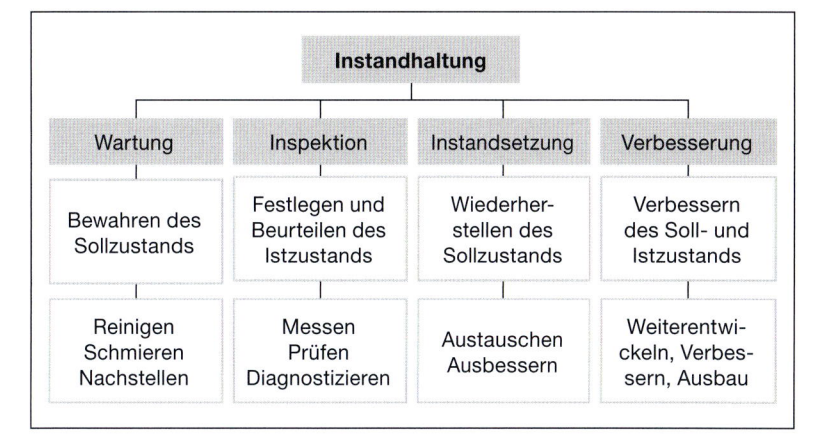

Bild 1 Aufgaben der Instandhaltung

In der heutigen Zeit hat die Instandhaltung einen deutlich höheren Stellenwert als früher.

Noch vor wenigen Jahren wurde sie als „notwendiges Übel" und als „unproduktiver Kostentreiber" angesehen.

Doch durch bessere Methoden und höhere Effektivität ist die Instandhaltung ein wichtiger Teil der Produktionskette geworden.

Wenn sie gut funktioniert und zweckgebunden ist, trägt sie durchaus zu einem positiven Betriebsergebnis bei.

🇬🇧

Instandhaltung
Maintenance

Wartung
Service

Inspektion
Inspection

Instandsetzung
Repair

Verbesserungen
Improvement

Generalüberholung
Overholding

> **Zu den wichtigsten Zielen der Instandhaltung gehören:**
>
> - Bestmögliche Ausnutzung der Lebensdauer von Anlagen und Betriebsmitteln.
> - Erhöhung deren Lebensdauer.
> - Sicherheits-, Umwelt- und Qualitätsstandard erhalten.
> - Optimale Verfügbarkeit gewährleisten (z. B. durch schnelle Störungsbeseitigung).
> - Kostenkontrolle von Instandsetzungsmaßnahmen.

Unterteilung der Instandhaltung

Es gibt zwei grundlegende Gebiete in der Instandhaltung. Die **störbedingte** und die **vorbeugende** Instandhaltung.

Die **störbedingte Instandhaltung** kommt dann zum Tragen, wenn eine Produktionsanlage oder ein Anlagenteil durch eine Störung außer Betrieb gesetzt wird oder die Produktqualität nicht mehr gewährleistet ist.

Da Störungen in der Regel unangekündigt auftreten, ist es wichtig, alle Resourcen für eine schnelle Instandsetzung zu jeder Zeit verfügbar zu haben.

Entscheidend ist jetzt, wie schnell die Störung beseitigt werden kann, um die Ausfallzeit der Produktion so gering wie möglich zu halten.

Dies ist nur möglich wenn:
- Genügend Instandhaltungspersonal verfügbar ist.
- Ein sicherer Zustand der Anlage hergestellt werden kann.
- Alle nötigen Ersatzteile vorhanden sind.
- Alle nötigen Unterlagen (z. B. Pneumatikpläne, Stromlaufpläne usw.) vorhanden sind.
- Evtl. ausgelaufene Betriebsstoffe nachgefüllt werden können.

Die **vorbeugende Instandhaltung** hat das Ziel, durch geplante Maßnahmen wie der Inspektion und Wartung ungeplante Anlagenstillstände zu verhindern.

Bei dieser Instandhaltungsvariante versucht man, im Vorfeld möglichst Störquellen zu erkennen und durch geplante Maßnahmen abzustellen.

Die vorbeugende Instandhaltung bietet den großen Vorteil, dass man die Menge und die Qualifikationen des benötigten Instandhaltungspersonals genau auf die Maßnahme abstimmen kann.

Des Weiteren ist auch sichergestellt, dass alle benötigten Ersatzteile, Werkzeuge, Vorrichtungen, Schmierstoffe, usw. vorhanden sind und bereitliegen.

Hierbei ist es wichtig den Abnutzungsvorrat der Betriebsmittel zu berücksichtigen. Mit dem Abnutzungsvorrat ist der Bereich gemeint, bis zu dem ein Werkzeug oder ein Bauteil seinen maximalen Verschleiß erfahren darf. Ist der Abnutzungsvorrat aufgebraucht, muss das verschlissene Werkzeug oder Bauteil ausgetauscht werden. Ursachen hierfür sind der normale Verschleiß, z. B. die Kettenräder eines Kettentriebes oder die natürliche Alterung von Bauteilen, z. B. das Korrodieren von ungeschützten Materialien.

Auch bei Fertigungsanlagen oder Werkzeugmaschinen ist der Abnutzungsvorrat zu beobachten. Durch Gegenmaßnahmen wie z.B. Wartung, Inspektion und Indstandsetzung kann er immer wieder erneuert werden.

Inspektion

Jede Produktionsanlage hat kritische Verschleißpunkte, die am besten bereits bei der Aufstellung der Anlage zu einem Inspektionsplan zusammengefasst werden.

Wenn die Anlage in Betrieb genommen worden ist, können anhand des Inspektionsplanes alle Verschleißpunkte in regelmäßigen Abständen kontrolliert werden.

Beispiele hierfür wären: z.B.
- Kontrolle des Verschleißgrades an einem Kettenantrieb.
- Kontrolle der Riemenspannung an einem Zahnriemenantrieb.
- Feststellen des Verschmutzungsgrades an einer Filteranlage.
- Ölstand an einem Getriebe kontrollieren.

Durch diese Maßnahme ist gewährleistet, dass zu jeder Zeit eine genaue Aussage über den aktuellen *Istzustand* der Anlage gemacht werden kann.

Wenn dieser kritisch ist, können gezielte und vor allem geplante Instandsetzungsarbeiten, z. B. während der Betriebsferien, eingeleitet werden.

Wartung

Wenn bei einer Inspektion kritische Verschleißzustände festgestellt werden, kann man hieraus Wartungsmaßnahmen ableiten. Dies ist notwendig, um den *Sollzustand* einer Produktionsanlage dauerhaft sicherzustellen.

Des Weiteren ist die Wartung eine Maßnahme, die regelmäßig und in festgelegten zeitlichen Abständen durchgeführt wird.

Beispiele für Wartungsmaßnahmen: z.B.
- Ölwechsel an einem Getriebe.
- Wechseln von zugesetzten Filtern.
- Austausch von verschlissenen Zahnriemen.
- Schmieren von Gelenken und Laufbahnen.
- Aufbringen von Korrosionsschutz.

Die meisten Wartungsarbeiten lassen sich bei kürzeren Anlagenstillständen (wie z. B. Umrüstarbeiten) durchführen.

■ **Inspektion**
Maßnahmen zur Feststellung und Beurteilung des Istzustandes von technischen Mitteln eines Systems.

■ **Instandsetzung**
Maßnahmen zur Wiederherstellung des Sollzustandes von technischen Mitteln eines Systems.

■ **Wartung**
Maßnahmen zur Bewahrung des Sollzustandes von technischen Mitteln eines Systems.

Wartungsauftrag

Werksnr: **000**	Datum: **08.02.2017 14:57:32**
Auftrag: **W515373**	Plan Priority: **3**
Wartungs-ID: **1785**	Sicherh.?: **N**
Projekt-ID:	Objektklasse: **Anlage**
Slotnummer:	Objektcode:
Objekt-Nr.: **14789**	Arbeitsort: **EHC-Linie**
Ort: **HALLE 1**	Erzeug.-datum: **28.01.2017 09:38**
Kurzbeschreibg: **EHC-Entfettungsmodul**	Fäll.-datum: **11.02.2017**
Bel.KoSt.Pers.Ko: **143810-PERSONAL**	Plandatum:
Erzeuger: **A. Mustermann** 0002	Fertigstelldatum:
Tel.:	Arbeitsber.: **A**
Arbeitsgrp: **M**	Fehlercode: **WARTU**
Vorgesetzter,Name:	Arb.-art: **PLAN**
Zugewies.an: **Ch.Mustermann**	Status: **DO**
Geplant für: **Ch.Mustermann**	Konformitätstyp:
Planer: **A. Mustermann**	
Intervall Code: **JAH** Letzte Wrtg.-Nutzung:	Letzte Wrtgs.Datum: **12.02.2016**

Angeford. Arbeit: **WARTUNG**
1. Ölwechsel am Getriebe -> Antrieb Transportband 1
2. Filter am Zuführgebläse wechseln
3. Abschmieren der in Schmierplan gezeigten Stellen
4. Reingien und schmieren der Antriebskette -> Drehteller

Angef. Unterstützung: _____   Zählerablesung:_____

DURCHGEFÜHRTE TÄTIGKEIT

_____
_____
_____
_____
_____
_____

Fertiggestellt von:_____   Fertigst.-Datum: ____/____/____
Freigabe: Produktion ____/____/____ ___:___   Instandhaltg: ____/____/____ ___:___
Unterschrift:_____   Unterschrift:_____

STATUSÄNDERUNG

Status: _____ Datum: ___/___/___ Zeit: ___:___   Status: _____ Datum: ___/___/___ Zeit: ___:___

PERSONAL   **MATERIAL**

Mitarbeiter ID	Aktivitäts- Code	TC	Stunden	Art	Lagernummer	Menge	Konto
_____	_____	___	_____	___	_____	_____	_____
_____	_____	___	_____	___	_____	_____	_____
_____	_____	___	_____	___	_____	_____	_____

Bild 2   *Beispiel eines Wartungsauftrags*

Taktzeit
Zeit, die benötigt wird, um ein Produkt oder eine Mengeneinheit eines Produktes herzustellen.

Durch eine Instandhaltungssoftware kann die Verfügbarkeit der Anlagen gesteigert und dabei können die Kosten gesenkt werden.

Wichtig ist, dass die Wartungsarbeiten durch die Wartungspläne genau beschrieben und festgelegt sind. In den meisten Fällen können die Maschinenbediener die Wartungsarbeiten an ihren Produktionsanlagen selber durchführen. Das entlastet wiederum das Instandhaltungspersonal.

Kontinuierlicher Verbesserungsprozess (KVP)

Ein weiterer wichtiger Aspekt in er Instandhaltung ist die stetige Verbesserung der Produktionsanlagen.

Diese tragen dazu bei, dass die Verfügbarkeit, die Leistungsfähigkeit und die Stabilität der Produktionsanlagen gesteigert wird.

> **Folgende positive Auswirkungen sind durch einen Verbesserungsprozess zu erwarten:**
> - Steigerung der Anlagenverfügbarkeit
> - Senkung der Taktzeit
> - Steigerung der Produktqualität
> - Senkung der Produktionskosten
> - Steigerung der Stabilität von Anlagenkomponenten
> - Verbesserung der Ergonomie
> - Verbesserung der Sicherheit

Es ist sehr wichtig, dass die Mitarbeiterinnen und Mitarbeiter die direkt an den Produktionsanlagen arbeiten, in den Verbesserungsprozess eingebunden werden. Sie wissen am besten, wo es Verbesserungspotenzial an den Produktionsanlagen gibt.

Ein gutes Instrument zur Motivation der Mitarbeiter sich an Verbesserungen zu beteiligen, ist das betriebliche Vorschlagswesen (BVW).

Hierbei werden die Ideen der Mitarbeiterinnen und Mitarbeiter gesammelt und in einer BVW-Kommission begutachtet.

Das Gremium setzt sich meist aus Mitarbeiterinnen und Mitarbeitern der Produktion, der Prozesstechnik, der Abteilungsleitung und der Konstruktionsabteilung zusammen.

Wenn eine Idee umsetzbar ist, wird nach einem Berechnungsschlüssel die mögliche Prämie für den Mitarbeiter der den Vorschlag eingereicht hat, berechnet.

Nach Rücksprache mit der Geschäftsleitung und der Führungskraft wird der Verbesserungsvorschlag umgesetzt und die Prämie an den Mitarbeiter ausgezahlt.

Softwaregestützte Instandhaltung

Zur Unterstützung und Organisation aller anfallenden Instandhaltungsarbeiten wird von den meisten Unternehmen eine Instandhaltungssoftware eingesetzt.

Das Angebot von Softwaretools ist sehr groß, und die Unternehmen können diese ganz auf ihre Bedürfnisse abstimmen.

Folgende Bereiche werden organisatorisch von der Software abgedeckt:
- Erzeugen und Verwalten von Inspektionsplänen.
- Erzeugen und Verwalten von Wartungsplänen.

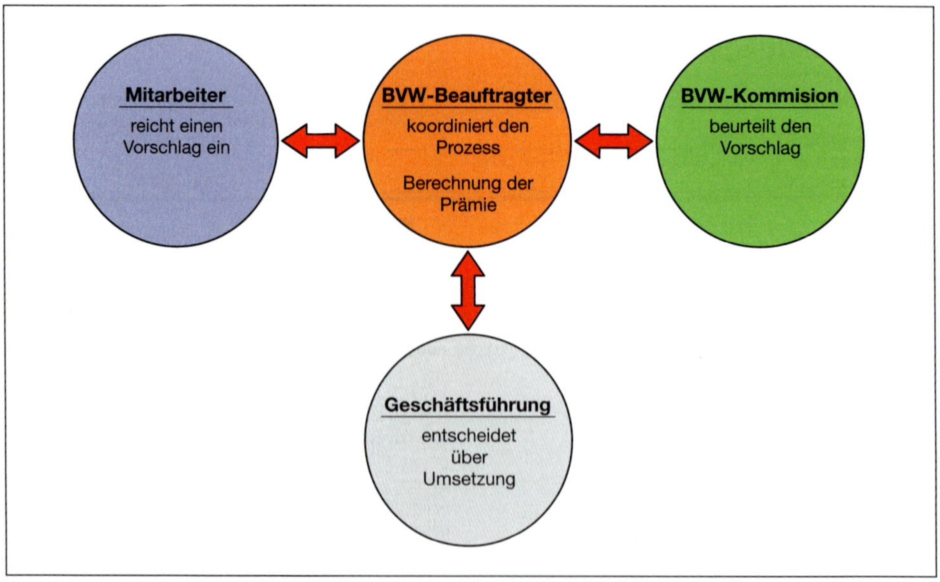

Bild 3 Betriebliches Vorschlagswesen

Instandhaltung, Anforderung an das Personal

- Organisation von Indstandsetzungsarbeiten.
- Verwaltung von Ersatzteilen.
- Organisation von Fremdfirmen-Einsätzen.
- Einsatzplanung des Instandhaltungspersonals.
- Analyse der Instandhaltungskosten und der Anlagenausfälle.
- Erzeugen von Störungsstatistiken.

@ **Interessanter Link**
- https://www.youtube.com/watch?v=b4xCi1PhgKU
- www.mainsaver.de

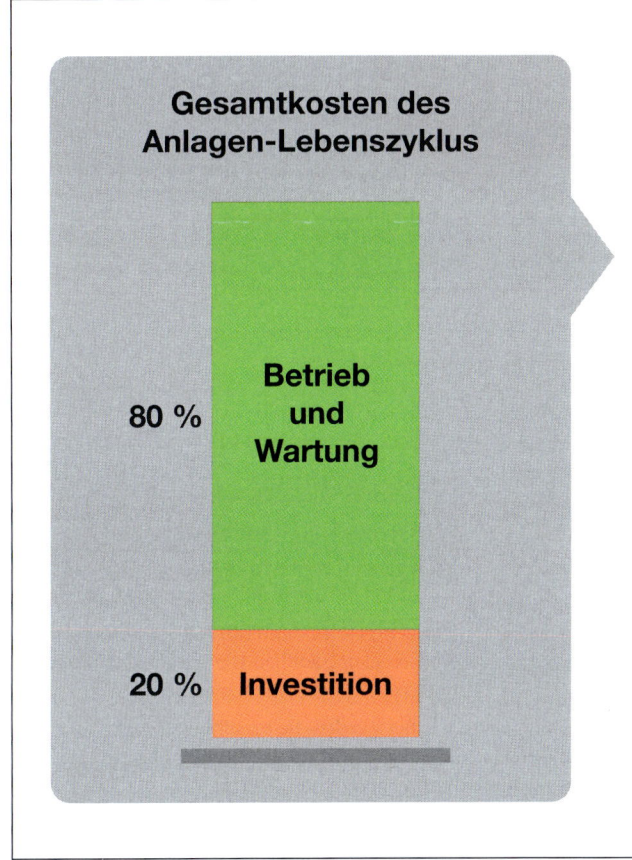

Gesamtkosten des Anlagen-Lebenszyklus

80 % Betrieb und Wartung
20 % Investition

- **Vorbeugende Instandhaltung:**
  Minimierung von Störungen und deren Bearbeitungskosten, Anlagenüberwachung
- **Kostentransparenz:**
  Erkennen der Kostentreiber und systematische Ursachenbeseitigung
- **Optimaler Ressourceneinsatz:**
  Planbarkeit des Ressourceneinsatzes (eigene Mitarbeiter, Material und Fremdfirmen) unter Berücksichtigung von Prioritäten, Lieferantensteuerung
- **Mitarbeitermotivation durch Information:**
  Einsicht in Arbeitsvorrat, Anlagenhistorie und Materialverfügbarkeit fördern das eigenverantwortliche Handeln der gewerblichen Mitarbeiter
- **Optimierung der Ersatzteilbevorratung:**
  Einsparung von Lagerkosten, Vermeidung von Bestellzeiten, Reduktion der Kapitalbindung
- **Einheitliche Informationsbasis:**
  Schaffung einer Informationsbasis für Investitionsentscheidungen und Anlagenhistorie
- **Qualitätsmanagement und Betriebssicherheit:**
  Einheitlich klar dokumentierte Prozesse
- **Anlageneffektivität:**
  Erhöhung der Gesamteffektivität durch verringerte Stillstandszeiten und verbesserte Auslastung

Bild 4   Vorteile einer Instandhaltungssoftware

Anforderungen an das Instandhaltungspersonal

Bereits bei der Planung von Produktionsanlagen und Betriebsmitteln ist es wichtig, dass die Instandhaltung mit den einzelnen Abteilungen der Maschinenbeschaffung zusammenarbeitet.

Es sollte unbedingt darauf geachtet werden, dass die Anlagen möglichst wartungs- und reparaturfreundlich konstruiert und geplant werden.

Hierdurch können im späteren Betrieb die Folgekosten für Betrieb und Wartung reduziert werden.

Ein weiterer wichtiger Aspekt ist, dass bei einer Störung das Instandhaltungspersonal sich besser, zielgerichteter und vor allem sicherer in der Produktionsanlage bewegen kann.

Wenn Ersatzteile getauscht werden müssen, ist es von Vorteil, dass die Instandhalter einfach an

Bild 5   Reparatur eines Extruders

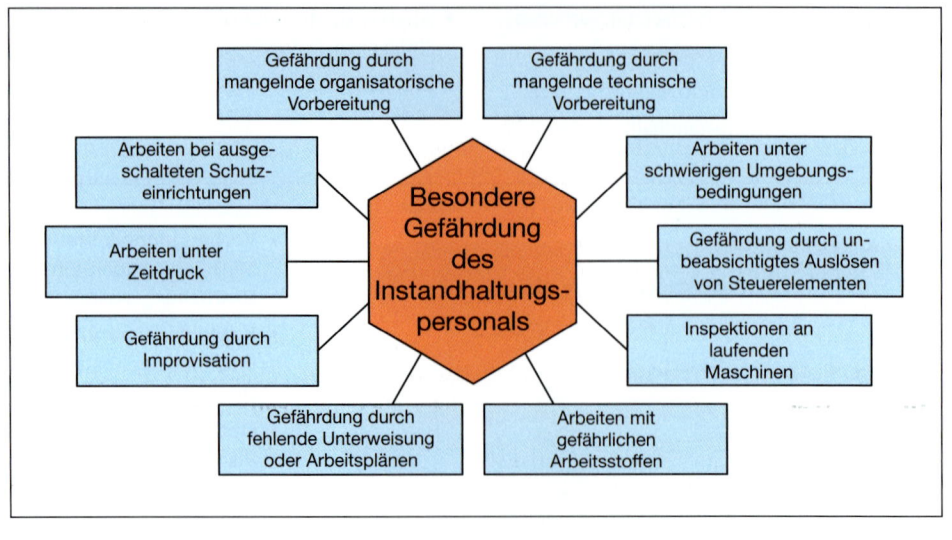

Bild 6   Besondere Gefährdung des Instandhaltungspersonals

das defekte Bauteile herankommen. Wenn noch andere Bauteile vorher demontiert werden müssen, um das defekte Bauteil ausbauen zu können, kostet das wertvolle Produktionszeit.

Moderne Instandhaltungsabteilungen bestehen meistens aus qualifizierten Facharbeitern, Meistern und/oder Technikern und Ingenieuren.

Durch den rasanten technischen Fortschritt ist es unerlässlich, dass sich das Instandhaltungspersonal ständig an die steigenden Anforderungen durch Schulungen und Qualifizierungen anpasst.

Auch die technischen Unterlagen wie z. B. Hydraulik- und Pneumatikpläne, Stromlaufpläne usw. müssen durch das Instandhaltungspersonal immer auf dem aktuellen Stand gehalten werden.

Bei Instandhaltungsarbeiten ist auch das Gefährdungspotenzial sehr hoch. Gerade bei der Störungssuche müssen oft Anlagenteile in einem unsicheren Zustand bewegt und Sicherungs- und Schutzeinrichtungen bewusst außer Kraft gesetzt werden, um die Störung lokalisieren zu können.

Organisationsvarianten der Instandhaltung

Eine Instandhaltung kann man in drei verschiedene Organisationsvarianten unterteilen.

Welche der Organisationsformen für einen Betrieb die richtige ist, hängt von der Struktur und Größe des Betriebes ab.

Das Instandhaltungspersonal muss im höchsten Maße flexibel sein. Schicht- und Mehrarbeit, die Bereitschaft an Sonn- und Feiertagen zu arbeiten und Bereitschaftsdienste gehören zum Alltag.

Man unterscheidet zwischen:
- Zentrale Instandhaltung.
- Dezentrale Instandhaltung.
- Kombinierte Instandhaltung.

Die **zentrale Instandhaltung** ist eine Variante, die sich hauptsächlich für den Einsatz in kleineren Produktionseinheiten eignet.

Hierbei werden die verschiedenen Produktionsabteilungen von einer zental gelegenen Instandhaltungs-Werkstatt betreut.

Durch die kurzen Wege ist eine schnelle Reaktionszeit bei einer Störung möglich.

Die **dezentrale Instandhaltung** ist für größere Produktionseinheiten von Vorteil. Hierbei werden kleinere Instandhaltungsstützpunkte in den Produktionszellen untergebracht. Wichtig hierbei ist, dass das Instandhaltungspersonal je nach Anforderung richtig auf die einzelnen Stützpunkte verteilt wird. Absprache und genaue Aufgabenteilung zwischen den einzelnen Stützpunkten müssen zu jeder Zeit gut funktionieren.

Nachteilig wirken sind die hohen Kosten für die mehrfach gleichartigen Ausstattungen der einzelnen Stützpunkte aus.

Bei der **kombinierten Instandhaltung** gibt es meistens eine zentrale Instandhaltungsabteilung und je nach Größe des Unternehmens mehrere dezentrale Instandhaltungsstützpunkte. Hierbei werden die kleineren Instandhaltungsstützpunkte von der „Zentrale" angesteuert und mit allen nötigen Informationen versorgt.

Der zentrale Teil ist in der Regel für die Instandhaltungsarbeiten zuständig, die nicht direkt die Produktion betreffen.

Betriebs- und Wartungsanleitungen

Auch die Arbeitsvorbereitung (Arbeitsplanung, Arbeitssteuerung und Datenerfassung) gehört zu den Aufgaben der zentralen Instandhaltung.

Die dezentralen Teile sind hingegen für die direkte Betreuung der einzelnen Produktionszellen verantwortlich und können bei Störungen sehr schnell durch ihre Nähe reagieren.

Ab einer Firmengröße mit mehreren großen Produktionshallen ist diese Organisationsform sinnvoll.

Betriebs- und Wartungsanleitungen

Jeder Hersteller von technischen Geräten oder Betriebsmitteln ist dazu verpflichtet, bei der Auslieferung des Produktes eine vollständige, fehlerfreie und verständliche Betriebsanleitung dem Kunden auszuhändigen.

Wenn keine Betriebsanleitung dem Produkt beiliegt, stellt dies einen Sachmangel dar. Dies kann dazu führen, das bei Sach- und Personenschäden der Hersteller zur Verantwortung gezogen wird.

Wenn die Betriebsanleitung unvollständig oder fehlerhaft ist, spricht man von einem Instruktionsfehler. Auch hier haftet der Hersteller.

Die Betriebsanleitung muss für den Kunden sprach- und sachverständlich geschrieben sein.

In einer vollständigen Betriebsanleitung nach der Maschinenrichtlinie müssen folgende Punkte enthalten sein:

- Anleitung zur Aufstellung und Montage der Maschine.
- Anleitung zur Inbetriebnahme und Betrieb der Maschine.
- Anleitung zu Einricht- und Wartungsarbeiten.

Eine Betriebsanleitung muss nach der Maschinenrichtlinie ausgelegt sein.

🇬🇧

Betriebsanleitung
operating instruction

Mindestanforderung an die regelmäßige Inspektion und Wartung	Täglich und vor jedem Gebrauch	Wöchentlich	Monatlich	Alle 6 Monate	Jährlich	Bei Stillstand, ab 6 Wo.	Alle 6 Jahre	FPS Kundenservice informieren
Schmierstoffe kontrollieren, ggf. auffüllen	X							
pH-Wert des Kühlschmierstoffs prüfen		X						
Kühlschmierstoff auf Bakterienbefall prüfen	X							
Kühlschmierstoff wechseln					X			
Handräder an den Schmierpunkten schmieren			X					
Ablaufbremse kontrollieren und einstellen			X					
Abstreifer der Z-Führungsbahn kontrollieren und reinigen, ggf. ersetzen				X				
Antriebsriemen der Spindel auf Beschädigung überprüfen, ggf. nachspannen oder erneuern				X				
Antriebsriemen des Achsvorschub-Motors überprüfen, ggf. nachspannen oder erneuern				X				
Führungsbahn reinigen und schmieren			X					
Keilleisten durch FPS-Kundenservice überprüfen und ggf. nachstellen lassen				X				FPS Kundenservice informieren
Bettbahnöl der Z-Spindel wechseln				X				
Spindelbremse prüfen und warten lassen				X				FPS Kundenservice informieren
Hydraulikschläuche prüfen (FPS 500 M hydro)	X							
Hydraulikschläuche wechseln (FPS 500 M hydro)							X	

Bild 7 Beispiel eines Inspektions- und Wartungsplans einer Fräsmaschine

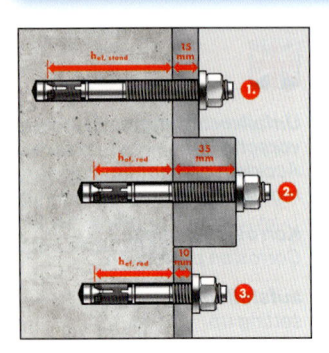

Bild 11 Bodenanker

Abnahmeprotokoll
acceptance report

Danach wird die Maschine auf ihrem entgültigem Platz befestigt. Hierzu sollte nur Befestigungsmaterial verwendet werden, das eine gültige Zulassung nach ETA (European Technical Assessment) hat.

Anschließen und Inbetriebnahme der Maschine
Bevor nun die Maschine in Betrieb genommen werden kann, müssen alle benötigten Energieformen (Strom, Gas, Druckluft usw.) angeschlossen werden. Außerdem sind alle Schmier- und Hilfsstoffe einzufüllen.

Nun kann die Maschine vom Kunden und Hersteller abgenommen werden. Dies geschieht meistens nach einer vorher von beiden Seiten aufgestellten Checkliste, die unter anderem durch Norm festgelegte Geometrieprüfungen nach DIN ISO 230-1 enthält.

Die Maschine wird auf die korrekte Funktion und auf Mängel untersucht, bevor sie mit allen nötigen Dokumenten an den Kunden übergeben wird. Alle Sachverhalte werden in einem Abnahmeprotokoll festgehalten.

Zum Schluss müssen alle Personen, die mit der Maschine arbeiten, in ihre Funktion und Sicherheit eingewiesen werden.

Hierbei sollte die Sicherheitsfachkraft mit eingebunden werden.

Projekt

Um ungeplante Stillstände unseres Schwenkarmes möglichst zuverlässig zu vermeiden, ist es sinnvoll, einen Wartungsplan zu erstellen.

Dieser sollte möglichst Inspektions- und Wartungsaspekte in einem berücksichtigen.

Betrachten Sie den Schwenkarm in seinem kompletten Funktionsablauf und überlegen Sie, welche Teile verschleißkritisch sind.

Erstellen Sie dann einen Inspektions- und Wartungsplan mit der Zuordnung zu den einzelnen Baugruppen.

Hierbei gibt es keinen vorgeschriebenen Lösungsweg. Diskutieren Sie Ihren selbsterstellten Inspektions- und Wartungsplan mit Ihrem Ausbilder oder Berufsschullehrer.

Nach welchen Kriterien und Gesichtspunkten gestalten Sie den Wartungsplan?

Hat die berufliche Erfahrung Einfluss auf die Gestaltung eines Wartungsplans?

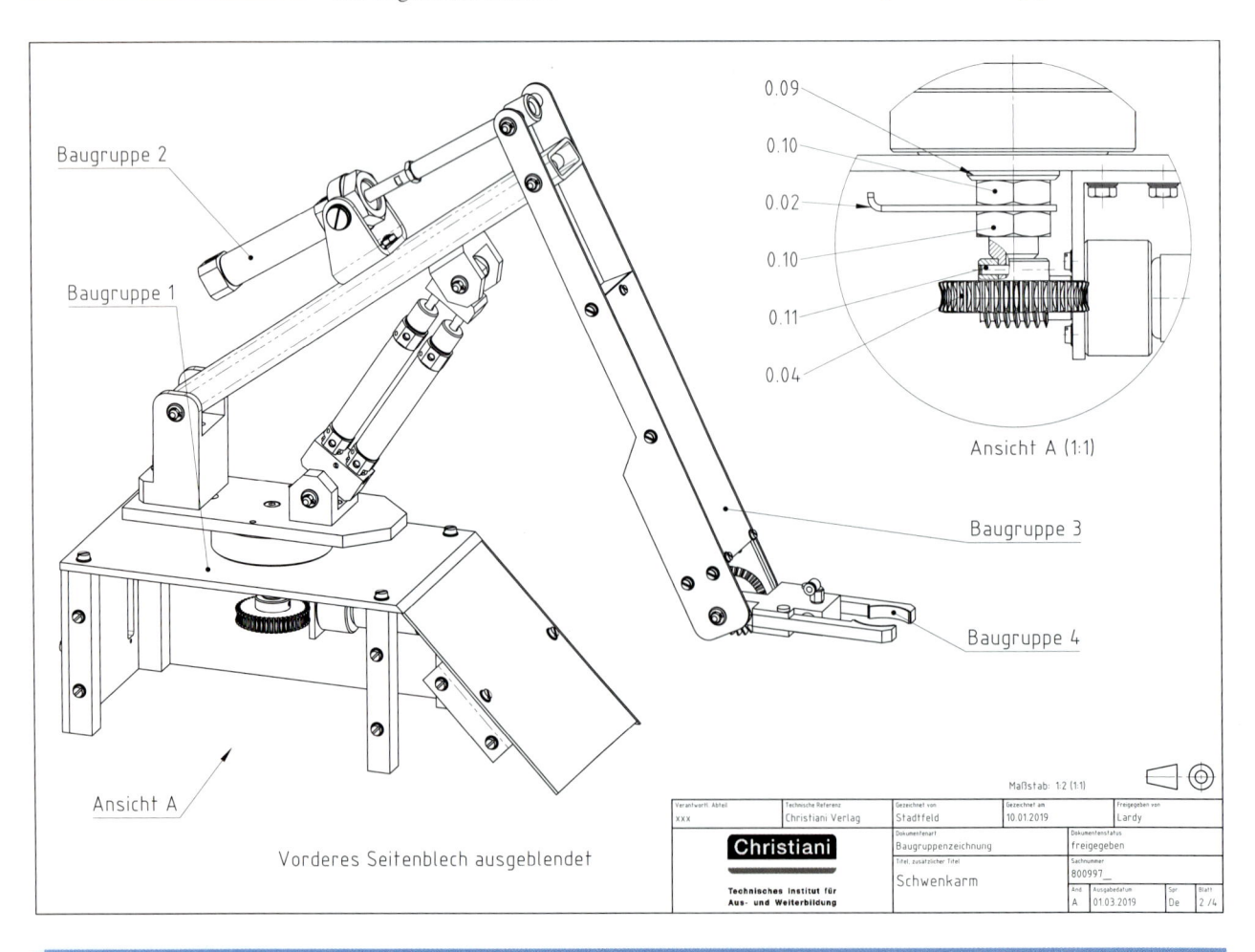

12 Technische Kommunikation

Technische Zeichnungen waren lange Zeit das einzige, mit denen der Konstrukteur seine Wünsche zur Herstellung verschiedener Bauteile in die Werkstatt geben konnte.

Obwohl heutzutage immer mehr Bildschirmarbeitsplätze in den Betrieben vorhanden sind, werden Zeichnungen, gerade in den Werkstätten aber weiterhin benötigt.

Technische Zeichnungen müssen alle notwendigen Angaben zur Herstellung eines einzelnen Bauteils, einer Baugruppe oder eines kompletten Produkts enthalten. Dies geschieht in grafischer oder auch schriftlicher Form.

12.1 Projektionsmethoden

Da räumliche Ansichten sehr schön aussehen, aber spätestens bei der Bemaßung sehr schnell unübersichtlich werden, bedient man sich verschiedener Projektionsmethoden, bei dem das Bauteil aus verschiedenen Blickrichtungen dargestellt wird.

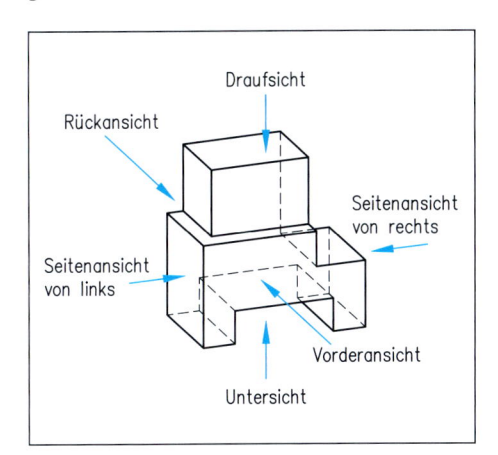

Bild 1 Ansichten am 3D-Körper

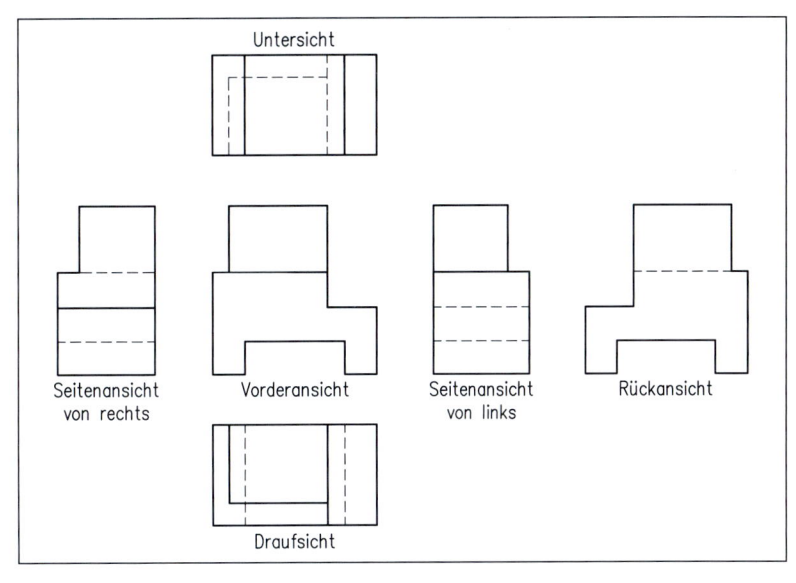

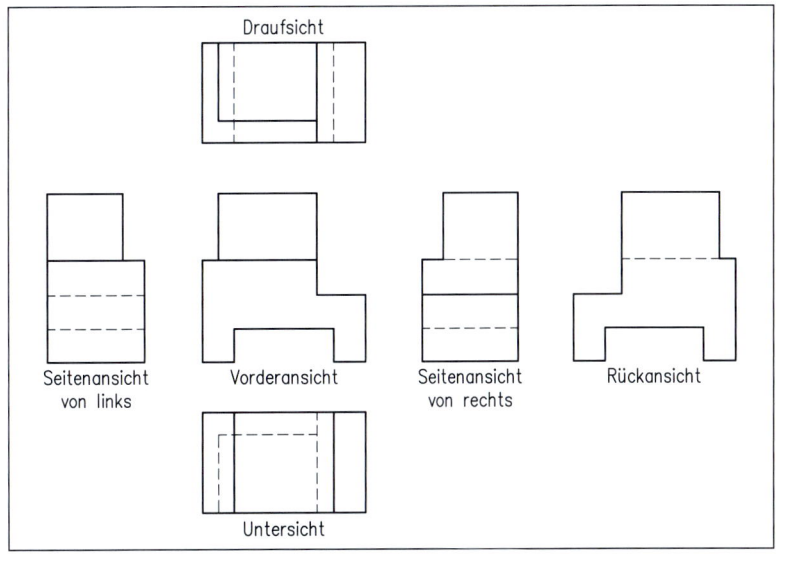

Bild 3 Ansichten bei Projektionsmethode 1

Projektionsmethode 1

Die Projektionsmethode 1 findet überwiegend Anwendung in Deutschland und in den meisten europäischen Ländern.

Die Projektionsmethode 1 wird im Schriftfeld mit folgendem Symbol angegeben.

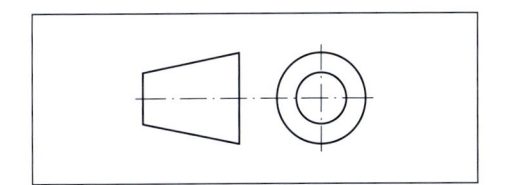

Bild 2 Symbol Projektionsmethode 1

Projektionsmethode 3

Die Projektionsmethode 3 findet überwiegend Anwendung in den USA und englischsprachigen Ländern.

Die Projektionsmethode 3 wird im Schriftfeld mit folgendem Symbol angegeben.

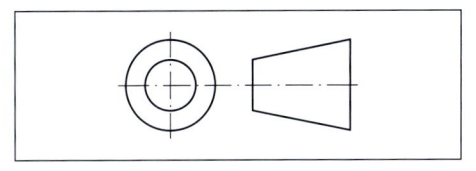

Bild 4 Symbol Projektionsmethode 3

Bild 5 Ansichten bei Projektionsmethode 3

In der Praxis werden nur so viele Ansichten gezeichnet, wie man zur eindeutigen Erkennung des Werkstückes benötigt. Gerade bei Drehteilen reicht oft schon eine Ansicht aus.

Die Vorderansicht (Hauptansicht) ist so zu wählen, dass möglichst viele Informationen über das Werkstück enthalten sind.

Technische Kommunikation
technical communication principles

Projektionsmethoden
projection methods

Linien
lines

Vorderansicht
front view

Seitenansicht
side view

Draufsicht
top view

12.2 Linien und Strichstärken

Um die verschiedenen Elemente einer Zeichnung besser unterscheiden zu können (Körperkanten, verdeckte Körperkanten, Bemaßung usw.), bedient man sich verschiedener Linien und Strichstärken. Je nach Zeichnungsformat werden unterschiedliche Liniengruppen verwendet.

Linienart	Darstellung	Liniengruppe			Anwendung
		0,35	0,5	0,7	
Volllinie, breit	———————	0,35	0,5	0,7	Sichtbare Kanten
Volllinie, schmal	———————	0,18	0,25	0,35	Maß- und Hilfslinien
Strichlinie	- - - - - - -	0,18	0,25	0,35	Verdeckte Kanten
Strichpunktlinie, breit	—·—·—·—	0,35	0,5	0,7	Schnittverlauf
Strichpunktlinie, schmal	—·—·—·—	0,18	0,25	0,35	Mittellinien
Maße und Symbole		0,25	0,35	0,5	Maß-, Toleranzangaben und grafische Symbole
Freihandlinie	~~~~~	0,18	0,25	0,35	Bruchlinien

Bild 6 Linien in mm

12.3 Projektionen

Um Objekte einfacher und besser zu verstehen, werden in Zeichnungen oft räumliche Darstellungen mit eingebracht. Durch diese Darstellungen kann der Betrachter sich schneller ein Bild von dem Objekt machen.

Die am häufigsten verwendeten Projektionsarten sind die isometrische und dimetrische Projektion sowie die Kabinett- und Kavalier-Projektion.

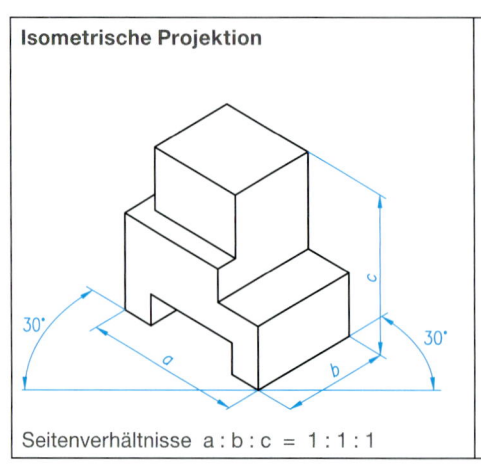

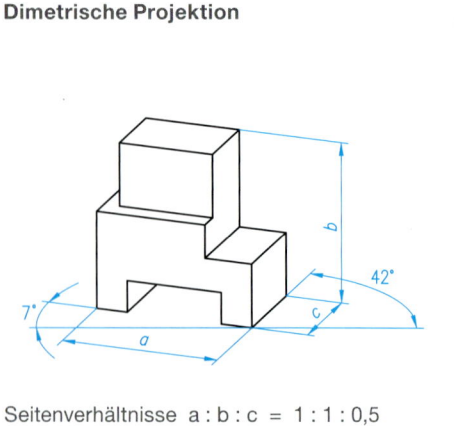

Isometrische Projektion

Seitenverhältnisse a : b : c = 1 : 1 : 1

Dimetrische Projektion

Seitenverhältnisse a : b : c = 1 : 1 : 0,5

Projektionen

Kavalier-Projektion

Seitenverhältnisse a : b : c = 1 : 1 : 1

Kabinett-Projektion

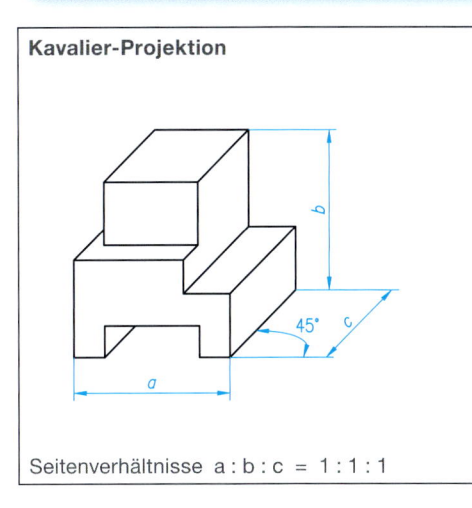

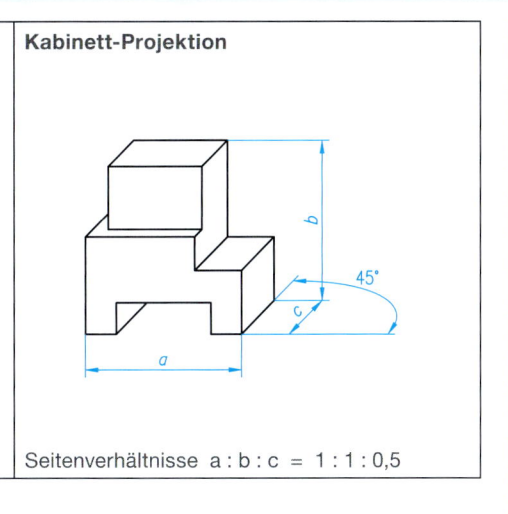

Seitenverhältnisse a : b : c = 1 : 1 : 0,5

Um beim Technischen Zeichnen Raumbilder zu erstellen, unterscheidet man verschiedene Projektionen.

Am häufigsten verwendet man die:

- Isometrische Projektion
- Dimetrische Projektion
- Kavalier-Projektion
- Kabinett-Projektion

Prüfung

1. Zu der existierenden isometrischen Darstellung ist eine Vorderansicht und Seitenansicht von links vorhanden.
   Zeichnen Sie die dazugehörende Draufsicht.

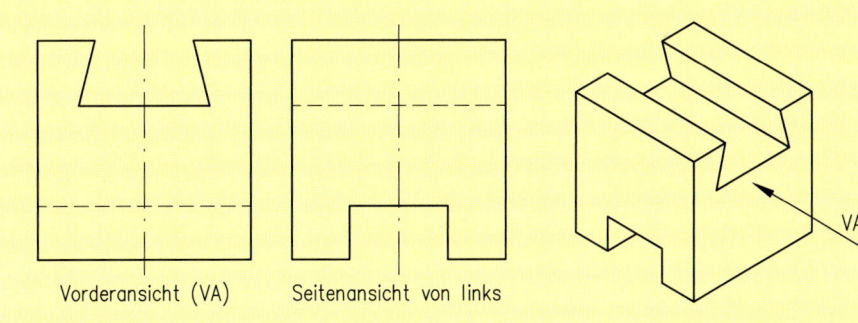

   Vorderansicht (VA)   Seitenansicht von links

2. Zu der existierenden isometrischen Darstellung ist eine Seitenansicht von links und Draufsicht vorhanden.
   Zeichnen Sie die dazugehörende Vorderansicht (mit unsichtbaren Kanten).

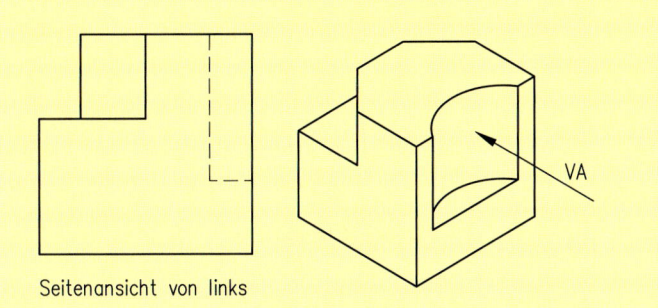

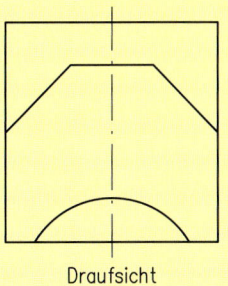

   Seitenansicht von links   Draufsicht

3. Das räumlich dargestellte Teil (Baugruppe 2.1, Pos. 2.1.04) ist nach der Projektionsmethode 1 in mehreren Ansichten gezeichnet worden. Wie wird die mit 2 gekennzeichnete Ansicht bezeichnet?

Vorderansicht

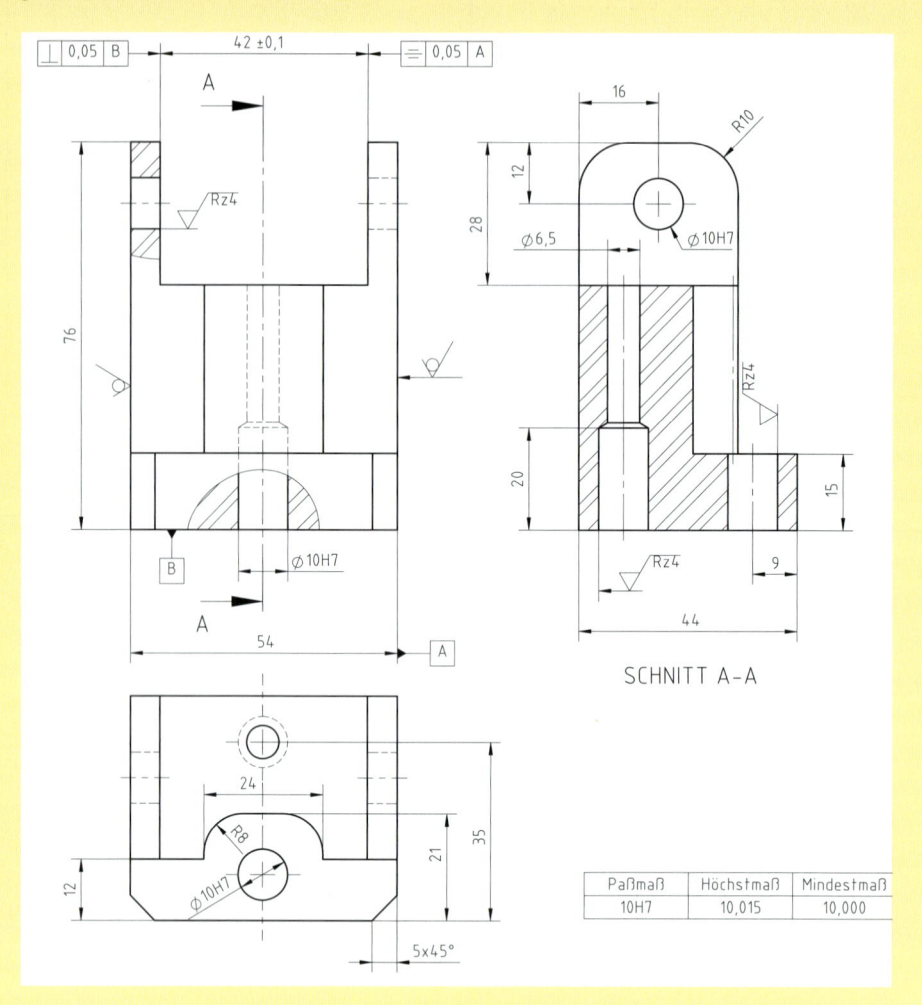

Paßmaß	Höchstmaß	Mindestmaß
10H7	10,015	10,000

12.4 Schnittdarstellungen

Schnittdarstellungen dienen im Allgemeinen der Darstellung von Konturen und Elementen in Hohlkörpern, die normalerweise nicht sichtbar sind.

Zur besseren Veranschaulichung kann man sich vorstellen, dass man mit einer Säge ein Teil durchschneidet und auf die geschnittene Fläche schaut.

Die Schnittkanten werden als breite Volllinie gezeichnet. Die sichtbare Schnittfläche wird mit einer Schraffur unter 45° bzw. 135° dargestellt.

Vollschnitt:

Beim Vollschnitt wird die vordere Hälfte komplett weggeschnitten.

Der Schnitt verläuft hier entlang der Achse des Körpers.

(Bild 7: Beispiel aus Zeichnung Baugruppe 2.2, Pos. 2.2.09).

Bild 7 Beispiel: Vollschnitt

Schnittdarstellungen, Bemaßungen

Halbschnitt

Beim Halbschnitt wird nur ein Viertel eines Objektes herausgeschnitten. Bei Drehteilen wird die untere Hälfte geschnitten dargestellt.

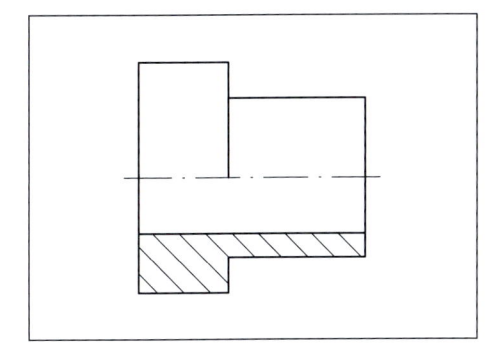

Bild 8 Beispiel: Halbschnitt

Teilschnitt:

Beim Teilschnitt wird nur ein bestimmter Bereich eines Objektes geschnitten. Der Schnittverlauf wird mit einer dünnen Freihandlinie dargestellt.

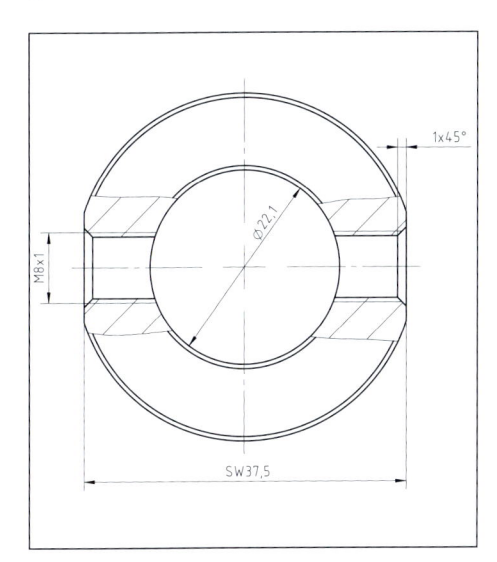

Bild 9 Beispiel aus Zeichnung Baugruppe 2.2, Pos. 2.2.07: Teilschnitt

Bruchkanten

Bruchkanten werden vor allem bei verhältnismäßig langen Objekten verwendet. Bei dieser Darstellung kann man die Größe der Zeichnung auf ein Minimum reduzieren. Die Unterbrechung wird mit einer Freihandlinie oder Zickzack-Linie gezeichnet. Man sollte aber darauf achten, dass in die Unterbrechung keine unvorhersehbaren Geometrien fallen.

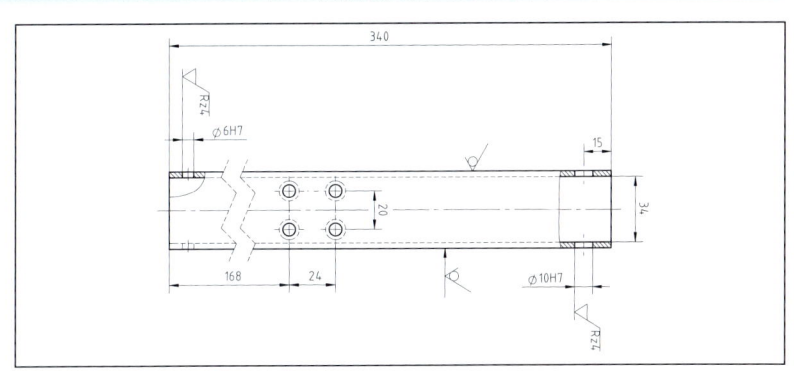

Bild 10 Beispiel aus Zeichnung Baugruppe 2.2, Pos. 2.2.01: Bruchkanten

12.5 Bemaßungen

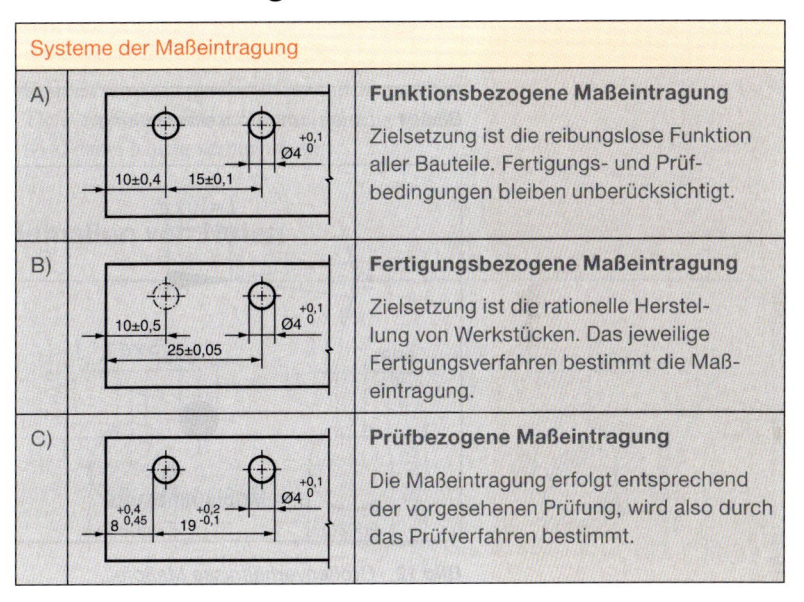

Systeme der Maßeintragung

A)	**Funktionsbezogene Maßeintragung** Zielsetzung ist die reibungslose Funktion aller Bauteile. Fertigungs- und Prüfbedingungen bleiben unberücksichtigt.
B)	**Fertigungsbezogene Maßeintragung** Zielsetzung ist die rationelle Herstellung von Werkstücken. Das jeweilige Fertigungsverfahren bestimmt die Maßeintragung.
C)	**Prüfbezogene Maßeintragung** Die Maßeintragung erfolgt entsprechend der vorgesehenen Prüfung, wird also durch das Prüfverfahren bestimmt.

Bei der Bemaßung werden die Abmessungen und die Form von Bauteilen beschrieben. Die Grundregeln von technischen Zeichnungen sind in der DIN 406-10 und DIN 406-11 abgebildet.

Grundsätzliches ist zu beachten:

- Maßlinien und Maßhilfslinien werden als schmale Volllinien gezeichnet.
- Maßhilfslinien stehen parallel zueinander und im Allgemeinen unter 90°.
- Kanten und Mittellinien dürfen nicht als Maßlinien verwendet werden.
- Die Maßlinienbegrenzung an Maßhilfslinien erfolgt in der Regel mit geschwärzten Maßpfeilen. Bei Platzmangel können auch Punkte verwendet werden.
- Maßzahlen werden oberhalb der Maßlinie eingetragen
- An verdeckten Kanten sollen möglichst keine Maße eingetragen werden.
- Die Vorzugsleserichtung ist von unten und von rechts.

Spezielle Maße

Prüfmaße: Sie werden vom Besteller bei der Abnahme zu 100 % geprüft. Die Maßangabe wird in Rahmen mit 2 Halbkreisen gesetzt.

Theoretisch genaue Maße: Sie geben die geometrisch ideale Lage der Form eines Formelementes an.

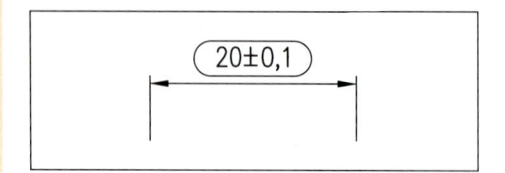

Bild 20 Prüfmaße

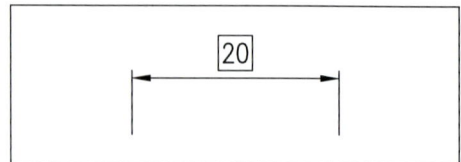

Bild 21 Theoretisch genaue Maße

12.6 Toleranzangaben in Zeichnungen

Ein Werkstück kann nicht genau gefertigt werden. In der Regel zeigen die Messergebnisse Abweichungen auf, die allerdings in einem bestimmten Rahmen auch toleriert werden. Dieser Rahmen wird **Toleranzfeld** genannt.

Durch Toleranzangaben wird mitgeteilt, in wieweit Bauteil oder Werkstück vom Nennmaß abweichen dürfen, damit die Funktion in einer Baugruppe oder System gegeben ist.

Die gesamte Maßangabe wird auch **Toleranzmaß bzw. toleriertes Maß** genannt.

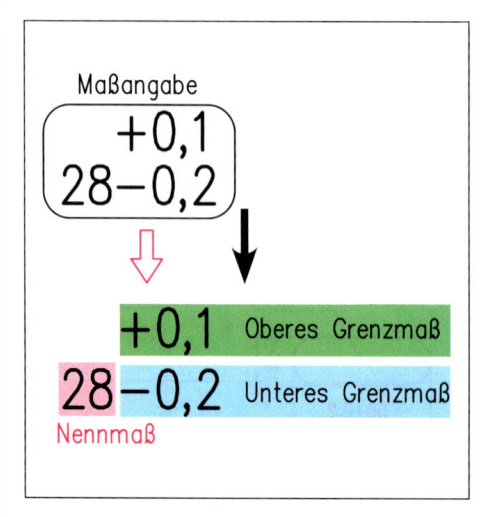

Bild 22 Toleranzmaß bzw. toleriertes Maß

Es gibt drei Maßangaben:

1. Maße mit Allgemeintoleranzen, z. B. 30, DIN ISO 2768-1 abhängig vom Maß oder der Toleranzklasse
2. Maße mit Abmaßen, z. B. 20+0,1/+0,05, ebenfalls nach DIN ISO 2768-1
3. Passmaße, z. B. 30H7, DIN 7157

Geometrische Tolerierungen (Form-, Richtungs-, Orts- und Lauftoleranzen), nach DIN EN ISO 1101 genormt.

Nennmaß

ist das in der Zeichnung angegebene Maß, auf das die **Grenzabmaße** bezogen sind.

Die Grenzmaße ergeben sich aus der Differenz (dem Unterschied) von Höchstmaß bzw. Mindestmaß zum Nennmaß.

Man unterscheidet zwischen oberem Grenzabmaß und dem unteren Grenzabmaß.

Oberes Grenzabmaß

(Bohrung = ES, Welle = es)

ist der zulässige Abstand vom Nennmaß zum Höchstmaß.

Unteres Grenzabmaß

(Bohrung = EI, Welle = ei)

ist der zulässige Abstand vom Nennmaß zum Mindestmaß.

Höchst- und Mindestmaß sind im Allgemeinen durch die Konstruktion festgelegt. In der Zeichnung sind sie nicht direkt angegeben. Für die Fertigung müssen sie aus den Maßangaben der Zeichnung errechnet werden.

Höchstmaß

(Bohrung = G_{oB}, Welle = G_{oW})

ist das größte zugelassene Maß, bei dem das Werkstück noch den Zeichnungsangaben entspricht:

Höchstmaß = Nennmaß + oberes Grenzabmaß
(z. B. 28 + 0,1 = 28,1)

Mindestmaß

(Bohrung = G_{uB}, Welle = G_{uW})

ist das kleinste zugelassene Maß, bei dem das Werkstück noch den Zeichnungsangaben entspricht:

Mindestmaß = Nennmaß + unteres Grenzabmaß
= 28 − 0,2 = 27,8

Toleranzangaben in Zeichnungen

Maßtoleranz oder kurz Toleranz (bei Bohrung = T_B bei Welle = T_W)

Toleranz (T)
= Höchstmaß (G_o) – Mindestmaß (G_u)
= 28,1 – 27,8 = 0,3 mm

Istmaß

ist das tatsächliche Maß nach der Fertigung.

Bei Grenzabmaßen ist es wichtig, das Vorzeichen mit zu nennen. Beim oberen Grenzabmaß kann das Vorzeichen auch negativ und beim unteren Grenzabmaß auch positiv sein.

Das obere Grenzabmaß steht ohne Rücksicht auf das Vorzeichen höher, das untere Grenzabmaß tiefer als die Maßzahl.

z. B.: $49^{-0,1}_{-0,3}$ oder: $49^{+0,3}_{+0,1}$ z.B.

Unterscheiden sich das obere und untere Grenzabmaß nur durch das Vorzeichen, so wird vereinfacht folgende Schreibweise angewendet.

z. B.: 35 ± 0,5   z.B.

Ist eines der beiden Grenzabmaße Null, so kann man diese Null weglassen.

Das untere Abmaß ist in diesem Fall „0".

z. B.: 14 + 0,5   z.B.

Auch ist es erlaubt, die Grenzabmaße in einer Reihe hinter das Nennmaß zu schreiben. Sie werden durch einen Schrägstrich getrennt.

z. B.: 25 + 0,3/–0,2   z.B.

Allgemeintoleranzen nach DIN ISO 2768-1

Sind bei Maßangaben in Zeichnungen keine Toleranzangaben aufgeführt worden, so verwendet man Allgemeintoleranzen nach DIN ISO 2768-1. Diese werden sowohl bei Längen- wie auch bei Winkelangaben, Fasen oder Radien angewendet und sind in 4 Toleranzklassen eingeteilt.

Toleranzklasse	Grenzabmaße für Nennbereiche (mm)			
	ab 0,5 bis 3	über 3 bis 6	über 6 bis 30	über 30 bis 120
fein (f)	± 0,05	± 0,05	± 0,1	± 0,15
mittel (m)	± 0,1	± 0,1	± 0,2	± 0,3
grob (c)	± 0,2	± 0,3	± 0,5	± 0,8
sehr grob (v)	–	± 0,5	± 1,0	± 1,5
Toleranzklasse	Grenzabmaße für Nennbereiche (mm)			
	über 120 bis 400	über 400 bis 1000	über 1000 bis 2000	über 2000 bis 4000
fein (f)	± 0,2	± 0,3	± 0,5	–
mittel (m)	± 0,5	± 0,8	± 1,2	± 2,0
grob (c)	± 1,2	± 2,0	± 3,0	± 4,0
sehr grob (v)	± 2,5	± 4,0	± 6,0	± 8,0

Bild 23 Tabelle der Allgemeintoleranzen bei Längenmaßen (außer Rundungsdurchmesser, Fasenhöhen)

Im Schriftfeld wird auf eine der 4 Toleranzklassen hingewiesen, wobei die werkstattübliche Genauigkeit berücksichtigt wird.

Toleriertes Maß mit Toleranzklassen

Ein toleriertes Maß besteht entweder aus einem Nennmaß mit Abmaßen oder einer Toleranzklasse.

Das Kurzzeichen der Toleranzklasse besteht aus einem Buchstaben z. B. H, der die Lage des Toleranzfeldes zur Null-Linie angibt, gefolgt von einer Zahl, die den Toleranzgrad (Größe des Toleranzfeldes) beschreibt.

Diese Art der Toleranzangabe wird gewählt, wenn das Nennmaß sehr genau (im Bereich 1/1000 mm) zu fertigen ist.

> Toleranzangaben durch Toleranzklassen werden nur bei parallelen ebenen Flächen (z. B. Nuten) oder kreiszylindrischen Formen (z. B. Wellen, Bohrungen) angewendet.

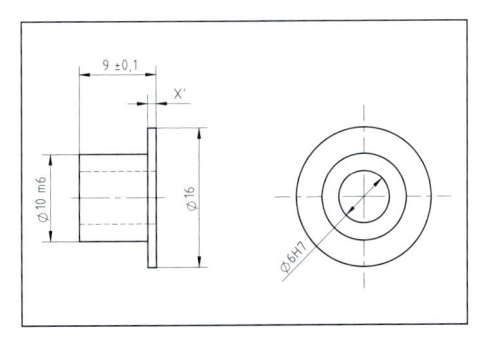

Bild 24 Baugruppe 2.2, Pos. 2.2.03

Zum Beispiel:

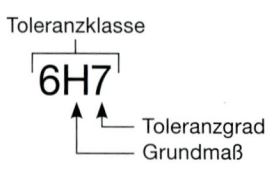

```
    Toleranzklasse
       ↓
      6H7
       ↑ ↑
         └ Toleranzgrad
       └── Grundmaß
```

Die Abmaße sind häufig in der Zeichnung angegeben.

6H7	+12
	0
6m6	+12
	+ 4

Sind die Abmaße nicht in der Zeichnung angegeben, müssen sie dem Tabellenbuch entnommen werden.

> Großbuchstaben verwendet man für Innenmaße (z. B. Bohrungen ⌀ 6H7).
>
> Kleinbuchstaben verwendet man für Außendurchmesser (z. B. ⌀ 10m6).

12.7 ISO-System für Grenzmaße und Passungen

Als Passung bezeichnet man die Beziehung zwischen zwei Passflächen zueinander.

Damit Bauteile später zueinander passen und austauschbar sind, muss darauf geachtet werden, dass die Toleranzfelder eingehalten werden.

Mit den Toleranzklassen bestimmt man, wie die Teile zueinander passen sollen.

Bei den Passungen bezeichnet man das Außenteil als „Welle" und das Innenteil als „Bohrung".

Passungsarten

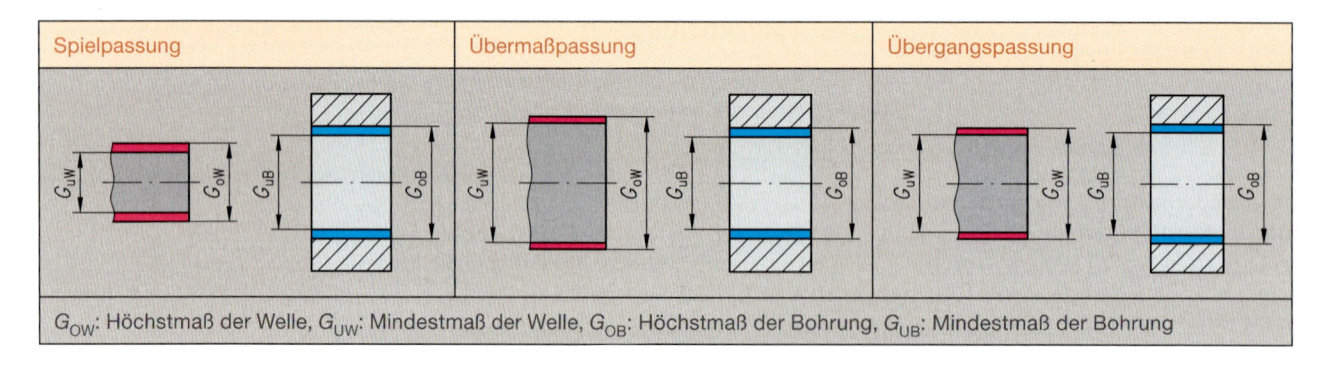

| Spielpassung | Übermaßpassung | Übergangspassung |

G_{OW}: Höchstmaß der Welle, G_{UW}: Mindestmaß der Welle, G_{OB}: Höchstmaß der Bohrung, G_{UB}: Mindestmaß der Bohrung

Spielpassung

Istmaß von Bohrung und Welle haben immer Spiel: Die Welle ist durch Handkraft verschiebbar.

Übermaßpassung

Istmaß von Bohrung und Welle haben Übermaß. Das Fügen erfolgt mit hoher Presskraft.

Eine Sicherung ist meistens nicht notwendig.

Übergangspassung

Istmaß von Bohrung haben Übermaß oder Spiel. Das Fügen erfolgt mit großer Presskraft.

Die Verbindung ist lösbar (z. B. Stiftverbindung).

Um die Kosten bei der Fertigung und der zu benötigten Prüfmittel gering zu halten, verwendet man die Passungssysteme Einheitsbohrung, erkennbar durch den Großbuchstaben „H" und dem System Einheitswelle, erkennbar durch den Kleinbuchstaben „h".

Im Maschinenbau wird vor allem das System Einheitsbohrung angewendet. Das bedeutet, einer vorhandenen Bohrung wird je nach gewünschter Passungsart eine Welle mit entsprechendem Durchmesser zugeordnet.

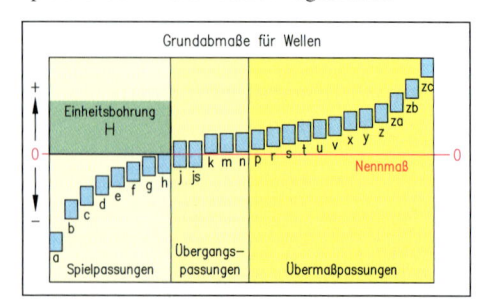

Bild 25 Passungssystem Einheitsbohrung

ISO-System für Grenzmaße und Passungen

	Einheits-bohrung	Einheits-welle	Eigenschaft	Anwendung
Spielpassung	H7/h6; H8/h9	H7/h6; H8/h9	noch gleitfähig durch Handkraft	Führungen an Werkzeugmaschinen
	H8/f7	F8/h6	geringes Spiel, leicht verschiebbar	Gleitlager, Kolben, Schieberäder
		C11/h9	großes Spiel	Baumaschinen
Übergangspassung	H7/n6	N7/h6	fügbar mit geringer Presskraft, Verdrehsicherung notwendig	Zahnräder, Lagerbuchsen, Kupplungen
	H7/m6		Fügen und Lösen möglich, Verdrehsicherung notwendig	Passstifte, Kugellagerringe
Übermaßpassung	H8/x8; H8/n8	S7/h6	fügbar mit sehr großer Presskraft, schrumpfbar	Kurbeln auf Wellen, Laufringe auf Radkörpern
	H7/r6		fügbar mit großer Presskraft	Buchsen in Radnaben, Lagerbuchsen

Bild 26 Auswahl von Passungen

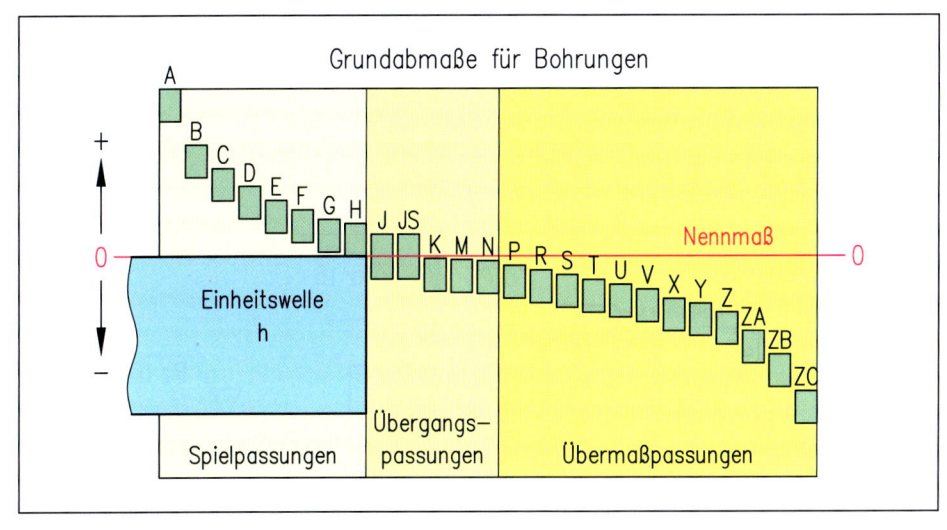

Bild 27 Passungssystem Einheitswelle

Prüfung

1. Bei der Pos. 2.3.02 aus der Baugruppe 2.3 des Schwenkarms finden wir folgende Maßangabe: 21 ±0,1.
   Ordnen Sie die einzelnen Angaben den Begriffen zu:
   Nennmaß, unteres Grenzabmaß, oberes Grenzabmaß, Maßtoleranz.
2. In der Zeichnung bei der Baugruppe 2.3, Pos. 2.3.02 (siehe Aufgabe 1) wird die Bohrung mit 6H7 angegeben.
   Wie groß sind das Mindestmaß, Höchstmaß und die Toleranz?
3. Wie groß ist das obere Grenzabmaß der Maßangabe 24 −0,1?

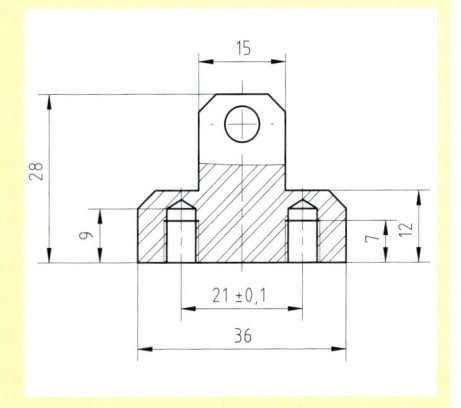

Abmaße
deviations

Höchstmaß
maximum limit of size

Mindestmaß
minimum limit of size

oberes Abmaß
upper deviations

unteres Abmaß
lower deviations

Fertigmaß
finished size

Grenzmaß
limit size

Allgemeintoleranzen
general tolerances

ISO-Toleranzangaben
ISO-tolerances

Oberflächenangaben
surface details

Lagetoleranzen
tolerances of positions

Die Mittelebene der Nut 42 ± 0,1 muss zwischen 2 parallelen Ebenen vom Abstand $t = 0,05$ mm liegen, die symmetrisch zur Bezugsebene A angeordnet sind.

Merke: Sind Bezugslinie und Bezugspfeil als Verlängerung der Maßlinie gezeichnet, so bezieht sich die Toleranz auf die Achse oder Mittelebene des tolerierten Elements.

Rundlauf

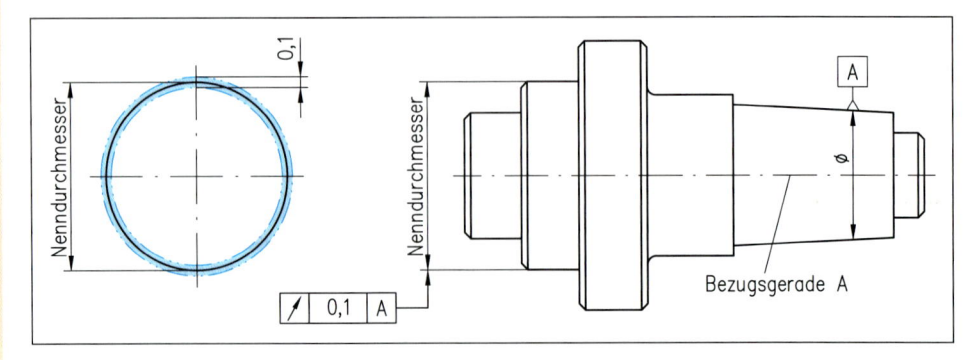

Bild 33 Beispiel für Lauftoleranz (Rundlauf)

Bei einer Drehung um die Bezugsachse A darf die Rundlaufabweichung in jeder Maßebene senkrecht zur Achse 0,1 mm nicht überschreiten.

Prüfung

1. Wie viele Unterteilungen des Rahmens werden bei Formtoleranzen mindestens benötigt?

2. Zu welcher Toleranzart gehören die geometrischen Eigenschaften Parallelität und Rechtwinkligkeit?

3. In welche 3 Toleranzarten werden die Lagetoleranzen eingeteilt?

4. Bei dem Beispiel für die Lagetoleranz aus Kapitel 9.1 (Baugruppe 2.1, Lagerbock 2.1.04) ist die Symmetrie mit 0,05 mm angegeben. Zur Lagebestimmung werden die Flansche links und rechts der Nut 42 ± 0.1 gemessen. Welche Differenz dürfen die ermittelten Werte höchstens haben, damit die Lagetoleranz erfüllt ist?

Notizen

13 Prüftechnik

13.1 Prüfmethoden

Für die einwandfreie Funktion des Schwenkarm-Lagerbocks (Pos. 2.1.04) ist die Einhaltung der konstruktiv vorgegebenen Maße sehr wichtig. Das Sollmaß 42 zum Beispiel, das mit der Toleranzangabe +/–0,1 versehen ist, muss einen Ist-Wert zwischen 41,9 mm (= 42 – 0,1) und 42,1 mm (= 42 + 0,1) haben. Diese Eingrenzung der Toleranz ist funktionell bedingt und zur exakten Aufnahme des Auslegers (Pos. 2.2.01) und der beiden Lager (Pos. 2.1.06) notwendig.

Zur Überprüfung wird das Istmaß des Werkstückes mit einem Messschieber gemessen. Durch Vergleich des angezeigten Istwertes mit dem Maßstab auf dem Messschieber kann ein exakter Wert für das Längenmaß angegeben werden, z. B. 42,1 mm.

Dieses genaue Vergleichen eines Wertes mit einer Vergleichsskala ist ein **objektives Prüfen**, der Messwert ist ein exakter Zahlenwert. Beispiele sind neben der beschriebenen Längenmessung mittels Messschieber die Messung der Temperatur mit einem Thermometer, die Messung des Luftdrucks mit einem Barometer usw.

Im Gegensatz dazu ist die Prüfung mit den Sinnesorganen eine **subjektive Prüfung**. Hierzu zählen z. B. das Fühlen der Temperatur oder das Hören einer Lautstärke. Das Ergebnis dieses subjektiven Prüfens ist ein grobe Aussage, z. B. „zu kalt" oder „sehr laut".

Beim objektiven Prüfen werden zwei unterschiedliche **Prüfverfahren** eingesetzt. Bei dem oben beschriebenen Messschieber wird die Länge des Prüfstücks mit einer bekannten Einheit verglichen, das Ergebnis (der Messwert) ist ein exakter Zahlenwert (das Istmaß). Dieses Verfahren nennt man **Messen** (s. Bild 2).

Bei dem zweiten Verfahren, dem **Lehren**, wird kein Zahlenwert ermittelt. Das Istmaß eines Werkstückes wird hierbei mit einer Lehre mit exaktem Sollmaß verglichen. Der Vergleich ergibt eine Aussage, ob das Maß in Ordnung ist oder nicht. (Beispiel: Ölstand im Getriebe anhand einer Markierung im Schauglas überprüfen.) Ebenso wie ein Längenmaß mit einer **Maßlehre,** kann auch eine Form (z. B. ein Radius) mit einer **Formlehre** überprüft werden.

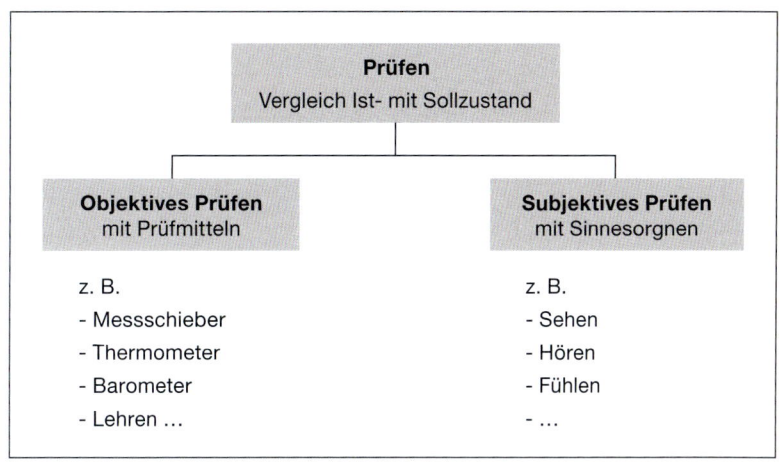

Bild 1 Objektives und subjektives Prüfen

- **Prüfen**
  Feststellen, ob eine Größe die an sie gestellten Anforderungen erfüllt.

- **Prüfen, Messen, Lehren, Prüfmittel**

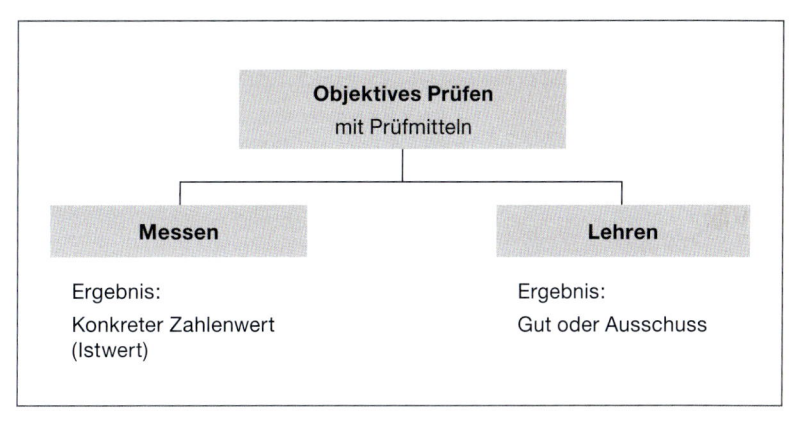

Bild 3 Prüfverfahren beim objektiven Prüfen

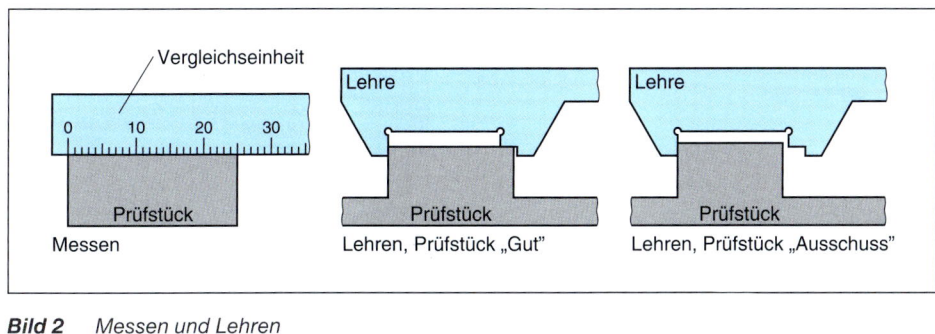

Bild 2 Messen und Lehren

- **Messschieber**

  [TB]

- **Nonius**

  [TB]

- **Messgenauigkeit**
  Ausmaß der Übereinstimmung zwischen dem Messergebnis und dem wahren Wert

Im Vergleich zu Messgeräten ist der Einsatz von Lehren zeitsparender und sicherer, da sie nicht eingestellt und abgelesen werden müssen. Insbesondere bei hohen Stückzahlen ist der Einsatz deshalb sinnvoll.

13.2 Messgeräte

In der Metalltechnik ist der Messschieber das am häufigsten verwendete Messwerkzeug. Längenmaße können mit ihm relativ genau bestimmt werden. Andere **Längenmessgeräte** sind Maßband, Messschraube und Messuhr.

Zum Bestimmen von Winkeln werden **Winkelmesser** eingesetzt.

> Die Auswahl des Messgerätes richtet sich nach
> - der Art der zu messenden Größe (Länge oder Winkel),
> - der Größe des zu bestimmenden Maßes und
> - der geforderten Genauigkeit (Maßtoleranz).

Längenmessung

Stahlmaßstab

Das einfachste und schnellste Messgerät zum Bestimmen einer Länge ist ein **Stahlmaßstab**. Er ist für kleine bis große Längenmaße verwendbar. Seine Genauigkeit ist aber begrenzt auf 1 mm. Alternativ dazu kann auch ein **Gliedermaßstab** oder ein **Bandmaß** verwendet werden.

Messschieber

Bei höheren Anforderungen an die Genauigkeit als 1 mm kann ein Messschieber eingesetzt werden. Die Ablesegenauigkeit beim **konventionellen Messschieber** wird durch den Nonius bestimmt.

Der **Nonius** ist ein auf dem Messschieber gravierter Strichmaßstab, der in gleichmäßige Teilstriche unterteilt ist.

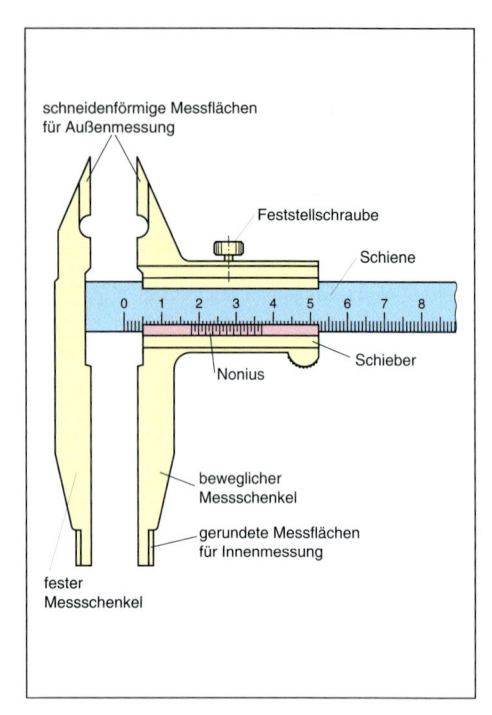

Bild 6 Elemente eines konventionellen Messschiebers

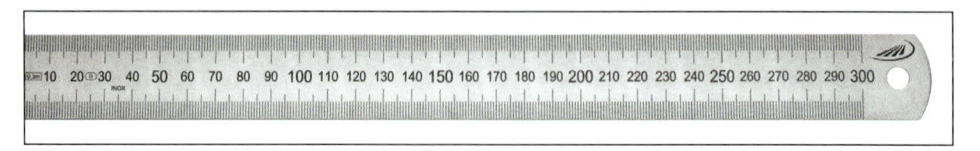

Bild 4 Stahlmaßstab

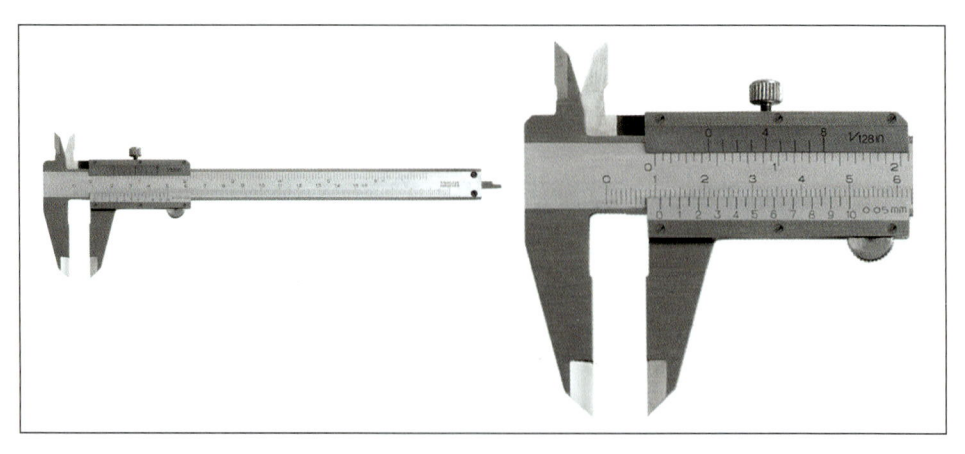

Bild 5 Messschieber, konventionell

Messgeräte, der Messschieber

Einstellen und Ablesen des Nonius

Der **Nonius** ermöglicht eine *genaue Einstellung* bzw. *Ermittlung* eines Maßes.
Wie hoch die Genauigkeit ist, hängt hierbei von der **Teilung** des Nonius ab.
Eine *Teilung* von 1/10 ermöglicht eine *Genauigkeit* von 0,1 mm (1 mm : 10 = 0,1 mm).
Die genauere 1/20 Teilung erhöht die Genauigkeit auf 0,05 mm (1 mm : 20 = 0,05 mm).
Bei dem **Noniusprinzip** kommt es bei der *beweglichen* Skala auf der *festen* Skala eines Messgerätes zu einer Deckung, die das genaue Maß anzeigt.

Beispiel:

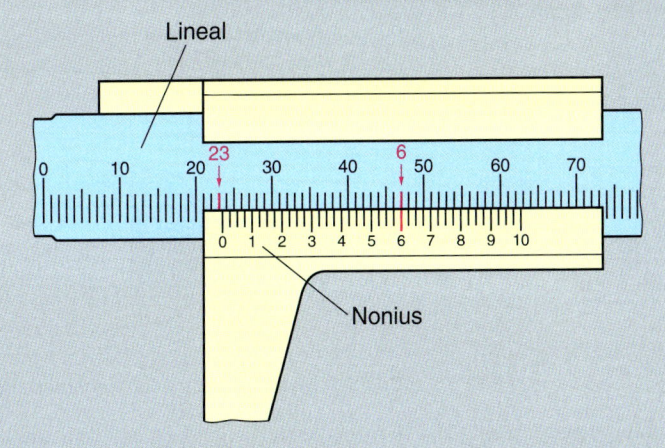

Im ersten Schritt ermittelt man die Anzahl der ganzen Millimeter auf dem Lineal.
Merke: Es werden die Teilstriche bis zur Null auf dem Nonius gezählt und nicht die Teilstriche bis zur Kante des beweglichen Teils des Höhenanreißers.
Im Beispiel liest man 23 mm ab.
Anschließend überprüft man, welcher Teilstrich auf dem Lineal mit einem Teilstrich auf dem Nonius übereinstimmt.
Die Übereinstimmung findet man im Beispiel bei 47 mm und 6 auf dem Nonius.
Ausschlaggebend für die Feststellung des Maßes ist jedoch nur die Ziffer 6.
Die Ziffer 6 entspricht der Nachkommastelle 0,6 mm.
Abschließend müssen die beiden Maße addiert werden.
23 mm + 0,6 mm = **23,6 mm**

Beispiel:
Der Nullstrich des Nonius steht *genau* dem 19-mm-Strich auf der Schiene gegenüber.
Das Maß ist 19,0 mm.

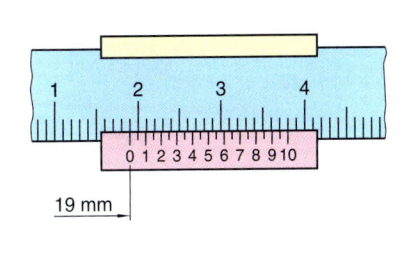

Beispiel:
Der Nullstrich des Nonius steht *nicht genau* einem Strich auf der Schiene gegenüber.
Der *4. lange Teilstrich* des Nonius stimmt mit einem Millimeterstrich überein.
Das abzulesende Maß ist 21,40 mm.

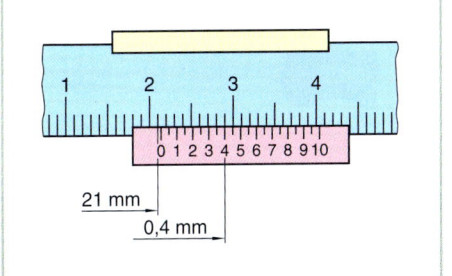

■ **Längeneinheiten**

■ **Strichskala**

■ **Ablesen des Messergebnisses**
- Ganze mm: Lineal
- 1/10 mm: Nonius

Prüftechnik

Messschieber können
- Durchmesser und
- Steigung

eines Gewindes messen.

■ **Steigung eines Gewindes**

TB

Beispiel:

Weder der *Nullstrich* noch ein *langer Noniusstrich* stimmen mit der Millimeterteilung der Schiene überein.

Aber ein *kurzer Noniusstrich* stimmt überein.

Dann wird das Maß auf *fünfhundertstel Millimeter* (0,05 mm) genau abgelesen.

Der *Nullstrich* zeigt die *ganzen Millimeter* an, der *7. lange Teilstrich* die *Anzahl* der *Zehntelmillimeter* und der *kurze Teilstrich* einen weiteren halben *Zehntelmillimeter*.

Das abzulesende Maß beträgt 15,75 mm.

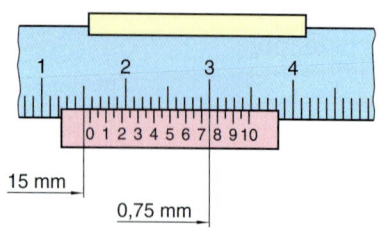

Die *letzte Stelle* ist allerdings eine *Schätzstelle*. Es könnten auch 15,74 mm oder 15,76 mm sein.

Hinweise zur Verwendung des Messschiebers

- Messflächen entgraten und säubern.
- Messschieber auf Übermaß einstellen.
- Den festen Schenkel an das Werkstück anlegen.
- Messfläche des Schiebers vorsichtig gegen das Werkstück schieben und nicht mit bis zu großer Messkraft anpressen.
- Messergebnis mit Blick senkrecht zur Ablesestelle ablesen, um Ablesefehler durch Parrallaxe zu vermeiden.

Zunehmend werden **elektronische Messschieber** mit digitaler Anzeige eingesetzt, die bei gleicher Genauigkeit ein direktes und damit schnelles und sicheres Ablesen des Messwertes ermöglichen.

Messschieber können eingesetzt werden zum Messen von Längen, von Außen-, Innen- und Tiefenmaßen sowie dem Durchmesser und der Steigung von Gewinden.

Prüfen und Messen

- Der Außendurchmesser eines Gewindes (z. B von einer Schraube) kann direkt mit dem Messschieber gemessen werden.

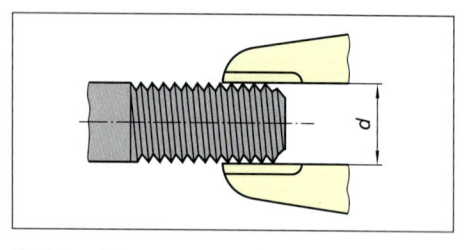

Bild 8 Messung des Außendurchmessers

- Auch die Steigung *P* kann mit dem Messschieber kontrolliert werden. Es wird über mehrere Gewindespitzen gemessen. Der abgelesene Wert wird durch die Anzahl der Spitzenabstände geteilt.

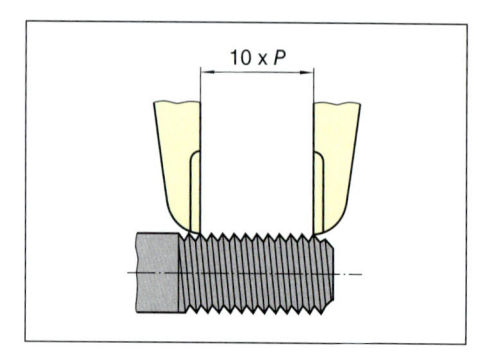

Bild 9 Messung der Steigung

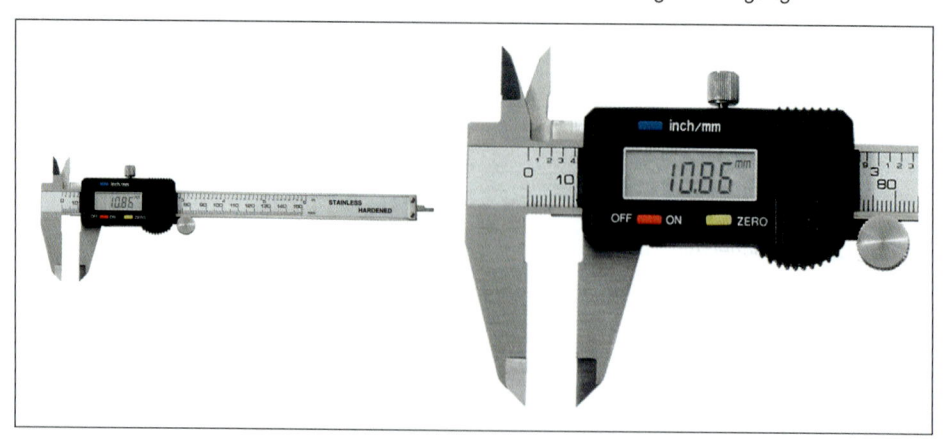

Bild 7 Messschieber, elektronisch

Der Messschieber

Prüfen und Messen von Bohrungen

Vor dem Messen müssen Bohrungen und Senkungen **entgratet** sein. Schmutz und Späne müssen entfernt werden.

Senktiefe messen

Zur Messung der Senktiefe können der **Messschieber** mit seiner Tiefenmessstange und der **Tiefenmessschieber** verwendet werden.

a) Beim Messen mit dem Taschenmessschieber ist darauf zu achten, dass die Tiefenmessstange *senkrecht* gehalten wird. Am besten gelingt dies, wenn die Stange an der Wand der Senkung anliegt.

b) Beim Messen mit dem Tiefenmessschieber muss die *Brücke* gut aufliegen. Die Schiene steht dann automatisch senkrecht zur Bezugsfläche.

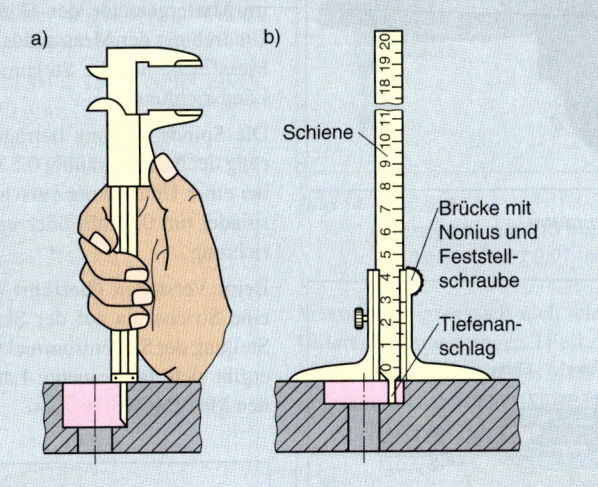

Bohrungsdurchmesser messen

Bei Bohrungen bis 10 mm Durchmesser ist der **Messschieber** mit schneidenförmigen Messflächen für Innenmessung (Kreuzschnabel) geeignet.

Eine Bohrung über 10 mm Durchmesser kann auch mit einem Messschieber gemessen werden, der gerundete Messflächen für Innenmessungen hat.

Dann müssen zum abgelesenen Messwert noch 10 mm für die Breite der beiden Messflächen addiert werden.

Bohrungsabstand messen

Der Bohrungsabstand kann *nicht direkt* gemessen werden, weil der Bohrungsmittelpunkt *nicht* mit dem Messschieber erfasst werden kann.

Man misst deshalb mit den *schneidenförmigen* Messflächen für **Außenmessunge**n den *kleinsten* Abstand der Bohrungswand von der Bezugsfläche und zählt den Bohrungsdurchmesser hinzu.

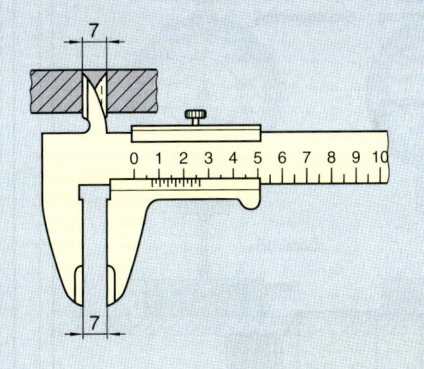

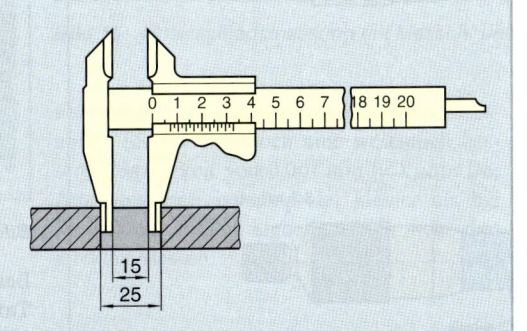

Mit einem Messschieber kann

- die Senktiefe,
- der Durchmesser und
- der Abstand

von Bohrungen gemessen werden.

■ **Bohren, Senken**

■ **Senktiefe**

■ **Tiefenmessstange**

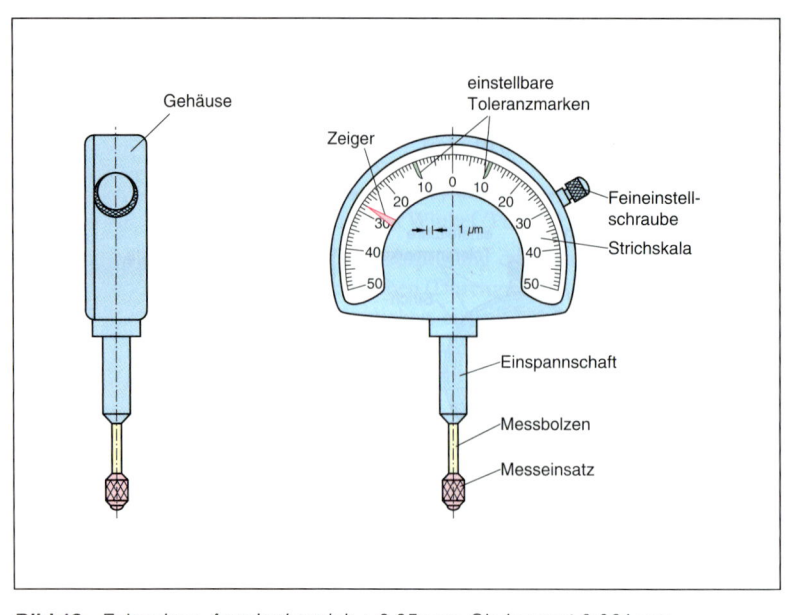

Bild 16 Feinzeiger, Anzeigebereich ± 0,05 mm, Skalenwert 0,001 mm

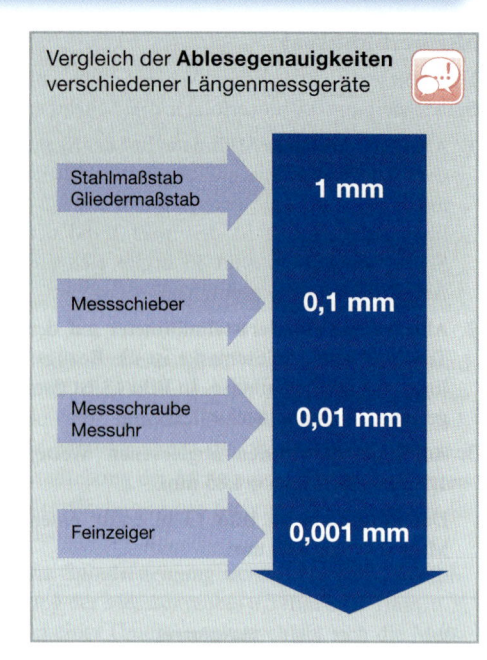

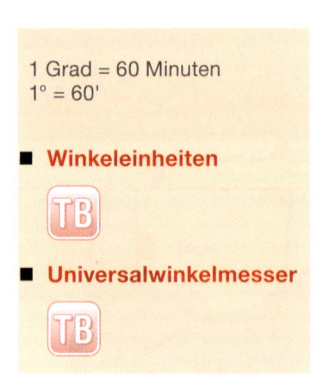

Vergleich der **Ablesegenauigkeiten** verschiedener Längenmessgeräte

Messgerät	Genauigkeit
Stahlmaßstab / Gliedermaßstab	1 mm
Messschieber	0,1 mm
Messschraube / Messuhr	0,01 mm
Feinzeiger	0,001 mm

Winkelmessung

Zum Messen von Winkeln werden meist einfache **Winkelmesser** eingesetzt, siehe Bild 17. Auf einer halbkreisförmigen Skala mit einem Messbereich von 0 bis 180° ist der Winkel mit einer Genauigkeit von 1° ablesbar.

Je nach Art der Messung und der Lage des gesuchten Winkels entspricht der Ablesewert nicht direkt diesem Wert, sondern muss von 90° oder 180° abgezogen werden, siehe Beispiel im Bild 17.

1 Grad = 60 Minuten
1° = 60'

- **Winkeleinheiten** TB
- **Universalwinkelmesser** TB

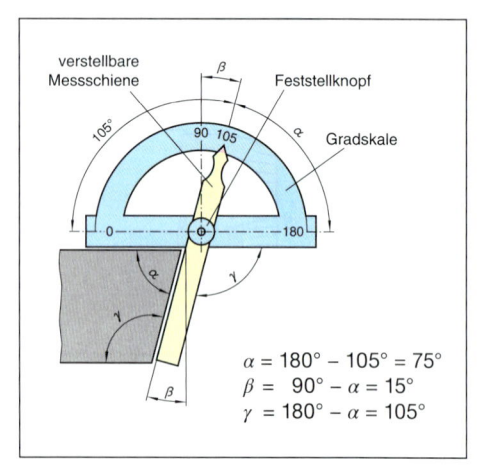

$\alpha = 180° - 105° = 75°$
$\beta = 90° - \alpha = 15°$
$\gamma = 180° - \alpha = 105°$

Bild 17 Winkelmessung mit einem einfachen Winkelmesser

Nur der Winkel γ von 105° wird in diesem Beispiel direkt angezeigt.

Ist der Winkel α gesucht, so muss der Ablesewert 105° von 180° abgezogen werden:
$\alpha = 180° - 105° = 75°$.

Bei höheren Anforderungen an die Genauigkeit werden **Universalwinkelmesser** verwendet. Der Nonius ermöglicht bei diesen Geräten eine sehr exakte Winkelablesung mit einer Genauigkeit von 5'.

Das Ablesen des Nonius wird im Tabellenbuch mit Beispielen erklärt (Seiten 432 – 433).

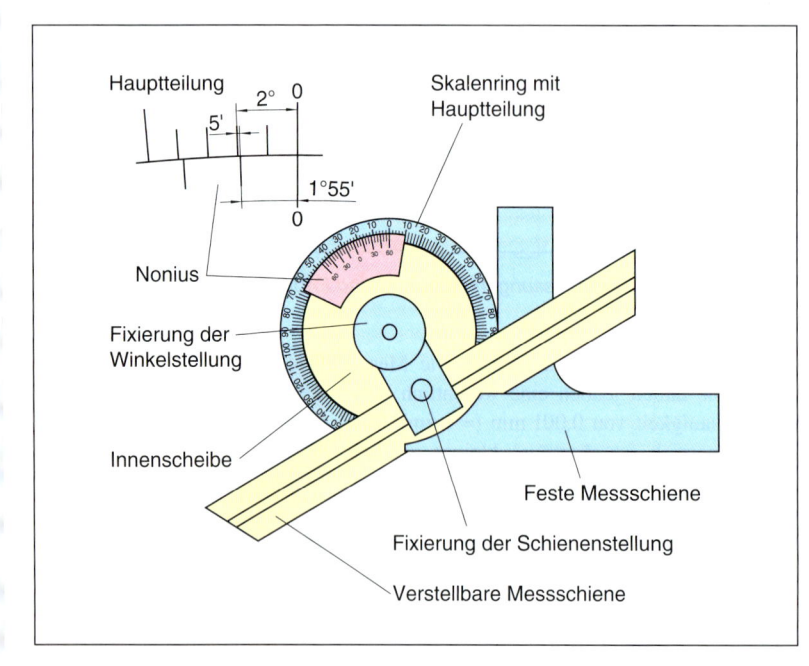

Bild 18 Universalwinkelmesser mit 1/12°-Nonius

Winkelmesser, Lehren

Ablesegenauigkeiten von Winkelmessern:
Einfacher Winkelmesser → 1°
Universalwinkelmesser → 5'

Prüfung

1. Welche Vorteile haben subjektive Prüfverfahren?
2. Erläutern Sie den Unterschied zwischen Lehren und Messen.
3. Welche Messmittel sind dargestellt?

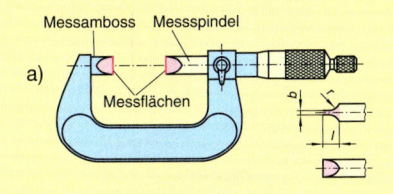

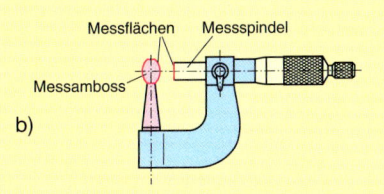

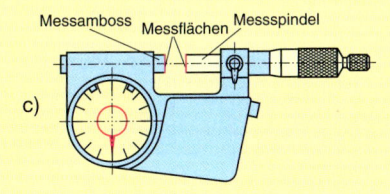

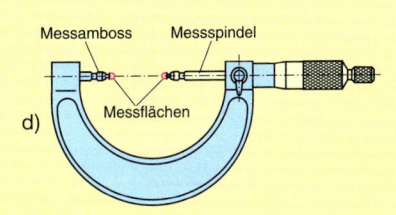

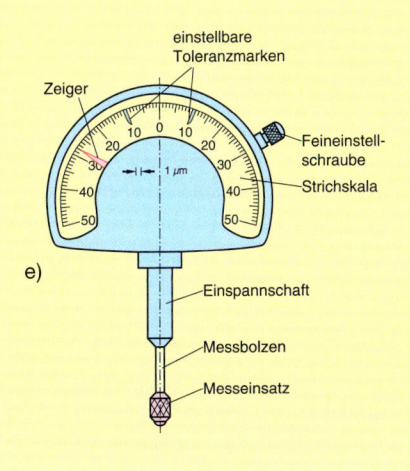

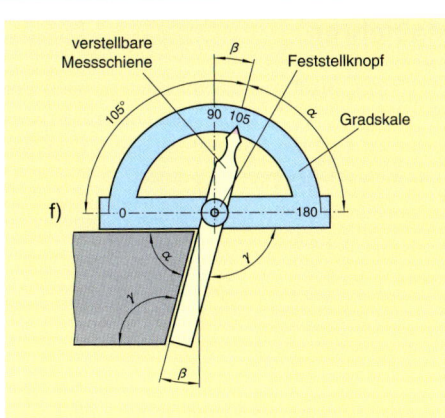

a) Messamboss, Messspindel, Messflächen

b) Messflächen, Messspindel, Messamboss

c) Messamboss, Messflächen, Messspindel

d) Messamboss, Messspindel, Messflächen

e) Zeiger, einstellbare Toleranzmarken, Feineinstellschraube, Strichskala, Einspannschaft, Messbolzen, Messeinsatz

f) verstellbare Messschiene, Feststellknopf, Gradskale

4. Lesen Sie die Maße ab.

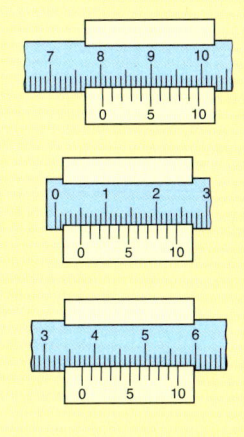

5. Wie groß ist die Messgenauigkeit von
   a) Messschraube
   b) Winkelmesser
6. Der Lagerbock (Pos. 2.04) besitzt zwei Bohrungen Ø10H7.
   Erläutern Sie, wie die (vertikale und horizontale) Lage der Bohrungen überprüft werden kann.

13.3 Lehren

Beim Lehren wird nicht die Istgröße als Zahlenwert gemessen, sondern nur geprüft, ob das Istmaß innerhalb des Toleranzfeldes liegt. **Lehren** sind Prüfmittel, die das Maß oder die Form des Prüfgegenstandes verkörpern. Dabei unterscheidet man folgende Arten von Lehren:

Maßlehre	zur Überprüfung von Maßen, z. B. der Länge.
Formlehre	zur Überprüfung der Form, z. B. dem Radius.

Es sind immer zwei Lehren erforderlich: Gutlehre und Ausschusslehre.

Grenzlehre	Vereinigung einer Gutlehre und einer Ausschusslehre.

Messgerät — measuring instrument
Digitales Messgerät — Digital (measuring) instrument
Messschieber — vernier caliper
Noniusskala — vernier scale
Messschraube — micrometer
Innenmessschraube — Inside micrometer
Messuhr — Dial indicator
Winkel — angle
Einfacher Winkelmesser — Protractor
Universalwinkelmesser — Precision protractor

Prüftechnik

■ Prüfen und Messen von Gewinden

TB

Maßlehren

Ein enger Spalt in einem Bauteil oder der Abstand zwischen eng aneinanderliegenden Bauteilen, z. B. das Spiel eines Lagers, kann mit einer **Fühlerlehre** geprüft werden.

Bild 19 Fühlerlehre

Formlehren

Haarlineal

Um zu überprüfen, ob die Oberfläche eines Werkstückes eben ist, wird ein Haarlineal auf diese Oberfläche gelegt. Je kleiner und gleichmäßiger der Spalt zwischen dem Lineal und der Oberfläche des Werkstückes ist, desto ebener ist das Werkstück.

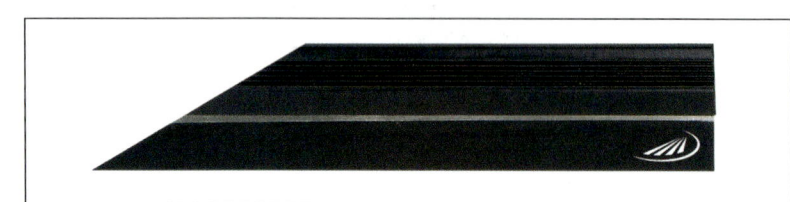

Bild 20 Haarlineal

Radienlehre

Rundungen (konvex und konkav) an Bauteilen können mit Radienlehren überprüft werden.

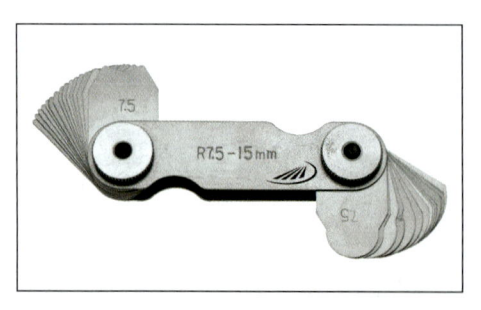

Bild 21 Radienlehre

Winkellehre

Winkellehren sind Lehren mit einem festen Winkel zur Überprüfung dieses Winkelwertes an einem Werkstück. Rechte Winkel können mit 90°-Lehren überprüft werden, Sechskant-Werkstücke mit 120°-Lehren.

Bild 22 Winkellehre 90°

Gewindelehre

Die Überprüfung eines Gewindes beinhaltet mehrere Gewindeparameter: Außen- und Kerndurchmesser sowie die Steigung.

Gewindelehren erfassen diese Parameter in ihrer Gesamtwirkung.

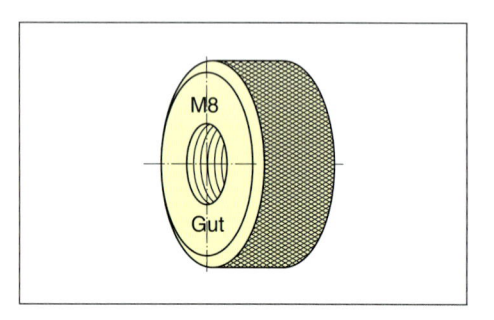

Bild 23 Gewinde-Gutlehrring

Der Gutlehrring muss über die gesamte Gewindelänge nahezu spielfrei, ohne klemmen oder wackeln, laufen. Wenn sich ein Ausschusslehrring auf das Gewinde aufschrauben lässt, ist der Gewindedurchmesser zu klein. Das Gewinde ist Ausschuss.

Grenzlehren

Zur Überprüfung von Innengewinden werden **Gewinde-Grenzlehrdorne** eingesetzt. Diese Lehren bestehen aus zwei Seiten: eine „Gutseite" und eine „Ausschussseite".

Lehren, Prüfabweichungen

Der Gutlehrenkörper („Gutseite") muss sich leicht in das Gewinde einschrauben lassen. Der Ausschusskörper darf sich dagegen nicht mehr als zwei Gewindegänge tief einschrauben lassen.

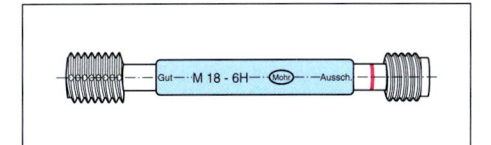

Bild 24 Gewinde-Grenzlehrdorn

Diese Kombination aus Gut- und Ausschussseite in einer Lehre ist das Merkmal von Grenzlehren. Weitere Beispiele sind Grenzlehrdorne und Grenzrachenlehren.

Grenzlehrdorn

Grenzlehrdorne werden zur Überprüfung von Bohrungen eingesetzt. Die Gutseite muss sich ohne besonderen Kraftaufwand einführen lassen, die Ausschusseite darf hingegen nicht in die Bohrung hineingehen.

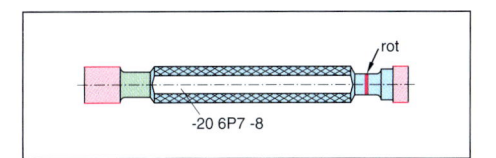

Bild 25 Grenzlehrdorn, Form Z

Die Ausschussseite bei Grenzlehren ist erkennbar
- am auf dem Grundkörper eingravierten Grenzabmaß,
- an der roten Farbmarkierung und
- dem kürzeren Prüfzylinder.

Grenzrachenlehre

Rachenlehren werden vorwiegend zur Prüfung von Wellen, Achsen, Bolzen und anderen zylindrischen Teilen verwendet. Auch hier ist die Ausschussseite rot gefärbt, außerdem sind die Backen abgeschrägt.

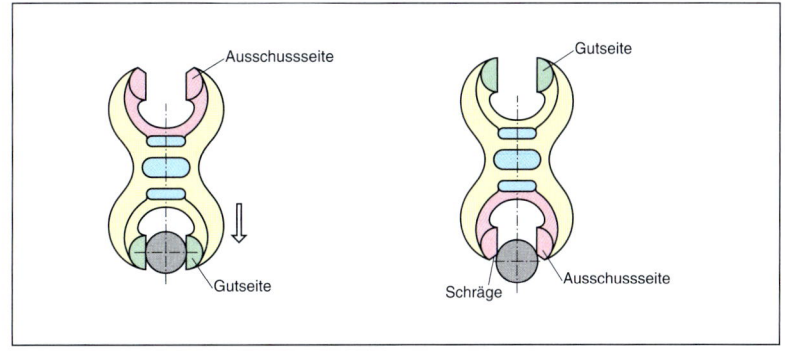

Bild 26 Prüfung von Außenmaßen mit der Grenzrachenlehre

🇬🇧

Lehre
gauge

Fühlerlehre
thickness gauge oder feeler gauge

Radienlehre
radius gauge

Gewindegrenzlehrdorn
Limit thread plug gauge

Gewindelehrring
Thread ring gauge

Lehrdorn
plug gauge

Grenzlehrdorn
limit plug gauge

📋 Prüfung

1. Welche Vorteile hat der Einsatz von Lehren (im Vergleich zum Messen)?
2. Worin besteht der Unterschied zwischen einer Gutlehre und einer Ausschusslehre?
3. Welche der aufgeführten Prüfgeräte gehört zu den Lehren?
   a) Messschraube
   b) Grenzlehrdorn
   c) Haarlineal
   d) Feinzeiger
4. Welche Messgeräte und Lehren sind zur Überprüfung der Maße des Schwenkarm-Lagerbocks (Pos. 2.04) erforderlich?

Grenzrachenlehre
Limit gap gauge oder external limit gauge

Gutlehre
go gauge

Ausschusslehre
no-go gauge

Endmaß
Slip gauge oder gauge block

Endmaßsatz
Gauge block set

13.4 Prüfabweichungen

Auch die Prüfmittel können (wie jedes Werkstück) nicht ganz exakt, sondern nur mit einer bestimmten Toleranz hergestellt werden, sie sind also „fehlerbehaftet".

Außerdem kann das **Istmaß** eines Werkstückes niemals ganz genau ermittelt werden. Es besteht stets ein Unterschied zwischen dem **Prüfergebnis** und dem tatsächlichen Istmaß (= **Messabweichung**).

Auch der Prüfer selbst kann fehlerbehaftete Messungen verursachen.

Messabweichung = gemessene Größe − tatsächliche Größe.

Messabweichungen sind in der Praxis unvermeidlich.

Messabweichungen haben vier unterschiedliche **Ursachen**:
- Gerätefehler (Prüfmittelfehler)
- Werkstückfehler
- Umgebungsbedingte Fehler
- Persönliche Fehler des Prüfers

Gerätefehler entstehen durch Fertigungstoleranzen oder Justierfehler bei der Montage der Prüfgeräte. Weitere Fehlerquellen können Teilungsfehler an den Skalen, Messflächenverschleiß oder Bauteil-Verformungen durch hohe Messkräfte sein.

Werkstückfehler können beispielsweise durch Verschmutzungen der Werkstückoberflächen oder einen Grat am Werkstück entstehen.

Umgebungsbedingte Fehler können durch Temperaturschwankungen oder Staub verursacht werden.

Persönliche Fehler des Prüfers können durch falsche Anwendung des Prüfmittels oder Fehler bei der Ablesung des Messwertes, z. B. durch „schräges" Ablesen der Messschieberskala („Parallaxe") entstehen.

Erfolgen die Längenmessungen in einem Fertigungsbereich immer bei einer Temperatur von z. B. 30 °C, so ergeben sich natürlich stets ungenaue Messungen. Diese Abweichungen werden regelmäßig auftreten, sie sind **systematische Abweichungen**.

Zufällige Abweichungen entstehen dagegen unregelmäßig und nicht vorhersehbar. Dazu gehören z. B. Werkstückfehler wie Schmutz oder eine nicht exakte Anpresskraft des Prüfmittels.

Systematische Abweichungen: Größe und Richtung der Abweichung ist bei jeder Messung dieselbe und unter den gleichen Bedingungen konstant wiederholbar.
Die systematische Abweichung kann durch entsprechende Korrektur der Messergebnisse berücksichtigt und kompensiert werden.

Zufällige Abweichungen: Die Abweichung tritt nicht bei jeder Messung auf, ist unregelmäßig in Größe und Richtung und nicht wiederholbar.
Zufällige Abweichungen können nicht erfasst und deshalb bei weiteren Messungen auch nicht berücksichtigt werden

Zufällige Fehler können jedoch minimiert werden, indem mehrere Messungen unter gleichen Bedingungen durchgeführt werden, um hieraus einen Mittelwert zu bilden.

Beispiel:

Messwert Nr.	Messwert in mm
1	296,08
2	296,12
3	295,92
4	296,00

$$\text{Mittelwert} = \frac{\text{Summe der Messwerte}}{\text{Anzahl der Messwerte}}$$

$$= \frac{1184,12 \text{ mm}}{4}$$

$$= 296,03 \text{ mm}$$

Wichtig beim genauen Messen ist die Einhaltung der vorgeschriebenen Temperatur von Prüfgerät und Werkstück von 20 °C.

🇬🇧

Messabweichung
error of measurement

Systematische Messabweichung
systematic error

Zufällige Messabweichung
random error

Messunsicherheit
measurement uncertainty

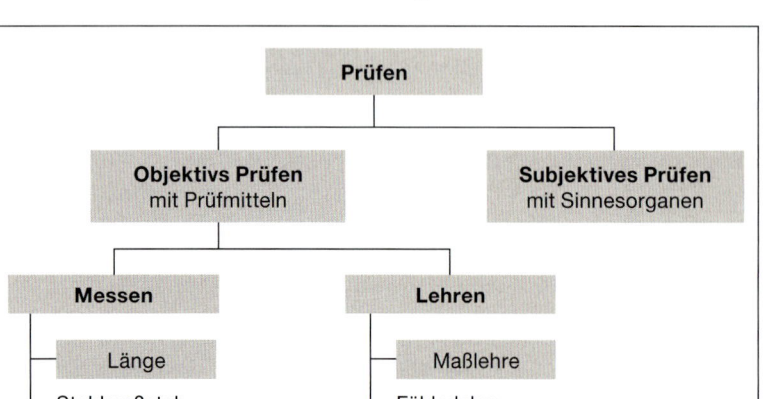

Prüfen
- **Objektivs Prüfen** mit Prüfmitteln
  - **Messen**
    - Länge
      - Stahlmaßstab
      - Messschieber
      - Messschraube
      - Messuhr
      - Feinzeiger
    - Winkel
      - Winkelmesser
      - Universalwinkelmesser
  - **Lehren**
    - Maßlehre
      - Fühlerlehre
    - Formlehre
      - Haarlineal
      - Radienlehre
      - Winkellehre
      - Gewindelehre
    - Grenzlehre
      - Grenzlehrdorn
      - Grenzrachenlehre
- **Subjektives Prüfen** mit Sinnesorganen

Bild 27 Übersicht über Prüfverfahren, Messgeräte und Lehren

Prüfung

1. An einem Messplatz hat sich die Beleuchtung durch Ausfall einer Lampe verschlechtert. Welche Messfehler können dadurch entstehen?
2. Durch welche Maßnahmen können persönliche Messfehler reduziert werden?
3. Nennen Sie Beispiele für systematische und für zufällige Messabweichungen.

14 Arbeitsplanung

Die Verbindung des Pneumatikzylinders aus Baugruppe 2 zur Baugruppe 3 erfolgt durch das Werkstück Spindelaufnahme 2.2.09.

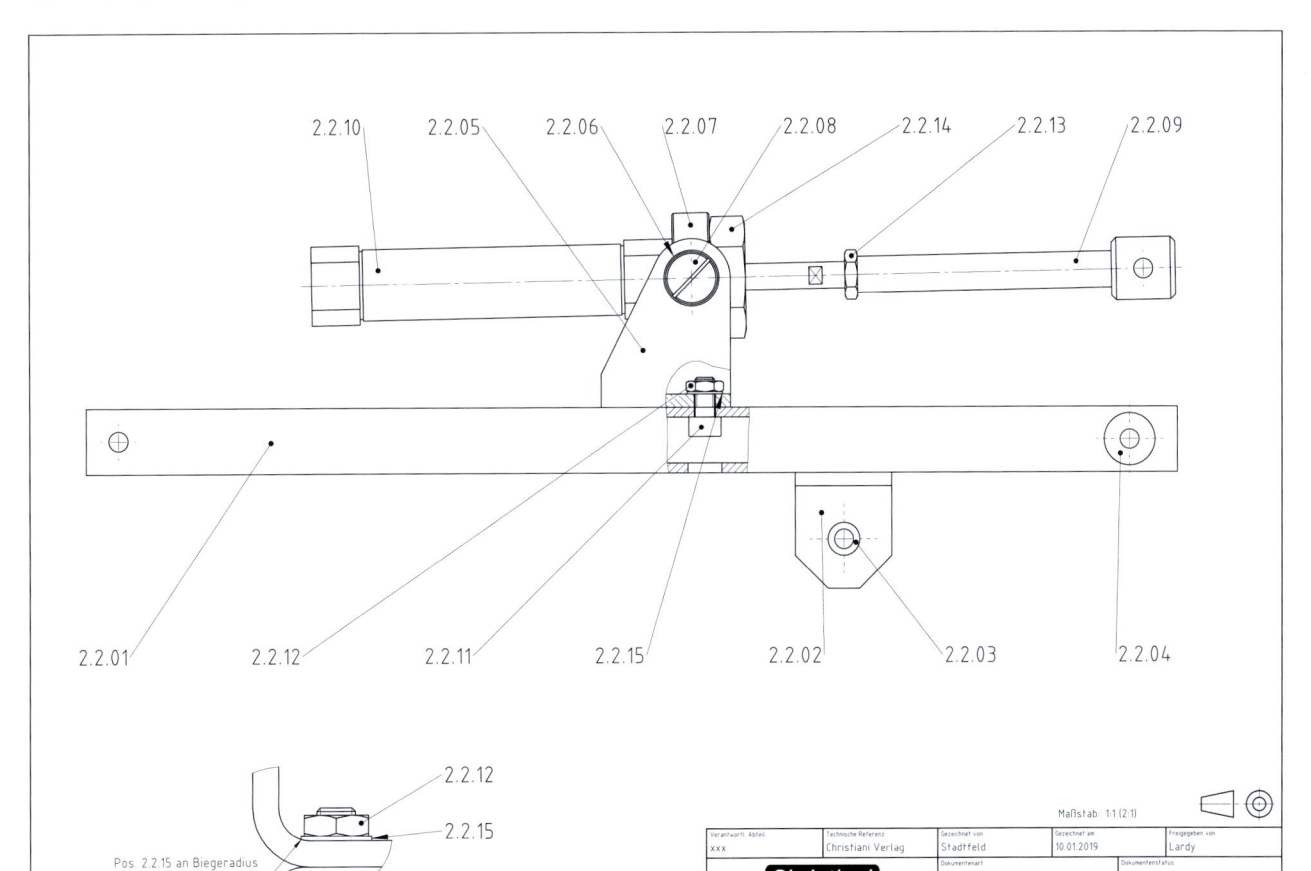

Bild 1 Zeichnung „Schwenkarm Baugruppe 2.2" und Einzelteilzeichnung der Spindelaufnahme (Pos. 2.2.09)

Für die Spindelaufnahme wird ein Halbzeug DIN EN 10087 – Rundstahl Ø 20 × 105 aus 11 S Mn 30 verwendet.

Die Fertigung der Spindel soll auf einer konventionellen Drehmaschine erfolgen.

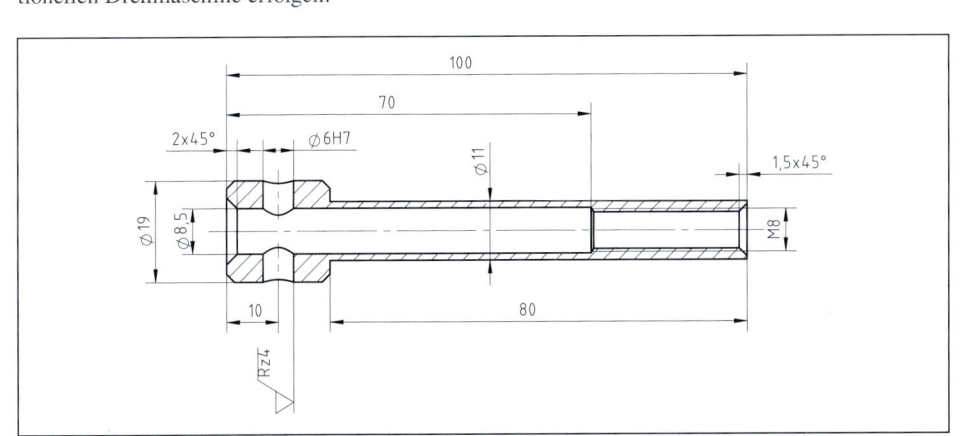

Arbeitsplan Spindelaufnahme s. folgende Seite.

■ **Halbzeugform und Stahlsorte**

TB

Arbeitsplan

Christiani — Technisches Institut für Aus- und Weiterbildung

Benennung	Ausstell-Datum	Werkstoff	
Spindelaufnahme **1. Spannung**	**17.01.2019**	**11SMn30**	
Zeichnungs Nr.	Auftrags Nr.	Abmessung	Gewicht
		Ø 20 x 105	

Einzelteil ☒ Serienteil ☐ Montage ☐ Demontage ☐
Menge: **1**
Durchlaufzeit St.: **0,5h**
gesamt Durchlaufzeit: **0,5h**

Blatt 1/1 — **800997_2.2.09**

Bemerkung:

Nr.	Arbeitsgang	Werkzeug	Maschine / Hilfsmittel	v_c m/min	f mm/min	n 1/min	Prüfmittel	Bemerkungen
1	Rohmaße prüfen						Messschieber	
2	Spindelaufnahme einspannen mit ca. 15 mm Ausspannlänge		Konventionelle Drehmaschine mit Spannzange Ø 20 oder Backenfutter				Messschieber	bei allen Dreharbeiten Schutzbrille tragen
3	Plandrehen	Abgesetzter HSS-Drehmeißel		30	0,15	955		auf gute Oberfläche achten
4	Zentrieren	Zentrierbohrer 2,5x6,3	Reitstock Bohrfutter	35		max.		
5	Bohren Ø 6,8 mind. 38 tief	HSS-Spiralbohrer Ø 6,8	Reitstock Bohrfutter	35		1638	Messschieber	
6	Bohrung auf Ø 8,4 senken	Kegelsenker 90°	Reitstock Bohrfutter	18		682	Messschieber	
7	Innengewinde M8 schneiden min. 30 tief	Maschinengewindebohrer M8	Reitstock Bohrfutter Windeisen			50	Messschieber Gewindegrenzlehrdorn	Gewinde mit Bohrfutter und Reitstock anschneiden, danach von Hand fertigschneiden
8	Spindelaufnahme ca. 88 mm Ausspannen und mit Zentrierspitze abstützen		Reitstock mitlaufende Zentrierspitze				Messschieber	
9	Längsdrehen auf Ø 11,5 x 79,5 vorschruppen	Abgesetzter HSS-Seitendrehmeißel		22	0,2	452	Messschieber	
10	Längsdrehen auf Ø 11 x 80 schlichten	Abgesetzter HSS-Seitendrehmeißel		30	0,1	868	Messschieber	auf gute Oberfläche achten
11	Fase 2x45° und Ø 11 entgraten	Gebogener HSS-Drehmeißel 45°		30		868	Messschieber	
12	Spindelaufnahme überprüfen						Messschieber	

14.1 Arbeitsplanung

Die **Arbeitsplanung** in einem Betrieb umfasst alle einmalig auftretenden Planungsmaßnahmen, die unter Berücksichtigung der Wirtschaftlichkeit die fertigungsgerechte Herstellung eines Produktes sichern und alle Maßnahmen, die für die Auftragsabwicklung erforderlich sind. Ein Schwerpunkt der Arbeitsplanung ist die Erstellung von Arbeitsplänen.

> Die **Arbeitsplanung** gewährleistet eine fertigungs- und montagegerechte Produktion.
>
> ■ **Arbeitsvorbereitung**

14.2 Arbeitsplan

Im **Arbeitsplan** werden die einzelnen Produktionsschritte anhand der technischen Zeichnung aufgegliedert. Dadurch kann man die notwendigen Maschinen, Werkzeuge, Prüfmittel und das Personal für einen Auftrag bestimmen. *Der Arbeitsplan ist die Grundlage für die Fertigungsplanung und der Kalkulation.* Zudem stellt er sicher, dass die Bearbeitung eines Folgeauftrages in den gleichen Produktionsschritten abläuft. Der Feinheitsgrad der Arbeitspläne ist von der Art der Fertigung abhängig, ob z. B. Einzelfertigung, Kleinserie oder Serienfertigung beabsichtigt wird.

Ein Arbeitsplan wird auch für Montage- bzw. Demontageaufträge erstellt.

Arbeitsplanaufbau

Ein Arbeitsplan besteht aus zwei Teilen. Im **Arbeitsplankopf** stehen die allgemeinen Daten zum Produkt, wie z. B.

- um welches Produkt es sich handelt,
- aus welchem Werkstoff es gefertigt werden soll,
- die Zeichnungsnummer des Produktes,
- wie hoch die Stückzahl ist,
- wie lange die Durchlaufzeit sein darf.

Je nach Firma und Bauteil können noch mehrere Angaben hinzukommen.

Darunter kommt der eigentliche **Arbeitsplan**, aufgegliedert in einzelne Arbeitsvorgänge mit den Informationen, z. B.

- fortlaufende Positionsnummer,
- Beschreibung der Arbeitsgänge (z. B. Sägen, Drehen, Fräsen),
- welche Werkzeuge werden benötigt,
- welche Maschine oder welcher Arbeitsplatz wird benötigt,
- wie sind die technologischen Daten (v_c, f, n),
- werden Prüfmittel (Messschieber, Bügelmessschraube) benötigt,
- gibt es besondere Bemerkungen (PSA, Hinweise).

Auch hier gilt wieder, dass je nach Firma und Bauteil noch mehrere Angaben hinzukommen können.

Eine Angabe der benötigten Zeit für die einzelnen Arbeitsschritte ist bei sich wiederholenden Arbeiten sinnvoll, beispielsweise wenn 50 Einheiten zu fertigen sind.

Die einzelnen Arbeitsschritte werden meist in Listenform aufgeführt. Dies ist übersichtlicher als z. B. ein fortlaufender Text.

> Der **Arbeitsplan** beschreibt alle notwendigen Arbeitsschritte.

Firma	Arbeitsplan			
Benennung	Werkstoff		Stückzahl	Name
Zeichnungs-Nr.	Auftrags-Nr.		Bemerkung	Datum

Bild 2 Beispiel für einen Arbeitsplankopf

Nr.	Arbeitsschritt	Werkzeuge, Hilfsmittel	Bemerkung

Bild 3 Beispiel für die Auflistung der Arbeitsschritte in einem Arbeitsplan

Arbeitsplan Fertigung

Für die Fertigung der Bauteile aus den Halbzeugen wird ein Fertigungsplan (oder Arbeitsplan Fertigung) erstellt. Er enthält alle für die Fertigung notwendigen Angaben und basiert auf der Einzelteilzeichnung des Bauteils, Beispiel siehe Projekt.

Für das Drehen der Spindelaufnahme sind hier neben den Arbeitsgängen auch die jeweiligen Einstellwerte der Maschine angegeben. In den Bemerkungen finden sich unter anderem spezielle Hinweise zur Arbeitssicherheit.

Arbeitsplan Montage

Nach der Fertigung der Bauteile können diese montiert werden. Zuerst werden **Unterbaugruppen** montiert, danach erfolgt die Endmontage aller Unterbaugruppen zum kompletten Schwenkarm.

Die **Unterbaugruppe 2.1** besteht aus 16 verschiedenen Einzelteilen. Die Hauptbauteile sind die Platten und Lagerböcke, diese sind mit Stiften und Schrauben verbunden, siehe Bild 4.

Bei der Festlegung der Montagereihenfolge ist zu beachten, das nach dem Verbinden der Drehplatte (Pos. 2.1.03) mit dem Drehteller (Pos. 2.1.02) die Verstiftung zwischen dem Drehteller (Pos. 2.1.02) und der Abtriebswelle (Pos. 2.1.01) nicht mehr zugänglich ist. Der Drehteller (Pos. 2.1.01) und die Abtriebswelle (Pos. 2.1.02) müssen deshalb zuerst montiert werden.

Um einen Montagearbeitsplan zu erstellen, kann es sinnvoll sein, sich als Übersicht zunächst die Hauptbauteile und die grundsätzlichen Montageschritte zu erarbeiten.

Beispiel für die Unterbaugruppe 2.1:

Hauptbauteile

  Abtriebswelle (Pos. 2.1.01)

  Drehteller (Pos. 2.1.02)

  Drehplatte (Pos. 2.1.03)

  Lagerbock 1 (Pos. 2.1.04)

  Lagerbock 2 (Pos. 2.1.05)

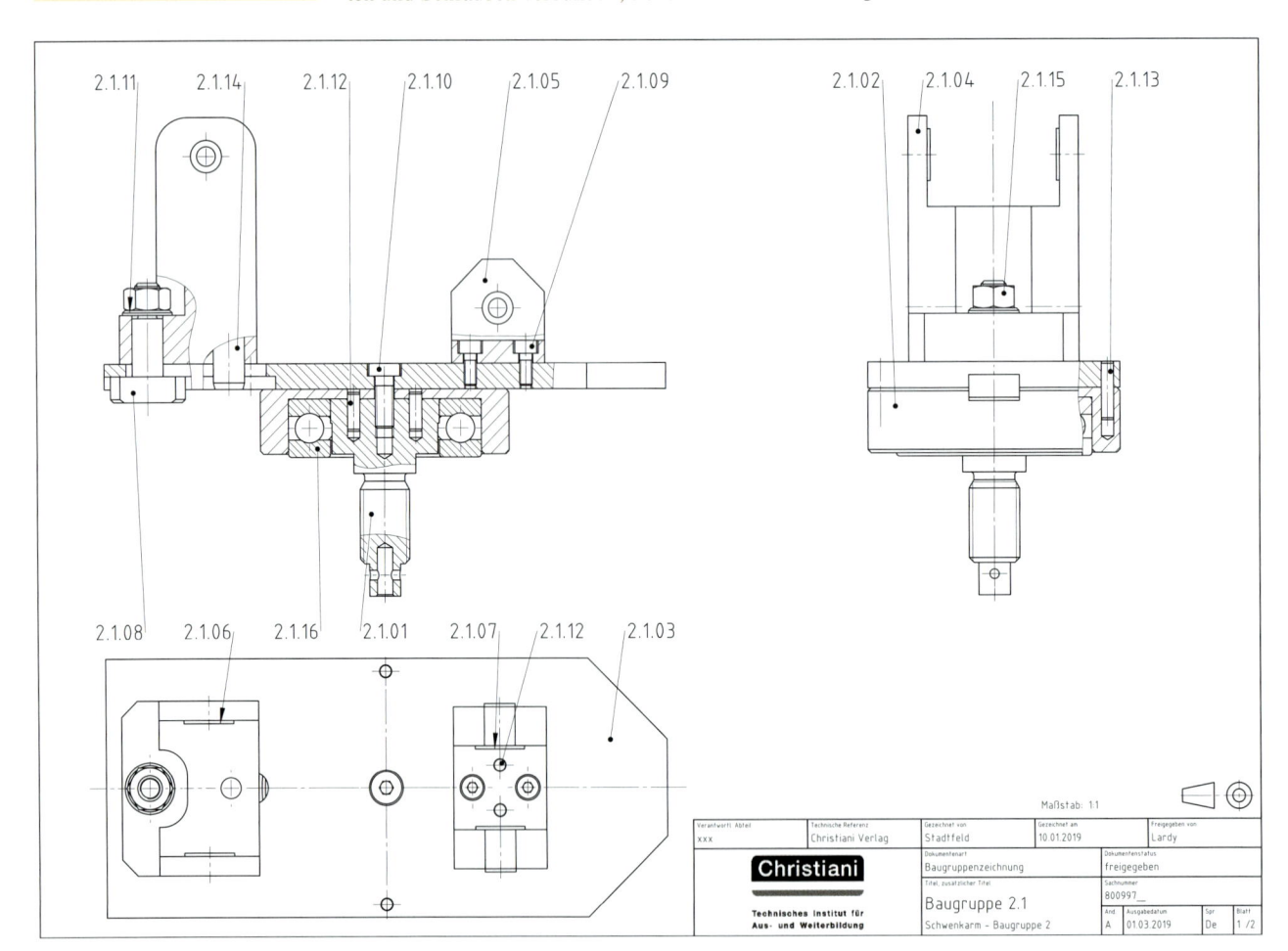

■ **Unterbaugruppen**
Baugruppen mit zweiziffriger Nummer

Bild 4 Zeichnung „Baugruppe 2.1" der Baugruppe 2

Montagereihenfolge, Montagearbeitsplan

Diese Bauteile sind verbunden durch
- Stifte (Pos. 2.1.01 und 2.1.02),
- Stifte und Schraube (Pos. 2.1.03) und
- Schrauben (Pos. 2.1.04 und 2.1.05).

Im folgenden Schemabild ist schematisch die Montage und die Montagereihenfolge dieser Bauteile dargestellt:

Schritt 1:
Verstiften Abtriebswelle und Drehteller

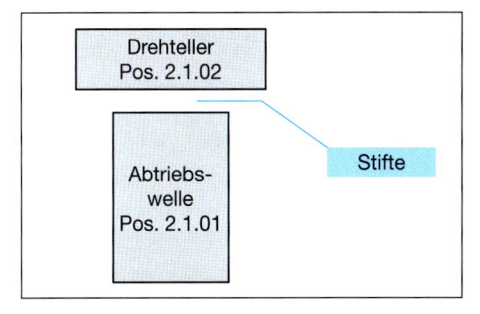

Schritt 2:
Verstiften und Verschrauben mit der Drehplatte

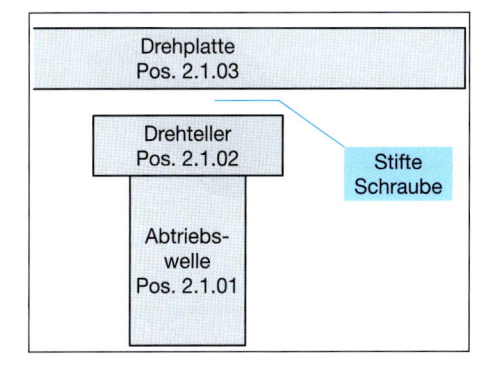

Schritt 3:
Anschrauben der beiden Lagerböcke

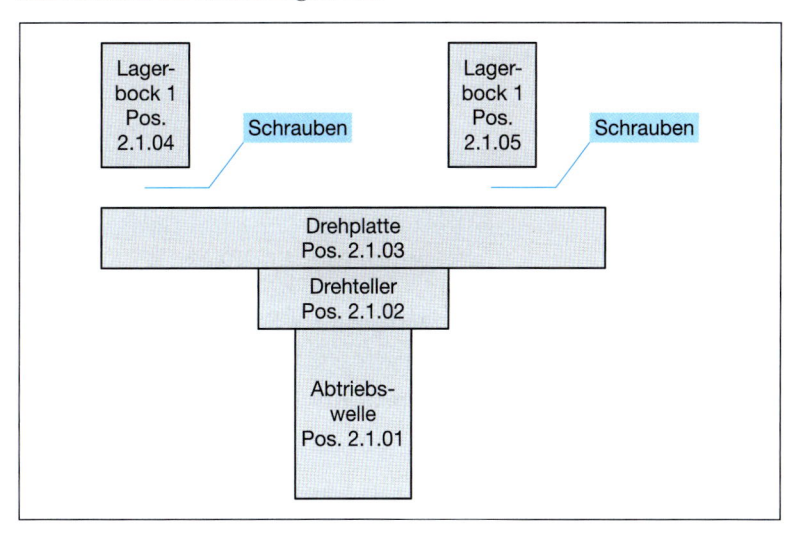

Schritt 4:
Einsetzen der Lager in die Lagerböcke

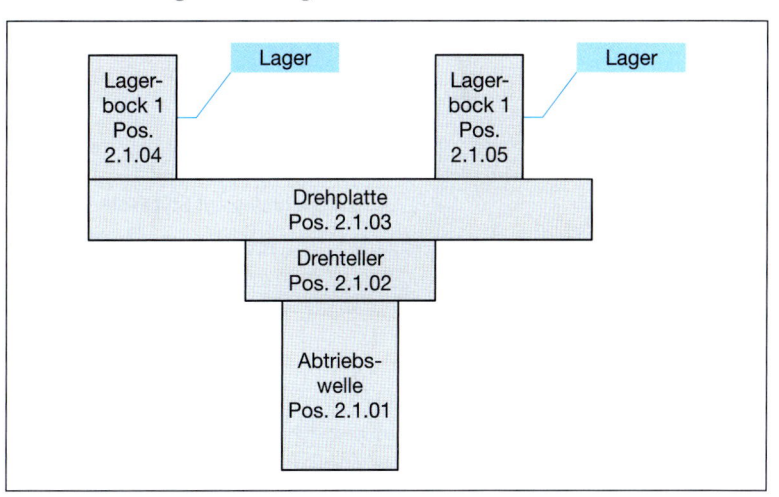

Jetzt können die einzelnen Schritte des Montagearbeitsplans beschrieben werden:

Nr.	Arbeitsschritt	Werkzeuge, Hilfsmittel	Bemerkung
1	Bereitstellen der Bauteile, Montagemittel, Werkzeuge und Prüfmittel		
2	Verstiften Abtriebswelle (2.1.01) und Drehteller (2.1.02)	Hammer	
3	Verstiften mit Drehplatte (2.1.03)	Hammer	
4	Verschrauben	Sechskantschlüssel SW10	
5	Aufsetzen der Lagerböcke (2.1.04, 2.1.05)	Sechskantschlüssel SW8, Innensechskantschlüssel SW3	
6	Einsetzen der Lager (2.1.06, 2.1.07)	Kunststoffhammer	Vorsichtig einsetzen, Lager nicht beschädigen
7	Überprüfen		Lage der Bauteile zueinander, Verschraubungen, Spiel …

Bei der Erstellung von Arbeitsplänen sind auch die **Arbeitssicherheitsvorschriften** zu beachten.

Arbeitsplanung

- **Fügeverfahren**

  TB

Montage
assembly

Demontage
dissassembly

Werkzeug
tool

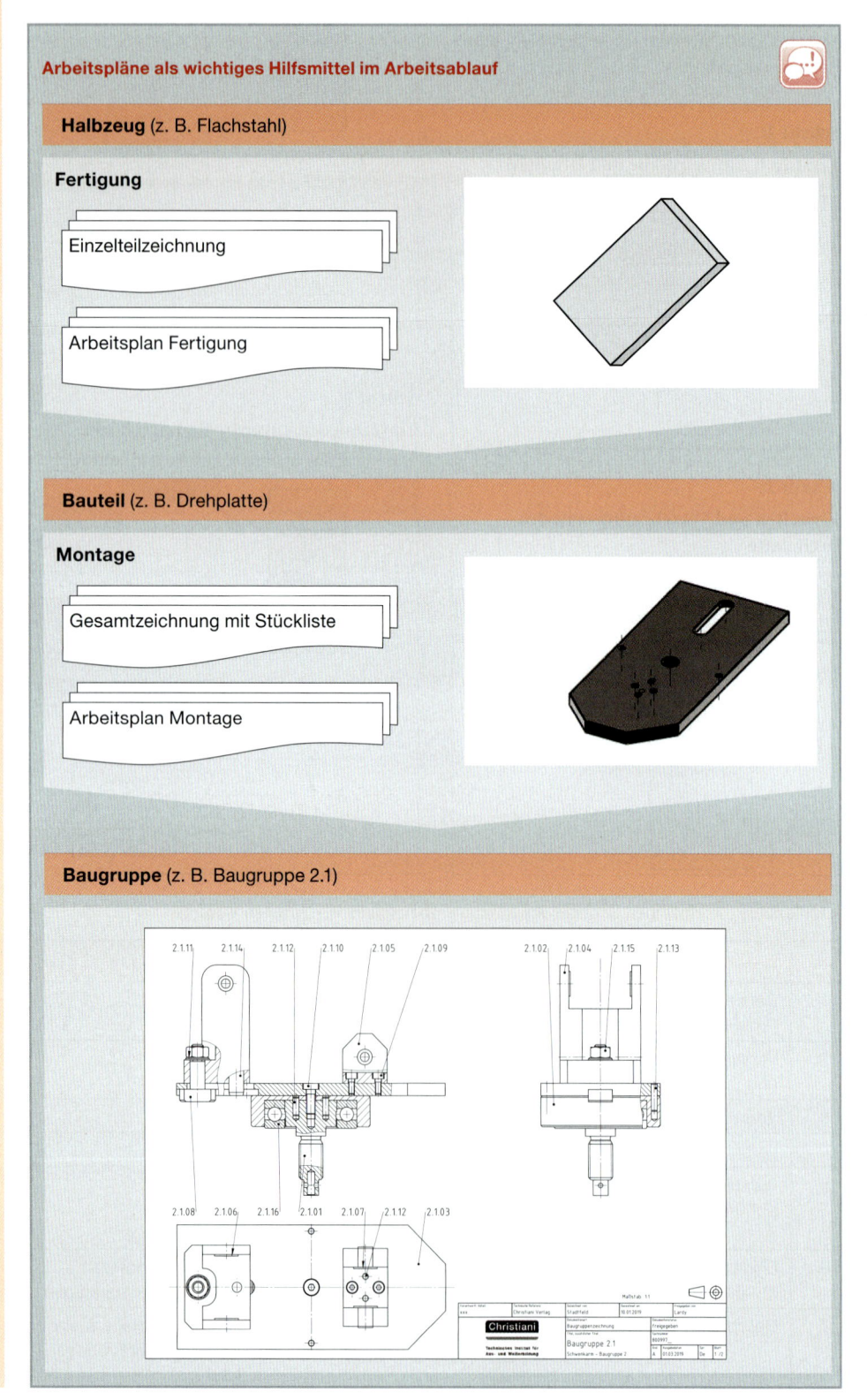

Auch für **Demontagearbeiten** kann die Erstellung eines Arbeitsplanes sinnvoll sein, beispielsweise, um die Stillstandszeiten einer Maschine bei Instandhaltungsarbeiten zu minimieren. Vor der Demontage können so alle benötigten Werkzeuge und Ersatzteile bereitstehen.

Bei unlösbaren Verbindungen (z. B. Klebeverbindung) ist darauf zu achten, dass diese bei der Montage neu hergestellt werden müssen.

Lösbare Verbindungsteile können erneut verwendet werden, wenn sie unbeschädigt sind.

Arbeitspläne als wichtiges Hilfsmittel im Arbeitsablauf

Halbzeug (z. B. Flachstahl)

Fertigung

- Einzelteilzeichnung
- Arbeitsplan Fertigung

Bauteil (z. B. Drehplatte)

Montage

- Gesamtzeichnung mit Stückliste
- Arbeitsplan Montage

Baugruppe (z. B. Baugruppe 2.1)

Arbeitspläne

Prüfung

1. Erläutern Sie die Vorteile von Arbeitsplänen.

2. Welche Inhalte sollte ein Arbeitsplan mindestens haben?

3. Erstellen Sie einen ausführlichen Arbeitsplan für die 2. Spannung der Spindelaufnahme.

4. Erläutern Sie den Unterschied zwischen einem Fertigungs- und einem Montagearbeitsplan.

5. Erstellen Sie einen Montagearbeitsplan für die Teilbaugruppe C des Schwenkarms (siehe Zeichnung).

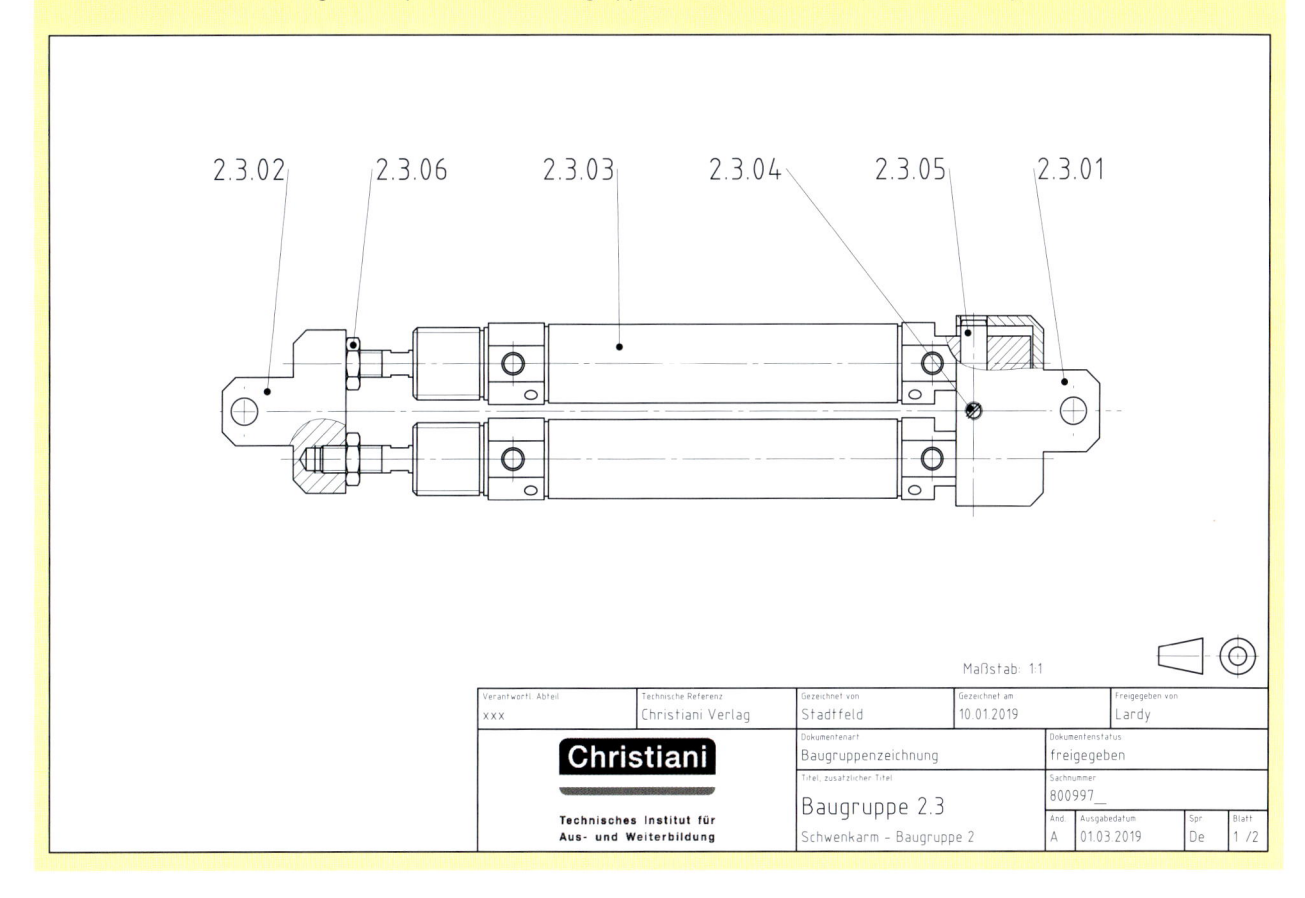

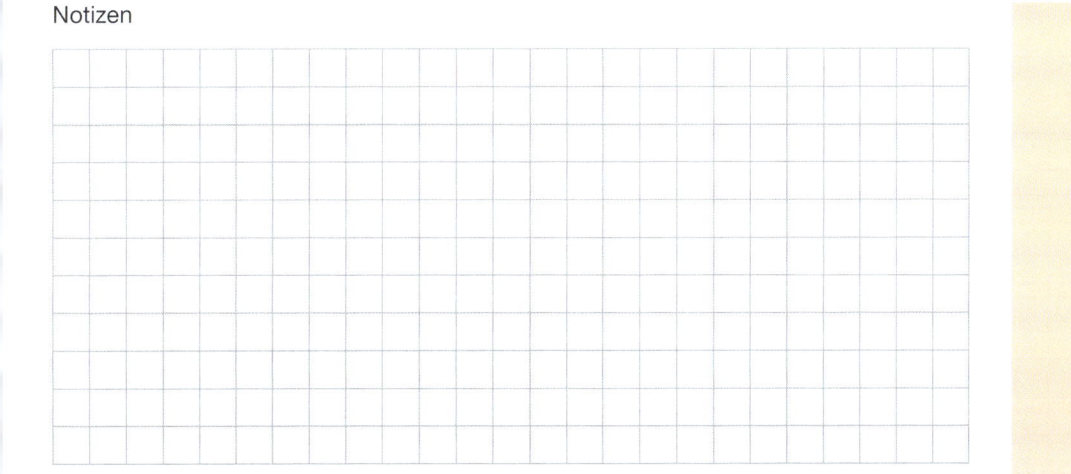

Notizen

Prüfung

14. Ermitteln Sie die Streckgrenze und die Zugfestigkeit folgender Stahlsorten:
    a) E295
    b) S235JR
    c) 18CrNiMo7-6

15. Um welche Stahlsorte handelt es sich, wenn die chemische Bezeichnung mit einem „X" beginnt?

16. Woran erkennen Sie bei der chemischen Zusammensetzung, dass es sich um einen niedriglegierten Stahl handelt?

17. Die folgenden Abbildungen zeigen Glühvorgänge (rot eingezeichnete Bereiche). Benennen Sie das jeweilige Glühverfahren und beschreiben Sie die Abläufe bei diesem Verfahren.

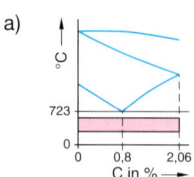

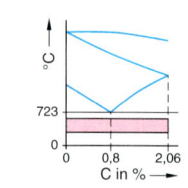

    a)
    b)

18. Beschreiben Sie die grundsätzlichen Vorgänge beim Härten von Stahl.

19. Welche Vorteile hat das Randschichthärten im Vergleich zum Durchhärten eines Bauteils?

20. Erklären Sie den Vorgang „Vergüten" von Stählen.

21. Was bedeuten folgende Werkstoffbezeichnungen:
    a) C45
    b) 1.4401
    c) EN-GJL-200
    d) Al99,5
    e) 3.5200

22. Wie hoch ist die Dichte von
    a) unlegiertem Stahl
    b) Aluminium
    c) Kupfer?

23. Für die Einhausung eines Elektroaggregates werden Bleche aus Aluminium verwendet.
    a) Nennen Sie mindestens drei Vorteile von Aluminium im Vergleich zu Stahl.
    b) Erläutern Sie die Werkstoffbezeichnung „EN AW - 5754"
    c) Berechnen Sie das Gesamtgewicht von vier Blechen mit folgenden Maßen: 600 mm × 2000 mm × 1,2 mm.

24. Nennen Sie mindestens zwei Gründe, warum Kupfer als Material für Stromkabel sehr gut geeignet ist.

25. Ist Kupfer ein Leicht- oder ein Schwermetall? (Begründen Sie Ihre Antwort.)

26. Für eine Baugruppe wird folgender Werkstoff benötigt: „MgAl3Zn".
    a) Um welches Material handelt es sich?
    b) Welche besonderen Eigenschaften besitzt dieser Werkstoff?

27. Was versteht man unter den Bezeichnungen
    a) Bronze
    b) Rotguss?

Aufgabensatz Werkstofftechnik

Prüfung

28. Welche besonderen Eigenschaften hat
    a) Aluminium
    b) Kupfer?

29. Bestimmen Sie die chemische Zusammensetzung der Aluminium-Legierung „ALCu4Mg1"

30. Welche Eigenschaften von Bauteilen aus Aluminium können durch das Aushärten verbessert werden?

31. Für eine Halterung ist eine Zugfestigkeit von mindestens 320 N/mm^2 erforderlich. Welche härtbaren Aluminium-Knetlegierungen sind für diese Anforderung geeignet?

32. Bestimmen Sie die Schmelzpunkte von
    a) Aluminium
    b) Magnesium
    c) Kupfer

33. Welche wesentlichen Eigenschaftsunterschiede bestehen zwischen thermoplastischen und duroplastischen Kunststoffen?

34. Welche der drei Kunststoffarten (Thermoplaste, Elastomere, Duroplaste) ist schweißbar?

35. Die Abbildung zeigt das Gefüge der Makromoleküle einer Kunststoffart.
    a) Zu welcher der drei Kunststoffarten gehört dieses Gefüge?
    b) Beschreiben Sie den Gefügeaufbau.

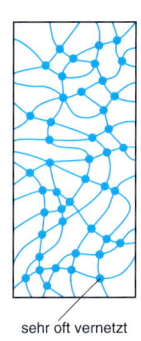

    sehr oft vernetzt

36. Wie bewerten Sie
    a) die Wärmeleitfähigkeit
    b) die Wärmeausdehnung
    von Bauteilen aus thermoplastischen Kunststoffen im Vergleich zu Stahlbauteilen?

37. Für die Abdeckhaube einer Maschine wird der Kunststoff „ABS" verwendet. Zu welcher Kunststoffart gehört dieser Werkstoff?

38. In der Baugruppe 2 des Schwenkarms (siehe Projekt) sind Bauteile aus verschiedenen Materialien vorhanden. Erläutern Sie die Werkstoffbezeichnungen folgender Bauteile:
    a) Pos. 2.1.01   Abtriebswelle   Werkstoff: CuZn38Pb2
    b) Pos. 2.1.02   Drehteller   Werkstoff: ALCu4PbMgMn
    c) Pos. 2.2.02   Lagerbock   Werkstoff: S275N
    d) Pos. 2.1.06   Lager   Werkstoff: PVC-U
    e) Pos. 2.2.09   Spindelaufnahme   Werkstoff: 11SMn30
    f) Pos. 2.2.08   Schwenkschraube   Werkstoff: C35E

39. Erläutern Sie den Begriff „Hartmetall".

40. Was versteht man unter der „Härte" eines Werkstückes?

41. Nennen Sie drei Werkstoffe mit einer guten Wärmeleitfähigkeit.

42. Was versteht man unter „Kaltumformung" eines Bauteils?

📝 Prüfung

43. Bestimmen Sie das Gewicht folgender Bauteile des Schwenkarms (siehe Projekt):

a) Pos. 1.03   Deckplatte   b) Pos. 2.2.04   Lager

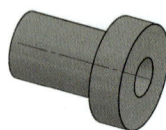

c) Pos. 0.01   Distanzbuchse    d) Pos. 4.03   Kolben

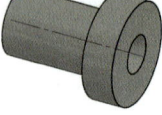

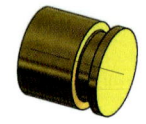

44. Was versteht man unter einem „Spannungs-Dehnungs-Diagramm"?

45. Zeichnen Sie das Spannungs-Dehnungs-Diagramm eines typischen Baustahls mit Kennzeichnung der Streckgrenze und der Zugfestigkeit.

46. Erläutern Sie folgende Härteangaben
- a) 60 HRC
- b) 450 HBW

47. Zu welchem Härteverfahren gehört diese Abbildung?

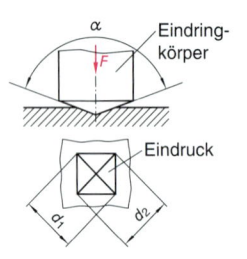

48. Die Härte einer Platte aus Kupfer soll bestimmt werden. Welches Härteverfahren würden Sie dazu einsetzen (Begründung)?

49. Für eine Konstruktion im Außenbereich sollen zwei Platten aus S235JR miteinander verbunden werden. Dazu werden Schrauben aus korrosionsbeständigem Stahl verwendet.

a) Welche Art von Korrosion kann bei dieser Verbindung auftreten (Begründung)?
b) Welche Abhilfemaßnahmen würden Sie vorschlagen?

B   Manuelle Zerspanungsverfahren

1. Zu welchen Bearbeitungsverfahren gehört
- a) das Verschweißen von zwei Stahlplatten,
- b) das Biegen eines Aluminiumprofils,
- c) das Lackieren eines Metallgeländers?

2. Nennen Sie fünf Beispiele für das Bearbeitungsverfahren „Trennen".

3. Wozu dient bei spanenden Werkzeugen der Freiwinkel am Schneidkeil?

Aufgabensatz Manuelle Zerspanungsverfahren

Prüfung

4. Benennen Sie die drei Winkel in der Abbildung.

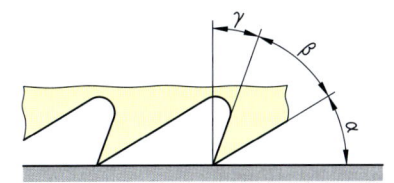

5. Bestimmen Sie die Größe des Spanwinkels, wenn der Freiwinkel 10° und der Keilwinkel 75° beträgt.

6. Was versteht man unter einem „Fließspan"?

7. Was ist ein „Höhenanreißer"?

8. a) Warum besitzen Sägeblätter einen „Freischnitt"?
b) Welche Freischnitt-Ausführung wird im Bild dargestellt?

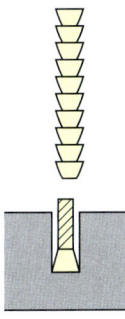

9. Welche Säge (Zahnteilung) würden Sie verwenden zum Trennen
a) einer Platte aus rostfreiem Stahl,
b) einem Kupferrohr mit großer Wandstärke?

10. Wie können Sie die Zahnteilung einer Säge ermitteln?

11. Was versteht man unter der „Hiebnummer" einer Feile?

12. Benennen Sie folgende Hiebarten:

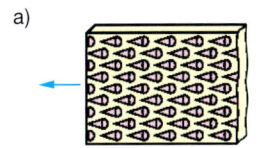

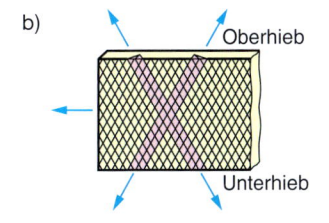

a) b) Oberhieb / Unterhieb

13. Beschreiben Sie den Unterschied (Form, Anwendung) zwischen Flachfeilen und Rundfeilen.

14. Welche Zahnform wird bei Feilen zur Bearbeitung von Werkstücken aus Stahl eingesetzt?

15. Welche Aufgabe hat das Körnen vor dem Bohren?

Prüfung

16. Benennen Sie die Teile des abgebildeten Körners:

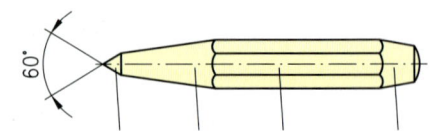

17. Nennen Sie mindestens fünf Sicherheitsmaßnahmen beim Bohren.

18. Warum muss das zu bohrende Werkstück beim Bohren fest eingespannt sein?

19. Welchen Bohrertyp (N, H oder W) würden Sie einsetzen zum Bohren in
   a) ein Gehäuse aus S235JR
   b) eine Kupferplatte
   c) eine Abdeckung aus PMMA („Plexiglas")

20. Welche Aufgabe haben die Spannuten beim Spiralbohrer?

21. Welchen Einfluss hat die Schnittgeschwindigkeit auf die Standzeit eines Bohrers?

22. Wie groß soll der Spitzenwinkel eines Spiralbohrers sein für das Bohren
   a) in Gusseisen?
   b) in C35?

23. Die Abbildung zeigt die Flächen und Winkel eines Spiralbohrers.
Benennen Sie die vier Flächen und die drei Winkel.

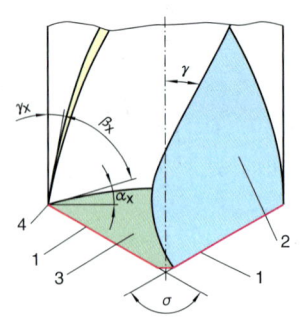

24. Durch welche Einflussgrößen wird die Schnittgeschwindigkeit beim Bohren bestimmt?

25. Bestimmen Sie mithilfe des Drehzahldiagramms auf Seite 337 die fehlenden Werte:
   a) Bohrerdurchmesser = 10 mm, Schnittgeschwindigkeit = 20 m/min
      Bohrerdrehzahl = ?
   b) Durchmesser = 16 mm, Drehzahl = 900 1/min
      Schnittgeschwindigkeit = ?

26. Für das Bohren in einen Gusseisenständer ist eine maximale Schnittgeschwindigkeit von 36 m/min angegeben (Tabellenbuch). Welche Drehzahl stellen Sie an der Bohrmaschine ein für einen Bohrer mit
   a) 8 mm Durchmesser,
   b) 20 mm Durchmesser?

27. Eine 10-mm-Bohrung wird mit einer Drehzahl von 900 1/min hergestellt.
Berechnen Sie die Schnittgeschwindigkeit.

28. Berechnen Sie die einzustellenden Drehzahlen an der Bohrmaschine für folgende Fälle:
   a) Durchmesser = 20 mm, Schnittgeschwindigkeit = 18 m/min
   b) Durchmesser = 6 mm, Schnittgeschwindigkeit = 80 m/min

Aufgabensatz Manuelle Zerspanungsverfahren

Prüfung

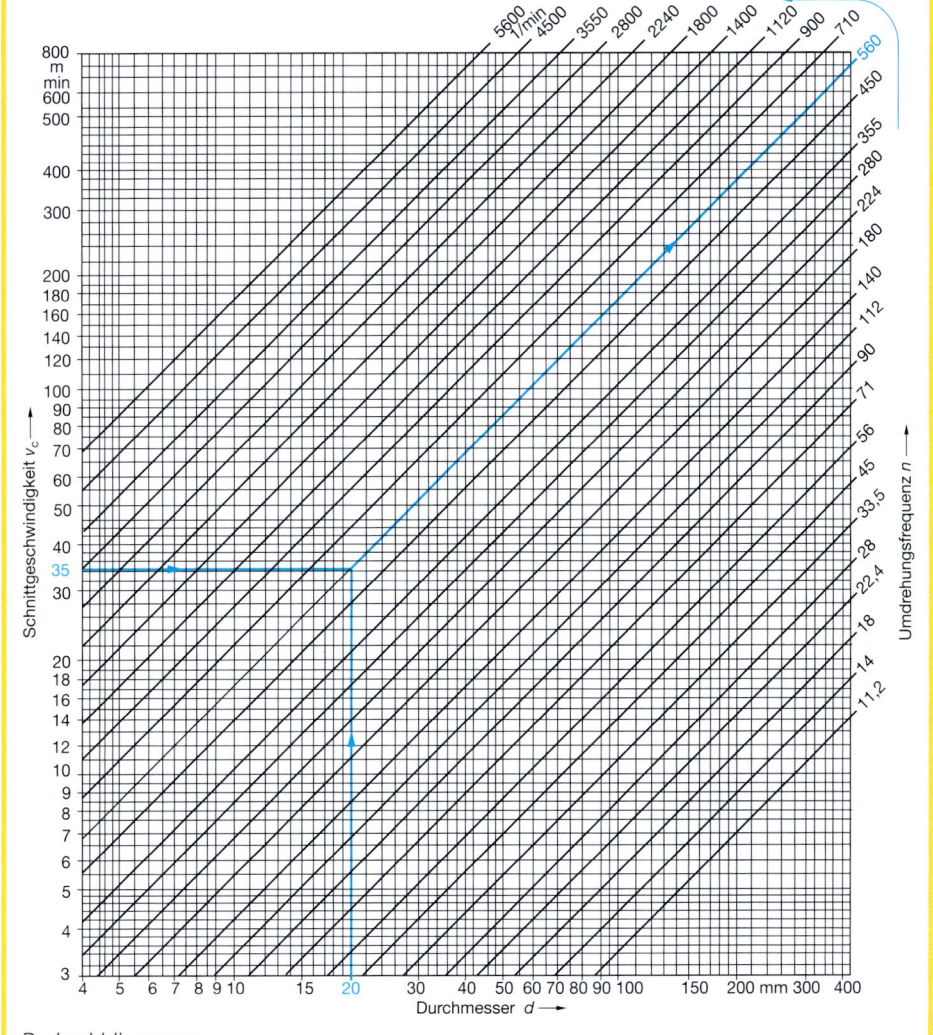

Drehzahldiagramm

29. Eine Platte (Werkstoff: S235JR) soll mit einer Gewindebohrung M16 versehen werden.
    a) Welche Drehzahl stellen Sie an der Bohrmaschine zum Kernlochbohren ein für einen Spiralbohrer aus TiN-beschichtetem Schnellarbeitsstahl?
    b) Welche Drehzahl ist (ungefähr) erforderlich für das anschließende Senken?

30. Welche Drehzahl stellen Sie zum Reiben einer Bohrung ein (im Vergleich zur Drehzahl beim Bohren)?

31. Warum werden Reibahle mit ungleicher Scheidenteilung eingesetzt?

32. Wir groß müssen Sie Bohrungen vorbohren für die Nenndurchmesser (nach dem Reiben) von
    a) 6 mm,
    b) 16 mm?

33. Wodurch unterscheiden sich Handreibahle und Maschinenreibahle?

Prüfung

34. Handelt es sich bei der dargestellten Reibahle um eine Hand- oder eine Maschinenreibahle? (Begründung Sie Ihre Antwort.)

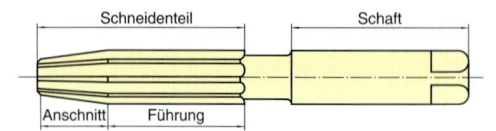

35. Beim Gewindeschneiden von Hand setzen Sie das Schneideisen schief an. Welche Folgen kann das haben?

36. Wie heißen die drei Gewindebohrer eines Hand-Gewindebohrersatzes?

37. Eine Grundlochbohrung soll mit einem 35 mm langen Gewinde M16 hergestellt werden.
   a) Welchen Bohrerdurchmesser benutzen Sie zum Herstellen des Kernloches?
   b) Wie tief muss das Kernloch mindestens gebohrt werden?

38. Mit welchem Werkzeug können Sie Außengewinde von Hand fertigen?

39. Mit welcher Lehre können Sie ein Außengewinde prüfen?

40. Die Abbildung zeigt den Lagerbock 1 (Pos. 2.1.04) der Baugruppe 2.1 des Schwenkarms. Diese Bauteil besitzt zwei Bohrungen (Ø 10 H7) und eine Gewindebohrung (M5).

Bestimmen Sie alle notwendigen Arbeitsschritte, Werkzeuge und Einstellwerte zur Herstellung
a) der Bohrungen
b) der Gewindebohrung

C   Prüftechnik

1. Erläutern Sie den Unterschied zwischen objektivem und subjektivem Prüfen.

2. Wann kann der Einsatz einer Lehre sinnvoll sein?

3. Wie hoch ist die Bezugstemperatur in der Prüftechnik?

4. Welche Auswirkung hat beim Messen mit einem Messschieber eine zu große Messkraft auf das Messergebnis?

5. Mit welchen der folgenden Prüfgeräte kann man Ist-Maße ermitteln?
   a) Messschieber
   b) Haarlineal
   c) Feinzeiger
   d) Winkelmesser
   e) Grenzrachenlehre

Prüfung

6. Was versteht man unter „Grenzlehren"?

7. Wie heißen die dargestellten Lehren?

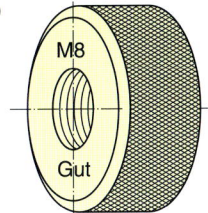

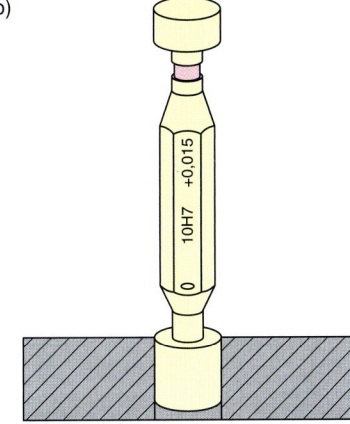

a) [Gewindelehrring M8 „Gut"]

b) [Grenzlehrdorn 10H7 +0,015 / 0]

8. Bestimmen Sie folgende Maße am Messschieber:

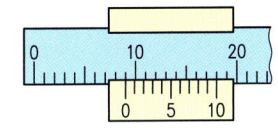

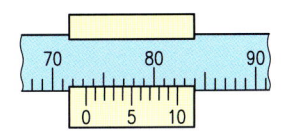

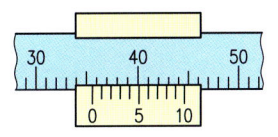

9. Was versteht man unter dem „Nonius" eines Messschiebers?

10. Wie groß ist die Messgenauigkeit eines Messschiebers mit elektronischer Digital-Anzeige im Vergleich zu einem Gerät mit Analog-Anzeige?

11. Welche Art von Messschrauben benötigen Sie zum Prüfen von Tiefenmaßen?

12. Wie wird bei Messschrauben eine gleichmäßige Anpresskraft sichergestellt?

13. Bestimmen Sie folgende Maße an der Messschraube:

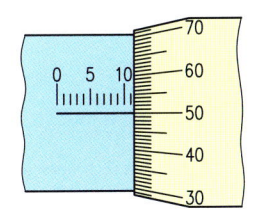

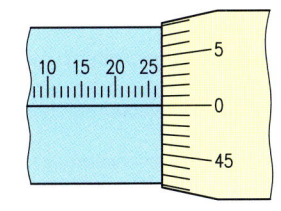

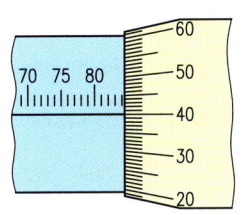

14. Welches Messgerät ist auf der folgenden Seite oben dargestellt?

15. Wie groß ist die Messgenauigkeit
   a) einer Messuhr,
   b) eines Winkelmessers?

Prüfung

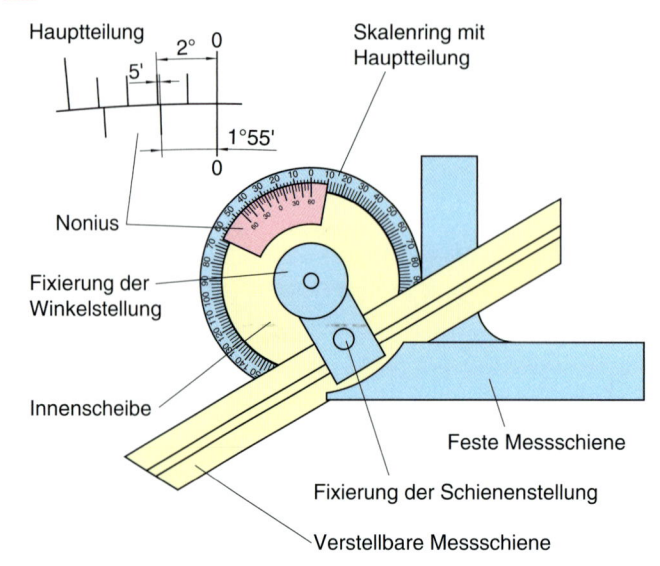

Messgerät

16. Bestimmen Sie folgende Messwerte:

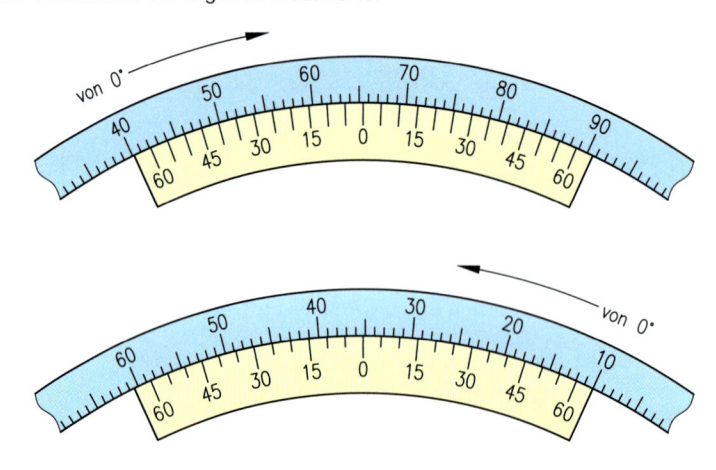

17. Erläutern Sie den Unterschied zwischen Maßlehren und Formlehren.

18. Wie können Sie an Bauteilen die Radien überprüfen?

19. An welchen Merkmalen können Sie bei Grenzlehren die Ausschussseite erkennen?

20. Beim Prüfen einer Bohrung mit einem Grenzlehrdorn lassen sich sowohl die Gutseite als auch die Ausschussseite in die Bohrung einführen. Was bedeutet das für das Ist-Maß der Bohrung?

21. Welches Prüfgerät ist hier dargestellt?

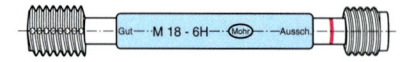

22. Erläutern Sie den Begriff „Parallaxe" beim Messen mit einem Messschieber.

23. Welche Werkstückfehler können beim Prüfen auftreten?

Prüfung

24. Was versteht man unter „systematischer Messabweichung"?

25. Eine Welle wird direkt nach dem Drehen geprüft.
Welcher Fehler tritt dabei auf, wenn die Welle eine Temperatur von 40 °C hat?

26. Erstellen Sie eine Liste mit allen benötigten Prüfgeräten zur Prüfung folgender Bauteile des Schwenkarms:

    a) Abtriebswelle (Pos. 2.1.01)   b) Seitenblech, Ausleger (Pos. 3.03)

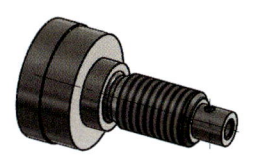

D   Fügetechniken

1. Erklären Sie den Unterschied zwischen beweglichen und festen Verbindungen.

2. Wodurch erfolgt die Kraftübertragung bei kraftschlüssigen Verbindungen?

3. Benennen Sie folgende Gewindearten:

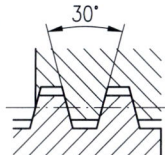

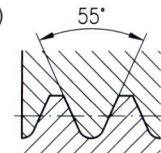

    a) 30°   b) 55°

4. Erläutern Sie den Unterschied (Aufbau, Funktion) zwischen „Befestigungsgewinde" und „Bewegungsgewinde".

5. Welches Werkzeug (Art und Größe) benötigen Sie für folgende Schrauben?
    a) DIN EN ISO 4014   – M16 × 100 – 5.6
    b) DIN EN ISO 4017   – M10 × 1,25 × 70 – 8.8
    c) DIN EN ISO 4762   – M12 × 50 – 8.8
    d) DIN EN ISO 10642 – M6 × 30 – 10.9

6. Wie bezeichnet man folgende Schraubenarten?

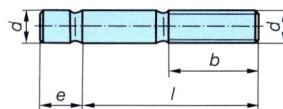

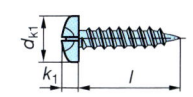

    a)   b)

7. In welchen Anwendungsfällen werden Gewindestifte eingesetzt?

8. In einer Stückliste ist folgende Schraubenbezeichnung aufgeführt:
DIN EN ISO 4762 – M20 × 1,5 × 120 – 8.8

    a) Erläutern Sie die Bedeutung der Bezeichnung.
    b) Wie groß ist die Mindesteinschraubtiefe dieser Schraube in einen Maschinenständer aus Grauguss?
    c) Wie viele Umdrehungen der Schraube sind für diese Einschraubtiefe erforderlich?

9. Erklären Sie folgende Schraubenkennzeichnungen:
    a) DIN EN ISO 2010 – M6 × 35 – A2-70
    b) DIN EN ISO 4027 – M4 × 16 – 45H
    c) DIN 580 – M30 × 2

📋 Prüfung

10. Bestimmen Sie die Zugfestigkeit und die Streckgrenze einer Schraube der Festigkeitsklasse 8.8.

11. Für eine Verbindung wird eine
Zylinderschraube mit Schlitz DIN EN ISO 1207 – M8 × 50 – A2-50 eingesetzt.
Wie hoch ist die Zugfestigkeit dieser Schraube?

12. Bestimmen Sie folgende Größen einer M24-Schraube:

   a) Steigung
   b) Spannungsquerschnitt
   c) Kernlochdurchmesser
   d) Steigungen bei Feingewinde

13. Wie bezeichnet man folgende Muttern?

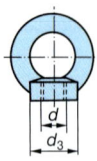

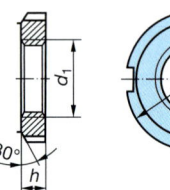

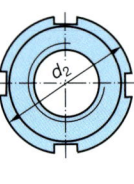

   a)   b)

14. Erläutern Sie folgende Mutterbezeichnungen:

   a) DIN EN ISO 7040 – M10 – 10
   b) DIN 979 – M16 – 8

15. Was versteht man unter einer „Durchsteckverbindung"?

16. Für eine Durchsteckverbindung mit einer Sechskantschraube M20 × 2 × 140 – 8.8
soll eine Mutter mit möglichst geringer Höhe bestimmt werden.
Geben Sie die vollständige Normbezeichnung einer passenden Mutter an.

In einem Katalog finden Sie folgende Abbildung:

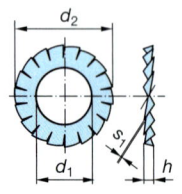

   a) Um welches Teil handelt es sich?
   b) Wozu wird das Teil eingesetzt?

17. Eine Schraube wird von Hand mit einer Kraft von 320 N und einem Schraubenschlüssel
(Länge = 400 mm) angezogen.
Bestimmen Sie das Drehmoment.

18. Eine M16-Schraube ist mit einer Vorspannkraft von 85 kN belastet.

   a) Wie hoch ist die Spannung in der Schraube?
   b) Welche Sicherheit gegen Bruch besteht bei einer Schraube der Festigkeitsklasse 8.8?

19. Bestimmen Sie die Vorspannkraft in der Schraube:
Größe: M16
Wirkungsgrad: 15 %
Anzugsdrehmoment: 120 Nm

20. Eine Schraube (M12 × 1,25 × 80 – 10.9, Wirkungsgrad = 12 %)
ist mit 50 % ihrer Streckgrenze belastet.
Mit welchem Drehmoment wurde die Schraube angezogen?

Prüfung

21. Zwei Profile sind mit drei Schrauben miteinander verbunden. Welche Querkraft kann zwischen den Profilen übertragen werden bei einer Vorspannkraft pro Schraube von 110 kN und einer Haftreibungszahl von 0,23?

22. Die folgende Abbildung zeigt einen ungehärteten Zylinderstift.

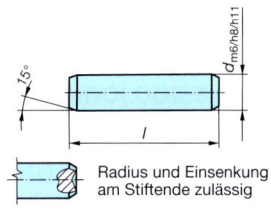

    a) In welchen Längen ist dieser Stift für einen Durchmesser von 10 mm verfügbar?
    b) Wie lautet die vollständige Normbezeichnung dieses Stiftes mit einer Länge von 28 mm?

23. Wie bezeichnet man folgenden Stift?

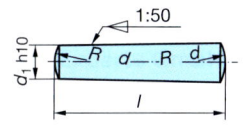

24. Erklären Sie folgende Bezeichnung: DIN EN ISO 22 341 – A – 16 × 80 – St

25. Nennen Sie drei Vorteile einer Schraubverbindung im Vergleich zu einer Schweißverbindung.

26. Wie erfolgt die Wärmezufuhr beim Autogenschweißverfahren?

27. Welche Aufgabe hat Acetylen beim Gasschmelzschweißen?

28. Nennen Sie zwei Nachteile des Gasschmelzschweißverfahrens.

29. Erläutern Sie den Unterschied zwischen dem MAG- und dem MIG-Schweißverfahren.

30. Welche Schutzgasschweißverfahren werden bei korrosionsbeständigen Stählen üblicherweise eingesetzt?

31. In einer Schweißzeichnung steht der Hinweis: „Schutzgas M1".
    Was bedeutet diese Bezeichnung?

32. Nennen Sie zwei inerte Schutzgase.

33. Erläutern Sie die Bezeichnung: „Schweißverfahren 135"

34. Warum ist das Lichtbogenhandschweißen gut geeignet für das Schweißen auf Baustellen?

35. Welche Nahtvorbereitung ist für V-Nähte erforderlich?

36. Wie sind die Zeichnungssymbole für folgende Nahtarten?
    a) I-Naht
    b) Doppel-V-Naht
    c) Punkt-Naht
    d) Flache V-Naht mit Gegenlage
    e) Konvex gewölbte Kehlnaht

37. Wie wird eine Baustellennaht gekennzeichnet?

Warngrenze
—, obere 200
—, untere 200
Wartung 287
Watt (W) 102
Wegeventil, bistabiles 141
Werkstoff, keramischer 52
Werkstoffnummer 41
Werkstoffprüfung 63
Werkstückfehler 322
Werkzeuganwendungsgruppe 249
Werkzeugstahl 42
Widerstand, elektrischer 87, 89 f.
Widerstandsänderung bei Erwärmung 93
Widerstandsmessung 89
—, direkte 93
Widerstandszunahme 94
WIG-Verfahren 84

Windeisen 234
Winkellehre 320
Winkelmesser 318
Winkelmessung 318
Wirkung
—, chemische 105
— des elektrischen Stroms 105
—, physiologische 105
Wirkungsgrad 103, 120, 130
Withworthgewinde 73

Z

Zahn 215
Zahnform 219
Zahnscheibe 76
Zahnteilung 216
Zeitdauer 184
Zeitfunktion 184

Zerspanbarkeit 58
Zerspanungsverfahren 207
Zink 50
Zinn 50
Zugfestigkeit 65
Zugversuch 63
Zuordnungsliste 178
Zusammensetzung, chemische 41
Zwangsführung 191
zwangsgeführt 191
Zwangsöffnung 191
Zwischenisolierung 110
Zyklus 180
Zykluszeit 180
Zylinder 128
—, kolbenstangenloser 132
Zylinderschraube mit Innensechskant 73
Zylinderstift 80